AN INTRODUCTION TO

CATEGORICAL DATA ANALYSIS

제3판

범주형 자료분석 개론

Alan Agresti 지음 | 박태성 · 이승연 옮김

WILEY 자유아카데미

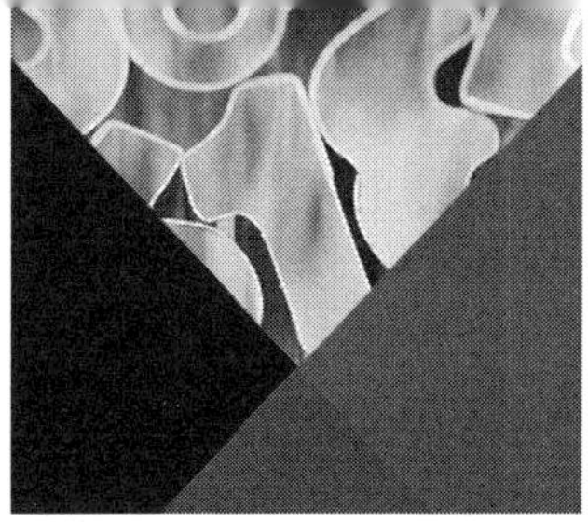

저자 서문

최근 몇 년 동안, 범주형 자료를 분석하는 데 있어 전문적인 통계적 방법을 활용하는 경우가 급격하게 늘어났으며, 특히 생명과학과 사회학 분야에서 이러한 현상이 두드러지게 나타났다. 이것은 부분적으로 지난 수십 년간 범주형 자료를 분석하기 위해 정교한 방법들이 개발되었다는 사실을 반영하고 있다. 또한 과학자나 응용통계학자들이 분석 방법들의 정교성을 요구하고 있다는 사실을 반영하고 있는 것으로, 범주형 반응변수를 분석하는 데 연속형 자료에 적합한 방법을 활용하는 것은 불필요하며, 종종 적합하지 않다는 것을 알고 있다는 것이다.

이 책의 3판은 2판의 내용의 많은 부분을 개정하였다. 가장 중요한 변화는 R 소프트웨어를 사용하여 분석을 진행하는 방법을 제시한 것이다. 1판, 2판과 마찬가지로 초점은 범주형 자료분석을 위해 가장 중요한 방법들을 제시하는 것이다. 카이제곱검정법과 같이 오랫동안 중요한 역할을 했던 방법들에 대해서 요약하고 있으나, 모형화하는 기법을 더 중점적으로 다루고 있으며, 특히 로지스틱 회귀모형에 대하여 강조하고 있다.

이 책에서 제시하고 있는 이론적인 수준은 그리 어렵지 않으므로 미적분학이나 행렬대수와 같은 고급수학을 잘 알지 못해도 접근할 수 있다. 다만 독자들은 통계학전공 학부수준이나 비통계전공 석사수준을 위한 2학기 분량의 통계적인 방법과 관련된 기초적인 지식이 필요하다. 이러한 기초적인 지식에는 추정, 유의성검정, 회귀모형이 포함된다.

이 책은 범주형 자료분석의 기초과정을 수강하는 학생들을 위한 것이지만, 실제로는 자료를 분석하는 응용통계학자나 실용적인 과학자들을 위해 쓰여졌다. 본 저자는 이 책이 공중보건, 마케팅, 교육, 생물학, 농학과 산업의 품질관리 분야뿐만 아니라 사회학, 행동심리학, 생명과학 분야에서 범주형 반응변수를 다루는 분석가들에게 도움이 되기를 바란다.

1~7장에서는 기본적인 범주형 자료분석 방법들을 다루고 있다. 2장의 내용은 분할

표분석을 위한 표준적인 기술통계와 추론적인 방법에 관한 것으로 오즈비, 독립성검정법, 조건부 대 주변적 연관성에 관한 것을 다룬다. 하지만 이러한 방법들을 통계적인 모형틀 내에서 바라보면 방법에 대한 이해도가 훨씬 더 증진된다고 생각한다. 따라서 이 책의 나머지 부분에서는 범주형 반응변수를 모형화하는 데 초점을 맞추고 있다. 필자는 범주형 자료분석 모형들을 기본적인 회귀분석모형들과 통합하여 가르치는 것을 선호한다. 3장에서 일반화선형모형 하에서 이와 같이 접근하고 있으며 이항자료와 도수자료를 위한 일반화선형모형들을 소개한다. 4장과 5장에서는 이항분포자료를 분석하기 위한 가장 중요한 모형, 즉 로지스틱 회귀모형에 관하여 논의하고 있다. 6장에서는 명목형 또는 순서형인 다항반응변수를 위한 로지스틱 회귀모형을 소개하고 있다. 7장에서는 분할표와 다른 종류의 자료들을 위한 로그 선형모형에 대하여 논의하고 있다.

범주형 반응변수를 다루는 대부분의 응용 분야에서는 여러 개의 반응변수들 간의 연관성 구조를 다루는 로그 선형모형보다는 한 개의 반응변수와 여러 개의 설명변수들 간의 연관성을 알아보는 로지스틱 회귀모형에 더 많은 관심을 가지게 되고 중요하다고 생각한다. 따라서 이 장들에서는 로지스틱 모형에 중점을 두었고, 후속 장들에서 로지스틱 모형의 확장에 관하여 논의하였다.

8장에서는 대응쌍 자료분석을 위한 방법들을 제시한다. 9장과 10장에서는 군집화되거나, 연관성이 있는 관측값들에 적용하기 위해 확장된 대응쌍 자료분석 방법들을 다룬다. 9장에서는 일반화추정방정식(GEE)을 강조하면서 주변모형을 다루는 반면에, 10장에서는 종속성을 모형화할 수 있는 랜덤효과모형을 다루고 있다. 11장은 새로 추가된 장으로 분류 방법과 평활화 방법들을 제시한다. 이 장에서는 또한 방대한 양의 설명변수들을 갖는 자료들의 출현으로 인해 점점 더 그 중요성이 높아지고 있는 벌점화 방법을 소개하고 있다. 12장에서는 앞에서 언급한 방법들이 발전되어 온 역사적인 흐름을 소개하고 있다. 부록에서는 이 책에서 제시된 거의 모든 분석 방법들을 실제로 실행하기 위한 R, SAS, Stata, 그리고 SPSS 소프트웨어 사용법을 보여 주는 것으로 매듭짓고 있다.

1장에서 7장까지는 범주형 자료분석에서 중요한 기초적인 내용을 담고 있다. 다른 주제를 더 다루기 위해서 건너뛸 수 있는 절은 1.5, 2.5-2.7, 3.3, 3.5, 5.4-5.6, 6.3-6.4, 7.4-7.6절이다. 혹은 주요 주제에 대한 내용을 보완하기 위해 8~12장에서 몇 개의 절을 선택할 수 있다. 절 내에서도 별표가 되어 있는 세부절은 어려운 부분이므로 건너뛰어도 된다.

이 책은 저자가 쓴 *Categorical Data Analysis*(3rd edition, Wiley, 2013)보다는 이론적으로 어렵지 않은 수준이며, 보다 응용적인 측면에 관심이 있는 독자들에게 초점을 맞추었다. 예를 들어, 이 교재에서는 가능도함수를 유도하거나 점근적인 성질을 증명하거나 새로운 연구 주제에 대하여 논하고 있지 않다.

대부분의 범주형 자료분석 방법들은 많은 계산 과정을 필요로 한다. 하지만 대부분의 경우, 소프트웨어가 이러한 계산 과정을 해결하기 때문에 복잡한 계산 과정에 관한 자세한 설명은 피하였다. 본문에서는 제시된 모든 분석들을 진행하기 위한 R의 사용법을 소개하였다. 부록에서는 SAS, Stata, 그리고 SPSS를 이용한 분석법을 제시한다. 이 책에서 분석된 모든 자료들은 웹사이트 www.stat.ufl.edu/~aa/cat/data에서 찾을 수 있다. 이 책이 출판된 이후에 발견된 모든 오자들과 오류들 역시 이 웹사이트에 올려놓았다. 자료 파일들은 http://githum.com/alanagresti/categorical-data에서도 찾을 수 있다. 추가적인 연습문제들도 www.stat.ufl.edu/~aa/cat/Extra_Execises에 올려 놓았다. 그 중 일부는 2판에서 가져왔고, 일부는 조금 더 기술적인 부분이 추가된 것이다.

지난 이십 년간 교재를 쓸 수 있도록 많은 조언을 아끼지 않았던 Brian Marx에게 특별한 감사를 드린다. 그는 이 책을 여러 번 교재로 사용하면서 피드백을 제공하여 주는데 믿기지 않을 정도로 관대하게 많은 시간을 할애하여 주었다. 또한 원고 내용과 교재의 예제들에 대하여 조언을 아끼지 않았던 많은 사람들에게 진심으로 감사를 드린다. Travis Gerke, Anna Gottard와 Keramat Nourijelyani는 도움이 되는 여러 의견을 제시하였다. Alessandra Brazzale, Debora Giovannelli, David Groggel, Stacey Handcock, Maria Kateri, Bernhard Klingenberg, Ioannis Kosmidis, Mohammad Mansournia, Trevelyan McKinley, Changsoon Park, Tom Piazza, Brett Presnell, Ori Rosen, Ralph Scherer, Claudia Tarantola, Anestis Touloumis, Thomas Yee, Jin Wang와 Sherry Wang에게도 감사를 드린다. 또한 첫 두 판을 출간할 때 도와주었던 분들, 특히 Patricia Altham, James Booth, Jane Brockmann, Brian Caffo, Brent Coull, Al DeMaris, Anna Gottard, Harry Khamis, Svend Kreiner, Carla Rampichini, Stephen Stigler와 Larry Winner에게 감사드린다. 마지막으로 이 책의 내용을 쓸 때 발췌하였던 고급 수준의 교재(*Categorical Data Analysis*)를 출간할 때 도움을 주었던 사람들, Bernhard Klingenberg, Yongyi Min, Brian Cafffo에게 감사드린다. 또한 지속적으로 관심을 기울여 준 Wiley 출판사의 여러 분들에게 감사를 드린다.

범주형 자료분석에 대한 책들을 쓰면서 부수적으로 얻게 되었던 진정한 기쁨은 책을 기초로 강의하거나 여러 기관들을 방문하여 연구할 수 있는 기회를 많이 갖게 된 것이었다. 몇 년에 걸쳐 나를 초청한 여러 초청자 분들께 감사하는 마음으로 이 책을 바친다. 특히, 이탈리아(Adelchi Azzalini, Elena Beccalli, Rino Bellocco, Matilde Bini, Giovanna Boccuzzo, Alessandra Brazzale, Silvia Cagnone, Paula Cerchiello, Andrea Cerioli, Monica Chiogna, Guido Consonni, Adriano Decarli, Mauro Gasparini, Alessandra

Giovagnoli, Sabrina Giordano, Paolo Giudici, Anna Gottard, Alessandra Guglielmi, Maria Iannario, Gianfranco Lovison, Claudio Lupi, Monia Lupparelli, Maura Mezzetti, Antonietta Mira, Roberta Paroli, Domenico Piccolo, Irene Poli, Alessandra Salvan, Nicola Sartori, Bruno Scarpa, Elena Stanghellini, Claudia Tarantola, Cristiano Varin, Roberta Varriale, Laura Ventura, Diego Zappa), 영국(Phil Brown, Bianca De Stavola, Brian Francis, Byron Jones, Gillian Lancaster, Irini Moustaki, Chris Skinner, Briony Teather), 오스트리아(Regina Dittrich, Gilg Seeber, Helga Wagner), 벨기에(Hermann Callaert, Geert Molenberghs), 프랑스(Antoine De Falguerolles, Jean-Yves Mary, Agnes Rogel), 독일(Maria Kateri, Gerhard Tutz), 그리스(Maria Kateri, Ioannis Ntzoufras), 네덜란드(Ivo Molenaar, Marijte van Duijn, Peter vander Heijden), 노르웨이(Petter Laake), 포르투갈(Francisco Carvalho, Adelaide Freitas, Pedro Oliveira, Carlos Daniel Paulino), 슬로베니아(Janez Stare), 스페인(Elias Moreno), 스웨덴(Juni Palmgren, Elisabeth Svensson, Dietrich van Rosen), 스위스(Anthony Davison, Paul Embrechts), 브라질(Clarice Demetrio, Bent J¨orgensen, Francisco Louzada, Denise Santos), 칠레(Guido Del Pino), 콜롬비아(Marta Lucia Corrales Bossio, Leonardo Trujillo), 터키(Aylin Alin), 멕시코(Guillermina Eslava), 호주(Chris Lloyd), 중국(I-Ming Liu, Chongqi Zhang), 일본(Ritei Shibata)과 뉴질랜드(Nye John, I-Ming Liu)에서 초청해 주신 분들께 감사드린다. 마지막으로 이렇게 전 세계를 방문하는 나의 여행 스케줄을 세운 아내, Jacke Levine에게 감사를 전한다.

Alan Agresti
Gainesville, Florida and Brookline, Massachusetts
March 2018

역자 서문

1998년도에 Agresti 교수의 An Introduction to Categorical Data Analysis를 처음 번역한 후 2009년에 개정판을 번역하였고 또 다시 십 년이 지난 2019년에 3판을 번역하게 되었습니다. 지난 십여 년 동안 범주형 자료분석은 사회과학, 자연과학, 생명과학, 교육학 등 여러 분야에서 크게 활용되었고 새로운 많은 방법들이 개발되었습니다.

이번 3판에서는 빅데이터 시대에 데이터사이언스 분야의 연구 동향을 반영하여 11장을 새로 추가하였습니다. 11장에서는 범주형 자료분석을 위한 다양한 데이터마이닝 기법들을 소개하고 있는데, 선형 분류 방법, 나무기반 분류 방법, 군집분석 방법 및 평활화 방법과 고차원 자료를 분석하기 위한 벌점추정 방법이 주요 내용입니다. 무엇보다 3판에서의 가장 큰 변화는 R 소프트웨어를 사용하여 분석을 진행하는 과정을 제시한 것입니다. 2판에서는 SAS 프로그램을 부록에 소개하였으나 이번 3판에서는 본문 중에 R 프로그램과 그 결과를 같이 수록하여 독자들이 직접 확인할 수 있게 배려하였습니다. 또 다른 큰 변화는 각 장별로 베이지안 방법론을 소개를 하고 있다는 점입니다. 통계학의 다른 분야와 마찬가지로 범주형 자료분석에서도 베이지안 방법의 역할이 점점 더 중요시되고 활용성이 증가되고 있는 시점에서 시대적 변화를 잘 반영한 것이라고 생각됩니다.

이 책의 수준은 2판과 마찬가지로 깊이 있는 이론은 다루고 있지 않기 때문에 통계학을 전공하는 학부생이나 통계학을 전공하지 않은 석사과정 학생들도 쉽게 이해하고 응용할 수 있습니다. 또한 계산적으로 복잡한 과정과 관련된 내용을 생략하고, 분석결과를 제공해 줄 수 있는 R 프로그램을 부록에 실었으며, 이 외에도 SAS, Stata 및 SPSS와 같은 통계 패키지를 이용한 분석들을 소개하고 있습니다. 또한 실제 자료를 바탕으로 한 연습문제를 제시하여 범주형 자료를 분석하는 데 도움이 될 것입니다.

그동안 국내에서도 범주형 자료분석에 관한 좋은 책들이 많이 출간되었지만, 이 책에서는 개념과 모형에 대하여 자세하게 설명하고, 많은 실제 자료에 근거한 예제를 연습문제로 수록하여 실습할 수 있는 기회를 제공하고 있습니다. 또한 최근에 널리 활용되는 데이터마이닝 분석 방법을 추가적으로 수록하여 내용이 더욱 충실해졌습니다. 그러므로 이 역서는 이미 출간된 여러 책들과 함께 좋은 교재로 사용될 수 있을 것이라고 생각됩니다.

이 책을 번역하면서 "통계학용어사전"에 수록된 용어들을 사용하고자 노력하였지만, 아직도 통일되지 않은 여러 용어들이 있어 역자 나름대로 원어의 뜻을 최대한 반영하여 번역하려고 노력하였습니다. 번역하면서 처음 번역된 내용에서도 잘못된 부분이 있는지 다시 검토하고 그동안 지적해 주신 오타도 수정하였지만, 그래도 군데군데 부족하고 어색한 부분이 있으리라 생각됩니다. 이 점에 대하여 앞으로도 독자 여러분들의 아낌없는 조언과 충고를 부탁드립니다. 출간 후에도 수정사항이 있을 경우에는 자유아카데미 홈페이지(www.freeaca.com) 자료실에 제공할 예정입니다.

이 책이 발간되기까지 원고 검토와 수정을 위하여 수고를 아끼지 않은 서울대학교 생물정보통계 연구실 소속인 김은선, 강나연, 황보수현, 목리디아, 김보람, 박철균, 정석호, 김용갑, 한결희 학생에게 감사를 드립니다. 또한 이 책을 충실하게 번역할 수 있도록 오랫동안 인내하면서 기다려주신 자유아카데미에도 진심으로 감사드립니다. 마지막으로 이 책을 출간하기까지 많은 성원을 아끼지 않으신 어머님께 이 책을 바칩니다.

2020년 3월

역자 씀

차례

11장 분류분석과 평활기법* 387

본문에서 '이 책의 웹사이트'라고 표기된 부분은 다음 URL에서 찾아볼 수 있습니다.
www.stat.ufl.edu/~aa/cat/

1장

서론

오늘날 범주형 자료분석 방법은 새로운 의학 치료법에 대한 가치를 평가하는 문제에서부터 다양한 쟁점에 관한 사람들의 의견에 영향을 주는 인자들을 평가하는 문제에 이르기까지 여러 분야에 걸쳐 널리 사용되고 있다. 이 책은 이러한 연구를 수행하고 있는 과학자나 이들과 함께 연구하는 통계학자 및 이러한 분야에서 일하기 위해 공부하고 있는 사람들을 위해 집필되었다.

첫 장에서는 범주형 자료에 있어 가장 중요한 확률분포인 **이항분포**(binomial distribution)와 **다항분포**(multinomial distribution)에 대해 정리한다. 또한 자료를 이용하여 모수를 추정하기 위해 가장 널리 사용되는 **최대가능도법**(maximum likelihood method)을 소개한다. 이 추정량과 적절한 **가능도함수**(likelihood function)를 함께 사용하여 통계적 추론을 할 수 있다. 자료에 대한 확률분포뿐만 아니라 모수에 대한 확률분포를 활용하여 통계적 추론을 하는 베이지안 방법을 소개한다. 먼저 범주형 자료의 여러 가지 주요 형태를 소개하겠다.

1.1 범주형 반응자료

범주형(categorical) 변수는 측정된 단위가 여러 범주들의 집합으로 구성되어 있는 변수를 의미한다. 예를 들어, 정치성향은 "진보적", "중립적" 또는 "보수적"으로 구분하여 측정하며, 거주시설은 "주택", "콘도", "아파트"로 구분한다. 스팸메일 차단 시스템은 들어오는 이메일을 "스팸" 또는 "정상" 으로 분류한다. 범주형 변수는 나이, 소득, 한 가구의 자녀 수와 같은 수치를 갖는 양적(quantitative) 변수와 구분되어 질적(qualitative) 변수로 종종 일컬어진다.

범주형 변수들은 사회과학 분야에서 (동의, 반대), (예, 아니오), (찬성, 반대, 미정)과 같은 범주를 사용하여 어떤 논점에 대한 사람들의 태도와 의견을 측정하기 위해 널리 사용된다. 또한 병원 치료 성공 여부(예, 아니오), 유방암 선별 검사(정상, 양성, 일부의 소견이 양성, 의심 소견이 있음, 악성 종양), 병의 단계(초기, 중간, 진행)와 같은 반응을 측정하는 의학 및 보건학 분야에서도 많이 사용된다. 실제로 범주형 변수들은 거의 모든 분야에서 관측된다. 즉, 다른 분야의 예들은 행동과학(예, 정신 질병의 진단을 위한 범주: 정신분열증, 우울증, 노이로제), 생태학(예, 인공위성 사진에 나타나는 주요 토지 활용: 삼림, 늪, 목초지, 농업, 도시), 교육학(예, 시험 문제에 대한 학생의 응답에 대한 범주: "맞음", "틀림"), 마케팅 분야(예, 소비자의 핸드폰 브랜드 선호: 삼성, Apple, Nokia, LG, 그 외) 등이 있다. 또한 정밀한 기술 분야인 엔지니어링 분야나 품질관리 분야에서도, 어떤 품목이 표준에 적합한지의 여부를 분류할 때도 범주형 변수들이 사용된다.

1.1.1 반응변수와 설명변수

많은 통계분석에서는 **반응변수**(response variable)와 **설명변수**(explanatory variable)를 구분하고 있다. 예를 들어, 회귀분석모형은 연봉과 같은 양적 반응변수의 평균이 교육을 받은 연수나 근로경험의 연수 같은 설명변수들의 수준에 따라서 어떻게 변하는지를 기술한다. 반응변수들을 **종속변수**(dependent variable)라고 부르고, 설명변수는 **독립변수**(independent variable)라고 부른다. 확률적인 관점에서 반응변수가 확률변수임을 강조하고자 할 때, 대문자 표기법(예: Y)을 사용한다. 특정한 값을 일컬을 때, 소문자 표기법(예: $y=0$)을 사용한다.

이 책에서는 범주형 반응변수와 범주형 또는 양적인 설명변수들과 연관시키기 위한 통계적 모형들을 제시한다. 예를 들어, 동성 결혼의 합법성(예 또는 아니오)에 대한 의견이 교육 수준, 수입, 정치성향, 종교성향, 나이, 성별, 인종과 같은 설명변수들과 어떻게 연관되어 있는지 연구할 수 있다.

1.1.2 이산형-명목형-순서형 변수의 구분

많은 범주형 변수들은 건강 보험 소지 여부 (예, 아니오) 또는 마리화나 합법화에 대한 (찬성, 반대)와 같은 두 개의 범주만을 갖는다. 이와 같은 변수들을 **이항변수**(binary variables)라고 부른다.

범주형 변수가 두 개 이상의 범주를 가질 때, 범주형 측정 척도를 두 가지 종류로 구분한다. 순서가 없는 범주형 변수들을 **명목형 변수**(nominal variable)라고 부른다. 예를 들어, 종교를 (기독교, 유대교, 무슬림, 불교, 힌두교, 무교, 기타)로 구분하고, 교통수단을 (자동차, 자전거, 버스, 지하철, 도보)로 구분하며, 좋아하는 음악을 (고전, 컨트리, 포크, 재즈, 팝, 록)으로 구분한다. 자연스럽게 순서를 갖는 변수를 **순서형 변수**(ordinal variable)라고 부른다. 예를 들어, 행복 지각 수준을 (아주 행복하지 않은, 꽤 행복한, 아주 행복한)으로 구분하고, 불안을 느끼는 빈도수를 (전혀 없음, 때때로 있음, 자주 있음, 항상 있음)으로 구분하고, 두통증상의 정도를 (없음, 약간, 보통수준, 심각)으로 구분한다.

변수의 측정 척도에 따라 적절한 통계적 방법들을 결정해야 한다. 명목형 변수들에 있어서 범주를 나열하는 순서는 의미가 없다. 따라서 명목형 변수에 대한 통계적 분석방법들은 범주가 어떻게 나열되는지에 관계없이 동일한 결과를 제공한다. 그러나 순서형 변수에 대한 분석 방법들은 범주의 순서를 이용한다.

1.1.3 이 책의 구성

1장과 2장은 모형에 기반하지 않은 범주형 자료분석에 대한 기본적인 방법들을 소개하고 있다.

3장부터 7장까지는 범주형 반응변수에 대한 통계모형을 소개하고 있다. 이들 모형은 양적 반응변수들에 대한 회귀모형과 유사하다. 3장에서는 이들 모형이 일반적인 정규분포를 따르는 회귀모형을 포함하는 **일반화선형모형**(generalized linear model) 군에 속하는 특별한 경우임을 보이고 있다. 4장과 5장에서는 두 개의 범주를 가진 반응변수에 대한 문제를 다루기 위해 **로지스틱 회귀모형**(logistic regression model)에 초점을 맞춘다. 6장에서는 명목형 변수와 순서형 변수를 포함한 여러 개의 범주를 가진 반응변수에 대한 문제를 다루기 위해 로지스틱 회귀모형을 확장시킨다. 7장은 여러 개의 범주를 가진 반응변수들 간의 연관성을 분석할 수 있는 **로그 선형모형**(log-linear model)을 소개한다.

1장부터 7장까지는 관측값들이 독립이라는 가정을 기반으로 한 방법들을 소개하고 있다. 8장에서 10장에서는 대응쌍 자료나 경시적 연구(longitudinal study)에서 얻어진 동일한 대상의 반복측정 자료와 같이 관측값들 간에 상관성이 있는 경우에 적용할 수 있는 로지스틱 회귀모형에 대해 다루고 있다. 11장에서는 관측값들을 범주로 분류하거나 군집화하는 방법과 변수들의 수가 큰 자료들을 분석하는 방법들이 포함된 좀 더 심화된 방법들을 소개한다. 마지막으로 12장에서 범주형 자료분석 방법의 역사를 살펴보도록 하겠다.

통계 소프트웨어 패키지들을 사용하여 범주형 자료분석을 위한 방법들을 실행할 수 있다. 본문을 통해 무료 소프트웨어인 R의 사용법을 서술한다. 부록에서는 SAS, Stata, SPSS의 사용법을 소개한다. 이 책의 웹사이트인 www.stat.ufl.edu/~aa/cat에 예제들을 실행하기 위한 데이터들을 포함하여 추가적인 정보가 정리되어 있다. 자료 파일은 http://github.com/alanagresti/categorical-data에서도 다운로드 받을 수 있다.

1.2 범주형 자료의 확률분포

범주형 자료에 대한 모수적 추론 통계분석도 다른 통계분석과 마찬가지로 반응변수에 대한 확률분포가정이 필요하다. 양적 변수에 대한 회귀분석모형에서는 정규분포가 중심적인 역할을 한다. 이 절에서는 범주형 자료에 대한 분석에서 중심적인 역할을 하는 **이항분포**와 **다항분포**에 대해 소개한다.

1.2.1 이항분포

반응변수가 두 개의 가능한 결과만을 가질 때, 가능한 두 개의 결과는 **성공** 또는 **실패**로 구분된다. 여기서 성공이라는 용어는 일반적인 것으로 두 결과 중 더 좋은 경우를 나타낼 필요는 없다.

많은 경우 서로 독립이고 동일한 n번의 고정 시행횟수들은 각 시행마다 두 개의 가능한 결과를 갖는다. 여기서 **'동일한 시행'**이라는 의미는 각 시행마다 성공확률이 항상 같음을 의미한다. **'독립적인 시행'**이라는 의미는 한 시행의 결과가 다른 시행에 영향을 미치지 않는다는 의미로 각 시행들을 서로 독립인 확률변수들로 나타낼 수 있음을 의미한다. 이런 시행은 종종 **베르누이 시행**(Bernoulli trial)이라고 한다. π를 각 시행에서의 성공할 확률을 나타내고 Y를 n번의 시행 중 성공횟수라고 하자. 서로 독립적이고 동일한 시행이라는 가정 하에서 Y는 시행횟수가 n이고 모수가 π인 **이항분포**(binomial distribution)를 따르게 된다. 이항분포를 따르는 확률변수 Y가 y의 관측값을 가질 확률은 다음과 같다.

$$P(y) = \frac{n!}{y!(n-y)!}\pi^{y}(1-\pi)^{n-y},\ \ y = 0,\ 1,\ 2,\ \ldots,\ n. \qquad (1.1)$$

예를 들어, 5개의 항목 중에서 정답 1개를 선택할 수 있는 오지선다(五枝選多) 형의 퀴즈 10문제가 있다고 가정하자. 퀴즈를 전혀 준비하지 않은 한 학생이 임의로 정답

▸ 표 1.1 $n=10$이고 $\pi=0.20,\ 0.50,\ 0.80$일 때 이항분포. $\pi=0.50$일 때 이항분포가 대칭을 이룬다.

y	$P(y)$		
	$\pi=0.20$ ($\mu=2.0, \sigma=1.26$)	$\pi=0.50$ ($\mu=5.0, \sigma=1.58$)	$\pi=0.80$ ($\mu=8.0, \sigma=1.26$)
0	0.107	0.001	0.000
1	0.268	0.010	0.000
2	0.302	0.044	0.000
3	0.201	0.117	0.001
4	0.088	0.205	0.005
5	0.027	0.246	0.027
6	0.005	0.205	0.088
7	0.001	0.117	0.201
8	0.000	0.044	0.302
9	0.000	0.010	0.268
10	0.000	0.001	0.107

을 선택했을 때에 맞은 정답의 수를 Y라고 하자. 각 문제에 대하여 선택한 항목이 정답일 확률이 0.20이 되므로, $\pi=0.20$이고 $n=10$가 된다. 10문제 중에서 정답이 0개일 확률(즉 $y=0$일 확률) 또는 오답이 10개일 확률(즉 $n-y=10$일 확률)은

$$P(0)=\frac{10!}{0!10!}(0.20)^0(0.80)^{10}=(0.80)^{10}=0.107$$

로 계산할 수 있고, 정답이 1개일 확률은

$$P(1)=\frac{10!}{1!9!}(0.20)^1(0.80)^9=10(0.20)(0.80)^9=0.268$$

로 계산할 수 있다. 〈표 1.1〉은 모든 가능한 y값들, $y=0,1,2,\ldots,10$에 대한 이항분포를 나타낸다. $\pi=0.50$인 경우와 $\pi=0.80$인 경우의 이항분포를 비교해서 보여 주고 있다.

시행횟수가 n이고 모수가 π인 이항분포의 평균과 분산은 다음과 같다.

$$E(Y)=\mu=n\pi, \qquad \sigma=\sqrt{n\pi(1-\pi)}$$

〈표 1.1〉에 있는 $\pi=2.0$인 이항분포는 $\mu=10(0.20)=2.0$이고 $\sigma=\sqrt{10(0.20)(0.80)}=1.26$이 된다. $\pi=0.8$인 경우에도 σ의 값은 동일하다.

이항분포는 $\pi=0.50$일 때 대칭인 분포를 보이며, n이 고정되어 있을 때 π가 0.50

에 가까울수록 종모양에 가까워진다. π가 고정되어 있을 경우에는 n이 증가할수록 종모양에 더 가까워진다. n이 큰 경우에는 이항분포가 $\mu = n\pi$이고 $\sigma = \sqrt{n\pi(1-\pi)}$인 정규분포로 근사하게 된다. 정규분포 근사를 사용할 수 있는 기준[1]은 두 반응값의 기대도수인 $n\pi$와 $n(1-\pi)$가 각각 5 이상이면 된다. $\pi = 0.50$일 때는 $n \geq 10$이면 이 기준이 만족되지만 $\pi = 0.10$이거나 $\pi = 0.90$일 때는 $n \geq 50$이 되어야 이 기준이 만족된다. 즉, π가 0이나 1에 가까워질 때 대칭인 종모양의 분포를 얻기 위해서는 더 큰 크기의 표본이 필요하게 된다.

1.2.2 다항분포

명목형과 순서형 반응변수들에 대해서는 두 가지 이상의 가능한 결과들이 있다. 매 관측값에서 범주들이 동일한 확률을 갖고 있고 관측값들이 독립적으로 발생한다고 할 때 각 결과를 나타내는 범주에서 관찰한 도수는 **다항분포**(multinomial distribution)를 따른다.

c를 가능한 결과를 나타내는 범주의 수라고 하자. 각 확률을 $\{\pi_1, \pi_2, \ldots, \pi_c\}$로 나타내면 $\sum_{j=1}^{c} \pi_j = 1$이 성립한다. n개의 독립적인 관측값에서 y_1개의 관측값이 첫 번째 범주에 속하고 y_2개의 관측값이 두 번째 범주에 속하고, $\ldots$, y_c개의 관측값이 c번째 범주에 속할 때, $\sum_j y_j = n$이고, 확률은 다음과 같다.

$$P(y_1, y_2, \ldots, y_c) = \left(\frac{n!}{y_1! y_2! \cdots y_c!} \right) \pi_1^{y_1} \pi_2^{y_2} \cdots \pi_c^{y_c}.$$

이항분포는 $c = 2$인 다항분포의 특별한 경우이다. 앞으로 다항분포의 가정 하에 관측된 자료로부터 계산된 통계량들의 표본분포들을 이용하는 추론 방법들에 대해 주로 다룰 것이므로 이 확률 공식을 직접 사용하지는 않을 것이다. 여기서 표본분포들은 근사적으로 정규분포를 따르거나 카이제곱분포를 따른다.

1.3 비율에 대한 통계적 추론

실제로 이항분포와 다항분포의 모수값들은 알려져 있지 않다. 이 미지의 모수값들

1 이항분포에 대한 애플릿은 www.artofstat.com/webapps.html에서 제공하고 있다.

은 표본을 이용해 추정할 수 있는데, 이 절에서는 본문에서 사용된 추정법인 **최대가능도추정법**(maximum likelihood estimation)을 소개하고 이 방법을 이용하여 이항모수 π에 대한 추론을 하고자 한다.

1.3.1 가능도함수와 최대가능도추정

통계 모형에 대한 모수적 추정 방법은 반응변수에 대해 특정 확률분포를 가정한다. 이 특정 확률분포함수에 관측값을 대입한 후에 이 확률분포함수가 미지(未知)의 모수에 어떻게 영향을 받는지를 볼 수 있다. 예를 들어, $n=10$인 시행에서 $y=0$의 관측값을 고려해 보자. 모수 π인 이항분포의 확률분포 식 (1.1)로부터 $y=0$이 될 확률은 다음과 같다.

$$P(0)=\frac{10!}{0!\,10!}\pi^0(1-\pi)^{10}=(1-\pi)^{10}.$$

이 확률은 0과 1 사이의 값을 갖는 미지의 π에 대한 식으로 정의된다.

미지의 모수의 함수로 표현된 표본자료의 확률을 **가능도함수**(likelihood function)라고 부른다. 10번 시행에서 $y=0$인 성공에 대한 이항가능도함수는 0과 1 사이의 π에 대하여 $l(\pi)=(1-\pi)^{10}$으로 정의될 수 있다. 이 함수로부터 $y=0$인 확률은 $\pi=0.40$이면 $l(0.40)=(1-0.40)^{10}=0.006$이고, $\pi=0.20$이면 $l(0.20)=(1-0.20)^{10}$

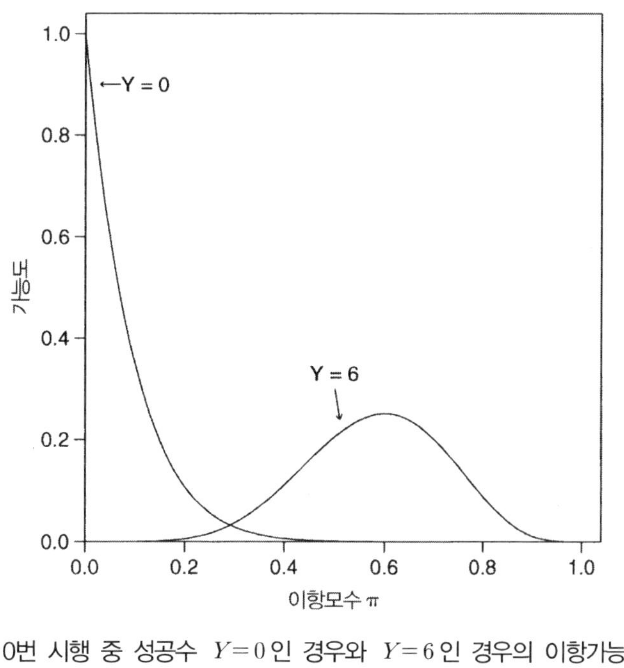

그림 1.1 10번 시행 중 성공수 $Y=0$인 경우와 $Y=6$인 경우의 이항가능도함수

$=0.107$이고 $\pi = 0.0$이면 $l(0.0) = (1-0.0)^{10} = 1.0$이다. 〈그림 1.1〉는 0과 1 사이의 모든 π 값들에 대하여 이 가능도함수를 그린 것이다.

모수의 **최대가능도추정량**(maximum likelihood estimator)은 가능도함수를 최대로 만드는 모수값으로 정의된다. 즉, 그 모수값에서 가능도함수가 최댓값을 갖게 된다. 〈그림 1.1〉에서 가능도함수 $l(\pi) = (1-\pi)^{10}$은 $\pi = 0.0$에서 최댓값을 갖는 것을 볼 수 있다. 따라서 10번 시행 중에서 0번 성공을 했다면 π의 최대가능도추정량은 0.0이 된다. 즉, 10번 시행 중에서 0번 성공할 결과는 π가 다른 값을 가질 때보다 $\pi = 0.00$일 때에 관측될 가능성이 더 높다는 의미이다.

최대가능도(maximum likelihood)의 약자를 ML로 나타내고 ML 추정량을 때때로 모수 위에 ^(해트)를 표시하여 나타낸다. 예를 들어 이항모수 π의 ML 추정량은 $\hat{\pi}$로 표시하고 '파이 해트'라고 부른다. 일반적으로, n번 시행 중에서 y번 성공한 이항분포의 결과에서 π의 최대가능도추정량은 $\hat{\pi} = y/n$으로 주어지고 이것은 n번 시행 시의 표본비율이다. 만일 10번의 시행에서 성공한 횟수가 6번이라면 π의 최대가능도추정량은 $\hat{\pi} = 6/10 = 0.60$이다. 〈그림 1.1〉은 $n = 10$이고 $y = 6$일 때의 가능도함수를 보여 준다. 이 경우에 식 (1.1)로부터 $l(\pi) = [10/(6!)(4!)]\pi^6(1-\pi)^4$이다. 이 함수가 최댓값을 가질 때는 $\hat{\pi} = 0.60$일 때이다. 즉, $n = 10$번 시행 중에서 $y = 6$인 결과는 π가 다른 값일 때보다 $\pi = 0.60$일 때에 관측될 가능성이 가장 크게 된다.

성공을 1로, 실패를 0으로 나타내면 표본비율은 각 시행결과들의 표본평균과 같다. 예를 들어 10번 시행 중에서 4번의 실패와 6번의 성공을 나타내는 자료가 (0,0,0,0,1,1,1,1,1,1)로 주어졌다면, 다음과 같은 표본평균이 π에 대한 추정량이 된다.

$$\hat{\pi} = (0+0+0+0+1+1+1+1+1+1)/10 = 0.60$$

그러므로 표본평균에 적용한 결과를 표본비율에 대해서도 동일하게 적용할 수 있다. 이는 **중심극한정리**(n이 클 때 표본비율 $\hat{\pi}$의 정규분포 근사)와 **대수의 법칙**(n이 클 때 표본평균 $\hat{\pi}$이 모평균 π로의 수렴)를 포함한다.

ML 추정량은 실제 표본자료를 관측하기 전에는 그 값을 알 수가 없다. 또한 이 추정량은 특정의 표본추출분포(sampling distribution)를 갖는 확률변수이다. 이를 **추정량**(estimator)이라고 부르고 관측된 자료로부터 구한 값을 **추정값**(estimate)이라고 한다. ML 추정량이 좋은 점근적 성질(asymptotic property)을 갖고 있기 때문에 ML 방법을 기초로 한 추정량을 많이 사용한다. ML 추정량들의 대표본분포는 근사적으로 정규분포를 따르고, 다른 어떤 "좋은" 추정량도 ML 추정량보다 더 작은 표준오차를 갖지 않는다.

1.3.2 이항모수에 대한 유의성검정

이항분포에 대해 모수 π에 대한 통계적 추론을 하기 위해 이제 ML 추정량을 사용해 보자. ML 추정량 $\hat{\pi}$는 표본비율이고 표본추출분포는 다음과 같은 평균과 표준오차를 갖는다.

$$E(\hat{\pi}) = \pi, \quad \sigma(\hat{\pi}) = \sqrt{\pi(1-\pi)/n}$$

우선, 모수가 0.5와 같은 어떤 고정된 값, π_0와 같다는 귀무가설 $H_0 : \pi = \pi_0$에 대한 검정을 고려해 보자. H_0이 사실일 때 $\hat{\pi}$의 표준오차는 $SE_0 = \sqrt{\pi_0(1-\pi_0)/n}$인데 귀무가설 표준오차라고 부르자. 검정통계량은 다음과 같다.

$$z = \frac{\hat{\pi} - \pi_0}{SE_0} = \frac{\hat{\pi} - \pi_0}{\sqrt{\pi_0(1-\pi_0)/n}} \tag{1.2}$$

이 통계량은 표본비율 $\hat{\pi}$와 귀무가설 하에서의 값 π_0의 차를 표준오차로 나눈 값이다. 이 검정통계량 z는 표본비율 $\hat{\pi}$가 귀무가설 하의 값 π_0로부터 떨어진 정도가 표준오차의 몇 배나 되는지를 나타낸다. 귀무가설 하에서 이 검정통계량은 표본크기가 클 때, 평균이 0이고 표준편차가 1인 표준정규분포를 따르게 된다.

1.3.3 예제: 낙태의 합법성에 대한 의견 조사

미국에서 성인을 대상으로, 임신한 여인이 낙태할 수 있는 권리를 가져야 하는지에 대해 조사하였다. "당신은 임신한 여성이 원하는 경우 어떠한 이유에서든 합법적으로 낙태할 권리를 갖는 것이 가능해야 한다고 생각합니까?"라는 질문에 대해 "예"라고 응답하는 성인 인구의 비율을 π라고 나타내자. 귀무가설 $H_0 : \pi = 0.50$에 대하여 양측대립가설 $H_a : \pi \neq 0.50$을 검정해 보자.

이 질문은 시카고대학에 있는 국립여론조사센터(National Opinion Research Center, NORC)에서 실시한 2016년도 일반사회조사(General Social Survey)에 포함된 질문 중의 하나였다. 매년 실시된 이 조사에서는 성인 미국인에게 여러 가지 항목에 관한 의견을 조사하였다.[2] 이 표본은 다단계를 추출한 표본이지만 그 성격은 단순표본추출과 유사하다. 2016년에 낙태에 관해 응답한 1810명 중에서 837명은 "예"로

2 1972년 이후의 조사 자료는 http://sda.berkeley.edu/archive.htm에서 제공하고 있다.

응답하였고, 973명은 “아니오”라고 응답하였다. “예”에 대한 표본비율은 $\hat{\pi} = 837/1810 = 0.4624$이다.

$H_0 : \pi = 0.50$에 대한 검정통계량값은

$$z = \frac{\hat{\pi} - \pi_0}{\sqrt{\pi_0(1-\pi_0)/n}} = \frac{0.4624 - 0.50}{\sqrt{0.50(0.50)/1810}} = -3.20.$$

이고 이때의 양측 P-값은 표준정규분포의 확률변수의 절댓값이 3.20보다 클 확률이 된다. 이 값을 계산하면 $P = 0.0014$가 된다. 따라서 $\pi < 0.50$인 강한 증거를 보여주고 있다. 즉, 2016년에는 합법적 낙태를 지지하는 미국 성인이 절반이 채 안 되었음을 알 수 있다. 그러나 임산부의 건강이 위험한 경우에는 절대다수가 합법적 낙태를 선호하였다. 또한 질문하는 단어나 표현에 따라 응답 결과가 상당히 다르게 나타났다.

1.3.4 이항모수에 대한 신뢰구간

유의성검정은 모수의 값이 특정한 값(0.50와 같은)인지 아닌지만을 단순하게 결정한다. 신뢰구간은 모수가 취할 수 있는 가능한 값의 영역을 구간으로 추정하는 것인데 일반적으로 검정보다는 신뢰구간을 사용하여 모수를 추정할 때 더 많은 정보를 얻게 된다. π에 대한 $100(1-\alpha)\%$ 대표본 신뢰구간은

$$\hat{\pi} \pm z_{\alpha/2}(SE) \tag{1.3}$$

이며 $SE = \sqrt{\hat{\pi}(1-\hat{\pi})/n}$이다. 이 식은 미지의 모수 π 대신에 ML 추정량 $\hat{\pi}$를 대입한 것이다. 여기서 $z_{\alpha/2}$는 $\alpha/2$에 해당하는 오른쪽 꼬리부분의 확률의 표준정규 백분위수를 나타낸다. 예를 들어, 95% 신뢰수준에 해당하는 $\alpha = 0.05$의 경우에는 $z_{\alpha/2} = z_{0.025} = 1.96$이 된다.

앞의 예에서 95% 신뢰구간을 구하면

$$0.462 \pm 1.96\sqrt{(0.462)(0.538)/1810}$$

이므로 0.462 ± 0.023 또는 $(0.439, 0.485)$로 나타낼 수 있다. 이 신뢰구간에서, 어떠한 제한도 없이 합법적인 낙태권리를 허용하는 것을 지지하는 미국인의 비율이 0.439와 0.485 사이가 된다는 것을 95% 신뢰할 수 있다는 의미로 해석할 수 있다.

소프트웨어와 웹사이트[3] 상에서 π에 대한 유의성검정을 실시하고 신뢰구간을 구할

수 있다.

1.3.5 이항비율에 대한 더 나은 신뢰구간*

식 (1.3)은 간단하다. 그러나 π가 0 또는 1에 가까울 경우, 표본크기가 상당히 크지 않는 한 이 식은 정확하지 않다. 왜냐하면 표본크기가 상당히 크더라도 실제 포함확률(coverage probability)이 0.95에 가깝게 나오지 않기 때문이다.

이러한 경우에 더 좋은 방법은 유의성검정으로부터 신뢰구간을 구하는 것이다. 이 신뢰구간은 검정했을 때에 귀무가설을 기각하지 않는 모든 π_0값들로 구성된다. 95% 신뢰구간은 양측 P-값이 0.05를 초과하는 모든 π_0를 포함하는 구간이다. 즉, 이 신뢰구간은 유의수준 0.05에서 귀무가설을 "기각하지 않는" 모든 π_0값을 포함하는 구간이다. 이 구간에 속하는 π_0는 검정통계량 z의 절댓값을 1.96보다 작게 만드는 값이다. **스코어 신뢰구간**(score confidence interval)이라고 하는 이 방법은 표준오차 $SE_0 = \sqrt{\pi_0(1-\pi_0)/n}$를 계산할 때 귀무값 π_0를 사용하기 때문에 π를 추정할 필요가 없다.

예를 들어, 새로운 치료법을 평가하기 위한 임상시험에서 10번의 시행 중 9번의 성공을 거두었다고 하자. $n = 10$일 때에 표본비율 $\hat{\pi} = 0.90$이고 귀무가설 하의 모수값이 $\pi_0 = 0.596$일 때 검정통계량은 다음과 같고,

$$z = \frac{\hat{\pi} - \pi_0}{\sqrt{\pi_0(1-\pi_0)/n}} = \frac{0.90 - 0.596}{\sqrt{\dfrac{0.596(0.404)}{10}}} = 1.96$$

양측검정의 P-값은 $P = 0.05$이다. $\pi_0 = 0.982$가 사용되었을 경우 검정통계량은

$$z = \frac{\hat{\pi} - \pi_0}{\sqrt{\pi_0(1-\pi_0)/n}} = \frac{0.90 - 0.982}{\sqrt{\dfrac{0.982(0.018)}{10}}} = -1.96$$

이고 양측검정의 P-값은 $P = 0.05$이다. 0.596과 0.982 사이에 있는 모든 π_0값들에 대해 검정통계량 z값을 구하면 $|z| < 1.96$이 만족되고 P-값도 $P > 0.05$가 된다. 따라서 95% 스코어 신뢰구간은 $(0.596, 0.982)$가 된다. $\hat{\pi}$와 n이 주어졌을 때 방정식

[3] https://istats.shinyapps.io/Inference_prop에서 구할 수 있다. 식 (1.3)의 신뢰구간을 구하기 위해서는 메뉴상에서 Wald type을 선택하면 된다.

$$\frac{|\hat{\pi}-\pi_0|}{\sqrt{\pi_0(1-\pi_0)/n}}=1.96$$

을 π_0에 대하여 풀면 검정통계량이 $z=\pm 1.96$를 만족하게 만드는 π_0값을 구할 수 있다. 신뢰구간의 경우 소프트웨어를 사용해서 구하거나, 웹사이트[4] 상에서 구할 수 있기 때문에 여기서는 이 방정식을 어떻게 푸는지에 대하여 다루지는 않는다.

추정된 표준오차를 사용하는 (1.3)의 간단한 공식은 n의 크기에 관계없이 $\hat{\pi}$가 0이거나 $\hat{\pi}$가 1일 경우 타당한 결과를 얻지 못한다. 예를 들어, 임상시험에서 10번의 시험 중 10번 성공을 거두었다고 하자. 이 경우, $\hat{\pi}=10/10=1.0$이고, $SE=\sqrt{\hat{\pi}(1-\hat{\pi})/n}=\sqrt{1.0(0.0)/10}=0$이므로, 95% 신뢰구간은 $1.0\pm 1.96(SE)$으로 1.0 ± 0.0이다. 여기서 신뢰구간 $(1.0, 1,0)$은 상당히 비현실적이다. 표본추정값이 모수 공간의 경계값에 있거나 가까이 있는 경우에 표본비율을 신뢰구간의 중간값으로 사용하게 되면 타당한 결과를 얻지 못할 수 있다. 반면에, 귀무가설 하의 표준오차 SE_0를 이용한 유의성검정에 기반하여 구한 95% 스코어 신뢰구간은 $(0.72, 1.0)$이다.

π 자체가 0 또는 1에 매우 가까울 경우 스코어 신뢰구간 그 자체가 실제값을 포함할 확률은 매우 작다. 간단한 대안으로 사용할 수 있는 신뢰구간은 스코어 신뢰구간을 근사시키면서 약간 더 넓은 구간을 갖게 함으로써 π가 0 또는 1에 가까울 때 실제 값을 포함할 확률이 더 높게 한다. 먼저 성공횟수에 2(전체로는 4를 n에 더해줌)를 더해주고 실패횟수에 2를 더해 준 다음 추정된 표준오차를 이용해 식 (1.3)의 값을 계산한다. 예를 들어 10번의 시행 중 10번의 성공을 거두었을 때 식 (1.3)에 14번의 시행횟수 중 12번의 성공횟수를 대입하면 신뢰구간은 (0.68, 1.0)이 된다. 이 방법[5]은 Agresti-Coull 신뢰구간이라고 불리며 π가 0 또는 1에 아주 가까운 경우에도 작은 수의 표본에서 적정한 포함확률(coverage probability)을 가진다.

1.4 이산형 자료에 대한 통계적 추론

지금까지 (1) 추정된 표준오차, $SE=\sqrt{\hat{\pi}(1-\hat{\pi})/n}$ 를 이용하여 신뢰구간, $\hat{\pi}\pm z_{\alpha/2}$

4 https://istats.shinyapps.io/Inference_prop에서 “Wilson score” 옵션을 선택하여 구할 수 있다.

5 좀 더 정확히는 소프트웨어와 웹사이트 https://istats.shinyapps.io/Inference_prop에서는 각 도수에 $(z_2^{\alpha/2})$/2를 더한다(예. 95% 신뢰도는 $(1.96)^2/2=1.92$); 이 신뢰구간은 잘 작동하는데 그 이유는 스코어 신뢰구간과 동일한 구간 중앙값을 갖고 있으나 좀 더 넓기 때문이다.

(SE)을 구하거나 (2) 귀무가설 하의 표준오차, $SE_0 = \sqrt{\pi_0(1-\pi_0)/n}$를 이용한 유의성 검정통계량, $z = (\hat{\pi} - \pi_0)/SE_0$을 이용하여 신뢰구간을 구하는 방법에 대하여 살펴보았다. 이 방법들은 모수를 통계적으로 추론하는 (신뢰구간과 유의성검정) 세 가지의 표준적인 방법 중 두 가지에 해당한다. 이 절에서는 좀 더 일반적인 경우에 적용 가능한 방법들을 제시하고 가능도함수를 이용하는 표준적인 추론 방법 세 가지 중 세 번째 방법을 소개하겠다.

1.4.1 왈드, 스코어, 가능도비 검정법

모형 내 설명변수의 선형적인 효과를 나타내는 임의의 모수 β가 있을 때, 다음 귀무가설 $H_0 : \beta = \beta_0$ (예를 들어, $\beta_0 = 0$인 경우 $H_0 : \beta = 0$)에 대한 유의성검정을 생각해 보자. 가장 간단한 검정통계량은 최대가능도추정량 $\hat{\beta}$의 대표본 정규성을 이용하는 것이다. 구체적으로 표준오차에 대한 식에 미지의 모수에 대한 최대가능도추정값를 대입해서 구한 $\hat{\beta}$의 표준오차를 SE라고 하자(예를 들어, 이항모수 π에 대하여, $SE = \sqrt{\hat{\pi}(1-\hat{\pi})/n}$이다). 귀무가설이 참일 때, 검정통계량은

$$z = (\hat{\beta} - \beta_0)/SE$$

이며 근사적으로 표준정규분포를 따른다. 동등하게, z^2는 근사적으로 자유도 1인 카이제곱분포를 따른다. 이렇게 최대가능도추정값을 대입하여 구한 표준오차를 사용하는 통계량을 **왈드 통계량**(Wald statistic)이라고 한다. 이 통계량을 사용하는 z검정이나 z^2을 사용하는 카이제곱검정을 **왈드 검정**(Wald test)이라고 한다.[6]

단측검정이나 양측검정에서의 P-값은 표준정규분포에서 z를 찾아 구할 수 있다. $H_a : \beta \neq \beta_0$에 대해서는 동등하게 z^2은 근사적으로 자유도가 1인 카이제곱분포를 따른다. P-값은 카이제곱확률분포에서 관측값의 오른쪽 부분에 해당하는 확률이다. 표준정규분포에서 $\pm z$의 양쪽 꼬리부분에 해당하는 확률은 자유도 1인 카이제곱분포에서 z^2의 오른쪽 꼬리부분에 해당하는 확률과 같다. 예를 들어, 표준정규분포에서 0.05에 해당하는 양측검정 확률은 -1.96의 왼쪽과 1.96의 오른쪽 꼬리부분의 확률로 이것은 자유도 1에 해당하는 카이제곱분포에서 $(1.96)^2 = 3.84$의 오른쪽 꼬리부분의 확률과 동일하다. R 소프트웨어에서 표준분포의 누적확률(고정된 값 이하의 확률)을 구하기 위한 함수 pnorm과 카이제곱분포의 누적확률을 구하기 위한 함수 pchisq를 사

[6] 1943년에 통계학자 Abraham Wald에 의해 제시되었다.

용하여 다음(# 기호 이후에는 설명을 추가하였다)과 같이 구할 수 있다.

```
-----------------------------------------------------------------
> 2*pnorm(-1.96) # 2(standard normal cumulative probability below -1.96)
[1] 0.0499958    # essentially equals 0.05
> pchisq(1.96^2, 1) # pchisq gives chi-squared cumulative probability
[1] 0.9500042       # here, cumul. prob. at (1.96)(1.96) = 3.84 when df=1
> 1 - pchisq(1.96^2, 1) # right-tail prob. above (1.96)(1.96) when df=1
[1] 0.0499958    # same as normal two-tail probability
> # can also get this by pchisq(1.96^2, 1, lower.tail=FALSE)
-----------------------------------------------------------------
```

인터넷 상의 애플릿에서 카이제곱분포와 표준분포의 꼬리부분의 확률을 찾을 수 있다.[7]

두 번째로 가능한 검정은 **스코어 검정**(score test)[8]이다. 이것은 추정된 표준오차값이 아닌, 귀무가설 H_0이 참일 때 타당한 표준오차값들을 이용한다. 예를 들어서, 이항모수에 대한 z검정 (1.2)에서 귀무가설 하의 표준오차값, $SE_0 = \sqrt{\pi_0(1-\pi_0)/n}$ 을 사용하는 것이 스코어 검정이다. SE_0 대신, $SE = \sqrt{\hat{\pi}(1-\hat{\pi})/n}$ 을 사용하는 z검정이 왈드 검정(Wald test)이다.

$H_0 : \beta = \beta_0$를 검정하는 세 번째 가능한 검정법은 두 가능도함수값의 비를 사용하는 것이다. 한 개의 모수 β가 있을 때 (1) 첫 번째 것은 귀무가설이 참($\beta = \beta_0$)일 경우 l_0값이고, (2) 두 번째 것은 모든 모수값에 대하여 구한 가능도함수의 최댓값 l_1이다. 여기서 l_0는 β_0에 의해 계산되는 가능도함수이고, l_1는 최대가능도추정값 $\hat{\beta}$에 의해 계산되는 가능도함수이다. l_1은 β_0뿐만 아니라 더 큰 가능한 모수들의 집단에 대해 최대화시킨 값이므로 l_0보다 항상 크거나 같은 값을 가지게 된다. **가능도비**(likelihood-ratio) 검정통계량[9]은 다음과 같다.

$$2\log(l_1/l_0)$$

로그 변환과 두 배를 해주는 이유는 이를 통해서 대략적인 카이제곱 표본분포를 따르게 되기 때문이다. 귀무가설 $H_0 : \beta = \beta_0$ 하에서 가능도비 검정통계량은 자유도가 1인 대표본 카이제곱분포를 따르게 된다. 검정통계량 $2\log(l_1/l_0)$은 음수값을 가질 수 없으며, P-값은 카이제곱의 오른쪽 꼬리부분의 확률이 된다. (l_1/l_0)이 클수록

7 www.artofstat.com/webapps.html#Distributions과 같은 애플릿에서 찾을 수 있다.
8 1948년에 통계학자 Calyampudi Radhakrishna Rao에 의해 제시되었다.
9 1938년 통계학자 Sam Wilks에 의해 제시되었다; 이 책에서는 자연 로그(natural log($e = 2.718...$))를 사용하며 계산기에서 LN으로 표시된다.

$2\log(l_1/l_0)$은 큰 값을 가지고 P-값은 작아지게 되고, 이것은 귀무가설을 받아들일 수 없는 강한 증거가 된다. 관련 소프트웨어를 이용해서 최대가능도함수값과 가능도비 검정통계량을 계산할 수 있다.

Y에 대한 정규분포를 가정한 일반적인 회귀모형에서도 왈드, 스코어, 가능도비 검정법들은 동일한 검정통계량과 P-값을 보여 준다. 다른 통계 모형들의 모수들에 있어서도 귀무가설이 참일 때 표본의 크기 n이 클 경우 유사한 결과를 보여 준다. n이 작거나 중간 크기일 경우, 세 종류의 검정 중 왈드 검정의 신뢰도가 가장 떨어진다. 가능도비와 스코어 검정을 이용한 추정은 실제오류 확률을 사용한다는 점에서 왈드 검정보다 신뢰도가 더 높다고 할 수 있다.

이 세 가지 검정 방법들을 사용할 때 소프트웨어에서 표현하는 P-값은 실제 P-값에 대한 근사값이다. 그 이유는 실제 표본분포 대신에 대표본 근사에 의한 정규(혹은 카이제곱) 표본분포를 사용한 것이기 때문이다. 사실 P-값은 소수점 아래 여러 자리를 이용해서 나타내는 것이 가장 좋다. 보통의 경우에 P-값의 근사값은 소수점 아래 둘째 자리까지를 이용해도 좋다. 소프트웨어에서 P-값을 0.028374로 표현했더라도 0.03(또는 0.028)으로 표현하는 것이 더 적절하다. 그러나 만약 P-값이 0에 매우 가깝다면 $P < 0.001$이나 $P < 0.0001$로 표시하는 것이 더 적절하다. 보통의 경우에는 소수점 아래 둘째나 셋째 자리를 이용하는 것만으로도 충분하다.

각 방법들에 대하여 해당하는 신뢰구간을 계산할 수 있다. 모수 β에 대한 95% 신뢰구간은 귀무가설 $H_0: \beta = \beta_0$에 대한 유의성검정에서 0.05보다 큰 P-값들에 대한 β_0값들의 집합이다. 예를 들어, 95% **왈드 신뢰구간**(Wald confidence interval)은 $z = (\hat{\beta} - \beta_0)/SE$일 때 $|z| < 1.96$을 만족하는 β_0값들의 집합으로 $\hat{\beta} \pm 1.96(SE)$와 같다.

1.4.2 예제: 왈드, 스코어, 가능도비 이항검정법

1.3.5절에서 언급된 10번의 시행 중 9번의 성공을 거두는 새로운 치료법을 평가하기 위한 임상 실험 예제에서 귀무가설 $H_0: \pi = 0.50$에 대한 대립가설 $H_a: \pi \neq 0.50$를 검정하기 위한 방법으로 왈드, 스코어, 가능도비 검정을 소개하겠다. 여기서 $n = 10$이고 표본비율은 $\hat{\pi} = 0.90$인 경우이다.

귀무가설 $H_0: \pi = 0.50$에 대한 왈드 검정에서 추정된 표준오차는 $SE = \sqrt{\hat{\pi}(1-\hat{\pi})/n} = \sqrt{0.90(0.10)/10} = 0.095$이고 z 검정통계량은

$$z = (\hat{\pi} - \pi_0)/SE = (0.90 - 0.50)/0.095 = 4.22$$

이다. 해당되는 카이제곱통계량은 자유도 1이고 $(4.22)^2 = 17.78$으로 P-값 < 0.001 이다.

동일한 검정에 대한 스코어 검정통계량을 계산하면 귀무가설 하에서의 표준오차는 $SE_0 = \sqrt{\pi_0(1-\pi_0)/n} = \sqrt{[0.50(0.50)/10]} = 0.158$이고 z 검정통계량은 다음과 같다.

$$z = (\hat{\pi} - \pi_0)/SE_0 = (0.90 - 0.50)/0.158 = 2.53$$

이에 대응되는 카이제곱통계량은 자유도 1이고 $(2.53)^2 = 6.4$으로 P-값은 0.011이다.

가능도비 검정에서 10번의 시행 중 9번의 성공을 관측했을 때의 이항확률이 가능도함수가 되며, 다음과 같이 주어진다.

$$l(\pi) = \frac{10!}{9!1!}\pi^9(1-\pi)^1 = 10\pi^9(1-\pi)$$

가능도비 함수는 귀무가설 $H_0 : \pi = 0.50$가 참일 때, $l_0 = 10(0.50)^9(0.50) = 0.00977$ 이고, $\hat{\pi} = 0.90$ 일 때의 최대가능도추정값에 대한 가능도함수의 값은 $l_1 = 10(0.90)^9 (0.10) = 0.3874$이므로 이에 대한 가능도비 검정통계량은 다음과 같다.

$$2\log(l_1/l_0) = 2[\log(0.3874/0.00977)] = 7.36$$

자유도 1인 카이제곱분포로부터 구한 이 통계량의 P-값은 0.007이다.

n이 작거나 최대가능도 추정량이 모수 공간의 경계값에 가까울 때에는 위의 세 가지 통계량이 서로 매우 다른 값을 갖게 된다. 이는 최대가능도 추정량의 표본분포가 정규분포에 수렴하지 않거나 표준오차 추정값이 잘 추정되지 않기 때문이다. 이런 경우, 소표본 방법을 적용하는 것이 더 신뢰도가 높다고 볼 수 있다.

1.4.3 소표본 이항추론과 중간 P-값*

이항모수에 대한 통계적 추정에서, 대표본 가능도비와 양측 z 스코어 검정과 이러한 검정에 기초한 신뢰구간은 $n\pi \geq 5$와 $n(1-\pi) \geq 5$의 두 조건을 모두 만족할 때 정확한 편이다. 그렇지 않을 경우 이항분포를 직접 사용하는 것이 더 정확하다. 최근 소프트웨어에서는 어떤 표본의 크기 n에 대해서도 이와 같은 직접적인 접근법을 사용할 수 있다.

이항분포를 직접 사용하는 방법을 설명하기 위해, 새로운 치료법을 평가하는 임상시험에서 10번의 시행 중 9번의 성공을 거두었을 때 $H_a : \pi > 0.50$에 대해

$H_0 : \pi = 0.50$을 검정한다고 하자. $\pi = 0.50$에서의 이항분포를 가정했을 때, 단측검정에서 구한 P-값은 다음과 같다.

$$P(Y \geq 9) = P(9) + P(10) = \frac{10!}{9!1!}(0.50)^9(0.50)^1 + \frac{10!}{10!0!}(0.50)^{10}(0.50)^0 = 0.011.$$

$H_\alpha : \pi \neq 0.50$에 대한 양측검정에서 P-값은

$$P(Y \geq 9 \text{ or } Y \leq 1) = 2[P(Y \geq 9)] = 0.021.$$

이다.

이산확률분포에서 일반적인 P-값을 이용한 소표본검정은 매우 보수적(conservative)이다. 이것은 귀무가설이 참일 때, P-값(제1종 오류의 확률)이 정확히 0.05가 아니라 ≤ 0.05라는 것을 의미한다. 예를 들어, 10번의 시행 중 9번의 성공을 거둔 임상시험 예에서 $H_a : \pi > 0.50$에 대해 $H_0 : \pi = 0.50$를 검정한다고 하자. 1.2.1절의 〈표 1.1〉에서는 $\pi = 0.50$일 때의 이항분포를 보여 주고 있고 $y = 9$ 또는 10인 경우에만 우측꼬리에서의 P-값이 ≤ 0.05인 값을 가진다. 성공횟수가 9또는 10일 때 P-값은 $0.010 + 0.001 = 0.011$로 H_0를 기각할 확률(P-값≤ 0.05)은 0.011에 불과하다. 즉 0.05의 유의수준을 목표한 것이지만 실제 제1종 오류의 확률은 0.011이다. 따라서 실제 제1종 오류의 확률은 의도했던 것보다 훨씬 더 작은 값을 가지게 된다.

이것은 검정통계량이 이산형(discrete) 분포를 가질 때 표본의 크기 n 이 작을 때 유의성검정의 문제점을 보여주고 있다. 매 실험마다 계산되는 P-값을 확률변수로 간주할 때 P-값이 어떻게 달라지는지 고려해보자. 검정통계량이 **연속형**(continuous) 분포를 가질 때에 P-값은 [0, 1]의 구간에서 **균등**(uniform) 분포를 따른다. 즉, 귀무가설이 참일 때 P-값이 0과 1 사이 어떤 값을 가질 확률은 모두 동일하다. 이 경우 P-값이 0.05보다 작게 될 확률은 정확히 0.05가 되고 P-값의 기댓값 또한 정확히 0.50이 된다. 한편 이산형 분포를 가진 검정통계량의 경우에는, 귀무가설 하에서 P-값의 분포는 이산형이고 기댓값은 0.50(이 값은 1이 될 수 있지만 정확히 0이 될 수는 없다)보다 커진다. 평균적으로 이산형 분포에 대한 일반적인 P-값은 큰 값을 가진다.

이러한 보수적인 경향성을 해결하기 위해 이산 자료에서 다른 종류의 P-값을 사용할 것을 추천한다. 이것은 **중간 P-값**(mid P-value)으로 더 극단적인 결과의 확률에 관측된 결과의 확률의 절반을 더한 값이다. 앞에서 소개한 10번의 시행 중 9번의 성공을 거둔 예제를 이용하여 설명해 보면 $H_a : \pi > 0.50$에 대한 일반적인 P-값은 $P(9) + P(10) = 0.010 + 0.001 = 0.011$이다. 이에 대한 중간 P-값은 $[P(9)/2] +$

$P(10) = (0.010/2) + 0.001 = 0.006$이다. $H_a : \pi \neq 0.50$에 대한 양측 중간 P-값은 0.012이다. 중간 P-값은 귀무가설 하의 기댓값 0.50을 가지며 이는 연속분포 하에서의 검정통계량의 일반적인 P-값과 동일한 값이다. 두 개의 단측 중간 P-값의 합 또한 1이다. 반면에 관측된 값 각각의 꼬리에서 계산된 일반적인 단측 P-값의 합은 1을 넘는다.

중간 P-값에 기초한 추론은 소표본 방법의 보수적 경향성과 대표본 방법들의 잠재적 비적합성을 절충하는 효과가 있다. 중간 P-값을 이용한 이항검정에서 기각되지 않은 π_0값들의 집합으로부터 π에 대한 신뢰구간을 만드는 것도 가능하다. 1.6절에서 소프트웨어를 사용하여 이 절에서 제시된 모든 예제들의 결과를 직접 확인해 볼 것이다.

1.5 비율에 대한 베이지안 추론*

이 책에서는 주로 **빈도론자**(frequentist)로 불리는 전통적인 통계적 추론 방법을 사용하고 있다. 이 방법은 모수값들을 고정된 값으로, 자료값들을 확률분포를 가지는 확률변수의 실현값으로 간주한다. 즉, 모수값이 주어져 있을 때 자료가 가질 수 있는 가능한 값들을 확률의 형태로 나타낸다. 그러나 최근에는 모수를 확률변수로 간주하고 자료뿐만 아니라 모수의 확률분포를 가정하는 **베이지안** 접근방법이 매우 크게 활용되고 있다. 이 방법은 관측된 자료가 주어져 있을 때 모수의 확률분포를 구하여 추론하는 접근방법이다.

1.5.1 통계적 추론을 위한 베이지안 방법

베이지안 방법에서는 모수들에 대한 **사전분포**(prior probability)를 가정한다. 이 확률분포는 주관적인 사전적인 믿음을 반영할 수도 있고, 다른 연구들로부터 얻은 모수값들에 대한 정보를 반영할 수도 있다. 또한 관측된 자료에만 전적으로 기초하여 더 객관적으로 추론할 수 있는 무정보(non-informative) 사전분포를 가정할 수도 있다. 이러한 사전분포는 관측된 자료로부터 얻을 수 있는 가능도함수와 결합하여 모수들에 대한 **사후분포**(posterior probability)를 생성하게 된다. 따라서 사후분포는 사전분포와 연구에서 관측된 자료로부터 모수에 대한 정보를 반영하게 된다.

모수 β와 y로 표시된 자료에 대하여, $f(\beta)$는 β의 사전분포를 나타내는 확률함수[10]라고 하자. 예를 들어, β가 이항모수 π일 때, $f(\beta)$는 확률 π가 구간 [0, 1]에서

가질 수 있는 가능한 값들에 대한 확률분포를 나타낸다. 또한, 주어진 모수값에 대하여, $p(y|\beta)$를 자료에 대한 확률함수라고 하자(수직선 "|" 는 "주어진" 혹은 "조건 하의"를 기호화한 것이다). 하나의 예로 이항분포 식 (1.1)으로 이는 고정된 π에 대한 y의 함수로 나타낸 것이다. 마지막으로, $g(\beta|y)$를 자료를 관측한 이후 β에 대한 사후분포라고 하자. 그러면 **베이즈 정리**(Bayes' Theorem)로부터

$$g(\beta|y)\text{는 } p(y|\beta)f(\beta)\text{에 비례한다.}$$

이제, 관측된 자료가 주어져 있을 때, $p(y|\beta)$는 모수의 함수가 되며 이는 가능도함수 $l(\beta)$이다. 따라서 모수의 사후분포는 가능도함수와 사전확률분포의 곱이 된다. 대부분의 자료분석가들이 실제 자료의 분석에서 선택하듯이 사전분포가 상대적으로 평평한 경우에는, 모수에 대한 사후분포는 가능도함수와 비슷한 형태를 갖게 된다.

다음에 제시될 이항모수와 같은 몇몇 간단한 사례들을 제외하면, 사후분포는 쉽게 계산될 수 없으며 이를 근사시키기 위해 소프트웨어를 통해 시뮬레이션 방법들을 사용한다. 이를 실행시키는 주요 방법은 Markov chain Monte Carlo(MCMC)이다. 그러나 MCMC 알고리즘이 어떠한 방식으로 작동되는지에 대한 기술적인 세부사항들을 다루는 것은 이 책의 범위를 넘어선다. 간단히 말하면, 소프트웨어를 통해 사후분포에 대한 근사분포로부터 순차적으로 매우 긴 수열의 확률변수값들을 생성시킨다. 자료분석가는 Monte Carlo 오류가 충분히 작아지도록 충분히 긴 수열의 확률변수값들을 순차적으로 생성한 후 이들의 평균값을 요약통계량으로 사용한다.

특정 모수에 대해, 사후분포를 이용하는 베이지안 추론 방법들은 빈도론자 추론과 유사하다. 예를 들어, 빈도론자의 95% 신뢰구간과 유사하게, 사후분포에 대한 95% 신뢰구간을 잡을 수 있다. 이러한 구간을 **사후구간**(posterior interval) 혹은 **신용구간**(credible interval)이라고 한다. 단순하게 사후구간은 사후분포의 양쪽 꼬리에서 각각 동일한 확률을 나타내는 사후분포의 백분위수를 사용하여 구할 수 있다. 예를 들어, 모수에 대한 95%의 사후구간은 사후분포의 양쪽 꼬리 부분에서 2.5%를 제외한 2.5와 97.5 백분위수 사이의 구간이다. 사후분포의 평균은 모수의 베이지안 점추정값이다. 베이지안 추론에서 꼬리부분의 사후확률은 P-값을 대신하며, 사후확률분포에서 모수가 양의 값을 가지는 사후확률처럼 유용하게 사용된다.

1.5.2 베이지안 이항 추론: 베타 사전분포

이항모수 π에 대한 베이지안 추론은 **베타 분포**(beta distribution)를 사전분포로 사용

10 정규분포와 같은 연속분포에 대해서는, 확률밀도함수라고 부른다.

한다. π에 대한 베타 확률밀도함수는 다음과 같이 비례한다.

$$f(\pi) \propto \pi^{\alpha-1}(1-\pi)^{\beta-1},\ 0 \le \pi \le 1.$$

이 분포는 초모수(hyperparameters)라고 불리는 $\alpha > 0$와 $\beta > 0$에 의존한다. 이 초모수는 추론의 목표가 되는 모수인 π와 구분되는 모수이다. 베타 분포의 평균은 다음과 같다.

$$E(\pi) = \alpha/(\alpha+\beta)$$

베타 확률밀도함수 족은 다양한 형태를 가지고 있다.[11] $\alpha=\beta$일 때, 0.50 값에 대해 대칭이다. 구간 [0,1]에서의 **균등분포** $f(\pi)=1$는 0과 1 사이 구간 내에서 균등하게 분포하고 있다. 이 경우는 베타 분포에서 $\alpha=\beta=1$인 특별한 경우이다. 베타 확률밀도함수는 $\alpha=\beta<1$일 때 U자형 이봉분포를 형성하며 $\alpha=\beta>1$일 때 종형분포를 형성한다. $\alpha=\beta$가 커질수록 분산은 작아진다.

π에 대한 사전지식이 부족한 경우에는 균등 사전분포를 사용하는 것을 추천한다. 이 경우 사후분포는 이항확률분포의 가능도함수와 같게 된다. 대안적으로 베이지안에서 많이 사용되는 사전분포는 **제프리 사전**(Jeffreys prior) 분포로 모수에 대한 측정 단위들이 서로 다른 경우(예, π 또는 $\phi=\log[\pi/(1-\pi)]$)에도 사전분포들은 서로 동일하다. 이항모수의 경우, 제프리 사전분포는 $\alpha=\beta=0.5$인 베타 분포이며 대칭적인 U자형 형태를 가진다. 이 분포는 평평하지는 않지만, 사전분포가 상대적으로 무정보적인데, 이는 균등분포보다 분산이 더 크고 빈도론자 방법들 중 가장 좋은 결과를 나타내는 것과 유사한 추론 결과를 주기 때문이다. 예를 들어, 이 방법에서 구한 사후신뢰구간의 신뢰수준은 명목적인 수준에 가까운 실제 포함확률을 갖게 된다.[12] 다른 방법을 사용할 이유가 특별하게 주어져 있지 않다면 제프리 사전분포를 사용하거나 균등 사전분포를 사용할 것을 추천한다.

베타 분포는 이항모수에 대한 추론을 위한 **켤레 사전분포**(conjugate prior distribution)이다. 이는 가능도함수와 결합되었을 때 사후분포가 사전분포와 같은 족이 되는 확률분포족을 의미한다. 만일 베타(α,β) 사전분포를 이항 가능도함수와 결합시킬 경우, 사후분포는 $\alpha^*=y+\alpha$, $\beta^*=n-y+\beta$인 베타 분포가 된다. π에 대한 베이지안 점 추정량은 사후분포의 평균이 된다.

11 http://en.wikipedia.org/wiki/Beta_distribution에서 그래프들의 형태를 확인할 수 있다.

12 W.Meeker, G.Hahn, and L.Escobar(Wiley, 2017)의 Statistical Intervals 6장에 제시되어 있다.

$$\frac{\alpha^*}{\alpha^*+\beta^*} = \frac{y+\alpha}{n+\alpha+\beta} = (\frac{n}{n+\alpha+\beta})\frac{y}{n} + (\frac{\alpha+\beta}{n+\alpha+\beta})\frac{\alpha}{\alpha+\beta}$$

이 추정값은 표본비율 $\hat{\pi} = y/n$와 사전분포의 평균 $\alpha/(\alpha+\beta)$의 가중평균값이다. n이 커질수록 표본비율에 부여된 가중치 $n/(n+\alpha+\beta)$는 1에 가깝게 커진다. $\alpha = \beta$이면, 이 추정값은 표본비율을 0.5의 값으로 축소시킨다. 양쪽 꼬리부분이 동일한 95% 사후구간을 만들기 위해, 소프트웨어는 이 사후베타분포의 2.5와 97.5 백분위수를 사용한다.

1.5.3 예제: 낙태의 합법성에 대한 의견조사

1.3.3절에서 원하는 경우 언제든지 합법적으로 낙태할 권리를 얻게 하는 정책을 지지하는 미국인들의 모비율을 추정하였다. $n = 1810$명의 사람들 중 $y = 837$명은 정책을 지지했고, $n-y = 973$명은 지지하지 않았다. π의 최대가능도추정값은 $\hat{\pi} = 0.462$이고 95% 스코어 신뢰구간은 $(0.440, 0.485)$이다. 이를 베이지안 점추정값과 신뢰추정값과 비교하면 어떻게 될까?

$y = 837$이고 $n-y = 973$인 제프리 베타$(0.5, 0.5)$ 사전분포에 대해 사후분포는 베타(α^*, β^*)이며 $\alpha^* = y+\alpha = 837.5$이고 $\beta^* = n-y+\beta = 973.5$이다. π의 사후 평균 추정값은 $\alpha^*/(\alpha^*+\beta^*) = 837.5/(837.5+973.5) = 0.462$이다. 1.6.2절에서 제시되었듯이 소프트웨어를 통해 사후 양쪽 꼬리부분이 동일한 95%의 신뢰구산 $(0.440, 0.485)$를 구할 수 있고, 양 끝점은 베타 사후밀도의 2.5와 97.5 백분위수가 된다.

베이지안 점추정값과 사후구간은 최대가능도추정값과 빈도론자 95% 신뢰구간과 소수점 셋째자리까지 동일하다. n이 아주 크거나 사전분포가 상당히 분산되어 있을 경우 빈도론자와 베이지안 추론은 매우 비슷하다. 그러나 해석은 상당히 다르다. 빈도론자 접근법에서는, 실제 모수값 π는 신뢰구간 $(0.440, 0.485)$ 안에 포함되었거나 포함되지 않았거나 둘 중의 하나이다. 왜냐하면 이 경우의 95% 신뢰구간은, 서로 다른 독립인 표본들로부터 반복적으로 신뢰구간들을 구했을 때에 이 중 95%가 π를 포함한다는 것을 의미하기 때문이다. 즉, 확률적인 개념이 모수에 적용되는 것이 아니라, 미래의 추출되는 표본자료에 대해서 적용되기 때문이다. 반면에, 베이지안 방법에서는 자료를 관측한 이후에 π가 0.440과 0.485 사이에 있을 확률이 0.95라고 해석할 수 있다.

$H_a: \pi < 0.50$에 대한 $H_0: \pi = 0.50$를 검정하는 스코어 검정(1.3.2절)에서 일반적인 빈도론자 P-값은 0.000695이다. 이러한 단측검정에 내포된 귀무가설은

$H_0: \pi \geq 0.50$이며 검정통계량값을 구하기 위해 경곗값을 사용한다. 이에 대응하는 베이지안 사후확률은 $P(\pi \geq 0.50)$이고, 이 값은 0.000692이다. 빈도론자는 이를 H_0이 참일 때(예를 들어, $\pi = 0.50$일 때) 관측된 값이나 H_a의 방향에서 더 극단적인 값과 같은 검정통계량을 얻을 확률이 0.000695라고 해석한다. 이는 모수값이 주어진 경우, 잠재적인 자료에 관한 확률이다. 반면에, 베이지안에서 사후확률은 자료를 관측한 이후에 $\pi \geq 0.50$일 확률이 0.000692라고 해석한다. 매우 넓게 분포된 사전분포를 가정하는 경우에, 한쪽 꼬리부분의 사후확률은 빈도론자의 단측 P-값과 근사적으로 동일하다.

1.5.4 다른 사전분포들

이항모수들에 대한 베이지안 방법은 베타 분포 외에도 다른 분포들을 사전분포로 사용할 수 있다. 한 가지 예로 계층적인 구조에서 베타분포의 모수에 고정된 값을 부여하는 대신에 베타 초모수에 대해서 사전분포를 가정한다.

$c > 2$인 다항모수들의 사전분포의 경우, 베타분포는 **디리슈레분포**(Dirichlet distribution)로 일반화된다. 이는 합이 1인 음이 아닌 값들 $(\pi_1, \ldots, \pi_c)$에서 정의되며 사후분포도 디리슈레분포가 된다.

이 책에서 제시된 모형들의 효과모수들은 대부분 실수값을 갖는다. 이러한 모수들에 대한 베이지안 방법은 정규사전분포를 사용한다.

1.6 비율에 대한 통계적 추론을 위한 R 소프트웨어 사용*

통계 소프트웨어 패키지들을 이용하여 범주형 자료분석을 실행할 수 있다. 소프트웨어 패키지 R의 인기가 점차 올라가고 있는데, 이는 www.r-project.org에서 무료로 다운로드할 수 있기 때문이기도 하고, 또한 사용자들이 새로운 방법으로 분석이 가능한 함수를 개발하여 기여할 수 있기 때문이기도 하다. 본문을 통해, 예제들에 대한 R 프로그램과 그 결과값을 제시하고자 한다. 부록에서는 SAS, Stata, SPSS 소프트웨어에 대한 예제들을 제시할 것이다.

http://stats.idre.ucla.edu/r과 같은 인터넷 상의 많은 사이트들에서 R에 대한 도움을 받을 수 있다. 많은 이용자들은 R의 통합 개발 환경(IDE)인 RStudio를 사용하는 것을 선호한다. RStudio는 오류를 수정하고 그림을 그리기 위한 코드 에디터와 툴들을 포함하고 있으며 www.rstudio.com과 community.rstudio.com에서 확인할 수 있다.

R을 사용하면 ? 를 특정 함수와 명령 이름 앞에 써서 도움을 받을 수 있다. 예를 들어

```
>?prop.test
```

를 입력하여 비율에 대한 추론을 수행하는 함수 prop.test에 대한 정보를 얻을 수 있다.

1.6.1 자료 파일 읽기와 패키지 설치하기

이 책에서는 명령문을 사용해 통계적인 분석을 요청하는 R 문장들을 제시한다. 기본적인 명령문은 www.stat.ufl.edu/~aa/cat 웹사이트 본문[13]에서 자료 파일을 받는다. 예를 들어 웹사이트 본문에 있는 Clinical.dat 자료 파일은 10번의 시행 중 9번 성공을 거두는 1.3.5절의 임상시험 예제에 대한 관측값들이 있다. 웹사이트 본문에 있는 Clincial이라는 이름의 R 자료 파일을 어떻게 만들어내고, 어떻게 열어볼 수 있는지 살펴보자.

```
-------------------------------------------------------------------------
> Clinical <- read.table("http://www.stat.ufl.edu/~aa/cat/data/Clinical.dat",
+                         header=TRUE)
> Clinical
     subject  response
1          1         1
2          2         1
3          3         1
4          4         1
5          5         1
6          6         1
7          7         1
8          8         1
9          9         1
10        10         0
-------------------------------------------------------------------------
```

read.table 명령의 일부분인 header=TRUE는 R이 자료 파일의 첫 번째 행에 변수 이름을 포함하도록 한다. 자료 파일의 표준 형태는 표본에서 각각의 대상(예: 사람)이 분리된 행을 가지고 각각의 변수는 분리된 열을 가지는 것이다. 여기에서 **반응**(response)이라고 표시된 열은 이항 결과의 실패 또는 성공을 표시하는 0 또는 1의 값을 나타낸다.

많은 R 사용자들은 기본 R에서 이용할 수 없었던 분석들을 실시할 수 있는 패키지들을 만들어왔다. 예를 들어, 이항모수들에 대한 통계적 추론을 실시할 수 있는 binom

13 https://github.com/alanagresti/categorical-data로부터 자료 파일들을 복사할 수 있다.

패키지를 설치하기 위해 다음의 명령문을 사용한다.

```
>install.packages("binom")
```

일단 설치되면, 패키지 내 함수들에 접근하기 위해 패키지를 로드한다.

```
>library(binom)
```

1.6.2 비율에 대한 통계적 추론을 위한 R 사용

$n = 1810$명 중 837명이 찬성하는 이항 도수를 가지는 합법적인 낙태에 대한 의견을 나타내는 1.3.3절의 예제에 대해서 양측과 단측 유의성검정을 실시하는 방법과 모비율에 대한 신뢰구간을 구하는 방법을 제시하고자 한다.

```
---------------------------------------------------------------------------------
> prop.test(837, 1810, p=0.50, alternative="two.sided", correct=FALSE)
data: 837 out of 1810, null probability 0.5
X-squared = 10.219, df = 1, p-value = 0.00139 # chi-squared, 2-sided altern.
alternative hypothesis: true p is not equal to 0.5 # "true p" is binom. para.
95 percent confidence interval:# score CI
 0.4395653 0.4854557

> prop.test(837, 1810, p=0.50, alternative="less", correct=FALSE)
data: 837 out of 1810, null probability 0.5
X-squared = 10.219, df = 1, p-value = 0.000695 # chi-squared, 1-sided altern.
alternative hypothesis: true p is less than 0.5
---------------------------------------------------------------------------------
```

R 출력 결과값에서 X-squared 값은 스코어 검정통계량으로, 귀무가설 하에서 자유도가 1인 카이제곱분포를 따른다. 본문에서 제시한 식 (1.2)의 z 검정통계량은 이 값의 양 혹은 음의 제곱근 값이다. correct=FALSE 옵션은 R이 **연속성 수정**을 사용할 수 없도록 한다. 추정이 지나치게 보수적으로 이루어지는 경향이 있기 때문에 연속성 수정을 사용할 것을 권장하지 않는다. 제시된 신뢰구간은 1.3.5절에서 소개된 **스코어** (score) 신뢰구간이다.

자료 파일로부터 직접 분석을 수행할 수도 있다. 0 또는 1의 실패 또는 성공의 이항 결과를 하나의 열에 표시하는 자료 파일을 불러온다고 가정해 보자. 이 때 성공횟수를 나타내는 표시값들을 합한 값으로 이항변수를 정의할 수 있다. 예를 들어, 10개 관측값 중 9회의 성공횟수를 나타내는 1.3.5절의 임상 실험에 대한 자료 파일에서 어떻게 스코어 신뢰구간을 찾을 수 있는지 제시하고자 한다.

```
-------------------------------------------------------------------------------
> Clinical
     subject  response
1          1         1
```

```
2           2          1
...
10          10         0
> attach(Clinical)
> y <- sum(response) # sums 0 and 1 values to get number of successes
> prop.test(y, n=10, conf.level=0.95, correct=FALSE)
95 percent confidence interval:
0.59585 0.98212 # score CI for probability of success
------------------------------------------------------------------------
```

자료 파일을 붙일 경우(attach), 자료 파일 안에 있는 변수와 동일한 이름을 가지는 변수가 R 세션에 이미 정의되어 있을 때 혼란을 유발할 수 있으므로 명령문 자체에 자료 파일의 이름을 명시하거나 자료 파일의 이름과 하고자 하는 명령을 with 함수 안에 함께 적을 수 있다.

```
------------------------------------------------------------------------
> prop.test(sum(Clinical$response), 10, correct=FALSE)$conf.int
> with(Clinical, prop.test(sum(response), 10, correct=FALSE)$conf.int)
------------------------------------------------------------------------
```

왈드 신뢰구간("asymptotic"), 스코어 구간(이 구간을 처음으로 제시한 통계학자의 이름을 가져온 "wilson"), Agresti-Coull 구간(1.3.5절 마지막 부분)은 모두 binom 패키지에서 사용 가능하다. 아래에 10번의 시행 중 9번 성공한 결과를 제시하고자 한다.

```
------------------------------------------------------------------------
> library(binom)
> binom.confint(9, 10, conf.level=0.95, method="asymptotic")
       method  x  n   mean    lower    upper
   asymptotic  9 10    0.9  0.71406  1.08594    # Wald confidence interval
> binom.confint(9, 10, conf.level=0.95, method="wilson")
   method  x   n  mean    lower    upper
   wilson  9  10   0.9  0.59585  0.98212        # score confidence interval
> binom.confint(9, 10, conf.level=0.95, method="agresti-coull")
          method x   n   mean  lower    upper
   agresti-coull 9  10    0.9 0.57403 1.00394
------------------------------------------------------------------------
```

1.0보다 큰 값으로 제시된 상한에 대해서는, π가 0과 1 사이에 있어야 하기 때문에 1.000으로 잘라내야 한다. 가능도 검정과 이에 대응하는 신뢰구간은 모델링의 관점에서 R을 통해 실시하기가 쉬우며, 이는 이후 절에서 살펴볼 것이다.

binom.test 함수는 정확한 P-값을 얻기 위해 이항분포를 사용한다. 예를 들어, $y=9$와 $n=10$일 때, $H_a: \pi \neq 0.50$와 $H_a: \pi > 0.50$에 대하여 $H_0: \pi = 0.50$에 대한 P-값을 찾을 수 있다.

```
------------------------------------------------------------------------
> binom.test(9, 10, 0.50, alternative = "two.sided")
```

```
        Exact binomial test
number of successes = 9, number of trials = 10, p-value = 0.02148
alternative hypothesis: true probability of success is not equal to 0.5
> binom.test(9, 10, 0.50, alternative = "greater")
        Exact binomial test
number of successes = 9, number of trials = 10, p-value = 0.01074
alternative hypothesis: true probability of success is greater than 0.5
-----------------------------------------------------------------
```

중간 P-값을 사용하는 이항검정은 **exactci** 패키지를 사용하여 실행시킬 수 있다. 중간 P-값을 사용하는 이항신뢰구간 역시 **exactci** 패키지를 사용하여 구할 수 있고, **PropCIs** 패키지도 사용할 수 있다. $n=10$의 시행 중 $y=9$의 성공을 다음과 같이 구할 수 있다.

```
-----------------------------------------------------------------
> library(exactci)
> binom.exact(9, 10, 0.50, alternative="greater", midp=TRUE) # mid P-value
number of successes = 9, number of trials = 10, p-value = 0.005859
> library(PropCIs)
> midPci(9, 10, 0.95) # confidence interval based on test with mid P-value
 0.5966 0.9946
-----------------------------------------------------------------
```

베타(α,β) 사전분포와 y번의 성공, $n-y$번의 실패를 나타내는 베이지안 사후구간은 $\alpha^*=y+\alpha$와 $\beta^*=n-y+\beta$를 모수로 가지는 베타분포의 분위수를 **qbeta** 분위함수를 사용하여 구한다. 1.5.3절의 낙태의 합법성에 대한 의견 예제에서와 같이 $y=837$이고 $n-y=973$일 때 $\alpha=\beta=0.5$를 사용하여 95% 사후구간을 구한다. 사후확률인 $P(\pi\geq 0.50)$와 같은 꼬리부분의 확률을 구하기 위해 **pbeta** 누적확률함수를 사용할 수 있다.

```
-----------------------------------------------------------------
> qbeta(c(0.025, 0.975), 837.5, 973.5)
[1] 0.43954 0.48545 # bounds of posterior interval, for Jeffreys prior

> pbeta(0.50, 837.5, 973.5) # posterior beta cumulative prob. at 0.50
[1] 0.99931
> 1 - pbeta(0.50, 837.5, 973.5) # right-tail probability above 0.50
[1] 0.00069 # can also get as pbeta(0.50, 837.5, 973.5, lower.tail=FALSE)
-----------------------------------------------------------------
```

1.6.3 요약: 추론 방법 선택

요약하면, 이항모수에 대한 추론을 실시하기 위해 여러 방법들을 사용할 수 있다. 분석자가 어떤 방법을 사용할지 결정하는 것이 쉽지 않을 수 있다. 현대의 빠른 컴퓨팅 연산력으로는 더 이상 대표본 정규 근사 혹은 카이제곱 근사에 기초한 방법들에 의존하는 간단한 경우만 고려하지 않아도 된다. 유의성검정 혹은 신뢰구간에 대한 빈도론자 방법은 중간 P-값을 사용하는 정확 이항 추론을 권장한다. 베이지안 방법은 베타(0.5,0.5) 사전분포에 의해 유도되는 베타 사후분포를 사용하는 추론을 권장한다.

연습 문제

1.1 다음의 각 문제에서 반응변수와 설명변수를 찾아라.

a. 총기 관리에 대한 태도 (찬성, 반대), 성별 (남성, 여성), 어머니의 교육 수준 (고등학교, 대학교)

b. 심장병 (예, 아니오), 혈압, 콜레스테롤

c. 인종 (백인, 백인이 아님), 종교 (가톨릭, 유대교, 무슬림, 개신교, 무교), 대통령 투표 (민주당, 공화당, 기타), 수입 (상, 중, 하)

1.2 다음 변수는 명목형인가 아니면 순서형인가?

a. 영국 정당 선호 (노동, 자유민주, 보수, 기타)

b. 최종학위 (無學, 고등학교, 학사, 석사, 박사)

c. 환자 상태 (양호, 보통, 안 좋음, 위독함)

d. 병원 위치 (런던, 보스턴, 매디슨, 로체스터, 토론토)

e. 선호하는 음료수 (맥주, 쥬스, 우유, 탄산음료, 와인, 기타)

f. 1개부터 5개 별점으로 나타내는 영화 평점 (싫어함, 좋아하지 않음, 좋아함, 아주 좋아함, 사랑함)

1.3 100개의 선다형 문제에서 각 문제마다 4개의 가능한 대답이 있고 이 중에 1개는 정답이다. 각 질문에 대하여 어느 학생이 임의로 한 대답을 선택했다고 하자.

a. 이때 학생이 맞춘 정답 수에 대한 분포를 구하라.

b. 이 분포의 평균과 표준편차를 기초로 했을 때 그 학생이 적어도 50개의 정답을 맞히는 것은 놀라운 일인가? 그 이유를 설명하라.

1.4 특정한 도시에서, π를 최저임금인상을 찬성하는 모비율이라고 하자. 2명으로 이루어진 임의표본에 대하여 $Y=$임금인상을 찬성하는 사람의 수라고 하자.

a. $\pi=0.50$일 때, Y가 취할 수 있는 가능한 값을 구하고 그 확률을 계산하라. 또한 Y의 확률분포의 평균과 분산을 구하라.

b. π를 알지 못할 때, $y=1$을 관측하였다고 가정한 후 가능도함수를 계산하고 그림으로 표현하라. 구한 가능도함수의 그림으로부터 최대가능도 추정량이 $\hat{\pi}=0.50$인 이유를 설명하라.

1.5 앞의 연습문제를 참조하여 $n=2$일 때 $y=0$라고 가정하자. π의 ML 추정값을 구하라. 이 추정값은 믿을 수 있는 것으로 보이는가? 그 이유는 무엇인가? π가 0과 1 사이에 균일하게 분포한다는 사전적인 믿음에 근거하여 베이지안 추정값을 찾아라.

1.6 유전자형 AA, Aa, aa는 각각 (π_1, π_2, π_3)의 확률로 나타난다. 3번의 독립적인 관찰값이 주어졌을 때 각각의 유전자가 관찰된 빈도수는 (y_1, y_2, y_3)이다.

a. y_1과 y_2를 알 때 y_3를 구하는 방법을 설명하라. 실제로 (y_1, y_2, y_3)의 다항분포는 이차원이다.

b. $n=3$일 때, (y_1, y_2, y_3)에서 관찰 가능한 10개의 값을 보여라.

c. $(\pi_1, \pi_2, \pi_3) = (0.25, 0.50, 0.25)$일 때, y_1의 확률분포는 무엇인가?

1.7 영국의 작가 Graham Greene은 그의 자서전 '*A Sort of Life*'에서 러시아 룰렛을 하는 동안에 느끼는 심한 정신적 우울 상태를 기술하였다. 이 러시아 룰렛 게임은 6발의 총알을 장착할 수 있는 피스톨에 임의로 1발의 총알을 장착한 후에 총구를 자신의 머리에 대고 방아쇠를 당기는 게임이다.

a. Greene은 이 게임을 6번 하였으나 운 좋게 한 번도 총알이 발사되지 않았다. 이 결과가 나올 확률을 구하라.

b. 총알이 발사될 때까지 이 게임을 계속한다고 가정하자. Y를 총알이 발사될 때까지 실시한 게임의 수라고 했을 때, 관측값 y가 얻어질 확률이 $y = 1, 2, 3, \cdots$에 대해 $(5/6)^{y-1}(1/6)$이 됨을 보여라(이 분포를 **기하분포**(geometric distribution)라고 부른다).

1.8 2010년도에 이루어진 일반사회조사에서 1374명 중 486명이 환경보호를 위해서 자신의 생활수준을 낮출 의사가 있느냐는 질문에 "예"라고 대답하였다.

a. "예"라고 대답할 사람들의 대한 모비율을 추정하라. "예"라고 대답할 모비율에 대한 99% 신뢰구간을 구하고 그 의미를 해석하라.

b. "예"라고 대답하는 사람들의 비율이 다수인지 소수인지 판단할 수 있는 유의성검정을 하고 P-값과 그에 대한 해석을 제시하라.

1.9 새로운 진통제는 고통을 경감시키는 효과가 기존의 진통제보다 더 큰 것으로 알려져 있다. 이를 확인하기 위해 생리통으로 고통을 받는 100명의 여성들을 대상으로 실험을 실시한 결과 40명의 여성들은 기존의 진통제가 효과가 있다고 보고하였고 60명의 여성들은 새로운 진통제가 효과가 있다고 보고하였다.

a. 기존 진통제가 효과가 있다고 할 확률과 새로운 진통제가 효과가 있다고 할 확률이 동일하다는 가설을 검정하라. 양측검정을 했을 때의 P-값을 구하고 그 값을 해석하라.

b. 새로운 진통제가 효과가 있다고 할 확률에 대한 95% 신뢰구간을 구하고 그 결과를 해석하라.

1.10 앞의 연습문제를 참조하라. 연구자는 충분히 큰 표본수를 사용하여 95% 신뢰도로 오차의 한계가 0.08 이내인 정확도를 가지고 새 진통제를 선호할 확률을 추정하고자 한다. 만일 참 확률이 0.75라고 하면 이 정확도를 만족시키기 위해 얼마나 큰 표본이 필요한가? (힌트: 95% 신뢰구간에 있는 $\pm$항이 0.08이 되기 위해서는 표본크기 n이 얼마나 커야 하는가?)

1.11 최근의 일반사회조사에서 1158명의 미국 성인들에게 "천국을 믿습니까?"라고 질문한 결과, "예"라고 대답한 사람의 비율은 0.86이었다. 이 집단을 랜덤 표본이라고 보았을 때, 미국인들 중 천국을 믿는 사람들의 모비율을 통계적으로 추정하여라. 분석과 결과에 대한 해석을 짧게 요약하여라.

1.12 기초통계 수업을 듣는 학생들에게 정보를 수집하기 위해서 설문지를 주었다. 그 중 한 질문은 학생들이 채식주의자인지를 묻는 것이었다. 25명의 학생들 중 "예"라고 대답한 학생은 한 명도 없었다. 이 집단은 랜덤 표본은 아니지만 비율에 대한 추론에 이 데이터를 사용할 수 있다. π를 "예"라고 대답할 모비율이라고 할 때 귀무가설은 $H_0 : \pi = 0.50$이고 대립가설은 $H_\alpha : \pi \neq 0.50$이다.

a. 만약 추정된 표준오차를 사용한 z 검정량에 대하여 왈드 검정을 한다면 어떤 결과가 나오겠는가?

b. π에 대한 95% 왈드 신뢰구간 식 (1.3)을 구하여라. 이것은 믿을만한가?

c. 귀무가설 하에서의 표준오차를 사용하는 z 검정통계량에 대해 스코어 검정을 하고 P-값을 제시하라.

d. 95% 스코어 신뢰구간이 (0.0, 0.133)인지 확인하라(이는 1.4.3절에서 중간 P-값을 사용한 이항검정의 소표본 방법으로 얻은 (0.0,0.137)의 신뢰구간과 비슷하다).

1.13 앞의 문제에서 시행횟수 $n = 25$이고 성공횟수 $y = 0$이고 $H_0 : \pi = 0.50$을 검정하고자 하는 경우에 다음 물음에 답하라.

a. 귀무가설 하에서의 최대가능도함수 l_0가 $(1 - \pi_0)^{25} = (0.50)^{25}$인 것을 보여라. 모든 가능한 π에 대한 최대가능도함수인 l_1이 1.0이라는 것을 보여라(힌트: 이것은 ML 추정값이 0.0일 때의 값이다).

b. 가능도비 검정통계량인 $2\log(l_1/l_0)$이 34.7이라는 것을 보이고 P-값을 제시하여라.

c. π에 대한 95% 가능도비 신뢰구간은 (0.000, 0.074)이다. $H_0 : \pi = 0.074$와 $H_\alpha : \pi \neq 0.074$를 검정하기 위한 가능도비 검정에서 카이제곱 검정통계량이 3.84이고 P-값이 0.05라는 것을 보임으로써 0.074가 정확한 상한값이 됨을 보여라.

1.14 1.4.3절에서 10번의 시행 중 9번의 성공($y = 9$)을 거둔 임상시험에 대한 이항 P-값을 구하였다. $y = 8$이라고 가정했을 때, 소프트웨어나 〈표 1.1〉의 이항분포를 사용하여 다음을 구하여라.

a. (i) $H_a : \pi > 0.50$과 (ii) $H_a : \pi < 0.50$에 대하여 P-값을 구하여라.

b. (i) $H_a : \pi > 0.50$과 (ii) $H_a : \pi < 0.50$에 대하여 중간 P-값을 구하여라.

c. 일반적인 P-값에서는 단측검정의 P-값의 합이 1.0보다 큰 반면 중간 P-값에서는 1.0과 같은 이유는 무엇인가?

d. 소프트웨어를 사용하여, 중간 P-값의 이항검정에 기반하여 95% 신뢰구간을 구하여라.

1.15 Y가 확률변수이고 c가 양의 상수이면 cY의 표준편차는 $c\sigma(Y)$가 된다. Y가 이항변수이고 $\hat{\pi} = Y/n$이면

a. $\sigma(\hat{\pi}) = \sqrt{\pi(1-\pi)/n}$가 성립함을 보여라.

b. π가 0.50 근처에 있을 때보다는 0이나 1 근처에 있을 때에 π에 대해 더 정확한 추정값을 얻게 되는 이유를 설명하여라.

1.16 가능도함수 l의 최댓값보다는 로그 변환된 $L = \log l$의 최댓값을 구하는 것이 더 간편하며 두 함수가 같은 점에서 최댓값을 가지기 때문에 어느 함수를 쓰던지 상관없다.

a. 이항분포 (1.1)에 대해 로그 변환된 가능도함수 $L(\pi)$를 계산하여라.

b. L을 모수에 관하여 미분한 후에 그 도함수를 0으로 놓은 후에 얻어지는 방정식을 **가능도방정식**(likelihood equation)이라고 한다. 이 가능도방정식을 풀어서 L의 최댓값이 얻어지는 점을 결정할 수 있다. 이항분포에 대한 가능도방정식을 구하고 그 방정식을 풀어서 π에 대한 ML 추정값이 $\hat{\pi} = y/n$임을 보여라.

1.17 채식주의자의 모비율 π를 추정하는 데 있어서 연습문제 1.12를 참조하라. 사전 베타분포 $(0.5, 0.5)$에 대하여 π의 베이즈 추정값을 구하여라.
95% 사후신뢰구간이 $(0.00002, 0.0947)$임을 보이고, 사후확률이 $P(\pi < 0.50) = 1.000$임을 보여라.

1.18 앞의 문제에서 베이즈 추정값이 표본비율을 사전 평균값으로 축소시켜 가는지를 설명하라.

1.19 연습문제 1.12와 1.17에서 구한 빈도론자의 스코어 신뢰구간$(0.0, 0.133)$과 베이지안 사후신뢰구간 $(0.00002, 0.0947)$에 대한 해석의 차이를 설명하라.

2장

분할표

〈표 2.1〉은 사후 세계에 대한 미국인들의 의견을 성별에 따라 분류한 자료이다. 이 자료에서 1587명의 여성들 중에 사후 세계를 믿는 사람은 1230명이고 사후 세계를 믿지 않거나 사후 세계에 대한 확신이 없는 사람들은 357명이다. 이 자료로부터 사후 세계에 대한 믿음과 성별 사이에 어떠한 연관성이 있는지 알아보자. 여성과 남성 중 어느 쪽이 사후 세계를 더 잘 믿는지, 아니면 사후 세계를 믿는 정도가 성별과는 독립적인지 알아보자.

연관성(association)에 대한 분석은 다변량 통계분석에서 중심적인 주제이다. 이 장에서는 두 범주형 변수 간의 연관성을 분석하는 방법을 다루고 있다. 먼저, 연관성을 나타내는 모수들을 소개하고 이러한 모수들을 추론하는 방법들을 제시하고자 한다.

2.1 분할표에서의 확률구조

범주형 변수 X와 Y에 따라 분류한 직사각형 표에서 범주형 변수 X의 수(행)를 r이라고 하고, 범주형 변수 Y의 수(열)를 c라고 하자. 이 표는 rc개의 가능한 결과를 나타내는 칸들로 구성되어 있다.

이 결과의 도수를 각 칸에 정리한 표를 **분할표**(contingency table)라고 한다. 두 개

▸표 2.1 성별에 따른 사후 세계에 대한 믿음 분류

	사후 세계에 대한 믿음		
성별	예	아니오 또는 불확실	합계
여성	1230	357	1587
남성	859	413	1272
합계	2089	770	2859

출처 : 2016 일반사회조사.

의 변수를 분류한 분할표를 **이차원 분할표**(two-way table), 세 변수를 분류한 것을 **삼차원 분할표**(three-way table)라고 한다. 네 개 이상의 변수에 대해서도 같은 방법으로 고차원 분할표를 정의할 수 있다. r개의 행과 c개의 열을 갖는 이차원 분할표를 $r \times c$ 분할표라고 한다. 예로써, 〈표 2.1〉은 2×2 분할표이다.

2.1.1 결합확률, 주변확률, 조건부확률

분할표에서의 확률분포는 세 종류의 확률(**결합확률**(joint probability), **주변확률**(marginal probability), **조건부확률**(conditional probability))이 있다. 우선 연구대상이 되는 모집단으로부터 임의로 추출된 어떤 개체가 두 범주형 반응변수인 X와 Y값에 따라 분류된다고 가정하자. $\pi_{ij} = P(X=i, Y=j)$를 순서쌍 (X, Y)가 i번째 행과 j번째 열에 속할 확률이라고 하면 $\{\pi_{ij}\}$는 X와 Y의 **결합분포**(joint distribution)를 나타내며 rc개의 칸들에 적힌 확률의 합은 $\sum_{i,j}\pi_{ij} = 1$을 만족한다. 각 표본에 대응하는 추정량 기호를 표시하는데, $\{\hat{\pi}_{ij}\}$는 표본결합분포로서 각 칸에 속할 표본의 비율을 나타낸다. 각 칸도수 $\{n_{ij}\}$에 대해 $n = \sum n_{ij}$이 전체 표본크기일 경우, 각 칸에 속하는 비율은

$$\hat{\pi}_{ij} = n_{ij}/n$$

이다. 〈표 2.1〉에서 $n = 2859$명의 응답자들을 성별과 사후 세계에 대한 믿음에 따라 분류했을 때에, $n_{11} = 1230$이고 이와 관련된 확률은

$\hat{\pi}_{11} = 1230/2859 = 0.43$이다. 마찬가지로, $\hat{\pi}_{12} = 0.12$, $\hat{\pi}_{21} = 0.3$, $\hat{\pi}_{22} = 0.14$이다.

주변분포(marginal distribution)는 결합분포의 행과 열의 합으로 각각 정의되며, 행의 변수에 대하여는 $\{\pi_{i+}\}$로, 열의 변수에 대하여는 $\{\pi_{+j}\}$로 표시하는데, 여기서 "+"는 그 위치에 해당하는 전체 첨자들의 합을 나타낸다. 예를 들어 2×2 표에서

$$\pi_{1+} = \pi_{11} + \pi_{12}, \quad \pi_{+1} = \pi_{11} + \pi_{21}$$

이며 각각 첫 번째 행의 확률과 첫 번째 열의 확률에 해당한다. 각각의 주변분포는 하나의 변수에 대한 것이다. 〈표 2.1〉은 사후 세계에 대한 믿음 (예, 아니요또는 불확실) 범주에 대한 표본주변분포, $(2089/2859 , 770/2859) = (0.73 , 0.27)$를 나타낸다.

이차원 분할표에서 한 변수(흔히 열변수 Y)는 반응변수이고 다른 변수(행변수 X)는 설명변수인 경우가 많다. 그러면 X의 각 수준에서 Y의 확률분포를 각각 분리하

여 구하는 것이 유용하다. 이러한 확률분포는 X가 주어졌을 때에 Y에 대한 **조건부확률**(conditional probabilites)로 구성되어 있고 이러한 분포를 **조건부분포**(conditional distribution)라고 부른다. 〈표 2.1〉에서 사후 세계에 대한 믿음은 반응변수이고 성별은 설명변수이다. 따라서 성별이 주어졌을 때 사후 세계에 대한 믿음의 조건부확률을 구할 수 있다. 여성의 경우, "예"라는 반응변수의 비율은 $1230/1587 = 0.78$이고, "아니요 또는 불확실"이라는 반응변수의 비율은 $357/1587 = 0.22$이다. 여성의 경우 사후 세계에 대한 믿음의 표본 조건부확률은 $(0.78, 0.22)$으로 주어진다. 반면, 남성의 경우의 표본 조건부확률은 $(0.68, 0.32)$이다.

2.1.2 예제: 민감도와 특이도

진단 검사는 여러 가지 질병들을 찾기 위해서 사용된다. 예를 들어, 유방 엑스선 검사는 여성에서 유방암 여부를 진단할 수 있고, 전립선-특이 항원(PSA) 검사는 남성에서 전립선암 여부를 진단해 낼 수 있다. 진단 검사 결과에서 **양성**(positive)은 질병에 걸렸다는 것을 의미하고 **음성**(negative)은 질병에 걸리지 않았다는 것을 의미한다.

X를 실제 환자의 질병 상태를 나타내고 이 값이 1일 때는 질병에 걸리고 2일 때는 질병에 걸리지 않은 것을 의미한다고 하자. Y는 진단 검사의 결과를 나타내고 이 값이 1일 때는 양성, 2일 때는 음성을 의미한다고 하자. 진단 검사의 정확도는 주로 두 개의 조건부확률에 의해 결정된다. 환자가 실제로 질병에 걸려 있을 때, 진단 검사의 결과가 양성으로 나올 확률을 **민감도**(sensitivity)라고 하고, 환자가 질병에 걸리지 않았을 때, 진단 검사의 결과가 음성으로 나올 확률을 **특이도**(specificity)라고 한다. 이 때 민감도와 특이도는 다음과 같이 표현할 수 있다.

$$\text{민감도} = P(Y=1|X=1), \quad \text{특이도} = P(Y=2|X=2)$$

민감도와 특이도가 높을수록, 진단 검사의 정확도가 높다는 것을 의미한다.

한편 관심 있는 확률값은 진단 검사 후 양성 결과를 얻었을 때, 이 환자가 실제로 질병에 걸려 있을 확률로 $P(X=1|Y=1)$이며 이 값을 양성 예측값(positive predictive value, PPV)이라고 한다. 상대적으로 상당히 적은 사람들이 병에 걸리는 경우에는 민감도와 특이도가 높다고 하더라도 이 확률값은 매우 낮을 수 있다. 예를 들어, 일반적으로 유방 엑스선 검사에 대한 민감도는 0.86이고 특이도는 0.88로 알려져 있다. 특정 기간에 유방 엑스선 검사를 한 여성 중 실제로 유방암에 걸린 여성의 비율은 1% 정도로 추정된다. 만약 이것이 사실이라면, 유방 엑스선 검사 결과 양성이라고 나왔을 때 이 여성이 실제로 유방암에 걸렸을 확률[1]은 0.07밖에 되지 않는다.

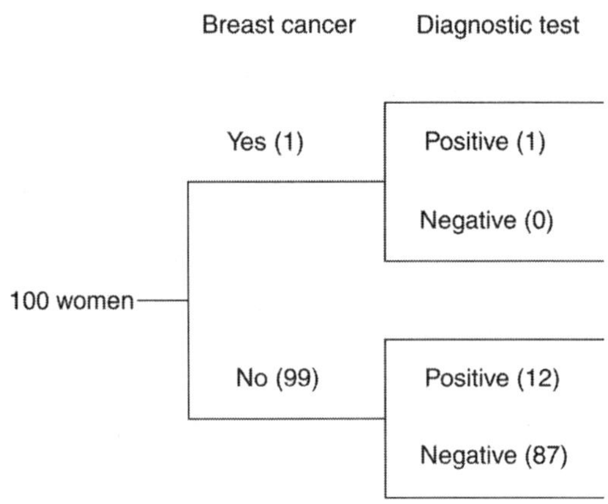

그림 2.1 100명의 유방암 진단 검사 결과를 보여 주는 나무그림으로 민감도가 0.86이고 특이도가 0.88인 경우

민감도와 특이도가 높은데도 불구하고 PPV값이 그렇게 낮은 이유는 무엇일까?

〈그림 2.1〉은 100명의 여성을 표본으로 했을 때 결과를 나무모양의 도식으로 나타낸 것이다. 첫 번째 가지들은 여성이 유방암에 걸렸는지를 나타내주는 것으로 여기서는 100명 중 1명, 즉 표본의 1%에 해당하는 여성들이 유방암에 걸려 있다. 두 번째 가지들은 각 유방암 여부를 알고 있을 때 유방 엑스선 검사 결과를 나타내고 있다. 유방암에 걸린 여성일 경우, 그것을 진단할 확률은 0.86이다. 그러므로 유방암에 걸린 한 명의 여성이 〈그림 2.1〉에서 보이는 바와 같이 양성 결과를 얻을 것이라고 기대할 수 있다. 유방암에 걸리지 않은 여성에 대해서 진단 결과 음성이 나올 확률은 0.88이다. 그러므로 99명의 유방암에 걸리지 않은 여성 중 약 $(0.88)99 = 87$명의 여성이 음성 결과를 받고 약 $(0.12)99 = 12$명의 여성이 양성 결과를 받을 것이라고 기대할 수 있다. 〈그림 2.1〉을 보면 양성 검사 결과를 얻은 13명의 여성 중 실제로 $1/13 = 0.08$에 해당하는 비율이 유방암에 걸려 있다. 유방암에 걸리지 않은 대다수의 여성들에서 나타나는 낮은 비율의 오류가 유방암에 걸린 소수의 여성들에서 나타난 정확한 진단에 대한 높은 비율을 압도시켜 덮어버린다.

2.1.3 두 범주형 변수의 통계적 독립성

두 범주형 변수 X와 Y 모두가 반응변수일 때 이 두 변수들의 모든 결합확률이 주변확률의 곱과 같을 경우 이 두 변수가 **통계적으로 독립**(statistically independent)이라고 정의한다.

1 베이즈 정리를 이용하여 증명할 수 있다(연습문제 2.2).

$$P(X=i,\ Y=j) = P(X=i)P(Y=j), \quad i=1,\cdots,r \text{ 이고 } j=1,\cdots,c$$

즉, 모든 칸에서 $\pi_{ij} = \pi_{i+}\pi_{+j}$이므로 주변확률로 결합확률이 결정된다.

Y가 반응변수이고 X가 설명변수일 때, X가 주어졌을 때 Y의 조건부확률분포를 구할 수 있다. Y의 실제 조건부확률분포가 X의 각각의 수준에서 동일하다면 변수들이 "통계적으로 독립"이라고 한다. 통계적 독립성을 조건부확률분포들의 **동질성**(homogeneity)이라고 한다. 변수들이 독립일 때, 어떤 특정한 열 j에서 반응변수의 확률은 모든 행에서 동일하다. 사후 세계에 대한 믿음의 확률이 여성과 남성 그룹에서 0.73으로 동일하다면 사후 세계에 대한 믿음은 성별과 독립이다.

2.1.4 이항표본추출과 다항표본추출

이항분포(binomial distribution)와 **다항분포**(multinomial distribution)는 1.2절에서 소개하였다. 랜덤 표본추출이나 랜덤화 실험에서 분할표의 칸도수들이 이들 중 하나의 분포를 갖는다고 가정할 수 있다.

분할표의 행이 서로 다른 그룹을 나타낼 때, 각 그룹의 표본크기는 종종 표본설계에 의해 고정된다. 예로는 두 개의 처리에 절반씩 랜덤하게 할당된 랜덤화 실험을 들 수 있다. 행변수 X의 각 수준에서의 주변합이 확률변수가 아니고 고정된 상수일 때, X와 Y의 결합분포는 더 이상 의미가 없고 오히려 (X가 주어졌을 때) Y의 조건부분포만이 의미가 있다. 반응변수가 두 개의 범주를 가질 때(예: 치료법에 대한 반응이 성공 또는 실패), 각각의 조건부분포는 이항분포를 따른다. 즉, 각 행의 표본에 대하여 이항분포를 가정할 수 있는데 시행횟수는 고정된 행의 합이 된다. 만약, 반응변수 Y의 범주가 (완전한 성공, 부분적 성공, 실패)와 같이 두 개 이상인 경우에는 각각의 조건부분포는 다항분포를 따른다.

일반사회조사(General Social Survey)와 같은 대부분의 표본조사에서, 전체 표본크기 n은 고정되어 있다. 임의표본을 두 개의 범주형 변수 X와 Y에 따라 분류할 때, 다항분포는 모든 칸에서의 결합분포를 설명한다. 분할표의 칸들은 가능한 모든 결과들을 나타내고 칸확률은 다항분포의 모수에 해당된다. 그러나 Y가 반응변수이고 X(행변수)가 설명변수일 때 행의 합을 고정된 것으로 간주하고 행들이 마치 분리된 표본을 형성하는 것처럼 자료를 분석하여 Y에 대한 표본 조건부분포를 분석할 수 있다. 〈표 2.1〉에서 사후 세계에 대한 믿음이 반응변수이기 때문에 여성의 도수들을 "예"와 "아니오 또는 미정"이라는 두 개의 범주를 취하는 이항분포표본으로 간주하고 남성도 같은 범주를 갖는 독립인 이항표본으로 간주할 수 있다.

2.2 2×2 분할표에서 비율의 비교

많은 연구들이 이항반응변수 Y에 대하여 두 그룹을 비교하는 문제를 다루고 있다. 이러한 자료는 그룹들을 행으로, 이항반응변수 Y를 열로 분류한 2×2 분할표로 나타낼 수 있다. 이 절에서는 이항반응변수에 대하여 그룹들을 비교하는 측도들을 제시하고자 한다.

2.2.1 비율의 차이

일반적으로 이항변수의 반응범주를 "**성공**"과 "**실패**"라는 용어를 사용하여 나타낸다. 첫 번째 행의 개체에 대하여, π_1을 성공의 확률로, π_2를 두 번째 행의 개체에 대한 성공의 확률로 표시해 보자. 이들은 조건부확률이다. 이 경우 실패할 확률은 $1-\pi_1$과 $1-\pi_2$가 된다.

$\pi_1 - \pi_2$로 정의되는 **비율의 차이**는 두 행간의 성공의 확률을 비교하게 되며 이 차이는 -1과 $+1$ 사이의 값을 갖는다. $\pi_1 = \pi_2$일 때 이 값은 0이 되며, 이 경우는 반응변수가 그룹변수와 서로 독립일 때 일어난다. $\hat{\pi}_1$과 $\hat{\pi}_2$를 각각 두 행에서의 표본성공확률이라고 하면 $\hat{\pi}_1 - \hat{\pi}_2$는 $\pi_1 - \pi_2$의 추정값이 된다.

간단히, 두 그룹의 표본크기를 n_1과 n_2로 표시하자. 두 행이 서로 독립인 이항분포의 표본일 때, $\hat{\pi}_1 - \hat{\pi}_2$의 표준오차의 추정값은 다음과 같다.

$$SE = \sqrt{\frac{\hat{\pi}_1(1-\hat{\pi}_1)}{n_1} + \frac{\hat{\pi}_2(1-\hat{\pi}_2)}{n_2}} \tag{2.1}$$

표본크기가 커지면, 표준오차는 감소하고 따라서 $\pi_1 - \pi_2$의 추정값은 정도(precision)가 더 좋아진다. $\pi_1 - \pi_2$에 대한 $100(1-\alpha)\%$ 대표본 왈드 신뢰구간은 다음과 같다.

$$(\hat{\pi}_1 - \hat{\pi}_2) \pm z_{\alpha/2}(SE)$$

$H_0 : \pi_1 = \pi_2$에 대한 유의성검정에서 z 검정통계량은 $(\hat{\pi}_1 - \hat{\pi}_2)$를 귀무가설 하에서의 합동 표준오차로 나눠준 것이다. z^2은 2.4절에서 소개할 Pearson 카이제곱통계량이므로 여기서는 더 이상 설명하지 않겠다.

소표본의 경우, 다른 신뢰구간들이 왈드 신뢰구간보다 명목적인 신뢰수준에 더 가까운 보다 정확한 결과를 보여 주는데 특히 π_1과 π_2가 0 또는 1에 가까울 때에 더 그렇다. 범용적인 목적으로 널리 사용되는 방법으로는 $\pi_1 - \pi_2$에 대한 스코어 검정 결과에 기반한 방법이 있다. 이 계산 과정을 다루는 것은 이 책의 범위를 벗어나지만 소프트웨어를 이용하여 스코어 신뢰구간을 구할 수 있다(2.3.3절). 또 다른 대안으로는 2×2 분할표의 모든 칸에 1.0을 더한 후에 왈드 공식을 적용하는 것인데 성능이 아주 많이 향상된다.[2]

2.2.2 예제: 아스피린과 심근경색증

〈표 2.2〉는 의사보건연구(Physicians' Health Study)[3]로 정기적인 아스피린의 복용이 심근경색증(심장마비)에 걸릴 확률을 감소시키는지를 알아보기 위하여 5년 동안 실시되었다. 이 연구에 참여한 의사들은 하루 걸러서 아스피린과 위약(僞藥, placebo)을 복용했으며, 누가 어떤 약을 복용하는지 모르는 **눈가림법**(blind)을 실시하였다. 이후 간호사보건연구(Nurses' Health Study)[4]에서는 아스피린 사용과 다양한 암의 종류와의 연관성에 대하여 조사하였다.

〈표 2.2〉에 있는 두 개의 행은 독립이항표본으로 간주할 수 있다. 위약을 복용한 $n_1 = 11,034$ 표본 중에서 연구기간 동안 189명의 심근경색 환자가 발생했기 때문에 $\hat{\pi}_1 = 189/11,034 = 0.0171$이 된다. 아스피린을 복용한 $n_2 = 11,037$명 중에서 104명의 심근경색환자가 생겨서 $\hat{\pi}_2 = 0.0094$이다. 따라서 표본비율의 차이는 $\hat{\pi}_1 - \hat{\pi}_2 = 0.0171 - 0.0094 = 0.0077$이고 식 (2.1)로부터, 이 차이의 표준오차의 추정값은 다음과 같다.

$$SE = \sqrt{\frac{(0.0171\times 0.9829)}{11,034} + \frac{(0.0094\times 0.9906)}{11,037}} = 0.0015$$

▸ 표 2.2 아스피린 복용과 심근경색증과의 교차 분할표

	심근경색증		
처리	예	아니요	합
위약	189	10,845	11,034
아스피린	104	10,933	11,037

출처 : *New Engl. J, Med.*, **318** : 262-264(1988)

[2] A. Agresti and B. Caffo, Am, Statrist., **54**: 280-288, 2000. R에서 PropCIs 패키지 안의 wald2ci 함수(옵션 "AC")에서 이용 가능하다.

[3] phs.bwh.harvard.edu를 확인하라.

[4] www.nurseshealthstudy.org를 확인하라.

따라서 $\pi_1 - \pi_2$에 대한 95% 신뢰구간[5]은 $0.0077 \pm 1.96(0.0015)$, 즉 0.008 ± 0.003 또는 $(0.005, 0.011)$이 된다. 이 구간은 양의 값만 포함하기 때문에, $\pi_1 - \pi_2 > 0$이라는 결론을 내릴 수 있다. 다시 말하자면, $\pi_1 > \pi_2$가 되므로, 아스피린을 복용하는 것이 심장혈관질환의 위험을 감소시킨다고 볼 수 있다.

2.2.3 비율들의 비(상대위험도)

두 비율의 차이가 고정된 크기로 일정한 경우, 두 비율의 값이 0.5에 가까운 중간값일 때보다 0 또는 1에 가까울 때 훨씬 중요한 의미를 가질 수 있다. 예를 들어 약을 사용할 때 부작용이 발생하는 비율을 근거로 두 가지 약을 비교하는 문제를 고려해보자. 0.010과 0.001의 차이는 0.410과 0.401의 차이와 똑같이 0.009가 된다. 그러나 0.010과 0.001의 차이는 하나의 약이 다른 약보다 10배나 많이 부작용을 일으킨다는 것을 시사하기 때문에 더 주의를 기울일 필요가 있다. 이러한 경우에는 비율의 비(ratio)가 유용한 척도가 된다.

2×2 분할표에서 **상대위험도**(relative risk)는 두 그룹의 성공확률의 비인

$$\text{상대위험도} = \frac{\pi_1}{\pi_2}$$

로 정의되며 이 값은 음이 아닌 실수값을 취한다. 0.010과 0.001은 $0.010/0.001 = 10.0$의 상대위험도를 갖는 반면, 0.410과 0.401은 $0.410/0.401 = 1.02$의 상대위험도를 갖는다. 상대위험도는 $\pi_1 = \pi_2$일 때, 즉 반응변수가 그룹변수와 독립일 때 1.00의 값을 갖는다. 때때로 실패할 확률의 비 $(1-\pi_1)/(1-\pi_2)$를 계산하는 것도 유용한데 이 값은 성공할 확률의 비와 다른 값을 갖는다.

〈표 2.2〉에서 표본상대위험도는 $\hat{\pi}_1/\hat{\pi}_2 = 0.0171/0.0094 = 1.82$이므로, 심근경색을 일으킬 표본비율은 위약을 복용한 그룹이 아스피린을 복용한 그룹보다 82%나 높다. 0.0077이라는 두 표본비율의 차이는 두 그룹의 위험률의 차이가 매우 미미한 것처럼 보여 주고 있다. 반면에, 상대위험도는 이 차이가 공중보건에 시사하는 바가 매우 크다는 것을 보여 주고 있다. 따라서 두 그룹의 비율이 둘 다 0의 값에 가까울 때 비율의 절대적인 차이만을 이용하여 두 그룹을 비교하는 것은 다소 오도된 결론을 유발할 수 있다.

[5] 스코어 신뢰구간으로 $(0.005, 0.011)$을 구하였다(2.3.3절).

표본상대위험률의 표본분포는 표본의 크기가 상당히 큰 경우 외에는 비대칭적으로 치우쳐 있다. 이러한 이유로 상대위험도에 대한 신뢰구간 공식은 다소 복잡한 형태이다. 〈표 2.2〉의 자료에 대하여 통계 프로그램을 사용하여(아래의 결과를 확인하라) 실제 상대위험도에 대한 95% 신뢰구간을 구하면 (1.43, 2.30)이 된다. 이 결과는 5년 후에 위약을 복용한 그룹이 아스피린을 복용한 그룹에 비하여 심근경색을 일으킬 확률이 상대적으로 1.43배와 2.30배 사이에 있다는 것을 95% 확신할 수 있다는 의미이다. 상대위험도에 대한 신뢰구간은 심근경색에 대한 위험률이 위약을 복용한 그룹이 다른 그룹보다 최소한 43% 높다는 것을 의미한다.

2.2.4 2×2 분할표의 비율 비교를 위한 R 사용

아스피린 사용과 심근경색 데이터를 예제로 사용하여, R에서 $\pi_1 - \pi_2$의 왈드 신뢰구간을 구하는 방법은 다음과 같다.

```
> prop.test(c(189, 104), c(11034, 11037), conf.level=0.95, correct=FALSE)
  # uses the two success counts and n1 and n2, no continuity correction
95 percent confidence interval:
0.00469 0.01072 # Wald CI for difference of proportions
```

R 패키지 PropCIs 에는 이항 비율의 경우에 대해 여러 신뢰구간들을 포함하고 있는데 $\pi_1 - \pi_2$와 상대위험도에 대한 스코어 신뢰구간도 내장되어 있다.

```
> library(PropCIs) # uses binomial success count and n for each group
> diffscoreci(189, 11034, 104, 11037, conf.level=0.95)
95 percent confidence interval:
 0.00472 0.01079 # score CI for difference of proportions
> riskscoreci(189, 11034, 104, 11037, conf.level=0.95)
95 percent confidence interval:
 1.43390 2.30471 # score CI for relative risk
```

2.3 오즈비

다음으로 2×2 분할표의 또 다른 연관성 측도인 **오즈비**(odds ratio)를 소개하겠다. 이것은 반응변수에 대한 가장 중요한 모형인 로지스틱 회귀모형에서도 기초가 되는 모수이다.

성공할 확률 π에 대한 성공의 **오즈**(odds)는 다음과 같이 정의된다.

$$\text{odds} = \pi/(1-\pi)$$

예를 들어, $\pi = 0.75$이면 성공의 오즈는 $0.75/0.25 = 3.0$과 같다. 오즈는 음이 아닌 실수이고 성공이 실패보다 일어날 가능성이 많을 때는 1.0보다 큰 값을 갖는다. 오즈가 3.0이면 성공확률이 실패확률의 3.0배이다. 오즈가 1/3이면 실패확률이 성공확률의 3배가 되어 3번의 실패마다 한 번의 성공을 기대할 수 있다.

각 행에서 성공확률은 오즈의 함수로서 다음과 같다. 즉,

$$\pi = \text{odds}/(\text{odds}+1)$$

예를 들어, $\text{odds} = 4$이면 $\pi = 4/(4+1) = 0.8$이다. 성공확률은 0.80, 실패확률은 0.20이고 오즈는 $0.80/0.20 = 4.0$이다.

2×2 분할표에서 첫 번째 행의 성공의 오즈를 $\text{odds}_1 = \pi_1/(1-\pi_1)$라고 하고 두 번째 행의 성공의 오즈를 $\text{odds}_2 = \pi_2/(1-\pi_2)$라고 하자. 두 행에서 계산된 오즈의 비율을 **오즈비**라고 하며 다음과 같이 정의된다.

$$\theta = \frac{\text{odds}_1}{\text{odds}_2} = \frac{\pi_1/(1-\pi_1)}{\pi_2/(1-\pi_2)}$$

상대위험도가 두 **확률**의 비율인 반면, 오즈비 θ는 두 오즈들의 비가 된다.

2.3.1 오즈비의 성질

오즈비는 임의의 음이 아닌 실수값을 갖는다. 두 변수 X와 Y가 서로 독립일 때, 즉, $\pi_1 = \pi_2$일 때, $\text{odds}_1 = \text{odds}_2$가 되어 $\theta = \text{odds}_1/\text{odds}_2 = 1$이 된다. 독립성을 의미하는 $\theta = 1$이 기준값이 된다. 오즈비 1을 기준으로 양쪽의 값은 연관성의 유형을 반영하고 있다. $\theta > 1$이면, 첫째 행에서의 성공의 오즈가 두 번째 행보다 높다는 것을 의미한다. 예를 들어 $\theta = 4$는 첫째 행에서의 성공의 오즈는 두 번째 행의 4배가 된다. 따라서 첫째 행에 속하는 개체는 두 번째 행에 속하는 개체보다 성공할 가능성이 더 많다. 즉, $\pi_1 > \pi_2$가 된다. 반대로 $\theta < 1$이면, 첫 번째 행에서 성공할 가능성이 두 번째 행에서 성공할 가능성이 더 작다는 것을 의미한다. 즉, $\pi_1 < \pi_2$가 된다.

θ의 값이 1.0에서 멀어질수록 더 강한 연관성을 나타낸다. 4의 오즈비는 2의 오즈비를 갖는 경우보다 독립성에서 더 멀어진 것이고, 0.25의 오즈비는 0.50의 오즈비를

갖는 경우보다 독립성에서 더 멀어진 것을 말한다. 서로 역수관계에 있는 오즈비는 방향만 반대일 뿐, 같은 정도의 연관성을 나타낸다. 예를 들어 $\theta = 0.25$일 때, 첫 번째 행에서 성공의 가능성이 두 번째 행보다 0.25배라는 의미이고, 이것은 역으로 두 번째 행에서 성공의 가능성이 첫 번째 행보다 $1/0.25 = 4.0$배라는 것을 의미한다. 행의 순서가 바뀌거나 열의 순서가 바뀌면 오즈비는 역수가 된다. 이 순서는 대개 임의적이므로 오즈비가 4.0이거나 0.25라는 사실은 단순히 우리가 어떻게 행과 열을 분류하여 표시하는가에 따라 결정된다.

분할표에서 행과 열이 서로 바뀌더라도 오즈비는 변하지 않는다. 즉, 열을 반응변수로 행을 설명변수로 다루거나, 행을 반응변수로 열을 설명변수로 다루더라도 같은 오즈비를 갖게 된다. 오즈비는 변수들을 대칭적으로 다루기 때문에 어떤 변수가 반응변수인지를 구분할 필요가 없다. 두 변수가 모두 반응변수일 때 결합확률을 사용하여 오즈비를 다음과 같이 정의할 수 있다.

$$\theta = \frac{\pi_{11}/\pi_{12}}{\pi_{21}/\pi_{22}} = \frac{\pi_{11}\pi_{22}}{\pi_{12}\pi_{21}}$$

표본오즈비는 두 행의 표본오즈들의 비로 다음과 같다.

$$\hat{\theta} = \frac{\hat{\pi}_1(1-\hat{\pi}_1)}{\hat{\pi}_2(1-\hat{\pi}_2)} = \frac{n_{11}/n_{12}}{n_{21}/n_{22}} = \frac{n_{11}n_{22}}{n_{12}n_{21}} \tag{2.2}$$

네 칸에 대한 다항분포에서나 두 행에 대한 독립이항분포에 대해서 이것은 실제 오즈비에 대한 ML 추정량이 된다. 오즈비는 또한 **교차적비**(cross-product ratio)라고도 하는데 이는 대각선의 반대편에 있는 칸확률들의 곱 $n_{11}n_{22}$와 $n_{12}n_{21}$의 비와 같기 때문이다.

2.3.2 예제: 아스피린 복용과 심근경색증에 대한 오즈비

이제 〈표 2.2〉의 아스피린 복용과 심근경색 자료로부터 두 오즈와 오즈비를 구해 보자. 위약을 복용한 의사들로부터 추정한 심근경색의 오즈는 $n_{11}/n_{12} = 189/10{,}845 = 0.0174$이다. 이 값은 "아니오"라고 응답한 100명의 응답자마다 1.74명의 "예"라는 응답자가 있다는 의미이다. 마찬가지로 아스피린을 복용한 의사들로부터 추정한 오즈는 $104/10{,}933 = 0.0095$로서 "아니오"라고 응답한 100명의 응답자마다 0.95명의 "예"라는 응답자가 있다는 의미로 해석할 수 있다.

따라서 표본 오즈비는 $\hat{\theta} = 0.0174/0.0095 = 1.832$이다. 이것은 또한 교차적비 $(189 \times 10{,}933)/(10{,}845 \times 104)$와 같다. 위약을 복용한 의사 그룹의 심근경색의 오즈 추정값은 아스피린을 복용한 그룹의 오즈 추정값의 1.83배이며, 이는 오즈 추정값이 위약의 그룹에서 83% 더 높다는 것을 의미한다.

2.3.3 오즈비와 로그 오즈비에 관한 추론

표본크기가 작거나 보통일 경우에 오즈비의 표본추출분포는 매우 비대칭적으로 치우쳐 있다. 예를 들어, $\theta = 1$일 때, $\hat{\theta}$는 θ보다 지나치게 작을 수는 없지만 (왜냐하면 $\hat{\theta} \geq 0$이므로) 무시할 수 없는 확률로 1보다 아주 큰 값을 가질 수 있다. 이러한 비대칭성 때문에 오즈비에 관한 통계적 추론은 θ를 자연로그 변환한 $\log(\theta)$를 이용한다. 독립성은 $\log(\theta) = 0$에 대응된다. 즉, 1.0의 오즈비는 0.0의 로그 오즈비와 동등하다. 로그 오즈비는 행의 역수 또는 열의 역수가 그 부호를 바꾼다는 의미에서 0값에 대하여 대칭이다. 예를 들어, $\log(2.0) = 0.69$과 $\log(0.5) = -0.69$ 같이 부호를 제외하고 같은 값을 갖는 두 $\log(\theta)$는 같은 정도의 연관성을 나타낸다.

표본오즈비의 로그 변환 $\log\hat{\theta}$는 $\hat{\theta}$의 분포보다 더 정규분포에 가까운 표본추출분포를 갖는다. 표본크기가 커지면 $\log\hat{\theta}$의 대표본분포는 평균이 $\log\theta$이고 다음과 같은 표준편차를 갖는 정규분포로 수렴한다.

$$SE = \sqrt{\frac{1}{n_{11}} + \frac{1}{n_{12}} + \frac{1}{n_{21}} + \frac{1}{n_{22}}}$$

SE는 칸도수가 증가할수록 감소한다. 표본추출분포가 정규분포에 근접하기 때문에 θ에 대한 신뢰구간을 구하기 위하여 $\log\theta$에 대한 신뢰구간을 구하여 역변환시키는 방법(즉, **지수함수**(exponential function)를 사용해서 로그를 없애는 방법)을 사용하면 된다. $\log\theta$의 대표본 왈드 신뢰구간은 다음과 같다.

$$\log\hat{\theta} \pm z_{\alpha/2}(SE)$$

〈표 2.2〉에서 $\hat{\theta}$의 자연로그값은 $\log(1.832) = 0.605$이고 $\log\hat{\theta}$의 SE는 다음과 같다.

$$SE = \sqrt{\frac{1}{189} + \frac{1}{10{,}933} + \frac{1}{104} + \frac{1}{10{,}845}} = 0.123$$

따라서 $\log \theta$의 95% 신뢰구간은 $0.605 \pm 1.96(0.123)$ 또는 $(0.365, 0.846)$으로 주어진다. 이에 대응되는 θ의 신뢰구간은 다음과 같다.

$$[\exp(0.365), \exp(0.846)] = (e^{0.365}, e^{0.846}) = (1.44, 2.33)$$

e^x 또는 $\exp(x)$로 표시할 수 있는 이 값은 x에서의 지수함수(exponential function)이다. 이 지수함수는 자연로그를 취하는 로그함수의 역함수이다.[6]

θ의 신뢰구간 $(1.44, 2.33)$이 1.0의 값을 포함하지 않으므로 두 그룹의 심근경색에 대한 실제 오즈는 차이가 있다는 것을 나타낸다. 이는 아스피린을 복용한 그룹보다 위약을 복용한 그룹이 심근경색에 대한 오즈가 적어도 44% 높다는 것을 나타낸다. 이 신뢰구간의 양쪽 경계점은 $\hat{\theta} = 1.83$에서 동일한 거리만큼 떨어져 있지 않은데, $\hat{\theta}$의 표본추출분포가 오른쪽으로 치우쳐 있기 때문이다.

소표본의 경우에는 왈드 신뢰구간보다 다른 신뢰구간 방법들의 성능이 더 좋으며, π_1과 π_2가 0 또는 1에 가까울 때 더욱 그렇다. 스코어 신뢰구간을 계산하는 것은 이 책의 범위를 넘어서지만, 통계 프로그램을 통해서 계산할 수 있다. $n_{ij} = 0$인 경우에도, 스코어 신뢰구간을 구할 수 있으며, 이때 표본 오즈비 $\hat{\theta}$는 $-\infty$이나 ∞의 값을 갖는다. 하지만 왈드 방법의 경우, 그 값이 정의되지 않고 불능이 된다. R을 사용하여 왈드와 스코어 신뢰구간을 구해 보자.

```
> library(epitools) # uses the four cell counts
> oddsratio(c(189,10845,104,10933), method="wald", conf=0.95, correct=FALSE)
  odds ratio with 95% C.I.
  estimate   lower    upper
  1.83205  1.44004  2.33078  # Wald CI for odds ratio, no continuity correction

> library(PropCIs) # uses success count and n for each binomial group
> orscoreci(189, 11034, 104, 11037, conf.level=0.95)
95 percent confidence interval:
 1.44080    2.32955  # score CI for odds ratio
```

2.3.4 오즈비와 상대위험도와의 관계

1.83이라는 표본 오즈비의 값은 $\hat{\pi}_1$이 $\hat{\pi}_2$의 1.83배라는 뜻으로 해석할 수 없다. $\hat{\pi}_1$이 $\hat{\pi}_2$의 1.83배라는 것은 1.83의 값을 갖는 **상대위험도**(relative risk)에 대한 해석이다.

6 $e^x = c$는 $\log(c) = x$를 의미한다. 예를 들어 $e^0 = 1$은 $\log(1) = 0$에 대응되고, $e^{0.69} = 2$은 $\log(2) = 0.69$에 대응된다.

대신에, $\hat{\theta}=1.83$은 $\hat{\pi}_1/(1-\hat{\pi}_1)$ 오즈값이 $\hat{\pi}_2/(1-\hat{\pi}_2)$ 오즈값의 1.83배가 된다는 것을 의미한다. 정의 (2.2)로부터, 다음과 같은 관계식이 성립한다.

$$오즈비 = \frac{\hat{\pi}_1/(1-\hat{\pi}_1)}{\hat{\pi}_2/(1-\hat{\pi}_2)} = 상대위험도 \times \left(\frac{1-\hat{\pi}_2}{1-\hat{\pi}_1}\right)$$

두 그룹에서 모두 $\hat{\pi}_1$과 $\hat{\pi}_2$이 0에 가까우면 위 식의 우변의 둘째 항이 근사적으로 1.0과 같아진다. 그러면, 오즈비와 상대위험도는 유사한 값을 갖는다. 각 그룹에서 심근경색에 걸릴 표본비율은 0에 가깝다. 따라서 1.83의 표본오즈비는 2.2.3절에서 구한 표본상대위험도인 1.82와 유사하다. 이러한 경우에 1.83이라는 오즈비값은 $\hat{\pi}_1$이 $\hat{\pi}_2$의 약 1.83배가 된다는 의미를 가진다.

오즈비와 상대위험도 사이의 관계는 매우 유용하다. 어떤 자료에서는 직접적으로 상대위험도를 계산할 수 없지만 오즈비는 추정할 수 있으며, 비교의 대상이 되는 비율값들이 작을 때,[7] 다음 예제에서 설명하겠지만 상대위험도를 근사시키는 데 오즈비를 사용할 수 있다.

2.3.5 예제: 사례-대조 연구에서 오즈비의 적용

〈표 2.3〉은 폐암과 흡연의 관계를 조사한 첫 번째 연구 결과들 중 하나로 1920년 영국의 런던에 있는 20개의 병원으로부터 얻은 자료이다. 당시 많은 의학자들은 1956년 청정공기법(Clean Air Act) 발효 이전에 석탄 연소(그 결과 잦은 "런던 안개"가 발생하였다)에 의해 유발된 심각한 대기 오염이 런던에서 폐암 환자 수가 증가하는 주요 요인이라고 판단하였다. 그러나 역학자 Richard Doll과 통계학자 Austin Bradford Hill은 흡연이 주범이라고 생각하였다. 이들은 연구에서 폐암 진단을 받은 환자들을 대상으로 흡연경험에 대한 설문 조사를 진행하였다. 적어도 1년 간 하루에 한 개피 이상 흡연을 한 경험이 있는 환자들은 흡연자로 분류되었다. 또한 폐암 진단을 받은 각 환자 별로 동일 병원에서 성별이 같고 연령 차이가 5년 이내인 암 진단을 받지 않은 환자에 대한 흡연 행동을 기록하였다. 〈표 2.3〉의 첫 번째 열에서 709명의 **환자군**(cases)는 폐암 진단을 받은 환자들이고, 두 번째 열에서 709명의 **대조군**(controls)은 폐암 진단을 받지 않은 환자들이다.

일반적으로 폐암의 발생 여부는 반응변수로, 흡연 행동은 설명변수로 간주된다. 그

7 $\hat{\pi}_1$과 $\hat{\pi}_2$가 0.20보다 클 때, 오즈비의 제곱근은 상대위험도의 근사값이다. T.J. VanderWeele, Epidemiology **28**; 58-60(2017)을 확인하라.

▸표 2.3 흡연과 폐암과의 교차 분할표

흡연	폐암 사례군	대조군
예	688	650
아니오	21	59
합	709	709

출처: Table IV, R. Doll and A.B. Hill, *British Med. J.* Sept. 30, 1950, 739-748.

러나 이 연구에서 폐암발생 여부의 주변확률분포 (0.50, 0.50)는 표본설계에 의하여 이미 고정되어 있고, 각 개체에 대하여 측정할 수 있는 결과는 과거의 흡연경험 여부이다. 이와 같이 과거를 되돌아보도록 계획된 연구를 **후향적 연구**(retrospective study)라고 하고 일명 **사례-대조 연구**(case-control study)라고 한다. 이러한 연구는 흔히 보건 관련 분야에서 볼 수 있는데 이 연구에서와 같이 두 표본들을 서로 대응시켜 뽑는 경우가 많다.

여기서 흡연자와 비흡연자 그룹 간에 폐암에 걸리는 비율을 비교한다고 가정하자. 이 비율은 흡연상태가 주어졌을 때 폐암의 조건부확률을 의미하지만 이 자료에서는 이러한 비율을 추정할 수 없다. 대신에 사례-대조 연구에서는 역으로 폐암의 상태가 주어져 있을 때 흡연의 조건부분포를 구하기 위한 비율의 계산은 가능하다. 〈표 2.3〉에서 폐암에 걸린 환자들에 대하여 이전에 흡연경험의 비율은 $688/709=0.970$이고 반면에 병에 걸리지 않은 환자들(대조군)의 흡연비율은 $650/709=0.917$이다. 관심의 대상이 되는 반응변수의 조건부분포를 추정할 수 없기 때문에, 반응변수의 비율의 차이나 상대위험도와 같은 확률 역시 추정할 수 없다. 그러나 오즈비는 구할 수 있다. 왜냐하면, 오즈비값은 Y가 주어졌을 때 X의 조건부분포를 사용하여 계산하는 경우나 X가 주어졌을 때 Y의 조건부분포를 사용하여 계산한 경우가 서로 동일한 값을 갖기 때문이다. 즉, 오즈비는 X와 Y를 대칭적으로 다룬다.

〈표 2.3〉에서 식 (2.2)를 사용하여 오즈비를 다음과 같이 구할 수 있다.

$$\frac{(688/709)/(21/709)}{(650/709)/(59/709)}=\frac{688\times 59}{650\times 21}=3.0$$

더구나 오즈비는 대칭성 때문에 어느 방향에서든지 조건부확률분포에 의해 결정되며 Y의 각 수준 내에서 X의 반응을 측정하는 연구에서도 계산이 가능하다. 즉, 후향적 연구에서도 관심의 대상이 되는 방향에서 대칭적으로 해석이 가능하다. 흡연경험자가 폐암에 걸릴 오즈의 추정값은 비흡연자가 폐암에 걸릴 오즈의 추정값의 3배가 된다.

2.3.4절에서와 같이, 흡연 경험과 상관없이 폐암에 걸릴 확률이 작을 경우, 오즈비의 추정값 3.0은 상대위험도의 대략적인 추정값이 된다. 즉, 흡연자가 폐암에 걸릴 상

대 빈도수는 비흡연자의 거의 3.0배에 가깝다고 추정할 수 있다.[8]

2.3.6 연구의 유형: 관측연구 대 실험연구

〈표 2.3〉의 사례-대조 연구와는 반대로 흡연자와 비흡연자에 대한 폐암의 발병 비율을 관측하기 위하여 50년 동안 젊은 사람들로 이루어진 하나의 표본 그룹을 추적해 가는 연구를 상상해 보자. 이러한 표본설계를 **전향적**(prospective)이라고 한다.

두 가지 유형의 전향적 연구가 있다. **임상시험**(clinical trial)에서는 2.2.2절의 아스피린과 심근경색증에 관한 의사 보건 연구에서와 같이 개체를 임의적으로 관심 있는 두 그룹으로 할당하여 반응변수를 앞으로 관측하는 것이다. **코호트 연구**(cohort study)에서는 간호사 보건 연구에서처럼 각 개체가 어떤 그룹에 속하는지(예를 들면, 흡연자인지 아닌지)를 스스로 선택하도록 한 후에 반응변수를 앞으로 관측해 가는 것이다.

다른 연구 방법으로 **현황적 연구**(cross-sectional study) 방법이 있는데 이 방법은 사람들을 표본추출하여 동시에 그룹 상태와 반응변수에 따라 분류하는 방법이다. 이 방법은 앞으로 일어날 사건을 기다리지 않고 사례-대조 연구에서와 같이 한 번에 모든 자료를 얻을 수 있다. 성별과 사후 세계에 대한 믿음에 따라 분류한 〈표 2.1〉과 같은 표본조사는 현황적 연구의 예시에 해당한다.

사례-대조 연구와 코호트 연구 및 현황적 연구들은 **관측연구**(observational study)라고 하는데, 이는 누가 어떤 그룹에 속하는지 또 누가 어떤 반응 결과를 가지는지를 관측하기만 하면 되기 때문이다. 이와는 대조적으로 임상시험은 **실험연구**(experimental study)이다. 왜냐하면, 각 개체를 어떤 그룹에 포함시켜야 하는지를 연구자가 결정해야 하기 때문이다. 예를 들어, 어떤 사람에게 아스피린을 투여하고 위약을 투여할지를 연구자가 통제하는 것이다. 실험연구에서는 확률화 원리에 기초하여 반응변수와 그룹에 영향을 미치는 잠재변수에 대해 균형을 맞추기 때문에 그룹을 비교할 때에 잠재적인 함정에 빠질 위험이 거의 없으나, 실제로 의학이나 사회과학 분야의 연구에서 관측연구가 훨씬 더 널리 사용되고 있다. 그러나 관측연구로부터 얻은 결과는 좀 더 편향적이고 관측연구를 통해 얻은 연관성을 인과관계라고 판단하는 것은 적절하지 않다.

[8] 최근의 연구들은 흡연을 많이 하는 사람들이 일생 동안 폐암에 걸릴 확률은 >0.2으로, 비흡연자들이 일생 동안 폐암에 걸릴 확률은 <0.005으로, 오즈비가 50을 넘을 것으로 추정한다.

2.4 카이제곱검정법과 독립성

이제 이차원 분할표의 각 칸확률이 어떤 고정된 확률값 $\{\pi_{ij}\}$와 같다는 귀무가설 (H_0)을 검정하는 문제를 고려해 보자. 칸도수가 $\{n_{ij}\}$이고 전체 표본크기가 n인 표본에서 $\{\mu_{ij} = n\pi_{ij}\}$를 **기대도수**(expected frequency)라고 한다. 이것은 귀무가설이 참일 때의 기댓값 $\{E(n_{ij})\}$를 나타낸다. 관측된 자료가 H_0과 모순이 되는지 알아보기 위하여 표본칸도수 $\{n_{ij}\}$와 기대칸도수 $\{\mu_{ij}\}$를 비교한다. H_0이 참이라면 n_{ij}는 각 칸의 μ_{ij}에 가까운 값을 가져야 한다.

2.4.1 Pearson 통계량과 카이제곱분포

H_0을 검정하기 위한 **Pearson 카이제곱통계량**(Pearson chi-squared statistic)은 다음과 같이 표의 모든 칸들에 있는 값들을 합한 것이다.

$$X^2 = \sum \frac{(n_{ij} - \mu_{ij})^2}{\mu_{ij}} \tag{2.3}$$

이 통계량은 Pearson의 곱적률상관계수(product-moment correlation)로 알려져 있는데, 영국인 통계학자 Karl Pearson이 1900년에 제안한 것이다. 표본이 클 때, X^2는 근사적으로 카이제곱분포를 따른다. 이 통계량은 모든 n_{ij}가 μ_{ij}와 같을 때 최솟값 0을 갖는다. 표본크기가 고정되어 있을 때, n_{ij}와 μ_{ij} 사이의 차이가 커지면 X^2가 커져서 결과적으로 H_0을 반증하는 증거가 더 강해진다. P-값은 귀무가설 하에서 X^2의 관측값보다 더 큰 값들이 관측될 확률로, 카이제곱분포에서 오른쪽 꼬리부분의 확률이다. 표본이 어느 정도 커져야 하는지를 객관적으로 정하는 것은 어렵지만 대개 $\{\mu_{ij} \geq 5\}$이면 충분히 크다고 할 수 있다.

카이제곱분포는 df로 표시되는 자유도에 의해 분포 모양이 정해진다. 카이제곱분포의 평균은 df와 같고 표준편차는 $\sqrt{2df}$와 같다. 자유도가 커질수록 이 분포는 보다 큰 값 쪽으로 이동하고 더 넓게 퍼지게 된다. 이 분포는 오직 음이 아닌 실수에 대해서만 정의되고 오른쪽으로 긴 꼬리를 갖고 있으나 df가 커질수록 종모양(정규분포의 모양)이 된다. 〈그림 2.2〉는 $df = 1, 5, 10, 20$일 경우의 카이제곱분포의 확률밀도함수를 나타낸 것이다. 자유도는 대립가설과 귀무가설에서의 모수들의 개수의 차이와 같은데 이것은 2.4.3절에 설명되어 있다.

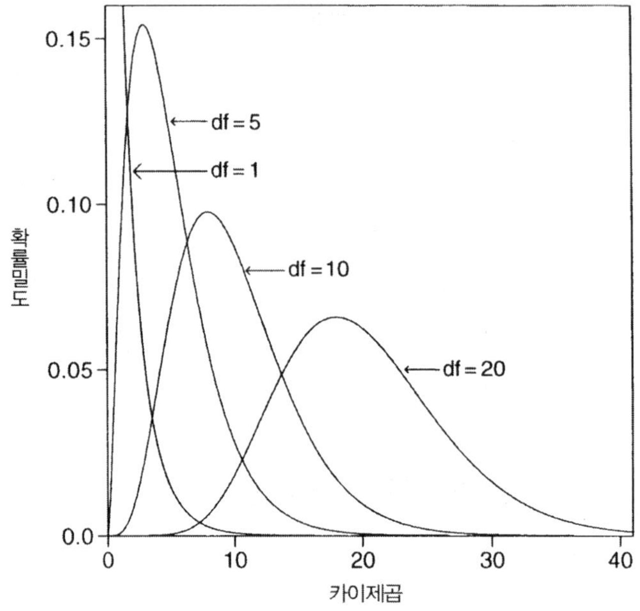

그림 2.2 카이제곱분포의 예

2.4.2 가능도비 통계량

1.4.1절에서 소개한 통계량들 중 Pearson X^2 통계량은 **스코어 통계량**(score statistic)에 해당한다.[9] 또 다른 통계량은 유의성검정에 대한 **가능도비**(likelihood-ratio) 통계량이 있다.

가능도함수는 자료가 관측되었을 때 자료에 대한 확률을 모수에 대한 함수로 나타낸 것이다. 가능도비 검정은 (a) H_0이 참일 때 가능도함수를 최대화시키는 모수값과 (b) H_0에 관계없이 일반적인 상황에서 가능도함수를 최대화시키는 모수값으로 결정된다. 1.4.1절에서 설명했듯이 검정통계량은 각각 최대화된 가능도함수값들의 비를 기초로 정의된다. 다항분포를 가정한 가능도함수의 이차원 분할표에서 **가능도비 카이제곱통계량**(likelihood-ratio chi-squared statistic)은 다음과 같다.

$$G^2 = 2\sum n_{ij}\log\left(\frac{n_{ij}}{\mu_{ij}}\right) \tag{2.4}$$

Pearson 통계량처럼 G^2는 모든 i, j에 대하여 $n_{ij} = \mu_{ij}$일 때 최솟값 0을 가지며 G^2 값이 클수록 H_0를 기각할 수 있는 강력한 증거를 보여 준다.

9 이것은 카이제곱통계량이 귀무가설 하에서 추정된 칸도수에 대한 공분산행렬에 기초한다는 의미이다.

비록 Pearson X^2와 가능도비 G^2가 서로 다른 검정통계량이지만 많은 성질을 공유하고 있으며 대개는 두 통계량으로부터 동일한 결론을 내린다. H_0이 참이고 기대도수가 큰 값을 가질 때 이 두 통계량은 같은 카이제곱분포를 따르고 수치적으로 매우 유사한 값을 갖는다.

2.4.3 이차원 분할표에서의 독립성검정

이차원 분할표에서 두 반응변수의 독립성검정을 위한 귀무가설은 모든 i,j에 대하여 다음과 같이 표현할 수 있다.

$$H_0 : \ \pi_{ij} = \pi_{i+}\pi_{+j}$$

H_0을 검정하기 위한 기대도수는 $\mu_{ij} = n\pi_{ij} = n\pi_{i+}\pi_{+j}$이다. 이때, μ_{ij}는 독립성 가정 하에서 n_{ij}의 기댓값이다. 일반적으로 $\{\pi_{i+}\}$와 $\{\pi_{+j}\}$는 이 기댓값과 마찬가지로 미지의 모수들이다. **추정된 기대도수**(estimated expected frequencies)는 미지의 주변확률에 표본비율을 대입시켜서 다음과 같이 구할 수 있다.

$$\hat{\mu}_{ij} = n\hat{\pi}_{i+}\hat{\pi}_{+j} = n\left(\frac{n_{i+}}{n}\right)\left(\frac{n_{+j}}{n}\right) = \frac{n_{i+}n_{+j}}{n}$$

이 값은 각 칸의 행합 $\{n_{i+}\}$과 열합 $\{n_{+j}\}$의 곱을 표본크기로 나눈 것이다. $\{\hat{\mu}_{ij}\}$는 관측도수 $\{n_{ij}\}$와 동일한 주변행합과 주변열합을 갖지만 독립성을 만족한다.

$r \times c$ 분할표의 독립성검정에 대하여 X^2와 G^2의 표본분포는 자유도가 $df = (r-1)(c-1)$이며 근사적으로 카이제곱분포를 따른다. 이 자유도 df값은 다음과 같은 의미를 가진다. H_0 하에서는 $\{\pi_{i+}\}$와 $\{\pi_{+j}\}$가 칸확률을 결정하게 된다. 칸확률의 총합은 1이기 때문에 처음 $r-1$의 행확률에서 $\pi_{r+} = 1-(\pi_{1+} + \cdots + \pi_{r-1,+})$를 구할 수 있으므로 $r-1$개의 유일한 행확률이 존재한다. 이와 마찬가지로 $c-1$개의 유일한 열확률이 존재하므로 H_0 하에서의 모수의 총합은 $(r-1)+(c-1)$이 된다. 대립가설 하에서는 rc개의 칸확률에 대한 어떠한 제약조건이 없고 오직 총합이 1이라는 제약조건만 있기 때문에 $rc-1$개의 유일한 모수를 갖게 된다. 따라서 자유도 df 값은 대립가설과 귀무가설에서의 모수 수의 차이로 다음과 같다.

$$df = (rc-1) - [(r-1)+(c-1)] = rc - r - c + 1 = (r-1)(c-1)$$

▸ 표 2.4 성별에 의한 정당지지도(괄호 안의 수치는 독립성의 귀무가설 하에서 추정된 기대도수)

성별	정당지지도			합계
	민주당	공화당	무소속	
여성	495 (456.9)	272 (297.4)	590 (602.6)	1357
남성	330 (368.1)	265 (239.6)	498 (485.4)	1093
합계	825	537	1088	2450

2.4.4 예제: 정당지지도에 대한 성별차이

2016년도 일반사회조사에서 조사된 〈표 2.4〉의 자료를 이용하여 독립성검정을 해 보자. 변수들은 성별과 정당지지도이며 각 응답자들은 자신이 민주당, 공화당, 무소속 중에서 어떤 정당을 가장 강하게 지지하는지를 대답하였다. 또한 〈표 2.4〉에는 독립성 가정 하에서 추정된 기대도수도 괄호 안에 함께 정리되어 있다. 예를 들어, 첫 번째 칸의 기대도수는 $\hat{\mu}_{11} = n_{1+}n_{+1}/n = (1357 \times 825)/2450 = 456.9$
이다.

카이제곱통계량은 $X^2 = 12.57$이고 $G^2 = 12.60$이며, 자유도 df는 둘 다 $(r-1)(c-1) = (2-1)(3-1) = 2$이다. $df = 2$인 카이제곱분포는 평균이 2이고 표준편차가 $\sqrt{2df} = \sqrt{4} = 2$이므로 관측값 12.6은 중심에서 상당히 멀리 떨어진 오른쪽 꼬리부분에 위치한다. 각 통계량의 P-값은 0.002로 변수들이 독립이라는 가설이 만족된다고 보기 어렵다. 따라서 두 통계량 모두 정당선호도와 성별이 연관되어 있다는 것을 보여 주고 있다.

2.4.5 분할표의 칸잔차

검정통계량과 P-값은 단순히 귀무가설을 반증하는 증거를 나타낸다. 그러나 각 칸의 관측도수와 추정된 기대도수값을 비교하면 검정 결과를 보다 잘 이해할 수 있다. 기대도수가 큰 값을 갖는 칸은 n_{ij}와 $\hat{\mu}_{ij}$의 차이가 커지는 경향이 있기 때문에 $n_{ij} - \hat{\mu}_{ij}$만을 고려하는 것은 충분한 정보를 주지 못한다. 독립성검정에서 유용한 칸잔차는 다음과 같다.

▸표 2.5 정당지지도와 성별에 대한 관측 도수(괄호 안의 수치는 독립성검정을 위한 표준화잔차)

성별	정당지지도		
	민주당	공화당	무소속
여성	495 (3.27)	272 (−2.50)	590 (−1.03)
남성	330 (−3.27)	265 (2.50)	498 (1.03)

$$\frac{n_{ij}-\hat{\mu}_{ij}}{\sqrt{\hat{\mu}_{ij}(1-\hat{\pi}_{i+})(1-\hat{\pi}_{+j})}} = \frac{n(\hat{\pi}_{ij}-\hat{\pi}_{i+}\hat{\pi}_{+j})}{\sqrt{n\hat{\pi}_{i+}\hat{\pi}_{+j}(1-\hat{\pi}_{i+})(1-\hat{\pi}_{+j})}} \quad (2.5)$$

분모는 귀무가설 하에서 $n_{ij}-\hat{\mu}_{ij}$의 추정된 표준오차이다. 이 표준화로 인해 이 잔차를 **표준화잔차**(standardized residual)라고 부른다.

귀무가설이 참일 때 각 표준화잔차는 표본이 큰 경우에 표준정규분포를 따른다. 표준화잔차의 절댓값이 2나 3보다 크면 그 칸에서 H_0이 적합하지 않다는 것을 나타낸다(귀무가설 하에서는 표준화된 잔차의 5%만이 우연한 확률로 0 ± 2의 범위를 벗어남).

〈표 2.5〉는 〈표 2.4〉에서 귀무가설의 독립성검정을 표준화잔차값으로부터 보여 주고 있다. 예를 들어, 첫 번째 칸에서 표준화잔차값이 3.27인 것은 $n_{11}-\hat{\mu}_{11}$이 0으로부터 표준오차의 3.72배만큼 떨어져 있다는 것을 의미한다. 이 칸은 변수들이 서로 독립이라고 가정했을 때 기대한 것보다 n_{11}과 $\hat{\mu}_{11}$ 사이에 큰 차이가 있음을 보여 주고 있다. 여성 민주당원과 남성 공화당원들로부터는 큰 양의 잔차값을 얻고, 여성 공화당원와 남성 민주당원들로부터는 큰 음의 잔차값을 얻었다. 따라서 독립성 가정 하에서 기대하는 것보다 여성 민주당원과 남성 공화당원이 더 많은 반면에 여성 공화당원과 남성 민주당원은 오히려 더 적다고 할 수 있다.

〈표 2.5〉를 보면, 여성에 관한 잔차는 남성에 관한 잔차와 크기는 같고 부호만 서로 다르다. 관측도수와 추정된 기대도수는 같은 주변행합과 주변열합을 가진다. 따라서 주어진 열의 어떤 칸에서 $n_{ij} > \hat{\mu}_{ij}$이면 다른 칸에서는 반대의 부등식이 성립해야 한다. $n_{1j}-\hat{\mu}_{1j}$와 $n_{2j}-\hat{\mu}_{2j}$는 같은 크기의 차이를 갖지만 부호는 반대이다. 이러한 경향은 표준화잔차에 대해서도 똑같이 성립한다.

오즈비는 이러한 연관성를 보여 준다. 민주당원과 공화당원 간의 2×2 분할표에서 표본 오즈비는 $(495 \times 265)/(272 \times 330) = 1.46$이다. 즉, 두 정당 중의 하나를 지지하는 사람 중에서 공화당보다 민주당을 지지하는 오즈비가 남성보다 여성에서 46%

높게 추정된다.

R에서 다음과 같이 본문 웹사이트로부터 자료 파일을 불러와서 분할표를 구하고 Pearson 카이제곱 독립성검정을 실시하여 표준화잔차를 구할 수 있다.

```
-------------------------------------------------------------------------------
> Political <- read.table("http://www.stat.ufl.edu/~aa/cat/data/Political.dat",
+                         header=TRUE)
> Political
person gender  party  # data file has 2450 lines, one for each person
     1 female    Dem  # enter head(Political) to show just first 6 lines
     2 female    Dem
...
  2450   male    Ind
> Party <- factor(Political$party, levels = c("Dem","Rep","Ind"))
> # levels specifies preferred order of categories for displays
> GenderGap <- xtabs(~gender + Party, data=Political) # forms contingency table
> GenderGap
        Party
  gender  Dem  Rep  Ind
  female  495  272  590
  male    330  265  498
> # If you already know the continency table counts, you can read in data by
# GenderGap <- matrix(c(495,272,590,330,265,498), ncol=3, byrow=TRUE)
> chisq.test(GenderGap)
Pearson's Chi-squared test
X-squared = 12.569, df = 2, p-value = 0.001865
> stdres <- chisq.test(GenderGap)$stdres # standardized residuals
> stdres
          Party
gender        Dem      Rep      Ind
  female  3.27236 -2.49856 -1.03220
  male   -3.27236  2.49856  1.03220

> library(vcd) # useful package for graphics, beyond scope of this book
```

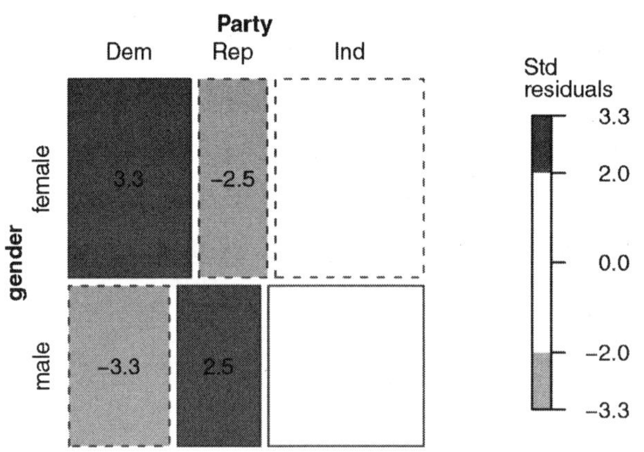

그림 2.3 〈표 2.4〉의 칸도수와 표준화잔차의 상대적인 크기를 나타낸 모자이크 그림

```
> mosaic(GenderGap, gp=shading_Friendly, residuals=stdres, # mosaic plot
+       residuals_type="Std\nresiduals", labeling=labeling_residuals)
--------------------------------------------------------------------------------
```

이 코드의 마지막 부분은 〈그림 2.3〉과 같이 **모자이크 그림**을 그리는 함수이다. 그래픽으로 칸의 도수들과 표준화잔차를 그린다. R에서 범주형 자료를 나타내기 위한 좀 더 정교한 그래프를 그리는 기술을 배우고 싶다면, Friendly and Meyer(2016)와 vcd, vcdExtra, extracat 패키지들을 참고하라.

2.4.6 카이제곱통계량의 분할

카이제곱통계량은 재생산되는 성질을 갖고 있다. 즉, 자유도가 각각 df_1, df_2이고 서로 독립인 두 개의 카이제곱통계량의 합은 자유도가 $df_1 + df_2$인 카이제곱통계량이 된다. 이와 유사하게 $df > 1$인 카이제곱통계량을 더 작은 자유도를 갖는 여러 카이제곱통계량으로 분할할 수 있다. 카이제곱통계량은 독립성검정 외에도 이러한 분할을 통해서 연관성에 대한 다른 추가적인 정보를 제공한다. 즉, 분할을 통해서 특정한 범주들 간의 차이 혹은 몇 개의 범주들을 묶은 그룹 간의 차이를 주로 밝혀낼 수 있다.

예를 들어, $df = 2$인, 2×3 분할표 〈표 2.4〉에서 독립성검정을 위한 G^2통계량을 생각해 보자. 이 카이제곱통계량을 각각 $df = 1$인 두 개의 서로 독립인 통계량으로 분할할 수 있다. 예를 들어 $G^2 = 12.60$값은 첫 번째 두 열을 비교하는 G^2의 값, 첫 번째 두 열을 합한 후에 세 번째 열과 비교하는 2×2 분할표에서 구한 G^2값을 합한 것이며, 이때 각 항의 G^2통계량의 자유도는 1이다. 첫 번째 두 열은 행의 순서를 따라 $(495, 272/330, 265)$의 칸도수로 이루어져 있다. 이 부분분할표에서 $G^2 = 11.536$이고 $df = 1$이다. 민주당과 공화당을 지지하는 자들 중에서는 두 범주에 속한 상대적인 수를 비교해 볼 때 여성과 남성 간에 차이가 있다는 증거를 강하게 보여 주고 있다(P-값 < 0.001). 다음으로 이 두 열을 합하여 다른 한 열을 이루는 공화당원들과 비교하는 표를 형성하면 각 행의 도수는 $(495 + 272, 590/330 + 265, 498) = (767, 590/595, 498)$과 같아진다. 이 표에서 $G^2 = 1.065$이고 $df = 1$이다. 이 결과에서 민주당과 공화당에 반하여 무소속을 지지하는 자들의 상대적인 수가 여성과 남성 간에 차이가 크다는 증거가 충분하지 않음을 보여 주고 있다.

여기서 $11.536 + 1.065 = 12.60$임을 주목하라. 즉, 이 G^2의 부분들의 합은 원래의 2×3 표에서의 독립성검정을 위한 G^2값과 일치한다. G^2통계량이 정확하게 분할되는 반면에 X^2통계량은 정확하게 분할되지 않는다. 즉, 전체적인 Pearson X^2통계량은 분할된 각각의 분할표에서 구한 X^2의 합과 같지 않다. 그러나 각 분할된 표에 대해 각각의 X^2통계량을 통계적 추론에 이용하는 것은 타당하다. 하지만 이 통계량들은 전체 분할표에 대한 X^2통계량을 대수적으로 정확히 분할하지는 않는다.

각 열을 어떤 특정한 열(예를 들어 마지막 열)과 짝을 지어 분할한 2×2 표에서 G^2를 계산하는 것이 더 자연스러울지도 모른다. 그러나 이 방법은 많은 데이터가 있을 때 연관성을 조사하기에 합리적인 방법이지만 부분통계량이 서로 독립이 아니고 그 합도 원래 분할표의 G^2값과 다르다.

2.4.7 카이제곱검정의 제한점

카이제곱 독립성검정도 다른 유의성검정과 같이 심각한 제한점이 있는데 그것은 이 카이제곱검정이 단순히 연관성의 정도만을 나타낸다는 것이다. 이 검정을 통하여 자료에 관한 모든 의문점에 대해 답을 찾아내는 것은 적절하지 않다. 따라서 이 검정의 결과에만 의존하지 말고 연관성의 성질을 연구해야 한다. 이를 위하여 카이제곱통계량을 분할하고, 표준화잔차를 연구하고, 연관성의 정도를 나타내는 오즈비와 같은 모수를 추정하는 것이다.

카이제곱검정은 자료의 유형에 따라서도 제한을 받는데, 예를 들면 이들의 대표본 근사를 이용하기 위해서는 표본크기에 대한 조건이 만족되어야 한다. X^2과 G^2의 표본추출분포는 표본크기 n이 상대적으로 커지면 카이제곱분포로 수렴한다. X^2의 수렴속도가 G^2보다 더 빠르다. G^2의 카이제곱분포 근사는 기대도수가 5보다 작을 때 별로 좋지 않다. 적어도 한 칸의 기대도수가 5보다 작을 경우에는 소표본검정을 하는 것이 안전할 수 있다. 2.6절에서 소표본검정 방법에 대하여 논의하겠다. 소표본검정 방법은 계산이 좀 더 복잡하긴 하지만 통계 프로그램을 사용하면 표본의 크기가 작지 않은 임의의 n값에 대해서도 덜 제약적인 검정을 시행할 수 있다.

카이제곱통계량들의 값은 열과 행들이 나열된 순서와는 상관이 없다. 따라서 일반적으로 한 변수 혹은 두 변수 모두가 순서형일 때 검정력이 더 뛰어난 방법들이 있다. 다음 절에서 이러한 검정법들을 제시하겠다.

2.5 순서형 자료의 독립성검정

순서형 변수는 범주들이 자연적으로 순서를 갖는다. 예를 들면 고객 서비스 만족도를 범주들 (뛰어난, 좋은, 평범한, 형편없는)을 이용하여 평가하는 경우다. 분할표의 행

또는 열이 순서형일 때 검정통계량 X^2와 G^2 카이제곱 독립성검정법은 순서형 정보를 사용하지 않는다. 이 경우 순서적인 개념을 활용하는 검정통계량을 사용하는 것이 더 적절하다.

2.5.1 독립성가설과 선형추세의 대립가설

행변수 X와 열변수 Y가 순서형일 때 흔히 추세연관성이 존재한다. 즉, X의 수준이 증가할 때 Y의 반응수준이 높아지거나 감소하는 경향이 있다. 이런 경우에 하나의 모수를 사용하여 이와 같은 순서형 추세연관성을 설명할 수 있다. 가장 일반적인 분석 방법은 범주 수준에 점수를 할당하여 **선형추세**(linear trend)나 상관관계를 측정하는 것이다. 이제 X와 Y 사이의 관계에서 양 또는 음의 선형추세에 민감한 검정통계량을 제시하고자 하는데, 이 통계량은 자료의 상관관계에 대한 정보를 이용하고 있다. $u_1 \le u_2 \le \cdots \le u_r$를 행점수라고 하고 $v_1 \le v_2 \le \cdots \le v_c$를 열점수라고 하자. 이 점수는 범주의 수준과 같은 순서를 갖는 단조점수(monotone score)이다. 점수를 정할 때 범주 사이의 거리를 반영하도록 해야 하며 범주 간의 거리가 클수록 서로 더 멀리 떨어진 것으로 간주한다.

$\overline{u} = \sum_i u_i \hat{\pi}_{i+}$를 행점수의 표본평균이라고 하고, $\overline{v} = \sum_j v_j \hat{\pi}_{+j}$를 열점수의 표본평균이라고 하자. X와 Y사이의 표본상관계수 R은 다음과 같다.

$$R = \frac{\sum_{i,j}(u_i - \overline{u})(v_j - \overline{v})\hat{\pi}_{ij}}{\sqrt{\left[\sum_i (u_i - \overline{u})^2 \hat{\pi}_{i+}\right]\left[\sum_j (v_j - \overline{v})^2 \hat{\pi}_{+j}\right]}}$$

이 상관계수의 값은 -1과 1 사이이며 두 변수들 사이의 독립성은 이 상관계수의 참값이 0이라는 것을 의미한다. 상관계수의 절댓값 $|R|$이 클수록 자료가 독립성으로부터 선형적으로 멀어지는 것을 나타낸다.

상관계수의 참값이 0이라는 독립성가설과 상관계수의 참값이 0이 아니라는 양측대립가설을 검정하기 위한 검정통계량은

$$M^2 = (n-1)R^2 \tag{2.6}$$

으로 층화된 순서형 분할표에 대한 통계량의 특별한 경우에 해당한다.[10] 이 통계량은 표본상관계수 $|R|$의 크기가 증가하고 표본크기 n이 증가하면 함께 증가한다. 또한 표

10 Natahn Mantel에 의해 1963년 제시된 스코어 검정

▸표 2.6 영아 기형 여부와 임산부의 알코올 소비량

알코올 소비량	기형아 없음	기형아 있음	합계	기형아 발생 퍼센티지	표준화된 잔차
0	17,066	48	17,114	0.28	−0.18
< 1	14,464	38	14,502	0.26	−0.71
1-2	788	5	793	0.63	1.84
3-5	126	1	127	0.79	1.06
≥6	37	1	38	2.63	2.71

출처 : B. I. Graubard and E. L. Korn, *Biometrics* **43**: 471-476(1987)

본크기가 크면 이 통계량은 근사적으로 자유도 $df=1$인 카이제곱분포를 따른다. 이 통계량이 큰 값을 가지면 X^2와 G^2와 같이 독립성을 반증하며 이때의 P-값은 관측값의 오른쪽 꼬리부분의 확률이 된다. 또한 $M=\sqrt{(n-1)}R$은 근사적으로 표준정규분포를 따른다. 이 통계량은 두 변수 사이에 상관관계의 방향성까지 함께 나타내는 단측대립가설에 적용할 수 있다.

X^2와 G^2와 같이 M^2도 반응변수와 설명변수를 구별하지 않는다. 즉, 열과 행을 바꾸어도 동일한 M^2의 값을 얻게 된다.

2.5.2 예제: 음주와 영아의 기형성에 관한 연구

〈표 2.6〉은 임산부의 음주의 효과에 관한 전향적 연구이다. 표본추출된 임산부들이 임신 3개월이 경과했을 때에 이들을 대상으로 알코올 소비량에 관한 설문조사를 실시하였다. 그 후 출산한 영아들을 대상으로 선천적으로 생식기관이 기형인지 아닌지의 여부를 관측한 결과를 기록하였다. 매일 마시는 평균 음주량으로 측정된 알코올 소비량은 순서형 범주를 갖는 설명변수이고, 기형 여부를 가리키는 반응변수는 이항변수이다.

어떤 변수가 두 범주만 갖고 있는 이항변수인 경우, 순서형 변수를 다루는 M^2와 같은 통계량을 사용할 수 있다. 예를 들어 기형 여부에 대하여 '없음'의 범주를 '낮음'으로, '있음'의 범주를 '높음'으로 간주할 수 있다. 두 범주에 대하여 어떤 점수를 선택하더라도 같은 M^2값을 갖기 때문에 간단하게 '없음'에 0을 '있음'에 1의 값을 사용하기로 하자.

〈표 2.6〉의 관측도수는 아주 작은 수부터 큰 수까지 골고루 혼합되어 있다. 이런 경우 비록 표본크기가 $n=32,574$으로 크지만 X^2나 G^2의 실제 표본추출분포는 카이제곱분포와 가깝지 않다. 이 자료에서 G^2통계량과 X^2통계량을 구하면 자유도는 4

이고 그 값은 $G^2 = 6.2(P = 0.19)$이며 $X^2 = 12.1(P = 0.02)$이므로 서로 상반된 결과를 보여 주고 있다. 이 두 통계량은 모두 알코올 소비량의 순서적인 개념을 고려하지 않았다.

〈표 2.6〉에서는 알코올 소비량의 각 수준에서 기형아가 발생한 백분율과 기형 여부의 '있음'의 범주에 대하여 구한 표준화된 잔차값을 보여 주고 있다. 이들은 모두 알코올 소비량이 증가할수록 기형아가 더 많이 태어나는 추세를 보여 준다. 순서통계량 M^2를 계산하기 위해서 알코올 소비량의 수준에 대하여 점수를 정할 필요가 있다. 이런 경우에 대개 범주의 중간값을 점수로 사용하는 것이 합리적이다. 즉, $u_1 = 0$, $u_2 = 0.5$, $u_3 = 1.5$, $u_4 = 4.0$, $u_5 = 7.0$으로 정해 보자. 마지막 범주의 점수는 임의로 정한 값이다. 알코올 소비량과 기형아의 발생 간의 표본상관계수는 $R = 0.0142$이다. 여기서 선택한 점수를 이용하여 구한 상관계수값은 매우 작아 보인다. 그러나 이 예제와 같이 이항변수가 매우 다른 주변합을 갖고 있는 경우에는 큰 R값을 구하는 것은 불가능하다. 여기서 R값은 연관성의 정도를 설명하는 데에는 유용하지 않으나 검정을 위한 추세 정보를 요약하는 데에는 충분하다. $M^2 = (n-1)R^2 = (32{,}573)(0.0142)^2 = 6.57$으로 P-값은 0.010으로 상관관계가 0이 아니라는 강력한 증거를 제시한다. 또한 표준정규통계량 $M = 2.56$은 양의 상관관계를 나타내는 단측대립가설에 대하여 0.005의 P-값을 갖는다. 이 검정을 위한 R 프로그램은 다음과 같다.

```
> Malform <- matrix(c(17066, 14464, 788, 126, 37, 48, 38, 5, 1, 1), ncol=2)
> Malform
      [,1]  [,2]
[1,] 17066    48
[2,] 14464    38
[3,]   788     5
[4,]   126     1
[5,]    37     1
> library(vcdExtra)
> CMHtest(Malform, rscores = c(0, 0.5, 1.5, 4.0, 7.0)) # row scores
Cochran-Mantel-Haenszel Statistics # corr. case was proposed by Nathan Mantel
          AltHypothesis  Chisq  Df     Prob
cor  Nonzero correlation  6.5699   1  0.01037   # M-squared = 6.5699
> sqrt(6.5699) # M test statistic
[1] 2.56318
> 1 - pnorm(2.56318) # one-sided standard normal P-value for M statistic
[1] 0.00519
```

앞으로 소개할 몇몇 장에서는 모형에 근거한 분석 방법 중의 하나로서 M^2와 같은 검정법들을 다룰 것이다. 모형에 근거한 분석방법은 칸확률의 평활(smoothed) 추정값뿐만 아니라 그 효과의 크기까지 추정할 수 있다. 이러한 추정값들은 단순한 유의성검정보다 더 많은 정보를 제공해 준다.

2.5.3 순서형 검정통계량의 더 높은 검정력

독립성검정을 할 때 X^2와 G^2은 가능한 한 가장 일반적인 형태의 대립가설을 고려하지만 칸확률은 어떤 특정한 형태의 종속성을 나타낼 수 있다. $(r-1)(c-1)$개의 자유도는 대립가설이 귀무가설보다 $(r-1)(c-1)$개나 많은 모수를 갖고 있다는 것을 반영하고 있다 (2.4.3절을 참고하라). 따라서 이러한 통계량은 일반적인 경향에 대한 검정을 할 수 있는 반면에 어떤 특별한 유형의 연관성을 알아내는 것에는 민감하지 않다.

검정통계량 M^2는 선형추세를 나타내는 상관계수에 기반한 하나의 추가 모수만을 사용하여 연관성을 설명할 수 있다. 카이제곱 검정통계량이 이 하나의 모수에 대한 검정이면 $df=1$이 된다. 실제로 양이나 음의 연관성이 있을 때 M^2를 사용하는 순서형 검정법은 X^2나 G^2보다 검정력이 훨씬 뛰어나다. 자유도 df는 카이제곱분포의 평균과 같으므로 $df=1$을 갖는 M^2는 $df=(r-1)(c-1)$인 X^2나 G^2와 비슷한 값을 갖는 경우에 상대적으로 오른쪽 꼬리부분으로 훨씬 더 먼 곳에 위치하게 된다. 따라서 더 작은 P-값을 갖게 된다. 실제로 선형추세가 있을 때 M^2는 X^2나 G^2와 비슷한 크기의 값을 갖는 경향이 있으므로 결과적으로 더 작은 P-값을 제공하여 더 높은 검정력을 갖게 된다.

2.5.4 점수의 선택

대부분의 자료에서 점수의 선택은 결과에 영향을 거의 미치지 않는다. 여러 유형의 단조점수들은 유사한 결과를 보여 준다. 그러나 자료가 매우 불균형한 경우, 즉, 어떤 범주들이 다른 범주보다 더 많은 관측값을 가지고 있을 때 결과는 달라진다.
〈표 2.6〉의 자료를 통해 이 경우를 살펴보자. 동일한 간격의 행점수들 $(1,2,3,4,5)$에 대하여, 검정통계량 $M^2=1.83$은 매우 약한 연관성을 나타낸다(P-값 $=0.18$). R과 M^2의 값은 동일한 간격을 유지하는 점수의 변환에 대해서는 변하지 않는다. 예를 들어 점수 $(1,2,3,4,5)$ 대신에 $(0,1,2,3,4)$, $(2,4,6,8,10)$ 또는 $(10,20,30,40,50)$과 같은 점수들을 사용하더라도 동일한 통계량값을 얻게 된다.

다른 대안적인 방법은 점수를 선택하지 않고 각 관측값에 순위를 매긴 후에 그 순위를 범주 점수로 사용하는 방법이다. 그러나 일반적으로 조사자의 판단에 따라 범주 간의 거리를 반영하는 점수를 선택하는 것이 더 바람직하다. 만약 점수 선택에 자신이 없으면 민감도 분석을 해 보는 것이 좋다. 두세 가지 종류의 의미 있는 점수를 선택하여 각각의 결과가 얼마나 비슷한지 검토하면 된다. 정치철학 (진보, 온건, 보수)의 범주처럼 범주로부터 직접적으로 점수를 선택하기가 곤란할 때 동일한 간격의 등간격 점수를 사용하는 것이 종종 합리적인 해결책이 될 수 있다.

순서형 $r \times c$ 분할표에 대한 다른 검정법들은 순서형변수 연관성측도들을 활용하는 방법이다. 예를 들어, **감마**(γ)와 **켄달의 타우비**(Kendall's τ_b)는 **켄달의 타우**(Kendall's τ)라 불리는 순서형 변수의 연관성 측도를 일반적인 분할표에 응용한 것으로 분할표에서 연관성을 나타내는 측도로 사용된다. 이러한 측도의 표본값을 표준오차로 나눈 통계량은 독립성가정 하에서 대표본 표준정규분포를 따른다. 이러한 검정법들은 M^2에 근거한 검정법처럼 연관성을 설명하기 위해 한 개의 모수를 사용하기 때문에 뛰어난 검정력을 갖는 장점이 있다.

2.5.5 $r \times 2$ 와 $2 \times c$ 명목형–순서형 분할표의 추세검정법

〈표 2.6〉에서와 같이 순서형 변수 X에 대해 반응변수 Y가 이항변수라면 분할표의 크기는 $r \times 2$가 된다. 이런 경우에는 X의 수준에 따라 반응변수 Y의 "성공"할 비율이 어떻게 변화하는지를 알아보는 데 관심이 있다. 행점수가 선택되면 M^2는 이 비율이 선형추세를 감지하게 되는데 이 내용은 3.2.1절에서 제시하는 모형과 관련되어 있다. M^2를 사용하는 독립성검정에서 작은 P-값은 이 선형추세의 기울기가 0이 아니라는 것을 암시한다. 이러한 순서형 변수검정법[11]을 **Cochran–Armitage 추세검정법**이라고 한다.

한편 X가 이항변수인 경우, 분할표의 크기는 $2 \times c$가 된다. 이 표에서는 두 행이 두 가지 처리를 나타내는 경우로 두 그룹 간을 비교할 때이다. 표의 M^2통계량은 두 행 사이의 열변수 Y의 점수 $\{v_j\}$의 평균 차이를 알아볼 수 있다. M^2를 사용한 독립성검정법에서 작은 P-값은 행 간의 평균 차이가 0이 아니라는 것을 암시한다.

X가 $r > 2$개의 범주를 가지는 명목형 변수이고 Y가 순서형 변수일 때, M^2검정은 두 변수를 모두 순서형으로 간주하기 때문에 적합하지 않다. 이 경우에는 6.2절에서 다루게 될, 명목형 설명변수를 가지는 순서형 반응변수에 대한 모형을 사용해야 한다. 이때 독립성검정을 위한 통계량은 $df = (r-1)$을 갖는 대표본 카이제곱분포를 따른다.

11 1955년 Peter Armitage와 1954년 William Cochran에 의해 제시되었다.

2.6 소표본의 정확추론과 베이지안 추론*

지금까지 이 장에서 다룬 신뢰구간과 검정법은 대표본 이론에 근거한 방법이었다. 무작위 실험에서 표본크기 n이 증가하면 Pearson의 X^2와 같은 카이제곱통계량은 근사적으로 카이제곱에 가까운 분포를 가지게 된다. 그러나 표본크기가 작거나 표본분포에서 불규칙성이 의심될 정도로 자료가 불균형할 때에는 빈도주의론적인 추론에서는 대표본 근사방법보다는 **정확분포**(exact distribution)를 사용할 수 있다. 컴퓨팅 방법들이 발전하여 표본크기에 상관없이 정확분포를 정확히 근사시킬 수 있게 되었다. 따라서 독립성검정을 위해 카이제곱검정 대신 항상 정확검정을 실시할 수 있다. 한편, 어떠한 표본크기 n에 대해서도 베이지안 방법을 사용하여 정확추론을 실시할 수 있다.

2.6.1 2×2 분할표의 Fisher의 정확추론

2×2 분할표에서 독립성가설은 오즈비, $\theta=1$이 되는 가설에 대응된다. 칸도수 $\{n_{ij}\}$가 독립적인 이항표본이나 네 칸에 대한 다항분포표본에서 추출되었다고 하자. 미지의 모수에 종속되지 않는 귀무가설 하에서의 칸도수의 소표본 확률분포는 관측된 자료와 동일한 행합과 열합을 가지는 분할표들의 집합들을 고려하여 정의된다. 칸도수가 독립적인 이항표본으로부터 추출되었을 때 행합, 즉 이항분포의 모수 n들은 이미 고정되어 있다. 이때에 관측된 자료와 동일한 열합을 가지는 분할표를 고려해 보자. 분할표에서 행합과 열합이 고정되었다는 조건 하에서 칸도수의 분포는 **초기하분포**(hypergeometric distribution)를 따른다.

행과 열의 주변합이 주어졌을 때 n_{11}값은 나머지 세 개의 칸도수를 결정한다. 따라서 초기하분포 확률식은 모든 네 칸의 도수에 관한 확률을 n_{11}의 식으로 나타낼 수 있다. $\theta=1$일 때 첫째 칸 $(1,1)$의 도수가 n_{11}값을 취할 확률은 다음과 같다.

$$P(n_{11})=\frac{\binom{n_{1+}}{n_{11}}\binom{n_{2+}}{n_{+1}-n_{11}}}{\binom{n}{n_{+1}}},\qquad \binom{a}{b}=\frac{a!}{b!(a-b)!} \tag{2.7}$$

이 확률분포는 미지의 모수를 포함하고 있지 않기 때문에 근사적인 값이 아닌정확한 P-값을 계산할 수 있다.

독립성을 검정하기 위한 P-값은 현재 관측된 결과 또는 이 결과보다 대립가설을 더 지지하는 결과들에 대한 초기하분포의 확률합이다. $H_a:\ \theta>1$의 대립가설에 대해 P-값을 계산해 보자. 주변합이 주어졌을 때 $(1,1)$칸에서 현재의 n_{11}값보다 더 큰 값을 갖는 분할표는 현재의 표본 오즈비 $\hat{\theta} = (n_{11}n_{22})/(n_{12}n_{21})$보다 더 큰 표본 오즈비를 갖게 되므로 이 대립가설을 뒷받침하는 강한 증거를 보여 준다. 따라서 P-값은 현재의 n_{11}의 관측값보다 더 큰 값을 갖게 될 초기하분포의 오른쪽 꼬리분포의 확률과 같다. 이 2×2 표의 검정법은 1934년에 영국의 저명한 통계학자인 R. A. Fisher에 의해 제안되었으며 그의 이름을 따라 **Fisher의 정확검정법** (Fisher's exact test)이라고 부른다.

2.6.2 예제: Fisher의 차 맛보기 실험

Fisher는 1935년에 저술한 저서 '*The Design of Experiments*'에서 정확검정법을 설명하기 위해서 하나의 실험을 했다. 런던 근처에 있는 로뎀스테드의 실험연구소에서 Fisher의 동료였던 Muriel Bristo 박사가 차를 마실 때 그 컵에 우유와 차 중 어느 것을 먼저 컵에 부었는지 구별할 수 있다고 주장했다. Fisher는 그녀의 주장을 검정하기 위하여 여덟 컵의 차를 맛보는 실험을 계획하였다. 처음 네 컵은 우유를 먼저 붓고 다음 네 컵은 차를 먼저 부었다. 그리고 그녀에게 각 유형마다 네 컵씩 있음을 알리고 그 중에서 우유를 먼저 부은 네 컵을 고르도록 하였다. 각 컵들은 랜덤한 순서로 맛을 보도록 하였다.

〈표 2.7〉은 이 실험 결과를 보여 주고 있다. 가설 $H_0: \theta=1$과 $H_a: \theta>1$에 대하여 Fisher의 정확검정을 해 보자. 귀무가설은 그녀의 추측이 실제로 차나 우유를 넣는 순서와 관계가 없다는 것을 나타내고, 대립가설은 차나 우유를 넣는 순서와 그녀의 추측 간에 양의 상관관계가 있다는 그녀의 주장을 나타낸다. 이 실험계획에서 열의 주변합은 행의 주변합 (4, 4)과 동일한데, 이것은 그녀가 네 컵에 우유를 먼저 넣었다는 사실을 이미 알고 있기 때문이다. 따라서 주변분포는 자연적으로 고정되어 버렸다.

n_{11}의 귀무가설 하에서의 분포는 행과 열의 주변합을 갖는 모든 2×2표에서 정의

표 2.7 Fisher의 차 맛보기 실험

실제로 먼저 부은 것	추측한 것		
	우유	차	합계
우유	3	1	4
차	1	3	4
합계	4	4	8

▶ 표 2.8 〈표 2.7〉의 주변합을 가진 초기하분포표, H_a : $\theta > 1$에 대한 P–값과 Pearson의 X^2 검정통계량

n_{11}	확률	P–값	X^2
0	0.014	1.000	8.0
1	0.229	0.986	2.0
2	0.514	0.757	0.0
3	0.229	0.243	2.0
4	0.014	0.014	8.0

되는 초기하분포이다. n_{11}의 가능한 값은 $(0, 1, 2, 3, 4)$이다. 〈표 2.7〉에서 우유를 먼저 부은 4개의 컵 중 3개를 맞출 확률은 귀무가설 하에서 다음과 같다.

$$P(3) = \frac{\binom{4}{3}\binom{4}{1}}{\binom{8}{4}} = \frac{[4!/(3!)(1!)][4!/(1!)(3!)]}{[8!/(4!)(4!)]} = \frac{16}{70} = 0.229$$

$n_{11} = 3$보다도 대립가설 H_a : $\theta > 1$을 더 지지하는 분할표는 $n_{11} = 4$인 경우로 이때 네 칸의 도수는 $n_{11} = n_{22} = 4$이고 $n_{12} = n_{21} = 0$이다. 이때의 확률은

$$P(4) = \frac{\binom{4}{4}\binom{4}{0}}{\binom{8}{4}} = \frac{1}{70} = 0.014$$

이다. 〈표 2.8〉은 n_{11}의 모든 가능한 값과 그에 대응하는 확률들이다. 이 표는 Pearson X^2통계량이 카이제곱분포에 근사하는 표본분포를 따르고 있지 않음을 보여준다. 주변 도수가 주어져 있을 때, X^2통계량이 가질 수 있는 값은 0, 2, 8뿐이다.

단측대립가설 H_a : $\theta > 1$에 대한 P-값은 n_{11}이 관측값 3보다 더 크거나 같은 확률로 초기하분포의 오른쪽 꼬리부분의 확률과 같다. 즉, $P\text{-값} = P(3) + P(4) = 0.243$이다. 이것은 독립성가설을 기각할 만큼 확실한 증거라고 할 수 없다. n_{11}이 취할 수 있는 다른 값에 대하여 〈표 2.8〉는 대립가설 H_a : $\theta > 1$에 대한 P-값을 보여주고 있다. 만약 모든 컵의 넣는 순서를 올바르게 예측했다면(즉, $n_{11} = 4$), 관측 결과는 초기하분포의 오른쪽 꼬리의 가장 극단적인 값이 되었으므로 $P\text{-값} = P(4) = 0.014$가 되어 대립가설의 주장을 믿을 수 있는 강한 근거를 제시한다.[12]

[12] 실제 실험 결과는 기록되지 않았지만, Joan Fisher Box(Fisher의 딸)은 Bristol 박사가 실제 순서를

양측대립가설 $H_a:\ \theta \neq 1$은 카이제곱검정에서 다루는 일반적인 형태의 통계적 종속성과 관련되어 있다. 이 검정법의 정확한 P-값은 일반적으로 관측된 도수보다 실현가능성이 더 적은 도수들에 대응되는 확률의 양측꼬리의 합으로 정의된다. 〈표 2.7〉에서 실제 관측값의 확률 $P(3) = 0.229$보다 크지 않은 모든 확률들을 합하면 P-값 $= P(0) + P(1) + P(3) + P(4) = 0.486$이다. 행과 열의 주변합이 같을 때 초기하분포는 단봉이며 대칭이므로 양측 P-값은 단측 P-값의 2배가 된다.

다음은 양측 Fisher의 정확검정과 단측 Fisher의 정확검정에 대한 R 출력 결과이다.

```
-------------------------------------------------------------------------------
> tea <- matrix(c(3,1,1,3), ncol=2)
> fisher.test(tea)
Fisher's Exact Test for Count Data
p-value = 0.4857 # two-sided
alternative hypothesis: true odds ratio is not equal to 1

> fisher.test(tea, alternative="greater")
Fisher's Exact Test for Count Data
p-value = 0.2429 # one-sided
alternative hypothesis: true odds ratio is greater than 1
-------------------------------------------------------------------------------
```

2×2보다 큰 분할표에서 독립성에 대한 정확검정에는 초기하분포를 다변량의 경우로 확장시킨 것이 사용된다. 이런 검정은 직접 계산이 불가능하지만, 몬테칼로 시뮬레이션[13]을 사용할 수 있는 소프트웨어를 사용함으로써 정확 P-값에 아주 가깝게 근사시키는 것이 가능하다. 예를 들어, 정당지지도와 성별에 대한 〈표 2.4〉는 정확 P-값 $= 0.00185$을 갖고 있으며 이 값은 대표본 Pearson 카이제곱검정 통계량 $X^2 = 12.569$의 P-값 0.00186과 동일하다.

2.6.3 실제 P-값(제1종 오류)의 보수성; 중간 P-값

소표본의 경우에는 n_{11}이 취할 수 있는 값이 몇 가지 안 되기 때문에 식 (2.7)의 정확분포는 상당히 이산적이다. 결과적으로 P-값도 역시 몇 가지 가능한 값 중의 한 값을 갖게 된다. 1.4.3절에서 설명하였듯이, 이 사실은 가설검정에서 오류율(error rates)에 영향을 끼친다. Fisher의 정확검정 결과는 **보수적**(conservative)이라고 여겨지는데 그 이유는 0.05와 같이 원래 의도했던 명목형 제1종 오류의 확률보다 작은 실제 제1종 오류율을 갖기 때문이다.

알아낼 수 있었다고 Fisher를 설득하였다는 것을 나에게 말해주었다.

[13] R에서 A. Agresti, D. Wackerly, and J. Boyett에 의해 Psychometrika **44**: 75-83(1979)에 제시된 fisher.test 명령 안의 simulate.p.value 옵션을 사용해라.

이러한 보수성을 줄이기 위해 중간 P-값을 사용하는 것을 추천한다. 1.4.3절에서 정의된 **중간 P–값**(mid P-value)은 관측 결과의 확률을 $1/2$로 나눈 값에 관측 결과보다 더 극단적 결과가 나올 확률을 더한 것이다. 차 맛보기 예제에서 $n_{11}=3$인 검정자료에서 단측중간 P-값은 $P(3)/2+P(4)=0.229/2+0.014=0.129$로 기존의 P-값 0.243보다 작은 값을 갖는다. R에서 단측검정에 대한 P-값과 양측검정에 대한 P-값을 구하면 다음과[14] 같다.

```
> library(epitools)
> ormidp.test(3, 1, 1, 3, or=1) # enter the four cell counts and H0 value
one.sided two.sided
0.12857    0.25714 # mid P-values for testing independence
```

2.6.4 오즈비에 대한 소표본신뢰구간

오즈비에 대한 신뢰구간은 정확분포로부터 구할 수 있다. 이 신뢰구간은 임의의 θ_0에 대하여 $H_0: \theta=\theta_0$을 검정하기 위한 Fisher의 정확검정법을 일반화시킨 검정과 관련되어 있다. θ의 95% 신뢰구간은 $H_0: \theta=\theta_0$의 정확검정에서 P-값>0.05를 만족하는 모든 θ_0의 값, 즉 유의수준 0.05에서 귀무가설을 기각하지 않는 모든 θ_0의 값을 포함하는 구간이다.

정확검정에서 흔히 일어나는 바와 같이 이산성 때문에 이런 신뢰구간도 역시 보수적이다. 실제로 신뢰수준은 0.95와 같은 명목상의 신뢰수준보다 상당히 커질 수 있다. 이러한 보수적인 현상을 줄이기 위해 중간 P-값을 사용하는 검정법을 사용하여 신뢰구간을 구할 수 있다. 이 신뢰구간은 중간 P-값이 0.05를 초과하는 모든 θ_0의 값들로 이루어져 있으며 원래의 신뢰구간보다 길이가 짧고 실제 포함확률이 명목적인 수준에 더 가깝다. 차 맛보기 자료 〈표 2.7〉에서 실제 오즈비의 정확한 95% 신뢰구간은 $(0.21,\ 626.17)$이다. 중간 P-값을 사용하는 검정에 기초하여 구한 구간은 다음의 R 출력 결과에서 확인할 수 있듯이, $(0.31,\ 308.55)$이다.

```
> library(epitools)
> or.midp(c(3, 1, 1, 3), conf.level=0.95)$conf.int
  0.31005 306.63385 # mid-P confidence interval for odds ratio
```

이 구간은 상당히 넓은데, 이는 표본크기가 매우 작기 때문이다.

이제는 주변 분포가 주어져 있지 않은 서로 독립인 두 이항표본에 대해서도 대안적

[14] 2×2 분할표에 대한 정확추론은 exact2×2 패키지에서도 사용 가능하다.

인 정확추론 방법들을 이용할 수 있다. 이 방법들을 사용하여 검정을 실시할 수 있고, 신뢰구간을 구할 수도 있다.[15] 이 책의 범위를 넘어서는 세부적인 사항은 Agresti (2013, Section 3.5, 16.5, 16.6)에 수록되어 있다.

2.6.5 연관성 측도에 대한 베이지안 추정

베이지안 방법들은 분할표에 대한 연관성 측정값들을 쉽게 추정한다. 2×2 분할표에 있는 독립인 두 이항표본들의 모수를 비교해 보자. 첫 번째 행의 성공횟수 Y_1는 시행횟수가 n_1이고 모수가 π_1인 이항분포를 따르고, 두 번째 행의 성공횟수 Y_2는 시행횟수가 n_2이고 모수가 π_2인 이항분포를 따른다고 가정하자.

켤레 베이지안(conjugate Bayesian) 방법에서는 초모수 값들이 모두 1(균등분포)이거나 0.50(제프리 사전)인 서로 독립인 베타 사전분포들을 가장 일반적으로 이용한다. π_1이 beta(α_1, β_1), π_2가 beta(α_2, β_2)인 사전분포를 따를 때, 이 사전분포들의 베타를 어떤 값으로 정하느냐에 따라 서로 독립인 π_1, π_2에 대한 베타 사후분포 beta $(y_i+\alpha_i, n_i-y_i+\beta_i)$가 결정된다. 이 사후분포로부터 비율의 차이, 상대위험도, 오즈비 각각에 대응되는 사후분포를 구할 수 있다. 통계 프로그램을 이용해 이와 같은 연관성 척도들에 대한 사후 신뢰구간을 구할 수 있다. 베이지안 추론에서 디폴트로 제프리 사전분포를 설정하면 모수 공간 전체에 걸쳐서 실제 포함확률이 명목적인 수준에 가깝게 유지되도록 하는 빈도주의 추론 결과를 얻을 수 있다.

경고: 몇몇 통계 프로그램에서는 대안적인 사후 신뢰구간으로 **최대사후구간**(highest posterior density(HPD) interval)을 제시한다. 최대사후구간은 신뢰구간 안의 모든 값에서 신뢰구간 바깥의 값보다 더 높은 사후밀도를 가지고 있다. 이 방법은 주어진 신뢰수준에서 가장 길이가 짧은 신뢰구간을 제시한다. 하지만 오즈비와 상대위험도와 같은 확률의 비선형 함수에 대한 최대사후구간을 구하는 것은 적절하지 않을 수 있다. 왜냐하면 확률변수 X에 대한 최대사후구간은 $1/X$와 같이 비선형으로 변환시킨 최대사후구간을 역변환하여 구할 수 없기 때문이다. 예를 들어, 오즈비 θ에 대한 95% 최대사후구간이 $(2.0, 3.0)$이라고 가정해 보자. 이 경우 비교의 대상이 되는 두 그룹을 서로 바꾸어서 표시하거나 성공, 실패를 반대로 표시했을 때와 관련된, $1/\theta$의 사후분포에 대한 95% 최대사후구간은 $(1/2, 1/3)$가 아니다. 그러므로 양쪽 꼬리부분의 길이가 같은 사후신뢰구간을 사용하는 것이 더 바람직하다.[16]

[15] 예를 들어, A. Agresti and Y. Min. *Biostatistics* **3**: 379-386 (2002)에 오즈비에 대한 방법이 제시되어 있으며, exact2×2 패키지 안의 uncondExact2×2 함수를 사용할 수 있다.

[16] 2×2 분할표에 대한 베이지안 방법의 논의는 A. Agresti and Y. Min, *Biometrics* **61**: 515-523

2.6.6 예제: 소표본 임상 실험에서의 베이지안 추정

질병 치료를 위한 생물의학 연구에서는 하나의 집단(그룹 1)이 새로운 치료를 받게 하고, 다른 집단은 표준 치료를 받거나 위약을 복용하도록 하여 새로운 치료의 효과를 검증한다. 귀무가설 $\pi_1 \le \pi_2$에 대하여 대립가설 $\pi_1 > \pi_2$를 검증하고자 할 때, 사후확률 $P(\pi_1 \le \pi_2)$는 일종의 베이지안 P-값이다.

소표본에서는 사전분포에 대한 선택에 따라 결과값이 크게 달라질 수 있다. 환자들에게 치료법을 할당하기 위한 항아리 표본추출(urn sampling) 방법을 사용한 임상 실험[17] 예제를 통해 이를 확인해 보고자 한다. 실험처리집단에 할당된 11명의 환자들은 모두 성공(예, $n_1 = y_1 = 11$)이었고, 대조처리집단에 배정된 한 명의 환자만 실패(예, $n_2 = 1, y_2 = 0$)였다. 즉, 2×2 분할표에서 실험처리집단을 나타내는 첫 번째 행의 도수는 $(11, 0)$이고 비교집단을 나타내는 두 번째 행의 도수는 $(0, 1)$이다. π_1, π_2에 대한 beta $(0.5, 0.5)$ 사전분포에 대해서, π_1에 대한 사후분포는 beta$(y_1 + 0.5, n_1 - y_1 + 0.5) =$beta$(11.5, 0.5)$을 따르고 π_2의 사후분포는 beta$(y_2 + 0.5, n_2 - y_2 + 0.5) =$beta$(0.5, 1.5)$을 따른다. 이러한 사전분포를 사용하여 통계 프로그램에서 오즈비에 대해 양측 꼬리부분이 동일한 95% 사후신뢰구간을 구하면 $(3.3, 1{,}361{,}274)$이다. 반면에 균등사전분포를 사용해서 95% 사후신뢰구간을 구하면 $(1.7, 4677)$이다. 즉, 어떤 사전분포를 선택하느냐에 따라 결과값인 사후신뢰구간의 길이가 크게 달라지는 것을 확인할 수 있다. 그러나 표본의 크기가 작은 경우에는 빈도주의 방법들의 경우에도 서로 다른 방법들마다 매우 다른 결과값을 낼 수 있다. 예를 들어서, 대표본 스코어 방법을 사용할 경우 오즈비에 대한 95% 신뢰구간은 $(4.5, \infty)$이고, 소표본 중간 P-값 방법을 사용할 경우의 신뢰구간은 $(1.22, \infty)$이다.

사전분포 beta$(0.5, 0.5)$를 이용한 이 예제에서 양측 꼬리부분이 동일한 95% 사후신뢰구간의 매우 정확한 시뮬레이션 결과는 다음과 같다.

```
> library(PropCIs)
> orci.bayes(11, 11, 0, 1, 0.5, 0.5, 0.5, 0.5, 0.95, nsim = 1000000)
> # arguments are y1, n1, y2, n2, alpha1, beta1, alpha2, beta2, post. prob.
[1] 3.276438e+00 1.361274e+06 # posterior interval for odds ratio

> diffci.bayes(11, 11, 0, 1, 0.5, 0.5, 0.5, 0.5, 0.95, nsim = 1000000)
[1] 0.09900 0.99327 # posterior interval for difference of proportions
```

(2005).

[17] 이 예제는 C.B. Begg, *Biometrika* **77**: 467-484(1990)에서 확인할 수 있다.

정확도는 떨어지지만 오즈비와 비율의 차이와 같은 척도들의 신뢰구간을 근사시키는 간단한 방법은 직접 시뮬레이션을 하는 것이다. π_1, π_2에 대한 사후 베타 분포에서 많은 수의 베타 확률변수들을 생성시키고, 생성된 확률변수에 대한 척도를 계산한 다음, 구하고자 하는 확률값에 대응하는 분위수를 찾는다. $\pi_1 \leq \pi_2$을 만족하는 시뮬레이션 결과값들의 비율에 근사시켜 사후확률 $P(\pi_1 \leq \pi_2)$를 구할수도 있다. 이번에도 사전분포 beta$(0.5, 0.5)$와 이에 대응하는 π_1, π_2에 대한 사후분포 beta$(11.5, 0.5)$와 beta$(0.5, 1.5)$를 이용해서 구해 보자.

```
-------------------------------------------------------------------------------
> pi1 = rbeta(100000000, 11.5, 0.5); pi2 = rbeta(100000000, 0.5, 1.5)
  # simulate 100000000 posterior beta(11.5, 0.5) and beta(0.5, 1.5)
  # which result from beta(0.5, 0.5) prior distributions
  # use huge number of simulations to approx. interval for odds ratio well
> or <- pi1*(1-pi2)/((1-pi1)*pi2) # find odds ratio for each generate
> quantile(or, c(0.025, 0.975))
  2.5%; 97.5%;
3.277981 1361813 # approx. posterior interval for odds ratio

> quantile(pi1 - pi2, c(0.025, 0.975))
  2.5%; 97.5%;
0.0990 0.9933 # approx. posterior interval for difference of proportions

> mean(pi1 < pi2)
[1] 0.0059 # approx. posterior P(pi1 < pi2), (control better than exper.)
-------------------------------------------------------------------------------
```

사전분포가 beta$(0.5, 0.5)$인 경우에 사후확률은 $P(\pi_1 \leq \pi_2) = 0.006$이고, 사전분포가 균등분포인 경우에는 사후확률은 0.011이다. 이는 새로운 실험처리집단이 대조처리집단보다 낫다는 강력한 증거를 보여 준다.

2.7 삼차원 분할표에서의 연관성

대부분의 연구조사에서 제어변수(control variables)를 선택하는 것은 중요한 일이다. 반응변수 Y에 대한 설명변수 X의 효과를 조사할 때, 그러한 연관성에 영향을 줄 수 있는 공변량(covariates)을 통제해야 한다. 공변량은 X와 Y 모두에 연관되어 있기 때문에 Y에 대한 X의 효과를 연구하는 동안 공변량의 효과를 일정하게 유지시켜주는 기법을 이용해야 한다. 그렇지 않으면 XY 연관성은 단순히 공변량과 X또는 공변량과 Y의 연관성을 반영하는 것일 수도 있기 때문이다. 이러한 결과는 특히 관측조사에서 많이 나타나는데, 그 이유는 관측조사에서는 각 개체를 임의로 다른 처리에 할당하지 못하기 때문이다.

예를 들어, 흡연자와 같이 사는 비흡연자에게 간접흡연이 미치는 영향을 고찰하는 연구를 생각해 보자. 간접흡연이 폐암과 연관성이 있는지 없는지를 분석하기 위해서, 현황적 연구(cross-sectional study)를 통해 배우자가 흡연자인 비흡연자와, 배우자가 비흡연자인 비흡연자 사이의 폐암 발생률을 비교해 볼 수 있다. 이러한 연구에서 나이, 사회·경제적 지위 등과 같은 요인들은 배우자의 흡연 여부와 연구참여자가 폐암 환자인지 아닌지의 여부에 영향을 미치므로 이러한 요인들을 통제할 수 있도록 시도해야 한다. 만약 이러한 변수들을 통제하지 않으면, 그 연구 결과는 극히 제한적으로 활용될 수밖에 없다. 가령, 비흡연자의 배우자들이 흡연자의 배우자들보다 젊은 경향이 있다고 가정하자. 그리고 젊은이들이 폐암에 걸릴 확률이 더 작다고 가정해 보자. 그러면, 비흡연자의 배우자들의 폐암확률이 낮게 나온 결과는 간접흡연 효과가 없기 때문이 아니고 단순히 그들의 평균연령이 낮기 때문일 수 있다.

제어변수를 포함하는 분석은 이변량분석이 아니라 다변량분석을 사용해야 한다. 기본개념을 설명하기 위해 하나의 범주형 제어변수 Z를 고려해 보자. 이 경우 삼차원 분할표는 세 변수의 수준의 조합에 대한 도수를 나타낸다.

2.7.1 부분분할표

삼차원 분할표에서의 이차원 **부분분할표**(partial table)는 제어변수 Z의 각 수준에서 X와 Y를 분류한 표이다. 이 표는 Z의 값을 일정하게 유지시켜 Z의 효과를 제거함으로써 XY의 관계를 보여 준다.

부분분할표에서의 연관성을 **조건부연관성**(conditional association)이라고 하는데, 이는 변수 Z의 값이 어떤 수준에서 고정되어 있다는 조건 하에서 Y에 미치는 X의 효과를 설명하기 때문이다. 부분분할표에서의 조건부연관성은 부분분할표를 결합해서 얻은 XY **주변분할표**(marginal table)에서의 연관성과 다르다. 다음 예제를 통해 이를 확인해 보자.

2.7.2 예제: 사형판결과 인종

〈표 2.9〉는 살인죄를 범한 피고들에 대한 사형선고 언도 여부에 인종이 미치는 영향을 조사해서 얻은 $2 \times 2 \times 2$ 분할표이다. 〈표 2.9〉에서 분류된 674명의 대상자들은 미국 플로리다주에서 12년 동안 살인죄로 기소된 피고인들이다. Y는 “사형판결”을 나타내는 변수이고, X는 “피고의 인종”을 나타내는 변수이며, Z는 살해된 “피해자의

표 2.9 피해자의 인종과 피고의 인종에 의해 분류된 사형선고판결

피해자의 인종	피고의 인종	사형선고		"예"의 비율
		예	아니오	
백인	백인	53	414	11.3
	흑인	11	37	22.9
흑인	백인	0	16	0.0
	흑인	4	139	2.8
합	백인	53	430	11.0
	흑인	15	176	7.9

출처: M. L. Radelet and G. L. Pierce, *Florida Law Rev*. **43**: 1-34(1991).

인종"을 나타내고 있다. 여기서 피해자의 인종을 제어변수로 간주하여, 피고의 인종, 즉 살인범의 인종이 사형판결에 미치는 영향을 조사해 보고자 한다. 〈표 2.9〉는 피해자의 인종의 각 수준에서 피고의 인종과 사형판결에 관한 2×2 부분분할표이다.

피해자의 인종과 피고의 인종의 각 결합 분류가 〈표 2.9〉에 나타나 있고, 〈그림 2.4〉는 피고 중에서 사형판결을 받은 비율을 보여 준다. 피해자가 백인일 때는 백인 피고보다 흑인 피고에 대하여 사형판결의 비율이 22.9% − 11.3% = 11.6%만큼 더 높은 것을 알 수 있다. 피해자가 흑인일 때는 흑인 피고의 사형판결이 2.8% − 0.0% = 2.8% 백인 피고보다 더 높았다. 따라서 피해자의 인종을 고정시켰을 때, 사형판결이 "예"일 확률은 백인 피고보다 흑인 피고가 더 높게 나왔다.

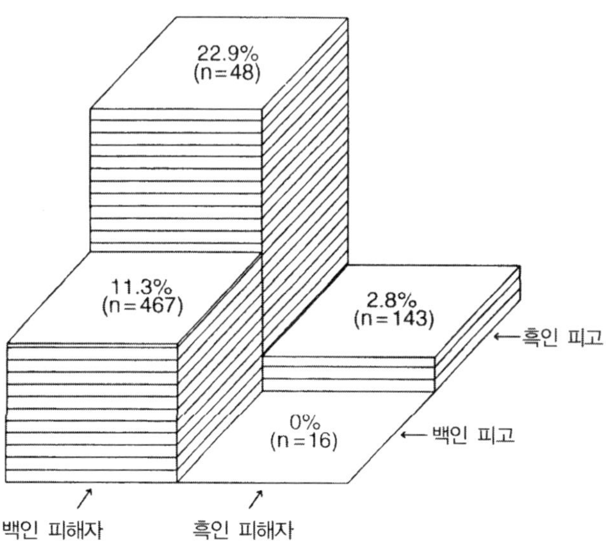

그림 2.4 사형선고를 받은 인종의 비율

〈표 2.9〉의 아래 부분은 피고의 인종과 사형판결에 관한 주변분할표를 나타내고 있다. 이 표는 〈표 2.9〉에서 피해자의 인종의 두 수준에서 각 칸에 있는 도수를 합하여 얻어지는데, 예를 들어 $(11+4=15)$처럼 두 개의 부분분할표를 결합한 것이다. 전체적으로 백인 피고인 중에서 11.0%, 흑인 피고인 중에서 7.9%가 사형판결을 받은 것을 알 수 있다. 즉 피해자의 인종을 무시하게 되면, 사형판결을 받은 비율은 백인 피고보다 흑인 피고가 더 낮게 나온다. 이러한 연관성은 부분분할표와 비교해 볼 때 전혀 반대 방향으로 나타난 것이다.

피고의 인종 사이의 연관성은 피해자의 인종을 무시했을 때와 고려했을 때에 왜 그렇게 차이가 많이 나는 것일까? 그 이유는 제어변수인 피해자의 인종과 다른 변수들과의 연관성과 관련되어 있다. 첫째로, 피해자의 인종과 피고의 인종 간에 연관성이 굉장히 강하다. 이 두 변수들에 관한 주변분할표에서 오즈비가 87.0이므로 백인 피고가 백인 피해자를 살해할 오즈가 흑인 피고가 백인 피해자를 살해할 오즈의 87배로 추정된다. 둘째로, 피고의 인종에 상관없이, 피해자가 흑인일 때보다 백인일 때에 피고가 사형판결을 받는 비율이 더 높은 것으로 나타났다. 따라서 백인들이 백인들을 살해하는 경향이 많고, 백인을 살해한 피고들이 사형판결을 더 많이 받는 것으로 나타났다. 이러한 결과는 조건부연관성보다 주변연관성이 백인 피고가 흑인 피고에 비해 사형을 받는 경향이 크다는 것을 시사한다. 실제로 〈표 2.9〉는 이러한 경향을 보여 준다.

2.7.3 Simpson의 역설

이와 같이 주변연관성이 조건부연관성과 다른 방향을 가질 수도 있다는 결과를 **Simpson의 역설**(Simpson's paradox)이라고 한다. 이러한 결과는 범주형 변수뿐만 아니라 양적 변수에도 적용될 수 있다. 예를 들어, 양적 변수 X와 Y는 양의 상관관계를 가질 수 있지만, Z를 통제한 이후에 두 변수는 음의 부분 상관관계를 가질 수 있다.

〈그림 2.5〉는 Simpson의 역설이 일어나는 것을 명확하게 보여 준다. 이 그림은 각 피고의 인종에 대해 피해자의 인종의 각 수준에서 사형판결을 받는 비율을 나타내고 있다. 각 비율은 피해자의 인종의 수준을 표시하는 문자로 주어져 있다. 각각의 관측값에는 피고와 피해자의 인종의 조합에서 관측값들의 도수에 비례하는 면적크기의 원이 그려져 있다. 예를 들어, 가장 큰 원인 W는 백인 피고와 백인 피해자들인 경우에 사형판결을 받은 비율 0.113을 나타낸다. 이 원이 가장 큰 이유는 이 경우의 조합에 해당하는 도수가 $(53+414=467)$으로 다른 세 개의 조합보다 크기 때문이다. 다음으로 큰 원은 흑인 피고와 흑인 피해자의 경우이다.

원의 중심에 동일한 글씨를 갖는 원들을 비교함으로써 피해자의 인종을 통제할 수

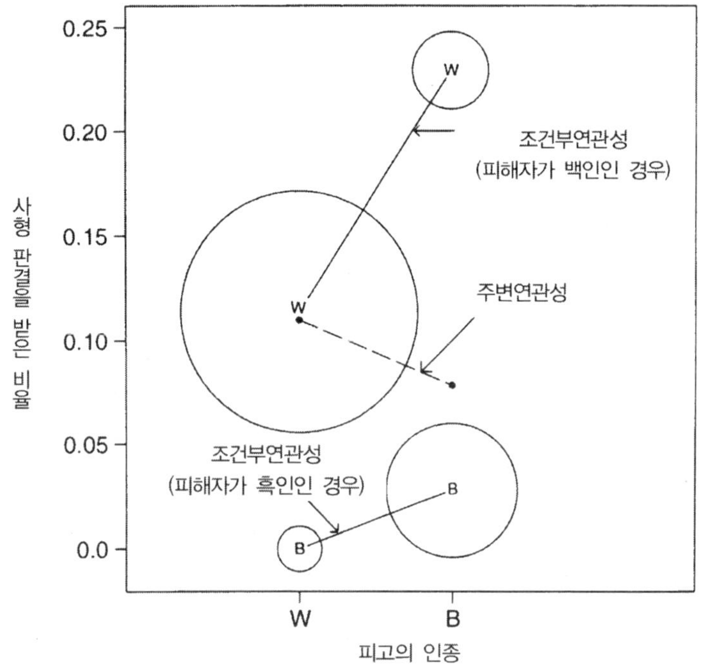

그림 2.5 희생자의 인종을 고려했을 때와 고려하지 않았을 때, 피고가 사형선고를 받은 비율

있다. 두 개의 'W' 원을 연결하는 직선은, 두 개의 'B' 원을 연결하는 직선과 마찬가지로 양의 기울기를 갖는다. 피해자의 인종을 통제하게 되면 결과적으로 백인보다 흑인 피고인에 대해 사형판결의 기회가 더 높다는 것을 나타낸다. 피고의 인종이 사형판결에 미치는 주변효과를 알아보기 위해, 피해자의 인종에 따라 분류한 도수를 합해 보자. 이 경우에 큰 도수를 가지는 큰 원들이 더 큰 영향력을 갖는다. 따라서 그림에서 점으로 표시된 피고의 인종별 주변비율은 작은 원들보다 큰 원들의 중심에 더 가깝게 위치하게 된다. 요약된 주변비율을 연결하는 직선은 음의 기울기를 가지며, 이것은 백인 피고가 흑인 피고보다 사형판결을 더 많이 받는다는 것을 의미한다.

2.7.4 조건부 오즈비와 주변 오즈비

주변연관성과 마찬가지로 조건부연관성은 오즈비(odds ratios)를 이용해서 설명할 수 있다. 부분분할표에서 구한 오즈비들을 **조건부 오즈비**(conditional odds ratio)라고 한다. 이항변수 X와 Y에 대하여 제어변수 Z의 k수준이 주어져 있을 때 $\theta_{XY(k)}$를 실제 확률을 바탕으로 계산된 X와 Y 사이의 오즈비로 표시하자.

〈표 2.9〉에서 백인 피해자에 대한 첫 번째 부분분할표에서 조건부 오즈비의 추정

값은 다음과 같다.

$$\hat{\theta}_{XY(1)} = \frac{53 \times 37}{414 \times 11} = 0.43$$

즉, 사형판결을 받은 백인 피고에 대한 오즈비의 추정값은 흑인 피고에 대한 오즈비의 추정값의 43%였다. 흑인 피해자에 대한 두 번째 부분분할표에서, 오즈비의 추정값은 $\hat{\theta}_{XY(2)} = (0 \times 139)/(16 \times 4) = 0.0$인데, 이것은 흑인을 살해한 백인 피고에게는 사형판결이 전혀 선고되지 않았기 때문이다.

피고의 인종과 사형판결에 대한 주변 오즈비의 추정값은 〈표 2.9〉에서 피해자의 인종을 무시하고 합한 2×2 주변분할표로부터 구할 수 있다. 주변 오즈비의 추정값은 $(53 \times 176)/(430 \times 15) = 1.45$이다. 즉, 사형판결에 대한 표본 오즈비는 백인 피고가 흑인 피고보다 45% 더 높게 나온다. 그러나 사형판결에 대한 오즈비들은 피해자의 인종의 각 수준에서는 흑인 피고보다 백인 피고에 대해서 더 작다는 것을 이미 살펴보았다. 이와 같이 피해자의 인종을 고려했을 때 연관성이 반대방향으로 나오는 결과는 Simpson의 역설을 설명하고 있다.

만약 X와 Y가 각 부분분할표에서 독립이면, X와 Y는 Z가 주어졌을 때 **조건부 독립**(conditionally independent)이라고 한다. 이때 X와 Y 사이의 모든 조건부 오즈비는 1의 값을 갖는다. Z가 주어졌을 때, X와 Y의 조건부독립성이 X와 Y의 주변독립성을 의미하는 것이 아니다. 즉, X와 Y 간의 오즈비가 Z의 각 수준에서 1일 때, 주변 오즈비는 1과 다를 수 있다. 두 변수 간에 연관성이 존재하더라도 다른 변수를 고려할 경우 연관성이 완전히 사라질 수 있다. 연습문제 2.28을 통해 확인할 수 있다.

2.7.5 동질연관성

이항변수 X와 Y에 대하여 다음 식이 성립할 때 **동질연관성**(homogeneous association)이 있다고 정의한다. 즉,

$$\theta_{XY(1)} = \theta_{XY(2)} = \cdots = \theta_{XY(K)}$$

X와 Y의 조건부독립성은 동질연관성의 특별한 경우로서, 조건부 오즈비가 1.0의 값을 갖는 경우이다.

예를 들어, X는 흡연 여부(예, 아니오)를, Y는 폐암 여부(예, 아니오)를, Z는 나이(< 45, $45-65$, > 65)를 나타낸다고 하자. 이때 세 변수에 대하여 $\theta_{XY(1)} = 1.2$, $\theta_{XY(2)} = 4.8$, $\theta_{XY(3)} = 12.2$가 성립한다고 가정하자. 그러면, 나이가 젊은 사람의

경우에는 흡연이 폐암에 미치는 영향이 약하나, 나이가 많아질수록 그 영향이 커지게 된다. Z의 각 수준에서 XY의 조건부 오즈비가 달라지기 때문에 XY 사이에 동질 연관성이 없다. 그러나 만약 Z가 성별이고 $\theta_{XY(1)} = \theta_{XY(2)} = 4.0$가 성립할 경우에는, XY 사이에 동질연관성이 존재한다.

삼차원 분할표에서 XY의 동질연관성은 X의 두 수준과 Y의 두 수준을 이용해서 만들어지는 모든 조건부 오즈비가 Z의 각 수준에서 동일하다는 것을 의미한다. XY 사이에 동질연관성이 있으면, XZ 사이에서도 동질연관성이 있고 YZ 사이에도 동질 연관성이 존재한다. 다차원 분할표에서의 연관성에 대한 추론은 모형화를 통하여 다루는 것이 가장 효과적이다. 4.3절과 7.1절에서는 동질연관성을 가지는 모형을 소개할 것이며 5.2절에서는 조건부독립성이 성립하는지 혹은 동질연관성이 성립하는지를 판단하는 방법에 관하여 논의할 것이다.

연습 문제

2.1 PSA 혈액 검사는 전립선암에 걸렸는지 여부를 판단할 수 있는 검사이다. 이 검사가 전립선암에 걸린 남성을 대상으로 했을 경우 4번 중 1번의 비율로 잘못된 진단을 내렸고(제 2종의 오류), 전립선암에 걸리지 않은 사람을 대상으로 했을 경우에는 10번 중 1번의 비율로 암에 걸렸다고 진단을 내렸다(제 1종의 오류)고 가정하자. $C(\overline{C})$는 전립선암에 걸렸는지(걸리지 않았는지) 여부를 나타내며 $+(-)$는 검사 결과 양성(음성) 여부를 나타낸다고 하자.

a. $P(-|C)=1/4$와 $P(C|-)=1/4$ 중 어느 것이 옳은가? $P(\overline{C}|+)=1/10$와 $P(+|\overline{C})=1/10$ 중 어느 것이 옳은가?

b. 이 검사의 민감도와 특이도는 얼마인가?

c. PSA검사를 받은 남성들에 대하여 $P(C)=0.04$을 가정하자. 두 변수 $X=$실제 질병 여부$(C,\overline{C})$와 $Y=$진단$(+,-)$으로 교차분류된 2×2 분할표의 결합확률분포를 가진 각 칸에 해당하는 확률을 구하여라.

d. (c)를 이용하여 진단에 대한 주변분포를 찾고 $P(\overline{C}|+)=0.238$임을 보여라. (실제로, 국립 암 연구소는 4 ~ 10 ng/mL 수준으로 PSA가 약간 상승한 사람들의 25%가 실제로 전립선암에 걸렸다고 추정하고 있다.[18])

2.2 진단 검사에서 두 변수 X와 Y를 $X=$실제 질병 여부$(1=$질병있음, $2=$질병없음$)$와 $Y=$진단$(1=$양성, $2=$음성$)$이라 하고, γ를 개체가 질병에 걸리는 확률이라고 하자.

a. 진단검사 결과가 양성으로 나왔을 때 실제로 질병에 걸렸을 확률이 다음과 같음을 보이기 위하여 베이즈 정리를 이용하라.

$$P(X=1|Y=1)=\pi_1\gamma/[\pi_1\gamma+\pi_2(1-\gamma)]$$

b. 유방암 여부를 진단하기 위한 유방 엑스선 검사의 경우, $\gamma=0.01$이고 민감도는 0.86, 특이도는 0.88이라고 하자. 검사 결과 양성으로 판정되었을 때, 이 여성이 실제로 유방암에 걸렸을 확률을 구하여라.

c. (b)의 결과를 더 잘 이해하기 위해서 X와 Y의 2×2 교차분류에 대한 결합확률을 구하여라. 양성 검사 결과에 대한 두 칸들의 상대적인 크기를 비교하여라.

[18] www.cancer.gov/types/prostate/psa-fact-sheet을 확인하라.

2.3 최근 UN의 조사 결과에 따르면, 한 해에 총기 살인사건의 비율은 미국의 경우 백만 명당 62.4이고 영국의 경우에는 백만 명당 1.3이라고 한다. (a) 비율의 차와 (b) 상대위험도를 이용하여 매년 총기 사망자의 비율을 계산하라. 어떠한 측도가 연관성의 강도를 나타내는 데 더 유용하며 그 이유는 무엇인가?

2.4 2018년 월드컵에서 독일이 이길 오즈는 9/2, 브라질은 5/1, 프랑스는 11/2, 영국은 20/1, 스페인은 7/1이다. 다섯 팀이 이길 사전 확률을 각각 구하라.

2.5 뉴욕타임지에 보도된 다음 두 연구에 대해 생각해 보자.

a. 영국에서의 연구 결과 폐암에 걸린 흡연자들 중 여성이 남성보다 소세포 폐암(small-cell lung cancer)에 걸릴 확률이 1.7배 더 높다고 보도하였다. 여기서 1.7은 오즈비인가 아니면 상대위험도인가?

b. 국립암센터의 항종양제 타목시펜과 유방암에 대한 연구 결과, 이 약을 복용한 여성이 위약을 복용한 여성들에 비해서 전이성 암에 걸릴 확률이 45% 더 낮았다고 한다. (i) 위약을 복용한 사람들과 비교했을 때 타목시펜을 복용한 사람들에 대한 상대위험도를 구하여라. (ii) 타목시펜을 복용한 사람들과 비교했을 때 위약을 복용한 사람들에 대한 상대위험도를 구하라.

2.6 다음의 비율을 비교하는 척도를 찾고 해석하라.

a. 2004년과 2013년 사이에 미국에서 총기 부상으로 입원한 환자들의 관측 연구[19]에서는 총기 사건의 의도를 (폭행, 고의 아닌 자살, 불확실, 법 집행, 테러)의 범주로 분류하였고, 각 범주의 도수는 (179, 793, 65, 502, 24, 624, 17, 401, 5266, 10)이었다. 고의 아닌과 테러 범주 간의 비율의 차이와 비율의 비를 구하고 해석하라.

b. Pew Research Center(www.people-press.org)의 2015년 연구에 따르면 미국에서 스스로 진보라고 밝힌 민주당원의 81%와 스스로 보수라고 밝힌 공화당원의 22%가 게이와 레즈비언의 결혼 합법화에 대해서 찬성하였다. 두 척도를 구하고 두 척도의 오즈비를 계산하라.

2.7 타이타닉호에 탑승했던 성인들 중 성별(여성, 남성)과 생존 여부(예, 아니오) 사이의 오즈비[20]는 11.4였다.

[19] A. Cook, T. Osler, D. Hosmer, et al., *Injury* **48**: 621-626 (2017).

a. "남성에 비해서 여성이 살아남을 확률이 11.4배 높았다"라는 해석에서 잘못된 점은 무엇인가? 옳은 해석을 제시하라.

b. 여성에서 생존 여부에 대한 오즈는 2.9이다. 각 성별에 대하여 살아남은 비율을 구하여라. "여성이 살아남을 확률이 남성이 살아남을 확률의 RR 배이다."라고 할 때 RR의 값을 구하라.

2.8 연구조사 결과 특정 조건 하에서 어떤 사람이 심장도관술(heart catheterization)을 받는 확률은 백인에서는 0.906, 흑인에서는 0.847이었다.

a. 이 연구에 대한 출판자료에서 흑인들이 심장도관술을 받을 오즈가 백인들의 오즈의 60%에 해당한다고 보고하였다. 여기서 60%(정확하게는 57%)라는 값을 어떻게 구하였는지 설명하라.

b. 관련된 출판자료에 실린 연구[21]에서는 "의사들은 환자가 백인일 때 비해서 흑인일 때 심장도관술을 실시하는 비율이 60%에 불과하다"고 보고하였다. 이 해석에서 잘못된 점은 무엇인가? 옳은 비율을 제시하라(일반 대중들을 대상으로 한 결과에서는 오즈비보다 상대위험도를 사용하는 것이 더 적절하다. 이것이 이해하기 더 쉽고 잘못 해석할 가능성을 줄일 수 있다).

2.9 영국인 남성 의사들에 대한 20년 간의 연구[22]에서 흡연자가 폐암으로 사망하는 비율은 연간 0.00140이고 비흡연자가 폐암으로 사망하는 비율은 연간 0.00010이라고 밝혔다. 또한 흡연자 중 심장병으로 사망하는 비율은 0.00669이고 비흡연자 중 심장병으로 사망하는 비율은 0.00413이었다. 비율의 차이와 상대위험도 및 오즈비를 사용해서 폐암과 심장병과의 연관성을 기술하고 결과를 해석하라. 흡연을 하지 않음으로 줄일 수 있는 사망률을 근거로 어떤 질병(폐암과 심장병)이 흡연과 더 강한 상관관계가 있는지를 밝혀라.

2.10 〈표 2.10〉은 2015년 플로리다주에서 안전벨트를 착용했을 때와 착용하지 않았을 때 자동차 사고로 인한 운전자와 승객의 사망에 관한 자료이다. 오즈비를 구하고 해석하라.

[20] R. Dawson, *J. Statist. Educ.* **3**, no.3, 1995에서 데이터를 확인하라.

[21] 연구에 대한 자세한 것은 다음 논문을 참고하라. *New Engl. J. Med.*, **341**:279-283 (1999).

[22] R.Doll and R.Peto, *British Med.* J., **2**: 1525-1536 (1976).

▶표 2.10 연습문제 2.10에 대한 자동차 사고 자료

안전벨트 사용	치명적인 사고		
	예	아니오	합계
아니오	433	8049	8482
예	570	554,883	555,453

2.11 〈표 2.11〉은 2008년과 2012년 미국 대통령 선거 투표 결과를 분류한다. 모비율 오즈비에 대한 95% 신뢰구간을 추정하고 구한 후 해석하라.

▶표 2.11 연습문제 2.11에 대한 대통령 선거 자료

2008년 선거	2012년 선거	
	오바마(Obama)	롬니(Romney)
오바마(Obama)	802	53
멕케인(McCain)	34	494

출처: 2014 일반사회조사

2.12 FBI의 웹사이트(www.fbi.gov)에서는 2015년에 살해된 흑인 중 92%가 흑인에 의한 살인이었고, 살해된 백인 중 93%가 백인에 의한 살인이었다고 밝혔다. Y는 살해된 인종을 나타내고 X는 살인범의 인종을 나타낸다고 하자. 위의 통계량은 X가 주어졌을 때 Y의 조건부분포를 나타내는가 아니면 Y가 주어졌을 때 X의 조건부분포를 나타내는가? 오즈비를 계산하고 해석하라.

a. 위의 통계량은 X가 주어졌을 때 Y의 조건부분포를 나타내는가 아니면 Y가 주어졌을 때 X의 조건부분포를 나타내는가?

b. X와 Y간의 오즈비를 계산하고 해석하라.

c. 살인범이 백인일 때, 희생자가 백인일 확률을 구할 수 있는가? 이 확률을 구하기 위해 필요한 추가적인 정보는 어떤 것인가? (힌트: 베이즈 정리를 사용하라.)

2.13 사후 세계에 대한 믿음에 대한 〈표 2.1〉의 자료에 대하여 두 변수 간의 독립성을 검정하고 P-값을 제시하며 그 결과를 해석하라.

2.14 Loius Harris와 그의 동료가 미국의 성인 1249명을 대상으로 실시한 여론조사에 의하면 조사자 중 36%가 유령을 믿고 37%는 점성술을 믿고 있는 것으로 나타났다. 독립이항표본의 추론 방법으로 이 비율을 비교할 수 있는가? 비교 방법을 설명해 보아라.

2.15 간호사보건연구와 보건전문직추적연구(Nurses' Health Study and Health Professionals Follow-Up Study)의 결과를 요약한 논문[23]에서 다음과 같이 보고하였다. "정기적인 아스피린 복용이 비정기적인 아스피린의 복용에 비해 전체적으로 암의 발생위험을 낮춘다(RR 0.97, 95% CI 0.94, 0.99). 그 이유는 위장계암(gastrointestinal cancer), 특히 대장암 (RR 0.81, 95% CI 0.75, 0.88)의 발생율이 낮기 때문이다."

a. 이 두 연구 결과에서 반응변수들과 설명변수들을 명시하여라. 대장암에 대한 95% 신뢰구간을 어떻게 해석할 수 있는지 설명하라.

b. 전체 암에 대한 연관성이 (i) 유의한가 아니면 유의하지 않은가? (ii) 강한가 아니면 약한가? 설명하라.

2.16 〈표 2.12〉는 2002년 일반사회조사에서 이루어진 개인의 행복도와 가족의 수입에 대한 교차분류표이다. 분할표는 관측도수와 기대도수, 독립성검정에 대한 표준화잔차를 보여 준다.

▸표 2.12 연습문제 2.18에 대한 자료로 가대도수 추정값과 표준화잔차

수입	행복도		
	불행	행복	매우 행복
평균 이상	21(35.8)	159(166.1)	110(88.1)
	−2.973	−0.947	3.144
평균	53 (79.7)	372(370.0)	221(196.4)
	−4.403	0.224	2.907
평균 이하	94 (52.5)	249(244.0)	83(129.5)
	7.368	0.595	−5.907

a. 독립성검정에서 $X^2 = 73.4$이다. 자유도와 P-값을 구하고 결과를 해석하라.

b. 분할표의 코너에 위치한 (i) 칸도수 21과 83 또 (ii) 110과 94에 해당하는 칸의 표준화잔차의 의미를 해석하라.

2.17 〈표 2.13〉은 2016년도 일반사회조사로부터 얻은 것이다.

23 Y. Cao et al., *JAMA Onclogy* **2**: 762-769 (2016).

▸ 표 2.13 연습문제 2.17에 대한 자료

인종	정당지지도		
	민주당	공화당	무소속
백인	871	821	336
흑인	347	42	83

a. 정당지지도 성향과 인종 간의 독립성검정을 하고 결과를 해석하라.

b. 표준화잔차를 사용하여 연관성의 증거를 기술해 보아라.

c. 카이제곱을 두 개의 부분항으로 분할한 후에 부분항을 사용하여 인종과 정당지지도(민주당, 공화당)의 연관성의 증거를 기술하고 차이를 해석하라.

2.18 각각 100명의 남자와 100명의 여자를 대상으로 다음 중 어느 요인이 십대 범죄를 증가시키는 원인이 되는지를 질문하였다(하나 또는 둘 이상 답변도 가능함). A: 빈부격차의 증가, B: 편부모 가정의 증가, C: 부모가 자식과 함께 보내는 시간의 부족. 응답 결과와 성별을 교차분류하여 다음과 같이 정리하였다.

```
----------------
성별  A    B    C
남자  60   81   75
여자  75   87   86
----------------
```

이 분할표에 카이제곱 독립성검정을 적용하는 것이 타당한지 여부를 밝히고 그 이유를 설명하라. 이 표가 세 요인과 성별에 따라 교차분류하는 데 필요한 정보를 실제적으로 어떻게 제공하고 있는지 설명하라. 요인 A가 십대 범죄 증가에 영향을 주는지에 대한 의견과 성별과의 연관성을 나타내는 분할표를 만들어라.

2.19 〈표 2.14〉는 최근 일반사회조사로부터 개인의 종교적인 믿음의 정도와 교육수준을 교차분류한 것이다. 이 자료에서 $X^2 = 69.2$이다. 이 자료에 대한 추론과 설명을 요약하는 짧은 보고서를 작성하라. 이 보고서에 이 자료에 대한 독립성 검정을 위한 다른 검정 결과도 제시하라.

▸표 2.14 연습문제 2.19에 대한 자료

교육수준	종교적인 믿음		
	강함	적당	약함
중학교	178	138	108
	(4.5)	(−2.6)	(−1.9)
고등학교, 전문대	570	648	442
	(2.6)	(1.3)	(−4.0)
대학교, 대학원	138	252	252
	(−6.8)	(0.7)	(6.3)

2.20 식 (2.3)은 다음과 같이 다른 형태로 표시할 수 있다.

$$X^2 = n\sum(\hat{\pi}_{ij} - \hat{\pi}_{i+}\hat{\pi}_{+j})^2/\hat{\pi}_{i+}\hat{\pi}_{+j}$$

특정한 $\{\hat{\pi}_{ij}\}$값에 대하여 X^2은 n이 충분히 크면 같이 커진다. 연관성이 실제적으로 중요한지에 관계없이 X^2은 n이 크면 큰 값을 갖게 됨을 설명하라. 다른 검정법과 마찬가지로 카이제곱검정은 단순히 (귀무)가설을 반증하는 정도를 나타낼 뿐 연관성의 강도에 대한 정보는 제공해 주지 않는다.

2.21 1991년 일반사회조사에서 조사된 다음의 4×4 분할표는 흑인들에 대해서 직업만족도와 수입에 대해서 조사한 결과를 보여 준다.

수입	직업만족도			
	매우 불만족	약간 만족	적절히 만족	매우 만족
<5000	2	4	13	3
5000 - 15,000	2	6	22	4
15,000 - 25,000	0	1	15	8
>25,000	0	3	13	8

a. X^2 검정을 이용하여 직업만족도와 수입 간의 독립성검정을 수행하라. 검정 결과를 해석하고 이 자료에 대해서 이 검정이 갖고 있는 문제점을 설명하라. 표준화잔차를 구하라. 어떠한 패턴을 보이고 있는가?

b. 수입에 대해서는 (3, 10, 20, 35) 점수를 사용하고 직업만족도에 대해서는 (1, 3, 4, 5) 점수를 사용하여 변수들을 질적인 형태로 간주한 후에 검정을 수행하라. 왜 이 검정 결과가 (a)와 다른지 설명하라.

2.22 전이 유방암을 앓고 있는 여성들을 대상으로 부신피질 호르몬제가 과칼슘혈증(hypercalcaemia)에 미치는 효과에 관한 연구를 실시하였다(참고문헌: B. Kristensen et al. *J. Intern. Med.* **232**: 237–245, 1992). 30명의 환자들 중에서 임의로 15명의 환자들을 선택하여 부신피질 호르몬제를 투약하는 처리군에 배정하고 나머지 15명의 환자들은 대조군에 배정했다. 15명의 부신피질 호르몬제를 투약한 환자 중 7명이 혈액의 칼슘이 정상 수준으로 회복되었으며 대조집단의 15명 중에서는 아무도 정상 수준으로 회복되지 않았다. 부신피질 호르몬제를 투약하는 것이 더 좋은지를 검정하기 위해 Fisher의 정확검정법을 하고 P-값을 구하여 결과를 해석하라.

2.23 〈표 2.15〉은 후두암을 치료하는 데 있어 수술과 방사선 치료를 비교하는 연구 결과이다. R 수행한 결과가 다음과 같다.

```
> fisher.test(matrix(c(21,2,15,3),ncol=2,byrow=TRUE),alternative="two.sided")
p-value = 0.6384
> fisher.test(matrix(c(21,2,15,3),ncol=2,byrow=TRUE),alternative="greater")
p-value = 0.3808
> fisher.test(matrix(c(21,2,15,3),ncol=2,byrow=TRUE),alternative="less")
p-value = 0.8947
```

▸ 표 2.15 연습문제 2.23에 대한 자료

	후두암	
	치료됨	치료 안됨
수술	21	2
방사선 치료	15	3

출처: W. Mendenhall 등, *Int. J. Radiat. Oncol. Biol. Phys.*, **10**: 357-363, 1984. Elsevier Science Ltd. 출판사의 출간 허락을 받았음.

a. (i) $H_0 : \theta = 1$과 (ii) $H_a : \theta \neq 1$를 검정하기 위해 Fisher의 정확검정 P-값을 구하고 그 결과를 해석하라.

b. $H_a : \theta \neq 1$ 검정을 위한 중간 P-값을 구하고 그 결과를 해석하고 이 값에 대응되는 신뢰구간을 구하라. 이 중간 P-값이 기존의 P-값에 비해 어떤 장점이 있는지 설명하라.

2.24 a. 각각의 연령대에서는 South Carolina에서의 사망률이 Maine에서의 사망률보다 높게 나오지만 사망률은 Maine에서 더 높다고 한다. 이런 현상이 어떻게 가능한지 설명하라.[24]

b. Smith와 Jones는 야구선수들이다. Smith는 2005년부터 2006년까지 Jones보다 높은 타율을 가지고 있었다. 이 2년 동안의 자료를 합하면 Jones가 더 높은 타율을 갖는 것이 가능한가? 자료를 이용해서 설명하라.

2.25 1976년과 1977년 사이에 미국 플로리다주에 있는 20개 지역의 살인사건 재판에서, 백인이 백인을 살해한 사건 151건 중 19건, 백인이 흑인을 살해한 사건 9건 중 0건, 흑인이 백인을 살해한 사건 63건 중 11건, 흑인이 흑인을 살해한 사건 103건 중 6건에 대해 사형판결이 내려졌다.[25]

a. 이 자료를 삼차원 분할표로 분류하라. 피고의 인종과 사형선고 사이의 조건부연관성을 구하기 위해 필요한 부분분할표를 만들어라. 표본 조건부 오즈비를 계산하고 해석하라.

b. 피고의 인종과 사형선고 사이의 주변적인 표본 오즈비를 구하고, 해석하라. 이 자료들은 Simpson의 역설을 보여 주는가? 설명하라.

2.26 세 개의 변수 X, Y, Z 중에서 X, Y가 주변적으로는 연관성이 있지만 Z가 주어졌을 때에는, 조건부독립성을 가지는 실제 예를 구하라.

2.27 연합통신은 미국의 1987년도 살인사건 발생률을 근거로, 한 신생아가 결국 살인 피해자가 될 확률은 백인이 아닌 남아의 경우에 0.0263, 백인 남아의 경우 0.0049, 백인이 아닌 여아의 경우 0.0072, 백인 여아의 경우는 0.0023이라고 보고하였다. 각 성별로 인종과 살인 피해자 사이의 조건부 오즈비를 구하고 그 값을 해석하라.

2.28 〈표 2.16〉의 기대도수는 세 변수 간의 가상적인 관계를 보여 주고 있다. Y는 반응변수(성공, 실패)를, X는 처리 방법(A, B)을, Z는 병원$(1, 2)$을 각각 나타낸다. Z의 수준(병원)을 고정했을 때에 X와 Y의 조건부독립임을 보여라. 주변 XY 연관성이 조건부연관성과 다르다는 것을 XZ와 YZ의 조건부 오즈비를 이용하여 설명하라. 주변분할표만을 분석해서 처리 A가 처리 B보다 성공할 확률이 높다고 결론내리는 것이 왜 잘못될 수 있는지 설명하라.

24 자료는 H. Wainer, *Chance*, **12**: 44, (1999)를 참고할 것

25 M. Radelet, *Am, Sociol. Rev.*, **46**: 918-827, (1981).

▶ 표 2.16 조건부독립성이 주변독립성을 의미하지 않는 예제

의료센터	처리 방법	반응변수	
		성공	실패
1	A	18	12
	B	12	8
2	A	2	8
	B	8	32
합계	A	20	20
	B	20	40

2.29 사후 세계의 믿음에 대한 〈표 2.1〉의 자료를 참조하여 다음 물음에 답하라.

a. 이 자료가 서로 독립인 이항분포의 표본자료이고 사전분포가 beta(0.5,0.5)라고 가정한 후에 사후분포평균값을 구하여 사후 세계의 믿음에 대한 확률값을 추정하라.

b. (i) 비율의 차이와 오즈비에 대한 95% 사후구간을 구하고 이를 해석하라. (ii) 사후 세계에 대한 여성의 믿음이 남성보다 더 높을 사후확률값을 구하고 이를 해석하라.

2.30 다음 물음에 대하여 참인지 거짓인지를 판단하라.

a. 심장마비(예, 아니오)와 치료(위약, 아스피린)의 관계를 조사한 자료에서 오즈비에 대한 95% 신뢰구간 $(1.44, 2.33)$을 구하였다. 만약 첫 번째 행에 위약 대신 아스피린을 넣고 표를 작성했다면 95% 신뢰구간이 $(1/2.33, 1/1.44) = (0.43, 0.69)$가 된다.

b. 대학생을 대상으로 한 연구에서 18세가 되면 (1) 마리화나와 (2) 음주를 하는 것을 합법화하는지 여부에 대한 의견을 듣고 이 두 의견 간의 연관성을 조사하였다. 마리화나에 대한 의견을 반응변수로 하였을 때와 음주에 대한 의견을 반응변수로 하였을 때 구한 오즈비는 서로 다를 것이다.

c. 분할표에서 두 행을 바꾸거나 두 열을 바꾸는 것은 X^2와 G^2의 카이제곱 통계량 값에 전혀 영향을 주지 않는다. 따라서 이러한 검정법은 행과 열을 모두 명목형 변수로 다루고 있다. 그러나 만약 둘 중 한 변수가 순서형이면 이러한 검정법은 이 정보를 무시하게 된다.

d. 직업분류(사무직, 생산직, 서비스업, 전문직, 기타)가 주어져 있을 때, 수입(높음, 낮음)과 성별이 조건부독립이라고 가정하자. 그러면 수입과 성별로 이루어진 2×2 주변확률표에서 수입과 성별은 독립이다.

e. Pew Research Center(www.people-press.org)가 2010년도에 미국 성인에 대해 실시한 연구에 따르면, 지구의 평균온도가 지난 수십 년간 점진적으로 증가하고 있는 지구온난화 현상에 대해 확고한 증거가 있다고 생각하는지 질문을 받았을 때에 민주당원이 "예"라고 응답한 오즈가 독립당원보다 2.96 배 높게 나타났고 독립당원이 "예"라고 응답한 오즈가 공화당원보다 2.08 배 높게 나타났다. 지구온난화에 대한 의견(예, 아니오)과 소속정당(민주당, 공화당)에 대한 오즈비 추정값은 $2.96 \times 2.08 = 6.2$ 이다.

3장

일반화선형모형

2장에서 소개된 분할표에서 변수 간의 상관관계를 분석하는 방법들은 범주형 반응변수들에 대한 범주형 설명변수들의 효과를 관측하는 데 도움이 된다. 이 장에서는 이러한 분석들의 기초가 되는 **모형**들을 사용하는 방법을 소개하고자 한다. 2장에서 소개된 추론들은 특정한 모형들의 효과를 분석하여 얻을 수 있는 결과들이다. 이러한 모형들은 여러 개의 설명변수들의 효과를 동시에 분석하는 것과 같이 좀 더 복잡한 상황에서도 사용될 수 있다. 이 설명변수들은 범주형 변수들이거나 양적 변수들일 수 있으며 또는 범주형 변수들과 양적 변수들이 같이 있을 수 있다.

잘 적합된 모형은 몇 가지 장점을 갖고 있다. 즉, 모형의 구조로부터 변수들 간의 연관성과 교호작용의 형태를 알 수 있으며, 모형의 모수추정값들로부터 효과들의 중요도와 크기를 결정할 수 있다. 또한, 모형의 모수에 대한 추론을 통해서 가능한 교락변수(confounding variable)의 효과를 통제하면서 어떠한 설명변수가 반응변수 Y에 영향을 주는지 밝힐 수 있다. 모형의 예측값은 전체 자료를 평활(smoothing)하는 값으로 가능한 모든 설명변수 값에서 반응변수 Y의 평균값을 더 정확하게 추정한다.

이 책에서 소개되는 모형들은 **일반화선형모형**(generalized linear model)이다. 앞으로 일반화선형모형의 영어 머리글자를 따서 GLM으로 표시하자. 일반화선형모형은 연속형 반응변수에 대한 보통의 회귀모형과 분산분석(ANOVA)모형 뿐만 아니라 범주형 반응변수에 대한 모형들을 포함하는 광범위한 모형의 집합이다. 이 장에서는 일반화선형모형의 세 개의 성분들에 대해 알아본 후, 범주형이나 다른 이산형 반응변수에 대한 일반화선형모형을 소개하기로 한다. 범주형 반응변수에 대한 일반화선형모형의 한 사례로 **로지스틱 회귀모형**(logistic regression models)이 있으며 앞으로 4-6장에서 자세히 다룰 것이다. 7장에서 다룰 **로그 선형모형**(log-linear model)은 도수가 반응변수인 경우로 이산형 반응변수에 대한 일반화선형모형의 사례이다. 7장에서는 일반화선형모형에 대한 추론 방법, 모형을 진단하는 방법, 모형의 적합성을 검정하는 방법 등을 소개한다.

3.1 일반화선형모형의 성분

모든 일반화선형모형들은 세 개의 성분을 갖고 있다. **랜덤성분**(random component)은 반응변수 Y를 정의하며 Y에 대한 확률분포를 가정한다. **선형예측식**(linear predictor)은 선형식으로 주어진 예측식을 통해서 설명변수들을 명시한다. **연결함수**(link function)는 랜덤성분의 기댓값(평균)과 선형예측식 간의 함수적 관계를 묘사한다. 즉, 일반화선형모형은 평균의 함수식과 설명변수 간의 관계를 선형예측식을 통하여 정의한다.

3.1.1 랜덤성분

GLM의 **랜덤성분**은 반응변수 Y를 명시하고 Y에 대한 확률분포를 가정한다. 표준적인 GLM은 Y의 n개 관측값들이 서로 독립이라고 간주한다. 표본크기가 n일 때, 반응변수 Y의 관측값을 $(y_1,\cdots,y_n)$으로 표시하자.

각 관측값 y_i에 대한 잠재적인 결과들이 "성공" 또는 "실패"와 같이 이항형이거나, 좀 더 일반적으로 각 y_i는 고정된 시행횟수 중에서 "성공"횟수를 나타낼 수도 있다. 이런 경우에는 이항분포를 사용하여 **이항랜덤성분**을 가정하면 된다. 또 다른 응용에서는 각 반응 관측값들이 분할표에서의 칸도수와 같이 음이 아닌 정수값이 될 수 있다. 이 경우에는 Y의 분포를 포아송 분포나 음이항분포로 가정할 수 있다. 만약 각 관측값이 식이요법에 대한 연구에서 관측한 사람들의 몸무게와 같은 연속형 자료이면 **정규랜덤성분**이나 **감마랜덤성분**을 가정하면 된다.

3.1.2 선형예측식

GLM의 **선형예측식**은 설명변수들을 명시한다. 선형예측식이라는 이름은 변수들이 모형의 우변에 예측변수들의 선형식으로 다음과 같은 형태가 되는 것을 반영하고 있다.

$$\alpha+\beta_1 x_1+\cdots+\beta_p x_p$$

모형에 대한 통계적 추론은 설명변수들의 관측값들을 고정된 값으로 간주한 조건부 추론을 하게 된다.

일반적인 회귀모형에서와 같이, 몇몇 $\{x_j\}$들은 같은 모형 내의 다른 설명변수들로부터 유도된 것일 수도 있다. 예를 들어, $x_3 = x_1 x_2$일 경우 x_3는 Y에 대한 효과에서 x_1과 x_2의 교호작용을 설명하는 항을 나타낼 수 있다.

3.1.3 연결함수

Y에 대한 확률분포의 기댓값 $\mu = E(Y)$는 설명변수들의 값에 따라 달라진다. GLM의 세 번째 성분인 **연결함수**는 다음과 같이 μ와 선형예측식을 연결하는 함수 g를 명시한다.

$$g(\mu) = \alpha + \beta_1 x_1 + \cdots + \beta_p x_p$$

연결함수 g는 랜덤성분과 설명변수들의 선형예측식을 연결하는 함수이다.

연결함수의 가장 간단한 형태는 $g(\mu) = \mu$이다. 이 연결함수는 평균자체를 모형화하므로 **항등연결함수**(identity link function)라고 한다. 이 연결함수는 평균반응에 대한 선형모형을 명시한다.

$$\mu = \alpha + \beta_1 x_1 + \cdots + \beta_p x_p$$

이것은 양적 반응변수에 대한 보통의 회귀모형이다.

다른 연결함수들을 사용하여 μ를 설명변수의 비선형식으로 표현할 수 있다. 예를 들면 연결함수 $g(\mu) = \log(\mu)$는 평균의 로그 변환된 값을 모형화한다. 로그 함수는 양수에 대해 정의되기 때문에 로그 연결함수는 μ가 도수를 나타내는 자료와 같이 음이 아닌 값을 가질 때 적절하게 사용할 수 있다. **로그 연결함수**를 사용하는 GLM을 **로그 선형모형**(loglinear model)이라고 부르며 일반적인 형태는 다음과 같다.

$$\log(\mu) = \alpha + \beta_1 x_1 + \cdots + \beta_p x_p$$

연결함수 $g(\mu) = \log[\mu/(1-\mu)]$는 오즈의 로그값을 모형화한다. μ가 확률과 같이 0과 1 사이에 있을 때 적절하게 사용할 수 있으며 이 연결함수를 **로짓 연결함수**(logit link)라고 부른다. 로짓 연결함수를 이용한 GLM을 **로지스틱 회귀모형**(logistic regression model)이라고 한다.

반응변수 Y의 각각의 잠재적인 확률분포에 대하여 **자연모수**(natural parameter)라고 부르는 평균의 특별한 함수를 정의할 수 있다. 정규분포에 대해서는 평균 그 자체가, 이항분포에 대해서는 성공확률의 로짓이, 포아송 분포에서는 평균의 로그를 취한 것이 자연모수가 된다. GLM에서 $g(\mu)$와 같이 자연모수를 이용하는 연결함수를 **정준**

연결함수(canonical link function)라고 한다. 다른 연결함수들을 사용하는 것도 가능하지만 GLM 통계프로그램에서는 디폴트로 정준연결함수들을 사용한다.

3.1.4 보통 선형모형: 정규랜덤성분을 가정한 GLM

회귀모형과 같은 선형모형은 GLM의 특별한 경우이다. 보통 선형모형에서는 랜덤성분 Y에 대해서 정규분포를 가정하고 항등연결함수 $g(\mu)=\mu$를 이용하여 평균을 직접적으로 모형화할 수 있다. GLM은 보통 선형모형을 두 가지로 일반화시킨 모형이다. 첫째 랜덤성분이 정규분포가 아닌 다른 분포를 갖게 하였고, 둘째 평균의 함수를 모형화한 것이다. 이 두 가지는 범주형 자료에 대해서 중요한 역할을 한다.

이산형 반응변수를 가진 자료를 분석하는 전형적인 방법은 Y를 적당하게 변환시켜서 일정한 분산을 갖는 정규분포에 가깝도록 근사시킨 후에 최소제곱법을 이용하여 보통의 회귀분석 방법을 적용하는 것이다. 그러나 실제로 이렇게 하는 것은 대개 불가능하다. 일정한 분산을 갖도록 하는 변환을 사용하면 정규성이 만족되지 않을 수 있으며 또한 새로 변환된 척도에서는 단순한 선형모형이 잘 적합되지 않을 수도 있기 때문이다. GLM의 이론과 방법론에서는 정규이론 방법을 적용하기 위해 필요했던 변환 작업이 필요 없게 된다. 그 이유는 GLM의 적합과정에서 선택한 랜덤성분에 대하여 ML 방법을 사용하여 랜덤성분의 정규성 조건이 필요 없어지기 때문이다. 게다가 GLM에서 연결함수를 선택하는 것은 랜덤성분을 선택하는 것과 별개의 문제이다. 어떤 연결함수에 대하여 선형모형이 만족되면, 그 연결함수가 꼭 정규성을 만족하거나 분산을 일정하게 만드는 역할까지 할 필요가 없기 때문이다.

다양한 통계적 방법들을 통합하기 위해서 GLM을 소개하였다. 회귀모형, 분산분석모형과 범주형 자료에 대한 모형들은 이 모든 모형들을 포함하는 GLM의 특별한 경우이다. 실제로 동일한 알고리즘을 사용하여 모든 GLM에 대한 ML 추정값을 얻을 수 있다. 3.5절에서 제시될 이 알고리즘은 GLM을 적합하는 소프트웨어인 R의 glm 함수, Stata의 glm 명령문, SAS의 PROC GENMOD의 기초가 된다.

다음 두 절에서는 GLM의 세 가지 성분들을 설명하고자 이산형 반응변수들에 대해 가장 중요한 두 가지 GLM을 소개하겠다. 첫 번째는 이항자료에 대한 모형으로 이항랜덤성분을 갖는 로지스틱 회귀모형이고, 두 번째는 도수자료에 대한 모형으로 포아송 랜덤성분을 갖는 로그 선형모형이다.

3.2 이항자료에 대한 일반화선형모형

많은 범주형 반응변수들은 두 가지 범주값을 갖고 있다. 예를 들어, 오늘 대중교통의 이용 여부(예, 아니오), 현재 취직 상태, 또는 지구온난화가 실제로 일어나고 있다고 믿는지 여부 등이 있다. 이항반응변수를 Y로 표시하고 두 가지 가능한 결과를 1("성공")과 0("실패")로 나타내자. Y의 분포는 성공에 대한 확률, $P(Y=1)=\pi$와 실패에 대한 확률, $P(Y=0)=(1-\pi)$로 표현된다. 이 분포의 평균은 $E(Y)=\pi$이다. n개의 서로 독립적인 이항반응변수의 관측값으로부터 관측된 성공횟수는 n과 π를 모수로 갖는 이항분포를 따른다. 이 확률식은 식 (1.1)에서 보여 주었다(1.2.1절). 각각의 이항반응변수는 $n=1$인 경우의 이항분포를 따른다.

3.2.1 선형확률모형

Y가 이항변수일 때, 보통 선형모형을 모방하여 다음과 같이 항등연결함수를 사용할 수 있다.

$$P(Y=1)=\alpha+\beta_1 x_1+\cdots+\beta_p x_p.$$

이 모형은 성공확률이 설명변수에 따라 선형적으로 변하기 때문에 **선형확률모형**(linear probability model)이라고 부른다. x_1 이외의 변수들이 동일할 때, 모수 β_1은 x_1이 한 단위 변할 때의 확률 $P(Y=1)$의 변화량을 나타낸다. 이 모형은 이항랜덤성분과 항등연결함수를 갖는 GLM이다.

이 모형은 단순하고 해석하기 쉽지만 중요한 구조적 단점을 갖고 있다. 확률은 0과 1 사이의 값을 갖지만 선형함수는 실수 전체에 걸쳐 값을 가질 수 있기 때문에 어떤 x의 값에 대하여 $P(Y=1)<0$이나 $P(Y=1)>1$로 예측될 수도 있다. 따라서 이 모형은 설명변수의 효과를 나타내는 데에는 유용할 수 있지만 제한된 x의 범위 내에서만 타당하게 된다. 그러나 여러 개의 예측변수들을 갖는 대부분의 응용문제들은 이 모형보다 더 복잡한 형태의 모형을 필요로 한다.

3.2.2 로지스틱 회귀모형

$P(Y=1)$와 x 간의 관계는 선형이라기보다 대개 비선형 형태이다. x의 일정한 변화량은 $P(Y=1)$가 구간의 중앙에 있을 때보다 0이나 1에 가까이 있을 때에 영향을 덜 미치게 된다. 예를 들어 자동차 구매에 있어서 새 차를 사는 경우(1)와 중고차를

사는 경우(0)를 모형화해 보자. 가족의 연간 수입이 10,000달러 증가했다면 이 증가량이 미치는 효과는 $x=50,000$달러일 때보다 $P(Y=1)$가 1 근처인 $x=1,000,000$달러일 때에 더 작게 된다.

실제로 $P(Y=1)$와 x의 비선형 관계는 x가 증가함에 따라 $P(Y=1)$도 함께 계속 증가하거나 계속 감소하는 단조 형태이다. 〈그림 3.1〉의 S-형태 곡선은 설명변수가 하나일 때 이러한 관계를 나타내는 실제 형태이다. 이러한 모양을 갖는 가장 중요한 수리적 함수는 지수함수를 이용한 다음과 같은 형태이다.

$$P(Y=1)=\frac{\exp(\alpha+\beta x)}{1+\exp(\alpha+\beta x)}=\frac{e^{\alpha+\beta x}}{1+e^{\alpha+\beta x}} \tag{3.1}$$

이 함수를 **로지스틱 회귀함수**(logistic regression function)라고 한다. 설명변수가 여러 개일 때 로지스틱 회귀모형에 대한 더 자세한 설명은 4장에서 다루겠다.

$$\log\left[\frac{P(Y=1)}{1-P(Y=1)}\right]=\alpha+\beta_1 x\cdots+\beta_p x_p$$

로지스틱 회귀모형은 GLM의 특별한 경우로, (성공, 실패)를 결정하는 랜덤성분은 이항분포이며, 연결함수는 $\pi=P(Y=1)$의 **로짓** 변환인 $\log[\pi/(1-\pi)]$로 "$\text{logit}(\pi)$"라고 표시한다. 로지스틱 회귀모형을 종종 **로짓 모형**(logit model)이라고도 부른다. 로짓이 이항분포의 자연모수이므로 로짓 연결함수는 이항분포의 정준연결함수가 된다. π가 $(0,1)$ 구간의 제한적인 값을 취하는 반면에 로짓은 임의의 실수값을 취할 수 있다. 또한 GLM의 선형예측식이 취할 수 있는 가능한 값도 역시 실수이기 때문에 로지스틱 회귀모형은 선형확률모형이 갖고 있던 구조적 문제가 없다.

식 (3.1)의 모수 β는 곡선이 증가하거나 또는 감소하는 속도를 결정한다. 〈그림 3.1a〉와 같이 $\beta>0$일 때는 x가 증가함에 따라 $P(Y=1)$가 증가하고 $\beta<0$일 때는 〈그림 3.1b〉에서와 같이 x가 증가함에 따라 $P(Y=1)$는 감소한다. β의 크기는 곡선이 증가하고 감소하는 속도를 결정한다. $|\beta|$가 증가할수록 곡선의 변화율은 빨라진다.

3.2.3 예제: 코골이와 심장병에 관한 연구

〈표 3.1〉의 자료는 한 역학 연구에서 코골이가 심장병의 위험요인이 될 수 있는지를 알아보기 위해 조사한 자료이다. 조사 대상자들은 배우자들의 보고를 근거로 코골이 정도에 따라 4범주로 분류하였다. 표에서 각 행들은 네 개의 서로 독립인 이항표본이라고 간주하자. 코골이 범주에 대하여 점수 (0,2,4,5)를 할당하였다. 마지막 두 범주는 다른 인접한 범주쌍들보다 더 가깝도록 점수를 설정하였다.

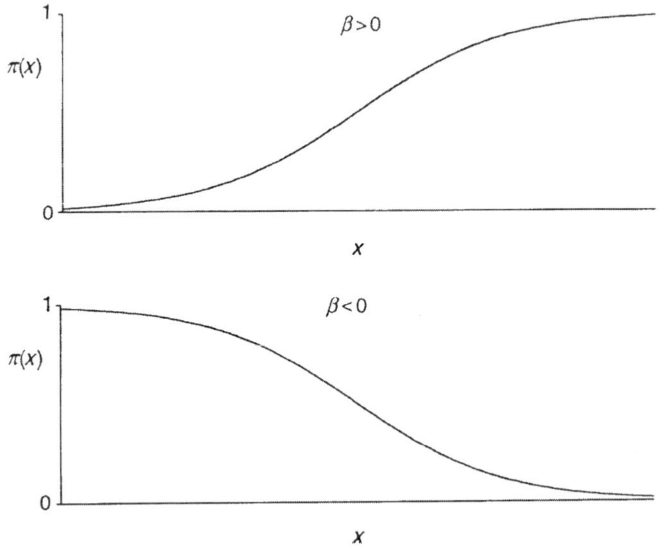

그림 3.1 로지스틱 회귀함수

선형확률모형은 심장병이 발생할 확률을 코골이 수준 x의 선형함수로 간주한다. GLM에 대한 소프트웨어를 이용하여 모형을 ML 방법으로 적합한 결과는 다음과 같다.

$$\hat{P}(Y=1) = 0.017 + 0.020x$$

모형에 대한 해석은 간단하다. 코를 골지 않는 사람($x=0$)에 대해 심장병이 발생할 확률은 0.017이고, 가끔 코를 고는 사람인 경우($x=2$)는 이 확률이 $2(0.020)=0.04$ 만큼 증가하고, 거의 매일 밤 코를 고는 사람($x=4$)의 경우에는 추가적으로 0.04만큼 증가하며, 매일 밤 코를 고는 사람($x=5$)은 추가적으로 0.02만큼 증가한다.

GLM에서 $E(Y)$의 추정값을 **적합값**(fitted value)이라고 부른다. GLM 통계프로그램을 통해 적합값을 구할 수 있다. 〈표 3.1〉은 선형확률모형에 대한 표본비율과 적합

▸표 3.1 코골이와 심장병과의 관계

코골이 정도	심장병 유	심장병 무	비율 유	선형적합	로짓 적합	프로빗 적합
전혀 아니다	24	1355	0.017	0.017	0.021	0.020
가끔	35	603	0.055	0.057	0.044	0.046
거의 매일 밤	21	192	0.099	0.096	0.093	0.095
매일 밤	30	224	0.118	0.116	0.132	0.131

주의: 모형의 적합은 “유” 반응에 대한 적합
출처: P. G. Norton and E. V. Dunn, *Br, Med, J.*, **291**: 630-632, 1985, BMJ Publishing Group.

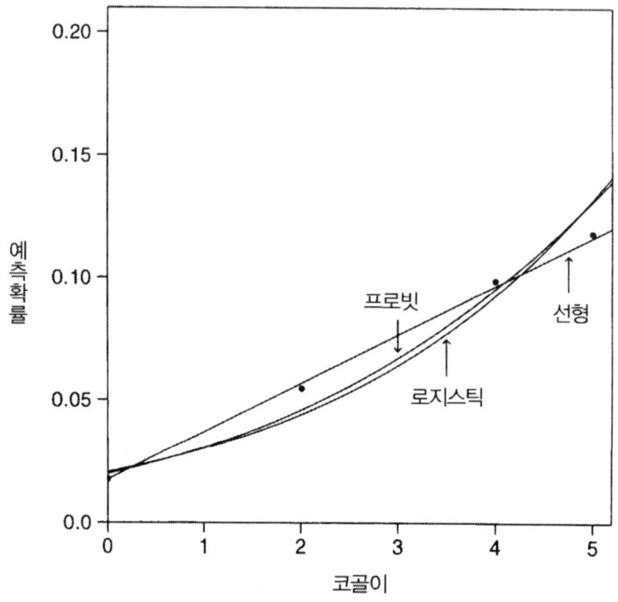

그림 3.2 코골이와 심장병 자료에 대한 모형들의 적합

값을 보여 주고 있으며 〈그림 3.2〉는 이 값들을 그림으로 그린 것이다. 표와 그림을 통하여 모형의 적합이 잘 이루어졌음을 알 수 있다.

GLM 통계프로그램을 이용하여 로지스틱 회귀모형을 적합한 ML 결과는 다음과 같다.

$$\text{logit}[\hat{P}(Y=1)] = -3.866 + 0.397x$$

추정값 $\hat{\beta} = 0.397 > 0$은 코골이 정도가 심해질수록 심장병 발병 가능성이 높아짐을 의미한다. 4장에서는 이러한 모형을 해석하는 방법에 대해 소개한다. 〈표 3.1〉은 로지스틱 모형의 적합값을 보여 주고 있으며 〈그림 3.2〉는 적합 결과를 그림으로 그린 것이다. 적합값들은 예측된 범위 내에서는 거의 선형에 가까운 모양을 보이고 있으며 선형확률모형에서 얻은 값과 유사한 것을 알 수 있다.

3.2.4 이항자료의 일반화선형모형 적합을 위한 R 사용

R을 이용해서 간단하게 〈표 3.1〉의 분할표 자료에 대해 로지스틱 회귀모형을 적합시킬 수 있다. glm 함수는 다양한 일반화선형모형들을 적합시킬 수 있다. 다음의 코드에서 각 4개 행에서 $(0, 2, 4, 5)$의 값을 갖는 설명변수 x를 만들었다.

```
> Heart <- read.table("http://www.stat.ufl.edu/~aa/cat/data/Heart.dat",
+                     header=TRUE)
```

```
> Heart # Heart data file at text website, in contingency table form
              snoring   yes    no
1               never    24  1355
2          occasional    35   603
3   nearly_every_night   21   192
4         every_night    30   224
> # the following code fits logistic regression model to the data file
> library(dplyr) # to recode explanatory variable
> Heart$x <- recode(Heart$snoring, never = 0, occasional = 2,
+                   nearly_every_night = 4, every_night = 5)
> n <- Heart$yes + Heart$no # binomial sample sizes are the row totals
> fit <- glm(yes/n ~ x, family=binomial(link=logit), weights=n, data=Heart)
> # canonical link for binomial is logit, so "(link=logit)" not necessary
> # "weights" indicates sample proportion yes/n is based on n observations
> summary(fit)
               Estimate        Std. Error
(Intercept)    -3.86625          0.16621
x               0.39734          0.05001    # logistic ML estimate of beta is 0.397
> fitted(fit) # fitted values (probability estimates) at 4 levels of snoring
      1         2         3         4
0.02051   0.04430   0.09305   0.13244
```

이항랜덤성분을 가지는 경우 R에서 glm 함수를 적합시키기 위한 항등연결함수는 존재하지 않지만, 다음의 코드를 사용하여 $\hat{P}(Y=1) = 0.017 + 0.020x$의 적합 결과가 나오도록 할 수 있다.

```
> fit2 <- glm(yes/n ~ x, family=quasi(link=identity, variance="mu(1-mu)"),
+             weights=n, data=Heart)
> summary(fit2, dispersion=1)
               Estimate  Std. Error
(Intercept)    0.017247  0.003451
x              0.019778  0.002805
```

3.2.5 자료 파일: 그룹화 또는 그룹화되지 않은 이항자료

표준적인 자료 파일은 개체(예: 사람)를 나타내는 행과 변수를 나타내는 열로 구성되어 있다. 이항반응변수를 가지는 자료 파일의 열은 1(성공) 또는 0(실패)의 값을 가진다. 1.6.2절의 Clinical 파일이 그 예시이다. 이와 같은 자료는 **그룹화되지 않은**(ungrouped) 자료라고 한다. 설명변수가 모두 이산형일 때, 자료 파일에서 다양한 설명변수 값들의 조합별로 관측값들을 이항도수로 나타낼 수 있다. 이러한 자료를 **그룹화된**(grouped) 자료라고 한다.

코골이가 심장병의 위험요인이 될 수 있는지를 보기 위한 〈표 3.1〉의 자료는 $n = 2484$명에 대한 결과를 보여 주고 있다. 코를 골지 않는 1379명의 사람들 중 24

명은 심장병에 걸렸고, 1355명은 심장병에 걸리지 않았다. 3.2.4절의 마지막에 제시된 R 분석을 보면, 그룹화된 자료 파일의 첫 번째 줄은 심장병에 걸린 24명과 심장병에 걸리지 않은 1355명을 나타내고 있다. 모든 자료 파일은 4줄로 되어 있다. 이에 비해 그룹화되지 않은 자료 파일의 각 줄은 한 사람이 심장병에 걸렸는지 여부를 나타낸다. 따라서 심장병 발병 여부에 대하여 코를 골지 않는 사람들을 나타내는 줄들 중에서 24개의 줄이 심장병 발병을 나타내는 1의 값을 갖고, 1355개의 줄이 0의 값을 갖는다. 자료 파일은 총 2484개의 줄로 구성되어 있고 심장병 발병 여부에 따라 이항반응변수가 1 또는 0의 값을 가진다. 자료의 형태는 다음과 같이 구성되어 있다.

```
> Heart2 # use Head(Heart2) to display first 6 lines of data file
subject  snoring   y
      1    never   1  # 3 of the 2484 lines of Heart2 data file
      2    never   1  # at text website
...
   2484    every   0
```

적어도 한 개 이상의 설명변수가 연속형일 경우에는, 이항자료는 자연스럽게 그룹화되지 않은 자료가 된다. 다음 3.3.3절에서 분석된 Crabs 자료 파일이 이러한 자료의 예이다. 이 자료 파일은 다양한 길이와 무게를 가지는 173마리의 참게에 대한 자료이다.

자료의 그룹화 여부는 이항자료의 GLM 적합 결과에 영향을 미치지 않는다. 즉, 데이터의 그룹화 여부에 상관없이, ML 추정값과 *SE* 값은 동일하다.

3.3 도수에 대한 일반화선형모형

많은 이산형 반응변수들은 **도수**(counts)를 관측값으로 갖는다. 예를 들어, 인터넷에 접속 가능한 디바이스의 개수, 일생 동안 섹스 파트너의 수, 컴퓨터 칩 제조에 사용되는 실리콘 기판에 있는 결함 수 등이 도수 관측값들이다. 도수자료는 범주형 변수들을 분할표로 요약할 때에도 만들어진다.

3.3.1 도수에 대한 포아송 분포

도수자료에 대해 몇몇 GLM은 랜덤성분에 대해서 **포아송 분포**(Poisson distribution)를 가정한다. 포아송 확률분포를 따르는 변수는 도수와 같이 음이 아닌 임의의 정수값을 취한다. 포아송 확률밀도함수는 다음과 같다.

$$p(y) = \frac{e^{-\mu}\mu^y}{y!}, \quad y = 0, 1, 2, \cdots$$

여기서 포아송 확률분포에 대한 위의 공식을 사용할 필요는 없지만 포아송 확률분포의 몇 가지 성질을 언급할 것이다.

포아송 확률분포는 봉우리가 하나이고 오른쪽으로 치우친 비대칭분포이다. 이 분포는 하나의 모수 $\mu > 0$만을 가지며, 이 값은 평균인 동시에 분산을 의미한다. 즉 다음과 같다.

$$E(Y) = Var(Y) = \mu, \quad \sigma(Y) = \sqrt{\mu}$$

따라서 도수가 클수록 평균적으로 분산도 커진다. 만약 Y=작년 콘서트 참석자 수가 포아송 확률분포를 따를 경우, $\mu = 10.4$일 때에 관찰되는 값들이 $\mu = 1.2$일 때보다 더 큰 분산을 갖게 된다. 최빈값은 평균의 정수 부분이 된다(예를 들어, $\mu = 10.4$인 경우 최빈값은 10이다). 평균이 증가할수록 치우친 정도는 감소하게 되어 점점 종모양에 가까워진다.[1]

3.3.2 포아송 로그 선형모형

GLM에서 항등연결함수를 이용하여 포아송 확률변수의 평균을 모형화할 수도 있지만 로그 변환된 평균(로그 평균)을 사용하는 것이 더 보편적이다. 선형예측식과 마찬가지로 로그 평균은 임의의 실수값을 갖는다. 로그 평균은 포아송 확률분포에 대한 자연모수이고 로그 연결함수는 포아송 랜덤성분을 갖는 GLM에 대한 정준연결함수이다. **포아송 로그 선형모형**(Poisson log-linear model)은 로그 연결함수를 사용하고 Y에 대해 포아송 확률분포를 가정하는 GLM이다.

하나의 설명변수 x에 대하여, 포아송 로그 선형모형은 다음과 같다.

$$\log\mu = \alpha + \beta x$$

이 모형으로부터 평균을 계산하면 다음과 같은 지수관계를 만족한다.

$$\mu = \exp(\alpha + \beta x) = e^{\alpha}(e^{\beta})^x \tag{3.2}$$

x의 한 단위 증가는 μ에 대해 e^{β}배만큼의 승법적인 영향을 미친다. 즉, $x+1$에서의 Y평균은 x에서의 Y평균의 e^{β}배가 된다. 만일 $\beta = 0$이면, $e^{\beta} = e^0 = 1$이고 승법인

[1] 다양한 μ에 대한 그래프들을 http://en.wikipedia.org/wiki/Poisson_distribution에서 확인하라.

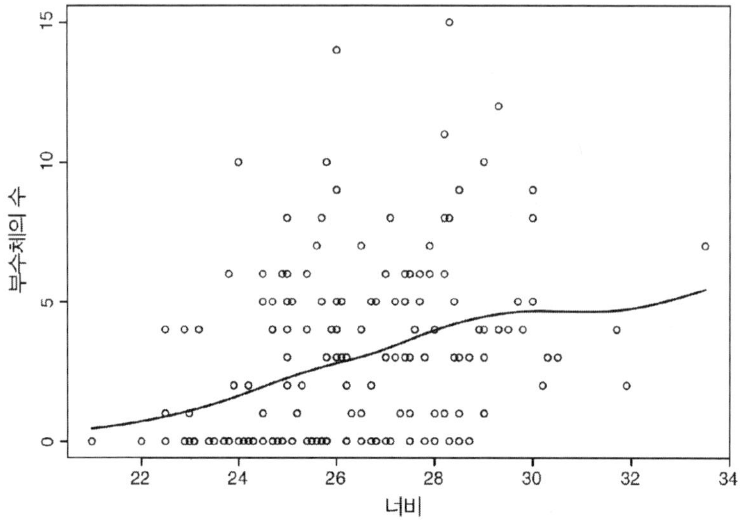

그림 3.3 암컷 참게의 등딱지 너비(cm)에 대한 부수체의 개수 산포도와 일반화가법모형적합에 의한 평활화 곡선

자(multiplicative factor)는 1이 되어 Y의 평균이 x의 변화에 영향을 받지 않음을 나타낸다. 만일 $\beta > 0$이면 $e^{\beta} > 1$이기 때문에, x가 증가함에 따라 Y도 증가하게 되나, $\beta < 0$이면 x가 증가함에 따라 Y는 감소하게 된다.

3.3.3 예제: 암참게와 부수체에 관한 연구

〈표 3.2〉에 있는 자료는 참게집에 대한 자료이다[2]. 각 암참게들은 집을 갖고 있으며 이 집에 붙어사는 숫참게를 가지고 있다. 이 숫참게를 **부수체**(附隨體, satellite)라고 부른다[3]. 이 연구에서는 암참게가 부수체를 갖는지 여부에 영향을 미치는 요인을 조사하고 있다. 각 암참게에 대한 반응변수는 부수체의 개수이다. 영향을 줄 가능성이 있을 것으로 생각되는 설명변수의 한 예는 암참게의 크기를 결정하는 등딱지 너비이다. 이 표본에서 등딱지 너비는 평균이 26.3 cm이고 표준편차는 2.1 cm이다. 〈표 3.2〉는 173마리의 암참게 중 12마리의 암참게에 대한 등딱지 너비를 포함하여 총 4개의 설명변수들에 대한 자료이다.

〈그림 3.3〉은 너비와 반응변수인 부수체 개수에 대한 산점도인데 부수체의 개수들이 상당히 넓게 분포되어 있어서 명확한 추세를 확인하기 어렵다. 몇몇 소프트웨어들을 사용

2 설명과 그림 자료는 https://en.wikipedia.org/wiki/Horseshoe_crab에서 확인하라.
3 www.bluffton.com/wp-content/uploads/Spawning-horseshoe-crabs.jpg를 확인하라.

하면 자료를 평활시켜(smoothing) 전반적인 추세를 볼 수 있는데 11.4절에서 소개될 **일반적인 가법모형**(generalized additive model)에 기초한 평활법은 GLM보다 더 일반적인 구조 형태를 제공해 준다. 이러한 방법은 일정한 형태를 가지면서 가장 좋은 예측을 제공해 주는 가능한 설명변수들의 복잡한 함수관계를 찾아낸다. 〈그림 3.3〉은 이러한 방법을 사용하여 평활된 곡선을 보여 주고 있다. 평활된 곡선은 강한 증가 추세를 보여 주고 있다. 이 그림에서 근사적으로 너비에 대하여 부수체의 개수의 선형추세를 볼 수 있으므로 부수체의 평균 혹은 로그 평균이 너비의 선형식으로 표현되는 모형에 대해서 논의해 보자.

μ를 암참게 한 마리가 갖고 있는 부수체 개수의 기댓값이라고 하고 x를 암참게의 등딱지 너비라고 하자. GLM 소프트웨어로부터 포아송 로그 선형모형을 ML 방법으로 적합한 결과는 다음과 같다.

$$\log\hat{\mu} = \hat{\alpha} + \hat{\beta}x = -3.305 + 0.164x$$

$\hat{\beta} > 0$이므로 너비는 부수체 개수에 대해 양의 효과를 가지고 있음을 알 수 있다. 다음은 R에서 모형을 적합시키기 위한 glm 함수를 사용하는 프로그램이다.

```
-------------------------------------------------------------------
> Crabs <- read.table("http://www.stat.ufl.edu/~aa/cat/data/Crabs.dat",
+                     header=TRUE)
> Crabs
   crab  sat  weight  width   color spine  # sat = number of satellites
1     1    8   3.050   28.3       2     3  # showing 3 of 173 observations
2     2    0   1.550   22.5       3     3
...
173  173   0   2.000   24.5       2     2
> plot(sat ~ width, xlab="Width", ylab="Number of satellites", data=Crabs)
> fit <- glm(sat ~ width, family=poisson(link=log), data=Crabs)
> # canonical link for Poisson is log, so "(link=log)" is not necessary
> summary(fit)
             Estimate    Std. Error
(Intercept)  -3.30476       0.54224
width         0.16405       0.01997
```

▸ 표 3.2 암참게의 등뼈의 상태, 등딱지 너비, 무게에 의한 부수체의 수

C	S	W	Wt	Sa	C	S	W	Wt	Sa	C	S	W	Wt	Sa
2	3	28.3	3.05	8	3	3	22.5	1.55	0	1	1	26.0	2.30	9
3	3	26.0	2.60	4	2	3	23.8	2.10	0	3	2	24.7	1.90	0
3	3	25.6	2.15	0	3	3	24.3	2.15	0	2	3	25.8	2.65	0
4	2	21.0	1.85	0	2	1	26.0	2.30	14	1	1	27.1	2.95	8

주의: C=색깔(1=약간 밝은색, 2=중간색, 3=약간 어두운색, 4=어두운색), S=등뼈의 상태(1=둘 다 양호함, 2=1개가 휘거나 좋지 않음, 3=둘 다 휘거나 좋지 않음), W=등딱지 너비(cm), Wt=무게(kg), Sa=부수체의 수.

출처: Data provided by Dr. Jane Brockmann, Zoology Department, University of Florida; study described in *Ethology*, **102:** 1-21, 1996. Crabs 자료 파일의 원본은 본문 웹사이트에 있다.

```
> library(gam) # generalized additive model smoothing fit
> gam.fit <- gam(sat ~ s(width), family=poisson, data=Crabs)
> # s() is smooth function predictor for generalized additive model
> curve(predict(gam.fit, data.frame(width=x), type="resp"), add=TRUE)
```

적합된 모형으로부터 임의의 너비에 대하여 부수체 평균수의 **적합값** $\hat{\mu}$를 구할 수 있다. 예를 들어, 식 (3.2)로부터 $x=26.3$일 때의 적합값은

$$\hat{\mu}=\exp(\hat{\alpha}+\hat{\beta}x)=\exp[-3.305+0.164(26.3)]=2.74$$

이다. 이 모형에 대하여 $\exp(\hat{\beta})=\exp(0.164)=1.178$은 x가 한 단위 증가할 때에 적합값에 미치는 x의 승법효과를 나타낸다. 예를 들어, $x=27.3=26.3+1$에서의 적합값은 $\exp[-3.305+0.164(27.3)]=3.23$이고 $1.178(2.74)$와 같은 값이다. 폭이 1 cm 증가함에 따라 추정된 부수체의 평균값이 17.8% 증가한다.

항등연결함수를 이용한 포아송 회귀모형에 대한 ML 적합 결과는 다음과 같다.

$$\hat{\mu}=-11.53+0.550x$$

이 모형에서 μ에 대한 x효과는 승법적이지 않고 가법적인 형태로 정의되었다. 폭이 1 cm 증가하면 부수체의 기대도수는 $\hat{\beta}=0.55$만큼 증가하는 것으로 예측할 수 있다. 예를 들어, 평균 폭이 $x=26.3$일 때의 적합값은 $\hat{\mu}=-11.53+0.550(26.3)=2.93$이고, $x=27.3$일 때의 적합값은 $2.93+0.55=3.48$이 된다. 표본에 있는 모든 너비의 관측값으로부터 적합값을 구하면 양의 값을 갖는다. 이 모형으로부터 너비의 효과에 대해 "평균적으로 너비가 대략 2 cm 증가하면 부수체의 수가 하나 증가한다."라는 쉬운 해석을 할 수 있다.

〈그림 3.4〉는 로그 연결함수와 항등연결함수를 사용하여 구한 부수체의 개수의 적합값을 너비에 대하여 그린 것이다. 너비값이 아주 작거나 큰 경우에 대하여 두 적합값들은 약간씩 차이를 보이고 있지만 대부분의 경우에는 비슷하게 나타나고 있다.

3.3.4 과대산포: 기대한 것보다 더 큰 분산

도수자료들은 종종 포아송 분포의 분산보다도 더 큰 분산을 갖기도 한다. 모형의 랜덤성분에 의해 예측되는 분산보다 더 큰 분산을 갖는 현상을 **과대산포**(overdispersion)라고 한다. 과대산포가 발생하는 공통적 원인은 개체들 간의 이질성 때문이다. 예를 들어, 너비, 무게, 색깔, 등뼈의 상태 모두가 암참게에 붙는 부수체의 수에 영향을 준다고 가정하고, 부수체의 수는 네 개의 변수들의 각 고정된 수준조합에서 포아송 분

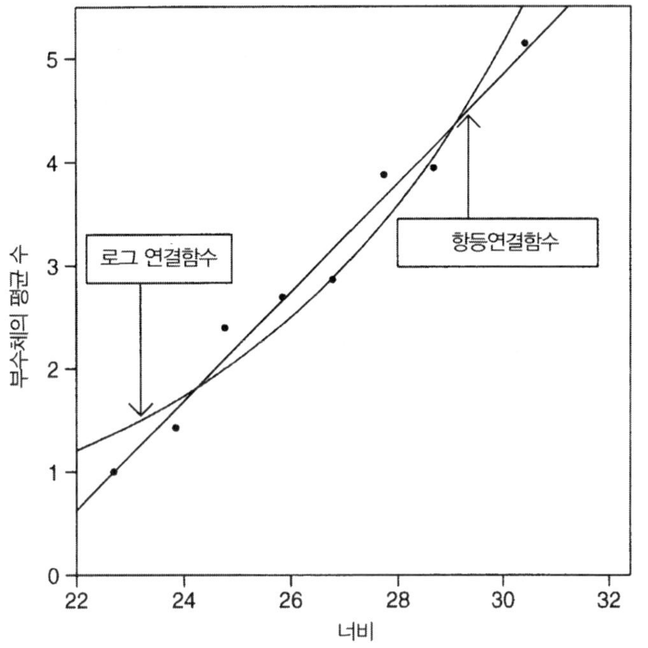

그림 3.4 로그 연결함수와 항등연결함수를 사용한 경우에 구한 부수체의 평균추정값

포를 따른다고 가정하자. 이제 예측변수로 너비만을 사용하는 모형을 고려해 보자. 이떤 동일한 너비를 갖는 참게들은 다양한 무게, 색깔, 등뼈 상태를 갖는 참게들로 혼합되어 있을 것이다. 따라서 참게들의 모집단은 서로 다른 평균을 갖는 몇 개의 포아송 모집단의 혼합 형태로 이루어진다. 동일한 너비를 갖는 게들에 있어서의 이러한 이질성 때문에 부수체 수의 확률분포는 포아송 분포보다 큰 변동을 보이게 된다. 만약 모든 관련 변수들을 통제했을 때에 분산이 평균과 같다면, 이 중에서 단지 하나의 변수만을 통제했을 때에는 분산이 평균보다 더 크게 된다.

과대산포는 정규분포를 따르는 랜덤성분을 갖는 보통 회귀모형에서는 크게 문제가 되지 않는다. 왜냐하면, 정규분포에서는 변이를 설명하는 모수(즉, 분산 σ^2)가 평균과 다르기 때문이다. 하지만 포아송 분포에서 분산은 평균과 같다. 과대산포는 도수에 포아송 GLM을 적용할 때 흔히 나타난다.

7장에서는 분할표에 있는 범주형 변수들 간의 연관성을 분석하기 위해 도수를 모형화하는 데에 초점을 맞추어 도수에 대한 포아송 GLM을 제시한다. 특히 7.6절에서 과대산포를 다루는 방법들은 다루게 될 것이다. 암참게의 부수체 도수에서 발생하는 과대산포를 확인하고, 도수를 모형화하는 더 좋은 방법에 대해서 논의할 것이다.

3.4 통계적 추론과 모형진단

표본이 큰 경우에 GLM의 ML 추정량들은 근사적으로 정규분포를 따른다. 1.4절에서 제시한 세 가지 추론 방법들은 모든 GLM에 대해서 적용할 수 있다. 앞서 제시된 이 추론 방법들을 설명변수가 하나인 GLM의 관점에서 다시 한 번 검토해 보고자 한다.

3.4.1 가능도함수를 이용한 왈드, 가능도비, 스코어 검정

설명변수가 한 개인 GLM에서 설명변수 x가 반응변수에 영향을 미치지 않음을 나타내는 귀무가설 $H_0 : \beta = 0$를 검정하기 위한 왈드 검정통계량은 다음과 같으며

$$z = \hat{\beta}/SE$$

SE는 제약이 없을 때 $\hat{\beta}$에 대한 표준오차이다. H_0 하에서는 z는 근사적으로 표준정규분포를 따른다. z^2은 근사적으로 자유도 $df = 1$인 카이제곱분포를 따른다.

가능도비를 이용하는 방법에서 l_1을 완전모형 하에서의 가능도함수의 최댓값이고 l_0을 귀무가설 하에서의 가능도함수의 최댓값이라고 할 때 **가능도비**(like-lihood-ratio) 검정통계량은 다음과 같이 정의된다.

$$2\log(l_1/l_0) = 2[\log(l_1) - \log(l_0)] = 2(L_1 - L_0)$$

여기서 L_0와 L_1은 각각 귀무가설과 완전모형 하에서의 로그 가능도함수의 최댓값이다. 귀무가설 $H_0 : \beta = 0$ 하에서 이 검정통계량은 근사적으로 자유도 $df = 1$인 카이제곱분포를 따른다.

〈그림 3.5〉는 로그 가능도함수 L을 모수 β의 함수 $L(\beta)$로 나타낸 그림이다. 이 그림은 가설 $H_0 : \beta = 0$을 검정하기 위한 왈드, 가능도비, 스코어 검정을 소개하고 있다. 이항 로지스틱 회귀모형이나 포아송 로그 선형모형을 포함하여 몇몇 GLM에 대한 로그 가능도함수는 오목한 모양을 갖는다. ML 추정값 $\hat{\beta}$는 가능도함수가 최댓값을 갖는 점이다. 〈그림 3.5〉에서 가능도비 통계량 $2(L_1 - L_0)$은 $\hat{\beta}$에서의 로그 가능도함수값과 $\beta = 0$에서의 로그 가능도함수값 간 수직 거리의 두 배가 된다. 왈드 검정법은 ML 추정값 $\hat{\beta}$에서의 로그 가능도함수값 $L(\beta)$만을 사용한다($\hat{\beta}$의 SE는 $\hat{\beta}$에서의 로그 가능도함수의 곡률에 영향을 받게 된다). 표본크기 n이 커질수록 $L(\beta)$의 곡률이 증가하고(로그 가능도함수가 덜 평평해지고), SE의 값이 작아진다. 곡률이 크다

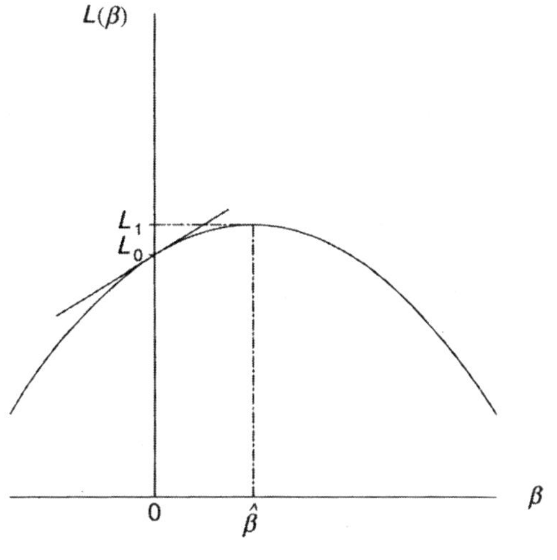

그림 3.5 $H_0: \beta = 0$에 대한 GLM 검정에서 사용된 로그 가능도함수 $L(\beta)$. 왈드 통계량은 $\hat{\beta}$값과 $\hat{\beta}$값에서의 가능도함수 $L(\beta)$의 곡률을 사용한다. 가능도비 검정은 $\beta = \hat{\beta}$과 $\beta = 0$에서의 차이 $(L_1 - L_0)$의 2배 값을 이용한다. 스코어 검정은 $\beta = 0$에서 $L(\beta)$에 그은 접선의 기울기를 사용한다.

는 경우 β가 $\hat{\beta}$에서 멀어질수록 로그 가능도함수값이 더 빠르게 떨어지며 가능한 β 값들의 범위가 더 좁아짐을 의미한다.

스코어 검정은 귀무가설의 β값인 0에서의 로그 가능도함수 모양에만 영향을 받는다. 이 검정은 귀무가설 $\beta = 0$에서 로그 가능도함수 $L(\beta)$에 접하는 선을 그릴 때 그 선의 기울기를 사용한다. 이 기울기 값은 $\hat{\beta}$가 귀무가설의 값으로부터 멀어질수록 그 절댓값이 커지게 된다. 스코어 통계량은 이 기울기값을 귀무가설[4]의 β값을 이용하여 계산한 SE로 나눈 비로 정의된다. 스코어 통계량의 제곱은 근사적으로 자유도 $df = 1$을 갖는 카이제곱분포를 따르게 된다. 이 책에서는 스코어 통계량의 일반적인 형태는 다루지 않겠다. 하지만 범주형 자료에서 주로 사용되는 검정통계량은 이러한 스코어 통계량의 형태로 주어진다. 독립성검정을 위한 Pearson X^2통계량과 순서형 상관계수 검정통계량 M^2도 스코어 통계량의 한 형태이다.

왈드, 가능도비, 스코어 검정법 각각에 대응하는 신뢰구간을 구할 수 있다. β에 대한 95% 신뢰구간은 $H_0: \beta = \beta_0$에 대한 검정에서 P-값이 0.05가 넘는 모든 β_0값들을 포함한다. 예를 들어 H_0에 대한 왈드 통계량은 $z = (\hat{\beta} - \beta_0)/SE$이며 신뢰구간은 $\hat{\beta} \pm z_{\alpha/2}(SE)$이다. 가능도비에 기초해서 구한 β에 대한 신뢰구간은 **프로파일 가능도**

4 1.3.2절에서 이항모수 π에 대한 공식 (1.2)에서 한 것과 같다.

신뢰구간(profile likelihood confidence interval)이라고 부른다.

왈드, 가능도비, 스코어 검정법 세 가지 방법 중 어떤 방법을 주로 써야 할까? 대부분의 통계 프로그램으로부터 쉽게 GLM을 위한 스코어 검정을 실시하고 신뢰구간을 구할 수 있는 것은 아니다. 이 책에서는 주로 가능도비와 왈드 검정법을 다룰 것이다. 왈드 검정법은 간단하고, 정규모형들을 다루는 t-검정법과 비슷하며, ML 추정값과 *SE* 값을 도출하는 모든 통계 프로그램에서 직접 쉽게 결과를 얻을 수 있다. 그러나 가능도비 검정법의 경우 이런 프로그램을 이용하여 결과를 직접 얻기가 쉽지 않다. 그러나 표본의 크기 n이 작거나 설명변수의 효과가 매우 큰 경우에는 왈드 통계량보다 가능도비 통계량이 더 검정력이 높고 더 신뢰할 수 있다. 몇몇 경우에는 왈드 검정법이 적합하지 않은 경우도 있다.[5]

3.4.2 예제: 정치성향과 진화론에 대한 믿음

2016년 일반사회조사에서는 "인류는 우리가 알고 있는 것처럼 초기의 동물 종에서 진화하였다. 맞는가? 틀리는가?"라는 질문이 있다. 이와 같은 질문에 대한 답과 정치성향은 관련성이 있을까? y는 진화론에 대한 의견($1 =$ 맞다, $0 =$ 틀리다)이고, x는 정치성향(1 = 매우 보수적, 2 = 보수적, 3 = 약간 보수적, 4 = 중간, 5 = 약간 진보적, 6 = 진보적, 7 = 매우 진보적)이라 하자. 다음은 본문 웹사이트에 있는 Evolution 자료 파일을 사용하여 R에서 로지스틱 회귀모형을 적합하고 추론한 결과이다.

```
-----------------------------------------------------------------------
> Evo <- read.table("http://www.stat.ufl.edu/~aa/cat/data/Evolution.dat",
+                    header=TRUE)
> Evo
  ideology   true  false
1        1     11     37 # extremely conservative
2        2     46    104
3        3     70     72
4        4    241    214
5        5     78     36
6        6     89     24
7        7     36      6 # extremely liberal
> n <- Evo$true + Evo$false # binomial sample sizes
> fit <- glm(true/n ~ ideology, family=binomial, weights=n, data=Evo)
> summary(fit) # logistic regression fit
              Estimate  Std. Error  z value  Pr(>|z|)
(Intercept)   -1.75658     0.20500   -8.569    <2e-16
ideology       0.49422     0.05092    9.706    <2e-16 # z Wald test
```

5 예시로는 $\hat{\pi}=0$이거나 1일 때 이항모수들에 대한 추론을 할 경우, 혹은 $\hat{\beta}=\infty$일 때 GLM 모수에 대한 추론을 할 경우가 있다(5.3절 참조).

```
---
    Null deviance: 113.20 on 6 degrees of freedom # explained in Sec. 3.4.1
Residual deviance:   3.72 on 5 degrees of freedom
Number of Fisher Scoring iterations: 3 # explained in Section 3.5.1

> confint(fit) # profile likelihood CI
                2.5 %      97.5 %
ideology      0.39617     0.59594

> library(car)
> Anova(fit) # likelihood-ratio tests for effect parameters in a GLM
          LR Chisq    Df    Pr(>Chisq)
ideology    109.48     1     < 2.2e-16   # can also get with drop1(fit, test="LRT")
> library(statmod)
> fit0 <- glm(true/n ~ 1, family=binomial, weights=n, data=Evo) # null model
> glm.scoretest(fit0, Evo$ideology)^2 # squaring a z score statistic
[1] 104.101 # score chi-squared statistic with df=1
--------------------------------------------------------------------------------
```

로지스틱 회귀모형의 ML 적합 결과는 $\text{logit}[\hat{P}(y=1)] = -1.757 + 0.494x$이고 정치성향의 효과를 나타내는 모수는 $\hat{\beta} = 0.494$이고 $SE = 0.051$이다.

대립가설 $H_a : \beta \neq 0$과 귀무가설 $H_0 : \beta = 0$에 대한 왈드 검정통계량은 다음과 같이 주어지고 표준정규분포를 따르며 $z^2 = 96.2$은 자유도 1인 카이제곱분포를 따른다.

$$z = \frac{\hat{\beta}}{SE} = \frac{0.494}{0.051} = 9.71.$$

이 결과는 진화론을 믿는 확률이 정치성향이 진보적일수록 높아진다는 아주 강한 증거를 보여 주고 있다($P < 0.0001$). 이 모형을 $\beta = 0$을 가정한 간단한 모형과 비교한 가능도비 검정에서도 유사하게 강한 증거를 얻을 수 있다. R에서 car 패키지에 있는 Anova 함수를 적용하여 검정을 실시할 수 있다. 이 경우, 카이제곱통계량은 $2(L_1 - L_0) = 109.48$의 값을 가지며 $df = 1$이다($P < 0.0001$). z 스코어 통계량은 R의 statmode 패키지에 있는 glm.scoretest 함수를 사용해서 구할 수 있는데 귀무가설 하에서의 모형에 정치성향 변수를 추가하면 된다. z 스코어 통계량의 제곱은 $df = 1$인 카이제곱분포를 따르며 104.10이다($P < 0.0001$).

β에 대한 95% 왈드 신뢰구간은 $\hat{\beta} \pm 1.96\,(SE)$이고, 이는 $0.494 \pm 1.96\,(0.051)$으로 $(0.394, 0.594)$이다. R의 출력 결과값에서 β에 대한 프로파일 가능도 95% 신뢰구간은 $(0.396, 0.596)$이다.

3.4.3 GLM의 이탈도 통계량

관심 있는 모형을 M이라고 할 때 모형 M에서 얻은 로그 가능도함수의 최댓값을 L_M이라고 하고 L_S를 가능한 모형 중에서 가장 복잡한(가장 많은 수의 모수를 갖는) 형태의 모형에서의 로그 가능도함수의 최댓값이라고 하자. 이 모형은 각 관측값에 대해 모수를 갖게 되므로 완벽하게 자료를 적합시킨다. 이 모형을 **포화모형**(saturated model)이라고 한다.

예를 들어, 3.4.2절에서 분석된 7×2 분할표에서 로지스틱 회귀모형 M을 적합시켰다. 이 모형은 정치성향의 일곱 가지 수준에 따라 진화론을 믿을 확률이 어떻게 변하는지를 나타내기 위해 두 개의 모수를 사용한다. 반면, 이 자료에 대한 포화모형의 경우에는 정치성향의 7개 수준별로 각 이항 관측값에 대하여 서로 다른 모수를 가정한다: 매우 보수적인 사람들의 경우는 $P(Y=1)=\pi_1$, 보수적인 사람들의 경우는 π_2, $\cdots$, 매우 진보적인 사람들의 경우 π_7이다. 포화모형에서 π_i에 대한 ML 추정값은 i번째 정치성향 수준에서 진화론을 믿을 표본확률값이다.

포화모형은 추가적으로 모수들을 더 많이 포함하기 때문에 이 모형하에서 구한 로그 가능도함수의 최댓값 L_S는 적어도 더 단순한 모형 M에서 구한 로그 가능도함수의 최댓값 L_M보다 큰 값을 갖는다. GLM의 **이탈도**(deviance) 통계량은 다음과 같이 정의된다.

$$\text{이탈도 통계량} = 2[L_S - L_M]$$

이탈도 통계량은 포화모형 S와 관심 있는 모형 M을 비교하기 위한 가능도비 통계량으로 포화모형에 있는 모수들 중에서 모형 M에 포함되지 않은 모수들이 모두 0이라는 귀무가설을 검정하기 위한 통계량이다.

GLM 모형에서 이탈도 통계량은 근사적으로 카이제곱분포를 따른다. 예를 들어, 5.2.1절에서 설명변수의 수준 수가 고정되어 있고 성공 도수와 실패 도수가 상대적으로 큰 값을 갖는 이항 GLM 모형에 대해서 이러한 사실을 살펴볼 것이다. 이러한 경우, 이탈도 통계량은 모형의 적합성을 검정하는데 이것은 모형에 포함되지 않은 모수들이 모두 0이라는 귀무가설을 검정하기 때문이다. 잔차 자유도는 전체 관측값의 수에서 모형의 모수 수를 뺀 값이다. P-값은 카이제곱분포에서 관측된 검정통계량의 오른쪽 꼬리부분의 확률이다. 검정통계량 값이 크고 P-값이 작을수록 모형의 적합결여에 대한 강한 증거가 된다.

R에서 glm 함수로 일반화선형모형을 적합시킬 경우, 잔차 이탈도(residual deviance)

는 적합된 모형의 이탈도를 나타내며, 영이탈도(null deviance)는 상수항만 가지는 귀무가설 하에서의 모형의 이탈도를 나타낸다. 진화와 정치성향에 대한 자료에서 로지스틱 회귀모형은 두 개의 모수를 사용해 일곱 개의 이항 관측값을 설명하고 있다. 3.4.2절에서 계산된 잔차 이탈도는 3.72이고, $df = 7 - 2 = 5$이다. 이 모형이 적합하다는 귀무가설에 대한 검정 결과는 P-값이 0.59이므로, 이 모형이 자료를 잘 적합한다고 말할 수 있다.

3.4.4 이탈도 통계량을 이용한 모형 비교

두 모형에 대해서 한 모형(M_0)이 다른 모형(M_1)의 특별한 경우라고 가정해 보자. 즉, M_0가 M_1의 내포모형(nested model)이라고 하자. 이때 두 모형을 비교하기 위해 이탈도 통계량을 사용할 수 있다. 정규분포를 따르는 반응변수들에 대한 모형들을 비교할 때 F검정을 사용하듯이 GLM에서는 가능도비 검정을 사용하고 있다. 모형을 비교하기 위한 F검정은 자료의 분산을 나타내는 제곱합을 분해한다. 분산을 분해하여 분석하는 **분산분석**을 GLM에 대한 **이탈도 통계량 분석**으로 일반화시킬 수 있다. 보다 더 복잡한 모형을 적합한 후, 이 모형보다 더 단순한 모형이 적합되는지를 검정하기 위한 가능도비 검정통계량은 다음과 같으며, 모형들의 이탈도 통계량을 이용하여 두 모형을 비교할 수 있다.

$$2(L_1 - L_0) = 2(L_S - L_0) - 2(L_S - L_1) = \text{이탈도 통계량}_0 - \text{이탈도 통계량}_1$$

모형 M_0가 M_1에 비하여 적합이 잘 되지 않는 경우에 이 검정통계량의 값은 큰 값을 갖는다. 대표본의 경우 이 통계량은 근사적으로 카이제곱분포를 따르게 되며 자유도는 각 모형들의 자유도(df)의 차이와 같다. 이 자유도의 값은 모형 M_1에는 포함되어 있지만 모형 M_0에는 포함되지 않은 모수들의 수와 같다. 검정통계량 값이 크고 P-값이 작을수록 모형 M_0가 M_1보다 잘 적합되지 않는다는 것을 의미한다.

진화와 정치성향 자료의 경우 3.4.2절에서 계산된 잔차 이탈도는 3.72이고, $df = 7 - 2 = 5$이다. 정치성향의 효과를 고려하지 않은(즉, $\beta = 0$인) 더 간단한 모형에서는 자유도 $df = 6$이고 이탈도 통계량(즉, 영이탈도)은 113.20이 된다. 두 이탈도 통계량의 차이는 자유도 $df = 1$에서 109.48이 되는데 이것은 정확하게 $\beta = 0$을 검정하기 위한 가능도비 검정통계량이다. 일반적으로 모형에 대한 영이탈도와 잔차 이탈도의 차이는 모형에 있는 모든 β 효과항이 0이라는 가설을 검정하기 위한 가능도비 통계량과 같다.

3.4.5 관측값과 모형적합값을 비교하는 잔차

어떠한 GLM에 대해 적합결여 통계량들은 단지 모형이 자료에 잘 적합하는지만을 포괄적으로 요약한다. 관측도수와 적합도수를 비교해 보면 더 자세한 정보를 얻을 수 있다.

관측값 i에 대해서 관측도수와 적합도수의 차이를 나타내는 잔차 $y_i - \hat{\mu}_i$는 그 쓰임이 제한적이다. 예를 들어, 포아송 표본추출에 대해서 도수의 표준편차가 $\sqrt{\mu_i}$이므로 μ_i가 커질수록 그 차이도 커지는 경향을 보이게 된다. **Pearson 잔차**는 이 차이를 표준화한 것으로 다음과 같이 정의한다.

$$\text{Pearson 잔차} = e_i = \frac{(y_i - \hat{\mu}_i)}{\sqrt{\widehat{var}(y_i)}} \tag{3.3}$$

포아송 GLM에 대해서 $\text{var}(y_i) = \mu_i$이므로 Pearson 잔차는 다음과 같다.

$$e_i = \frac{y_i - \hat{\mu}_i}{\sqrt{\hat{\mu}_i}}$$

이것은 잔차를 포아송 표준편차의 추정값으로 나누어 표준화시킨 것이다. e_i를 **Pearson 잔차**라고 부르는 이유는 $\sum e_i^2 = \sum_i (y_i - \hat{\mu}_i)^2 / \hat{\mu}_i$이기 때문이다. GLM이 이차원 분할표에서 칸들 간의 독립성에 대응되는 모형일 때 이것은 독립성을 검정하는 Pearson 카이제곱통계량 X^2(식 (2.3))이 된다. 그러므로 X^2은 각각의 관측값에 적합결여를 나타내는 항으로 분해된다. **이탈도 잔차**(deviance residuals)라고 불리는 이탈도 통계량의 성분은 적합결여를 나타내는 또 다른 측도이다.

Pearson 잔차의 분모는 y_i의 변동을 설명하지만 $\hat{\mu}_i$의 변동을 설명하지는 못한다. **표준화잔차**(standardized residual 또는 standardized Pearson residual)는 $(y_i - \hat{\mu}_i)$를 표준오차의 추정값으로 나눈 값이다.[6]

$$\text{표준화잔차} = \frac{y_i - \hat{\mu}_i}{SE}$$

표준화잔차는 y_i와 $\hat{\mu}_i$의 변동 모두를 설명하기 때문에 Peason 잔차나 이탈도 잔차보

6 $SE = \left[\widehat{\text{var}}(y_i)(1-h_i)\right]^{1/2}$, 여기서 h_i를 구하는 공식은 이 책의 범위를 넘어서지만 i번째 관측값의 레버리지 값인 h_i가 클수록 모형적합에 영향을 끼치는 잠재력이 더욱 커진다. 이탈도 잔차 또한 표준화될 수 있다.

다 더 크게 활용된다. 표준화잔차를 사용하면 $(y_i - \hat{\mu}_i)$가 언제 "큰 값"을 갖는지를 쉽게 판단할 수 있다. μ_i가 크면 표준화잔차는 근사적으로 표준정규분포를 따른다. 비록 표본이 큰 경우에 몇몇 표준화잔차값 중에서 우연히 2나 3보다 큰 수가 나올 수도 있지만 이런 경우에는 주의 깊게 살펴볼 필요가 있다. 2.4.5절에서는 이차원 분할표에서 독립성검정을 한 후에 표준화잔차를 소개하였다. 5.2절에서는 로지스틱 회귀분석에서 표준화잔차를 사용할 것이다. 5.2.6절에서는 표준화잔차가 Pearson 잔차나 이탈도 잔차보다 잔차 자유도를 더 잘 반영하고 있다는 것을 보일 것이다.

다음의 결과값은 Evolution 자료 파일에서 정치성향, 진화를 믿는(true) 사람의 도수, 진화를 믿지 않는(false) 사람의 도수, 이항표본의 크기(n), 정치성향별 진화를 믿을(true) 확률에 대한 표본비율, 로지스틱 모형의 비율 적합값, 표준화잔차값을 보여준다. 표본비율값은 로지스틱 모형의 비율 적합값에 가깝다. 어떤 표준화잔차도 적합결여를 나타내지 않고 있는데, 이는 잔차 이탈도값으로부터 이 모형이 잘 적합되고 있다는 것을 이미 확인한 것과 잘 일치하고 있다.

```
---------------------------------------------------------------------------
> attach(Evo)
> cbind(ideology,true,false,n,true/n,fitted(fit),rstandard(fit,type="pearson"))
> # rstandard(fit, type="pearson") requests standardized residuals
  ideology true false   n # sample  fitted  std.res
1        1   11    37  48   0.2292  0.2206    0.1611  # extremely conservative
2        2   46   104 150   0.3067  0.3169   -0.3515
3        3   70    72 142   0.4930  0.4319    1.6480
4        4  241   214 455    0.529  0.5549   -1.4995
5        5   78    36 114   0.6842  0.6714    0.3249
6        6   89    24 113   0.7876  0.7701    0.5414
7        7   36     6  42   0.8571  0.8459    0.2207  # extremely liberal
---------------------------------------------------------------------------
```

회귀모형에서 사용되는 다른 진단 방법들도 GLM의 적합도를 검토하는 데 도움이 된다. 예를 들어, 모형의 적합에서 하나의 관측값의 영향력을 측정하기 위해 그 관측값을 제거한 후 모형을 다시 적합하여 기존 모형의 적합 결과와 비교할 수 있다.

3.5 일반화선형모형의 적합

통계학에서는 가능도함수를 최대화시키는 ML 추정값을 구하는 과정에서 기본적인 미적분학을 사용한다. 로그 가능도함수를 다양한 모수들에 대하여 미분한 후, 미분한 값이 0으로 놓은 "가능도 방정식"을 유도한 후에 이 가능도 방정식을 풀어 ML 추정값을 구할 수 있다. 아주 특별한 경우들을 제외하면, GLM에 대한 가능도 방정식은 닫

힌 해(closed-form solution)를 가지고 있지 않다. 통계 프로그램에서는 알고리즘을 사용하여 가능도 방정식을 풀고 모형을 적합한다.

3.5.1 GLM을 적합하는 Fisher 스코어링 알고리즘

알고리즘을 수행하기 위해서는 먼저 가능도함수를 최대화하는 모수값에 대한 초기값을 추측한다. 알고리즘이 성공적으로 잘 수행이 되면 초기값이 점점 ML 추정값에 가까워지게 된다. **Fisher 스코어링**(Fisher scoring) 알고리즘은 R. A. Fisher가 1935년에 이항 회귀모형을 적합하기 위해 처음으로 제안한 방법이다. 알고리즘 내의 각 반복 과정은 일종의 **가중최소제곱**(weighted least squares)법을 반영한 것이다. 즉, 동질하지 않은 Y의 분산을 고려하여 보통의 최소제곱법을 일반화시킨 것이다. 분산이 작은 관측값에다 더 많은 가중치를 준다. 각 반복마다 ML 추정값의 근사값이 변하고 이에 따라 분산 추정값도 변하기 때문에 가중치는 각 반복마다 조금씩 변하게 된다. 이러한 GLM에 대한 ML 추정을 **반복재가중최소제곱**(iteratively reweighted least squares, IRLS) 추정이라고 부른다. 이 과정을 **반복적**(iterative)이라고 하는 이유는 알고리즘에서 로그 가능도값이 더 이상 증가하지 않을 때까지 위와 같은 과정을 계속해서 반복하기 때문이다. 근사가 성공적이면 단지 몇 번의 반복 과정만으로 ML 추정값에 빠르게 수렴한다. 예를 들어, 3.4.2절의 R 프로그램에서 정치성향과 진화에 대한 믿음의 연관성을 나타낸 로지스틱 회귀모형은 Fisher 스코어링 알고리즘을 수행하여 3번의 반복 과정만을 거쳐 수렴한다.

이항 로지스틱 회귀모형과 포아송 로그선형 모형에 대해서는 Fisher 스코어 알고리즘이 **Newton-Raphson 알고리즘**과 일치하게 된다. Newton-Raphson 알고리즘은 추정된 초기값 주위에서, 로그 가능도함수를 오목한 포물선 모양을 갖는 간단한 다항식함수로 근사시킨다. 이 다항식은 초기값에서 로그 가능도함수와 동일한 기울기와 굴곡을 갖는다. 근사된 이 다항식으로부터 최댓값의 위치를 쉽게 구할 수 있다. 그 위치에서부터 ML 추정값에 대한 두 번째 추정값을 찾을 수 있다. 다시 다른 오목한 포물선 함수를 사용하여 두 번째 추정값의 주위에서 로그 가능도함수를 근사한 후에 이 함수를 이용하여 세 번째 추정값을 찾는다. 이런 과정을 반복 실행해서 ML 추정량을 구하게 된다.

3.5.2 일반화선형모형에 대한 베이지안 방법

일반화선형모형에서 효과를 나타내는 모수 $\{\beta_j\}$는 실수 전체값을 가질 수 있다.

$\{\beta_j\}$에 대한 베이지안 추론에서는 모수가 다변량 정규분포를 따른다고 가정함으로써 사전분포에 대해 유연성을 줄 수 있다. 정보가 없는 사전분포의 간단한 형태는 모형 내 각각의 모수가 서로 독립이고 평균이 0이고 표준편차가 큰 정규분포를 따른다고 가정한다.

모형의 각 모수에 대한 정보가 없는 사전분포의 표준편차가 동일할 경우, 양적인 설명변수를 표준화(예: 평균이 0이고 분산이 1)함으로써 사전효과의 크기를 동일한 단위로 나타낼 수 있다. 설명변수를 표준화시키지 않을 경우에는 측정단위를 고려해야 한다. 예를 들어서 x_j = 시간을 연 단위에서 월 단위로 바꿀 경우, 새로운 β_j는 x가 년도 단위로 측정되었을 때의 β_j값의 1/12이 되므로, 정규 사전의 새로운 표준편차 σ값에도 1/12을 곱해 주어야 한다.

몬테칼로 시뮬레이션 방법을 사용하는 통계 프로그램을 이용하면 GLM에 대한 베이지안 방법의 계산을 할 수 있다. 로지스틱 회귀모형을 다루는 5.4절과 로그선형모형을 다루는 7.2.5절에서 이 예를 살펴볼 것이다.

3.5.3 GLM: 통계적 분석을 통합한 접근방법

GLM이론은 1970년대 중반 연속형 반응변수와 범주형 반응변수들에 대한 중요한 모형들을 통합하는 역할을 하면서 발전해 왔다. 〈표 3.3〉에서는 통계분석에서 실제로 많이 쓰이는 GLM을 열거하였다.

GLM의 장점은 모형적합 알고리즘인 Fisher 스코어 알고리즘이 어떠한 GLM에 대해서도 동일하다는 것이다. 즉, 랜덤성분의 분포나 연결함수와는 상관없이 동일하게 이 알고리즘을 적용할 수 있다. 따라서 GLM 소프트웨어들을 이용하여 다양한 종류의 모형들을 적합시킬 수 있다.

▸ 표 3.3 통계분석을 위한 모형의 형태

랜덤 요소	연결함수	체계적 성분	모형	장(chapter)
정규분포	항등	연속형	회귀모형	
정규분포	항등	범주형	분산분석	
정규분포	항등	혼합형	공분산분석	
이항분포	로짓	혼합형	로지스틱 회귀	4-5, 8-10
다항분포	로짓	혼합형	다항 반응	6, 8-10
포아송 분포	로그	혼합형	로그 선형	7

연습 문제

3.1 GLM에서 연결함수의 용도에 대해 설명하라. 항등연결함수를 정의하고 이항자료에 대해서는 크게 사용되지 않는 이유를 설명하라.

3.2 1904, 1914, 1924, ..., 2014년도에 선발투수가 전체 게임을 다 마무리하는 비율[7]이 다음과 같았다. 87.6, 55.0, 48.7, 43.4, 45.2, 34.0, 24.5, 28.0, 15.0, 8.0, 3.1, 2.4.

a. x를 1904년 이후의 기간을 십년 단위로 나타낼 때에 (즉, 1914년의 경우는 $x=1$ 선형확률모형의 적합식은 $\hat{P}(Y=1)=0.6930-0.0662x$ 으로 구해졌다. 기울기 -0.0662를 해석하라.

b. $x=12$를 대입하여 2024년도에 선발투수가 전체 게임을 다 마무리하는 비율을 추정하라. 로지스틱 회귀모형의 ML 적합 결과는 $\hat{P}(Y=1)=0.034$이다. 어느 결과가 더 믿을 만한가? 그 이유는?

3.3 〈표 2.6〉에서 x를 임산부의 알콜 섭취량이라고 하고 Y가 아기의 성기관 장애 여부를 나타낸다고 하자. 알콜 섭취량이 $(0, 0.5, 1.5, 4.0, 7.0)$일 때 선형확률모형에 대한 ML 적합 결과는 다음과 같다.

```
-----------------------------------------
Parameter    Estimate     Std Error
Intercept     0.00255        0.0003
alcohol       0.00109        0.0007
-----------------------------------------
```

a. 예측식을 구하고 절편과 기울기를 해석하라.

b. 적합된 모형을 이용해서 (i) 알콜 섭취량 수준이 0일 때와 7.0일 때 성기관 장애가 발생할 확률과 (ii) 두 알콜 섭취량 수준에 대한 상대위험도를 구하라.

c. 이 결과는 점수의 선택에 민감한가? 다른 점수 0, 1, 2, 3, 4를 사용하여 알콜 섭취량 수준이 0일 때와 7일 때의 확률을 추정하고 상대위험도를 구하라.

d. 알콜 섭취량 수준이 가장 높은 경우에 비록 1명의 장애가 관찰되었지만

[7] 출처: https://en.wikipedia.org/wiki/Complete_game.

전체 표본이 38명밖에 안 되는 소표본이기 때문에 이 수준에서 장애에 대한 표본비율은 다른 수준들에서보다 훨씬 높게 나타났다. 이 1명의 장애 관측값은 결과에 영향을 주는가? 이 관측값을 포함한 경우와 제외한 경우(즉, 가장 높은 알콜 섭취량 수준에서 37명에서 모두 장애가 발생하지 않은 경우) 각각에 대해 로지스틱 회귀모형이나 선형확률모형을 적합하고 알콜 섭취량 수준이 0일 때와 7일 때의 확률을 추정하고 상대위험도를 구하라.

3.4 2000년 미국의 대통령 선거에서 플로리다에 있는 팜비치 구역에서는 혼돈을 일으키는 나비형 투표용지(butterfly ballot)를 사용함으로 인하여 의외의 투표 결과가 발생하였다. 많은 유권자들은 원래는 민주당 엘 고어 후보에게 투표하려고 하였으나 실수로 개혁당의 팻 뷰캐넌 후보에게 투표하였다고 주장했다. 〈그림 3.8〉은 플로리다의 전 구역에 대하여 뷰캐넌의 전체 득표수와 1996년 개혁당 후보였던 로스 페로의 득표수를 비교한 그래프이다.[8]

a. 구역 i번째에서 뷰캐넌의 득표율을 π_i라고 하고 1996년 페로의 득표율을 x_i라고 하자. 팜비치 지역을 제외한 나머지 구역에서 선형확률모형을 적합한 결과는 $\hat{\pi}_i = -0.0003 + 0.0304x_i$와 같다. 다음과 같이 해석이 가능한 P-값을 구하라. 2000년도 뷰캐넌에 대한 득표율의 추정값은 1996년 페로의 득표율의 P%이다.

b. 팜비치 구역에서 $\pi_i = 0.0079$이고 $x_i = 0.0774$이다. 이 결과로부터 이상점(outlier)이라고 볼 수 있는지 $\pi_i/\hat{\pi}_i$와 $\pi_i - \hat{\pi}_i$값을 구하여 조사하라(통계전문가들에 의한 분석에 의하면 뷰캐넌에 대한 득표수는 900 이하로 예측되었는데 이는 실제로 그가 얻은 3407에 훨씬 미치지 못한다. 조지 부시는 537표 차로 플로리다 주에서 승리했다. 또 다른 투표용지 디자인 문제로 인해 110,000개의 표가 최대 제한 수 이상의 투표로 인해 무효 처리되었으며 그 중 고어의 표가 84,197 그리고 부시의 표가 37,731이었다).

[8] 출처: A. Agresti and B.Presnell, *Statist. Sci.*, **17**: 436-440, 2003

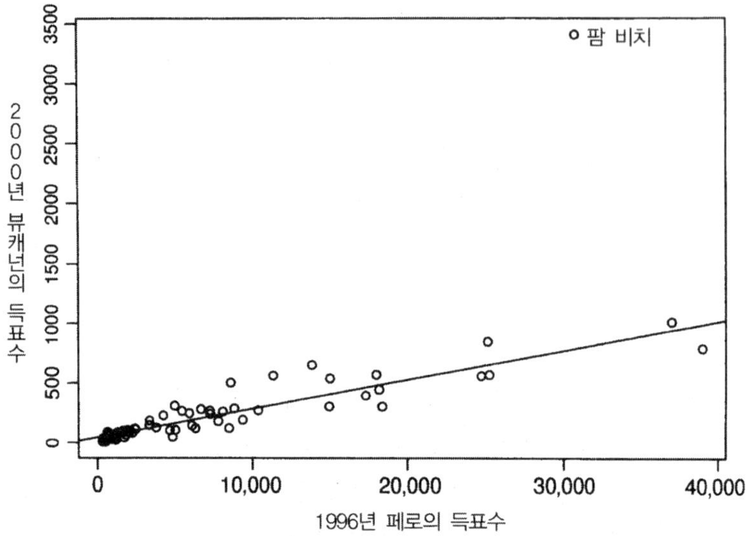

그림 3.6 구역에서 1996년 페로 후보와 2000년도 개혁당 후보 뷰캐넌의 전체 득표수

3.5 웹사이트 www.stat.ufl.edu/~aa/cat/data로부터 〈표 3.2〉에 있는 참게 자료를 다운받을 수 있다. 만일 참게가 적어도 한 마리의 부수체를 가지면 $y=1$이라 하고 그렇지 않으면 $y=0$이라 하자.

a. 무게를 예측변수로 이용해서 선형확률모형을 $P(Y=1)$에 적합하라. 만약 소프트웨어가 이항분포에 대해서 항등연결함수를 사용할 수 없거나 수렴하지 않으면 Y를 정규분포를 따르는 것처럼 간주하여 보통의 최소제곱법을 이용하여 모수를 추정하고 추정값들을 해석하라. 가장 큰 무게값 5.20 kg에 대하여 $P(Y=1)$을 예측하고 결론을 내려라.

b. Y를 이항변수로 간주하고 로지스틱 모형을 적합하라. 무게값 5.20 kg에 대하여 $\hat{P}(Y=1)=0.9968$이 됨을 보여라.

3.6 2016년도 일반사회조사에서 18세에서 27세까지를 대상으로 정치성향(1=매우 보수적, 2=보수적, 3=약간 보수적, 4=중간, 5=약간 진보적, 6=진보적, 7=매우 진보적)과 정당(민주당, 공화당)에 대하여 교차분할표를 구한 것이다.

```
-----------------------------------------------------------
              1   2   3   4   5   6   7
Democrat      5  18  19  25   7   7   2
Republican    1   3   1  11  10  11   1
-----------------------------------------------------------
```

지지정당이 민주당일 확률에 미치는 정치성향의 효과를 보기 위해 R을 이용하여 모형을 적합한 결과가 다음과 같다.

```
> y <- c(5,18,19,25,7,7,2); n <- c(6,21,20,36,17,18,3)
> x <- c(1,2,3,4,5,6,7)
> fit <- glm(y/n ~ x, family=binomial(link=logit), weights=n)
> summary(fit)
             Estimate   Std. Error  z value   Pr(>|z|)
(Intercept)  3.1870 0        .7002    4.552   5.33e-06
x             -0.5901       0.1564   -3.772   0.000162
---
    Null deviance: 24.7983 on 6 degrees of freedom
Residual deviance:  7.7894 on 5 degrees of freedom
Number of Fisher Scoring iterations: 4
> confint(fit)
               2.5 %       97.5 %
(Intercept)   1.90180     4.66484
x            -0.91587    -0.29832
```

a. 예측식을 제시하고 정치성향 효과의 방향에 대해서 해석하라.
b. 정치성향 효과에 대한 95% 왈드 신뢰구간을 구하고 위에 주어진 프로파일 가능도 신뢰구간과 비교하라.
c. 정치성향 효과에 대한 왈드 검정을 수행하라. 검정통계량값과 P-값을 제시하고 결과를 해석하라
d. 가능도비 검정을 수행하고 검정통계량값과 P-값을 제시하고 결과를 해석하라.
e. R 출력 결과에 있는 Fisher 스코어 알고리즘의 반복수에 대해서 설명하라.

3.7 〈표 3.1〉의 코골이와 심장병 자료에 대하여

a. (i) $(0, 2, 4, 6)$, (ii) $(0, 1, 2, 3)$, (iii) $(1, 2, 3, 4)$의 점수들을 이용하여 로지스틱 회귀모형을 다시 적합하라. 이 세 점수들에 대한 모수추정값을 서로 비교하라. 세 가지 모형의 모수추정값들을 비교하라. 적합된 값들을 비교하라. 점수들 간격의 상대적 크기를 유지하는 점수들의 선형 변환 효과에 대해서 어떤 결론을 내릴 수 있는가?
b. 일주일 동안 코고는 날짜의 빈도를 반영하는 $(0, 2, 6, 7)$ 점수를 사용하여 로지스틱 회귀모형을 적합하라. 이 책에서 사용한 $(0, 2, 4, 5)$ 점수의 적합 결과와 비교하라. 이 결과가 점수의 선택에 민감하다고 할 수 있는가?

3.8 3.2.3절의 〈표 3.1〉의 코골이와 심장병 자료에 대하여 로지스틱 회귀모형을 적합하라. 코골이 효과에 대한 유의성검정 결과와 신뢰구간을 제시하라.

3.9 〈표 3.4〉의 Credit 자료 파일은 이 책의 웹사이트에서 다운로드한 것이다. 연수입과 소유하고 있는 여행 신용카드(American Express, Diners Club과 같은) 수와의 관계를 알기 위해 임의로 선택한 100명의 이탈리아인들로부터 구한 표본자료이다. 아래의 표는 연수입(단위 천 유로)을 나타내는 x의 각 추출된 사람의 수와 이 중에서 한 개 이상의 여행 신용카드를 소유한 사람의 수를 나타내었다. 로지스틱 회귀모형을 사용하여 소프트웨어로 분석한 결과는 다음과 같다.

```
-------------------------------------------
              Estimate  Std. Error
(Intercept)    -3.5179      0.7103
x               0.1054      0.0262
-------------------------------------------
```

a. 예측식을 구하고 $\hat{\beta}$의 부호를 해석하라.

b. $\hat{P}(Y=1)=0.50$일 때, 추정된 로짓값이 0임을 보여라. 이것을 기초로 하여 이 자료에서 연수입이 33.4천 유로일 때 여행 신용카드를 소지할 예측확률이 0.50인 이유를 설명하라.

c. 소프트웨어를 이용하여 이 책의 웹사이트에서 Credit 자료 파일을 불러와서 어떻게 로지스틱 회귀모형적합 결과를 얻을 수 있는지 설명하라.

3.10 최근의 일반사회조사 중에서 "당신의 직장에서 몇 명의 사람들이 친한 친구인가?"라는 질문이 있다. 756명의 응답자 중에서 평균이 2.76명이고 표준편차가 3.65이고 최빈값은 0이였다. 포아송 분포가 이 자료를 잘 설명하는지 여부를 답하고 그 이유를 설명하라.

▸ 표 3.4 연습문제 3.9의 이탈리아인들의 신용카드에 대한 자료

수입	사례의 수	신용 카드 수	수입	사례의 수	신용 카드 수	수입	사례의 수	신용 카드 수
12	1	0	21	2	0	34	3	3
13	1	0	22	1	1	35	5	3
14	8	2	24	2	0	39	1	0
15	14	2	25	10	2	40	1	0
16	9	0	26	1	0	42	1	0
17	8	2	29	1	0	47	1	0
19	5	1	30	5	2	60	6	6
20	7	0	32	6	6	65	1	1

출처: 이탈리아 Milan에 있는 Bocconi 대학의 교수 R. Piccarreta.

3.11 컴퓨터 칩의 실리콘 기판을 제조하는 데 사용되는 두 공정 과정의 결함율을 분석하기 위해 실험을 하였다. 10개의 기판에 대해 처리 A를 적용하였을 때에 기판에서 관측된 결함 수는 각각 8, 7, 6, 6, 3, 4, 7, 2, 3, 4이었다. 10개의 기판에 대하여 처리 B를 적용하였을 때에는 결함 수가 9, 9, 8, 14, 8, 13, 11, 5, 7, 6이었다. 결함 수를 각각 평균 μ_{A}와 μ_{B}를 갖는 서로 독립인 포아송 변량이라고 간주하자. 모형 $\log\mu = \alpha + \beta x$을 고려하자. 여기서 처리 A는 $x=0$, 처리 B는 $x=1$로 나타낸다. 그러면 $\beta = \log\mu_{\mathrm{B}} - \log\mu_{\mathrm{A}} = \log(\mu_{\mathrm{B}}/\mu_{\mathrm{A}})$이고 $e^{\beta} = \mu_{\mathrm{B}}/\mu_{\mathrm{A}}$ 가 된다. 이 모형을 적합하고 예측식을 제시하고 $\hat{\beta}$ 값을 해석하라.

3.12 연습문제 3.11을 참조하라.

a. $H_0: \mu_{\mathrm{A}} = \mu_{\mathrm{B}}$에 대한 검정을 $H_0: \beta = 0$의 왈드 검정이나 가능도비 검정을 통하여 실시하라.

b. $\mu_{\mathrm{B}}/\mu_{\mathrm{A}}$에 대한 95% 신뢰구간을 구하라. (힌트 : 우선 $\beta = \log\mu_B - \log\mu_A = \log(\mu_{\mathrm{B}}/\mu_{\mathrm{A}})$에 대한 신뢰구간을 구하라.)

3.13 〈표 3.2〉이 참게 예제 자료를 www.stat.ufl.edu/~aa/cat/data 웹사이트에서 다운로드하여 x=무게를 예측변수로 간주하고 Y=부수체의 수를 반응변수로 간주하여 포아송 로그 선형모형을 적합하라.

a. 예측식을 구하고 암참게의 평균 무게가 2.44 kg일 때 부수체의 평균수를 추정하라.

c. $\hat{\beta}$를 이용하여 무게의 효과를 설명하라. 모수 β와 무게가 1 kg 증가할 때마다 발생하는 승법 효과에 대한 95% 신뢰구간을 구하라.

d. 부수체의 평균수와 무게와의 독립성을 왈드 검정과 가능도비 검정을 하고 결과를 해석하라.

3.14 도수자료를 모형화할 때에 왜 보통의 회귀분석모형에서 쓰는 원잔차 $(y_i - \hat{\mu}_i)$를 사용하는 것이 충분하지 않은지 설명하라.

3.15 다음 물음에 대하여 참인지 거짓인지를 판단하라.

a. Y가 정규분포를 따르는 것으로 간주하는 회귀분석모형은 정규 랜덤성분과 항등연결함수를 갖는 GLM의 특별한 경우이다.

a. GLM에서 Y는 꼭 정규분포를 따르지 않아도 된다. GLM은 Y의 평균값

자체 대신에 평균의 함수에 대해서 모형화하는 것이다. 그러나 MLE를 구하기 위해서는 Y의 분산이 각 설명변수의 수준별로 항상 동일해야 한다.

4장

로지스틱 회귀모형

각 개체에 대한 반응측도를 "성공"이나 "실패"로 나타내는 이항반응변수들에 대한 통계적 모형을 집중적으로 살펴보도록 하자. 이항자료는 범주형 자료의 가장 기본적인 형태이다. 이 장에서 다루게 되는 방법들은 바로 명목형 또는 순서형 반응변수로 확장될 수 있으므로 매우 중요하다.

이항자료에 대해 가장 일반적인 모형은 **로지스틱 회귀모형**(logistic regression model)이다. 3.2.2절에서는 이 모형을 이항랜덤성분을 갖고 로짓 연결함수를 사용하는 일반화선형모형(GLM)의 하나로 소개하였다. 이 장에서는 좀 더 자세하게 로지스틱 회귀모형의 해석에 대하여 논의하고, 모형의 모수에 대한 통계적 추론을 설명하고, 효과와 예측력을 요약하는 방법을 설명한다. 먼저 설명변수가 하나인 모형을 다룬 다음, 설명변수가 여러 개인 다중모형으로 확장한다. 설명변수는 양적 변수일 수도 있고 범주형 변수일 수도 있다.

4.1 로지스틱 회귀모형

이항반응변수 Y에 대해서 $P(Y=1)$를 "성공"이 발생할 확률이라 하자. 설명변수가 하나인 경우 성공확률이 하나의 설명변수 x값에 따라 달라진다는 것을 강조하기 위해 $P(Y=1)$를 $\pi(x)$로 명시한다. 여기서 관측값들은 서로 독립인 이항변수들이며 이항분포에 대한 모수인 확률 $\pi(x)$가 x값에 따라 달라진다고 가정한다.

4.1.1 로지스틱 회귀모형

로지스틱 회귀모형[1]은 성공확률의 **로짓**(logit), 즉 오즈의 로그값에 대해 다음과 같은

[1]1944년 통계학자이자 물리학자인 Joseph Berkson에 의해 처음 제시되었다.

선형식을 가정한다.

$$\log it\,[\pi(x)] = \log\left(\frac{\pi(x)}{1-\pi(x)}\right) = \alpha + \beta x \tag{4.1}$$

3.2.2절에서 보았듯이, 이 모형은 $\pi(x)$가 S-형태로 양적변수 x에 따라 증가하거나 감소한다는 것을 의미한다. 로지스틱 회귀모형의 다른 표현 방법은 성공확률 $\pi(x)$에 대하여 다음과 같이, 직접 지수함수 $\exp(\alpha+\beta x) = e^{\alpha+\beta x}$를 이용하여 나타내는 것이다.

$$\pi(x) = \frac{e^{\alpha+\beta x}}{1+e^{\alpha+\beta x}} \tag{4.2}$$

모수 β는 $\pi(x)$에 대한 S-형태 곡선에서 증가비율 또는 감소비율을 결정한다. β의 부호는 곡선이 증가($\beta > 0$) 또는 감소($\beta < 0$)하는지를 나타내고 그 변화율은 $|\beta|$가 증가함에 따라 증가한다. $\beta = 0$인 모형이 만족되면, $\pi(x)$는 모든 x에 대해 동일하게 되어 곡선은 수평 직선이 되고 이항반응변수 Y는 독립변수 X와 독립이 된다.

4.1.2 오즈비와 선형근사 해석

식 (4.1)의 로지스틱 회귀모형은 x가 1 cm 증가할 때 로짓이 β만큼 증가한다는 것을 나타낸다. 그러나 대부분의 사람들은 로짓(오즈의 로그) 단위로 해석하는 데 어려움을 느끼므로 다른 방법으로 해석하는 것을 고려해 보자.

식 (4.1)의 양변을 지수화하면 오즈와 **오즈비** 개념을 이용하여 해석할 수 있다. 성공의 오즈는 다음과 같다.

$$\frac{\pi(x)}{1-\pi(x)} = \exp(\alpha+\beta x) = e^{\alpha}(e^{\beta})^{x}$$

이러한 지수적 관계로 β를 해석할 수 있다. x가 한 단위가 증가함에 따라 오즈는 e^{β}배만큼 증가한다. 즉, $x+1$에서의 오즈는 x에서의 오즈에 e^{β}를 곱한 것과 같다. $\beta = 0$일 때는 $e^{\beta} = 1$이므로 x가 변하더라도 오즈는 변하지 않는다.

좀 더 간단한 해석을 위해서 확률 $\pi(x)$ 자체를 살펴보자. 다음 예제에서 보겠지만, 〈그림 4.1〉은 로지스틱 회귀모형의 $\pi(x)$가 S-형태의 곡선임을 보여 주고 있다. 그래프는 직선이 아니라 곡선이므로 x가 한 단위 변화할 때의 $\pi(x)$의 변화율이 x값에 따라 다양하게 변하는 것을 의미한다. 〈그림 4.1〉에서 특정 x값에서의 접선은 그 점

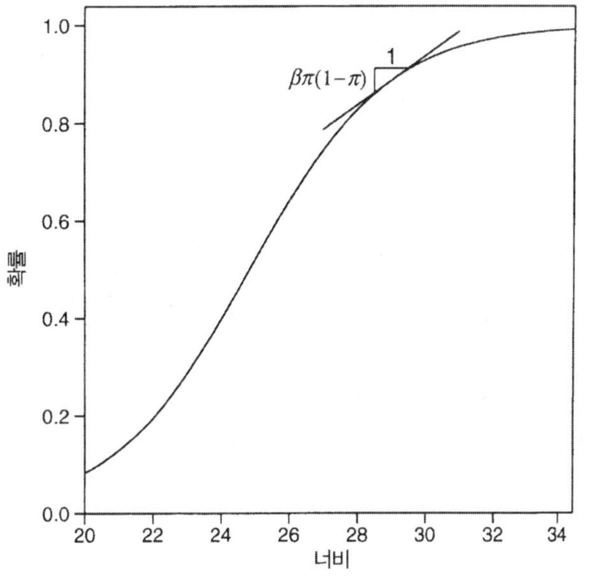

그림 4.1 로지스틱 회귀곡선에 대한 선형근사

에서의 변화율을 나타낸다. 모수 β를 갖는 로지스틱 회귀모형에서 접선의 기울기는 $\beta\pi(x)[1-\pi(x)]$이다. 예를 들어, $\pi(x)=0.50$인 x값에서의 접선의 기울기는 $\beta(0.50)(0.50)=0.25\beta$이다. 이와는 대조적으로 $\pi(x)=0.90$이나 0.10일 때의 접선의 기울기는 0.09β이다. 확률이 1.0이나 0에 가까워짐에 따라 기울기는 0으로 접근한다. $\pi(x)=0.50$인 x값에서의 접선의 기울기가 가장 크며 그때의 x값은 $x=-\alpha/\beta$이다. 이 x값[2]을 **중간효율수준**(median effective level)이라고 하며 성공과 실패가 각각 50% 확률을 갖는 x값을 나타낸다.

4.1.3 예제: 암참게가 부수체를 갖는지 여부

모형을 설명하기 위해 3.3.3절의 참게 자료 〈표 3.2〉를 다시 분석해 보자. 이 책의 웹사이트에서 Crabs 자료 파일을 사용하면 된다. 암참게가 부수체를 갖는지 여부를 이항 반응변수로 나타내자. 즉, 암참게가 한 마리 이상의 부수체를 가지면, $y=1$로 정의하고 그렇지 않으면 $y=0$으로 정의하자. 우선 암참게 너비(cm)를 하나의 설명변수로 사용하자. 너비값은 21.0과 33.5 사이에 있다.

〈그림 4.2〉는 자료의 산점도를 나타낸다. $y=1$ 수준에서의 점들의 집합과 $y=0$ 수준에서의 점들의 집합으로 구성되어 있다. 그림에서 자료들이 y축의 방향으로 흩어

2 식 (4.1)에서 $\pi(x)=0.50$를 대입하여 x에 대해 풀어서 확인할 수 있다.

져 있음을 볼 수 있다. 즉, y축에서 여러 관측값들이 같이 관측되었음을 확인할 수 있다. $y=1$은 큰 x값에서 상대적으로 자주 관측되는 경향을 보인다. 하지만 y가 0과 1만을 취하고 있기 때문에 y와 x에 대한 산점도를 통해서 로지스틱 회귀모형이 적절하다고 판단하기는 어렵다.

통계 프로그램을 이용하여 너비와 부수체의 비율 간의 관계에 대해 특정 함수의 형태를 가정하지 않고 자료를 평활하여 일반적인 추세를 조사하는 방법을 사용할 수도 있다. 〈그림 4.2〉는 11.4절에서 소개할 **일반화가법모형**(generalized additive models)에 기초한 평활곡선을 보여 준다. 일반화가법모형은 x의 효과가 임의의 비선형 형태를 가진다고 가정한다. 여기서 평활곡선이 증가하는 경향을 보이고 있으므로 증가하는 경향을 나타내는 모형을 적합해 보자.

다음은 일반화가법모형과 로지스틱 회귀모형을 자료에 적합한 후에 모형적합값을 그림으로 나타내기 위한 R 프로그램과 그 결과이다.

```
-------------------------------------------------------------------------
> Crabs <- read.table("http://www.stat.ufl.edu/~aa/cat/data/Crabs.dat",
+                     header=TRUE)
> Crabs
    crab  sat    y   weight   width   color    spine
1      1    8    1    3.050    28.3       2        3  # showing 3 of 173 observations
2      2    0    0    1.550    22.5       3        3  # y is satellite indicator
...                                                   # y = 1 when sat > 0
173  173    0    0    2.000    24.5       2        2
> plot(jitter(y, 0.08) ~ width, data=Crabs) # scatterplot of y by x=width
> library(gam) # for fitting generalized additive models
> gam.fit <- gam(y ~ s(width), family=binomial, data=Crabs) # s = smooth funct.
> curve(predict(gam.fit, data.frame(width=x), type="resp"), add=TRUE)
>       # plots generalized additive model smoothing fit
> fit <- glm(y ~ width, family=binomial, data=Crabs) # link=logit is default
> curve(predict(fit, data.frame(width=x), type="resp"), add=TRUE)
>       # logistic regression fit is added to the plot
> summary(fit)
              Estimate   Std. Error   z value   Pr(>|z|)
(Intercept)   -12.3508       2.6287    -4.698   2.62e-06
width           0.4972       0.1017     4.887   1.02e-06  # estimated beta = 0.4972

> predict(fit, data.frame(width = 21.0), type="response")
0.12910 # estimated probability of satellite at width = 21.0
> predict(fit, data.frame(width = mean(Crabs$width)), type="response")
0.67388 # estimated probability of satellite at mean width
-------------------------------------------------------------------------
```

너비가 x인 암참게가 부수체를 가질 확률 $\pi(x)$에 대하여 로지스틱 회귀모형의 적합 결과는 다음과 같다.

$$\text{logit}[\hat{\pi}(x)] = -12.351 + 0.497x$$

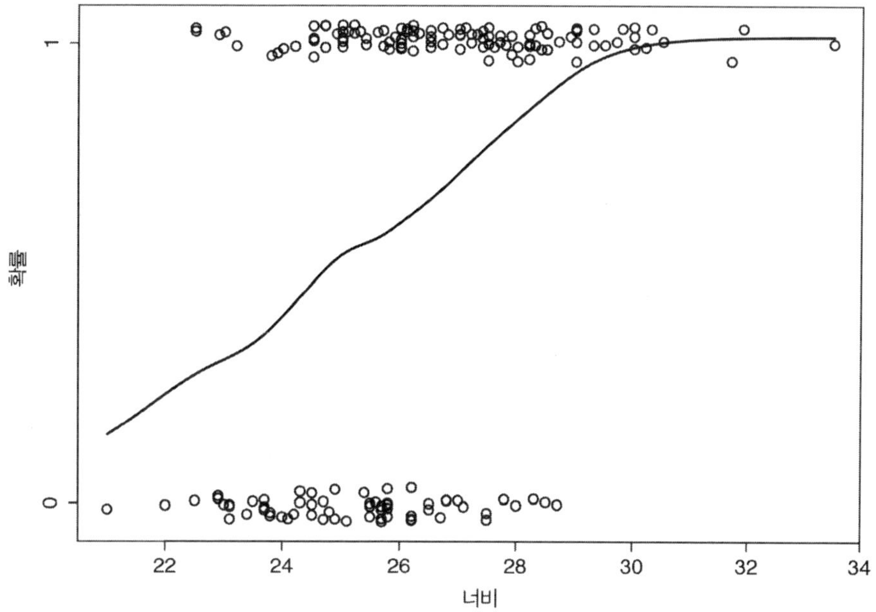

그림 4.2 부수체가 있는지 여부($y=1$, 예; $y=0$, 아니오)와 $x=$ 등딱지 너비 그림과 일반화가법모형의 평활곡선

부수체의 예측확률은 아래와 같이 식 (4.2)을 이용하여 구할 수 있다.

$$\hat{\pi}(x) = \frac{\exp(-12.351 + 0.497x)}{1 + \exp(-12.351 + 0.497x)}$$

$\hat{\beta} > 0$이기 때문에, 너비값이 커질수록 예측확률 $\hat{\pi}$는 커진다. 이 표본에 대한 최소 너비값인 21.0 cm의 예측확률값은 다음과 같다.

$$\frac{\exp[-12.351 + 0.497(21.0)]}{1 + \exp[-12.351 + 0.497(21.0)]} = 0.129$$

최대 너비값인 33.5 cm에서의 예측확률값은 0.987이다. 즉, 너비의 효과가 비교적 큰 것으로 보이며, x값의 범위 안에서 $\hat{\pi}(x)$값이 상당히 크게 변동한다. 예측확률 $\hat{\pi}(x) = 0.50$에서의 x값, 중간효율수준 $x = -\hat{\alpha}/\hat{\beta} = 12.351/0.497 = 24.8$이다. 〈그림 4.1〉은 너비와 예측확률값을 그린 것이다.

너비의 표본평균인 26.3 cm에서 부수체의 예측확률값은 0.674이다. 4.1.2절로부터, 이 점에서 확률의 변화 증가율은 $\hat{\beta}\hat{\pi}(x)[1-\hat{\pi}(x)] = 0.497(0.674)(0.326) = 0.11$로 추정된다. 평균 너비 주위의 암참게에 대해서, 부수체의 확률추정값은 너비가

1 cm 증가할 때마다 0.11의 비율로 증가한다(추정된 변화율은 $\hat{\pi}(x)=0.50$이 되는 $x=24.8$에서 가장 최댓값을 갖는다).

$\hat{\beta}=0.497$이므로 너비가 1 cm 증가함에 따라 부수체의 오즈는 $\exp(\hat{\beta})=\exp(0.497)=1.64$배가 되는 것으로 추정된다. 즉, 64% 증가하게 된다. 예를 들면, 평균 너비값이 $x=26.3$인 경우에는 부수체의 확률이 $\hat{\pi}(x)=0.674$로 예측되고 오즈는 $0.674/0.326=2.07$이다. $x=27.3=26.3+1.0$일 때의 예측확률은 $\hat{\pi}(x)=0.773$이고 이에 대한 오즈는 $0.773/0.227=3.40$임을 확인할 수 있다. 그러나 이 값은 64% 증가된 값으로 $3.40=2.07(1.64)$의 관계가 성립함을 알 수 있다.

4.1.4 후향적 연구에서의 로지스틱 회귀모형

로지스틱 회귀모형은 반응변수 Y가 랜덤이 아니고 설명변수 X가 랜덤인 경우에도 사용할 수 있는 특징을 갖고 있다. 많은 생물의학 연구에서, 특히 역학 연구에서 사례-대조 연구를 자주 사용한다(2.3.5절). $Y=1$("사례")과 $Y=0$("대조")인 개체로 구성되어 있는 표본으로부터 X 값이 관측되는 예제를 생각해 보자. 만약 X의 분포가 사례와 대조 간에 차이가 나게 되면 X와 Y간에 연관성이 존재한다는 의미이다. 주어진 x에 대한 Y 관측값을 표본으로 보지 않고, y가 주어졌을 때 이항변수인 X 관측값을 이항표본으로 본다. y가 주어졌을 때 X의 오즈비와 x가 주어졌을 때 Y의 오즈비가 같으므로 후향적 자료에 대하여 오즈비를 추정할 수 있다. 로지스틱 회귀모형 모수들은 오즈와 오즈비와 관련되어 있기 때문에 이 모형을 후향적 자료의 분석에 사용할 수 있으며, 사례-대조 연구에서 관심 있는 설명변수의 효과를 추정할 수 있다.

예를 들어, 2.3.5절에서 〈표 2.3〉는 709명의 폐암 환자 사례와 그에 대응하는 709명의 대조군 사례에 대한 사례-대조 연구의 결과를 보여 주고 있다. 이 표의 오즈비 3.0는 폐암 환자 여부를 나타내는 y와 흡연 여부(흡연자일 경우 $x=1$, 비흡연자일 경우 $x=0$)를 나타내는 x에 대한 다음 모형의 e^{β}에 대한 추정값으로 볼 수 있다.

$$\operatorname{logit}[P(Y=1)]=\alpha+\beta x$$

위의 모형에서 절편을 나타내는 α는 y가 주어졌을 때 X의 분포가 아니라 x가 주어졌을 때 Y의 분포에만 관련[3]이 있으므로 제대로 추정할 수 없다.

사례-대조 연구에서 로짓 외에 다른 연결함수를 갖는 이항모형에서 효과를 추정하는 것은 가능하지 않다. 오즈비와 달리, y가 주어졌을 때 X의 조건부분포의 효과는

[3] 예를 들어, 비흡연자의 경우 $\alpha=\operatorname{logit}[P(Y=1)]$이고, 흡연자의 경우 $\alpha+\beta=\operatorname{logit}[P(Y=1)]$이다.

x가 주어졌을 때 Y의 조건부분포의 효과와 같지 않기 때문이다. 이러한 성질은 로짓 연결함수가 갖고 있는 중요한 장점이다. 이 점이 바로 로지스틱 회귀모형이 생물의학 분야에서 어떤 다른 모형들보다 널리 활용되는 주된 이유이다.[4]

4.1.5 X가 정규분포를 따르는 경우에 Y에 대한 로지스틱 회귀모형

표본추출방법과 상관없이 로지스틱 회귀모형은 변수들 간의 관계를 잘 설명할 수도 있고 설명하지 못할 수도 있다. 예를 들어, $y=1$을 갖는 모든 개체에 대해 X의 분포는 정규분포 $N(\mu_1,\ \sigma^2)$를 따르고 $y=0$을 갖는 모든 개체에 대해 X의 분포는 정규분포 $N(\mu_0,\ \sigma^2)$를 따른다고 가정하자. 즉, 평균은 다르고 분산만 같은 경우이다. y가 주어졌을 때의 X의 분포를 x가 주어졌을 때의 Y의 분포로 바꿀 수 있는 베이지안 정리를 사용하면 $P(Y=1|x)$가 로지스틱 회귀곡선을 만족한다는 것을 보일 수 있다. 이 곡선에서 x의 효과는 $\beta=(\mu_1-\mu_0)/\sigma^2$이다. 이때 β는 $\mu_1-\mu_0$와 같은 부호를 갖는다. 예를 들어, $y=1$인 관측값들이 큰 x값들을 갖는 경향이 있다면 $\beta>0$이다.

예를 들어, Y가 심장병 여부(1 = 예, 0 = 아니오)를 나타내고 X가 콜레스테롤 수치를 나타낸다고 하자. 심장병이 없는 경우 콜레스테롤 수치들이 근사적으로 $N(\mu_0=160, \sigma=50)$의 분포를 따르고 심장병이 있는 경우 근사적으로 $N(\mu_1=260,\ \sigma=50)$의 분포를 따른다고 하자. 그러면 심장병을 가질 확률과 예측변수를 x에 대해 식 (4.2)의 로지스틱 회귀모형이 만족되며 $\beta=(260-160)/50^2=0.04$가 된다.

만약 X의 분포들이 종모양의 대칭분포를 이루지만 심장병이 있는 경우($y=1$)와 없는 경우($y=0$) 매우 다르게 산포되어 있다면 이차항(x와 x^2 둘 다)을 포함하는 로지스틱 모형이 자료에 더 잘 적합한다. 이 경우 관계가 단조적(monotone)이지 않다. 오히려 $P(Y=1)$가 증가하다가 다시 감소하게 되는 경향을 보이거나 아니면 반대의 경향을 보인다(연습문제 4.7).

4.2 로지스틱 회귀모형에 대한 추론

로지스틱 회귀모형의 모수들에 대한 통계추론을 통해서 설명변수의 효과에 대한 유의성과 크기를 판단할 수 있다. 이미 1.4.1절에서 소개하였고 3.4.1절에서 GLM에서 제시했던 왈드, 가능도비 방법을 이용하여 추론하자.

[4] 8.2.5절에서 사례-대조 연구에 로지스틱 회귀모형을 적용하는 방법들에 대해 다룬다.

다른 통계분석과 마찬가지로, 전체 표본의 크기 n이 커질수록 표준오차 SE는 감소하는 경향이 있다. 하지만 표본의 크기 n이 고정되어 있을 경우, 예측확률 $\{\hat{\pi}_i\}$가 0 또는 1에 가까울 때 SE는 매우 크다. 예를 들어, 성공횟수와 실패횟수가 비슷한 경우에 비해 거의 모든 관측값들이 성공인 경우(예: 희귀 질병의 발병을 모형화하는 경우)에는 설명변수의 효과를 추정하기가 어렵다.

4.2.1 효과에 대한 신뢰구간

로지스틱 회귀모형 $\text{log}it[\pi(x)] = \alpha + \beta x$에서 모수 β에 대한 왈드 신뢰구간은 다음과 같다.

$$\hat{\beta} \pm z_{\alpha/2}(SE)$$

이 구간의 양끝 값에 지수를 취하면 x의 한 단위 증가가 오즈에 미치는 승법효과를 나타내는 e^{β}에 대한 신뢰구간이 된다. 표본크기 n이 작거나 적합된 확률이 주로 0이나 1에 가까울 때에는 프로파일 가능도비 검정에 기초한 신뢰구간을 구하는 것이 더 좋다.

4.1.3절에서 살펴본 암참게 자료에서 설명변수가 너비일 경우, 암참게가 적어도 하나의 부수체를 가질 확률을 알아보기 위해 로지스틱 회귀분석을 계속해 보자. 다음의 R 출력 결과는 너비의 효과에 대한 추론 결과를 보여 준다.

```
---------------------------------------------------------------------
> Crabs <- read.table("http://www.stat.ufl.edu/~aa/cat/data/Crabs.dat",
+                     header=TRUE)
> fit <- glm(y ~ width, family=binomial, data=Crabs)
> summary(fit)
             Estimate   Std. Error   z value   Pr(>|z|)
(Intercept)  -12.3508       2.6287    -4.698   2.62e-06
width          0.4972       0.1017     4.887   1.02e-06  # z Wald test
---
    Null deviance: 225.76 on 172 degrees of freedom
Residual deviance: 194.45 on 171 degrees of freedom

> confint(fit) # profile likelihood confidence interval
               2.5 %       97.5 %
width        0.30838      0.70902

> library(car)
> Anova(fit) # likelihood-ratio test of width effect
        LR Chisq   Df     Pr(>Chisq)   # also shown with drop1(fit, test="LRT")
width     31.306    1      2.204e-08
------------------------------------------------------------------------------
```

부수체의 확률에 대한 적합식에서 너비의 효과는 $\hat{\beta} = 0.497$이고 $SE = 0.102$로 추정된다. β에 대한 95% 왈드 신뢰구간은 $0.497 \pm 1.96(0.102) = (0.298, 0.697)$이다. 프로파일 가능도비 신뢰구간은 (0.308, 0.709)이다. 너비가 1 cm 증가함에 따라 오즈에 미치는 효과에 대한 가능도비 신뢰구간은 $(e^{0.308}, e^{0.709}) = (1.36, 2.03)$이다. 즉, 암참게가 부수체를 소유할 오즈는 너비가 1 cm 증가함에 따라 적어도 36%에서 거의 두 배까지 증가한다.

4.1.2절에서는 로지스틱 회귀곡선을 선형근사를 이용하여 간단하게 해석하는 법을 소개하였다. $\beta\pi(x)[1-\pi(x)]$항은 대략적으로 x가 한 단위 변함에 따라 생기는 확률의 변화를 나타낸다. 예를 들어, $\pi = 0.50$에서의 변화율은 $0.25\hat{\beta} = 0.124$로 추정된다. 0.25β에 대한 95% 신뢰구간은 β에 대한 신뢰구간의 양 끝값의 0.25배로서 $[0.25(0.308), 0.25(0.709)] = (0.077, 0.177)$이다. 따라서 $\pi(x) = 0.50$를 만족하는 너비값 x 부근에서는 너비가 1 cm 증가하면 부수체의 확률값은 약 0.08과 0.18 사이만큼 증가하게 된다.

4.2.2 유의성검정

로지스틱 회귀모형에서 귀무가설 $H_0 : \beta = 0$는 성공확률이 x와 독립임을 의미한다. 왈드 검정통계량은 다음과 같고 이 통계량은 $\beta = 0$일 때 표본이 충분히 그면 표준정규분포를 따른다.

$$z = \hat{\beta}/SE$$

또한, 양측대립가설 $H_a : \beta \neq 0$에 대해서 $z^2 = (\hat{\beta}/SE)^2$는 자유도 $df = 1$인 대표본 카이제곱분포를 따른다. 표본의 크기 n이 작거나 효과 β가 클 때, 왈드 검정에 비해 가능도비 검정이 더 좋은 검정력을 가지며 더 신뢰할 수 있는 결과를 제공한다. 상수항만 갖는 귀무가설 $\beta = 0$일 때의 영모형(null model)에 대한 로그 가능도함수의 최댓값을 L_0이라 하고, β에 대한 아무런 제한 조건이 없는 완전모형의 로그 가능도함수의 최댓값을 L_1이라고 하자. 가능도비 검정통계량 $2(L_1 - L_0)$은 자유도 $df = 1$인 대표본 카이제곱분포를 따른다. 이 통계량은 귀무가설에 대한 영이탈도와 설명변수를 가지고 있는 모형에 대한 잔차 이탈도의 차이값과 같다.

4.2.1절의 암참게 자료에서 왈드 검정통계량 $z = \hat{\beta}/SE = 0.497/0.102 = 4.89$는 너비가 부수체의 존재 여부에 대해 강한 양의 효과를 갖고 있음을 보여 주고 있다 $(P < 0.0001)$. 카이제곱통계량 $z^2 = 23.88$ 은 자유도 $df = 1$을 갖는다. 영이탈도는 $225.76(df = 172)$이고 잔차 이탈도는 $194.45(df = 171)$이므로, $H_0 : \beta = 0$을 검정

하기 위한 가능도비 통계량은 $225.76-194.45=31.31$이고, $df=172-171=1$이다. 이 값도 역시 너비 효과에 대하여 매우 강한 근거를 제시한다. R에서 car 패키지의 Anova 함수를 사용하여 위의 검정 결과를 얻을 수 있다.

4.2.3 확률에 대한 적합값과 신뢰구간

통계 프로그램을 사용하여 각 관측값에 대해 $P(Y=1)$의 로지스틱 회귀모형의 추정값, 즉 **적합값**(fitted value)을 다음과 같이 구할 수 있다.

$$\hat{P}(Y=1)=\exp(\hat{\alpha}+\hat{\beta}x)/[1+\exp(\hat{\alpha}+\hat{\beta}x)]$$

모형이 성립한다는 가정 하에서 각 x값에 대해 $P(Y=1)$에 대한 신뢰구간을 구할 수 있다. 만약 소프트웨어에서 확률에 대한 신뢰구간을 제공하지 않으면 선형예측값[5] $\alpha+\beta x$에 대한 신뢰구간을 찾은 후 신뢰구간의 양끝 값에 $\exp()/[1+\exp()]$ 변환을 통해 $P(Y=1)$에 대한 신뢰구간을 구할 수 있다.

암참게의 너비값이 $x=26.5$로 평균값에 가까울 때 이 암참게가 부수체를 가질 확률의 추정값은 $\hat{P}(Y=1)=0.695$이고 $P(Y=1)$에 대한 95% 신뢰구간은 (0.61, 0.77)이다. R을 사용하여 확률에 대한 추정값과 설명변수의 모든 관측값에 대한 신뢰구간의 추정값을 구하는 방법은 다음과 같다.

```
> Crabs <- read.table("http://www.stat.ufl.edu/~aa/cat/data/Crabs.dat",
+                      header=TRUE)
> fit <- glm(y ~ width, family=binomial, data=Crabs)
> pred.prob <- fitted(fit) # ML fitted value estimate of P(Y=1)
> lp <- predict(fit, se.fit=TRUE) # linear predictor
> LB <- lp$fit - 1.96*lp$se.fit # confidence bounds for linear predictor
> UB <- lp$fit + 1.96*lp$se.fit # better: use qnorm(0.975) instead of 1.96
> LB.p <- exp(LB)/(1 + exp(LB)) # confidence bounds for P(Y=1)
> UB.p <- exp(UB)/(1 + exp(UB))
> cbind(Crabs$width, pred.prob, LB.p, UB.p)
          pred.prob      LB.p      UB.p
1     28.3   0.84823   0.75285   0.91114
...
7     26.5   0.69546   0.61205   0.76775  # confidence bounds when width = 26.5
...
173   24.5   0.45793   0.35552   0.56403
```

〈그림 4.3〉은 확률에 대한 추정값과 95% 신뢰구간의 하한과 상한을 나타내고 있다.

5 예를 들어, ML 모수추정값의 공분산행렬을 이용하여
$(\hat{\alpha}+\hat{\beta}x)\pm 1.96\sqrt{var(\hat{\alpha})+x^2 var(\hat{\beta})+2x[cov(\hat{\alpha},\hat{\beta})]}$을 구할 수 있다.

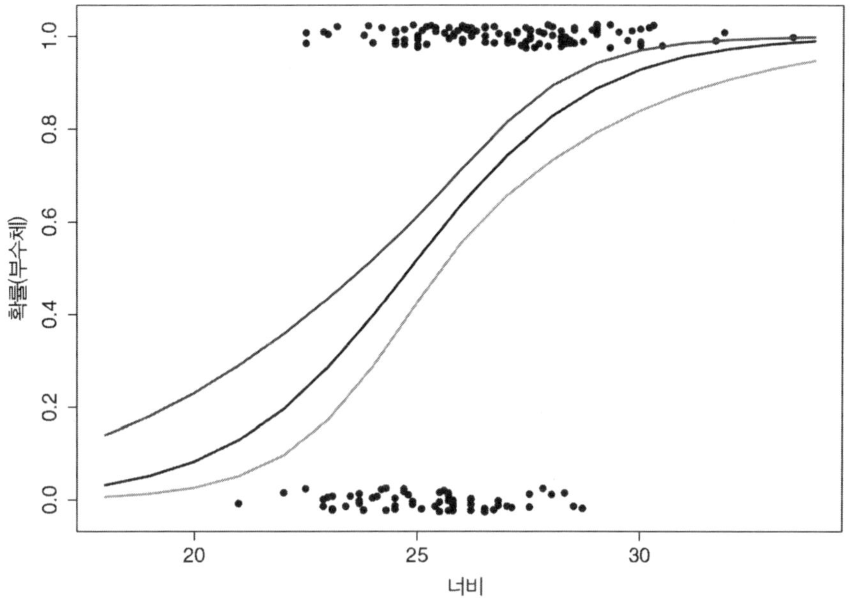

그림 4.3 너비에 대한 함수로 나타낸 암참게가 부수체를 가질 확률의 예측식과 95% 신뢰구간

모형을 적합한 후 이런 그림을 얻기 위해서는 다음의 R 프로그램을 사용할 수 있다.

```
> plot(jitter(y,0.1) ~ width, xlim=c(18,34), pch=16, ylab="Prob(satellite)",
+       data=Crabs)
> data.plot <- data.frame(width=(18:34))
> lp <- predict(fit, newdata=data.plot, se.fit=TRUE)
> pred.prob <- exp(lp$fit)/(1 + exp(lp$fit))
> LB <- lp$fit - qnorm(0.975)*lp$se.fit
> UB <- lp$fit + qnorm(0.975)*lp$se.fit
> LB.p <- exp(LB)/(1 + exp(LB)); UB.p <- exp(UB)/(1 + exp(UB))
> lines(18:34, pred.prob)
> lines(18:34, LB.p, col="red"); lines(18:34, UB.p, col="blue")
```

4.2.4 확률을 추정하는데 왜 모형을 사용하는가?

앞 절에서 $x=26.5$일 때 $P(Y=1)$를 추정한 것처럼 로지스틱 모형을 이용하여 확률을 추정하는 것 대신 표본비율을 이용하여 확률을 추정할 수 있다. 표본 중 여섯 마리 참게가 너비 26.5를 갖고 이 중 네 마리가 부수체를 갖고 있으므로 $x=26.5$에서의 표본비율은 $\hat{\pi}=4/6=0.67$이다. 이 값은 모형으로부터 구한 추정값과 유사하다.

로지스틱 회귀모형이 실제로 만족된다면, 모형으로부터 구한 확률의 추정량 $\hat{\pi}(x)$은 표본비율보다 더 좋은 추정량이 된다. 모형에 근거한 추정 방법은 주어진 x

값에 해당되는 자료만을 사용하는 것이 아니라 모든 자료를 사용한다. 따라서 더 정확한 추정 결과를 제공한다. 예를 들어, $x=26.5$에서 모형에 근거한 추정값 0.695에 대해서 $SE=0.04$이지만, 6개의 관측값을 이용하여 추정된 표본비율 0.67에 대하여 추정된 표준오차는 $\sqrt{\hat{\pi}(1-\hat{\pi})/n}=\sqrt{(0.67\times 0.33)/6}=0.19$이다. 이들에 대한 95% 신뢰구간은 모형에 근거하였을 때 (0.61,0.77)이고 6개의 관측값과 $x=26.5$에서의 표본비율에 근거하였을 때 (0.30,0.90)이다.

그러나 현실은 훨씬 더 복잡하며 실제적으로 어떠한 모형도 $P(Y=1)$와 x의 참 관계를 정확하게 설명하지 못한다. 만약 모형이 확률의 참값을 정확하게 근사하면, 모형에 근거한 추정량은 표본비율보다 참값에 더 가깝게 된다. 따라서 표본비율이 아주 상당히 큰 표본으로부터 구해진 것이 아니라면, 모형에 근거한 추정량이 표본비율보다 더 좋은 추정량이 된다. 모형은 관측된 변동으로 인하여 다소 어그러지는 부분은 있지만 표본자료를 평활화시킨다.

4.3 범주형 예측변수들을 갖는 로지스틱 회귀모형

보통 회귀모형과 같이 로지스틱 회귀모형도 여러 개의 설명변수를 포함하는 경우로 확장할 수 있다. 더욱이 설명변수들은 모두 혹은 그중 몇몇이 양적 변수가 아닌 범주형 변수일 수 있다. 이 절에서는 **인자**(factor)라고 하는 범주형 설명변수를 포함하는 지시변수의 사용에 대해 논하기로 한다.

4.3.1 범주형 예측변수를 표현하는 지시변수

이항반응변수 Y가 두 개의 이항설명변수 x와 z를 갖는다고 가정하자. 자료는 다음 절에서 소개하는 예처럼 $2\times 2\times 2$ 분할표로 나타낼 수 있다.

각 변수 x와 z의 두 수준을 0/1로 표기하자. x와 z는 설명변수의 범주를 나타내기 때문에 **지시변수**(indicator variables)[6]라고 부른다. 다음 로지스틱 모형은 x와 z의 주효과를 갖는 모형이다.

$$\text{logit}[P(Y=1)]=\alpha+\beta_1 x+\beta_2 z$$

두 설명변수 x와 z의 0/1 코딩에 대하여 〈표 4.1〉은 네 가지 조합에 대한 로짓값을

6 지시변수는 가변수(dummy variables)라고도 한다.

▸ 표 4.1 모형 $\text{logit}[P(Y=1)] = \alpha + \beta_1 x + \beta_2 z$에서 지시변수에 따른 로짓값

x	z	로짓
0	0	α
1	0	$\alpha+\beta_1$
0	1	$\alpha+\beta_2$
1	1	$\alpha+\beta_1+\beta_2$

보여 주고 있다.

이 모형에는 교호작용항이 없기 때문에 하나의 인자의 효과는 다른 인자의 각 수준에서 동일하게 나타난다. 고정된 수준 z에서, $x=0$에서 $x=1$로 변할 때 로짓에 미치는 효과는 다음과 같다.

$$= [\alpha + \beta_1(1) + \beta_2 z] - [\alpha + \beta_1(0) + \beta_2 z] = \beta_1$$

이 두 로짓 간의 차이는 로그 오즈 간의 차이와 같고 이 값은 z의 고정된 수준에서 x와 y 간의 로그 오즈비값이다. 따라서 $\exp(\beta_1)$는 x와 y간의 조건부 오즈비가 된다. z를 통제했을 때, $x=1$에서 "성공"일 오즈는 $x=0$에서 "성공"일 오즈의 $\exp(\beta_1)$배이다. 모형에서 교호작용항이 없다는 것은 z의 두 수준에서 구한 부분분할표에 대한 오즈비값들이 동일하다는 것을 의미한다. 이 모형은 동질연관성을 만족한다(2.7.5절).

4.3.2 예제: 마리화나 사용에 대한 조사

〈표 4.2〉는 오하이오의 데이톤 근처의 고등학교 고학년 학생들을 대상으로 마리화나를 사용한 경험이 있는지에 대하여 조사한 자료이다. 설명변수는 성별과 인종이다.

▸ 표 4.2 성별과 인종에 의해 분류된 마리화나 사용 여부

		마리화나 사용	
인종	성별	예	아니오
백인	여자	420	620
	남자	483	579
다른 인종	여자	25	55
	남자	32	62

출처: Wright State 대학교의 Harry Khamis 교수님에게 이 책의 웹사이트 상의 Marijuana 자료 파일에 있는 자료를 제공해 주신 것에 대하여 감사를 표한다.

다음은 그룹화된 자료 파일을 이용하여 마리화나 사용 여부(1 = 예, 0 = 아니오)를 예측하기 위해 성별과 인종의 주효과를 갖는 로지스틱 모형을 적합시킨 결과값이다.

```
> Marijuana <- read.table("http://www.stat.ufl.edu/~aa/cat/data/Marijuana.dat",
+ header=TRUE)
> Marijuana
   race  gender  yes   no
1  white  female  420  620
2  white    male  483  579
3  other  female   25   55
4  other    male   32   62
> fit <- glm(yes/(yes+no) ~ gender + race, weights = yes + no,
+ family=binomial, data=Marijuana)
> summary(fit)
              Estimate  Std. Error  z value  Pr(>|z|)
(Intercept)  -0.83035     0.16854   -4.927  8.37e-07
gendermale    0.20261     0.08519    2.378   0.01739
racewhite     0.44374     0.16766    2.647   0.00813
---
    Null deviance: 12.7528 on 3 degrees of freedom
Residual deviance: 0.0580 on 1 degrees of freedom
```

R에서 x = 성별(1 = 남성, 0 = 여성)과 z = 인종(1 = 백인, 0 = 다른 인종)를 지시변수로 정의하였다.

성별에 대한 ML 추정 효과는 $\hat{\beta}_1 = 0.203$이고 인종에 대한 ML 추정 효과는 $\hat{\beta}_2 = 0.444$이다. 마리화나 사용과 성별 사이의 조건부 오즈비 추정값은 $\exp(0.203) = 1.22$이다. 각 인종에 대해, 남성이 마리화나 사용 경험이 있을 확률의 오즈 추정값은 여성의 오즈 추정값의 1.22배이다. 각 성별에 대해 백인($z = 1$)이 마리화나 사용 경험이 있을 오즈 추정값은 다른 인종의 오즈 추정값의 $\exp(0.444) = 1.56$배이다.

영이탈도와 잔차 이탈도의 차이값, $12.75 - 0.06 = 12.69$는 $H_0 : \beta_1 = \beta_2 = 0$을 검정하기 위한 자유도 $df = 3 - 1 = 2$인 가능도비 검정통계량이다. 이때 카이제곱 P-값은 0.002로 적어도 하나의 설명변수의 효과가 있다고 결론 내릴 수 있다. 인종을 고정시켰을 때에, 성별이 마리화나 사용 경험에 영향을 미치지 않는다는 가설은 $H_0 : \beta_1 = 0$이다. 가능도비 통계량은 성별의 효과를 포함하지 않는 간단한 모형과 포함하는 모형 간의 잔차 이탈도 차이값과 같다. 가능도비 통계량의 값은 $df = 1$에서 5.67로 성별과 마리화나 사용 여부에 연관성이 있음을 보여 주고 있다($P = 0.017$).

```
> library(car)
> Anova(glm(yes/(yes+no) ~ gender + race, weights=yes+no, family=binomial,
+ data=Marijuana))
        LR Chisq  Df  Pr(>Chisq)
gender    5.6662   1     0.01729  # likelihood-ratio tests for
```

```
race      7.2770   1      0.00698 # individual explanatory variables
---------------------------------------------------------------------
```

왈드 통계량은 $z = \hat{\beta}_1 / SE = 0.203/0.085 = 2.38$(또는 $z^2 = 5.66$)으로 비슷한 결과를 나타낸다. 인종의 효과도 역시 유의하다.

$df = 1$일 때 0.06의 비교적 작은 잔차 이탈도는 모형이 자료를 잘 적합시킨다는 것을 나타낸다. 다음 장에서는 모형이 자료를 얼마나 잘 적합하는지를 어떻게 판단할 것인지, 즉 모형의 적합성검정 문제에 대해 다룰 것이다(5.2.1절).

4.3.3 인자들에 대한 ANOVA 형태의 표현*

두 개의 수준을 갖는 인자를 표현하기 위해 하나의 지시변수만이 필요하다. 지시변수의 값이 1 또는 0인 것은 두 개의 수준 중 어느 것에 속하는지를 나타내 준다. c개의 수준을 갖는 인자는 $c-1$개의 지시변수가 필요하다. 이에 대해서는 4.4.1절에서 더 자세히 다루겠다.

로지스틱 회귀모형에서 인자에 대한 또 다른 표현방법은 ANOVA(analysis of variance) 모형의 표현 방법과 유사한 방법을 사용하는 것이다. 다음과 같은 형태의 모형은

$$\log it\,[P(Y=1)] = \alpha + \beta_i^x + \beta_k^z$$

$\{\beta_i^x\}$는 x의 효과를 나타내고 $\{\beta_k^z\}$는 z의 효과를 나타낸다(x와 z는 단순히 변수를 나타내며 승법표시가 아니다). β_i^x를 x의 i번째 수준의 로짓 효과라고 표시하자. z가 주어졌을 때, $\beta_1^x = \beta_2^x = \cdots = \beta_c^x$일 경우, 변수 x는 Y에 대해 아무런 효과가 없다.

이 모형은 x와 z의 수준수와 상관없이 사용될 수 있다. 각 인자는 수준수만큼의 모수를 가지고 있지만 그 중의 하나는 중복적으로 정의된 것으로 0이 될 수 있다. 예를 들어, 만일 X가 c개의 수준을 갖는다면 $c-1$개의 중복되지 않는 모수를 갖게 된다. 만일 $\beta_1^x = 0$일 경우, 모형의 공식에서 β_i^x항은 다음을 표현한 것으로 볼 수 있다.

$$\beta_2^x x_2 + \beta_3^x x_3 + \cdot\cdot\cdot + \beta_c^x x_c$$

여기서 $(x_2, \ldots, x_c)$은 첫 번째 수준을 제외한 $c-1$개의 수준에 대한 지시변수이다. 예를 들어, 관측값이 두 번째 범주에 속할 경우, $x_2 = 1$이고 그렇지 않을 경우 $x_2 = 0$와 같이 된다. $x_2 = \cdots = x_c = 0$인 경우 첫 번째 범주에 속하는 것을 나타낼 수 있기

때문에 지시변수를 따로 정의할 필요가 없다. R에서는 factor 문을 사용하면 이런 방식으로 코딩할 수 있다. 몇몇 통계 프로그램[7]은 이와는 달리 $\beta_c^x = 0$으로 설정한다. x가 두 개의 범주들로 이루어졌을 때, 어떤 식으로 지시변수를 정의하더라도 모수값들의 차이인 $\beta_1^x - \beta_2^x$는 항상 동일한 값을 가지며, 이 값은 z가 주어졌을 때, x와 y 간의 조건부 로그 오즈비를 나타낸다. 예를 들어, 4.3.2절의 결과값을 나타낸 〈표 4.2〉를 보면 성별에 대해서, $\hat{\beta}_1 = 0$이고 $\hat{\beta}_2^x = 0.203$이다. 따라서 각 인종에 대하여 남성(성별 수준 2)이 마리화나 사용 경험이 있을 확률의 오즈 추정값은 여성의 오즈 추정값의 $\exp(\hat{\beta}_2^x - \hat{\beta}_1^x) = \exp(0.203) = 1.22$ 배가 된다.

인자의 한 범주에 대하여 모수의 추정값을 다루는 것은 무의미하다. 왜냐하면 모수를 정의하는 방법이 달라지면 추정값이 달라지기 때문이다. 추정값은 한 범주를 다른 범주와 비교할 때에만 의미가 있다. 두 범주들의 추정값들의 차이에 지수를 취한 값은 한 범주 대신에 다른 범주에 속할 오즈비가 된다.

4.3.4 삼차원 분할표에서의 조건부독립성검정과 동질성검정*

두 개의 범주형 변수를 갖는 대부분의 예제에서 x는 두 그룹을 나타내는 이항변수이고 z는 통제변수 또는 잠재적인 교락변수인 경우가 많다. 예를 들어, 임상시험에서 x는 두 개의 처리군을 나타내고 z는 연구를 위해 등록된 환자들이 속한 센터를 나타내는 경우이다. 연습문제 4.14가 이러한 예를 보여 주고 있다. 이 자료는 여러 개의 2×2 분할표로 표현될 수 있다.

z가 L개의 수준을 가질 때, 모형은 $2 \times 2 \times L$ 분할표가 된다. 이 모형은 다음과 같이 표현될 수 있다.

$$\operatorname{logit}[P(Y=1)] = \alpha + \beta x + \beta_k^z$$

여기서 x는 지시변수이다. 그러면 $\exp(\beta)$는 수준 z를 통제했을 때 L개의 부분분할표에서의 x와 y의 공통 오즈비가 된다. 이것은 2.7.5절에서 소개한 여러 개의 2×2 분할표에 대한 **동질연관성**(homogeneous association)을 나타낸다. 이 모형에서 z를 통제했을 때 x와 y 간에 조건부독립성이 성립할 경우 $\beta = 0$가 된다. 즉, $\beta = 0$일 때, 각 부분분할표에서 x와 y의 오즈비는 1이 된다. 귀무가설 $H_0 : \beta = 0$에 대해서 왈드나 가능도비 검정법으로 조건부독립성을 검정할 수 있다. 몇몇 통계 프로그램에서는

7 CLASS 문을 사용하여 SAS에서는 $\beta_c^x = 0$으로 설정한다.

이 가설에 대한 세 번째 검정 방법으로 Cochran-Mantel-Haenszel(CMH) 검정법을 사용한다. 이 검정법은 로지스틱 회귀분석이 널리 사용되기 훨씬 전인 1959년에 처음 제안되었다. CMH 검정통계량의 식은 모형화 작업과 상관없어 보인다. 그러나 사실상 CMH 검정통계량은 $H_0 : \beta = 0$에 대한 스코어 검정에 해당한다.

이 모형은 동질연관성 특성을 가지고 있다. 종종 동질연관성에 대한 가설을 검정하는 데 관심이 있을 수 있다. 오즈비의 동질성검정은 이 모형의 적합도 검정과 동일하다. 잔차 이탈도를 이용하여 검정할 수 있는데, 5.2.1절에서 이에 대해 더 자세히 설명할 것이다.

4.4 다중 로지스틱 회귀모형

일반적인 로지스틱 회귀모형에는 여러 개의 설명변수들이 있는데 설명변수들은 양적 변수이거나 범주형 변수이거나 또는 둘 다 섞여 있는 경우다. 이항반응변수 Y에 대한 p개의 설명변수를 $x_1, x_2, \cdots, x_p$라고 하자. $Y=1$일 확률의 로짓에 대한 모형은 다음과 같다.

$$\text{logit}[P(Y=1)] = \alpha + \beta_1 x_1 + \beta_2 x_2 + \cdots + \beta_p x_p$$

모수 β_j는 다른 x들을 통제했을 때, $Y=1$일 로그 오즈에 대한 x_j의 효과를 나타낸다. 예를 들어, $\exp(\beta_1)$는 다른 x들의 수준이 고정되었을 때, 즉 고정된 $\beta_2 x_2 + \cdots + \beta_p x_p$값에서 x_1이 한 단위 증가할 때 오즈에 미치는 승법효과를 나타낸다.

4.4.1 예제: 색깔과 너비를 예측변수로 사용하는 참게자료

4.1.3절의 암참게 자료에서 암참게의 색깔(범주형 변수)과 너비(양적 변수)를 예측변수로 사용하여 다시 이 자료를 분석해 보자. 색깔은 범주(1=약간 밝은색, 2=중간색, 3=약간 어두운 색, 4=어두운 색)로 구분되어 있다. 색깔은 나이가 많은 참게일수록 어두운 색을 띠어 나이와 관련이 있다. 색깔은 순서형 변수이나, 우선 색깔을 명목척도를 갖는 요인으로 간주해서 세 개의 지시변수를 이용하여 네 개의 범주를 표현하였다. 모형은 다음과 같다.

$$\text{logit}[P(Y=1)] = \alpha + \beta_1 x + \beta_2 c_2 + \beta_3 c_3 + \beta_4 c_4 \qquad (4.3)$$

여기서, x는 너비를 나타내고 색깔에 대한 지시변수는 다음과 같은 값을 갖는다.

$c_2 = 1$ 중간 색, 그렇지 않은 경우 0

$c_3 = 1$ 약간 어두운 색, 그렇지 않은 경우 0

$c_4 = 1$ 어두운 색, 그렇지 않은 경우 0

다음은 R에서의 모형적합 결과이다.

```
-------------------------------------------------------------------
> fit <- glm(y ~ width + factor(color), family=binomial, data=Crabs)
> summary(fit)
                  Estimate   Std. Error  z value   Pr(>|z|)
(Intercept)      -11.38519      2.87346   -3.962   7.43e-05
width              0.46796      0.10554    4.434   9.26e-06
factor(color)2     0.07242      0.73989    0.098      0.922
factor(color)3    -0.22380      0.77708   -0.288      0.773
factor(color)4    -1.32992      0.85252   -1.560      0.119
---
    Null deviance: 225.76  on  172  degrees of freedom
Residual deviance: 187.46  on  168  degrees of freedom
-------------------------------------------------------------------
```

예를 들어, $c_2 = c_3 = c_4 = 0$인 약간 밝은 참게에 대해 예측식은 $\text{logit}[\hat{P}(Y=1)] = -11.385 + 0.468x$이고, 어두운 색을 띠는 참게는 $c_2 = c_3 = 0$, $c_4 = 1$인 경우로 다음과 같다.

$$\text{logit}[\hat{P}(Y=1)] = (-11.385 - 1.330) + 0.468x = -12.715 + 0.468x$$

이 모형은 색깔과 너비 간에 교호작용이 없다고 가정하고 있다. 너비는 모든 색깔에 대해서 같은 효과(계수 0.468)를 갖기 때문에, 너비와 $P(Y=1)$ 간의 곡선 형태가 동일하게 된다. 각 색깔에 대해, 너비가 1 cm 증가할 때마다 $Y=1$일 오즈가 $\exp(0.468) = 1.60$배만큼 증가하는 승법효과가 나타난다. 〈그림 4.4〉는 적합된 곡선을 나타낸 것이다. 한 곡선은 다른 곡선을 오른쪽 또는 왼쪽으로 평행이동한 형태이다.

곡선들이 평행하다는 것은 곡선들이 서로 교차하지 않는다는 의미이다. 예를 들면, 모든 너비값에서 색깔 4(어두운 색)는 다른 색깔에 비해 부수체를 가질 확률이 항상 낮게 예측된다. 예를 들면, 너비가 평균값(26.3 cm)인 어두운 색의 참게가 부수체를 가질 예측확률값은 다음과 같다.

$$\exp[-12.715 + 0.468(26.3)] / \{1 + \exp[-12.715 + 0.468(26.3)]\} = 0.399$$

반면, 너비가 평균값(26.3 cm)인 중간색의 참게가 부수체를 가질 예측확률값은 다

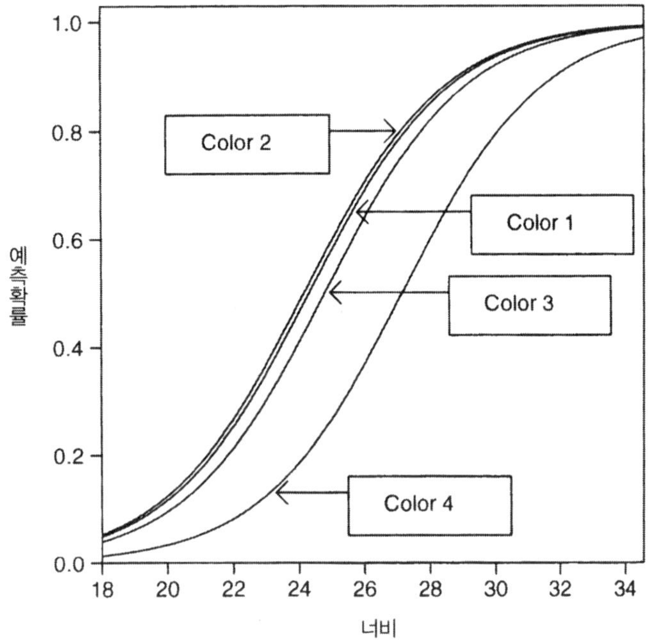

그림 4.4 너비와 색깔을 예측변수로 갖는 로지스틱 회귀모형

음과 같다.

$$\exp[-11.385+0.468(26.3)]/\{1+\exp[-11.385+0.468(26.3)]\}=0.715$$

두 색깔모수의 추정값들 차이에 지수를 취하면 이들 두 색깔을 비교하기 위한 오즈비가 된다. 예를 들어, 약간 밝은 참게와 어두운 참게 간의 색깔 모수 추정값들의 차이는 1.330이다. 같은 너비의 참게에 대하여 약간 밝은 참게가 부수체를 가질 오즈는 어두운 참게의 오즈보다 $\exp(1.330)=3.8$배 높게 추정된다. 너비가 26.3일 때 예측확률들을 이용하여 어두운 색의 참게에 대한 오즈를 구하면 $0.399/0.601=0.66$이고 약간 밝은 색의 참게에 대한 오즈는 $0.715/0.285=2.51$이므로 오즈비는 $2.51/0.66=3.8$로 나타난다.

4.4.2 어떤 항이 필요한지를 알아보기 위한 모형 비교

하나의 모형에서 어떤 항들이 필요한가? 이를 검정하기 위하여 이 항들을 포함하는 모형과 이 항들을 포함하지 않는 간단한 모형들 간의 이탈도 통계량을 구할 수 있다.

모형 (4.3)에서 색깔에 대한 유의성을 검정하기 위해 가설 $H_0: \beta_2=\beta_3=\beta_4=0$을

검정해 보자. 이 가설은 너비를 통제했을 때, 부수체의 확률이 색깔과 서로 독립임을 의미한다. 포화모형 (4.3)에 대한 로그 가능도 최댓값 L_1과 모수가 0일 때의 간단한 모형에 대한 로그 가능도 최댓값 L_0를 비교하는 가능도비 검정통계량값은 $2(L_1 - L_0)$이고 적합값은 아래의 결과값에 제시되어 있다. 가능도비 검정통계량값은 두 모형의 이탈도 통계량 차이값, $194.45 - 187.46 = 6.99$와 같다. 귀무가설 하에서 검정통계량값은 자유도가 $df = 3$인 카이제곱분포를 따른다. 이 자유도는 두 모형의 모수 수의 차이이다. P-값은 0.07로 색깔 효과에 대한 약간의 근거를 제시한다. R에서 모형의 이탈도 통계량을 비교하거나 car 패키지에 있는 Anova 함수를 사용하여 검정을 할 수 있다.

```
------------------------------------------------------------------
> summary(glm(y ~ width, family=binomial, data=Crabs))
              Estimate   Std. Error   z value   Pr(>|z|)
(Intercept)  -12.3508       2.6287    -4.698   2.62e-06
width          0.4972       0.1017     4.887   1.02e-06
---
    Null deviance: 225.76 on 172 degrees of freedom
Residual deviance: 194.45 on 171 degrees of freedom # deviance=187.46 when
                                                    # color also in model
> library(car)
> Anova(glm(y ~ width + factor(color), family=binomial, data=Crabs))
               LR Chisq Df  Pr(>Chisq)
width            24.6038          1  7.041e-07  # LR test of width effect
factor(color)     6.9956          3    0.07204  # LR test of color effect .
------------------------------------------------------------------
```

앞 절에서의 분석 결과 추정된 확률들이 어두운 색의 참게에 대하여 매우 다르기 때문에 색깔에 대한 예측변수를 모형에 포함하는 것이 안전할 것으로 보인다.

4.4.3 예제: 색깔을 양적 변수 또는 이항변수로 취급함

밝은 색으로부터 어두운 색으로 구분되는 색깔은 자연스럽게 순서화된 범주값을 갖는다. 모형 (4.3)은 색깔을 명목형 변수로 간주하여 순서 정보를 사용하지 않았다. 색깔을 양적 변수로 처리하여 좀 더 간단한 모형을 만들 수 있다. 색깔의 각 범주에 점수를 할당하여 색깔이 로짓에 대해 선형효과가 있다고 가정할 수 있다. 순서형 예측변수를 양적 변수로 처리하는 모형이 잘 적합되는 경우, 몇 가지 장점을 갖고 있다. 즉, 이 모형은 더 간단하고 해석하기 쉬우며, 또한 순서형 예측변수의 효과에 대해 모수가 여러 개가 아니고 한 개만을 가지므로 검정력이 더 좋아지게 된다.

예를 들면, 점수 $c = (1,2,3,4)$를 색깔 범주에 사용하여 다음과 같은 모형을 적합할 수 있다.

$$\text{logit}[P(Y=1)] = \alpha + \beta_1 x + \beta_2 c \tag{4.4}$$

```
> fit2 <- glm(y ~ width + color, family=binomial, data=Crabs)
> summary(fit2) # color treated as quantitative with scores (1, 2, 3, 4)
            Estimate   Std. Error   z value   Pr(>|z|)
(Intercept)  -10.0708      2.8068    -3.588   0.000333
width          0.4583      0.1040     4.406   1.05e-05
color         -0.5090      0.2237    -2.276   0.022860
---
    Null deviance: 225.76 on 172 degrees of freedom
Residual deviance: 189.12 on 170 degrees of freedom

> anova(fit2, fit, test="LRT") # likelihood-ratio test comparing models
Model 1: y ~ width + color
Model 2: y ~ width + factor(color)
   Resid. Df   Resid. Dev   Df   Deviance   Pr(>Chi)
1        170       189.12
2        168       187.46    2     1.6641     0.4351
```

적합 결과 각 예측변수의 효과가 강하게 나타남을 볼 수 있다. 주어진 너비에서 색깔 범주가 하나씩 어두운 쪽으로 변할 때마다 부수체의 오즈는 $\exp(-0.509)=0.60$배만큼 승법적으로 감소하는 것으로 나타난다. 예를 들면, 어두운 색의 참게에 대한 부수체의 오즈는 약간 어두운 색의 참게에 대한 부수체의 오즈의 60%에 해당된다. $\exp[3(-0.509)]=0.22$이므로 어두운 색의 참게에 대한 부수체의 오즈는 약간 밝은 색의 참게에 대한 부수체의 오즈의 22%에 해당된다.

위의 R 출력 결과에서 제시된 가능도비 검정통계량은 각 색깔별로 서로 다른 모수를 갖는 더 복잡한 모형과 비교한 것이다. 이탈도 통계량의 차이는 $189.12-187.46 1.66$이며 자유도는 $df=2(P=0.44)$이다. 이 통계량은 모형 (4.3)이 성립할 때, 이보다 더 간단한 모형 (4.4)가 만족되는지를 검정한다. 즉, 이 통계량은 색깔점수에 대한 산점도를 그렸을 때, 식 (4.3)에서의 색깔모수가 선형효과를 갖는지를 검정하는 것이다. 검정 결과로부터 간단한 모형이 적합하다고 할 수 있다.

색깔변수를 명목척도를 갖는 요인으로 간주하는 모형 (4.3)에서 구한 색깔모수의 추정값은 $(0, 0.07, -0.22, -1.33)$이다. 첫번째 범주에 대한 값 0은 해당 범주에 대한 지시변수가 없다는 것을 의미한다. 이 값들이 선형추세에서 아주 벗어나지는 않지만, 처음 세 개의 값들은 마지막 값에 비해 비슷하다. 이 결과로부터 모형 (4.4)에 대해 또 다른 색깔점수 $(0,0,0,1)$의 사용을 고려해 볼 수 있다. 즉, $c=1$인 경우는 어두운 색의 참게이고 $c=0$은 그 외의 경우이다. 이 모형에 대한 결과값은 다음과 같다.

```
> Crabs$c4 <- ifelse(Crabs$color == 4, 1, 0) # indicator for color cat. 4
> # or could use I(Crabs$color == 4) to directly define indicator var.
> fit3 <- glm(y ~ width + c4, family=binomial, data=Crabs)
> summary(fit3)
            Estimate   Std. Error     value   Pr(>|z|)
```

```
(Intercept)  -11.6790       2.6925 -4.338   1.44e-05
width          0.4782     0.1041     4.592  4.39e-06
c4            -1.3005     0.5259    -2.473    0.0134
---
    Null deviance: 225.76 on 172 degrees of freedom
Residual deviance: 187.96 on 170 degrees of freedom

> anova(fit3, fit, test="LRT") # likelihood-ratio test comparing models
Model 1: y ~ width + c4
Model 2: y ~ width + factor(color)
  Resid. Df    Resid. Dev    Df    Deviance   Pr(>Chi)
1       170        187.96
2       168        187.46     2     0.50085     0.7785
```

주어진 너비값에 대해 어두운 색 참게가 부수체를 가질 오즈는 밝은 색의 참게가 부수체를 가질 오즈의 $\exp(-1.3005)=0.27$ 배로 추정된다. 색깔에 대해 이항점수를 사용하는 것이 간단한 모형과 색깔을 요인으로 처리하는 모형 (4.3)을 비교한 가능도비 검정통계량으로부터 이 간단한 모형이 자료를 잘 적합한다는 것을 알 수 있다.

요약하자면, 명목형 색깔변수 모형과 양적 색깔점수 $(1, 2, 3, 4)$를 사용한 모형, 이항 색깔점수 $(0, 0, 0, 1)$을 사용한 모형은 모두 다 어두운 참게일수록 부수체를 가질 가능성이 가장 낮다는 것을 보여 준다. 표본크기가 아주 크지 않은 경우에는 여러 모형들이 이렇게 자료를 잘 적합한다.

4.4.4 설명변수들 간의 교호작용을 포함하는 경우

지금까지 살펴본 모형에서는 참게의 너비와 색깔 간의 교호작용을 가정하지 않았다. 이제 교호작용이 있는지를 검토해 보자. 너비와 색깔변수를 곱한 항을 교호작용으로 추가할 수 있다. 너비와 관련하여 부수체를 가질 확률에 대한 곡선이 각 색깔마다 다른 형태를 가지므로, 두 색깔에 대한 비교는 너비값에 따라 달라진다.

예를 들어, 어두운 색 참게를 나타내는 이항지시변수를 갖는 적합된 모형을 고려해 보자. 이 모형에 교호작용항을 추가하면 다음과 같다.

```
> glm(y ~ width + c4 + width:c4, family=binomial, data=Crabs)
(Intercept)    width        c4   width:c4
-12.8117      0.5222    6.9578    -0.3217

Null Deviance:      225.76
Residual Deviance: 186.79
```

모형의 예측식은 다음과 같다.

$$\text{logit}\,[\hat{P}(Y=1)] = -12.812 + 0.522x + 6.958c_4 - 0.322(x \times c_4)$$

$c_4 = 1$인 어두운 색의 참게의 경우,

$$\text{logit}\,[\hat{P}(Y=1)] = -5.854 + 0.200x$$

$c_4 = 4$인 밝은 색의 참게의 경우,

$$\text{logit}\,[\hat{P}(Y=1)] = -12.812 + 0.522x$$

와 같다. 밝은 색의 참게의 경우 더 빠른 속도로 부수체의 수가 증가한다. 이 두 곡선이 교차하는 x값은 $-5.854 + 0.200x = -12.812 + 0.522x$을 만족하는 값으로 $x = 21.6$ cm이다. 표본 너비값의 범위는 21.0에서 33.5 cm로 거의 대부분의 범위에 걸쳐서 밝은 색의 참게가 부수체를 가질 확률이 더 높게 추정된다.

이 모형과 교호작용항이 없는 더 간단한 모형과 비교하여 이 모형이 적합한지를 검정할 수 있다. 이 두 모형을 비교하는 가능도비 통계량의 값은 $187.96 - 186.79 = 1.17$이며 자유도 $df = 1$이다. 교호작용에 대한 유의성은 그리 강하지 않다($P = 0.28$). 비록 너비의 효과에 대한 표본 기울기는 매우 다르게 나타나지만, 어두운 색깔의 참게의 표본 수가 22마리밖에 되지 않기 때문에 상대적으로 큰 표준오차를 갖는다. 교호작용항이 없는 모형은 해석이 더 용이하다는 장점이 있다.

4.4.5 모형에 포함된 다른 설명변수에 영향을 받는 효과

하나의 설명변수 x_1을 갖고 있는 선형모형을 적합한다고 가정해 보자. x_1과 관련이 없는 선형예측변수 x_2를 추가할 경우, x_1의 예측 효과에는 변화가 없다. 하지만 로지스틱 회귀모형에서는 x_1의 효과가 달라진다.

로지스틱 모형에서 x_2의 존재 여부와 상관없이 x_1의 효과가 동일한 경우는 언제일까? 하나의 예는 x_2와 x_1에 대해 주변적으로 연관성이 없는 것이 아니라 y가 주어졌을 때, x_2와 x_1이 **조건부독립**(conditionally independent)인 경우이다. 7.4절에서 분할표의 연관성 구조에 대한 관점에서 이 문제를 더 다룰 것이다. 이 장에서는 로지스틱 회귀모형에서 오즈비 효과가 선형모형에서와 같은 동일한 방식으로 나타나지 않는다는 점에 주목하자. 즉, 효과를 요약하거나 서로 다른 모형이나 집단에서의 효과를 비교하고자 할 경우, 로짓이나 오즈비 척도보다는 확률척도를 이용하여 효과를 설명하는 것이 더 타당할 수 있다는 것을 알 수 있다. 다음 절에서 이와 관련된 방법을 설명할 것이다.

4.5 로지스틱 회귀모형의 효과에 대한 요약

이제까지 로지스틱 회귀모형에서의 효과를 오즈비에 해당되는 오즈에 대한 승법효과를 이용하여 해석하였다. 그러나 통계분석 결과를 평가해야 하는 많은 실무자들은 오즈비보다 확률개념을 더 쉽게 이해한다.

4.5.1 확률에 기초한 해석

예측변수 x_j의 효과를 설명할 수 있는 방법은 다른 예측변수들의 값을 표본평균값으로 고정시킨 후에 x_j의 가장 작은 값과 가장 큰 값에서 $\hat{P}(Y=1)$을 구해 보는 것이다. 이 두 $\hat{P}(Y=1)$값이나 두 값의 차이를 통해서 예측변수 x_j의 효과를 알 수 있다. 그러나 연속형 설명변수의 경우, 이 방법의 단점은 이렇게 구한 값들이 타당한지 여부가 다른 모든 예측변수들의 값이 표본평균 근처에 있을 때에 x_j가 극단값을 갖는지에 따라 좌우된다는 것이다. x_j의 이상점이 존재하는 경우에도 이 값들은 이상점에 의해 영향을 많이 받으므로 x_j의 사분위수를 사용하는 것이 더 적절하다. 사분위수를 사용할 경우 예측변수의 x_j의 효과는 x_j값들의 전체 범위 중 중간 50% 범위에서의 $\hat{P}(Y=1)$값의 변화를 설명하게 된다.

너비와 색깔을 나타내는 예측변수를 가지고 있는 암참게 자료(4.4.3절)에서 예측식은 $\text{logit}[\hat{P}(Y=1)]=-11.68+0.478x-1.300c_4$이다. 너비의 표본평균값에서, $c_4=1$일 때 $\hat{P}(Y=1)=0.40$이고 $c_4=0$일 때 $\hat{P}(Y=1)=0.71$이다. 어두운 색의 참게와 다른 색의 참게를 구분하는 색깔의 효과가 실제적으로 상당히 큼을 알 수 있다. c_4이 표본평균값을 가질 때, $\hat{P}(Y=1)$는 너비가 최솟값에서 최댓값까지 변할 때 0.14에서 0.98까지 변하고, 너비값의 중앙 50%에 해당하는 범위에서 0.52에서 0.80까지 변하므로 역시 너비의 효과도 강하다는 것을 알 수 있다. c_4는 0과 1의 값만 가지므로 c_4의 평균값에서 효과를 살펴보는 대신에 c_4의 각 값에서 따로 효과를 살펴보는 것이 나을 것이다. R에서 이와 같은 효과의 요약값을 얻기 위한 방법은 다음과 같다.

```
> fit3 <- glm(y ~ width + c4, family=binomial, data=Crabs)
> predict(fit3, data.frame(c4=1, width=mean(Crabs$width)), type="response")
0.40063
```

▸표 4.3 부수체 유무에 대하여 참게의 너비와 어두운 색깔 여부를 예측변수로 갖는 모형 효과 요약

변수	추정값	표준오차	비교	확률의 변화량
너비(x)	0.478	0.104	(max, min) at $\overline{c_4}$	$0.84 = 0.985 - 0.142$
			(UQ, LQ) at $\overline{c_4}$	$0.29 = 0.803 - 0.516$
색깔(c_4)	-1.300	0.526	(0,1) at $\bar{x}$	$0.31 = 0.710 - 0.401$

```
> predict(fit3, data.frame(c4=0, width=mean(Crabs$width)), type="response")
0.71047
> predict(fit3,data.frame(c4=mean(c4),width=quantile(Crabs$width)), type="resp")
     0%          25%          50%          75%         100%
0.14164      0.51583      0.65412      0.80256      0.98487
-----------------------------------------------------------------------------
```

〈표 4.3〉에서는 추정된 확률을 사용하여 효과를 요약하고 있다.

4.5.2 주변 효과와 그 평균

4.1.2절에서는 상대적으로 작은 양적 예측변수의 변화가 확률에 미치는 변화를 근사시키기 위하여 직선의 기울기를 사용하였다. 이와 같이 간단한 해석 방법은 여러 개의 예측변수가 있는 경우에도 적용된다.

$\hat{P}(Y=1)=\hat{\pi}$인 설명변수들의 조합을 고려해 보자. 다른 설명변수들을 고정했을 때, x_j가 한 단위 증가할 때마다 근사적으로 $\hat{\pi}$는 $\hat{\beta}_j\hat{\pi}(1-\hat{\pi})$만큼 변화한다. 예를 들어, 참게 자료에서 예측변수 x가 너비를 나타내고 c_4가 어두운 색깔의 참게일 경우는 1, 그렇지 않을 경우는 0으로 정의되는 지시변수인 경우에, 너비 x의 효과에 대한 추정값은, $\hat{\beta}_1 = 0.478$이다. $\hat{\pi} = 0.50$일 때, x가 1 cm 증가하면 $\hat{\pi}$의 근사적인 효과는 $0.478(0.50)(0.50) = 0.12$이다. 이 효과는 무시할 수 없을 정도로 큰 편인데 너비 1 cm의 증가량은 표준오차 2.1 cm의 절반도 안 되는 값이기 때문이다.

설명변수의 효과를 설명하는 변화율은 $\hat{\pi}$값에 따라 달라진다. 이 효과의 전체 요약값은 n개의 설명변수의 표본값들로부터 구한 변화율의 평균값이다. 일부 통계 프로그램에서는 이 측정값을 **평균주변효과**(average marginal effect)라고 부른다. 이항설명변수의 경우, 두 범주에 대한 $P(Y=1)$의 추정값의 차이의 평균을 구할 수 있는데 이 값을 **이산변화량**(discrete change)이라고 부른다. 너비와 색깔을 설명변수로 가지며 색깔이 이항변수인 로지스틱 모형의 예를 살펴보자.

```
--------------------------------------------------------------
> fit3 <- glm(y ~ width + c4, family=binomial, data=Crabs)
> library(mfx)
> logitmfx(fit3, atmean=FALSE, data=Crabs) # with atmean=TRUE, finds
Marginal Effects: # effect only at the mean
          dF/dx     Std. Err.          z      P>|z|
width   0.08748       0.02447     3.5748    0.00035
c4     -0.26142       0.10569    -2.4735    0.01338
---
dF/dx is for discrete change for the following variables: "c4"
--------------------------------------------------------------
```

$n=173$개의 관측된 너비 값에서 색깔변수를 고정시킨 경우, 너비가 1 cm 증가할 때 부수체를 가질 예측확률의 평균 변화율은 0.087이다. 너비값을 고정시켰을 때에 암참게가 어두운 색깔을 가질 경우가 밝은 색깔을 가질 경우보다 부수체를 가질 예측확률값이 0.261만큼 낮다.

4.5.3 표준화된 변수 효과의 해석

예측변수가 여러 개 있는 경우, 예측변수의 효과를 비교하기 위해서 $\{\hat{\beta}_j\}$의 크기를 비교하고자 한다. 이항 예측변수의 경우, 다른 예측변수들이 주어졌을 때, 조건부 로그 오즈비를 비교하는 것과 같다. 양적 예측변수의 경우, 만약 예측변수들이 모두 동일한 단위를 갖고 있어서 한 단위의 변화가 각각의 예측변수에서 동일한 의미를 가질 경우에는 이러한 비교가 의미가 있다. 그러나 그 외의 경우에는 비교하는 것이 아무런 의미가 없다. 서로 다른 단위를 가지는 양적 예측변수들의 효과를 비교하기 위한 대안으로 **표준화 계수**(standardized coefficient)를 사용한다. 모형은 표준화된 예측변수를 적합하는데 예측변수 x_j 대신에 $(x_j - \bar{x}_j)/s_{x_j}$으로 대체하여 적합한다. s_{x_j}는 x_j의 표본표준편차를 의미한다. 표준화된 예측변수에서의 한 단위 변화는 원래의 예측변수에서 표준편차만큼의 변화를 의미한다. 따라서 $\hat{\beta}_j$는 다른 변수들이 고정되었을 때 예측변수 x_j의 표준편차만큼의 변화에 대한 효과를 나타낸다. 예측변수 x_j의 표준화된 추정값은 표준화되지 않은 추정값 $\hat{\beta}_j$에 s_{x_j}를 곱한 것과 같다.

예를 들어, 4.4.3절에서 소개한 암참게 자료에 대해서 너비와 색깔(점수 1, 2, 3, 4)을 양적 설명변수로 포함하는 모형의 예측식은 $\text{logit}(\hat{\pi}) = -10.071 + 0.458x - 0.509c$이다. 이때 설명변수들의 분산값들에 차이가 있기 때문에 이와 같은 예측식으로부터 각 설명변수들의 효과가 비슷하다고 결론을 내리면 잘못된 것이다. 너비의 경우 $\bar{x} = 26.30$이고 $s_x = 2.11$인 반면, 색깔은 $\bar{c} = 2.44$이고 $s_c = 0.80$이다. 표준화된 설명변수에 대한 효과의 추정값은 $(2.11)(0.458) = 0.97$이고, $(0.80)(-0.509) =$

-0.41이다. 다른 변수를 고정시켰을 때 너비의 표준편차 증가 효과는 색깔의 표준편차 증가 효과의 두 배 이상일 것으로 추정된다.

4.6 예측력 요약: 분류표, ROC 곡선, 다중상관성

모형을 비교하기 위해서는 각 모형을 적합시켜 반응변수의 결과값을 얼마나 잘 예측할 수 있는지 나타내는 예측력을 서로 비교해 보는 것이 매우 유용하다. 이 절에서는 예측력을 평가하는 세 가지 방법을 제시하고자 한다.

4.6.1 예측력 요약: 분류표

분류표(classification table)는 이항결과변수 y와 예측된 결과를 분류한 표이다. 주어진 분계점(threshold) 값 π_0을 기준으로 $\hat{\pi}_i > \pi_0$일 경우 관측값 i의 예측값은 $\hat{y}=1$이 되고, $\hat{\pi}_i \leq \pi_0$일 경우 $\hat{y}=0$이 된다. 가능한 π_0의 값으로 $\pi_0=0.50$을 쓸 수 있다. 그리니 만약 관측값들 중에서 $y=1$인 비율이 낮은 경우에는 모형의 적합값은 절대로 $\hat{\pi}_i > 0.50$이 될 수 없으므로 $\hat{y}=1$로 예측할 수 없다. 이와 반대로 관측값들이 $y=1$인 비율이 높을 경우, 모형의 적합값은 항상 $\hat{\pi}_i > 0.50$이 될 수 있으므로 항상 $\hat{y}=1$로 예측한다. 다른 π_0의 가능한 값은 이항결과변수가 1인 표본비율값으로 설정할 수 있다. 이 값은 상수항만 있는 모형의 $\hat{\pi}_i$값이다.

너비와 색깔 요인을 설명변수로 갖는 암참게가 부수체를 가질 확률에 대한 모형(4.4.1절)을 예로 들면, 173마리의 암참게 중 111마리가 부수체를 가지며 표본비율은 아래와 같이 0.6416이다.

```
> Crabs <- read.table("http://www.stat.ufl.edu/~aa/cat/data/Crabs.dat",
+                     header=TRUE)
> prop <- sum(Crabs$y)/nrow(Crabs) # sample proportion of 1's for y variable
> prop
[1] 0.6416185
> fit <- glm(y ~ width + factor(color), family=binomial, data=Crabs)
> predicted <- as.numeric(fitted(fit) > prop) # predict y=1 when est.> 0.6416
> xtabs(~ Crabs$y + predicted)
predicted # Classification table with sample proportion cutoff
Crabs$y   0     1
0         43    19
1         36    75
```

$y=0$인 62개의 표본 중 모형에서 $\hat{y}=0$으로 예측된 표본의 수는 43개이다. 111개의 $y=1$인 표본 중 모형에서 $\hat{y}=1$로 예측된 표본의 수는 75개이다. 〈표 4.4〉는 $\pi_0=0.6416$이고 $\pi_0=0.50$인 경우 예측값에 대한 분류표이다.

예측력을 평가할 수 있는 유용한 두 가지 요약값은 다음과 같다.

$$\text{민감도}=P(\hat{y}=1|y=1),\ \text{특이도}=P(\hat{y}=0|y=0)$$

2.1.2절에서는 의학 진단 검사에서 예측력을 평가하기 위한 측도들을 소개하였다. $\pi_0=0.6416$일 때, 〈표 4.4〉에서 민감도의 추정값은 $75/111=0.676$이고, 특이도의 추정값은 $43/62=0.694$이다. 전체 자료에서 맞게 분류된 표본의 비율은 $(75+43)/173=0.682$이다. 이 추정값은 다음과 같이 민감도와 특이도의 가중평균값이다.

$$\begin{aligned}P(\text{올바른 분류}) &= P(y=1\text{ 이고 }\hat{y}=1)+P(y=0\text{ 이고 }\hat{y}=0)\\ &= P(\hat{y}=1|y=1)P(y=1)+P(\hat{y}=0|y=0)P(y=0)\\ &= \text{민감도}[P(y=1)]+\text{특이도}[1-P(y=1)]\end{aligned}$$

예측력을 평가하기 위한 위와 같은 요약값은 y_i를 포함하는 자료를 적합시켜 $\hat{\pi}_i$를 추정하기 때문에 실제보다 예측력을 더 높게 평가할 수 있다. 따라서 y_i를 제외한 나머지 $n-1$개의 관측값들로부터 $\hat{\pi}_i$을 추정하는 **리브-원-아웃 교차검증법**(LOOCV)을 사용함으로써 모형의 예측력을 평가하는 것이 더 좋다. 암참게 자료에 대해서 LOOCV 방법을 실시하면, 올바르게 분류된 표본의 비율은 0.671이다. 색깔만을 예측변수로 삼을 경우 이 비율은 0.642, 너비만을 예측변수로 삼을 경우 0.659, 너비와 색깔에 대한 지시변수(어두운 색을 가지고 있는지 여부)를 예측변수로 삼을 경우 0.682이다.

하지만 이 분류표는 연속형 예측값 $\hat{\pi}$를 이항값으로 변환시켜야 하고, π_0의 값을 임의로 정해야 하며, $y=1$ 또는 $y=0$인 표본들의 상대적인 크기가 결과값에 민감하게 영향을 준다는 한계를 가지고 있다.

▸ 표 4.4 참게 자료에서 너비와 색깔에 대한 지시변수를 예측변수로 고려한 경우의 분류표

	예측, $\pi_0=0.6416$		예측, $\pi_0=0.50$		
실제	$\hat{y}=1$	$\hat{y}=0$	$\hat{y}=1$	$\hat{y}=0$	합계
$y=1$	75	36	96	15	111
$y=0$	19	43	31	31	62

4.6.2 예측력 요약: ROC 곡선

수신기 작동 특성(receiver operating characteristic, ROC) 곡선은 가능한 모든 기준값 π_0에 대하여 예측의 민감도와 특이도를 보여 주는 그림이다. ROC 곡선은 가능한 모든 π_0값에 대한 예측력을 요약하는 값이기 때문에 분류표보다 더 많은 정보를 가지고 있다.

ROC 곡선은 수직축에 민감도를, 수평축에 (1-특이도)를 나타낸다. π_0가 0에 가까울수록, 거의 모든 예측값이 $\hat{y}=1$이 된다. 이 경우 민감도는 1에 가깝고 특이도는 0에 가까우며 (1-특이도, 민감도)의 좌표는 $(1,1)$에 가깝게 된다. 반대로 π_0가 1에 가까울수록 거의 모든 예측값이 $\hat{y}=0$이 되며 민감도는 0에, 특이도는 1에, (1-특이도, 민감도)의 좌표는 $(0,0)$에 가깝게 된다. 대부분의 ROC 곡선은 $(0,0)$과 $(1,1)$을 연결하는 오목한 모양이거나 오목에 가까운 모양을 갖는다.

〈그림 4.5〉는 너비와 색깔 요인을 예측변수로 갖는 암참게 모형에 대한 ROC 곡선을 나타낸다. 예를 들어 $\pi_0=0.6416$인 경우, 특이도는 0.69, 민감도는 0.68이며 ROC 곡선상에서 이 점은 $(0.31, 0.68)$이다.

특이도를 특정한 값으로 고정시켰을 때, 더 나은 예측력을 가진다는 것은 더 높은 민감도 값을 가진다는 것이다. 따라서 예측력이 높을수록 ROC 곡선이 더 높게 그려진다. 따라서 ROC 곡선 아래의 넓이는 예측력을 요약하는 하나의 값을 나타내게 된다. ROC 곡선 아래의 넓이가 넓을수록, 예측력이 높다. 예측력에 대한 이와 같은 측정치를 **일치성 지수**(concordance index)라고 부른다. $y_i=1$이고 $y_0=0$인 관측값 (i,j)의 모든 대응쌍들을 생각해 보자. 일치성 지수는 예측값과 관측값이 **일치**(concordant)할 확률을 추정하며, 이것은 y값이 큰 관측값이 $\hat{\pi}$값 또한 큰 값을 가진다는 것을 의미한다. 일치성 지수가 0.50이라는 것은 임의로 예측한 것보다도 예측이 더 잘 되지 않았다는 것을 의미한다. 이는 상수항만을 가지는 모형에 대응되며 ROC 곡선은 $(0,0)$과 $(1,1)$을 연결하는 직선이 된다.

암참게 자료에서 모형별로 구한 표본 일치성 지수는 다음과 같다. 색깔 요인 예측변수만을 포함할 때 0.639, 너비만을 예측변수로 포함할 때 0.742, 너비와 색깔 요인을 같이 포함할 때 0.771, 너비와 어두운 색깔을 나타내는 지시변수를 예측변수로 가질 때 0.772이다. 다음은 ROC 곡선과 ROC 곡선 아래의 넓이를 구하기 위한 R 프로그램이다.

```
> fit <- glm(y ~ width + factor(color), family=binomial, data=Crabs)
> library(pROC)
> rocplot <- roc(y ~ fitted(fit), data=Crabs)
> plot.roc(rocplot, legacy.axes=TRUE) # Specficity on x axis if legacy.axes=F
```

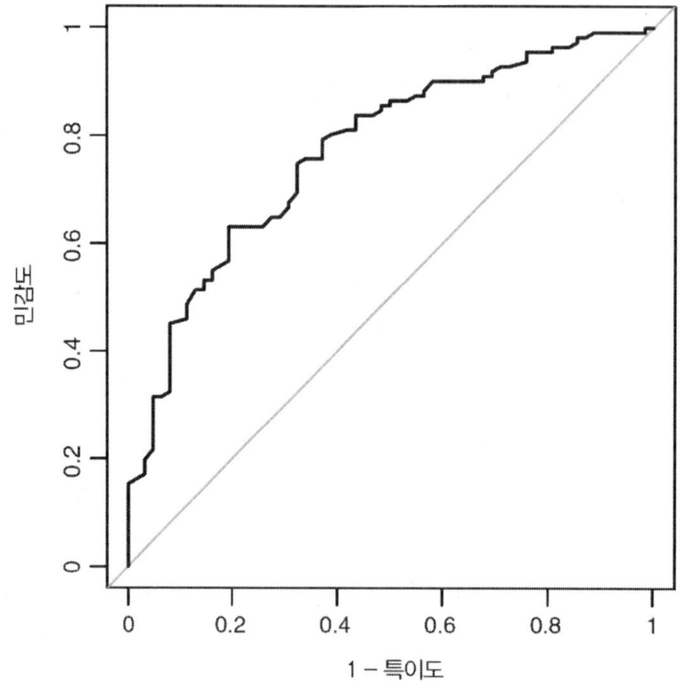

그림 4.5 참게 자료에서 너비와 색깔을 예측변수로 적합한 로지스틱 회귀모형에 대한 ROC 곡선

```
> auc(rocplot) # auc = area under ROC curve = concordance index
Area under the curve: 0.7714
---------------------------------------------------------------------
```

4.6.3 예측력 요약: 다중상관성

GLM에서 예측력을 평가하는 또 다른 요약값은 관찰된 반응값 $\{y_i\}$와 모형에서의 적합값 $\{\hat{\mu}_i\}$ 간에 구한 상관계수 R이다. 선형모형을 적합시키는 최소제곱법에서 R은 반응변수와 설명변수들 간의 **다중상관계수**(multiple correlation coefficient)이다. 이때 R^2는 예측변수들에 의해 설명되는 y 변동의 비율을 나타낸다. R^2와 비교했을 때 R은 기존 자료의 척도를 사용하고 효과의 크기에 근사적으로 비례하는 값을 가진다는 장점을 가지고 있다. 예를 들어, 하나의 양적 설명변수만을 갖는 모형에서 상관계수는 기울기와 두 변수의 표준편차들의 비를 서로 곱한 값이다.

이항회귀모형에서 R은 n개의 이항관측값 $\{y_i\}$ (0 또는 1)와 적합된 확률 $\{\hat{\pi}_i\}$ 간의 상관성을 나타낸다. y의 이산적인 성질로 인해서 특히 0과 1 값들의 빈도수 불균형이 클수록, 가능한 R값들의 범위가 제한될 수 있다. 다른 상관성 측도들과 마찬가지로, R값은 설명변수들이 관측된 영역에 의해서 영향을 받는다. 그럼에도 R은 같은 자료에 대해 적합한 여러 다른 모형들의 적합도를 비교할 때 유용하다.

GLM 소프트웨어에서 기본적으로 제공되지는 않지만, 다음의 R 프로그램에서와 같이 이 R의 추정값을 쉽게 구할 수 있다.

```
> fit <- glm(y ~ width + factor(color), family=binomial, data=Crabs)
> cor(Crabs$y, fitted(fit))
[1] 0.45221
```

너비와 어두운 색깔을 가지는지 여부에 대한 지시변수를 사용하는 더 간단한 모형 또한 자료를 잘 적합시키며 $R=0.447$이다. 너비만을 설명변수로 사용할 경우 $R=0.402$이다.

보통의 (최소제곱)회귀모형에서와 같이 이 측정값의 제곱값을 분산을 설명하는 비율로 해석할 수는 없다. 이항자료에 대하여 이와 비슷한 해석을 하기 위해 다양한 측도들이 제시되었다. 하나의 예는 5.5.3절에서 제시할 측도로 연속형 잠재변수 y에 대한 보통 회귀모형을 통해 R^2을 근사시킨 것이다. 6.3.7절에서 순서형 반응변수에 이와 같은 접근 방법을 제시하였으며 이항변수에 대해서도 이 접근 방법을 적용할 수 있다.

연습문제

4.1 어떤 연구[8]에서 암환자들의 병의 호전 여부($Y=1$)와 관련 있는 요인들을 알아보기 위해 로지스틱 회귀모형을 사용하였다. 가장 중요한 설명변수는 표지지표자(labeling index: LI)로 이것은 환자가 삼중수소 티미딘(tritiated thymidine)을 주입받은 후 세포의 분화속도를 측정하는 측도로 표지된 세포의 비율을 나타낸다. 〈표 4.5〉는 원자료와 표지지표자를 사용하여 $\pi = P(Y=1)$에 대해 로지스틱 회귀모형을 적합한 R 출력 결과를 보여 준다.

a. 표지지표자가 26.0일 때 $\hat{P}(Y=1)=0.50$임을 보여라.

b. 표지지표자가 1 증가할 때, 호전될 오즈의 추정값이 1.16배가 됨을 보여라.

c. 표지지표자가 전체 범위 내에서 아니면 사분위수범위 내에서 변할 때에 $\hat{P}(Y=1)$가 어떻게 변하는지를 보임으로써 표지지표자의 효과를 설명하라.

d. 표지지표자가 8일 때 $\hat{P}(Y=1)=0.009$임을 보여라.

e. 평균주변효과를 추정해서 표지지표자의 효과를 요약하라.

표 4.5 연습문제 4.1의 암의 호전에 대한 자료에 대한 R 출력 결과

```
> LI <- c(8,8,10,10,12,12,12,14,14,14,16,16,16,18,20,20,20,22,22,24,26,28,32,34,
+        38,38,38)
> y <- c(0,0,0,0,0,0,0,0,0,0,0,0,0,1,1,1,0,1,0,0,1,1,0,1,1,1,0)
> summary(glm(y ~ LI, family=binomial))
              Estimate  Std. Error  z value   Pr(>|z|)
(Intercept)   -3.77714    1.37862    -2.740    0.00615
LI             0.14486    0.05934     2.441    0.01464
---
    Null deviance: 34.372 on 26 degrees of freedom
Residual deviance: 26.073 on 25 degrees of freedom

> confint(glm(y ~ LI, family=binomial))
                 2.5 %      97.5 %
LI             0.04252     0.28467
```

4.2 앞의 연습문제를 참고하라. 〈표 4.5〉의 정보를 사용하라.

a. 표지지표자의 효과에 대해 왈드 검정을 하고 표지지표자의 한 단위 증가에 대응하는 오즈비의 95% 왈드 신뢰구간을 구하고 결과를 해석하라.

[8] 출처: E.T. Lee, *Computer Prog. Biomed.*, **4**: 80-92, 1974

b. 표지지표자의 효과에 대해 가능도비 검정을 하고 오즈비에 대한 95% 프로파일 가능도비 신뢰구간을 구하고 결과를 해석하라.

4.3 앞의 두 연습문제를 참고하라. 자료 파일을 14개의 관측값이 있는 그룹화된 자료 형식으로 정리하라. 이 자료와 책의 웹사이트에 있는 Remissions 자료와 비교하라. 이 그룹화된 자료를 가지고 로지스틱 회귀모형을 적합하라. 이 모형의 모수에 대한 ML 추정값이 그룹화되지 않은 자료의 결과와 동일한가? 이탈도 통계량도 동일한가? 왜 그런지 또는 왜 그렇지 않은지 설명하라.

4.4 3.2.3절 〈표 3.1〉의 코골이와 심장병 자료를 고려해 보자. 코고는 정도에 대한 점수로 $(0, 2, 4, 5)$를 사용해서 로지스틱 회귀모형을 적합한 결과는 $\text{logit}[\hat{p}(Y=1)] - 3.866 + 0.397x$이다. 코골이가 심장병의 오즈에 미치는 효과를 해석하라.

4.5 1986년의 챌린저호 사고 전에 있었던 23회의 우주선 비행에 대해, 〈표 4.6〉과 이 책의 웹사이트에 있는 Shuttle 자료 파일은 비행시의 기온(°F)과 열로 인한 문제가 발생했는지의 여부를 나타낸 것이다.

▸ 표 4.6 연습문제 4.5의 우주선에 대한 자료

Ft	Temp	TD	Ft	Temp	TD	Ft	Temp	TD
1	66	0	9	57	1	17	70	0
2	70	1	10	63	1	18	81	0
3	69	0	11	70	1	19	76	0
4	68	0	12	78	0	20	79	0
5	67	0	13	67	0	21	75	1
6	72	0	14	53	1	22	76	0
7	73	0	15	67	0	23	58	1
8	70	0	16	75	0			

주의: Ft=항공기 번호, Temp=기온, TD=열 문제 발생 여부(1=예, 0=아니오)
출처: S. R. Dalal, E. B. Fowlkes and B. Hoadley, *J. Am. Statist. Assoc.*, **84**: 945- 957,1989.

a. 로지스틱 회귀모형을 이용하여 열 문제가 발생할 확률에 대한 기온의 효과를 모형화하고 적합 결과를 해석하라.
b. 챌린저호 비행시의 기온인 31°F에서 열 문제가 발생할 확률을 예측하라.
c. 기온이 몇 도일 때에 예측확률이 0.50이 되는가? 이 기온값에서 기온이 1도 증가함에 따라 나타나는 예측확률의 변화를 나타내는 선형근사식을

구하라.

d. 열 문제가 발생할 오즈에 대한 기온의 효과를 해석하라.

e. 기온의 효과가 없다는 가설에 대하여 가설검정을 하라.

4.6 연습문제 3.9를 참고하라. 로지스틱 회귀모형에 대한 출력 결과를 이용하여 (a) 여행 신용카드를 소지할 오즈에 대한 수입의 효과를 해석하고 (b) 유의성검정을 시행하여 (c) 그 효과에 대한 신뢰구간을 제시하라.

4.7 Hastie와 Tibshirani(1990, p.282)는 척추가 심하게 앞으로 굽어서 척추 교정 수술을 해야 하는 척추후만증(kyphosis)에 대한 위험인자를 결정하는 연구를 하였다. 이 책의 웹사이트의 Kyphosis 자료 파일에는 40 명의 환자들을 대상으로 수술했을 때의 나이(월) x 와 척추후만증 여부 y (1=예, 0=아니오)값이 있다.

a. 나이를 예측변수로 사용하여 척추후만증에 대한 로지스틱 회귀모형을 적합하라. 나이가 유의한 효과를 갖는지를 검정하라.

b. 자료에 대한 산점도를 그려라. 단, 척추후만증의 두 수준에서 나이의 분포가 차이가 나는 것을 주목하라.

c. 로짓 모형 $\text{log}it[P(Y=1)] = \alpha + \beta_1 x + \beta_2 x^2$를 적합시킨 후에 나이의 제곱항에 대한 유의성검정을 하고 적합 결과를 산점도로 표시하고 해석하라 (4.1.5절의 마지막 문단이 이 결과와 관련이 있다).

4.8. 이 책의 웹사이트에 있는 crab 자료 파일의 자료를 이용하여 무게 x 를 예측변수로 사용하여 부수체($y=1$) 확률에 대한 로지스틱 회귀모형을 적합하라.

a. ML 예측식을 구하라. 표본 무게값의 평균값인 2.437 kg일 때에 무게가 (i) 1 kg 증가할 때의 효과를 선형근사식을 이용하여 구하라. 이 값은 상대적으로 큰 증가량을 나타내므로 (ii) 0.10 kg 증가에 대하여 결과를 해석하고 (iii) 무게가 0.58 kg일 때 표준편차 증가에 대하여 결과를 해석하라.

b. 무게가 0.10 kg 증가에 따른 무게의 평균주변효과를 구하여 그 결과를 해석하라.

c. $y=1$인 표본비율을 분계점으로 사용하여 분류표를 만들어라. 민감도와 특이도를 구하고 그 값을 해석하라.

d. ROC 곡선을 구하고 AUC를 구하고 결과를 해석하라.

4.9 참게 자료에 대해 색깔변수만을 예측변수로 사용하여 부수체의 확률에 대한 로지

스틱 회귀모형을 적합하라.

a. 색깔변수를 명목형 변수(질적 변수)로 간주하라. 예측식을 구하고 이 식을 이용하여 첫 번째와 네 번째 색깔을 어떻게 비교할 수 있는지 설명하라.

b. 모형 (a)에서 색깔변수가 효과가 있는지에 대해 가능도비 검정을 하고 결과를 해석하라.

c. 색깔변수를 질적 변수 대신에 양적 변수(점수, 1, 2, 3, 4)로 간주하여 예측식을 구하라. 색깔변수의 효과를 해석하고 색깔변수의 효과가 있는지를 검정하라.

d. 색깔변수를 질적 변수 대신에 양적 변수로 다룰 때 검정력에서의 장점과 모형의 적합결여와 관련되어 잠재적인 단점에 대해 논하라.

e. 무게와 색깔변수를 양적 변수로 간주하여 표준화된 계수를 구하고 결과를 해석하라.

4.10 다음은 AIDS 증상을 완화하는 AZT의 효과를 설명하는 연구[9]에서 얻어진 자료이다. 이 연구에서는 AIDS 바이러스가 침투한 후 면역 기능이 저하된 338명의 재향 군인에 대하여, AZT를 즉시 복용하는 그룹과 T 세포의 면역성이 심하게 약화될 때까지 기다리는 그룹으로 랜덤하게 구분하였다. $2 \times 2 \times 2$ 분할표는 인종과 AZT를 즉시 복용했는지의 여부와, 3년 동안의 연구기간 중에 AIDS 증상이 나타났는지에 대한 여부를 나타내고 있다. 여기서 X =AZT 처리군, Z=인종, Y= AIDS 증상의 발병 여부(1=예, 0=아니오)라고 하자.

```
-----------------------------------------------------------------------
> AIDS # Data file at text website
   race  azt  yes    no  # yes and no are categories of AIDS symptoms response
1 white  yes   14    93
2 white   no   32    81
3 black  yes   11    52
4 black   no   12    43
> fit <- glm(yes/(yes+no) ~ azt + race, weights=yes+no, family=binomial,
+ data=AIDS)
> summary(fit)
             Estimate   Std. Error  z value   Pr(>|z|)
(Intercept)  -1.07357     0.26294   -4.083   4.45e-05
aztyes       -0.71946     0.27898   -2.579    0.00991
racewhite     0.05548     0.28861    0.192    0.84755
---
    Null deviance: 8.3499 on 3 degrees of freedom
Residual deviance: 1.3835 on 1 degrees of freedom
-----------------------------------------------------------------------
```

9 출처: *New York Times*(1991년 2월 15일자)

a. 위의 결과에서 영이탈도와 잔차 이탈도의 차이를 통해 검정할 수 있는 가설을 명시하고 그 결과를 해석하라.
b. 위의 결과에서 AZT와 인종에 대한 지시변수를 어떻게 정했는지 설명하라.

4.11 사형선고와 인종에 관한 〈표 2.9〉 자료에 대하여 자료 파일을 만들고 사형선고 여부가 반응변수이고 피고인의 인종과 피해자의 인종이 예측변수인 로지스틱 회귀모형을 적합하라.

a. 모형적합 결과를 보고하고 모수의 추정값을 해석하라. 이 추정값을 기초로 하여 어떤 인종이 반응변수가 "예"가 될 가능성이 가장 높은가?
b. 피고인의 인종을 고정시킨 상태에서 피해자의 인종 효과에 대하여 추론하라.

4.12 이 책 2판의 웹사이트인 www.stat.ufl.edu/~aa/intro-cda/data에 있는 MBTI 자료 파일은 MBTI 단계 II의 국가표본(CPP, Inc 에서 수집하여 보관함)자료를 음주 여부(1=예, 0=아니오)와 4개의 이항변수로 이루어진 Myers-Briggs 적성검사: 외향성/내향성(E/I), 감각형/직관형(S/N), 사고형/감정형(T/F)과 판단형/인식형(J/P)에 의하여 교차분류한 자료이다. 16개의 예측변수 조합은 다음과 같은 16개의 적성형에 대응된다: ESTJ, ESTP, ESFJ, ESFP, ENTJ, ENTP, ENFJ, ENFP, ISTJ, ISTP, ISFJ, ISFP, INTJ, INTP, INFJ, INFP(예를 들면 ESTJ형을 갖는 77명 중에서 13명이 음주 빈도가 높은 것으로 보고했다). π =음주 빈도가 높은 확률에 대하여 4개의 범주형 변수를 예측변수로 사용하여 모형을 적합하라. 지시변수를 어떻게 정의하였는지 밝히고 예측식을 구하라. 모수추정값을 바탕으로 가장 높은 $\hat{\pi}$값을 갖는 적성형이 왜 ENTP형인지 설명하라.

4.13 1990년도와 2008년도 사이에 루이지애나 주 이스트 배턴 루지 교구에서 1급 살인으로 유죄 판결을 받은 자료[10]에 의하면 백인이 백인을 살해한 25건 중 3건, 백인이 흑인을 살해한 3건 중 0건, 흑인이 백인을 살해한 30건 중 9건, 흑인이 흑인을 살해한 132건 중 11건에 사형이 선고되었다. 〈표 4.7〉은 사형선고를 반응변수(1=예)로 하고 예측변수를 피고인의 인종 d(1=흑인, 0=백인)과 피해자의 인종 v(1=흑인, 0=백인)으로 하여 로지스틱 회귀모형을 적합한 결과이다. 이 결과를 전문적인 통계학 용어를 사용하지 말고 쉽고 간단하게 해석하라.

[10] 출처: G. L. Pierce and M. L. Radelet, *Louisiana Law Review*, vol. **71** (2011), pp. 647-673.

표 4.7 연습문제 4.13의 사형선고 자료에 대한 로지스틱 회귀모형적합 결과

```
------------------------------------------------------------
            Estimate  Std. Error   z value   Pr(>|z|)
(Intercept)  -2.0232      0.6137    -3.297   0.000978
d             1.1886      0.7236     1.643   0.100461
v            -1.5713      0.5028    -3.125   0.001778
Residual deviance: 0.16676 on 1 degrees of freedom
------------------------------------------------------------
```

4.14 〈표 4.8〉은 감염을 치료하는 위약과 신약을 비교하기 위해 8개의 센터에서 시행한 임상시험 결과자료이다. 각 센터마다 환자들은 처리그룹에 랜덤하게 배정되었다. 이 책은 웹사이트에 있는 Infection 자료 파일을 이용하여 이 자료를 분석하라. 로지스틱 회귀분석모형으로 처리효과를 추론하고 결과를 해석하라.

▸표 4.8 연습문제 4.14의 임상시험 자료

		반응변수	
센터	처리	성공	실패
1	신약	11	25
	대조군	10	27
2	신약	16	4
	대조군	22	10
3	신약	14	5
	대조군	7	12
4	신약	2	14
	대조군	1	16
5	신약	6	11
	대조군	0	12
6	신약	1	10
	대조군	0	10
7	신약	1	4
	대조군	1	8
8	신약	4	2
	대조군	6	1

출처: P. J. Beitler and J. R. Landis, *Biometrics*, **41**: 991-1000, 1985.

4.15 교육프로그램으로 성적 활동이 왕성한 청소년들이 콘돔을 더 많이 사용하도록 유도할 수 있는지를 평가하기 위한 연구에서 청소년들을 랜덤하게 두 그룹에 배정하였다. 한 그룹에서는 HIV 바이러스에 대한 강의와 비디오테이프를 통한 교육프로그램을 실시하고 다른 그룹에서는 실시하지 않았다. 로지스틱 회귀모형에서 청소년들이 콘돔을 사용하는 데 영향을 주는 요인들은 성별, 사회경제적 수준, 총 섹스 파트너 수와 처리그룹이다. 〈표 4.9〉에 이 연구 결과를 요약하였다.

▸표 4.9 연습문제 4.5의 콘돔사용에 대한 결과

변수	오즈비	95% 신뢰구간
처리그룹(교육, 무교육)	4.04	(1.17, 13.9)
성별(남성, 여성)	1.38	(1.23, 12.88)
사회경제수준(높음, 낮음)	5.82	(1.87, 18.28)
총 섹스 파트너 수	3.22	(1.08, 11.31)

출처 : V. I. Rickers et al., *Clin. Pediat.*, **31**: 205-210, 1992

a. 처음 세 개의 예측변수에 대해 (1, 0) 지시변수를 사용하여 적합한 모형의 모수효과를 구하라.

b. 성별에 대한 오즈비의 추정값 1.38과 이에 대응되는 신뢰구간 중 어느 하나가 잘못된 이유를 설명하라. 만약 제시된 신뢰구간이 옳다면 1.38은 실제로 로그 오즈비가 되며 추정된 오즈비는 3.98이 되는 것을 보여라.

4.16 〈표 4.10〉은 $Y=$일반적인 마취를 동반하는 외과수술 시 마취가 풀릴 때 목의 통증 여부($1=$예, $0=$아니오)에 대하여 $D=$수술시간(단위 : 분)과 $T=$기관지를 안전하게 하는 장치종류($0=$후두마스크 기관튜브, $1=$기관튜브)의 영향을 알아보기 위한 연구 자료이다.

a. 이 예측변수들 간의 교호작용항을 포함하는 모형을 적합하라. (i) $T=1$과 (ii) $T=0$에 대하여 D의 효과에 대한 예측식을 구하고 해석하라. 교호작용항이 필요한지 추론하라.

▸표 4.10 수술 후 목의 통증에 관한 연습문제 4.16의 자료

환자	D	T	Y	환자	D	T	Y	환자	D	T	Y
1	45	0	0	13	50	1	0	25	20	1	0
2	15	0	0	14	75	1	1	26	45	0	1
3	40	0	1	15	30	0	0	27	15	1	0
4	83	1	1	16	25	0	1	28	25	0	1
5	90	1	1	17	20	1	0	29	15	1	0
6	25	1	1	18	60	1	1	30	30	0	1
7	35	0	1	19	70	1	1	31	40	0	1
8	65	0	1	20	30	0	1	32	15	1	0
9	95	0	1	21	60	0	1	33	135	1	1
10	35	0	1	22	61	0	0	34	20	1	0
11	75	0	1	23	65	0	1	35	40	1	0
12	45	1	1	24	15	1	0				

출처 : D. Collett, in *Encyclopedia of Biostatistics,* Wiley, New York, 1998, pp. 350-358.
$D=$수술시간, $T=$안전장치 종류

b. 교호작용이 포함된 모형과 포함되지 않은 두 모형의 예측력을 비교하기 위해 각 모형별로 예측값과 관측값의 상관계수 R을 구하여 비교하라.

4.17 〈표 4.11〉은 기저편평세포암종 식도암 여부(1=예, 0=아니오)를 반응변수 Y로 갖는 로지스틱 회귀모형을 적합한 결과를 보여 주고 있다. 흡연상태(S)는 하루에 적어도 한 갑을 피면 1, 그렇지 않으면 0, 음주소비량(A)는 매일 마시는 평균음주량이며 인종(R)은 흑인인 경우에는 1, 백인인 경우에는 0의 값을 취한다.

a. 인종과 흡연 간의 교호작용을 설명하기 위해 $R=1$인 경우와 $R=0$인 경우에 각각 예측식을 구하라. 각각의 경우에 적합된 YS 조건부 오즈비를 구하라. 마찬가지로 $S=1$인 경우와 $S=0$인 경우에 각각 예측식을 구하고 각각의 경우에 적합된 YR 조건부 오즈비를 구하라(각각의 연관성에 대하여 교호작용항의 추정값은 다른 변수들이 고정되어 있을 때 두 변수의 고정된 두 수준에서의 로그 오즈비의 차이가 된다).

b. 〈표 4.11〉에서 인종과 흡연의 모수추정값이 어떤 효과를 나타내는지 설명하라. 이 변수들에 대응되는 P-값은 어떤 가설에 대한 것인가?

▸ 표 4.11 연습문제 4.17의 식도암 자료의 결과

변수	효과	P-값
절편	−7.00	<0.01
음주소비량	0.10	0.03
흡연	1.20	<0.01
인종	0.30	0.02
인종×흡연	0.20	0.04

4.18 〈표 4.12〉의 자료는 2016년도 일반사회조사 결과이다. 자료 파일을 만들고 로지스틱 회귀분석모형으로 자료를 분석하라. 짧은 보고서로 분석 결과를 요약하라. 부록에는 편집된 R 출력 결과를 첨부하라.

▸ 표 4.12 연습문제 4.18의 인종과 종교에 따른 사후 세계의 믿음

인종	성별	사후 세계에 대한 믿음	
		믿는다	믿지 않는다 또는 잘 모르겠다
백인	개신교	817	250
	천주교	519	194
	기 타	48	9
흑인	개신교	298	86
	천주교	39	13
	기 타	119	38

출처: General Social Survey.

4.19 색깔과 너비를 예측변수로 갖는 참게 자료에 대한 모형 (4.3)에 색깔과 너비 간의 교호작용을 나타내는 세 항을 추가하라.

a. 부수체를 가질 확률에 너비효과를 나타내는 예측식을 각각의 색깔에 대하여 구하라. 그림을 그리고 해석하라.

b. 교호작용이 있는 모형이 교호작용이 없는 간단한 모형보다 더 잘 적합되는지 검정하고 결과를 해석하라. 교호작용이 포함된 모형과 포함되지 않은 두 모형의 예측력을 비교하기 위해 각 모형별로 예측값과 관측값의 상관계수 R을 구하여 비교하라.

4.20 MBTI와 음주에 대한 앞의 연습문제 4.12를 참고하라.

a. 음주 빈도가 높다고 보고한 사람들의 표본비율이 0.092이었다. 이 값을 분계점으로 분할표를 작성할 때, 민감도는 0.53이고 특이도는 0.66이다. 이 값들이 의미하는 바를 설명하라. 이를 이용해서 정확하게 분류된 표본비율은 0.65임을 보여라.

b. MBTI 자료는 흡연빈도에 대한 자료도 포함하고 있다. 4개의 주효과를 갖는 모형을 이용하여 흡연빈도를 추정하고 흡연빈도가 높은 비율의 표본값 0.23을 사용하여 분류표를 만들었을 때에 민감도는 0.48이고 특이도는 0.55이다. ROC 곡선의 AUC값은 0.55이다. 개인의 적성형을 아는 것이 그 사람이 흡연빈도가 높은 사람인지 여부를 예측하는 데 도움이 되는가? 설명하라.

4.21 $\pi_0 = 0.50$에 대해서 〈표 4.4〉의 분류표가 어떻게 만들어졌는지 설명하라. 민감도와 특이도를 추정하고 해석하라.

4.22 나이 x가 페이스북 회원 여부 y(1=예, 0=아니오)와 관계가 있는지를 알아 보고자 한다. 경험적으로 $P(Y=1)$의 값이 대략적으로 $x=18$일 때는 0.80이고 $x=65$일 때는 0.20인 것으로 알고 있다. 로지스틱 회귀분석모형이 이 관계를 잘 나타낸다고 가정한 후에 x의 효과를 나타내는 β값을 근사적으로 구하라.

4.23 7장의 〈표 7.8〉은 이 책의 웹사이트에 있는 Substance2 자료 파일을 보여 준다. 마리화나를 반응변수로 음주, 흡연, 성별, 인종을 예측변수로한 로지스틱 회귀분석모형을 적합하기 위한 자료 파일을 만들어라. 이 모형에 기반한 추론적인 결과를 요약하여 간단한 보고서를 작성하라.

4.24 다음의 가상적인 자료를 고려해 보자.

x	number of trials	number of successes
0	4	1
1	4	2
2	4	4

M_0는 로지스틱 영모형(null model)을 나타내고 M_1은 x를 예측변수로 포함하는 모형을 나타낸다고 하자. 이 두 모형에 대한 로그가능도함수의 최댓값을 각각 L_0와 L_1으로 나타내고 포화모형은 L_s라고 나타내자. 다음의 두 방법으로 자료를 입력하여 2개의 자료 파일을 만들어라.

(i) 12개의 개별 이항관측값으로 구성된 그룹화되지 않은 자료

(ii) 3개의 요약된 이항관측값으로 구성된 그룹화 자료(표본크기=4)

a. 각 자료 파일에 대하여 M_0 모형과 M_1 모형을 각각 적합하고 L_0와 L_1 값(또는 $-2L_0$ 또는 $-2L_1$ 값)을 제시하라. 이 결과는 자료 입력 방식에 따라 영향을 받는가?

b. M_0와 M_1의 이탈도 통계량은 자료 입력 방식에 따라 영향을 받는 것을 보여라. 왜 그런가 이유를 설명하라. (힌트: 자료 입력이 (i)의 방식인 경우에는 포화모형이 12개의 모수를 갖게 되나 (ii)의 방식인 경우에는 3개의 모수를 갖는다.)

c. 이탈도 통계량의 차이는 자료 입력 방식에 영향을 받지 않는 것을 보여

라. 그러므로 x 의 효과에 대한 검정은 어떤 방식으로 자료를 입력하든지 상관이 없다.

5장

로지스틱 회귀모형의 구축과 활용

로지스틱 회귀모형의 기초적인 지식에 대해서는 이미 알고 있기 때문에 이제부터는 여러 개의 예측변수들을 가지고 모형을 구축하고 적합도를 검정하는 방법에 대하여 살펴볼 것이다. 보통 회귀분석에서는 설명변수들을 선택하기 위해 단계적 알고리즘(stepwise algorithms)을 포함하여 다양한 전략들을 사용하는 것이 가능하다. 일단 예비모형을 선택한 후 적합한 모형을 찾기 위해 적합결여의 가능성을 탐색한다. 이러한 과정을 수행하기 위해 적합도 검정법과 잔차에 대한 진단을 실시한다. 소표본이나 불균형 표본에서는 모수추정값들이 무한대값으로 추정될 수 있다. 여기서 왜 그런 현상이 생기는지를 살펴보고 이에 대한 해결책을 제시하고자 한다. 로지스틱 회귀모형의 대안이 될 수 있는 프로빗과 같은 연결함수와 베이지안 접근법과 같은 추론 방법을 소개한다.

5.1 모형선택의 전략

이항반응변수와 여러 개의 설명변수들을 가진 자료가 주어져 있을 때 어떻게 자료를 잘 적합하는 로지스틱 회귀모형을 구축할 수 있을까? 일반적인 회귀모형에서도 모형을 선택하는 과정은 설명변수의 수가 증가할수록 점점 어려워지는데, 이는 가능성 있는 효과와 교호작용의 수가 급격하게 늘어나기 때문이다. 모형은 자료를 잘 적합할 수 있을 만큼 충분히 복잡해야 하나, 모형이 더 간단할수록 해석하기 쉽다

대부분의 연구들은 특정 질문에 대한 답을 구하기 위해 그 질문과 관련한 특정 항을 모형에 포함하도록 설계된다. 이러한 질문에 답하기 위해서 확증적 자료분석은 제한된 종류의 모형을 사용한다. 특정 효과에 대한 이론이 맞는지 여부는 그 효과를 포함하는 모형과 포함하지 않는 모형을 비교함으로써 검정할 수 있다. 하나의 모형이 좀 더 복잡

한 모형의 간단한 경우에 해당되면, 그 복잡한 모형에 추가된 모수들 중 적어도 하나가 0이 아니라는 대립가설에 대한 검정을 통해서 간단한 모형이 적합한지 여부를 검정할 수 있다. 3.4.4절에서 보였듯이, 모형들을 비교하는 가능도비 검정통계량은 모형들 간의 이탈도 통계량의 차이값이며 근사적으로 카이제곱분포를 따른다. 효과에 대한 특정한 이론 없이 이루어지는 연구는 **확증적**(confirmatory)이라기보다 **탐색적**(exploratory)이라고 할 수 있다. 이 경우, 많은 모형들 중에서 적합한 모형을 찾아가는 과정은 어떠한 예측변수들이 반응변수와 연관성이 있는지를 알아내는 단서를 제공하여 주며 장래의 연구에 대한 방향을 제시한다.

5.1.1 얼마나 많은 예측변수를 사용할 수 있는가?

반응변수 Y에 대해서 만약 $y=1$인 경우나 $y=0$인 경우가 상대적으로 너무 적으면 이것은 불균형자료이다. 이러한 자료에서는 효과를 정확하게 추정할 수 있는 설명변수의 수 p가 제한된다. 하나의 가이드라인[1]으로 각 예측변수에 대하여 반응변수의 각 수준에서 적어도 10개의 관측값이 있어야 바람직하다고 제안하고 있다. 예를 들어 $n=1000$개의 관측값이 있는 자료에서 $y=1$인 경우가 30개 밖에 없다고 하면, 이 모형은 전체 표본크기가 큼에도 불구하고 $p=3$보다 많은 예측변수를 가질 수 없다. 이러한 가이드라인은 간단하지만 다소 보수적이다. 이 조건이 만족되지 않더라도 소프트웨어는 모형적합 결과를 제공한다. 실제로 종종 변수의 수 p가 너무 많아서 관측값의 수 n과 비슷한 경우들도 있다. 그러나 이러한 가이드라인을 과도하게 위배할 경우, 효과에 대한 ML 추정값은 매우 편향되어 있고 표준오차의 추정값도 매우 클 수 있다.

일반적인 회귀모형에서 모형을 구축하는 데 주의할 사항들은 다른 GLM에서도 마찬가지로 적용된다. 예를 들어, 여러 개의 예측변수를 갖는 모형은 **다중공선성**(multicollinearity)의 문제가 생길 수 있다. 즉, 예측변수 간의 강한 상관관계 때문에 중요한 변수가 중요하지 않은 것처럼 보일 수 있다. 한 변수가 다른 예측변수와 상당히 **중복**(overlap)되어 있기 때문에 효과가 거의 나타나지 않을 수 있다는 것이다. 이러한 중복된 변수는 제거하는 것이 도움이 되는데, 예를 들어 다른 예측효과의 표준오차를 줄이는 효과가 있다.

5.1.2 예제: 암참게의 부수체 자료 재분석

4장에서 〈표 3.2〉의 참게 자료를 통해서 $n=173$마리의 암참게가 짝을 이룰 수 있는

[1] P. Peduzzi 등, *J. Clin. Epidemiol.*, **49**: 1373-1379, (1996)를 확인하라.

적어도 한 마리 이상의 부수체를 갖는지($y=1$) 혹은 갖지 않는지($y=0$)에 대한 분석을 하였다. 이 책의 웹사이트에 있는 Crabs 자료 파일에는 네 개의 예측변수가 포함되어 있다. 색깔(네 개 범주), 등뼈 상태(세 개 범주), 등딱지의 너비, 무게이다. 이제 암참게가 부수체를 가지는지 알아보기 위해서 이 모든 예측변수들을 포함하는 로지스틱 회귀모형을 적합해 보자.

색깔과 등뼈 상태를 질적(명목형 척도) 요인으로 두고 모든 예측변수에 대하여 주효과만을 가지는 모형을 적합해 보자. (c_2, c_3, c_4)를 4개 색깔 중에서 처음 세 범주에 속하는 색깔에 대한 지시변수로 두고 (s_2, s_3)를 3개 등뼈 상태 중에서 처음 두 범주에 속하는 등뼈 상태의 지시변수라고 하자. R에서와 같이 첫 번째 범주에 대한 지시변수는 설정하지 않았다. 색깔과 등뼈 상태를 명목형 변수로 다루는 모형은 다음과 같다.

$$\log it[P(Y=1)] = \alpha + \beta_1 \text{weight} + \beta_2 \text{width} + \beta_3 c_2 + \beta_4 c_3 + \beta_5 c_4 + \beta_6 s_2 + \beta_7 s_3$$

다음은 R에서의 적합 결과이다.

```
---------------------------------------------------------------------
> Crabs <- read.table("http://www.stat.ufl.edu/~aa/cat/data/Crabs.dat",
+                     header=TRUE)
> fit <- glm(y ~ weight + width + factor(color) + factor(spine),
+            family=binomial, data=Crabs)
> summary(fit)
                 Estimate  Std. Error   z value   Pr(>|z|)
(Intercept)      -8.06501     3.92855    -2.053     0.0401
weight            0.82578     0.70383     1.173     0.2407
width             0.26313     0.19530     1.347     0.1779
factor(color)2   -0.10290     0.78259    -0.131     0.8954
factor(color)3   -0.48886     0.85312    -0.573     0.5666
factor(color)4   -1.60867     0.93553    -1.720     0.0855  .
factor(spine)2   -0.09598     0.70337    -0.136     0.8915
factor(spine)3    0.40029     0.50270     0.796     0.4259
---
    Null deviance: 225.76  on  172  degrees of freedom
Residual deviance: 185.20  on  165  degrees of freedom
AIC: 201.2
> 1 - pchisq(225.76-185.20, 172-165) # P-value for test that all beta's = 0
[1] 9.83292e-07
> library(car)
> Anova(fit) # likelihood-ratio tests for individual explanatory variables
               LR Chisq   Df   Pr(>Chisq)
weight           1.4099    1      0.23507
width            1.7968    1      0.18010
factor(color)    7.5958    3      0.05515  .
factor(spine)    1.0091    2      0.60377
---------------------------------------------------------------------
```

Y가 네 개의 예측변수들과 동시에 결합적으로 독립임을 나타내는 가능도비 검정통

계량은 가설 $H_0 : \beta_1 = \cdots = \beta_7 = 0$을 검정하는 것이다. 이 가능도비 검정통계량은 영이탈도와 잔차 이탈도의 차이값으로 $225.76 - 185.20 = 40.56$이며 자유도는 $df = 172 - 165 = 7$이다. 이 결과는 적어도 하나의 예측변수가 유의한 효과를 갖고 있다는 것을 보여 주는 매우 강한 증거이다($P < 0.0001$).

비록 전체 효과의 검정 결과는 매우 유의하지만 개별 변수들에 대한 검정 결과는 그다지 좋지 않다. 양적 변수인 무게와 너비에 대한 모수추정값들은 대응되는 표준오차값보다 약간 큰 값을 갖는다. 질적 예측변수에 대한 추정값들은 기준이 되는 첫 번째 범주와 각 범주를 비교한다. 색깔변수에서 추정값의 차이의 최댓값은 표준오차의 2배보다 작다. 등뼈 상태에서도 추정값 차이의 최댓값은 표준오차보다 작다. 개별 설명변수들에 대한 가능도 검정에서는 어떠한 변수도 0.05 수준에서 유의하지 않다(색깔의 경우 유의수준에 가깝다). 글로벌 검정에 대해서는 P-값이 작게 나오고, 각각의 모수에 대한 유의성이 결여되게 나오는 것은 다중공선성에 의한 것으로 볼 수 있다. 4.2.2절에서는 부수체의 존재에 대해 너비 효과가 강하게 나타났지만 무게, 색깔, 등뼈 상태를 통제했을 때에는 너비 효과가 거의 나타나지 않았다. 실제로 무게와 너비는 강한 상관관계를 갖고 있다(0.887). 즉, 너비와 무게는 예측변수로 둘 다 적절하지만 이 둘을 동시에 사용할 필요는 없다. 앞으로는 무게를 예측변수로 사용하지 않고, 너비와 색깔, 등뼈 상태만을 예측변수로 사용하기로 한다.

5.1.3 단계적 변수 선택법

단계적인 방법으로 변수를 선택하거나 제거해서 모형을 만들기 위한 알고리즘들이 있다. 탐색적 연구에서 이러한 모형선택 방법을 주의 깊게 사용한다면 많은 정보를 얻을 수 있다. **후진제거법**(Backward elimination)은 복잡한 모형에서 시작하여 항을 제거해나가는 방법이다. 제거하는 방법 중의 하나는 주어진 모형의 각 모수가 0인지를 검정하여 P-값이 가장 큰 항을 제거해 나가는 것이다. 항을 더 이상 제거하게 되면 적합 결과가 유의하게 나빠질 때 변수 선택 과정을 끝내면 된다. 이와는 반대로, **전진선택법**(forward selection)은 영모형에서 시작해서 더 이상 적합이 개선되지 않을 때까지 항을 단계별로 추가해 가는 방법이다.

어떤 알고리즘이든지 두 개 이상의 범주를 가진 범주형 예측변수에 대해서는 각 단계에서 개별적인 지시변수에 대해서가 각각 아니라 전체 지시변수들을 함께 다루어야 한다. 그렇지 않으면, 지시변수에 대해 기준범주를 어떤 것으로 선택하느냐에 따라 결과가 달라진다. 지시변수 중 하나를 넣거나 빼는 것이 아니라 해당 범주형 변수에 대한 모든 지수변수 전체를 다 넣거나 다 빼야 한다. 또한, 단계별 방법은 각 변수별로 최고차항에 대해서만 검정한다. 예를 들어 후진제거법의 경우에 어떤 모형에 고차 교호작용항을 포함되어 있는 경우에 그 항에 해당되는 주효과항을 제거하는 것은 적절하지 않다. 교호작용항은 있으나 그 항에 대응되는 주효과항이 포함되지 않는 모형을 사용하는 것은 타당하지 않은데 이는 지시변수가 어떻게 코딩이 되었는지에 따라 통계적 유의성과 고차항에 대한 해석이 달라지기 때문이다. 그러나 교호작용항을 구성하는 모든 저차항을 모형에 포함시키면 어떻게 지시변수를 코딩했든지 상관없이 항상 동일한 결과를 얻을 수 있다.

변수 선택 방법이 반드시 의미 있는 모형을 찾을 수 있도록 하는 것이 아니므로 주의 깊게 사용해야 한다. 여러 개의 효과항을 평가할 때, 실제로는 중요하지 않은 한두 개의 효과항들이 우연히 중요한 것처럼 보일 수도 있다. 어떤 경우든지 특정한 효과항이 가장 유의하거나 유의하지 않게 나왔을 때에 이 통계적 유의성이 참인지 아닌지 판단하기는 쉽지 않다. 그러므로 통계적 유의성이 모형에 특정 효과항을 포함할지 여부에 대한 유일한 기준이 되어서는 안 된다. 연구 목적상 중요한 항은 비록 그 항이 통계적으로 유의하지 않더라도 모형에 포함시킨 후에 추정된 효과를 보여 주는 것이 적절하다. 이러한 항을 모형에 포함시키면 다른 예측변수의 추정 효과의 편향을 줄여주고 해당 효과가 유의하게 나타난 다른 연구(아마도 큰 표본크기로 인하여)의 결과와 비교할 수 있게 된다. 마찬가지로 표본크기가 매우 큰 연구에서는 어떤 항이 실제적으로는 유의하지 않지만 통계적으로 유의하게 나타날 수도 있다. 이런 경우에는, 해당되는 항을 모형에서 제거하는 것을 고려해야 한다. 예를 들어 이 항이 복잡한 교호작용항일 때 이 항을 제거하여 더 간단한 모형을 만들면 해석하기 더 쉽기 때문이다.

5.1.4 목적에 따른 설명변수의 선택

설명변수를 선택할 때에 연구 목표, 상대적 통계적 유의성, 다중공선성 및 잠재적 교란 요인과 같은 문제를 고려해서 변수 선택 전략을 정할 수 있다. Hosmer 등(2013, 4장)이 제안한 목적에 따른 변수 선택 과정은 모형을 구축하기 위해 여러 단계를 사용하며 다음과 같이 요약할 수 있다.

1. 잘 알려져 있는 중요한 변수들과 단일 예측변수 모형에서 통계적으로 어느 정도 연관성이 있는 변수들(예, P-값<0.2)을 설명변수들로 포함하여 초기 주효과모형을 만든다.
2. 더 엄격한 유의수준에서 유의한 변수와 교락변수라는 타당한 증거를 보이는 변수만 남기면서 후진제거법을 수행한다. 교락변수는 이 변수를 제거했을 때에 주

요 변수의 추정 효과를 상당히 많이 변화하게 만드는 변수이다.

3. 1단계에서는 모형에 포함되지 않았지만 2단계 이후에 다른 설명변수를 보정한 이후에 유의해진 변수를 모형에 추가한다. 이런 변수는 y와 유의한 연관성은 없지만 다른 변수가 존재하는 경우에는 y에 대해서 중요한 기여를 할 수 있기 때문이다.
4. 3단계 이후 모형에 남아 있는 변수들 간에 상호작용이 존재하는지 여부를 0.05와 같은 흔히 사용하는 유의수준에서 검정을 수행한다.
5. 5.2절에서 제시한 바와 같은 후속 진단 조사를 수행한다.

5.1.5 예제: 참게 자료에서의 변수 선택

〈표 5.1〉을 사용하여 앞절에서 소개한 목적에 따른 변수 선택 과정을 설명한다. 〈표 5.1〉에는 세 개의 예측변수가 있다. 너비(W), 색깔(C), 등뼈상태(S)를 잠재적인 설명변수로 간주하고 부수체를 갖고 있는지 여부를 나타내는 변수를 반응변수로 간주하여 여러 종류의 로지스틱 모형을 적합한 결과다. 여기서 C와 S는 요인 변수이다. 편의상 표에서는 모형에 포함하는 변수들로 모형을 나타내었다. 예를 들어, ($C+W$)는 색깔과 너비의 주효과만 있는 모형을 나타내고 ($C+W+C^*W$)는 이들 주효과에 교호작용까지 포함한 모형을 나타낸다.

첫 단계에서는 영모형(〈표 5.1〉의 모형 1)과 색깔, 등뼈 상태, 너비 중에서 한 개의 설명변수만을 갖고 있는 모형들(모형 2, 3, 4)과 비교한다. 가능도비 검정통계량값은 영모형과 이 모형들 간의 이탈도 통계량의 차이값과 동일하다. 검정 결과 색깔과 너비는 통계적으로 유의하다는 것을 알 수 있다. 따라서 1단계 이후 목적에 따른 변수 선택 과정에서는 초기 설명변수로 색깔과 너비를 포함한다. 이 모형이 〈표 5.1〉의 모

▸표 5.1 참게의 부수체 여부를 예측하기 위해 적합된 여러 개의 로지스틱 회귀모형의 적합도 결과

모형	예측 변수	이탈도	df	AIC	모형 비교	이탈도 차이
1	None	225.8	172	227.8		
2	C	212.1	169	220.1	(2) - (1)	13.7 (df = 3)
3	S	223.2	170	229.2	(3) - (1)	2.5 (df = 2)
4	W	194.5	171	198.5	(4) - (1)	31.3 (df = 1)
5	$C+W$	187.5	168	197.5	(5) - (2)	24.6 (df = 1)
					(5) - (4)	7.0 (df = 3)
6	$C+W+S$	186.6	166	200.6	(6) - (5)	0.9 (df = 2)
7	$C+W+C^*W$	183.1	165	199.1	(7) - (5)	4.4 (df = 3)

참고: C=색깔, S=등뼈 상태, W=너비.

형 5이다. 2단계에서 후진제거법은 모형 5와 너비와 색깔을 각각 제거한 모형 2와 4를 비교한다. 너비를 제거하면 이탈도 통계량이 크게 증가하고(24.6, $df = 1$) 색깔을 제거해도 어느 정도 증가하므로(7.0, $df = 3$, $P = 0.07$) 이 두 변수를 모형에서 제거하지 않는다. 다음 3단계에서는 처음에 선택한 변수에 포함되지 않았던 등뼈 상태를 포함한 모형 6과 모형 5를 비교한다. 이 두 모형의 이탈도 통계량의 차이(0.9, $df = 2$)는 유의하지 않으므로 등뼈 상태를 빼고 너비와 색깔만을 유일한 예측변수로 유지한다. 4단계에서는 너비와 색깔 간의 교호작용을 추가한 모형 7을 고려한다. 이 모형은 너비와 색깔을 나타내는 세 개 지시변수 간의 교차항을 포함시켜 모형을 적합하였다. 모형 7에 의해 이탈도 통계량이 4.4($df = 3$) 감소하였으나 통계적으로 유의하지는 않았다(P-값$= 0.22$). 따라서 최종 모형은 너비와 색깔의 주효과만을 갖는 모형이다. 이 모형의 적합 결과는 4.4.1절에 정리가 되어 있다.

이 모형적합 과정에서 색깔과 등뼈 상태를 질적변수로 취급했다. 만약 4.4.3절에서와 같이 등간격 점수를 사용하여 이들 변수들을 정량적으로 간주하여 목적에 따른 변수 선택 방법을 적용해도 색깔과 너비 예측변수를 가진 최종 모형을 얻게 된다. 4.4.3절의 분석에서 모형 5의 특별한 경우로 색깔에 대해 어두운 색인 경우에는 1, 그 이외에는 0의 값을 갖는 한 개의 지시변수를 사용한 모형도 비슷하게 잘 적합이 되는 것을 보였다.

5.1.6 AIC와 편향/분산 간의 절충

어떤 모형 구축 과정을 통해 모형을 선택했다 할지라도, "정확한" 모형을 찾았다고 결론을 내리면 안 된다. 모든 모형은 실제 현상을 단순화시킨 것일 뿐이다. 예를 들어, 참게 자료에서 참게의 색깔이 서로 다른 경우에는 너비가 로짓에 대해 동일한 기울기를 갖는 선형효과를 갖는 것으로 기대해서는 안 된다. 단순한 모형은 모형 경제성(model parsimony) 측면에서 장점을 갖고 있다. 만약 모형이 실제 현상을 잘 설명하면서 상대적으로 거의 편향되지 않았다면 이 모형으로부터 반응변수의 확률과 예측변수의 효과를 나타내는 오즈비에 대하여 좋은 추정값을 구할 수 있다.

통계적 분석을 위한 모형을 선택할 때, 편향과 분산 사이에 근본적인 절충 문제가 발생한다. 한 모형이 다른 모형보다 좀 더 간단한 두 가지 모형을 고려해 보자. 더 간단한 모형은 그 모형을 모집단에 적합하여 구한 확률값과 실제 확률값이 크게 차이가 나는 경우처럼 더 많은 잠재적 편향을 가질 수 있다. 그러나 모형이 단순할수록 모형의 모수의 수가 적어지므로 관심이 있는 특성을 추정하기 위한 분산이 더 작아지는 장점이 있다. 따라서 더 복잡한 모형이 비록 더 작은 이탈도 통계량값을 갖고 통계적인 유의성 면에서 자료를 더 잘 적합하더라도 그 모형을 선택하는 것이 반드시 더 나은 것은 아니다.

편향/분산 절충문제의 모형의 경제성 측면과 분석의 장점 때문에 유의성검정 이외에 다른 기준을 사용하여 모형을 선택하는 것이 도움이 된다. 가장 잘 알려진 것은 **Akaike 정보기준**(AIC)이다. 이 측도는 적합된 값이 실제 기댓값과 얼마나 일치하는지를 이 두 값의 차이를 특정한 형태의 기댓값으로 요약한 거리로 모형을 평가한다. 최적의 모형은 실제 반응변수의 확률에 가장 근접한 적합값을 갖는 것으로 다음 값을 최소화하는 모형이다.

$$\text{AIC} = -2(\text{로그 가능도}) + 2(\text{모형의 모수의 수})$$

AIC값이 작을수록 더 좋기 때문에 AIC를 사용하면 많은 모수를 갖고 있는 모형을 더 많이 벌점화하게 된다. 간단한 모형이 항상 더 복잡한 모형보다 더 작은 로그 가능도값(그리고 더 큰 이탈도 통계량값)을 갖지만, 더 간단한 모형이 참 기댓값에 대한 더 나은 추정값을 제공할 수 있다.

예를 들어 복잡한 모형 $\log it[\pi(x)] = \alpha + \beta_1 x + \beta_2 x^2 + \cdots + \beta_{10} x^{10}$을 고려해 보자. 더 간단한 모형 $\log it[\pi(x)] = \alpha + \beta_1 x$ 은 복잡한 모형의 한 특별한 경우이다. 더 복잡한 모형은 표본자료를 더 잘 적합한다. 그러나 참 관계식이 근사적으로 선형이라서 모집단을 가장 잘 적합하는 다항모형에서 $\{\beta_2, \cdots, \beta_{10}\}$이 모두 0에 매우 가깝다고 가정하자. 랜덤 변동성(random variability)으로 인해서, $\{\hat{\beta}_2, \cdots, \hat{\beta}_{10}\}$값이 0에서 많이 멀어질 수 있으며, 간단한 모형으로부터 얻은 해당 모수의 0 추정값이 더 나을 수 있다. 여러 굴곡선(bend)을 갖고 있는 복잡한 모형의 적합 결과는 특정 표본의 문제점을 반영하게 된다. 간단한 모형을 적합해서 대부분의 x 값에서 $\pi(x)$에 대해 더 좋은 추정값을 얻을 수 있다.

〈표 5.1〉에 정리된 모형들을 사용하여 AIC를 적용해보자. 모형 $C+W$ 의 경우 다음 R 출력 결과에서 -2(로그 가능도) 값이 187.46임을 보여 준다:

```
-----------------------------------------------------------------
> fit <- glm(y ~ width + factor(color), family=binomial, data=Crabs)
> -2*logLik(fit)
'log Lik.' 187.457 (df=5)
> AIC(fit) # adds 2(number of parameters) = 2(5) = 10 to -2*logLik(fit)
[1] 197.457
-----------------------------------------------------------------
```

이 모형에는 5개의 모수(절편, 너비 효과 및 색깔에 대한 3개 지시변수의 모수)가 있다. 따라서 AIC $= 187.46 + 2(5) = 197.46$가 된다. 세 가지 기본 설명변수의 일부 또는 전부를 사용하는 모형 중에서 이 모형의 AIC가 가장 작다.

또한 AIC를 이용하여 단계적으로 모형선택을 할 수 있다. 예를 들어, 다음 R 출력 결과는 AIC를 사용하여 후진 방식으로 모형을 선택한 것이다. 먼저 네 가지 잠재적인 설명변수들을 모두 주효과로 포함하는 모형으로 시작한다. 각 단계에서 AIC가 가장 많이 감소하는 변수를 계속 제거해 나간다. 변수를 더 제거하면 AIC가 증가하게 될 때까지 진행한다.

```
> fit <- glm(y ~ weight + width + factor(color) + factor(spine),
+            family=binomial, data=Crabs)
> library(MASS)
> stepAIC(fit) # stepwise backward selection using AIC
Start: AIC=201.2
y ~ weight + width + factor(color) + factor(spine)
Step: AIC=198.21
y ~ weight + width + factor(color)
Step: AIC=197.46
y ~ width + factor(color) # AIC now increases if width or color removed
```

선택적 방법 대신에 로지스틱 모형에서 가장 작은 AIC값을 갖는 설명변수의 집합을 검색할 수도 있다. 이 경우에도 같은 모형을 얻게 된다. 여기서는 색깔과 등뼈 상태를 양적 변수로 간주하여 모형을 찾는 방식을 보여 준다.

```
> attach(Crabs) # need response variable in last column of data file
> Crabs2 <- data.frame(weight, width, color, spine, y) # y in last column
> library(leaps)
> library(bestglm)
> bestglm(Crabs2, family=binomial, IC="AIC") # can also use IC="BIC"
Best Model:
               Estimate  Std. Error    z value       Pr(>|z|)
(Intercept)  -10.07084     2.80683   -3.58797    3.33261e-04
width          0.45831     0.10402    4.40606    1.05270e-05
color         -0.50905     0.22368   -2.27576    2.28602e-02
```

또한 AIC와 같은 모형 지수 기준으로 봤을 때에 서로 성능이 비슷한 여러 모형들의 결과를 통합하기 위해 **모형 평균화**(model averaging) 작업을 할 수 있다. 이 작업은 이 책의 범위를 벗어나므로 AIC 및 그와 관련된 지수 및 모형 평균화에 대한 자세한 내용은 Burnham 및 Anderson(2003)을 참조하라. 모수의 수가 상대적으로 많을 때에는 편향 보정된 AIC_C를 사용할 것을 추천하였다. AIC 대신에 다른 지수 BIC를 사용할 수 있는데 이 지수는 모수의 벌점에서 모수의 수에 곱해지는 2 대신에 $\log(n)$를 사용한다. BIC는 n이 매우 커질 때에도 "올바른" 모형을 선택하도록 설계된 것으로 모수의 수가 커질수록 벌점을 더 강하게 준다. BIC를 최소화시킬수록 더 경제적인 모형을 찾을 수 있다. n이 상당히 클 때, 이 전략은 유용하다. 왜냐하면 통계적으로 유의하지만 실질적으로는 유의하지 않은 효과들이 더 쉽게 모형에 포함될 수 있는 것을 제한할 수 있기 때문이다. 참게 자료의 경우 어떤 기준들을 사용하더라도 동일한 모형이 선택된다.

5.2 모형진단

어떤 형태의 로지스틱 회귀모형에 대해서도 그 모형이 적절하거나 자료를 잘 적합한다는 보장은 없다. 이 절에서는 모형적합에 대한 진단 방법에 대해 논의하겠다.

5.2.1 적합도 검정: 이탈도 통계량을 이용한 모형 비교

적합결여를 검정하는 한 가지 검정법은 해당 모형과 더 복잡한 모형을 비교하는 가능도비 검정법이다. 여러 개의 예측변수를 갖고 있는 모형들은 교호작용항을 포함할 수 있다. 만약 현재 선택한 모형보다 더 복잡한 모형이 자료를 더 잘 적합하지 않는다면 선택한 모형이 타당하다는 어느 정도의 확신을 가질 수 있다. 예를 들어 〈표 5.1〉에 요약된 목적에 따른 선택 과정은 너비와 색깔을 주효과항으로 갖는 모형과 교호작용항을 포함하는 모형의 이탈도 통계량을 비교하였다. 교호작용을 포함하는 모형의 적합성이 유의하게 더 나아지질 않았다. 좀 더 복잡한 모형이 자료를 더 잘 적합하는 경우, 그 이유가 통계적으로 유의할 뿐만 아니라 실제적으로도 중요한지 여부를 평가해야 한다. 예를 들어 여러 교호작용항들을 추가하여 작은 P-값을 얻었지만 4.6.3절에서 소개한 다중상관계수 R은 0.455에서 0.463으로만 증가하고 AIC도 조금만 감소했다고 가정하자. 그런 경우에는 교호작용항을 포함하지 않는 모형이 더 간단하게 해석될 수 있으므로 이 모형을 선택하는 것이 더 좋다. n이 큰 경우에 통계적 유의성이 꼭 실제적인 중요성을 의미하지는 않는다.

적합결여를 찾아내는 보다 일반적인 방법은 모형이 적합되지 않는 이유들을 찾아내는 것이다. 적합도 검정은 실제 자료와 모형적합을 비교한다. 이 접근 방법은 자료 자체를 가장 복잡한 모형인 포화모형의 적합 결과로 간주한다. 포화모형은 3.4.3절에서 소개한 것처럼 각각의 관측값에 대해 개별적인 모수를 갖는 모형이다. 적합도 검정에서는 포화모형에는 포함되어 있지만 현재 모형에는 포함되어 있지 않은 모든 모수의 값이 전부 영이 되는지를 검정한다. 이 검정에 대한 가능도비 통계량은 모형의 (잔차) 이탈도 통계량이다. 이 검정통계량은 적절한 조건 하에서 표본크기가 크면 귀무가설 하에서 카이제곱분포를 따른다.

설명변수들이 범주형인 경우에는 그룹화된 자료를 분할표로 요약할 수 있다. 설명변수들의 i번째 조합에 대하여 n_i명의 개체가 있을 때에, $\hat{\pi}_i$를 모형적합으로부터 구한 성공확률의 추정값을 나타낸다고 하자. 그러면 이항분포의 평균추정값 $n_i\hat{\pi}_i$는 성공도수에 대한 추정값이 된다. 실패도수에 추정값은 $n_i(1-\hat{\pi}_i)$이다. 그러면 잔차 이탈도는 분할표의 모든 칸에 대해서 식 (2.4)에서 소개한 것처럼 아래와 같은 G^2의 형태를 가진다.

$$G^2 = 2\sum \text{관찰값}\ [\log(\text{관찰값}/\text{적합값})]$$

모형이 맞다는 귀무가설 하에서 이탈도 통계량은 모형에 대한 잔차 자유도와 동일한 자유도를 갖는 대표본 카이제곱분포를 따른다. 큰 이탈도 통계량값은 적합결여가 있다는 증거이다. P-값은 카이제곱분포의 오른쪽 꼬리 확률이다. 이 경우 모든 적합도수가 적어도 5 이상이 될 때, 이 카이제곱분포 근사가 타당성이 있다.

5.2.2 예제: 마리화나 사용 자료에 대한 적합도 검정

1.3.2절에서 마리화나 사용, 성별, 인종에 대한 자료에 대하여 적합된 모형들을 통해 적합도 검정법을 소개하고자 한다. 다음은 모형적합에 대한 R 프로그램이다.

```
> Marijuana
   race   gender   yes    no
1 white   female   420   620
2 white     male   483   579
3 other   female    25    55
4 other     male    32    62
> fit <- glm(yes/(yes+no) ~ gender + race, weights=yes+no, family=binomial,
+            data=Marijuana)
> fit$deviance; fit$df.residual
[1] 0.05798   # residual deviance goodness-of-fit statistic
[1] 1         # residual df
> 1 - pchisq(fit$deviance, fit$df.residual)
[1] 0.80972 # P-value for deviance goodness-of-fit test
> fitted(fit)
      1         2         3         4
0.40453   0.45413   0.30357   0.34802   # estimated prob's of marijuana use
> fit.yes <- n*fitted(fit); fit.no <- n*(1 - fitted(fit))
> attach(Marijuana)
> data.frame(race, gender, yes, fit.yes, no, fit.no)
   race  gender   yes    fit.yes    no     fit.no
1 white  female   420  420.71429   620  619.28571
2 white    male   483  482.28571   579  579.71429
3 other  female    25   24.28571    55   55.71429
4 other    male    32   32.71429    62   61.28571
```

모형의 잔차 이탈도 값은 0.058이다. 이 모형은 4개의 이항분포 관측값에 적합된 것으로 성별과 인종의 각 조합별로 한 개의 이항분포 관측값이 얻어졌다. 이 모형은 세 개의 모수를 갖고 있으므로 잔차 자유도는 $df = 4 - 3 = 1$이다. 작은 이탈도값은 이 모형이 자료를 잘 적합하는 것을 의미한다($P = 0.81$). 하지만 적합도수가 카이제곱 근사를 신뢰할 정도로 충분히 크다고 볼 수 있는가? 모형을 적합한 결과 백인 여성들의 마리화나 사용 확률은 0.405로 추정됐다. 표본에서 백인 여성의 도수가 1040명으로 이 중에서 마리화나 사용자들의 적합도수는 $1040(0.405) = 420.71$명, 비사용자들의 적합도수는 $1040(1 - 0.405) = 619.29$명이다. R 출력 결과에서 다른 6개의 적합도수값들도 상대적으로 크다는 것을 알 수 있다.

5.2.3 그룹화된 자료, 그룹화되지 않은 자료와 연속형 예측변수에 대한 적합도 검정

3.2.5절의 첫 부분에서 예측변수가 이산형인 경우, 자료 파일은 **그룹화된 자료**와 **그룹화되지 않은 자료**의 형태를 가질 수 있음을 살펴보았다. 그룹화되지 않은 자료는 0과 1로 표현된 관측값이고 그룹화된 자료는 각 예측변수의 조합에서 관측된 성공과 실패의 총합 자료이다. 비록 모수의 ML 추정값은 어떤 형태의 자료에 대해서도 동일하지만 이탈도 통계량에 기반한 적합도 검정은 그룹화된 자료의 경우에만 의미가 있다. 왜냐하면 대표본 이론이 분할표에 대해서만 적용되기 때문이다.

모든 설명 변수가 연속형인 경우에는 자료 파일은 그룹화되지 않는다. 따라서 로지스틱 회귀모형이 연속이거나 거의 연속에 가까운 설명변수를 갖는 경우에는 잔차 이탈도가 카이제곱분포로 근사하지 않는다. 이러한 연속형의 자료에 대한 모형적합도는 어떻게 검토할 수 있을까? 예측변수 혹은 추정확률을 이산화시키는 방법이 있다.[2] 하지만 과학적 관점에서 보면 현재의 모형을 더 복잡한 모형과 단순히 비교함으로써 새로 추가된 항이 실제적으로 더 개선된 적합 결과를 제공하는지 여부를 판단하는 것이 더 많은 정보를 얻을 수 있다. 이탈도 통계량값이 크다는 것은 모형적합이 좋지 않다는 것을 나타낼 뿐 적합결여의 본질에 대해서는 어떠한 정보도 제공하지 않는다. 반면에 현재의 모형을 더 복잡한 모형과 비교해 보면 특정 유형의 적합결여가 있는지 여부를 알 수 있다. 적합이 잘 되지 않았을 때, 진단측도는 이 두 가지 방법 모두 모형적합에 대한 각 관측값의 효과와 적합이 잘 되지 않는 가장 큰 이유에 대해서 설명해 준다.

2 이산화시켜 적합도 검정을 수행하는 Hosmer-Lemeshow 검정이 있는데 몇몇 소프트웨어는 그 검정 결과를 제공하고 있다.

5.2.4 범주형 예측변수에 대한 로지스틱 모형의 잔차

범주형 설명변수와 그룹화된 자료 파일에 대해서는 잔차를 이용하여 관찰된 도수와 적합된 도수를 비교할 수 있다. y_i를 설명변수들의 i번째 수준조합에서 n_i번 시행 중에서 "성공"한 도수를 나타낸다고 하자. 이항랜덤성분을 갖는 GLM에서, y_i와 적합값 $n_i\hat{\pi}_i$를 비교하는 표준화잔차는 $y_i - n_i\hat{\pi}_i$를 SE로 나눠준 값이다.

$$\text{표준화 잔차} = \frac{y_i - n_i\hat{\pi}_i}{SE}$$

표준화잔차는 모형이 올바른 경우에는 근사적으로 표준정규분포를 따른다. 절댓값이 대략적으로 2나 3보다 큰 경우는 적합이 좋지 않다는 증거이다. 이러한 표준화잔차가 큰 관찰값은 쉽게 식별이 가능할 정도로 다른 관찰값들과 차이가 많이 난다는 의미이고 아마 모형에 꼭 들어가야 할 다른 변수에 대한 정보를 주기도 한다. 이런 관찰값을 빼고 모형을 새로 적합을 하더라도 종종 적합 결과가 차이가 나지 않는데 이는 이 관찰값이 특이점이기는 하지만 영향점은 아닌 경우이다.

적합값이 매우 작을 경우 잔차는 제한된 의미를 갖는다. 그룹화되지 않은 이항형 자료의 경우에는 각각 $n_i = 1$이 되고 y_i는 0이나 1의 값 중 하나이므로 원잔차 $(y_i - \hat{\pi}_i)$는 두 값만 가질 수 있다. 원잔차에 대한 그림들로부터 별 정보를 얻을 수 없다. 자료가 그룹화될 수 있을 때, 각 개체에 대해서가 아니라 그룹화된 자료에 대해서 잔차를 계산하는 것이 더 적절하다.

5.2.5 예제: 플로리다 대학의 대학원 입학 자료

〈표 5.2〉는 최근 몇년 동안 플로리다 대학의 문리대에 있는 23개의 학과에서 대학원 지원자들에 대한 자료이다. 이 자료는 지원자의 합격 여부(y)와 성별과 학과에 따라 교차분류되어 있다. n_{ik}를 학과 k에 속한 성별 i인 지원자 수라고 하고, y_{ik}를 그 중 합격한 수라고 하고, π_{ik}를 합격할 확률이라고 하자. 그러면 $\{Y_{ik}\}$는 $\{n_{ik}\}$번의 시행에서 $\{\pi_{ik}\}$의 성공확률을 가진 독립이항변수라고 간주할 수 있다.

다른 조건들이 동일할 때, 이상적으로 합격 여부는 성별과 독립적이어야 한다고 생각한다. 학과가 주어졌을 때, 성별효과가 없는 모형은 다음과 같다.

$$\text{logit}(\pi_{ik}) = \alpha + \beta_k.$$

▸표 5.2 플로리다 대학교의 대학원 지원자들에 대한 합격 여부(예, 아니오)를 성별과 학과에 따라 분류한 도수와 성별효과가 없는 모형을 적합한 후에 여학생합격자들 칸에 대해 구한 표준화잔차값

	Females		Males		Std. Res		Females		Males		Std. Res
Dept	Yes	No	Yes	No	(Fem,Yes)	Dept	Yes	No	Yes	No	(Fem,Yes)
anth	32	81	21	41	−0.76	ling	21	10	7	8	1.37
astr	6	0	3	8	2.87	math	25	18	31	37	1.29
chem	12	43	34	110	−0.27	phil	3	0	9	6	1.34
clas	3	1	4	0	−1.07	phys	10	11	25	53	1.32
comm	52	149	5	10	−0.63	poli	25	34	39	49	−0.23
comp	8	7	6	12	1.16	psyc	2	123	4	41	−2.27
engl	35	100	30	112	0.94	reli	3	3	0	2	1.26
geog	9	1	11	11	2.17	roma	29	13	6	3	0.14
geol	6	3	15	6	−0.26	soci	16	33	7	17	0.30
germ	17	0	4	1	1.89	stat	23	9	36	14	−0.01
hist	9	9	21	19	−0.18	zool	4	62	10	54	−1.76
lati	26	7	25	16	1.65						

그렇지만 어떤 학과에서는 성별의 효과가 있어서 이 모형은 적절하지 않을 수 있다. 이 모형의 잔차 이탈도는 44.7이고 $df = 23$이며, 이는 적합이 좋지 않음을 나타낸다(P-값= 0.004).

〈표 5.2〉는 이 모형으로부터 구한 여학생의 합격자수에 대한 표준화잔차를 보여주고 있다. 예를 들어, 6명의 여학생을 합격시킨 천문학과(astronomy)는 이 모형에서 예측한 수보다 표준편차의 2.87배만큼 높다. 각 학과마다 자유도는 1이고(2×2 분할표에서 독립성검정에 대한 자유도) 중복되지 않는 하나의 표준화잔차값을 갖는다. 표준화잔차는 남학생과 여학생에 대해서 절댓값은 같지만 반대의 부호를 가진다. 천문학과는 세 명의 남학생을 합격시켰는데 표준화잔차가 −2.87이므로 남학생 합격자수는 예측된 수보다 표준오차의 2.87배만큼 작다. 표준화잔차값이 큰 학과들은 적합결여에 대한 책임이 있다. 천문학과와 지리학과(geography)에서는 이 모형에서 예측한 것보다 유의하게 많은 수의 여학생이 합격했고 심리학과에서는 예측한 것보다 적은 수의 여학생이 합격했다. 만약 이 세 학과를 제외하면 이 모형의 잔차 이탈도는 24.4로 감소하고 자유도는 $df = 20$이다.

또한 성별효과를 포함하는 모형(이탈도 통계량=42.4, $df = 22$)은 적합 결과를 향상시키지 못하는데, 그 이유는 앞에서 언급한 학과들이 다른 학과와 서로 다른 방향의 연관성을 가지고 있거나 크기가 다른 연관성을 갖고 있기 때문이다. 흥미롭게도, 이 모형에서 Y와 성별의 조건부 오즈비에 대한 ML 추정값은 1.19이다. 즉, 학과별로 볼 때, 여학생이 합격할 오즈가 남학생보다 높았다. 반면에 모든 학과 자료를 합쳐 만든 주변분할표에서는 표본 오즈비가 0.94로, 여학생이 합격할 오즈가 더 낮게 추정되었

다. 이 결과는 조건부 연관성이 주변적 연관성과 반대방향을 갖기 때문에 발생하는 Simpson의 역설(2.7.3절)을 설명해 주고 있다.

5.2.6 표준화잔차, Pearson 잔차, 이탈도 잔차

R에서 glm 적합의 summary 명령문을 사용하면 출력물의 첫 줄에 이탈도 잔차값이 표시된다(3.4.5절). 예를 들어, 5.2.2절에서 소개한 마리화나 사용 자료에 대한 로지스틱 모형의 경우는 다음과 같다.

```
> fit <- glm(yes/(yes+no) ~ gender + race, weights=yes+no, family=binomial,
+           data=Marijuana)
> summary(fit)
Deviance Residuals:
       1          2          3          4
-0.04513    0.04402    0.17321   -0.15493
```

이탈도 잔차값은 위의 출력 결과에 제시하지 않았다. 표준화된 잔차와는 달리, 이탈도 잔차 및 Pearson 잔차로부터는 모수의 중복성을 파악하기 어렵다. 마리화나 사용 자료에서 로지스틱 모형에 대한 잔차 자유도 $df = 1$은 4개의 이항분포 관측값에 적합된 것이나 다음의 출력 결과에서 보면 이탈도 잔차가 1개의 값이 아니라 서로 다른 4개의 값을 갖는다. Pearson 잔차 및 표준화된 이탈도 잔차도 마찬가지이다. 이에 비해서 표준화(Pearson)잔차는 하나의 절댓값(0.24096)만 갖게 되는데 이는 잔차 자유도 $df = 1$이기 때문이다.[3]

```
> cbind(rstandard(fit,type="pearson"), residuals(fit,type="pearson"),
> residuals(fit,type="deviance"), rstandard(fit,type="deviance"))
> # standardized, Pearson, deviance std. dev. residuals
1  -0.24096   -0.04513   -0.04513   -0.24098  # white females
2   0.24096    0.04402    0.04402    0.24095  # white males
3   0.24096    0.17368    0.17321    0.24031  # other females
4  -0.24096   -0.15466   -0.15493   -0.24138  # other males
```

5.2.7 로지스틱 모형에서 영향점 진단

일반적인 회귀모형에서와 같이 하나의 관측값이 다른 관측값들보다 모수 추정값에 훨씬 더 큰 영향을 미칠 수 있다. 이러한 관측값들을 제거하면 적합 결과가 매우 달라질

[3] $df=1$인 경우에는 표준화잔차를 제곱하면 Pearson 적합도 검정통계량 X^2이 된다(5.2.1절의 각주 참고할 것). 표준화된 이탈도 잔차는 비슷한 값을 갖기는 하지만 정확하게 동일하지는 않다.

수 있다. 하나의 잔차값을 통하여 어떤 모형이 이 관측값을 잘 적합하지 못했을 경우에는 이 관측값을 제거하고 나머지 관측값들만을 가지고 모형을 재적합하게 되면 많은 정보를 얻을 수 있다. 그러나 하나의 관측값이 로지스틱 회귀모형보다 보통의 회귀모형에서 엄청나게 큰 영향을 끼칠 수 있는데 그 이유는 회귀모형에서는 y_i와 그 기댓값 간의 거리에 한계(bound)가 없기 때문이다. 따라서 로지스틱 회귀 분석의 영향 측도들은 그룹화된 자료 파일의 관측값들에 대해서 가장 유용하게 사용될 수 있으며, 이 경우 각각의 관측값은 모두 동일한 예측변수값을 갖는 여러 개체들로부터 얻은 이항 반응변수값이다.

영향력을 측정하기 위한 여러 측도들이 있는데 이들 대부분은 전체 자료에서 하나의 관측값을 제거하였을 때에 추정에 미치는 효과를 나타낸다. 각 관측값에 대한 영향 측도는 다음과 같다.

1. 표준화잔차와 각 관측값이 모형의 적합도에 미치는 기여도를 설명하는 측도들 (예: Cook의 거리)
2. 모형의 각 모수에 대해서 하나의 관측값을 제거했을 때, 모수의 추정값에서 발생하는 변화량. 이 변화량을 표준오차로 나눈 값을 $Dfbeta$라고 한다.
3. 관측값을 제거했을 때의 이탈도 감소량

각 진단측도에 대해 그 값이 클수록 영향이 더 크다.

5.2.8 예제: 심장병과 혈압

〈표 5.3〉은 Framingham 연구의 자료분석 결과로 미국 Massachusetts주의 Framingham 도시에서 남성을 대상으로 실시한 경시적 연구(longitudinal study)이다. 이 분석에서는 40-59세 사이의 남성들에 대한 혈압(x)과 6년간 추적조사 중 심장병 발병 여부(y)에 따라 분류하였다. 혈압을 몇 개의 구간으로 나눈 후에 i번째 구간의 혈압 중간값을 x_i라고 나타내고 이때 심장병에 걸릴 확률을 π_i라고 하자. 〈표 5.3〉은 $\text{logit}(\hat{\pi}_i) = -6.0820 + 0.0243x_i$인 선형 로지스틱 모형의 적합 결과이다.

〈표 5.3〉은 표준화잔차, 혈압의 모수추정값에 대한 $Dfbeta$ 근사값[4]과 이탈도 감소량을 보여 주고 있다. 이 모든 값들은 두 번째 관측값을 제거할 때 가장 크게 영향을 받는다. 그러나 한 두 개의 진단측도가 상대적으로 큰 것은 그리 놀라운 일이 아니다. 왜냐하면 관측값들이 많은 경우 작은 비율의 관측값들이 우연한 확률로 큰 값을 가질

[4] SAS(PROC LOGISTIC)로 작성됨. R 프로그램에서는 stats 패키지의 influence.measures 함수에서 영향측도들을 구할 수 있음.

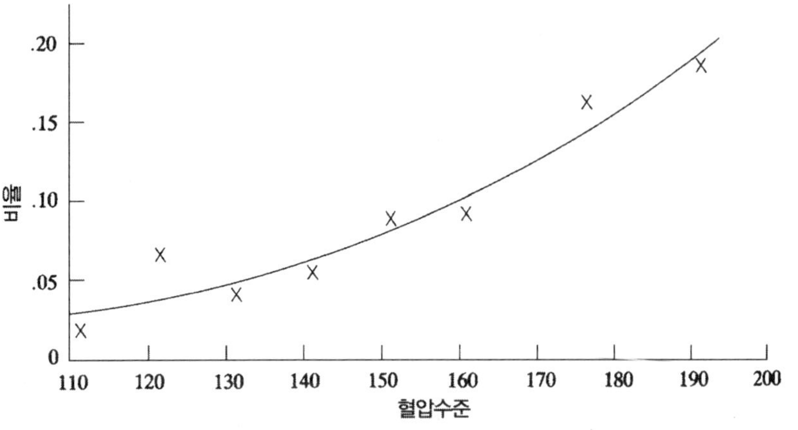

그림 5.1 선형 로짓 모형에서 심장병에 대한 관측비율(x)과 추정확률(곡선)

수도 있기 때문이다.

이 자료에서 $df = 6$이고 잔차 이탈도값이 5.91이므로 적합결여의 근거를 찾아 볼 수 없다. 진단 결과를 분석할 때, 모형에 나타나는 패턴들이 우연한 변동에 의한 것인지 주의해서 살펴보아야 한다. 또한 여기서 관측값을 제거하여 진단하는 방법은 한 개체의 이항반응변수의 관측값 하나를 제거하는 것이 아니라 어떤 특정한 혈압 수준에서 관측된 전체 이항표본을 제거하는 것과 관련되어 있다.

적합결여를 살펴보기 위한 유용한 다른 방법은 그래프를 이용한 것으로 관측비율과 모형에서 구한 예측비율을 서로 비교해 보거나 이 두 비율을 설명변수에 대해서 동시에 그려서 비교해 보는 방법이 있다. 선형적인 로짓 모형에 대해서 〈그림 5.1〉의 그래프는 혈압수준에 대해서 심장병의 발병 관측비율과 예측비율을 동시에 그린 것이다. 이 그림에서 모형적합은 잘 된 것처럼 보인다.

▸표 5.3 심장병 자료를 적합한 로지스틱 회귀모형에 대한 진단측도

혈압	표본크기	관찰값	추정값	표준화 잔차	*Dfbeta*	이탈도 감소
111.5	156	3	5.2	−1.11	0.49	1.39
121.5	252	17	10.6	2.37	−1.14	5.04
131.5	284	12	15.1	−0.95	0.33	0.94
141.5	271	16	18.1	−0.57	0.08	0.34
151.5	139	12	11.6	0.13	0.01	0.02
161.5	85	8	8.9	−0.33	−0.07	0.11
176.5	99	16	14.2	0.65	0.40	0.42
191.5	43	8	8.4	−0.18	−0.12	0.03

출처: J. Cornfield, Fed. Proc., **21**(suppl.11): 58-61, 1962. 자료는 이 책의 웹사이트의 HeartBP 자료 파일에 있다.

5.3 로지스틱 회귀분석에서의 무한대 추정값

로지스틱 회귀분석 모형에서 GLM 적합(3.5.1절)을 위해서 사용하는 Fisher의 스코어링 알고리즘은 대부분 빠른 속도로 올바른 해로 잘 수렴한다. 하지만 관찰된 설명변수값 범위 내에서 성공과 실패가 따로 분리되어 관측될 경우, 즉 특정 예측변수값의 범위에서 성공이나 실패 중 한 가지 경우만 관찰되는 경우에는 ML 추정값이 무한대가 되거나 존재하지 않을 수 있다.

5.3.1 완전분리과 준완전분리: 완전분류

한 개의 설명변수 x에 대해 $y=0$을 갖는 x값들이 $y=1$을 갖는 x값들보다 항상 크거나 항상 작은 경우에는 ML 추정값이 무한대가 된다. 〈그림 5.2〉는 $x=10, 20, 30, 40$에서 $y=0$인 자료들과 $x=60, 70, 80, 90$에서 $y=1$인 자료들을 보여 준다. 이 설명변수는 **완전한 분리**(complete separation)현상을 보여 주는 것으로 x가 상대적으로 작을 때에는 항상 $y=0$이고 x가 상대적으로 클 때는 항상 $y=1$으로 두 부분으로 나눌 수 있기 때문이다. 따라서 완전하게 분류할 수 있다. 즉, x값이 50 이하인지 또는 그 이상인지를 알면 표본 y값을 완전하게 예측할 수 있다. x값의 분리점에서 두 유형의 y관측값이 동시에 관찰되는 경우는 **준완전 분리**(quasi-complete separation) 조건이 만족되는 경우로 $x=50$일 때에 $y=1$과 $y=0$인 두 관측값이 있는 경우이다.

〈그림 5.2〉의 자료에 대한 가장 이상적인(완전한) 적합은 $x \leq 40$에 대해서 $\hat{\pi}=0$이고, $x \geq 60$에 대해서 $\hat{\pi}=1$이다. $\hat{\alpha}=-50\hat{\beta}$로 두고, $\hat{\beta}$를 제한 없이 계속해서 증가시켜 가면 로지스틱 곡선이 점차 이상적인 형태에 가까워지는 것을 볼 수 있다(이 $\hat{\alpha}$값은 $x=50$에서 $\hat{\pi}=0.50$가 되게 한다). $\hat{\beta}$를 계속해서 증가시키면 가능도함수도 계속 증가하며 ML 추정값은 무한대가 된다

여러 개의 설명변수가 있을 때, 이들 자료를 표현할 수 있는 다차원 공간을 고려해 보자. 이 다차원 공간에서 한쪽은 $y=0$인 관측값들만 있고 다른 한 쪽은 $y=1$인 관측값들만 있는 하나의 평면이 존재한다면 ML 모수 추정값 중 적어도 하나는 무한대이다. 실제로 대부분의 소프트웨어들은 ML 추정값이 실제로 무한대일 경우 적절하지 않은 추정값을 제시한다.[5] 이런 경우에는 보통 몇 번의 반복과정을 거치면 로그 가능도함수가 증가하다가 평평하게 되므로 현재의 추정값이 최댓값을 찾는 수렴 기준을

[5] 5.3.4절의 출력물에서 볼 수 있는 것과 같이 일부 소프트웨어는 편향 축소를 위한 R의 brglm2 패키지처럼 자료의 분리를 감지할 수 있다.

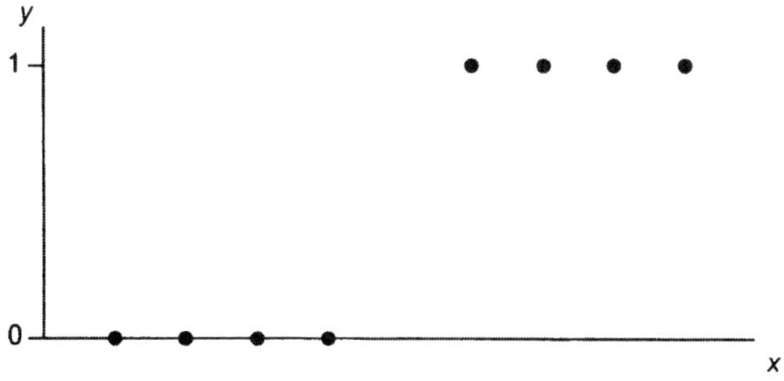

그림 5.2 로지스틱 회귀모형에서 무한대값을 갖는 모수추정값의 결과를 주는 완전 판별식

만족시킨다. 로그 가능도함수가 매우 평평해지고 로그 가능도함수의 곡률이 감소해질수록 ML 추정값의 표준오차가 증가하게 되면 소프트웨어는 ML 추정값에 대해 매우 큰 표준오차값을 출력시킨다.

5.3.2 예제: 무한대 추정값이 발생하는 간단한 예

다음은 〈그림 5.2〉의 자료에 대해 R을 이용하여 로지스틱 회귀모형을 적합했을 때에 25번의 Fisher 스코어링 알고리즘 반복 후에 나온 출력물이다.

```
----------------------------------------------------------------------------
> x <- c(10, 20, 30, 40, 60, 70, 80, 90); y <- c(0, 0, 0, 0, 1, 1, 1, 1)
> fit <- glm(y ~ x, family = binomial)
Warning message: glm.fit: fitted probabilities numerically 0 or 1 occurred
> summary(fit)
              Estimate  Std. Error   z value   Pr(>|z|)
(Intercept)   -118.158  296046.187         0          1
x                2.363    5805.939         0          1   # P-value for Wald test
--- # of H0: beta=0
    Null deviance: 1.1090e+01  on  7  degrees of freedom
Residual deviance: 2.1827e-10  on  6  degrees of freedom  # res. deviance = 0
                                                          # perfect fit
Number of Fisher Scoring iterations: 25 # very slow convergence
> logLik(fit) # maximized log-likelihood = 0, so maximized likelihood = 1
'log Lik.' -1.09134e-10 (df=2)
> library(car)
> Anova(fit)
LR Chisq Df Pr(>Chisq) # P-value for likelihood-ratio test of beta=0
x 11.09 1 0.000868 # more sensible than P-value of 1 for Wald test
> library(profileModel) # ordinary confint function fails for infinite est's
> confintModel(fit, objective="ordinaryDeviance", method="zoom",
+                endpoint.tolerance = 1e-08)
Lower Upper
x 0.05876 Inf # 95% profile likelihood CI for beta
----------------------------------------------------------------------------
```

실제로 $\hat{\beta}=\infty$이지만, R 수행 결과는 $SE=5805.94$이고 $\hat{\beta}=2.36$이다.

SE가 너무 큰 값을 갖기 때문에 왈드 통계량 $z=\hat{\beta}/SE$은 의미가 없다. 이 예에서 $z=0$이고 P-값은 1이다. 이와는 대조적으로, 무한대의 ML 추정값이 존재하는 경우에도 가능도비 검정는 여전히 유효하다. 영이탈도(즉, $\beta=0$인 모형)값 11.09와 잔차 이탈도값 0의 차이는 11.09이고 $df=1$이다. 이 검정의 P-값은 0.0009으로 효과에 대한 매우 강력한 증거를 보이고 있다. β에 대한 95% 프로파일 가능도 신뢰구간은 (0.059, ∞)이며, 이는 x가 한 단위 증가할 때에 오즈에 대해 최소 $e^{0.059}=1.06$배의 승법효과가 있음을 의미한다. 무한대의 신뢰구간의 상한값은 가능도함수가 $\hat{\beta}=\infty$이 될 때까지 계속 증가한다는 것을 나타낸다.

5.3.3 희박한 자료와 질적 예측변수에 대한 무한대 효과의 추정

질적 예측변수도 무한대의 추정값을 가질 수 있다. y에 따라 두 그룹을 비교하는 경우와 같이 하나의 이항 예측변수 x가 있는 경우에는 2×2 분할표에 자료를 도수로 나타낼 수 있다. x를 지시변수로 나타내고 로지스틱 회귀모형을 정의하면 $\hat{\beta}$는 2×2 분할표에서 구한 표본 로그 오즈비가 된다. 4개의 칸도수 중 한 값이 0인 경우에 $\hat{\beta}=\pm\infty$가 된다. 이러한 분할표는 준완전 분리 상태를 나타낸다. 즉, 한 그룹에서는 성공과 실패 두 가지 결과가 다 관측되지만 다른 한 그룹에서는 실패만 관측되거나 성공만 관측되는 경우이다. 완전한 분리 상태는 한 그룹에서는 성공만 관측되고 다른 그룹에서는 실패만 관측되는 경우로 역시 $\hat{\beta}=\pm\infty$가 된다. 어느 그룹에서도 성공이 관측되지 않거나 실패가 관측되지 않는 경우에는 표본 오즈비는 0/0이며 $\hat{\beta}$는 존재하지 않는다.

여러 개의 질적 예측변수가 있는 경우, 다차원 분할표에 자료를 나타낼 수 있다. 분할표가 많은 칸을 갖게 되면, 대부분의 칸도수는 작은 값이거나 0이 된다. 작은 도수를 갖는 칸들이 많은 분할표를 **희박**(sparse)하다고 한다. 도수가 0인 칸은 빈 칸이라고 한다. 비록 도수가 0인 빈 칸이라도 모집단에서 이 칸이 도수를 가질 확률은 대부분 양수이다. 다시 말하면, 이론상으로 그 칸에 속한 관측값을 얻는 것은 가능하며 표본의 크기가 충분히 클 경우 양의 도수를 가질 수 있다. 이러한 점을 강조하기 위해서 이러한 빈칸은 **표집영**(sampling zero)이라고 부른다.

모형에 따라 표집영 때문에 모형의 모수에 대한 ML 추정값이 무한대가 되는 원인이 될 수 있다. 모형의 어떤 항에 해당하는 주변합 칸도수가 0일 때, 이 항에 대응되는 추정값은 무한대가 된다. 예를 들어 모형에 p개의 주효과 인자가 있을 때 Y와 한

인자의 주변분할표에 칸도수가 0이 있는 경우에 무한대의 ML 추정값이 구해진다. 모형에 x_1x_2 교호작용항이 있을 때에 만약 Y, x_1, x_2에 대한 삼차원 분할표에서 칸도수가 0인 경우가 존재하면 이 효과의 추정값은 무한대가 된다. 모든 칸도수가 양수일 때, 모든 모수추정값들은 유한한 값을 가진다.

5.3.4 예제: 자궁내막암의 위험인자

79명의 환자를 대상으로 한 자궁내막암에 대한 연구[6]에서는 y = 조직학적 병기(0 = 낮음, 1 = 높음)가 다음의 세 가지 위험인자와 어떻게 연관성이 있는지 분석하였다: x_1 = 신생혈관(NV, 1 = 있음, 0 = 없음), x_2 = 자궁동맥 맥동성 지수(PI, 0부터 49까지의 범위), x_3 = 자궁내막 높이(EH, 0.27 ~ 3.61). 〈표 5.4〉에는 전체자료의 일부이다.

이 자료에 다음과 같은 주효과모형을 적합시켰다.

$$\text{logit}[P(Y=1)] = \beta_0 + \beta_1 x_1 + \beta_2 x_2 + \beta_3 x_3$$

$x_1 = 0$일 때 두 가지 반응결과가 모두 관측되지만, $x_1 = 1$인 13명의 환자에 대해서는 전부 $y_i = 1$이다. 따라서 이 자료는 준완전 분리 상태이고 ML 추정값이 $\hat{\beta}_1 = \infty$가 된다. 그러나 R에서는 다음과 같은 출력결과를 얻게 된다:

```
--------------------------------------------------------------------------
> Endo <- read.table("http://www.stat.ufl.edu/~aa/cat/data/Endometrial.dat",
+                    header=TRUE)
> Endo
    NV   PI     EH    HG    # HG is histology grade response variable
1    0   13   1.64     0
2    0   16   2.26     0
...
79   0   33   0.85     1
> xtabs(~NV + HG, data=Endo)   # quasi-complete separation:
    HG                         # when NV=1, no HG=0 cases occur
NV   0    1
 0  49   17
 1   0   13
> fit <- glm(HG ~ NV + PI + EH, family=binomial, data=Endo)
> summary(fit)
              Estimate  Std. Error    z value      Pr(>|z|)
(Intercept)      4.305       1.637      2.629        0.0086
NV              18.186    1715.751      0.011        0.9915  # true estimate = infinity
PI              -0.042       0.044     -0.952        0.3413
EH              -2.903       0.846     -3.433        0.0006
---
```

6 G. Heinze and M. Schemper, *Statist. Medic.* **21**: 2409-2419 (2002)

```
    Null deviance: 104.903  on  78  degrees of freedom
Residual deviance:  55.393  on  75  degrees of freedom
> logLik(fit) # not exactly 0 because separation is quasi, not complete
'log Lik.' -27.69663 (df=4)
> library(car)
> Anova(fit)
   LR Chisq  Df   Pr(>Chisq)   # likelihood-ratio tests
NV   9.3576   1      0.00222   # compare to Wald P-value = 0.9915 for NV effect
PI   0.9851   1      0.32093
EH  19.7606   1    8.777e-06
> library(profileModel) # ordinary confint function fails for infinite est.
> confintModel(fit, objective="ordinaryDeviance", method="zoom",
+              endpoint.tolerance = 1e-08)
      Lower     Upper
NV  1.28411       Inf  # 95% profile likelihood CI for beta1
PI -0.13708   0.03818
EH -4.78591  -1.43639
> library(brglm2) # contains method for detecting infinite estimates
> glm(HG ~ NV + PI + EH, family=binomial,data=Endo,method="detectSeparation")
Separation: TRUE
(Intercept)   NV    PI   EH
          0  Inf     0    0  # 0 denotes finite est., Inf denotes infinite est.
---------------------------------------------------------------------------------
```

$\widehat{\beta_1} = \infty$ 에도 불구하고 β_1에 대해 추론하는 것은 가능하다. $H_0 : \beta_1 = 0$에 대한 가능도비 통계량은 9.36이고 $df = 1$ 이며 P-값은 0.002이다. β_1에 대한 95% 프로파일 가능도 신뢰구간은 (1.28, ∞)이다. $\beta_1 > 0$ (R 출력 결과에서 보는 왈드 P-값에도 불구하고) 이고 그 효과가 상당이 크다고 결론내릴 수 있다. 〈그림 5.3〉은 β_1에 대한 정규화 프로파일 로그 가능도함수 그림이다. β_1이 무한대로 증가함에 따라 이 함수값이 0으로 계속 증가하는 것을 알 수 있다. $\beta_1 > 1.28$인 경우에는 $L(\beta_1)$ 값이 충분히 최댓값과 가깝기 때문에 이 구간에 있는 모든 값들은 β_1에 대한 타당한 추정값이 된다.

다른 ML 추정값은 준완전 분리의 영향을 받지 않는다. 실제로 대부분의 예측 검정력은 자궁내막 높이(EH)에 의한 것이다. 관측된 y값과 적합값(4.6.3절) 간의 상관계수값은 전체 모형의 경우 0.745이고 EH 하나만을 예측변수로 하는 모형의 경우에는 0.692이다. ROC 곡선 아래의 영역(4.6.2절)은 각각 0.907과 0.895이다. 여기에 제시되지 않았지만 더 복잡한 모형으로부터 더 나은 적합 결과를 얻지 못했다.

무한대의 ML 추정값이 존재하더라도 보통 모집단에서 참 효과값은 유한할 것으로 예상한다. 다음 절에서는 ML 추정값이 무한할 때 유한한 추정값을 구하는 두 가지 방법을 소개한다.

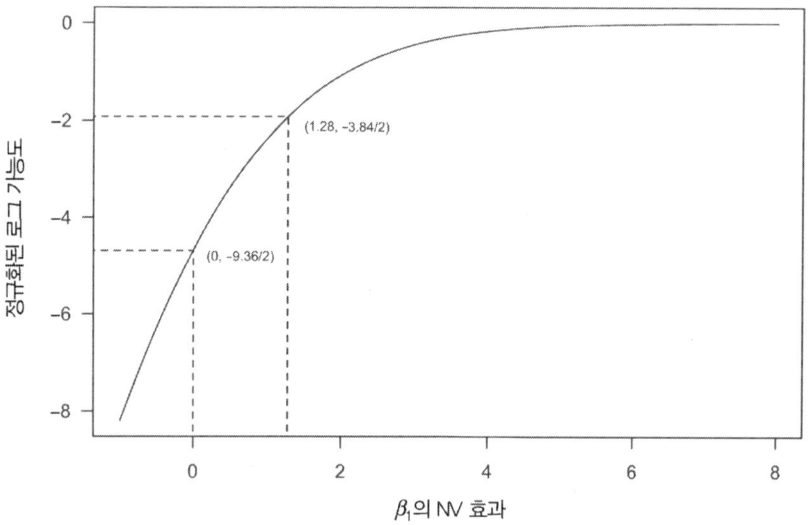

그림 5.3 주효과 로지스틱 모형에서 신생혈관(NV) 효과에 대한 정규화된 프로파일 로그 가능도함수 $L(\beta_1)-L(\hat{\beta}_1)$의 값을 나타낸 그래프. $\beta_1=0$과 $\hat{\beta}_1=\infty$ 사이의 로그 가능도비값 증가량의 2배가 9.36(가능도비 검정통계량)이고 $\beta_1=1.28$과 $\hat{\beta}_1=\infty$ 사이의 증가량이 3.84(카이제곱 P-값=0.050이 되는 검정통계량값)이다. 출처: Alessandra Brazzale가 로지스틱 모형에 대한 고차 가능도 기반 조건부 추론을 위한 cond R 패키지를 사용하여 그린 그림

5.4 베이지안 추론, 벌점가능도와 로지스틱 모형에 대한 조건부 가능도*

로지스틱 회귀분석모형을 적합시키고 추론할 때, 지금까지 제시한 빈도론적(frequentist) ML 분석 방법에 대한 대안들이 존재한다. 그 중에 베이지안 모형화 방법을 비롯하여 ML 추정값이 무한대일 때 편향성이 적고 유한한 값을 취할 수 있는 추정값을 구하는 수정된 가능도 기반 방법이 있다.

5.4.1 베이지안 모형화: 사전분포 명시

로지스틱 회귀분석모형에서 베이지안 추론에서는 보통 $\{\beta_j\}$를 평균이 0이고 서로 독립인 정규분포의 확률변수로 취급한다. 대부분의 경우 정규분포의 표준편차값을 아주 크게 하여 사전분포가 결과에 상대적으로 거의 영향을 미치지 않도록 한다. 이렇게 하여 얻은 결과는 실질적으로 빈도론적 결과와 아주 유사하게 된다.

다음 예제는 사전분포에 대한 분산 선택이 결과에 잠재적으로 큰 영향을 미칠 수 있음을 보여준다.

5.4.2 예제: 자궁내막암의 위험인자 재분석

5.3.4절에서는 79명의 자궁내막암 환자로부터 얻은 y = 조직학적 병기와 세 가지 위험인자인 신생혈관 존재 여부, 자궁동맥 맥동성 지수, 자궁내막 높이에 대한 자료를 소개하였다. 주효과모형의 경우, 신생혈관이 존재하는 13명의 환자는 모두 $y = 1$이다. 따라서 준완전 분리 상태가 돼서 ML 추정값이 $\hat{\beta}_1 = \infty$가 된다. 4.5.3절에서 설명한 바와 같이 다른 두 가지 양적 설명변수에 대해 효과 크기를 비교할 수 있도록 표준화된 변수를 사용할 수 있다. 5.3.4절에 이어서 ML 방법으로 계속 분석한 R 출력 결과는 다음과 같다:

```
----------------------------------------------------------------------
> Endo$PI2 <- scale(Endo$PI); Endo$EH2 <- scale(Endo$EH) # standardizes
> Endo$NV2 <- Endo$NV - 0.5 # rescale useful for later Bayesian analysis
> fit.ML <- glm(HG ~ NV2 + PI2 + EH2, family=binomial, data=Endo)
> summary(fit.ML) # ML estimate of NV2 effect is actually infinite
             Estimate  Std. Error  z value   Pr(>|z|)
(Intercept)    7.8411    857.8755    0.009     0.9927
NV2           18.1856   1715.7509    0.011     0.9915
PI2           -0.4217      0.4432   -0.952     0.3413
EH2           -1.9219      0.5599   -3.433     0.0006
----------------------------------------------------------------------
```

베이지안 분석을 위해서 $\{\beta_j\}$에 대하여 사전분포로 $N(\mu, \sigma^2)$을 사용한다. 효과의 방향에 대한 사전 정보가 부족하므로 이를 반영하기 위해서 각각 μ = 0.0이라고 가정하였다. 지시변수 x_1에 대한 일반적인 (0, 1) 코드 대신 −0.5 및 0.5 값을 사용하였다. 그러면 사전분포는 신생혈관이 있는 그룹과 없는 그룹 각각에 대한 동일한 사전 변동값과 사전평균값을 가정하고 있다는 점에서 대칭적이라고 볼 수 있지만 β_1은 기존과 마찬가지로 조건부 로그 오즈비로 해석될 수 있다.

이러한 자료의 경우 로그 가능도함수가 β_1에 대해서 너무 평평한 모양을 갖기 때문에 β_1에 대한 사후평균값은 사전 σ값에 크게 영향을 받을 수 있다. 효과 크기에 대한 사전정보가 많지 않음을 고려하여, 먼저 $\sigma = 10$으로 간주하여 사전분포가 상당히 넓게 분포되어 있다고 가정하였다. R 출력 결과는 다음과 같다:

```
----------------------------------------------------------------------
> library(MCMCpack) # b0 = prior mean, B0 = prior precision = 1/variance
> fitBayes <- MCMClogit(HG ~ NV2 + PI2 + EH2, mcmc=10000000, b0=0, B0=0.01,
+                      data=Endo) # prior var. = 1/0.01 = 100, std dev = 10
> summary(fitBayes)
```

```
1. Empirical mean and standard deviation: # posterior distribution
                Mean        SD
(Intercept)    3.215     2.560
NV2            9.120     5.097
PI2           -0.473     0.454
EH2           -2.138     0.593
2. Quantiles for each variable:
                2.5%       25%        50%        75%      97.5%
(Intercept)   -0.342     1.271      2.722      4.687      9.346
NV2            2.109     5.234      8.128     12.048     21.343
PI2           -1.414    -0.767     -0.455     -0.159      0.366
EH2           -3.403    -2.515     -2.101     -1.722     -1.082
> mean(fitBayes[,2] < 0) # probability below 0 for 2nd model parameter (NV2)
[1] 0.000223
-------------------------------------------------------------------
```

〈표 5.5〉는 MCMC 프로세스를 10,000,000번 반복 수행한 후에 구한 β_1의 사후평균, 표준편차와 대칭인 꼬리분포 가정 하에서 구한 95% 사후분포구간을 보여준다. 이와 같이 긴 반복 과정을 수행하면 베이즈 추정값 근사에 대한 몬테칼로 표준오차는 거의 무시할 수 있는데 신생혈관 효과의 경우 약 0.005이고 다른 효과의 경우에는 훨씬 적었다. 사후평균을 기반으로, 신생혈관이 존재할 때 조직학적 병기가 높을 오즈에 대한 베이지안 추정값은 신생혈관이 없을 때 오즈보다 $\exp(9.12)=9136$배 높게 추정했다. β_1에 대한 95% 대칭-꼬리 사후구간 (2.1, 21.3)은 $\beta_1>0$이라는 것과 그 효과가 강하다는 근거를 제공한다. 추정된 효과값은 로그 가능도함수가 평평하고 사전분포도 상대적으로 평평하기 때문에 그리 정확하지는 않지만, 빈도론적 접근 방법인 프로파일 가능도 신뢰구간처럼 ∞까지 큰 값을 갖지는 않는다. β_2와 β_3에 대한 추론은 비교를 위한 〈표 5.5〉에서 볼 수 있는 것처럼 ML 빈도론적 분석과 실질적으로 동일했다.

$H_0:\beta_1=0$과 $H_a:\beta_1>0$의 가설 검정을 위한 빈도론적 P-값에 대응하여 베이지안 접근법에서는 $\beta_1\leq 0$의 사후확률값을 계산한다. 이 사후확률값은 근사적으로 0.0002이다. 즉 0.0은 사후분포의 0.0002 분위수(quantile)값이다. 사전분포가 상대적으로 평평하기 때문에 이 사후 꼬리 확률은 단측검정에 대한 빈도론적 가능도비 검정의 P-값 0.001과 유사하다. 두 결과 모두 $\beta_1>0$이라는 매우 강력한 증거를 제공한다.

▸표 5.5 〈표 5.〉4의 자궁내막암 자료에 대한 베이지안 및 빈도론자 모형적합 결과

분석	$\hat{\beta}_1$(SD)	구간[a]	$\hat{\beta}_2$(SD)	$\hat{\beta}_3$(SD)
ML	∞(−)	(1.3, ∞)	−0.42 (0.44)	−1.92 (0.56)
베이즈, $\sigma=10$	9.12 (5.10)	(2.1, 21.3)	−0.47 (0.45)	−2.14 (0.59)
베이즈, $\sigma=1$	1.65 (0.69)	(0.3, 3.0)	−0.22 (0.33)	−1.77 (0.43)

[a] ML에 대한 프로파일 가능도 구간추정과 베이즈 방법에서 대칭인 꼬리분포를 가정한 사후분포 구간추정

비교하기 위해 정보가 많은 사전분포를 이용한 베이지안 분석을 수행했다. 효과가 강하지 않다는 사전정보을 반영하기 위해 $\mu=0$이고 $\sigma=1.0$을 가정했다. 그러면 조건부 오즈비 $\exp(\beta_1)$에 대한 사후구간은 $\exp(-3.0)=0.05$와 $\exp(3.0)=20$ 구간이 된다. 〈표 5.5〉에서 보듯이, 이 결과는 ML 빈도론적 분석이나 $\sigma=10$인 베이지안 분석 결과와 상당히 다르다. $x_{i1}=1$인 13명의 모든 환자에 대해 $y_i=1$이므로 빈도론적 접근 방식은 β_1이 매우 큰 양의 값을 갖는 것을 배제할 수 없다는 것을 말해준다. 이와는 대조적으로, $|\beta_1|<3$이라는 강한 사전정보를 가지고 있다면, 이러한 표본자료 결과에도 불구하고 β_1에 대한 베이지안 사후구간의 상한은 약 3이 된다.

5.4.3 로지스틱 모형에서 편차를 줄이는 벌점가능도(penalized likelihood)

GLM을 적합시킬 때, **정규화**(regluarization) 방법을 통해서 매우 희박한 분할표와 같이 잠재적으로 추정이 불안정한 상황에서 ML을 수정하여 보다 합리적인 추정을 할 수 있다. 이를 위한 한 가지 방법은 로그 가능도함수에 항을 추가하여 로그 가능도함수를 최대화함으로써 기존의 ML 추정값을 부드럽게 만드는 것이다. 모형 모수 $\boldsymbol{\beta}$에 대한 로그 가능도 함수 $L(\boldsymbol{\beta})$가 있는 모형의 경우, 이 방법은 다음 식을 최대로 만드는 해를 구한다.

$$L^*(\boldsymbol{\beta})=L(\boldsymbol{\beta})-s(\boldsymbol{\beta}),$$

여기서 $s(\cdot)$는 $\boldsymbol{\beta}$에 대한 함수로 $\boldsymbol{\beta}$의 원소가 0에 균일하게 더 가까워지는 것과 같이 어떤 의미에서 더 평활해(smoother)질수록 $s(\boldsymbol{\beta})$가 감소하는 함수를 나타낸다. 이 평활화 방법은 ML 추정값을 0으로 축소시키며 이러한 방법을 **벌점가능도**(penalized likelihood) 방법이라고 한다.

통계학자인 David Firth는 로지스틱 회귀분석에서 ML 추정량이 0에서 벗어나 편향적이라는 것을 보여 주었고[7], 이러한 편향을 줄이는 벌점가능도 보정 방법을 제안했다. Firth의 벌점 로그가능도함수를 최대화시키면 항상 존재하고 또 유일한 벌점가능도추정값을 구할 수 있다. ML 추정값이 무한대값을 갖거나 다중공선성에 의해 좋지 않은 영향을 크게 받는 경우에 벌점가능도 추정값은 ML 추정값보다 더 믿을 수 있는 결과를 제공한다.

[7] D. Firth, *Biometrika* **80**: 27-38 (1993).

5.4.4 예제: 자궁내막암의 위험인자 재분석

5.3.4절과 5.4.2절에는 y = 조직학적 병기(0 = 낮음, 1 = 높음)에 대해 신생혈관, 맥동성 지수, 자궁내막 높이를 설명변수로 모형화한 분석을 설명하였다. 신생혈관 변수에 대해 준완전 분리가 생기므로 ML 추정값이 무한대가 된다. 〈표 5.5〉에서는 베이지안 분석을 기반으로 확산(diffuse) 정규사전분포 $(\sigma = 10)$를 가정하면 $\hat{\beta}_1$의 추정값이 ∞에서 9.12로 축소되고, 정보적 사전분포 $(\sigma = 1)$를 가정하면 1.65까지 축소되는 결과를 볼 수 있다. 〈표 5.5〉에 있는 보통의 ML 추정값과 비교할 수 있는 Firth의 벌점가능도 분석을 하면 다음과 같은 결과를 얻을 수 있다:

```
-------------------------------------------------------------------------------
> library(logistf) # can implement Firth's penalized likelihood method
> fit.penalized <- logistf(HG ~ NV2 + PI2 + EH2, family=binomial, data=Endo)
> summary(fit.penalized)
Confidence intervals and p-values by Profile Likelihood
                coef   se(coef)  lower 0.95   upper 0.95    Chisq          p
(Intercept)   0.3080     0.8006     -0.9755       2.7888    0.169  6.810e-01
NV2           2.9293     1.5508      0.6097       7.8546    6.798  9.124e-03
PI2          -0.3474     0.3957     -1.2443       0.4045    0.747  3.875e-01
EH2          -1.7243     0.5138     -2.8903      -0.8162   17.759  2.507e-05
-------------------------------------------------------------------------------
```

β_1에 대한 최대 벌점가능도 추정값 2.93과 95% 프로파일의 벌점가능도 신뢰구간 (0.61, 7.85)은 기존의 ML 추정값인 β_1 = ∞과 일반 프로파일 가능도 신뢰구간 (1.28, ∞)을 0으로 수축시키고 있다. 그러나 다른 모수의 추정값들은 크게 변하지 않는다.

5.4.5 조건부 가능도 및 조건부 로지스틱 회귀분석

로지스틱 회귀모수의 ML 추정량은 표본크기 n이 모수 수에 비해 큰 경우에는 대개 대표본 성질이 잘 만족된다. 그러나 n이 작거나 모수 수가 매우 큰 경우에는 조건부 최대가능도를 사용하는 것이 더 나은 추론이 될 수 있다.

조건부 추론 방법은 관심대상이 아닌 소위 **장애모수**(nuisance parameter)를 제거한 후에 얻은 조건부 가능도함수를 사용하여 관심이 있는 주요 모수에 대하여 추론하는 것이다. 이 가능도함수를 "조건부"라고 하는 이유는 장애모수를 제거하는 방법이 관측된 표본에서 얻을 수 있는 장애모수에 대한 동일한 정보를 구할 수 있는 잠재적 표본자료에 대한 조건부 확률분포를 찾는 것이기 때문이다. 이 조건부 분포와 조건부 가능도함수는 관심 있는 모수에만 영향을 받는다. 조건부 가능도함수를 사용하여 가능도비 검정 및 신뢰구간과 같은 일반적인 유형의 추론을 수행할 수 있다.

조건부 가능도 방법이 특별히 유용하게 적용될 수 있는 상황은 표본 수와 유사한 많은 수의 모수가 있는 모형에서 단 하나의 효과 모수에 대한 추정에만 관심이 있는 경우이다. 예를 들어, 한 개체로부터 반복관찰된 자료를 다루는 일부 모형에서 각 개체별로 각기 다른 항을 포함할 수 있다. 경시적 자료(longitudinal data) 연구에서 y_{it}와 x_{it}가 개체 i로부터 시점 t에서 얻은 반응변수와 설명변수를 나타낸다고 가정하자. 다음 모형에서

$$\log it[P(Y_{it}=1)] = \alpha_i + \beta x_{it},$$

각 개체마다 각자의 절편(α_i)이 있다. 이는 모형에 없는 다른 설명변수의 변동성 때문에 설명변수의 어떤 특정값에 대해 개체들의 성공확률의 변동성을 허용한다. 개체가 n명인 경우, 모형은 $n+1$개의 모수를 갖는다. 조건부 가능도 방법은 β에 대한 추론을 하기 전에 모수 $\{\alpha_i\}$들을 제거할 수 있다. 8.2절에서는 이러한 모형과 조건부 분석을 사용하여 대응쌍과 환자-대조 연구를 하는 방법을 소개한다.

5.4.6 조건부 로지스틱 회귀분석 및 분할표의 정확검정

범주형 설명변수에 대해서 조건부 가능도 접근 방법은 정확한 표본분포를 생성할 수 있다. 이 경우 정규분포 또는 카이제곱분포 근사를 이용하지 않고 정확한 분포를 사용하여 P-값과 같은 확률을 계산할 수 있다. 이와 같이 정확분포를 구할 수 있는 까닭은 조건화 과정을 통해서 가능도함수에서 장애모수를 제거하였기 때문이다. 정확분포를 찾고 이를 사용하기 위해서는 많은 계산이 요구되지만, 특정 소프트웨어를 이용하여 계산할 수 있다.[8]

예를 들어, x가 이항 지시변수이고 Y가 이항반응변수일 때에 로지스틱 회귀모형 $\log it[P(Y=1)] = \alpha + \beta x$는 2×2 분할표의 도수 $\{n_{ij}\}$에 적합할 수 있다. 이 분할표의 열은 Y의 두 수준을 나타낸다. 일반적인 표본모형은 x의 수준을 나타내는 두 행에 대해 반응변수 Y가 서로 독립인 이항분포를 따르는 것으로 간주한다. 이러한 이항변수에 대한 총 시행의 수를 나타내는 행합은 자연스럽게 고정된다. $H_0: \beta=0$을 검정할 때에 α는 장애모수이다. 이 모수는 분할표의 열합인 y=1과 y=0의 총 도수와 관련이 있다. 자료에 α에 대한 정보를 갖고 있는 열합에 대해서 조건부 분포를 구하면 가능도함수에서 α를 제거할 수 있다. 분할표에서 행합과 열합 두 주변합을 모두 고정하면 n_{11}에 대해 초기하 분포를 유도할 수 있고 이 확률은 α에 의존하지 않

8 예를 들어, SAS (PROC LOGISTIC), R의 StatXact과 LogXact(Cytel 소프트웨어), 그리고 clogit과 LogistiX 패키지

는다. $H_0 : \beta = 0$에 대한 정확검정의 결과는 Fisher의 정확검정이다(2.6.1절).

다차원 분할표에 대해서도 관심 있는 모수에 대한 정확추론을 위해 가능도함수에서 다른 모수들을 제거하여 조건부 로지스틱 회귀분석을 사용할 수 있다. 이 과정은 이 책의 수준을 넘어가므로 다루지 않겠다. 더 자세한 내용은 Agresti(2013, 7.3절)를 참조하라.

5.5 대체 연결함수: 선형확률모형과 프로빗 모형*

로지스틱 회귀모형은 이항반응변수에 대해 가장 널리 사용되는 모형이지만, 다른 연결함수를 사용하는 모형이 때때로 더 적절하고 해석하기 간단할 수 있다. 이 절에서 선형확률모형과 프로빗 모형이라는 두 가지 대안을 제시한다.

5.5.1 선형확률모형

3.2.1절에서 선형확률모형을 소개하였다. 다중 설명변수들이 여러 개 있는 경우에 선형확률모형은 다음과 같이 정의된다.

$$P(Y=1) = \alpha + \beta_1 x_1 + \cdots + \beta_p x_p,$$

이 모형에서는 각 x_j에 대해서 성공확률이 선형적으로 변한다고 가정한다. 이 모형은 이항랜덤성분과 항등연결함수를 가정하는 GLM이다.

이 모형 구조상 예측값은 전체 실수선 상에서 그 값을 가질 수 있지만, 확률은 0과 1 사이에 있어야만 한다. 이런 제약 때문에 이 모형의 적용 범위는 제한적이다. 이항분포 가정 하에서 ML 추정값을 찾기 위한 반복 알고리즘은 일부 관찰값에 대해서 추정 확률값 $P(Y=1) = \alpha + \beta_1 x_1 + \cdots + \beta_p x_p$이 0과 1 사이의 범위를 벗어날 때 수렴에 실패한다. 그러면 소프트웨어는 보통 "수렴 실패"와 같은 오류 메시지를 표시한다. Y가 이항변수라는 특성을 무시하고 일반적인 회귀모형을 사용하게 되면 $\{\hat{\beta}_j\}$는 최소제곱추정값이 된다. 이 추정값은 Y가 일정한 분산을 갖는 정규분포를 따른다는 가정 하에서는 ML 추정값이 된다. Y가 정규확률변수의 경우 Y의 평균 추정값은 임의의 실수값이 될 수 있고 0과 1 사이의 범위로 제한되지 않기 때문에 이 ML 추정값은 존재한다. 이항분포 가정 하에서 ML 적합이 실패할 경우, 그룹화되지 않은 자료에 최소제곱법을 적용하여 그 추정값을 성공적으로 구할 수 있지만 일부 추정값은

0과 1 사이의 범위를 벗어날 수 있다.

선형확률모형은 추정된 효과를 확률값에 대한 기울기로 쉽게 해석할 수 있는 장점을 갖고 있다. 이 효과는 대응되는 로지스틱 모형의 적합 결과에서 얻은 평균 주변효과값(4.5.2절)과 유사하다.

5.5.2 예제: 정치성향과 진화론에 대한 믿음

3.4.2절에서 y=진화론에 대한 의견(1=맞다, 0=틀리다)과 x=정치성향(1=매우 보수적, …, 7=매우 진보적)에 대한 일반사회조사 결과를 제시했다. 선형확률모형의 경우 x를 양적변수로 취급하여 ML 적합 결과를 구하면 $\hat{P}(Y=1)=0.108+0.110x$이 된다. 일반적인 선형모형에 대해서도 비슷한 적합 결과를 얻는다. 다음은 이 책의 웹사이트에서 그룹화되지 않은 자료 파일 Evolution2에 대한 R 출력 결과를 편집한 것이다.

```
-----------------------------------------------------------------------
> Evo <- read.table("http://www.stat.ufl.edu/~aa/cat/data/Evolution2.dat",
+                  header=TRUE)
> Evo
   ideology   evolved   # ungrouped data file, n=1064
1         1         1
2         1         1
....
1064      7         0
> fit <- glm(evolved ~ ideology, family=quasi(link=identity,
+            variance="mu(1-mu)"), data=Evo)
> summary(fit, dispersion=1)
             Estimate  Std. Error    z value      Pr(>|z|)
(Intercept)   0.10844     0.03893      2.785       0.00535
ideology      0.11010     0.00897     12.273       < 2e-16
---
   Null deviance: 1469.3  on  1063  degrees of freedom
Residual deviance: 1359.5  on  1062  degrees of freedom
> fit2 <- glm(evolved ~ ideology, family=gaussian(link=identity), data=Evo)
> summary(fit2) # ordinary linear model, used if no convergence with binom.
             Estimate  Std. Error    t value      Pr(>|t|)
(Intercept)   0.10554     0.04272       2.47        0.0137
ideology      0.11091     0.01033      10.73        <2e-16
-----------------------------------------------------------------------
```

진화론을 믿을 확률의 추정값이 정치성향이 진보적인 방향으로 한 범주씩 바뀔 때마다 0.11씩 증가한다. 이 추정 효과는 해석하기가 아주 간단하고 유용한 요약값이다. 이에 대응되는 로지스틱 모형의 적합 결과는 $\text{logit}(\hat{P}(Y=1)]=-1.757+0.494x$이 되고 평균주변효과에 대한 평균값은 0.111이다. 선형확률모형로부터 구한 진화론을 믿을 확률의 추정값은 매우 보수적인 경우의 0.218 값과 매우 진보적인 경우의 0.879 값 사이에 있다. 이 추정값은 이 자료에 대한 그룹화된 분석으로부터 구한 이탈도 통계량값 3.45($df = 5$)에서 보듯이 각 범주별로 구한 표본비율값을 잘 설명한다.

5.5.3 프로빗 모형과 정규 잠재변수모형

로지스틱 회귀모형과 같은 S자 모양의 곡선을 가진 또 다른 모형은 프로빗 모형이 있으며 다음과 같이 표현된다.

$$\text{probit}[P(Y=1)] = \alpha + \beta_1 x_1 + \cdots + \beta_p x_p \tag{5.1}$$

프로빗 연결함수는 확률 $P(Y=1)$을 표준정규분포의 왼쪽 꼬리확률이 $P(Y=1)$와 같도록 표준정규 z 점수로 변환시키는 함수이다. 예를 들어, 표준정규분포의 5%가 -1.645보다 왼쪽 아래에 있으므로 probit$(0.05) = -1.645$이다. 마찬가지로 probit$(0.50) = 0$, probit$(0.95) = 1.645$, probit$(0.975) = 1.96$이 된다.

프로빗 모형을 일반 선형모형과 관련시킬 수 있을 때 프로빗 모형 모수의 해석을 가장 간단하게 할 수 있다. 많은 이항변수는 관측할 수 없는 연속 변수값에 대한 대략적인 측정값(crude measurement)으로 간주할 수 있다. 예를 들어 y = 정치성향에 대해 이항 회귀모형을 사용한다고 가정해 보자. 이 경우 각 사람들은 본인의 정치성향이 진보인지 보수인지 선택해야 한다. 실질적으로 같은 정치성향 범주에 속하는 사람들 사이에도 정치성향의 차이가 존재한다. 정치성향을 정교하게 측정할 수 있는 방법을 사용하면 진보와 보수 사이에 정치성향이 본질적으로 연속적인 척도라는 것을 상상해 볼 수 있다. 즉, 각 사람들은 매우 진보적인 정치성향에서 시작해서 매우 보수적인 성향을 가질 수 있으며 또 이 사이에 아주 많은 가능한 정치성향이 존재할 수 있다. 통계학에서는 실제로 관측한 자료의 기저를 이루지만 관측되지 않은 변수를 **잠재변수**(latent variable)라고 부른다.

예를 들어 알려지지 않은 분계점 τ에 대해서 잠재변수 y^*가 만약 $y^* \le \tau$일 때는 $y = 0$으로 관측되고 $y^* > \tau$일 때는 $y = 1$이 관측된다고 하자. 잠재변수 y^*가 일반적인 선형모형을 만족한다고 가정하자.

$$y^* = \alpha + \beta_1 x_1 + \cdots + \beta_p x_p + \epsilon$$

오차항 ϵ이 설명변수의 모든 값에 대해서 동일한 분산을 갖는 정규분포를 가지는 경우, 관측된 이항반응변수 y에 대해서는 프로빗 모형이 만족이 되어야 한다. 더 나아가 var$(\epsilon) = 1$이 되도록 잠재변수를 척도변환을 하면 프로빗 모형의 효과는 잠재변수 모형의 효과와 동일하다. 그러면 프로빗 모형의 $\hat{\beta}_j$를 다른 설명변수값을 통제한 후에

x_j의 한 단위 증가에 따른 $E(y^*)$의 변화에 대한 추정값으로 해석할 수 있다. $\mathrm{var}(\epsilon)$에 대한 임의의 값을 갖는 경우에는 $\hat{\beta}_j$는 y^* 분포가 표준편차의 몇 배만큼 이동하였는지를 나타낸다.

5.5.4 예제: 코골이와 심장병 자료의 재분석

〈표 3.1〉 (3.2.3절)은 코골이가 심장병에 미치는 잠재적 영향을 보기 위한 연구 자료이다. 실제 반응변수는 이항변수이지만 심장병 정도를 나타내는 잠재적인 연속형 측도 y^*를 가정해 볼 수 있다. 코골이 정도에 대한 점수(0, 2, 4, 5)를 가정한 프로빗 모형의 ML 적합 결과는 다음과 같다.

$$\text{probit}(\hat{P}(Y=1)] = -2.061 + 0.188x.$$

y^*에 대한 잠재변수 모형의 경우, x = 코골이 정도가 한 단위 증가하면 $E(y^*)$가 표준편차의 0.188배만큼 증가하게 된다. x가 0에서 5로 증가함에 따라 심장병의 잠재분포는 거의 표준편차(예, 5(0.188) = 0.94)만큼 오른쪽으로 이동한다.

코골이 정도가 $x = 0$ 인 경우에 probit은 $-2.061 + 0.188(0) = -2.06$이다. 따라서 심장병을 가질 확률은 표준정규분포에서 $z = -2.06$ 의 왼쪽 꼬리확률값이 되고 그 값은 0.020이다. 코골이 정도가 $x = 5$ 인 경우에 probit은 $-2.061 + 0.188(5) = -1.12$이며, 이에 대응되는 확률값은 0.131이다. 다음은 R 출력 결과를 편집한 것이다:

```
-----------------------------------------------------------------
> Heart <- read.table("http://www.stat.ufl.edu/~aa/cat/data/Heart.dat",
+                     header=TRUE)
> Heart
            snoring   yes    no
1             never    24  1355
2        occasional    35   603
3 nearly_every_night   21   192
4       every_night    30   224
> library(dplyr)
> Heart$x <- recode(Heart$snoring, never = 0, occasional = 2,
+                   nearly_every_night = 4, every_night = 5)
> fit <- glm(yes/(yes+no) ~ x, family=binomial(link=probit),
+            weights=yes+no, data=Heart)
> summary(fit)
              Estimate  Std. Error   z value    Pr(>|z|)
(Intercept)   -2.06055     0.07017   -29.367     < 2e-16
x              0.18777     0.02348     7.997    1.28e-15
---
    Null deviance: 65.9045 on  3  degrees of freedom
Residual deviance:  1.8716  on  2  degrees of freedom
> fitted(fit) # estimated P(Y=1) at 4 snoring levels for x
```

```
      1          2          3          4
0.01967    0.04599    0.09519    0.13100
------------------------------------------------------------
```

5.5.5 잠재변수모형과 이항회귀모형의 함축적 관계

오차항 ϵ에 대해 다른 분포를 가정하게 되면 잠재 변수구조가 달라져서 프로빗 모형과는 다른 이항회귀모형을 얻게 된다. 예를 들어, 로지스틱 분포는 정규분포와 비슷하지만 약간 더 두꺼운 꼬리를 가지고 있다. ϵ에 대해 로지스틱 분포를 갖는 잠재변수 모형은 관찰된 이항반응변수에 대해 로짓 연결함수와 로지스틱 회귀모형을 함축한다.

실제로 정규분포와 로지스틱 분포가 매우 유사하기 때문에 프로빗 모형과 로지스틱 회귀모형으로부터는 유사한 적합 결과를 얻게 된다. 로지스틱 회귀모형이 잘 적합되면 프로빗 모형도 잘 적합되고 그 반대도 마찬가지다. 예를 들어 코골이와 심장병 자료의 경우, 잔차 이탈도는 $df=2$이고 로짓 연결함수의 경우 그 값이 2.81이고 프로빗 연결함수의 경우는 1.87이다. 프로빗 모형의 모수추정값은 로지스틱 회귀모형의 추정값보다 크기가 더 작다. 왜냐하면 이 연결함수 둘 다 확률값을 표준화된 정규분포와 로지스틱 분포의 점수로 변환하지만 이 두 분포가 서로 퍼진 정도가 다르기 때문이다. 즉, 표준정규분포는 $\mu=0$이고 $\sigma=1$이다. 표준 로지스틱 분포는 $\mu-0$이고 $\sigma=1.8$이다. 두 모형이 모두 잘 적합될 때에 로지스틱 회귀모형의 모수추정값은 프로빗 모형의 모수추정값의 약 1.8배이다.

5.5.6 이항회귀모형에 대한 누적확률분포와 곡선 형태

잠재변수에 대해 가정된 분포는 $P(Y=1)$에 대한 곡선의 형태를 결정한다. 확률변수 Z에 대해서 Z의 누적분포함수(cdf) F는 다음과 같이 누적확률을 정의하는 함수이다.

$$F(z)=P(Z\le z),\ -\infty<z<\infty.$$

z의 값이 그 정의된 범위 내에서 증가함에 따라 $F(z)$는 0에서 1로 증가한다. Z가 연속 확률변수인 경우, z의 cdf 형태는 로지스틱 회귀곡선과 같이 S자 모양을 갖는다. F가 어떤 연속확률분포에 대한 cdf라고 할 때 $P(Y=1)$가 설명변수 와 아래과 같은 관계가 성립되는 이항반응변수의 모형을 고려해 볼 수 있다.

$$P(Y=1)=F(\alpha+\beta_1x_1+\cdots+\beta_px_p), \tag{5.2}$$

여기서 F^{-1}은 선형예측식과 $P(Y=1)$를 연결시키는 연결함수가 된다.

F가 표준정규분포의 cdf일 때, F^{-1}는 프로빗 연결함수이다. 이 연결함수는 $P(Y=1)$의 곡선이 선형예측식의 함수로 정규분포의 cdf 형태를 갖도록 $P(Y=1)$를 변환하는 역할을 한다. 한 개의 설명변수가 있는 프로빗 모형에서 $P(Y=1)$에 대한 정규분포 cdf의 모수 (μ,σ)는 프로빗 모형의 모수 (α,β)와 $\mu=-\alpha/\beta$와 $\sigma=1/|\beta|$ 관계가 있다. α와 $\beta>0$의 선택에 따라 다른 정규분포가 대응된다.

코골이와 심장병 자료의 경우 $probit[\hat{P}(Y=1)]=-2.061+0.188x$이다. 이 프로빗모형 적합결과로부터 $P(Y=1)$는 $\hat{\mu}=-\hat{\alpha}/\hat{\beta}=2.061/0.188=11.0$이고 $\hat{\sigma}=1/|\hat{\beta}|=1/0.188=5.3$인 정규분포의 누적확률분포에 대응된다. 심장병에 걸릴 추정확률값이 1/2이 되는 코골이 정도는 $x=11.0$이다. 이 자료에서 관측된 코골이 수준은 0에서 5까지 제한된 범위값이고 이 값들을 11.0보다 매우 작기 때문에 이 범위를 벗어날 확률추정값은 상당히 작다.

로지스틱 회귀곡선은 식 (5.2) 형태를 갖고 있고 F가 표준로지스틱 분포의 cdf인 경우로 $P(Y=1)$의 곡선은 로지스틱 분포의 cdf 모양을 갖는다.

5.6 로지스틱 회귀모형에 대한 표본크기와 검정력*

많은 연구의 주요 목적은 특정한 변수가 이항반응변수에 대해 효과를 미치는지를 알아보는 것이다. 연구계획 단계에서 실질적으로 유의한 크기가 있는 효과를 제대로 검정할 확률을 높이기 위해 필요한 표본크기를 결정해야 한다.

5.6.1 두 비율을 비교하기 위한 표본크기

두 그룹을 비교하도록 설계된 연구에 대해, 두 그룹의 "성공" 확률 π_1과 π_2가 서로 같다는 가설을 고려해 보자. 반응변수에 따라 교차분류된 2×2 분할표에서 고정된 유의수준 α에 대해 P-값$\le\alpha$이면 귀무가설 $H_0:\pi_1=\pi_2$을 기각하는 검정을 수행할 수 있다. 표본크기를 결정하기 위해서는 π_1과 π_2 간에 실제로 일정한 크기의 차이가 존재할 때에, 이 차이를 발견하지 못할 확률 β를 명시해야 한다. 이 차이에 대하여, β는 α 수준에서 "H_0을 기각"하는 데 실패할 확률을 나타낸다. 그러면 $\alpha=P$(제1종 오류)이고 $\beta=P$(제2종 오류)이다. 검정력은 $1-\beta$이다.

두 그룹에 대해 같은 표본크기를 사용하는 연구에서 근사적으로 다음과 같은 표본크기가 필요하다.

$$n_1 = n_2 = (z_{\alpha/2} + z_\beta)^2 [\pi_1(1-\pi_1) + \pi_2(1-\pi_2)] / (\pi_1 - \pi_2)^2$$

이 식을 계산하기 위해서는 π_1과 π_2, α와 β의 값을 알아야 한다. 유의수준 0.05에서 가설 $H_0 : \pi_1 = \pi_2$을 검정하기 위해 π_1과 π_2의 참값이 0.20과 0.30일 때, P(제2종 오류)$= 0.10$을 원한다고 하자. 그러면 $\alpha = 0.05$, $\beta = 0.10$, z-점수는 $z_{0.025} = 1.96$과 $z_{0.10} = 1.28$이므로 표본크기는 다음과 같다.

$$n_1 = n_2 = (1.96 + 1.28)^2 [(0.2)(0.8) + (0.3)(0.7)] / (0.2 - 0.3)^2 = 389$$

이 식은 또한 대응되는 $\pi_1 - \pi_2$의 신뢰구간을 구하는 데 필요한 표본크기를 제공한다. 그러면 $1-\alpha$는 신뢰구간의 신뢰수준이 되고 β는 신뢰구간에 0이 포함될 확률 즉, 신뢰구간이 효과가 유의하지 않다고 나타낼 확률이다. 예를 들어, $\alpha = 0.05$이고 $\beta = 0.10$이면 위의 계산에서 실제로 $\pi_1 = 0.20$이고 $\pi_2 = 0.30$일 경우, 95% 신뢰구간이 0을 포함할 확률이 0.10이 되기 위해서는 각 그룹에서 약 400명의 표본이 필요하다는 의미이다.

5.6.2 로지스틱 회귀모형에서의 표본크기

다음의 로지스틱 회귀모형에서 $H_0 : \beta_1 = 0$의 가설검정을 고려해 보자.[9]

$$\text{logit}[P(Y=1)] = \beta_0 + \beta_1 x$$

여기서 x가 이항변수이면 이 모형은 두 그룹의 성공확률을 비교하는 것으로 이미 앞 절에서 논의한 경우에 해당한다. 그러나 x가 양적 변수이면 적절한 검정력을 확보하기 위해 필요한 표본크기를 계산하려면 x의 분포에 의존하기 때문에 결정하기가 어렵다.

x가 확률변수이고 정규분포를 따른다고 가정하자. x의 평균값에서의 성공확률을 $\bar{\pi}$라고 하자. 필요한 표본크기는 x가 평균값보다 표준편차만큼 증가했을 때의 성공확률과 $\bar{\pi}$를 비교하는 오즈비 θ에 의해 결정된다. $\lambda = \log(\theta)$라고 나타내면 단측검정에 필요한 표본크기의 근사값은 다음과 같다.[10]

9 절편을 $\alpha = P$(제1종 오류)와 구분하기 위해 β_0로 표시한다.

10 출처: F.Y. Hsieh, *Statist. Med.*, **8**: 795-802, (1989)

$$n = [z_\alpha + z_\beta \exp(-\lambda^2/4)]^2 (1 + 2\bar{\pi}\delta)/(\bar{\pi}\lambda^2)$$

여기서,

$$\delta = [1 + (1 + \lambda^2)\exp(5\lambda^2/4)]/[1 + \exp(-\lambda^2/4)]$$

이다. $\bar{\pi}$가 0.50에 가까워지고 $|\lambda|$가 귀무가설값 0에서 멀어질수록 표본크기 n은 점점 감소한다.

다중 로지스틱 회귀모형에서 같은 크기의 부분 효과(partial effect)를 검정하기 위해서는 표본크기 n이 더 커야 한다. R이 관심 있는 예측변수 x_j와 모형에 있는 다른 예측변수 간의 다중상관관계를 나타낸다고 하자. 앞에서 소개한 n에 대한 식을 $(1-R^2)$로 나눈 값이 필요한 표본크기가 된다. 이 식에서 $\bar{\pi}$는 모든 설명변수들의 평균값에서의 확률값이고 오즈비 θ는 다른 예측변수들이 평균값을 가질 때에 관심 있는 예측변수 x_j의 효과를 나타낸다. 그러나 이 결과를 사용하는 것이 매우 제한적인데 이는 어떤 다중 로지스틱 회귀모형에서 $R=0$인 경우에서 조차 하나의 변수의 효과는 다른 변수들이 모형에 추가되면 그 효과의 크기가 변하기 때문이다.[11]

지금까지 살펴본 식들은 표본크기에 대한 대략적인 지표일 뿐이다. 대부분의 실제 문제에서는 $\bar{\pi}$와 θ와 R의 대략적인 값만을 알 뿐이며, 설명변수도 정규분포를 따르지 않을 수 있다.

5.6.3 예제: 심장병 발병확률 모형화

중년 모집단을 대상으로 $x=$ 콜레스테롤 수준이 심장병의 발병률에 미치는 영향을 나타내기 위한 모형을 세우기 위한 연구를 계획하고자 한다. 과거의 연구 결과 평균 콜레스테롤 수준에서 심장병이 발병할 확률이 약 0.08로 알려졌다고 한다. 연구자들은 $H_0: \beta_1 = 0$와 $H_a: \beta_1 > 0$ 가설검정에 관심이 있는데 콜레스테롤 수준이 표준편차의 한 배만큼 증가했을 때 심장병의 발병률이 50% 증가(즉, 0.12까지)하는지를 검정하는 데 관심이 있다고 하자.

평균 콜레스테롤 수준에서의 심장병이 발병할 오즈는 $0.08/0.92 = 0.087$이고, 평균보다 표준편차의 한 배만큼 큰 콜레스테롤 수준에서의 오즈는 $0.12/0.88 = 0.136$이다. 따라서 오즈비는 $\theta = 0.136/0.087 = 1.57$이므로 $\lambda = \log(1.57) = 0.450$이고

[11] 한 예제로 다음 논문을 참조하라. L. Robinson and N. Jewell in *Intern. Statist. Rev.* **58**: 227-240 (1991)

$\delta = 1.306$ 이다. $\alpha = 0.05$ 이고 $\beta = P$(제2종 오류) $= 0.10$일 때, $z_{\alpha} = z_{0.05} = 1.645$, $z_{\beta} = z_{0.10} = 1.28$이다. 따라서 이 연구에서 필요한 표본크기 $n = 612$ 이다.

연습 문제

5.1 참게 자료에 대해 부수체의 확률에 대한 무게와 너비를 설명변수로 하는 모형을 적합하라.

a. 가설 $H_0 : \beta_1 = \beta_2 = 0$에 대한 가능도비 검정을 실시하고 그 결과를 해석하라.

b. 각 변수의 효과에 대하여 분리하여 각각 가능도비 검정을 실시하라. (a)의 검정에서는 매우 유의하게 나오지만 각각의 검정에서는 그렇지 않은가?

c. 무게와 등뼈 상태 및 색깔이 잠재적 설명변수일 때 목적적 선택 또는 AIC를 사용하여 모델을 구축하라.

5.2 7장의 〈표 7.8〉은 이 책의 웹사이트에 있는 Substance2 자료를 보여 준다. 마리화나 사용을 반응변수로 음주, 흡연, 성별 및 인종을 설명변수로 간주하여 로지스틱 회귀모형을 구축할 수 있는 새로운 자료 파일을 만들어라. 모형선택 과정을 짧게 요약한 보고서를 작성하라. 소프트웨어 출력 결과를 편집하여 부록으로 넣어라.

5.3 이 책의 웹사이트에 있는 Crabs2 자료는 y = 암참게가 "한 마리의 숫참게에 의해 수정한 알을 갖고 있는지" 또는 "여러 마리의 숫참게에 의해 수정한 알을 갖고 있는지" 여부와 연관될 수 있는 여러 변수들이 포함되어 있다. 관찰 연도를 나타내는 year, Fcolor = 암참게의 색깔(1 = 어두운 색, 3 = 중간 색, 5 = 밝은 색), Fsurf = 암참게의 등딱지 표면상태(1, 2, 3, 4, 5, 낮을수록 안 좋은 상태), FCW = 암참게의 등딱지 너비, AMCW = 수참게의 등딱지 너비, AMcolor = 수참게의 색깔, AMsurf = 숫참게의 등딱지 표면상태를 사용하여 로지스틱 모형을 구축하라. 모형선택 과정을 요약하고 소프트웨어 출력 결과를 편집하여 부록으로 넣은 간단한 보고서를 작성하라. 선택한 모형에 대하여 결과를 해석하라.

5.4 이 책의 웹사이트에 있는 Students 자료 파일은 플로리다 대학교의 사회과학 대학원생들로부터 얻은 자료로 gender(1 = 여성, 0 = 남성), age, hsgpa = 고등학교 GPA(4점 척도), cogpa = 대학 GPA, dhome = 자택에서 캠퍼스까지의 거리(마일), dres = 현재 거주지에서 강의실까지의 거리(마일), tv = TV를 시청하는 평균시간(주당), sport = 스포츠에 참여하거나 기타 신체 운동을 하는 평균

시간(주당), news = 1주일에 신문을 읽는 횟수, aids = 에이즈로 사망한 사람 또는 HIV+인 사람 수, veg = 채식주의자 여부(1 = 예, 0 = 아니오), affil = 정치 정당(1 = 민주당, 2 = 공화당, 3 = 무소속), ideol = 정치성향(1 = 매우 진보적, 2 = 진보적, 3 = 약간 진보적, 4 = 중간, 5 = 약간 보수적인, 6 = 보수적인, 7 = 매우 보수적), relig = 종교적인 행사에 참석하는 빈도(0 = 절대, 1 = 가끔, 2 = 대부분의 주, 3 = 매주), abor = 임신 첫 3개월 이내에 낙태가 합법적이어야 하는지에 대한 의견(1 = 예, 0 = 아니요), affirm = 차별철폐 조처에 대한 찬성 여부(1 = 예, 0 = 아니요), life = 사후의 삶에 대한 믿음(1 = 예, 2 = 아니오, 3 = 미정)에 대해 질문한 설문지에 대한 응답을 보여준다.

a. abor를 예측하기 위해 잠재적인 설명변수로 ideol, relig, news, hsgpa 및 gender를 고려하라. 목적에 따른 변수선택과 같은 모형선택 방법의 모든 단계를 보여라.

b. R에서 제공하는 stepAIC 혹은 bestglm 함수와 같은 자동화 도구를 사용하여 이 자료에 있는 16개의 이항변수들와 양적 변수들 중에서 abor를 예측하기 위한 변수를 선택하여 예측모형을 만들어라.

c. $y = veg$가 반응변수이고 16개의 이항변수들와 양적 변수들을 예측변수로 모형을 적합하여 가설 $H_0 : \beta_1 = \cdots = \beta_{16} = 0$에 대해 가능도비 검정을 수행하면 P-값이 0.001보다 작게 됨을 보여라. 그러나 0.05 선택 기준을 사용하여 왈드 검정으로 전진선택법을 수행하면 영모형(null model)이 선택됨을 보여라. 그리고 어떻게 이런 상반된 결과가 얻어졌는지 설명하라.

5.5 연습문제 4.12에서 Myers-Briggs 적성검사의 네 가지 척도를 소개하였다. 〈표 5.6〉에는 이 네 가지 척도를 예측변수로 사용하여 참여자가 술을 자주 마시는지 여부를 예측하기 위해 모형을 적합한 SAS 출력 결과이다.

a. 적합도 검정을 수행하고 해석하라. 만약 예측변수를 제거하여 모형을 단순화하고자 한다면 어떤 변수를 제거할 것인가? 그 이유는 무엇인가?

b. 소프트웨어로부터 4개의 주효과와 6개의 교호작용항을 포함하는 모형은 AIC값이 642.1이고, 4개의 이진변수의 주효과항만을 포함하는 모형은 637.5이고 예측변수가 없는 영모형의 경우는 648.8임을 알았다. 이 AIC 기준에 따르면 어떤 모형이 가장 선호되는가? AIC를 사용하는 타당성에 대해 설명하라.

c. 이 책의 웹사이트 www.stat.ufl.edu/~aa/introcda/data의 MBTI 자료 파일

에 대해 모형 구축 방법을 적용하여 음주 반응변수에 대한 모형을 선택하라.

▸표 5.6 연습문제 4.12의 마이어스–브릭스 성격 유형에 대해 적합한 모델의 SAS 출력 결과

```
----------------------------------------------------------------------
Criterion                  DF           Value
Deviance                   11          11.1491
                       Standard     Like-ratio 95%          Chi-
Parameter   Estimate      Error       Conf  Limits          Square
Intercept    -2.4668     0.2429     -2.9617    -2.0078     103.10
EI e          0.5550     0.2170      0.1314     0.9843       6.54
SN s         -0.4292     0.2340     -0.8843     0.0353       3.36
TF t          0.6873     0.2206      0.2549     1.1219       9.71
JP j         -0.2022     0.2266     -0.6477     0.2426       0.80
----------------------------------------------------------------------
```

5.6 앞의 연습문제를 참조하자. 이 자료는 또한 흡연 빈도에 대한 응답도 포함하고 있다. 소프트웨어로부터 모형의 절편만 포함한 모형의 -2 로그 가능도값은 1130.23이고, 주효과만을 포함한 모형은 1124.86이고 모든 2차 교호상호작용 항을 다 포함한 모형은 1119.87임을 구했다.

a. 각 경우에 대해 모형식을 제시하고 구하고 모수의 수가 각각 1, 5, 11임을 보여라.

b. AIC값을 구하라. 세 가지 모형 주에서 어떤 모형이 제일 좋은가?

5.7 연습문제 4.10에 소개된 AIDS 증상, AZT 처리, 인종 자료에 대해 R의 출력 결과는 다음과 같다.

```
----------------------------------------------------------------------
> fit <- glm(yes/(yes+no) ~ azt + race, weights=yes+no, family=binomial,
+            data=AIDS)
> summary(fit)
Deviance Residuals:
      1         2         3         4
-0.5547   0.4253   0.7035    -0.6326
               Estimate  Std. Error   z value   Pr(>|z|)
(Intercept)    -1.07357     0.26294    -4.083   4.45e-05
aztyes         -0.71946     0.27898    -2.579    0.00991
racewhite       0.05548     0.28861     0.192    0.84755
---
    Null deviance: 8.3499 on 3 degrees of freedom
Residual deviance: 1.3835 on 1 degrees of freedom
> 1 - pchisq(1.3835, 1)
[1] 0.23950
> cbind(AIDS$azt, AIDS$race, fitted(fit), rstandard(fit,type="pearson"),
residuals(fit,type="pearson"), residuals(fit,type="deviance"))
[,1]      [,2]      [,3]      [,4]      [,5]   [,6]
```

```
1 2 2   0.1496   -1.1794   -0.5447   -0.5547   # azt=yes, race=white
2 1 2   0.2654    1.1794    0.4282    0.4253   # azt=no, race=white
3 2 1   0.1427    1.1794    0.7239    0.7035   # azt=yes, race=black
4 1 1   0.2547   -1.1794   -0.6220   -0.6326   # azt=no, race=black
-------------------------------------------------------------------
```

a. 모형에 대해 적합도 검정을 하고 결과에 대해 해석하라.

b. 적합값의 상대적 크기가 AZT 효과와 인종 효과에 대한 개별 검정 결과를 어떻게 반영하는지 설명하라.

c. 제시된 R의 출력값은 표준화잔차, Pearson 잔차 및 이탈도 잔차를 보여준다. 다른 잔차에 비해 표준화잔차를 사용하는 경우의 장점에 대해 설명하라.

5.8 〈표 2.9〉의 사형 판결 자료를 참조하라. 두 개의 인종변수들을 예측변수로 사용하여 로지스틱 모형을 적합하라. 잔차분석을 수행하고 그 결과를 해석하라.

5.9 〈표 5.7〉은 1973년 가을 California 주에 있는 버클리 대학에서 가장 규모가 큰 6개 학과에 대한 대학원 합격 여부 y를 성별과 학과에 따라 분류한 $2 \times 2 \times 6$ 분할표를 보여 준다.

a. y에 대해 학과만을 포함하는 로지스틱 모형을 적합하라. 표준화잔차를 이용하여 모형의 적합 여부를 설명하라.

▸표 5.7 연습문제 5.9의 버클리 대학교 입학 자료

학과	입학 여부, 남자		입학 여부, 여자	
	예	아니오	예	아니오
1	512	313	89	19
2	353	207	17	9
3	120	205	202	391
4	138	279	131	244
5	53	138	94	299
6	22	351	24	317
총합	1198	1493	557	1278

출처: P. Bickel et al., *Science*, **187**: 398-403, 1975

b. 이 모형에 성별에 대한 효과를 추가하면, 입학과 성별(1 = 남성, 0 = 여성) 사이의 조건부 오즈비 추정값은 0.90이다. 학과를 무시하고 입학과 성별만을 고려한 주변분할표의 오즈비 추정값은 1.84이다. 연관성의 차이가 많이 나는 이유가 무엇인지 설명하라.

5.10 이 책의 웹사이트에 있는 Lungs 자료 파일[12]은 중국에서 흡연과 폐암에 대해 수행한 8개 연구를 요약한 것이다. 이 자료를 분석한 결과와 해석을 짧게 요약하여 보고서를 작성하라.

5.11 연습문제 5.4의 (a)에서 선택한 모형을 참조하라. 이 모형에 대한 적합도를 검토하라. 이 자료 파일로 잔차분석을 수행할 수 있는가? 설명하라.

5.12 $x = 0, 10, 20, 30$일 때에 $y = 0$이고 $x = 70, 80, 90, 100$일 때에 $y = 1$ 이라 가정하자.

a. $\text{logit}\,[P(Y=1)] = \alpha + \beta x$ 모형에서 $\hat{\beta} = \infty$가 되는 이유를 직관적으로 설명하라. 소프트웨어를 이용하여 $\hat{\beta}$와 표준오차를 구하라.

b. $x = 50$에 대해 한 개의 관측값은 $y = 1$이고 다른 한 개의 관측값이 $y = 0$인 두 개의 관측값을 자료에 추가하라. $\hat{\beta}$와 표준오차를 구하라. 이 구한 결과가 옳다고 생각하는가? 그 이유는? 두 관측값을 $x = 49.9$, $y = 1$과 $x = 50.1$ $y = 0$로 대체하면 어떻게 되는가?

5.13 연습문제 5.4를 참조하여 veg를 반응변수로 사용하여 적어도 하나의 효과에 대하여 ML 추정값이 무한대가 되는 로지스틱 모형을 찾아라. 자료 파일 측면에서 이런 결과가 나온 이유를 설명하라. Firth의 벌점화 로지스틱 회귀모형이나 또는 베이지안 추론을 사용하여 모형을 적합시켜 결과를 구하고 해석하라.

5.14 〈표 5.8〉는 LogXact7 설명서(Cytel Software, 2005, p.171)에 소개된 비전이성 골육종에 대한 연구자료이다. 반응변수는 환자가 3년간 질병에 걸리지 않았는지 여부이다.

a. 각 예측변수에 대해서 한 개의 예측변수만을 포함하는 로지스틱모형을 적합하면모든 예측변수는 다 유의한 효과가 있음을 보여라. 세 개의 모든 예측변수를 포함하는 주효과 로지스틱 회귀모형을 적합하라. 림프구 침윤의 효과에 대한 ML 추정값이 무한대인 이유를 설명하라.

b. Firth의 벌점화 로지스틱 회귀모형이나 베이지안 추론을 사용하여 주효과 모형을 적합시켜 결과를 구하고 해석하라.

12 자료 출처: *Intern. J. Epidemiol.*, **21**: 197–201 (1992) by Z. Liu.

▸표 5.8 연습문제 5.14의 자료

림프구 침윤	성별	골형성 병리	무병생존여부	
			있음	없음
높음	여성	없음	3	0
높음	여성	있음	2	0
높음	남성	없음	4	0
높음	남성	있음	1	0
낮음	여성	없음	5	0
낮음	여성	있음	3	2
낮음	남성	없음	5	4
낮음	남성	있음	6	11

▸표 5.9 5개 센터의 반응에 대한 치료와 관련된 임상시험

학과	치료	반응	
		성공	실패
1	활성제	0	5
	위약	0	9
2	활성제	1	12
	위약	0	10
3	활성제	0	7
	위약	0	5
4	활성제	6	3
	위약	2	6
5	활성제	5	9
	위약	2	12

출처: Diane Connell, Sandoz 제약 회사.

5.15 〈표 5.9〉는 5개 센터에서 실시한 무작위 임상시험 결과를 보여 준다. 세균성 감염을 치료하기 위해 활성제를 위약과 비교하는 것이 목적이다. 이 자료에 대해 y = 반응(1=성공, 0=실패), x = 처리(1=활성, 0=위약), z = 센터를 나타낸다고 하자.

a. 모형 $\log it\,[P(Y=1)] = \alpha + \beta x + \beta_k^z$에 대해 센터 효과 측면에서 준완전분리가 발생하는 이유를 설명하라.

b. "no intercept" 옵션을 사용하여 한 센터를 기준으로 하는 대비효과를 사용하지 않고 개별 센터를 나타내는 $\{\beta_k^z\}$를 사용하여 모형을 적합하고 $\hat{\beta}_1^z$, $\hat{\beta}_3^z$와 표준오차를 제시하라. 실제 ML 추정값은 얼마인가?

c. 반응과 처리와 관련된 2×2 주변분할표의 도수는 모두 양수이므로 빈 칸

은 처리효과 추정값에 영향을 미치지 않는다. 추정된 처리효과에 대한 로그 오즈비를 구하고 분석에서 센터 1과 3을 삭제하더라도 그 값이 바뀌지 않음을 보여라(센터가 하나의 반응값만을 가진 경우 치료효과에 대한 정보를 제공하지 않는다).

5.16 연습문제 4.1의 암환자 자료를 참조하라. 암환자들이 회복할 확률 π를 예측하기 위해서 표지지표(LI : Labeling Index)를 이용하였다. 〈표 5.10〉은 프로빗 모형에 대한 적합 결과이다. (a) 추정된 회복 확률값이 0.50가 되는 표지지표(LI)값, (b) 표지지표 하위 사분위수값 14와 하위 사분위수값 28에서 추정한 회복 확률값의 차이값 (c) 프로빗 모형에 대응되는 정규 잠재변수모형, (d) 정규분포 누적확률분포 반응곡선의 특성을 이용하여 프로빗 모형의 모수추정값을 해석하라.

▸**표 5.10** 연습문제 5.16의 암 완화에 대한 프로빗 모형적합 결과

	Estimate	Std. Error	z value	Pr(>|z|)
(Intercept)	-2.31777	0.76060	-3.047	0.00231
LI	.08785	0.03293	2.668	0.00763

5.17 연습문제 4.16에 소개된 이 책의 웹사이트에 있는 SoreThroat 자료를 참조하라. 주효과를 갖는 (a) 선형확률모형, (b) 프로빗 모형을 적합하고 그 결과를 해석하라.

5.18 이 책의 웹사이트에 있는 Crabs 자료에 대하여 등딱지 너비가 x인 암참게가 부수체를 가지고 있을 확률에 대해 선형확률모형을 적합하라. 이 적합 결과는 x값이 큰 경우에도 타당한가?

5.19 두 그룹의 성공확률은 약 0.20과 0.30이 될 것으로 예상하며 90% 신뢰구간을 사용하여 차이를 탐지할 가능성(검정력)이 80%이길 원한다.

a. 두 그룹의 표본크기가 동일하다고 가정할 때, 필요한 표본크기는 얼마인가?

b. 이 표본크기와 (i) 검정력이 90%인 90%신뢰구간, (ii) 검정력이 80%인 95%신뢰구간, (iii) 검정력이 90%인 95%신뢰구간을 사용하여 구한 표본크기를 서로 비교하라.

5.20 참게 자료에서 너비는 평균이 26.3이고 표준편차는 2.1이다. 만약 4.1.3절에서 소개한 적합식인 $\text{logit}[\pi(x)] = -12.351 + 0.497x$이 참이라면 $H_0 : \beta = 0$와

$H_a : \beta > 0$를 검정하기 위해 $\alpha = 0.05$ 수준에서 P(제2종 오류)$= 0.10$이기 위한 표본크기는 얼마인가? 이 결과를 얻기 위해 어떤 가정이 필요한가?

5.21 다음 문항이 참인지 거짓인지 판단하라.

a. 이항반응변수에 대한 어떤 모형에 하나의 연속형 예측변수가 있다. 만약 모형이 참이라면 이 모형에 대한 이탈도 통계량은 표본크기가 커질 때 근사적으로 카이제곱분포를 따르게 된다. 이탈도 통계량을 모형의 적합도 검정에 사용할 수 있다.

b. x_1 또는 x_2가 이항반응변수 y에 대한 유일한 예측변수인 경우, 효과에 대한 가능도비 검정의 P-값 < 0.0001이다. 만약 x_1과 x_2 모두 모형에 포함된 경우에 가설 $H_0 : \beta_1 = 0$과 가설 $H_0 : \beta_2 = 0$에 대해 각각 가능도비 검정을 할 때 각각의 P-값은 둘 다 0.05보다 클 수 있다.

6장

다범주 로짓 모형

일반적으로 로지스틱 회귀모형은 이항반응변수를 모형화하는 데 사용된다. 이 장에서는 범주가 두 개 이상인 다범주 반응변수(multicategory responses)를 다루기 위해 로지스틱 회귀모형을 일반화시킨 모형을 소개하겠다. **명목형**(nominal) 반응변수에 대한 모형에서는 범주들의 순서를 고려하지 않고 **순서형**(ordinal) 반응변수에 대한 모형에서는 범주들의 순서를 이용한다. 설명변수들은 로지스틱 회귀모형에서와 마찬가지로, 연속형 또는 범주형(지시변수를 이용한)이거나 두 가지 모두 포함될 수 있다.

Y를 c개의 범주를 갖는 명목형 변수라고 가정하자. 설명변수들의 수준들이 이루는 각 조합에서 반응확률(response probabilities) $(\pi_1, \cdots, \pi_c)$은 항상 $\sum_j \pi_j = 1$을 만족한다. 앞 장에서와 마찬가지로 이 장에서 소개하는 방법들은 모든 관측값들이 서로 독립인 경우에 적용되는 방법이다. 모든 설명변수들이 이산형인 경우에 자료 파일은 설명변수들의 수준들이 이루는 각 조합에서 Y의 c개 범주에 대해 그룹화 또는 그룹화되지 않은 도수자료 형태가 된다. 다범주 로짓 모형은 관측된 도수들(count)이 **다항분포**(multinomial distribution)를 따른다고 가정한다. 다항분포는 이항분포를 반응범주가 세 개 이상인 경우로 일반화한 것이다(1.2.2절 참조).

6.1 명목형 반응변수들에 대한 기준범주 로짓 모형

명목형 반응변수에 대한 다범주 로짓 모형은 범주들의 모든 쌍(pair)을 동시에 고려하고, 한 범주 대신에 다른 범주에서 반응변수가 관측될 오즈를 명시한다. 범주들의 나열된 순서는 상관없다.

6.1.1 기준범주 로짓

기본 모형은 하나의 **기준범주**(baseline-category)를 선택한 후에 이 범주와 나머지 각 반응범주와 짝을 지어 로짓을 정의한다. 소프트웨어에서는 보통 맨 마지막 범주(c)를 기준 범주로 삼는다. 이 경우 **기준범주 로짓**(baseline-category logit)은 다음과 같이 정의된다.

$$\log\left(\frac{\pi_j}{\pi_c}\right), \qquad j=1,\cdots,c-1$$

예를 들어, $c=3$인 경우에 로짓 모형은 $\log(\pi_1/\pi_3)$과 $\log(\pi_2/\pi_3)$를 사용하게 된다. 반응변수가 j범주나 c범주를 갖는다는 조건 하에서, $\log(\pi_j/\pi_c)$는 반응변수가 j범주일 로그 오즈(log odds)가 된다.

예측변수 x가 있는 경우에 기준범주 로짓을 이용한 로짓 모형은 다음과 같은 형태를 갖는다.

$$\log\left(\frac{\pi_j}{\pi_c}\right) = \alpha_j + \beta_j x, \quad j = 1,\cdots,c-1 \tag{6.1}$$

이 모형은 $c-1$개의 로짓 방정식으로 이루어졌으며 각 방정식마다 서로 다른 모수들을 가지는데 이는 기준범주와 짝지어진 반응범주에 따라서 효과가 다르다고 가정한 것이다. 식 (6.1)에 있는 $c-1$개의 방정식들의 모수들을 사용하여 다른 반응범주들의 쌍들에 대해 정의한 로짓을 나타낼 수 있다. 예를 들어, $c=3$인 경우에 임의의 범주 a와 b의 쌍에 대하여 다음과 같은 관계를 얻는다.

$$\begin{aligned}\log\left(\frac{\pi_1}{\pi_2}\right) &= \log\left(\frac{\pi_1/\pi_3}{\pi_2/\pi_3}\right) = \log\left(\frac{\pi_1}{\pi_3}\right) - \log\left(\frac{\pi_2}{\pi_3}\right)\\ &= (\alpha_1+\beta_1 x) - (\alpha_2+\beta_2 x)\\ &= (\alpha_1-\alpha_2) + (\beta_1-\beta_2)x\end{aligned} \tag{6.2}$$

이 로짓 방정식은 $\alpha+\beta x$의 형태로 절편 $\alpha=(\alpha_1-\alpha_2)$와 기울기 $\beta=(\beta_1-\beta_2)$를 갖는다.

p개의 설명변수가 있는 경우에는 이 로짓 모형을 다음과 같이 확장할 수 있다.

$$\log\left(\frac{\pi_j}{\pi_c}\right) = \alpha_j + \beta_{j1}x_1 + \beta_{j2}x_2 + \cdots + \beta_{jp}x_p, \quad j = 1,\cdots,c-1 \tag{6.3}$$

▸ 표 6.1 미국 플로리다주의 59마리 악어의 길이(단위: m)와 주요 먹이[a]

1.24 I	1.30 I	1.30 I	1.32 F	1.32 F	1.40 F	1.42 I	1.42 F
1.45 I	1.45 O	1.47 I	1.47 F	1.50 I	1.52 I	1.55 I	1.60 I
1.63 I	1.65 O	1.65 I	1.65 F	1.65 F	1.68 F	1.70 I	1.73 O
1.78 I	1.78 I	1.78 O	1.80 I	1.80 F	1.85 F	1.88 I	1.93 I
1.98 I	2.03 F	2.03 F	2.16 F	2.26 F	2.31 F	2.31 F	2.36 F
2.36 F	2.39 F	2.41 F	2.44 F	2.46 F	2.56 O	2.67 F	2.72 I
2.79 F	2.84 F	3.25 O	3.28 O	3.33 F	3.56 F	3.58 F	3.66 F
3.68 O	3.71 F	3.89 F					

[a]F = 어류(Fish), I = 연체류(Invertebrates), O = 기타(Other)
출처: M.F. Delany and Clint T. Moore, 이 책의 웹사이트에 있는 Alligators 자료 파일

이 로짓모형은 각 설명변수에 대해 서로 다른 효과를 가정하고 있다. c와 p가 아주 작은 경우가 아니면 이 모형에 포함된 모수의 수는 아주 많다. Fisher 스코어링 알고리즘(Fisher scoring algorithm)을 사용하는 소프트웨어를 이용하여 식 (6.3)에 있는 $c-1$개의 로짓 방정식을 **동시에** 적합시킬 수 있다. 이 모형을 동시에 적합시키면, 어떤 범주가 기준범주가 되든지 상관없이 범주들의 쌍에 대한 모수들의 추정값들은 동일하므로 기준범주는 임의로 선택할 수 있다.

6.1.2 예제: 악어의 먹이

〈표 6.1〉은 미국 플로리다주 Game and Fresh Water Fish(GAFWF) 위원회에 의해 연구된 자료로 악어들의 주요 먹이 선택에 영향을 주는 인자들을 알아보기 위해 조사한 것이다. 〈표 6.1〉은 플로리다주 George 호수에서 추출된 59마리의 악어에 대하여 길이(미터)와 악어의 위에서 발견된 주요 먹이의 종류를 나타낸다. 주요 먹이 종류는 어류, 연체류, 기타 세 가지로 구분된 범주를 갖는다. 즉, $c=3$이다. 연체류는 뱀, 수생 곤충, 가재 등이다. "기타"의 범주에 해당하는 것은 파충류(주로 거북이였으며 한 악어의 위에서는 지난 해에 호수에 풀어놓았던 23마리의 새끼 악어들의 꼬리표도 발견되었다), 양서류, 포유류, 식물성 물질, 그리고 돌이나 다른 부스러기 등이었다. 이 표에서는 1.24 ~ 3.89 m 사이에 분포한 악어의 길이도 보여 준다.

$Y=$"주요 먹이"를 반응변수로, $x=$"악어의 길이"를 예측변수로 사용해 보자. "기타"에 해당되는 범주를 기준범주로 사용한 로짓 모형 (6.1)의 R 출력 결과는 다음과 같다.

```
> Gators <- read.table("http://www.stat.ufl.edu/~aa/cat/data/Alligators.dat",
+                      header=TRUE)
```

```
> Gators
      x   y
1   1.24  I
2   1.30  I
...
59  3.89  F
> library(VGAM) # package for multivariate GLMs, such as multinomial models
> fit <- vglm(y ~ x, family=multinomial, data=Gators) # vglm = vector GLM
> coef(fit, matrix = TRUE)
            log(mu[,1]/mu[,3])    log(mu[,2]/mu[,3])
(Intercept)             1.6177                5.6974
x                      -0.1101               -2.4654
> summary(fit)
              Estimate  Std. Error   z value    Pr(>|z|)
(Intercept):1   1.6177      1.3073     1.237     0.21591
(Intercept):2   5.6974      1.7937     3.176     0.00149
x:1            -0.1101      0.5171    -0.213     0.83137  # for log[P(Y=1)/P(Y=3)]
x:2            -2.4654      0.8996    -2.741     0.00613  # for log[P(Y=2)/P(Y=3)]
---
Residual deviance: 98.3412 on 114 degrees of freedom
Reference group is level 3 of the response # reference = baseline category
-------------------------------------------------------------------------------
```

두 기준 로짓에 대해 추정된 ML 식은 다음과 같다.

$$\log(\hat{\pi}_1/\hat{\pi}_3) = 1.618 - 0.110x$$

$$\log(\hat{\pi}_2/\hat{\pi}_3) = 5.697 - 2.465x$$

식 (6.2)에 의해서, 반응값이 "연체류"가 아니고 "어류"가 될, 로그 오즈의 추정값은

$$\log(\hat{\pi}_1/\hat{\pi}_2) = (1.618 - 5.697) + [-0.110 - (-2.465)]x = -4.08 + 2.355x$$

이 된다. 이 식은 "연체류"를 기준범주로 사용하는 다른 소프트웨어를 이용하여 구할 수 있다.

```
-----------------------------------------------------------------
> fit2 <- vglm(y ~ x, family=multinomial(refLevel="I"), data=Gators)
> summary(fit2) # now using y=2 (I = Invertebrates) as baseline category
              Estimate  Std. Error   z value    Pr(>|z|)
(Intercept):1  -4.0797      1.4686    -2.778     0.00547
(Intercept):2  -5.6974      1.7937    -3.176     0.00149
x:1             2.3553      0.8032     2.932     0.00336   # for log[P(Y=1)/P(Y=2)]
x:2             2.4654      0.8996     2.741     0.00613   # for log[P(Y=3)/P(Y=2)]
---
Residual deviance: 98.3412 on 114 degrees of freedom # same for any baseline
Reference group is level 2 of the response
> confint(fit2, method="profile") # profile likelihood confidence intervals
                  2.5 %      97.5 %
x:1             1.01118     4.19907   # beta for log[P(Y=1)/P(Y=2)]
x:2             0.87752     4.46361   # beta for log[P(Y=3)/P(Y=2)]
-----------------------------------------------------------------
```

각 로짓에 대하여 반응변수가 두 개의 범주만 관측된다는 조건 하에서, 추정값들을 일반적인 이항 로지스틱 회귀모형과 같이 해석한다. 예를 들면, 주요 먹이의 종류가 "어류"이거나 "연체류"라고 주어졌을 때, 예측식 $\log(\hat{\pi}_1/\hat{\pi}_2)$에서 길이에 대한 계수값 2.355은 길이가 긴 악어일수록 "연체류" 보다는 "어류"를 더 선호한다는 것을 나타낸다. "어류"일 확률의 추정값은 길이 x에 따라 S-형태의 곡선을 나타내며 증가한다. 길이가 $x+1$ 미터인 악어의 주요 먹이 종류가 "연체류"가 아니고 "어류"일 오즈의 추정값은 길이가 x 미터인 악어의 오즈 추정값의 $\exp(2.355)=10.5$배와 같다.

주요 먹이의 선택이 악어의 길이와 독립이라는 가설검정은 모형 (6.1)에 대하여 가설 $H_0: \beta_1=\beta_2=0$을 검정하면 된다. 가능도비 검정통계량값은 이 모형과 독립모형의 이탈도 통계량의 차이가 된다. 다음 R 출력 결과로부터 이탈도 통계량의 차이는 $115.14-98.34=16.80$이고 이 값은 로그 가능도비값 차이의 2배 $2[-49.17-(-57.57)]=16.80$와 동일하며 자유도는 $df=2$이다.

```
-----------------------------------------------------------------------------
> fit0 <- vglm(y ~ 1, family=multinomial, data=Gators) # null model
> deviance(fit0) # deviance for working model is 98.3412
[1] 115.1419
> lrtest(fit, fit0) # lrtest function available in VGAM package for LR tests
Likelihood ratio test # test that beta_1 = beta_2 = 0
Model 1: y ~ x
Model 2: y ~ 1
   #Df     LogLik   Df   Chisq    Pr(>Chisq)
1  114    -49.171
2  116    -57.571    2  16.801       0.00022  # deviance diff. = 2(log-like. diff.)
-----------------------------------------------------------------------------
```

P-값이 0.0002이므로 적어도 하나의 로짓모형에서 악어의 길이의 효과가 매우 강하다는 것을 알 수 있다. 연체류(범주 2)를 기준범주로 한 분석의 출력 결과에서 β_1과 β_2에 대한 프로파일 가능도 신뢰구간은 두 모수가 모두 양수이며 효과가 매우 크다는 것을 보여 준다. 예를 들어, 주요 먹이의 종류가 "어류"이거나 "연체류"라고 주어졌을 때, 길이가 1 미터 늘어나면 악어의 주요 먹이 종류가 "연체류"가 아니고 "어류"일 오즈가 $e^{1.011}=2.7$배와 $e^{4.199}=66.6$배 사이에 있는 것을 95%로 신뢰할 수 있다. 그러나 비교적 작은 표본에서는 추정된 효과에 대한 정확도는 매우 떨어진다.

6.1.3 반응확률들의 추정

식 (6.3)에 정의된 기준범주 로짓 모형에 대해서 반응확률들은 모형의 모수를 이용하여 다음과 같이 구해진다.

$$\pi_j = \frac{e^{\alpha_j + \beta_{j1}x_1 + \beta_{j2}x_2 + \cdots + \beta_{jp}x_p}}{\sum_{h=1}^{c} e^{\alpha_h + \beta_{h1}x_1 + \beta_{h2}x_2 + \cdots + \beta_{hp}x_p}}, \quad j = 1, \cdots, c.$$

분모는 각 π_j에 대해 동일하고, 분자는 모든 j에 대하여 합하면 분모가 되어 $\sum_j \pi_j = 1$이 성립한다. 식 (6.3)에서는 로짓을 정의하기 위해 어떤 범주를 기준으로 삼든지 항상 기준범주에 대한 모수들의 값은 0이다. 6.1.2절의 첫 번째 R 출력물에 있는 기준범주 "기타"에 대하여 "어류"와 "연체류"에 대응되는 추정값을 대입하여 각 범주 (어류, 연체류, 기타)의 추정확률은 다음과 같다.

$$\hat{\pi}_1 = \frac{e^{1.618 - 0.110x}}{1 + e^{1.618 - 0.110x} + e^{5.697 - 2.465x}}$$

$$\hat{\pi}_2 = \frac{e^{5.697 - 2.465x}}{1 + e^{1.62 - 0.110x} + e^{5.697 - 2.465x}}$$

$$\hat{\pi}_3 = \frac{1}{1 + e^{1.618 - 0.110x} + e^{5.697 - 2.465x}}$$

각 분모에 나타난 1과 $\hat{\pi}_3$의 분자에 나타난 1은 $e^{\hat{\alpha}_3 + \hat{\beta}_3 x}$의 값인데 이는 $\hat{\alpha}_3 = \hat{\beta}_3 = 0$이기 때문이다.

예를 들어, 길이 $x = 3.89$ 미터인 악어의 경우, 주요 먹이 선택 범주에 대한 확률의 추정값은 $(\hat{\pi}_1, \hat{\pi}_2, \hat{\pi}_3) = (0.763, 0.005, 0.232)$이다. 매우 길이가 긴 악어의 경우는 물고기를 더 좋아하는 경향이 있다. 소프트웨어 출력물은 아래와 같이 각 관측값별로 추정된 확률값을 보여 준다.

```
-------------------------------------------------------------------
> fitted(fit) # estimated response probabilities for outcome categories
         F        I        O  # fish, invertebrate, other
1    0.2265  0.7220   0.0515
2    0.2503  0.6925   0.0573
...
59   0.7630  0.0047   0.2323  # obs. 59 is alligator of length 3.89 meters
-------------------------------------------------------------------
```

〈그림 6.1〉은 악어의 길이에 대하여 세 개의 먹이 범주를 선택할 확률을 나타낸 그래프이다.

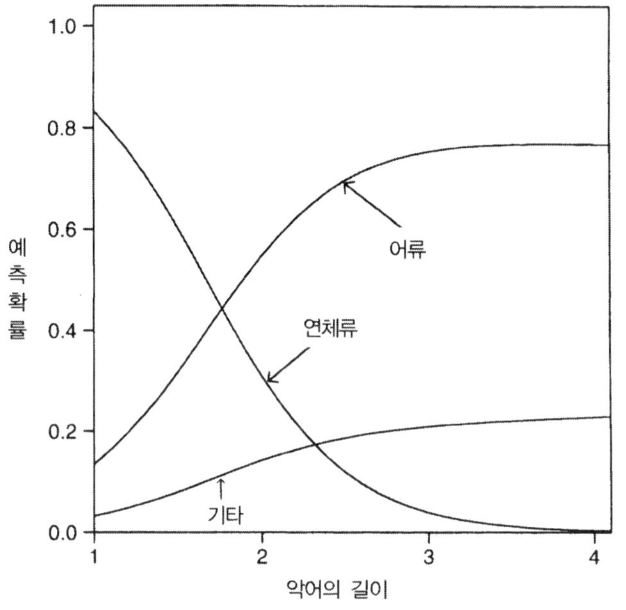

그림 6.1 악어의 주요 먹이 선택에 대한 예측확률

6.1.4 다항모형의 적합도 검정

설명변수들이 모두 범주형일 때에는 그룹화되지 않은 형태 또는 설명변수들의 수준들이 이루는 각 조합에서 자료를 다항분포의 도수로 그룹화된 분할표에 나타낼 수 있다. 그룹화된 자료에 대해서는 분할표가 그다지 희박하지(sparse) 않은 경우에는 잔차 이탈도를 이용하여 모형의 적합도 검정을 할 수 있다.

5.2.1절에 있는 이항반응자료에 대해서 이탈도 통계량은 다음의 형태를 갖는다.

$$G^2 = 2\sum \text{관찰값}\ [\log(\text{관찰값}/\text{적합값})]$$

이 검정은 전체 적합도 검정이다. 대부분의 칸의 도수가 5보다 큰 경우에 이탈도 통계량은 모형이 적합하다는 귀무가설 하에서 근사적으로 카이제곱분포를 따른다. 이항반응자료에서 적어도 한 개 이상의 연속인 설명변수가 있는 경우나 자료가 희박한 경우에는 이 적합도 검정법은 타당하지 않다. 어떤 경우든지 좀 더 유용한 방법은 기존의 모형을 설명변수를 추가하였거나 교호작용을 포함한 좀 더 복잡한 모형과 비교할 때 이탈도 통계량을 비교해서 검토해 보는 것이다.

▶표 6.2 성별과 인종에 따른 사후 세계의 믿음

인 종	성 별	사후 세계에 대한 믿음		
		믿는다	잘 모르겠다	믿지 않는다
백 인	여 성	371	49	74
	남 성	250	45	71
흑 인	여 성	64	9	15
	남 성	25	5	13

출처: 일반사회조사. 이 책의 웹사이트에 있는 Afterlife 자료 파일.

6.1.5 예제: 사후 세계 믿음에 대한 연구

〈표 6.4〉은 일반사회조사로부터 얻어진 자료로, Y="사후 세계에 대한 믿음"을 나타내며 3개의 범주값(예, 잘 모르겠다, 아니오)을 갖는 반응변수이고, 설명변수는 2개의 변수들로 x_1=성별과 x_2=인종이다. 사후 세계에 대한 믿음 Y의 범주 중 "아니오" 범주를 기준으로 모형을 나타내면 다음과 같다.

$$\log\left(\frac{\pi_j}{\pi_3}\right) = \alpha_j + \beta_j^G x_1 + \beta_j^R x_2, \qquad j = 1,2$$

여기서 첨자 G와 R은 성별(gender)과 인종(race)을 나타낸다. 이 모형은 사후 세계에 대한 믿음에 대해 성별과 인종 간에 교호작용 효과가 없다고 가정하고 있다.

모수추정값은 기준 범주에 대한 로그 오즈비를 나타낸다. 예를 들어, β_1^G은 주어진 인종에 대하여, 성별과 반응변수의 1과 3 범주("예"와 "아니오") 간의 조건부 로그 오즈비를 나타낸다. 아래 R 출력 결과에 나타난 것과 같이 성별의 경우 남성이면 $x_1 = 1$을, 여성이면 0이라 하고, 인종에 대해서는 백인은 $x_2 = 1$이고, 흑인인 경우에는 0을 사용하였다. 즉 주어진 인종에 대하여 $\hat{\beta}_1^G = -0.419$이므로, 남성에 대해서 "아니오"보다 "예"라고 응답할 오즈가 여성의 오즈에 비해 $\exp(-0.419) = 0.66$배가 된다. 성별이 주어졌을 때, 백인의 경우가 "아니오" 대신에 "예"라고 응답할 오즈의 추정값이 흑인의 경우보다 $\exp(0.342) = 1.41$배 높다.

```
--------------------------------------------------------------------
> Afterlife <- read.table("http://www.stat.ufl.edu/~aa/cat/data/
+                         Afterlife.dat", header=TRUE)
> Afterlife
   race  gender  yes  undecided  no
1 white  female  371         49  74
2 white    male  250         45  71
3 black  female   64          9  15
4 black    male   25          5  13
```

```
> library(VGAM)
> fit <- vglm(cbind(yes,undecided,no) ~ gender + race, family=multinomial,
+ data=Afterlife)
> summary(fit)
               Estimate  Std. Error   z value    Pr(>|z|)
(Intercept):1   1.3016      0.2265     5.747     9.1e-09
(Intercept):2  -0.6529      0.3405    -1.918    0.0551 .
gendermale:1   -0.4186      0.1713    -2.444      0.0145
gendermale:2   -0.1051      0.2465    -0.426      0.6700
racewhite:1     0.3418      0.2370     1.442      0.1493
racewhite:2     0.2710      0.3541     0.765      0.4442
---
Residual deviance: 0.8539 on 2 degrees of freedom
-----------------------------------------------------------------
```

이 그룹화된 자료에 대해서 이탈도 통계량을 이용해 모형의 적합도 검정을 할 수 있다. 네 개의 성별-인종 각 조합에서 독립적인 다항분포의 확률값의 수는 $3-1=2$ (총합은 1이므로)이므로 총 여덟 개의 확률값이 있다. 이 모형에서 j값이 1과 2일 경우 전체 여섯 개의 모수를 가지므로 잔차의 자유도는 $df=8-6=2$이고 잔차 이탈도의 값에 의하여 이 모형은 잘 적합되었다.

성별의 효과를 검정하기 위한 귀무가설은 $H_0 : \beta_1^G = \beta_2^G = 0$이다. 아래 R의 출력결과에 나타난 것과 같이 가능도비 검정통계량은 성별을 고려하는 모형의 이탈도 통계량 0.85 $(df=2)$과 성별을 고려하지 않는 모형의 이탈도 통계량 8.05 $(df=4)$을 비교하는데 이 값이 $8.05-0.85=7.17$이고 자유도가 $df=4-2=2$이다. P-값이 0.027이므로 성별효과는 유의하며 남성들이 여성들에 비하여 사후 세계에 대해 잘 믿지 않는 경향이 있다.

```
----------------------------------------------------------------------
> fit.race <- vglm(cbind(yes,undecided,no) ~ race, family=multinomial,
+                 data=Afterlife) # removing gender from model
> deviance(fit.race)
[1] 8.04650
> lrtest(fit, fit.race) # lrtest function available in VGAM package
Likelihood ratio test
Model 1: cbind(yes, undecided, no) ~ gender + race
Model 2: cbind(yes, undecided, no) ~ race
   #Df   LogLik   Df   Chisq  Pr(>Chisq)
1    2  -19.732
2    4  -23.329    2  7.1926    0.02742  # deviance diff. = 2(log-lik. diff.)
----------------------------------------------------------------------
```

반면에, 인종의 효과는 유의하지 않다. 그 이유는 인종을 고려하지 않은 모형의 이탈도 통계량은 2.85 $(df=4)$이므로 $df=2$인 모형에 비해 1.99만 증가하였기 때문이다. 이와 같이 적합결여가 된 것은 부분적으로 인종의 효과를 나타내는 표준오차가 크기 때문인데, 그 까닭은 성별 범주들보다 두 인종들 사이에서 표본크기에서 크게 불균형을 이루기 때문이다.

각 성별과 인종의 조합에 대해서 세 개의 반응범주에 대한 예측된 확률값을 구할 수 있다.

```
> data.frame(Afterlife$race, Afterlife$gender, fitted(fit))
  Afterlife.race  Afterlife.gender      yes   undecided       no
1          white            female   0.7546      0.0996   0.1459
2          white              male   0.6783      0.1224   0.1993
3          black            female   0.7074      0.1002   0.1925
4          black              male   0.6222      0.1206   0.2573
```

이 모형적합 결과에 의하면 사후 세계에 대한 백인 여성의 믿음이 가장 강하고 흑인 남성이 가장 약하다.

6.1.6 이산형 선택모형*

다범주 로짓 모형은 시장조사에서 여러 선택의 가능성 중에서 특정 상품이 얼마나 선택되는지에 대한 분석을 하는 데 중요한 도구로서 사용되고 있다. 예를 들어, 최근에 자동차를 구입하는 소비자들의 경우, 그 사람들의 연간 수입이나 가족의 수, 교육정도, 거주지가 도심인지 교외인지에 따라 자동차 브랜드 선호도가 어떻게 변화하는지 모형을 만들 수 있다.

모형 (6.1)의 일반화된 모형은 Y 범주에 따라서 설명변수가 다른 값을 가지도록 허용하며 이러한 설명변수값을 “선택의 특성치”라고 한다. 예를 들어, 자동차 브랜드의 선택은 해당 브랜드에 따라 다른 여러 가지 옵션의 가격에 의존하는 경향이 있다. 이와 같이 일반화된 모형을 **이산형 선택모형**(discrete choice model)이라고 한다.

지금까지 살펴본 여러 경우에서와 같이 이산형 선택모형에 선택자의 특성을 나타내는 설명변수를 포함시킬 수 있다. 따라서 이런 종류의 모형은 매우 일반적인 형태이며, 기준범주 로짓 모형은 이 모형의 특별한 경우에 해당된다.

6.1.7 예제: 쇼핑 장소 선택*

초기의 이산형 선택모형은 미국 펜실베니아 주의 피츠버그 시에 사는 주민들이 쇼핑 장소를 어떻게 선택하는지 분석하기 위해 사용되었다.[1] 이 도시의 서로 다른 지역권에 다섯 개의 가능한 쇼핑 장소가 있었다. 설명변수 S는 쇼핑 기회를 나타내는 변수로 그

[1] D. McFadden, in *Frontiers in Econometrics*, ed. P. Zarembka, Academic Press (1974).

지역권에서의 고용비율로 정의되었다. 다른 설명변수 P는 쇼핑 장소로 가기 위한 교통비용을 나타내는데 차량 내에 머무는 시간과 차량 운용비용이다.

위의 두 설명변수는 모두 선택에 대한 특성을 나타낸다. 이산형 선택모형의 ML 적합 결과로부터 도시의 두 지역 a와 b의 로짓을 구하면 다음과 같다.

$$\log(\hat{\pi}_a/\hat{\pi}_b) = -1.06(P_a - P_b) + 0.84(S_a - S_b).$$

교통비용 계수에 대한 표준오차는 0.28이고 쇼핑 기회 계수에 대한 표준오차는 0.23이다. 교통비용이 감소할수록 또한 쇼핑 기회가 증가할수록 어떤 쇼핑 장소가 상대적으로 더 매력적인 것은 별로 놀랍지 않은 결과이다.

이 모형 구조 하에서는 지역 b 대신에 지역 a를 선택할 오즈는 다른 지역에 영향을 받지 않고 또한 설명변수들의 값에도 영향을 받지 않는다. 모형의 이런 성질을 **관련 없는 대안과의 독립성**(independence from irrelevant alternatives)이라고 부른다. 선택대안들이 실제로 명확하게 잘 구별되지 않는 사례에 대해서 이런 성질을 가정하는 것은 비현실적이다. 이산형 선택모형에 대한 좀 더 자세한 내용은 Train(2009)를 참조하라.

6.2 순서형 반응변수들에 대한 누적 로짓 모형

반응범주들이 순서형인 경우에, 순서를 고려한 로짓을 정의할 수 있다. 이런 모형은 일반적인 기준범주 로짓 모형보다 더 적은 수의 모수를 갖고 잠재적으로 높은 검정력을 가지며 해석하기가 더 간단하다.

누적확률(cumulative probability)은 가능한 각각의 j에 대하여 반응변수 Y가 범주 j 또는 그 이하 범주에 속하게 될 확률이다. j번째 누적확률은,

$$P(Y \le j) = \pi_1 + \cdots + \pi_j, \qquad j = 1, \cdots, c$$

이다. 누적확률은 순서를 반영하며 다음을 만족한다.

$$P(Y \le 1) \le P(Y \le 2) \le \cdots \le P(Y \le c) = 1$$

누적확률들에 대한 로짓을 **누적 로짓**(cumulative logit)이라고 부르며 다음과 같이 정의된다.

$$\text{logit}[P(Y\le j)] = \log\left[\frac{P(Y\le j)}{1-P(Y\le j)}\right] = \log\left[\frac{\pi_1+\cdots+\pi_j}{\pi_{j+1}+\cdots+\pi_c}\right],\quad j=1,\cdots,c-1.$$

예를 들면, $c=3$에 대하여 두 개의 누적 로짓은 다음과 같다.

$$\text{logit}[P(Y\le 1)] = \log\left(\frac{\pi_1}{\pi_2+\pi_3}\right),\ \text{logit}[P(Y\le 2)] = \log\left(\frac{\pi_1+\pi_2}{\pi_3}\right)$$

$P(Y\le c)$은 당연히 1이 되므로 누적 로짓과 이를 이용한 모형에서는 $P(Y\le c)$는 사용되지 않는다.

6.2.1 비례 오즈를 갖는 누적 로짓 모형

누적 로짓 j를 가지는 모형은 $1,\cdots,j$의 범주들을 하나의 범주로 합하고 $j+1$부터 c까지의 범주들을 다른 하나의 범주로 보는 로지스틱 회귀모형과 비슷하다. 예측변수 x에 대해, 다음의 모형을 고려하자.

$$\text{logit}[P(Y\le j)] \;=\; \alpha_j+\beta x,\quad j=1,\cdots,c-1 \tag{6.4}$$

이 모형에 있는 β는 반응이 범주 j나 그 이하의 범주에 속할 오즈의 로그값에 대한 x의 효과를 설명하는 모수이다. β가 첨자 j를 갖지 않으므로, 이 모형은 반응범주들을 이항형의 형태로 결합시켜 만든 $c-1$개의 누적 로짓에 대해서 x의 효과가 동일하다고 가정한다. 모형이 잘 적합되면, x의 효과를 나타내기 위해 $c-1$개의 모수 대신에 한 개의 모수만이 필요하다. 이와는 대조적으로 기준 범주 로짓 모형은 각 로짓마다 x의 효과를 정의하므로 총 $c-1$개의 모수가 필요하다.

〈그림 6.2〉는 네 개의 반응범주와 한 개의 연속 예측변수 x에 대한 모형을 나타낸 것이다. 각 곡선은 x의 함수로 표현된 누적확률을 나타내며, x가 변함에 따라 증가하는 모양을 보여 준다. $P(Y\le j)$에 대한 곡선은 $(Y\le j)$와 $(Y>j)$ 두 결과를 갖는

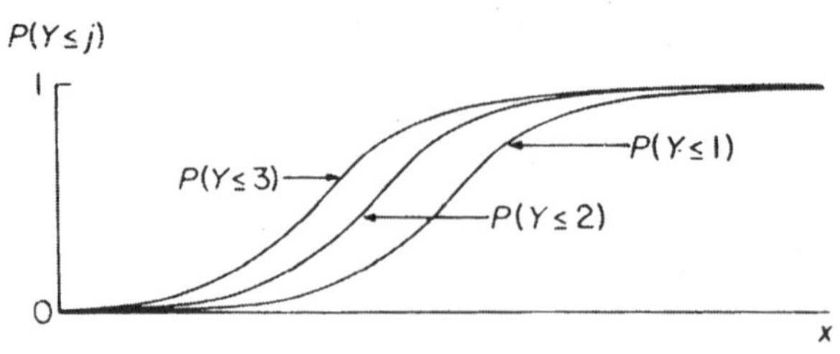

그림 6.2 누적 로짓 모형에서의 누적확률에 대한 그림

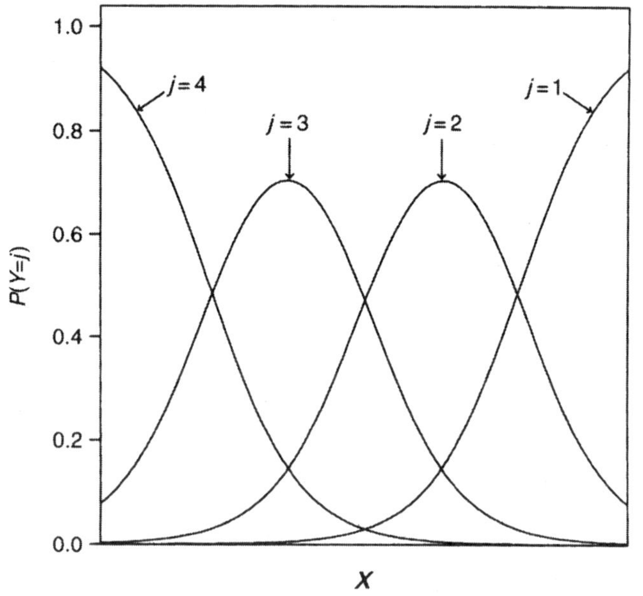

그림 6.3 누적 로짓 모형에서 각 범주에 속할 확률의 그래프로 주어진 x값에서 4개의 확률의 합은 1이다.

이항반응변수에 대한 로지스틱 회귀곡선과 비슷하다. 각 j에 대해 β의 효과가 같다는 것은 세 개의 곡선들이 같은 모양을 갖는 것을 의미한다. 로지스틱 회귀모형에서와 같이, $|\beta|$의 크기는 곡선이 얼마나 빠르게 증가하는지 또는 감소하는지를 결정한다. 임의의 고정된 x값에 대하여 곡선들은 누적확률과 같은 순서를 갖고 있다. 즉, $P(Y \leq 1)$곡선이 가장 아래에 있고 그 다음에 $P(Y \leq 2)$곡선 등의 순서이다.

〈그림 6.2〉는 $\beta > 0$인 경우이다. 〈그림 6.3〉은 각 범주 확률들, $P(Y=j)$ $(= P(Y \leq j) - P(Y \leq j-1))$을 그린 곡선들이다. x가 증가함에 따라, $P(Y=1)$는 증가하고 $P(Y=c)$는 감소한다.[2] $\beta < 0$인 경우, 〈그림 6.2〉에서의 곡선들은 증가하는 형태가 아니라 감소하는 형태를 띠고, 〈그림 6.3〉에 있는 범주들의 순서도 반대로 바뀌게 된다. 모형이 $\beta = 0$을 만족할 경우 그림은 각 누적확률에 대해서 수평선이 된다. 그런 경우에 x는 Y에 대해 아무런 효과가 없다.

모형에 대한 해석은 결합된 반응범주에 대한 오즈비를 사용하여 해석한다. 변수 x의 두 개의 값 a과 b에 대해 오즈비는 누적확률을 사용하여 다음과 같이 정의된다.

[2] 6.2.6절에 있는 것처럼 잠재변수 모형은 종종 순서형 모형 $\text{logit}[P(Y \leq j)] = \alpha_j - \beta x$로 표현되는데, $\beta > 0$이면 x가 증가함에 따라 $P(Y=c)$는 증가한다.

▶ 표 6.3 개인의 정치성향과 정당가입의 관련성

성별	정당	정치성향				
		매우 진보적	약간 진보적	중간	약간 보수적	매우 보수적
여성	민주당	25	105	86	28	4
	공화당	0	5	15	83	32
남성	민주당	20	73	43	20	3
	공화당	0	1	14	72	32

출처 : 2016년도 General Social Survey, 이 책의 웹사이트에 있는 Polviews 자료.

$$\frac{P(Y \le j \mid X = a)/P(Y > j \mid X = a)}{P(Y \le j \mid X = b)/P(Y > j \mid X = b)}$$

이 오즈비의 로그값은 두 x값에서의 누적 로짓의 차이를 나타내고 $\beta(a-b)$가 되므로 두 x값의 차이에 비례한다. 이 비례상수(β)는 각 누적확률에 대해(즉, 각 j에 대해) 동일하게 된다. 이러한 성질을 **비례 오즈**(proportional odds)라고 부른다. 특히, $a-b=1$일 때에는, 어떤 주어진 범주 이하의 반응에 대한 오즈는 x가 한 단위 증가하게 되면 e^{β}배만큼 증가하게 된다.

설명변수가 여러 개 있을 때에 비례 오즈 성질을 갖는 누적 로짓 모형은 다음과 같다.

$$\text{logit}[P(Y \le j)] = \alpha_j + \beta_1 x_1 + \beta_2 x_2 + \cdots + \beta_p x_p,\ j = 1, \cdots, c-1, \tag{6.5}$$

이 모형은 누적 로짓에 대해서 각 x의 효과가 동일하다고 가정한다. ML 적합과정은 Fisher 스코어링 알고리즘을 사용하여 모든 j에 대하여 동시에 추정한다. 범주의 순서가 거꾸로 되어 있을 때에는 적합 결과는 같지만 $\hat{\beta}_j$의 부호가 반대로 된다. 또한 로그 오즈를 범주의 낮은 쪽을 기준으로 높은 쪽을 비교하지 않고, 반대로 범주의 높은 쪽을 기준으로 낮은 쪽을 비교하게 모형을 바꿔도 부호가 바뀐다.

6.2.2 예제: 정치성향에 관한 자료

〈표 6.3〉은 2016년도에 미국의 일반사회조사로부터 얻어진 자료로, 개인의 정치성향과 정당가입의 관련성에 대한 자료이다. 정치성향은 다섯 가지 순서형 범주로 구분되어 측정되었으며 "매우 진보적"으로부터 "매우 보수적"까지로 분류되었다. x_1는 정당을 나타내는 지시변수로 민주당은 0이고 공화당은 1로 정의되었다. x_2는 성별을 나타내는 지시변수로 여성은 0으로 남성은 1로 정의되었다.

반응범주의 수가 $c=5$이므로 모형에 네 개의 절편 $\{\alpha_j\}$이 포함된다. 일반적으로 반응확률의 추정값 외에는 이러한 절편들은 관심이 있는 모수들이 아니다. 정당에 대한 추정값은 $\hat{\beta}_1 = -3.634(SE=0.218)$이다. 고정된 j에 대하여 어떤 공화당원의 정치성향이 보수적 방향이 아니고 진보적 방향일(즉, $Y>j$ 대신에 $Y \le j$일) 오즈의 추정값은 민주당원에 비해 $\exp(\hat{\beta}_1) = \exp(-3.634) = 0.0026$배이다. 어떤 공화당원의 정치성향이 진보적 방향이 아니고 보수적 방향일(즉, $Y \le j$ 대신에 $Y>j$일) 오즈의 추정값은 민주당원에 비해 $\exp(-\hat{\beta}_1) = \exp(3.634) = 37.9$배이다. 따라서 공화당원이 민주당원보다 더 보수적인 성향을 띠고 있음을 알 수 있다. 이에 비해 다음의 R 출력 결과는 성별효과가 있다는 어떤 증거도 보여 주지 않는다.

```
-------------------------------------------------------------------------------
> Polviews <- read.table("http://www.stat.ufl.edu/~aa/cat/data/Polviews.dat",
+                        header=TRUE)
> Polviews # grouped data; ungrouped data file at website is Polviews2.dat
   gender    party    y1    y2    y3    y4    y5
1  female      dem    25   105    86    28     4
2  female    repub     0     5    15    83    32
3    male      dem    20    73    43    20     3
4    male    repub     0     1    14    72    32
> library(VGAM)
> fit <- vglm(cbind(y1,y2,y3,y4,y5) ~ party + gender,
+             family=cumulative(parallel=TRUE), data=Polviews)
> summary(fit) # "parallel=TRUE" imposes proportional odds structure
               Estimate  Std. Error   z value   Pr(>|z|)
(Intercept):1  -2.12233    0.16875    -12.577    <2e-16   # 4 intercepts for
(Intercept):2   0.16892    0.11481      1.471     0.141   # 5 y categories
(Intercept):3   1.85716    0.15103     12.297    <2e-16
(Intercept):4   4.65005    0.23496     19.791    <2e-16
partyrepub     -3.63366    0.21785    -16.680    <2e-16   # same effects
gendermale      0.04731    0.14955      0.316     0.752   # for all 4 logits
---
Residual deviance: 9.8072 on 10 degrees of freedom
-------------------------------------------------------------------------------
```

누적확률을 이용한 모형은 다음과 같이 나타낼 수 있다.

$$P(Y \le j) = \frac{\exp(\alpha_j + \beta_1 x_1 + \beta_2 x_2)}{1+\exp(\alpha_j + \beta_1 x_1 + \beta_2 x_2)}.$$

각 범주에 대한 확률추정값은 이 누적확률값들의 차이로 계산이 된다.

$$P(Y=3) = P(Y \le 3) - P(Y \le 2).$$

소프트웨어를 이용하면 다음과 같이 반응범주에 대한 확률추정값을 구할 수 있다.

```
-------------------------------------------------------------------------------
> attach(Polviews)
> data.frame(gender, party, fitted(fit)) # y1 = very lib., y5 = very conserv.
    gender    party       y1        y2       y3       y4       y5
```

```
1    female      dem   0.1069   0.4352  0.3228  0.1256   0.0095
2    female    repub   0.0031   0.0272  0.1144  0.5895   0.2657
3      male      dem   0.1115   0.4423  0.3165  0.1206   0.0090
4      male    repub   0.0033   0.0284  0.1189  0.5927   0.2566
-----------------------------------------------------------------------------
```

이 결과를 보면 설명변수들의 효과를 이해하는 데 도움이 된다. 각 정당별로 남성과 여성의 추정된 분포가 비슷하다. 민주당원은 범주 3이나 그 이하 범주의 응답을 하는데 그중에 가장 많은 응답범주는 "약간 진보적"이고 공화당원은 주로 범주 4나 5를 선택하는데 가장 많은 응답범주는 "약간 보수적"이다.

6.2.3 누적 로짓 모형의 모수에 대한 추론

정당가입 여부가 정치성향에 유의한 영향을 미치는지를 보기 위해 $H_0 : \beta_1 = 0$에 대한 검정을 수행하기 위해 이 효과를 포함하지 않는 축소모형의 이탈도 통계량을 비교하여 가능도비 검정을 수행할 수 있다. 축소모형의 잔차 이탈도는 413.05 이고 완전한 모형은 9.81 이므로 가능도비 통계량은 $413.05 - 9.81 = 403.25$, $df = 1$ 이다. $P-$값이 거의 0이므로 정당가입 효과가 존재한다는 매우 강한 증거이다. 왈드 검정 통계량은 $z^2 = (\hat{\beta}/SE)^2 = (3.634/0.218)^2 = 278.2$이고 $df = 1$ 으로 가능도비 검정와 같이 강한 연관성의 증거를 제시한다. 범주형 반응변수에 대해서 특히 효과가 매우 강한 경우에는 가능도비 검정통계량이 종종 왈드 검정보다 더 높은 검정력을 갖는 것으로 알려져 있다. 다음의 R 출력 결과 중 일부이다.

```
-----------------------------------------------------------------------
> fit2 <- vglm(cbind(y1,y2,y3,y4,y5) ~ gender, # removing party effect
+             family=cumulative(parallel=TRUE), data=Polviews)
> lrtest(fit, fit2)
Likelihood ratio test

Model 1: cbind(y1, y2, y3, y4, y5) ~ party + gender
Model 2: cbind(y1, y2, y3, y4, y5) ~ gender
   #Df    LogLik   Df    Chisq   Pr(>Chisq)
1   10    -35.203
2   11   -236.827   1   403.25    < 2.2e-16
> confint(fit, method="profile")
                 2.5 %      97.5 %
partyrepub    -4.07164    -3.21786   # profile likelihood CI's for
gendermale    -0.24639     0.34140   # beta_1 and beta_2 in full model
-----------------------------------------------------------------------
```

β_1에 대한 95% 프로파일 신뢰구간은 $(3.207, 4.061)$이다. 공화당원과 민주당원의 정치성향을 비교하기 위해 보수적인 정치성향 방향의 누적확률을 분모로 정의한 누적 오즈비에 대한 신뢰구간을 구하면 $[\exp(3.207), \exp(4.061)]$, 즉 $(24.7, 58.0)$이다.

이 신뢰구간은 공화당원이 보수적인 정치성향을 가지고 있을 오즈가 민주당원보다 최소 24.7배 이상임을 보여 준다. 이 결과는 통계적으로 유의할 뿐만 아니라 실질적으로도 유의미한 효과를 가지고 있다.

6.2.4 순서형 반응변수 분석의 검정력 증가

2.5절에서 본 것처럼 순서형 변수들에 대한 분할표에서 독립성검정을 할 때에는, 순서형 검정통계량이 더 적절하고 변수들을 명목형으로 간주하는 카이제곱검정법에 비해 더 큰 검정력을 갖는다. 마찬가지로 Y의 순서 정보를 이용하는 누적 로짓 모형이 Y를 명목형으로 처리하는 기준범주 로짓 모형보다 더 큰 검정력을 갖는다.

예를 들어, 두 개의 순서형 범주변수가 있는 분할표에서 비례 오즈 성질을 가정하는 누적 로짓 모형에서는 연관성을 나타내기 위해 하나의 모수만 필요하다. 이에 비해 기준 범주 로짓 모형에서는 연관성을 나타내기 위해 더 많은 수의 모수가 필요하다. 만약 좀 더 간단한 모형이 적합도가 좀 떨어지더라도 효과의 대부분을 잘 설명할 수 있다면, 자유도가 하나인 검정을 통해 좀 더 작은 P-값을 구할 수 있다.

6.2.5 예제: 총 가구 수입과 행복도

〈표 6.4〉는 일반사회조사 연구에서 얻은 자료로 플로리다의 Alachua County에 거주하는 성인들의 정신건강에 대한 연구로 Y는 행복도를 나타내고 x는 총 가구 수입을 나타낸다. 이 분할표는 인종에 대해서 층화된 자료이지만 여기서는 흑인 자료만 분석하였다. 백인에 대해서도 비슷한 분석을 할 수 있다.

두 변수를 순서형으로 간주하여 누적 로짓 모형을 적합하였다. 총 가구 수입은 양적으로 처리하여 범주에 대해 (1, 2, 3) 점수를 사용했다.

$$\text{logit}[P(Y \leq j)] = \alpha_j + \beta x, \quad j = 1, 2,$$

▶표 6.4 흑인에 대한 행복도와 총 가구 수입 자료(괄호 안의 도수는 백인에 대한 자료)

	행복도		
총 가구 수입	행복하지 않음	약간 행복 함	매우 행복함
평균 이하	37 (128)	90 (324)	45 (107)
평균	25 (66)	93 (479)	56 (295)
평균 이상	6 (35)	18 (247)	13 (184)

출처: 2016년 일반사회조사. 이 책의 웹사이트에 있는 Happy 자료 파일.

이 모형과 절편만 포함한 독립모형을 비교하는 가능도비 검정통계량은 두 모형의 이탈도 통계량의 차이인 3.11 이고 $df = 4 - 3 = 1$ 이므로 P-값 $= 0.078$ 이다.

```
-----------------------------------------------------------------------
> Happy <- read.table("http://www.stat.ufl.edu/~aa/cat/data/Happy.dat",
+                     header=TRUE)
> Happy # data for sampled black Americans
  income     y1     y2     y3
1      1     37     90     45
2      2     25     93     56
3      3      6     18     13
> library(VGAM)
> fit <- vglm(cbind(y1,y2,y3)~ income, family=cumulative(parallel=TRUE),
+             data=Happy)
             Estimate  Std. Error    z value    Pr(>|z|)    # not showing the two
income        -0.2668      0.1510     -1.768      0.0771    # intercept estimates
---
> fit0 <- vglm(cbind(y1,y2,y3)~ 1, family=cumulative, data=Happy) # null model
> lrtest(fit, fit0)
Model 1: cbind(y1, y2, y3) ~ income # treating happiness and income as ordinal
Model 2: cbind(y1, y2, y3) ~ 1
   #Df    LogLik    Df    Chisq  Pr(>Chisq)
1    3   -14.566
2    4   -16.121     1    3.109     0.07786  .
---------------------------------------------------------------------------
```

총 수입 효과에 대한 추정값이 $\hat{\beta} = -0.267$ 이므로 총 수입이 증가할수록 "행복하지 않음" 범주가 나올 경향은 점점 감소하는 것을 알 수 있다. 이 방향으로 단측검정을 하면 P-값 $= 0.039$ 이다.

기준 범주 로짓 모형에서는 Y를 명목형으로 간주한다. 이 모형에서 x 의 범주에 선형 점수를 사용하지 않고 지시변수를 사용하게 되면 x 도 역시 명목형으로 간주하는 것이다. 예를 들어 만약 총 가구 수입이 첫 번째 범주이면 $x_1 = 1$ 이고 그 외에는 $x_1 = 0$, 두 번째 범주이면 $x_2 = 1$ 이고 그 외에는 $x_2 = 0$ 이라고 하자. 총 가구 수입을 질적변수로 간주한 기준범주 로짓 모형은 다음과 같다.

$$\log\left(\frac{\pi_j}{\pi_3}\right) = \alpha_j + \beta_{j1} x_1 + \beta_{j2} x_2,\ j = 1, 2.$$

행복도와 가구 수입 간의 독립성검정을 위한 가설은

$$H_0 : \beta_{j1} = \beta_{j2} = 0,\ j = 1, 2,$$

이므로 4개의 모수가 0이다. 이 두 모형의 이탈도 통계량의 차이는 4.13 이고 $df = 4$ 이므로 P-값 $= 0.39$ 이다.

```
---------------------------------------------------------------
> fit2 <- vglm(cbind(y1,y2,y3) ~ factor(income), family=multinomial,data=Happy)
> fit0 <- vglm(cbind(y1,y2,y3)~ 1, family=multinomial, data=Happy)
> # baseline cat. logit null model equivalent to cumulative logit null model
> lrtest(fit2, fit0)
Model 1: cbind(y1, y2, y3) ~ factor(income) # treats variables as nominal-scale
Model 2: cbind(y1, y2, y3) ~ 1
  #Df     LogLik   Df      Chisq   Pr(>Chisq)
1   0    -14.058                                 # fit2 model is saturated
2   4    -16.121    4    4.1258       0.3892
---------------------------------------------------------------
```

이 검정법의 장점은 가구 수입에 대해 선형효과처럼 모형 구조에 대하여 어떠한 가정도 하지 않는다는 것이다. 한편 단점은 귀무가설 하에서 더 많은 모수를 사용하기 때문에 검정력이 높지 않다는 것이다. 만약 이런 선형성과 같은 경향성이 실제로 존재한다면 순서형 분석을 통해서 $df = 1$ 인 검정을 통해서 이 효과를 찾아내는 것이 더 바람직하다.

6.2.6 잠재변수 선형모형과 누적연결함수 관계

누적 로짓 모형에서 비례 오즈 형태를 가정하면 하나의 예측변수의 효과는 $c-1$ 개의 서로 다른 누적 로짓 모형 식에서 모두 동일하게 된다. 어떤 경우에 이와 같이 단순한 모형이 타당할까? 실제로 이러한 비례 오즈 형태는 단순 잠재변수모형에 의해서 가능해진다. 여러 순서형 변수로부터 관측된 반응범주값은 실제로 연속형 잠재변수의 대략적인(crude) 측정값으로 간주할 수 있다. 앞에서 정치성향에 대해서 다섯 개의 범주에 대해서 모형화 작업을 했었는데, 정치성향을 좀 더 정확하게 측정하려면 연속형 반응변수로 측정해 볼 수 있다.

Y^*를 잠재변수라고 하자. $-\infty = \alpha_0 < \alpha_1 < ... < \alpha_c = \infty$를 관측된 반응변수 Y가 다음 관계를 만족할 수 있는 연속형 변수 Y^*의 **절단점**(cutpoint)이라고 하자.

$$Y = j \quad \text{if} \quad \alpha_{j-1} < Y^* \le \alpha_j$$

다시 말해서 잠재변수의 값이 j번째 구간에 존재할 때 j범주에서 Y를 관측한다. 〈그림 6.4〉에서 이 관계를 보여 준다. 이제 잠재변수 Y^*의 평균이 설명변수와 관련된 일반적인 회귀모형을 만족한다고 하자.

$$Y^* = \alpha + \beta_1 x_1 + \cdots + \beta_p x_p + \epsilon$$

오차항 ϵ은 설명변수의 모든 값에 대해서 평균은 0이고 동일한 분산을 갖는 분포를

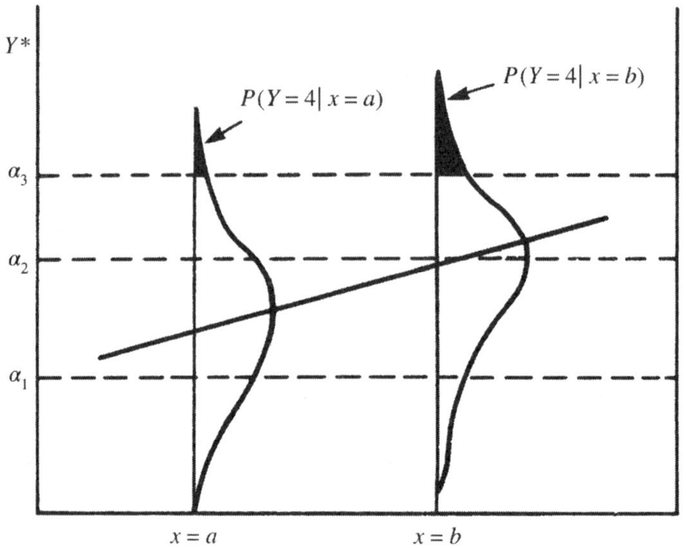

그림 6.4 순서형 관측값와 잠재변수에 대한 회귀분석모형. 왼쪽 세로축은 잠재변수의 값을 보여 준다. 오른쪽 세로축은 관측된 순서형 반응값에 대해 반응범주가 잠재변수에 대한 3가지 절단값에 의해 결정되는 것을 보여 준다. 곡선은 설명변수의 두 값에서의 조건부 분포를 보여 준다. 그 평균을 연결하는 선은 잠재변수에 대한 회귀분석모형을 의미한다.

따른다. 그러면 실제로 관측한 순서형 범주변수도 다음과 같은 선형적 관계를 가지는 모형을 만족한다는 것을 보일 수 있다[3].

$$\text{link}[P(Y \leq j] = \alpha_j - \beta_1 x_1 - \beta_2 x_2 - \cdots - \beta_p x_p,\ \ j = 1, \cdots, c-1, \qquad (6.6)$$

연결함수는 오차항 ϵ의 분포에 의해 결정된다. 로짓 연결함수를 사용하면 이 모형은 효과의 부호가 바뀐 비례 오즈 누적 로짓 모형 (6.5)가 된다. 몇몇 소프트웨어[4]는 이런 잠재분포 모형과의 관련성을 이용한 모수화 작업을 통해 모형을 적합한다.

여러 가능한 연결함수 군(family)에 대해서 정의된 모형 (6.6)을 **누적연결모형**(cumulative link model)이라고 부른다. 연결함수는 양적변수 x_j에 대해 누적확률을 그린 누적확률분포 곡선의 모양이 오차항 ϵ의 cdf 모양과 동일하게 만드는 역할을 한다. 더욱이 모형 (6.6)에 있는 $\{\beta_j\}$의 효과가 각 누적확률에 대해서도 동일한 효과를 가질 뿐만 아니라 잠재변수모형에서도 동일하다.

3 더 자세한 내용은 Agresti(2013), pp. 303-304을 참조하라.
4 R에 있는 *plor* 함수와 Stata와 SPSS에 있는 *ologit* 함수들이다.

오차항 ϵ이 정규분포를 따르면 잠재변수모형이 일반적인 정규선형모형이 되고 이에 대응되는 연결함수는 프로빗(probit) 함수가 된다. 그러면 이 프로빗 모형은 모든 누적확률에 대해서 성립하게 되는데 이 모형은 이항반응변수에 대한 프로빗 모형을 확장한 모형이다(6.3.6절에서 누적 프로빗 모형에 대해서 좀 더 논의하고자 한다). 오차항 ϵ이 정규분포처럼 종모양을 갖고 대칭이나 좀 더 꼬리부분이 두터운 **로지스틱 분포**(logistic distribution)를 따르면 여기에 대응되는 연결함수는 $logit$ 함수가 되고 잠재변수 모형은 누적 로짓 모형이 된다.

잠재변수의 관련성의 실제적인 의미는 다음과 같다. 만약 이미 선택된 설명변수를 포함하는 일반적인 회귀모형이 잠재변수의 효과를 잘 설명한다면 비례 오즈 형태를 갖는 누적 로짓 모형이나 이에 대응되는 누적 프로빗 모형을 적합하는 것이 타당하다는 의미이다.

6.2.7 반응범주 선택에 있어서의 불변성

y를 반응변수로 가지는 모형과 잠재변수 y^*를 가지는 모형 사이에 이미 언급한 연관관계에 있어서 α_j들이 실제로 Y의 범주를 만들기 위해 실수 상에서 구간을 어떻게 나누든지 상관없이 효과에 대한 모수는 동일하게 된다. 즉, Y의 범주를 어떻게 선택하든지 상관없이 효과에 대한 모수는 **변하지 않는다**.

예를 들어 정치성향을 측정한 연속형 변수가 몇몇 설명변수들에 대해서 선형회귀모형이 만족되는 경우에는 정치성향을 이산형 변수로 바꿀 때에 (진보적, 중간, 보수적) 범주로 나누든지 또는 (매우 진보적, 약간 진보적, 중간, 약간 보수적, 매우 보수적) 범주로 나누든지 상관없이 모수의 효과는 동일하게 된다. 그러므로 두 연구자가 하나의 예측변수의 효과를 연구하기 위해 다른 반응변수의 범주를 사용했을 때에 표집오차(sampling error)를 제외하고 비슷한 $\{\hat{\beta}_j\}$값을 얻어야 한다. 이와 같은 모형의 장점을 이용하여 반응변수에 대한 다른 측정 척도를 사용한 연구들에서 얻어지는 추정값을 서로 비교할 수 있다.

예를 들어 <표 6.3>에 나와 있는 자료를 두 개의 진보적 범주들을 하나로 합하고 두 개의 보수적 범주들도 하나로 합하여 전체 3개의 범주로 통합하였다. 그 결과 추정된 정당의 효과는 $-3.635\ (SE=0.218)$에서 $-3.728\ (SE=0.229)$으로 바뀌었을 뿐이고 해석상으로는 별 차이가 없다.

어떤 연구자들은 순서형 범주형 변수들의 범주를 묶어서 두 개의 범주로 만든 후 일반적인 로지스틱 모형을 사용하기도 한다. 그러나 이 경우 효율성의 손실이 발생하게 되는데 이는 표준오차가 커지기 때문이다. 실제적으로 관측값들이 모든 범주에 대해서 골고루 잘 분포되어 있는 경우에는 많은 수의 범주를 합쳐서 4개나 5개의 범주로 줄이면 효율성의 손실이 크지 않지만 두 개의 범주로 만들면 효율성의 손실이 매우 클 수 있으므로 대개의 경우 이 방법은 권하지 않는다.

6.3 누적연결모형: 모형 검토와 확장*

이 절에서는 누적 연결 모형에 대한 모형 타당도를 검토하기 위한 방법을 살펴본다. 또한 비례 오즈 형태를 만족하지 않는 누적 로짓 모형으로의 확장과 프로빗 연결함수를 이용한 누적연결모형에 대해서 논의하고, 모형에 대한 예측력을 평가하기 위한 측도로 다중상관계수 R^2 를 제안하고 다중 로짓 모형에 대한 베이지안 방법을 소개한다.

6.3.1 순서형 반응변수 모형의 적합도 검정

5.2.1절에서 로지스틱 모형과 6.1.4절에서 기준 범주 로짓 모형에 대해서 설명했던 것처럼, 이산형 설명변수들이 있는 순서형 모형에서도 자료가 그룹화되어 있고 희박하지 않은 경우에 잔차이탈도 통계량은 ML 추정 도수값과 관측 도수값을 비교한다. 이 잔차이탈도 통계량이 전체 모형적합도 검정통계량이다.

〈표 6.3〉의 정치성향 자료는 그룹화된 자료이고 희박한 자료가 아니기 때문에 성별과 정당을 설명변수로 포함하는 모형에 대해서 이탈도 통계량을 이용하여 적합도 검정을 하는 것은 타당하다. 누적 로짓 모형의 이탈도 통계량값은 6.2.2절의 R 출력결과에서 9.81 이고 $df = 10$ 이다. P-값이 0.46 이므로 이 모형은 자료를 잘 적합한다. 모형에 대한 보다 체계적인 분석을 위해서 성별과 정당의 교호작용을 모형에 포함시키면 이탈도 통계량은 9.81 에서 8.45 로 줄어들고 $df = 1$ 이다. 좀 더 복잡한 모형을 적합할 필요가 없다(P-값 = 0.24).

6.3.2 비례 오즈를 만족하지 않는 누적 로짓 모형

비례 오즈 성질을 갖는 누적 로짓 모형은 설명변수들의 수준들이 이루는 각 조합에서 Y의 분포가 다른 조합에서의 Y 분포를 오른쪽이나 왼쪽으로 이동한 형태라는 것을 뜻한다. 정치성향 예에서 각 성별에 대해서 공화당원의 정치성향이 민주당원보다 더 보수적인 것을 알 수 있다. 만약 〈표 6.3〉에서처럼 x를 성별이나 정당처럼 두 그룹을 나타내는 변수를 나타낸다고 하자. 두 그룹 간에 반응변수의 분포가 서로 다른 **산포**

(variability)을 보이면 모형은 적합도가 안 좋아지고 분포를 좌나 우로 이동시켜도 분포가 같아지는 경향은 볼 수 없다. 만일, 공화당이 매우 진보적이거나 매우 보수적인 성향을 띠는 반면, 민주당이 주로 온건한 성향을 보이면 공화당의 반응이 더 큰 산포를 보일 것이다. 이 두 정치성향의 분포가 상당히 차이가 나지만 비례 오즈 성질을 갖는 누적 로짓 모형을 사용해서는 이 부분을 설명하지 못한다.

이 모형이 제대로 적합되지 않은 경우에 누적확률에 대해서 서로 다른 효과를 가정하는 좀 더 일반적인 모형을 고려할 수 있다. 이러한 모형은 서로 다른 누적확률곡선들이 각각 다른 속도로 증가하거나 감소한다는 것을 의미한다. 이러한 곡선은 특정 예측값에서 서로 교차할 수 있다. 그러면 누적확률이 가지는 특징(예를 들어 모든 x에 대하여 $P(Y \le 2) \le P(Y \le 3)$)을 만족하지 않으므로 사용하기가 적절하지 않다. 그러나 모든 설명변수들이 그룹변수인 경우처럼 설명변수값들이 매우 제한된 범위에 있는 경우에는 이 모형이 적절하게 잘 적합될 수도 있다. 소프트웨어를 사용해서 이 복잡한 모형을 적합할 때에 누적확률의 순서 제약 조건 때문에 종종 수렴이 되지 않는 경우도 있다. 이 모형이 적합되었을 때에는 이 모형의 이탈도 통계량과 비례 오즈 성질을 갖는 누적 로짓 모형의 이탈도 통계량을 비교하는 가능도비 검정통계량을 이용하여 비례 오즈 성질을 갖는 누적 로짓 모형에 대한 적합도 검정을 할 수 있다.

아래 R 출력 결과에서 보듯이 정치성향 자료에서 누적확률에 대해서 서로 다른 효과를 가정하는 좀 더 복잡한 모형의 이탈도 통계량값은 3.59이고 $df = 4$이다.

```
-------------------------------------------------------------------------
> library(VGAM)
> summary(vglm(cbind(y1,y2,y3,y4,y5) ~ party + gender, family=cumulative,
+          data=Polviews)) # parallel=FALSE by default
Coefficients: # each cumul. logit has intercept, party effect, gender effect
                 Estimate  Std. Error   z value   Pr(>|z|)
(Intercept):1   -2.17521     0.20941   -10.387    < 2e-16
(Intercept):2    0.12173     0.12476     0.976      0.329
(Intercept):3    1.88810     0.17043    11.078    < 2e-16
(Intercept):4    4.10365     0.39770    10.318    < 2e-16
partyrepub:1   -20.76294  3458.04727    -0.006      0.995  # infinite estimate
partyrepub:2    -3.94288     0.42696    -9.235    < 2e-16
partyrepub:3    -3.68095     0.23285   -15.808    < 2e-16
partyrepub:4    -2.94499     0.40785    -7.221   5.17e-13
gendermale:1     0.21835     0.31762     0.687      0.492
gendermale:2     0.18343     0.19352     0.948      0.343
gendermale:3    -0.08638     0.22198    -0.389      0.697
gendermale:4    -0.14633     0.26939    -0.543      0.587
---
Residual deviance: 3.5861 on 4 degrees of freedom
-------------------------------------------------------------------------
```

이 모형과 비례 오즈 누적 로짓 모형을 비교하는 가능도비 검정은 두 모형들의 이탈도 통계량값들의 차이값으로 $9.81 - 3.59 = 6.22$이고, $df = 10 - 4 = 6$이다. 역시 이 검정 결과도 간단한 모형이 더 타당하다는 것을 의미한다.

그런데 정당과 정치성향에 대한 2×5 주변분할표를 구하면 진보적인 공화당원의 도수는 0이 된다. 이 때문에 첫 번째 누적 로짓에 대해 적합된 모형에 대해서 준완전(quasi-complete) 분리가 생긴다. 앞의 R 출력 결과에서는 첫 번째 로짓에 대한 정당의 추정된 효과가 -20.76 이고 표준오차가 매우 큰 값이 구해졌으나 실제 ML 추정값은 $-\infty$ 이다. 5.3절에서 이항분포에 대해서 설명한 것처럼 다항분포 모형에서도 분리 문제가 생기면 추정값이 무한대가 된다.[5]

비례 오즈 성질을 갖는 누적 로짓 모형의 적합이 적절하지 않고 비례 오즈 성질이 없는 누적 로짓 모형을 적합할 수 없는 경우에 사용할 수 있는 다른 방법은 기준범주 로짓 모형을 적합한 후에 순서개념을 사용하여 연관성에 대해 해석하는 방법이다. 이 방법의 단점은 모수의 수가 많이 늘어난다는 것이다. 이 모형의 편향은 줄어들 수 있지만 오즈비나 범주확률과 같은 관심 있는 모수의 추정값은 모형에서 모수의 수가 너무 많아 정확하게 추정되지 않는다. 따라서 이러한 방법은 순서형 모형의 적합이 실제적인 면에서 크게 좋지 않은 경우 이외에는 그리 추천할 방법은 아니다. 비례 오즈 누적 로짓 모형의 적합도가 다소 떨어지더라도 이 모형을 통해 효과에 대해 전반적인 요약을 근사적으로 할 수 있기 때문에 유용하다.

6.3.3 확률을 이용한 간단한 해석

6.2.1절에서는 누적 로짓 모형에 대한 오즈비 해석에 대해 소개하였다. 효과를 요약하는 다른 방법은 Y에 대한 범주확률을 직접 사용하는 것이다. 4.5.1절에서 이항반응변수에 대한 로지스틱 회귀모형에 대해 이러한 해석을 소개하였다. 순서형 모형에서는 누적 확률을 비교하면 되지만 양쪽 극단 범주들, 즉 아주 낮거나 높은 범주들의 확률에 초점을 맞추어 비교하는 것이 좀 더 효과적이다.

양적 변수 x의 효과를 설명하기 위해서는 x의 최솟값과 최댓값에서 Y의 극단 범주 확률값들을 비교하면 된다. 그룹과 같은 범주형 변수의 효과를 설명할 때에는 그룹별로 Y의 극단 범주 확률값들을 비교하면 된다. 이 때 양적 변수들은 그 평균값을 갖도록 고정하고 질적 변수들은 해당 범주들이 여러 개가 아닌 경우에는 범주를 고정시키거나 만약 여러 개인 경우에는 지시변수들의 평균값을 갖도록 고정시킴으로써 효과를 조절할 수 있다.

[5] I. Kosmidis가 D. Firth의 편향 감소에 대한 결과를 다항분포모형으로 확장했다. R에 있는 brglm2 패키지를 참조하라.

이항자료의 경우, 4.5.2절에서 소개한 **평균주변효과**(average marginal effect)는 $P(Y=1)$의 변화율을 설명변수의 함수로 요약한 것이다. 이때 변화율은 각 관찰값에서 곡선의 기울기의 평균값으로 추정한다. 순서형 주효과모형에 대해서 극단 범주 확률은 설명변수가 증가함에 따라 단조적으로 변하므로 이 효과를 살펴보면 된다. 그러나 다른 범주확률은 이런 경향을 보이지 않는다.

6.3.4 예제: 정신장애 모형

이 책의 웹사이트에 있는 Mental 자료 파일은 플로리다의 Alachua County에 거주하는 성인들의 정신장애에 대한 연구로부터 얻어진 자료이다.[6] 이 자료를 통해서 확률을 이용한 해석을 해 보자. Y는 정신장애를 나타내는 순서형 범주 변수이고 각 범주는 (1 = 정상, 2 = 가벼운 증상, 3 = 중간 정도의 증상, 4 = 장애)로 나누어진다. 이 연구는 정신장애를 나타내는 Y와 두 개의 설명변수 사이에 어떤 연관성이 있는지 알아보는 것이다. x_1은 생활사건 지수로, 출산, 새로운 직업, 이혼, 가족의 죽음 등 개인이 지난 3년간 겪은 중요한 일들을 숫자로 나타낸 것이다. $n = 40$명의 관측값으로부터 구한 x_1은 0과 9 사이의 값을 갖고 평균은 4.3이고 표준편차는 2.7이다. x_2는 사회경제수준 지표(SES)를 나타내는 이항변수 (1 = 높음, 0 = 낮음)이다. 식 (6.6)에 있는 비례 오즈 성질을 갖는 누적 로짓 모형에 대한 잠재변수 표현식을 이용하여 모형을 나타내면 다음과 같다.

$$\log [P(Y \le j)] = \alpha_j - \beta_1 x_1 - \beta_2 x_2,$$

R의 polr(proportional odds logistic regression) 함수를 이용하면 설명변수들의 수준들이 이루는 각 조합별로 확률추정값을 쉽게 구할 수 있다.

```
-----------------------------------------------------------------------
> Mental <- read.table("http://www.stat.ufl.edu/~aa/cat/data/Mental.dat",
+                      header=TRUE)
> Mental
   impair   ses  life
1       1     1     1
...
40      4     0     9
> library(MASS)
> y <- factor(Mental$impair) # polr function requires response to be a factor
> fit <- polr(y ~ life + ses, method="logistic", data=Mental)
> summary(fit) # not showing the 3 intercept parameter estimates
        Value  Std. Error  t value   # these are actually z statistics, not t
```

[6] 전체 자료는 Agresti(2015)의 〈표 6.2〉에 있다.

```
life    0.3189      0.1210    2.635
ses    -1.1112      0.6109   -1.819
-----------------------------------------------------------------
```

추정값 $\hat{\beta}_2 = -1.111$는 높은 수준의 SES일수록 정신장애가 감소하는 경향을 나타낸다. 생활사건 지수에 대한 평균값 4.3에서 "장애"에 해당하는 확률값을 살펴보자. 낮은 SES 수준($x_2 = 0$)에서는 $\hat{P}(Y=4) = 0.300$이고 높은 SES 수준($x_2 = 1$)에서는 $\hat{P}(Y=4) = 0.124$이다. "정상"에 대한 확률값 $\hat{P}(Y=1)$은 낮은 SES 수준에서는 0.162이고 높은 SES 수준에서는 0.370이다. R의 polr 함수를 이용하여 확률 추정값을 쉽게 구할 수 있다.

```
-----------------------------------------------------------------
> predict(fit, data.frame(ses=0, life=mean(Mental$life)), type="probs")
1          2         3        4
0.1618   0.3007   0.2373   0.3002  # predicted outcome prob's, 4 is impaired
> predict(fit, data.frame(ses=1, life=mean(Mental$life)), type="probs")
1          2         3        4
0.3696   0.3537   0.1530   0.1237
-----------------------------------------------------------------
```

추정값 $\hat{\beta}_1 = 0.319$는 생활사건 지수값이 높을수록 정신장애가 더 많이 나타나는 경향을 볼 수 있다는 것을 뜻한다. 낮은 SES 수준에서는 $\hat{P}(Y=4)$이 생활사가 최솟값에서 최댓값으로 증가하면 0.099에서 0.659로 변화하고 높은 SES 수준에서는 0.035에서 0.389로 변화한다.

```
-----------------------------------------------------------------
> predict(fit, data.frame(ses=0, life=min(Mental$life)), type="probs")
    1          2          3        4   # text describes effects for cat. 4 = impaired
0.4300   0.3408    0.1303   0.0989
> predict(fit, data.frame(ses=0, life=max(Mental$life)), type="probs")
    1          2          3        4
0.04103  0.1191    0.1805   0.6593
> predict(fit, data.frame(ses=1, life=min(Mental$life)), type="probs")
    1          2          3        4
0.6962   0.2146    0.0543   0.0349
> predict(fit, data.frame(ses=1, life=max(Mental$life)), type="probs")
    1          2          3        4
0.1150   0.2518    0.2440   0.3892
-----------------------------------------------------------------
```

SES 수준에 따라 생활사가 최솟값일 때의 0.099와 0.035를 비교하고 생활사가 최댓값일 때의 0.659와 0.389를 비교하면 정신장애에 미치는 SES 효과에 대해서 더 많은 정보를 얻을 수 있다. 각 설명변수에 대하여 효과들이 유의하다는 것을 알 수 있다.

생활사건 지수값이 40개인 경우 생활사건 수가 하나의 단위가 변화될 때 확률추정값의 변화량은 "정상" 범주확률은 -0.057이고 "장애" 범주확률은 -0.048이다. 생활사건 지수값이 40개로 고정되어 있을 때 SES가 "낮음"에서 "높음" 범주로 바뀌면 "정상" 범주확률은 평균적으로 0.198 증가하고 "장애" 범주확률은 0.171 감소한다.

```
------------------------------------------------------------
> ocAME(fit) # ordinal average marginal effect function from
             # www.stat.ufl.edu/~aa/articles/agresti_tarantola_appendix.pdf
$ME.1 # well outcome category
                effect   std.error
ses    0.198     0.104
life  -0.057     0.019
$ME.4 # impaired outcome category
      effect std.error
ses   -0.171     0.094
life   0.048     0.017
------------------------------------------------------------
```

6.3.5 그룹에 대한 잠재변수 확률비교

두 그룹을 비교할 때에 두 그룹의 반응에 기반을 이루는 잠재변수 y_1^*과 y_2^*와 관련된 요약측도를 유용하게 활용할 수 있다. 특정한 설명변수의 조합에 대해서 이 잠재변수들을 서로 독립이라고 가정하자. 요약측도는 비교확률값 $P(Y_2^* > Y_1^*)$이다. 모형에서 그룹을 나타내는 지시변수가 그룹 1에 대해서는 0의 값을 갖고 그룹 2에 대해서는 1의 값을 갖는다고 하자. 잠재변수 모수화에 기반한 비례 오즈 누적 로짓 모형에서 추정된 계수를 $\hat{\beta}$라고 하면 이 비교확률값은 다음과 같이 주어진다[7].

$$P(Y_2^* > Y_1^*) = \frac{\exp(\hat{\beta}/\sqrt{2})}{1+\exp(\hat{\beta}/\sqrt{2})}.$$

이 비교확률 추정값은 적합된 분포가 동일하면(즉, $\hat{\beta}=0$이면) 1/2값을 갖고 $\hat{\beta}$가 0으로부터 멀어질수록 1/2로부터 벗어난다.

정신장애 예제에서 비교확률값을 적용해 보자. SES의 두 범주를 비교하기 위해 잠재변수에 대해 $P(Y_2^* > Y_1^*)$을 구해보자. $\hat{\beta}_2 = -1.111$를 이용하여 계산하면 다음과 같다.

$$P(Y_2^* > Y_1^*) = \exp(\hat{\beta}_2/\sqrt{2})/\left[1+\exp(\hat{\beta}_2/\sqrt{2})\right] = 0.31.$$

임의의 생활사건 지수값에 대해, 높은 수준의 SES(그룹 2) 그룹에서의 정신장애가 낮

[7] 더 자세한 내용은 A. Agresti and M. Kateri, *Biometrics*, **73**: 214-219 (2017)를 참조하라.

은 수준의 SES(그룹 1) 그룹보다 더 심할 확률이 0.31 이다.

6.3.6 누적 프로빗 모형

6.2.6절에서는 잠재변수모형과의 연관성을 통해서 정규분포를 가정하는 잠재선형모형은 프로빗 연결함수를 사용하는 누적확률모형에 대응되는 것을 보였다. 이 **누적 프로빗 모형**(cumulative probit model)은 5.5.3절에 소개한 이항반응변수에 대한 프로빗 모형을 확장한 것이다. 이 모형의 효과추정값은 잠재변수모형의 효과추정값에 대응한다.

다음은 〈표 6.3〉에 있는 정치성향 자료[8]에 대해 R의 polr 함수를 이용하여 누적프로빗 모형을 적합한 후에 정리한 R의 출력 결과이다. 여기서 누적 프로빗 모형의 효과 모수는 잠재변수 모형의 잔차분산이 1일 때에는 잠재변수 모형의 효과 모수와 동일하다.

```
-----------------------------------------------------------------------------
> Polviews2 <- read.table("http://www.stat.ufl.edu/~aa/cat/data/
+                        Polviews2.dat", header=TRUE)
> Polviews2 # ungrouped data file
   subject   gender   party  ideology
1        1   female     dem         1
2        2   female     dem         1
..
661    661     male   repub         5
> library(MASS)
> y <- factor(Polviews2$ideology) # polr() requires response to be a factor
> fit.probit <- polr(y ~ party + gender, method="probit", data=Polviews2)
> summary(fit.probit) # not showing the four intercept parameter estimates
                Value  Std. Error    t value
partyrepub    2.03250     0.10996   18.48409
gendermale   -0.00749     0.08562   -0.08747
-----------------------------------------------------------------------------
```

정규분포 잠재변수모형에서 y^* 값이 크다는 것은 더 보수적임을 나타낸다. 정당에 대한 추정값 $\hat{\beta}_1 = 2.03$ 은 공화당원의 정치성향의 평균값이 민주당원의 정치성향 평균값보다 2.03 배 더 높다는 의미로 해석될 수 있다. 이 차이는 정규분포 잠재변수의 잔차 표준편차 1 에 대해 상대적인 크기로 해석이 된 것이다. 임의의 표준편차에 대해서는 이 두 정당 간의 평균차이가 표준편차의 2.03 배 차이가 난다고 해석할 수 있다. 이는 매우 큰 효과가 있음을 나타낸다.

[8] 여기서는 다음 절에서 사용할 그룹화되지 않은 자료를 사용하였다.

6.3.7 잠재변수 모형에 기반한 R^2

누적 로짓 모형의 예측력을 구하기 위해 6.2.6절에서 소개한 것처럼 잠재변수모형의 R^2 [9]를 근사시켜 요약할 수 있다. y_i^*를 i 번째 개체의 잠재변수를 나타낸다고 하자. 잠재변수 모형에 대한 모형측도는 전체 자료의 변동에서 모형에 의해 감소한 변동의 비율을 나타내는 결정계수로 정의된다.

$$R_L^2 = \frac{\sum_i (y_i^* - \overline{y}^*)^2 - \sum_i (y_i^* - \hat{y}_i^*)^2}{\sum_i (y_i^* - \overline{y}^*)^2} = \frac{\sum_i (\hat{y}_i^* - \overline{y}^*)^2}{\sum_i (y_i^* - \overline{y}^*)^2}$$

여기서 아래첨자 L은 실제로 관측이 안 되는 잠재변수를 나타내기 위해 표시한 것이다. 이 값은 $\hat{y}^*$의 분산추정값을 y^*의 분산추정값으로 나눈 것이다. 그룹화되지 않은 자료에 대해 모형을 적합한 후에 $\hat{y}^*$의 분산은 절편 없는 선형예측변수의 분산으로 추정할 수 있다. 잠재변수나 그 표본분산을 관측할 수는 없지만 $\hat{y}^*$의 분산 추정값과 잠재변수모형에서의 잔차분산을 합한 값으로 잠재변수의 분산을 근사시킬 수 있다. 표준정규분포인 경우에 이 분산값은 1.0이고 프로빗 연결함수를 얻게 되고, 표준 로지스틱 모형의 경우에는 $\pi^2/3 = 3.29$이고 이때는 로짓 연결함수를 얻게 된다. $\hat{y}^*$의 분산추정값을 y^*의 분산추정값으로 나누면 R^2가 구해지는데 이를 이용하여 R_L^2를 근사할 수 있다. R^2의 양의 제곱근 R을 이용하여 잠재변수모형의 다중상관계수(multiple correlation) R_L을 근사적으로 구할 수 있다.

예를 들어 정치성향 자료에 대해 정당과 성별을 예측변수로 사용한 누적 로짓 모형을 적합하여 R^2값과 다중상관계수값을 구해 보자. 다음의 R 출력 결과[10]는 그룹화되지 않은 자료 파일을 이용하여 분석한 것이다.

```
------------------------------------------------------------------
> fit.logit <- polr(y ~ party + gender, method="logistic", data=Polviews2)
> var(fit.logit$lp)/(var(fit.logit$lp) + (pi^2)/3) # lp = linear predictor
[1] 0.48698 # R-squared based on logistic latent var. model for cumul. logit
> sqrt(0.48698)
[1] 0.69784 # multiple correlation based on logistic latent variable model
> var(fit.probit$lp)/(var(fit.probit$lp) + 1.0)
[1] 0.4945 # R-squared based on normal latent var. model for cumulative probit
------------------------------------------------------------------
```

9 Stata 같은 소프트웨어는 1975년도 누적 프로빗 모형을 제안한 저자들의 이름을 따라 이 측도를 *McKelvey-Zavoina* R^2 라고 부른다.

10 이 측도들은 VGAM의 차기 버전에 포함될 R2latvar 함수를 사용하여 구할 수 있다.

정치성향 잠재변수 변동의 48.7%를 두 설명변수가 설명하는 것으로 예측하였다. 이 큰 값은 정당 범주들 중에서 두 극단적인 범주인 민주당과 공화당만을 사용했기에 이 두 범주가 정치성향을 잘 예측한 것이었다. 실제로 정당만을 설명변수로 포함하는 모형에서도 $R^2 = 0.487$으로 구해졌다. 두 설명변수와 교호작용까지 포함한 모형의 R^2값은 0.4878로 약간 증가하였다. 누적 프로빗 모형으로부터도 위의 출력 결과와 정규분포 잔차분산값 1.0을 사용하면 비슷한 결과를 얻을 수 있다.

6.3.8 다항모형에 대한 베이지안 추론

5.4절에서 소개한 이항반응변수에 대한 베이지안 추론과 마찬가지로 다항모형에 대한 베이지안 추론에서도 효과모수에 대해서 확산 정규사전분포(diffuse normal prior)를 흔히 많이 사용한다. 어떠한 연결함수에 대해서도 베이지안 모형적합은 사전분포 밀도함수와 다항 가능도함수를 곱한 사후확률분포함수에 MCMC를 적용시켜 구한다.

누적 로짓 모형에 대해서는 절편모수 $(\alpha_1, \cdots, \alpha_{c-1})$에 대한 사전분포는 다음과 같은 순서제약 조건을 만족해야 한다.

$$-\infty < \alpha_1 < \alpha_2 < \cdots < \alpha_{c-1} < \infty,$$

이를 위해 제약조건이 없는 사전분포를 적절하게 절단시켜(truncating) 구한다. 식 (6.3)의 기준범주 로짓 모형에서 k번째 설명변수의 효과를 나타내는 모수를 β_{1k}, $\beta_{2k}, \cdots, \beta_{c-1,k}$로 나타내자. 만약 이 모수들의 사전분포가 모두 동일한 분산을 갖는다고 가정하는 단순한 구조 하에서, 사후추론 결과가 기준범주의 선택에 거의 영향을 받지 않게 된다. 왜냐하면 기준범주가 아닌 다른 범주들의 쌍 $\beta_{jk} - \beta_{j'k}$에 대한 상대적인 효과가 사전분산의 두 배가 되기 때문이다. 다른 방법으로도 각 로짓이 동일한 사전분산을 갖도록 모형을 모수화시킬 수 있다. 그 모형에 있는 요인(factor)에 대해서도 앞에서 설명한 것과 마찬가지로 분석결과는 지시변수의 기준이 되는 범주에 상관없이 동일해야 한다. 예를 들어, 이항 지시변수에 대해서 1과 0 대신에 0.5와 -0.5를 사용할 수 있고 이때 인자의 각 범주의 모수는 동일한 분산을 갖는다.

6.3.9 예제: 정신장애 모형 재분석

베이지안 방법의 예를 보기 위해, 6.3.4절에서 빈도론적으로 분석한 정신장애 자료를 재분석하여 결과[11]를 살펴보자. 모수에 대해서 평균이 0이고 표준편차가 10인 상대적으로 평평한 정규사전분포를 사용해 보자. 다음의 R 출력물에 있는 사후분포 평균 추정값은 오랜 반복의 MCMC 과정을 통해서 구한 모형의 잠재변수 모수화에 대해 로그 누적 오즈비가 반응측도의 높은 범주와 낮은 범주에서 구한 것이다. 누적 로그 오즈비 추정값들은 빈도론적 분석 결과와 크기가 비슷하나 베이지안 해석을 할 수 있다. 예를 들어, 높은 SES 수준에서 "장애"일 오즈는 낮은 SES 수준에서 "장애"일 오즈의 $\exp(-2.470) = 0.08$과 $\exp(0.0146) = 1.01$배 사이에 있을 사후확률은 0.95이다. 여기에 대응되는 가설 $H_0 : \beta_2 = 0$ 과 $H_1 : \beta_2 < 0$을 검정하기 위한 빈도론자의 P-값은 $\beta_2 \geq 0$일 베이지안 사후확률이다. 이 값은 0.026이고 왈드 검정의 단측 P-값 $0.070/2 = 0.035$과 비교된다.

```
------------------------------------------------------------------------
> Mental2 # data file at text website
      impair   ses    life
1       imp1   0.5       1
2       imp1   0.5       9
...
40      imp4  -0.5       9
> fit_freq <- polr(impair ~ life + ses, method="logistic", data=Mental2)
> summary(fit_freq) # frequentist analysis (Section 6.3.4)
        Value  Std. Error   t value
life   0.3189      0.1210     2.635
ses   -1.1112      0.6109    -1.819

> library(BayesOrd) # obtain from https://github.com/tjmckinley/BayesOrd
> # e.g., using install_github("tjmckinley/BayesOrd") with devtools package
> fit <- bayesord(impair ~ life + ses, fixed=TRUE, mnb=0, varb=100, vart=100,
+        niter=1e+06, nchains=2, start=10000, data=Mental2)
>        # mnb, varb are mean, var. of beta's; vart = var. of intercepts
> summary(fit, digits=3) # for parameterization alpha_j - beta1 x1 - beta2 x2
               Mean     SD   Median    2.5%    97.5%  MC error/SD
logOR(life)   0.357  0.126    0.353   0.118   0.6130      0.00743
logOR(ses)   -1.210  0.634   -1.200  -2.470   0.0146      0.00207
> props <- as.matrix(fit$beta)
> apply(props, 2, function(x)sum(x > 0)/length(x))
   life       ses
0.99874   0.02646  # posterior P(beta > 0) for each effect parameter
------------------------------------------------------------------------
```

더 자세한 다항모형에 대한 베이지안 분석은 Agresti(2013, Section 8.6)과 Hoff(2009, Chapter 12)을 참조하라.

[11] T.J. McKinley은 본인이 M. Morters, and J.L.N. Wood과 함께 개발한 방법(Bayesian Analysis 10: 1-30에 소개됨)을 구현한 R package BayesOrd을 사용할 수 있도록 도움을 주었다.

6.4 순서형 반응변수에 대한 짝범주 로짓*

순서형 반응변수에 대한 누적 로짓 모형은 각 로짓을 구할 때에 모든 반응범주들을 다 사용하였다. 이 절에서는 기준범주 로짓 모형과 같이 범주들의 **쌍**을 이용하는 순서화 범주들에 대한 로짓 모형들을 소개한다. 누적확률과 그 보확률(complements) 대신에 개별범주확률을 이용하여 오즈비를 해석한다. 이 경우에도 비례 오즈 구조를 가정하는 모형은 더 적은 수의 모수를 갖는다.

6.4.1 이웃범주 로짓

순서형 로짓 모형에 대한 다른 방법으로 이웃하는 범주의 모든 쌍에 대한 로짓을 정의하는 것이다. **이웃범주 로짓**(adjacent categories logit)들은 다음과 같이 정의할 수 있다.

$$\log\left(\frac{\pi_j}{\pi_{j+1}}\right), \qquad j = 1, \cdots, c-1$$

예를 들면, $c=3$인 경우에 가능한 로짓은 $\log(\pi_2/\pi_1)$와 $\log(\pi_3/\pi_2)$이다. 예측변수 x가 있는 경우에 비례 오즈 구조를 갖는 이웃범주 로짓 모형은 다음과 같은 형태를 취한다.

$$\log\left(\frac{\pi_j}{\pi_{j+1}}\right) = \alpha_j + \beta x\,, \quad j = 1, \cdots c-1. \tag{6.7}$$

이 모형은 인접한 범주들의 모든 쌍에 대하여 반응변수가 낮은 범주값 대신에 높은 범주값을 가질 오즈에 대해서 x의 효과가 동일하다고 가정한다. 이 모형은 x의 효과를 나타내기 위해 $c-1$개의 모수를 사용하지 않고 모형 (6.4)의 비례 오즈 성질을 갖는 누적 로짓 모형과 같이 한 개의 모수만을 사용한다. 이를 통해 특정 효과를 더 간단히 요약할 수 있다.

기준범주 로짓과 마찬가지로 이웃범주 로짓도 반응변수의 범주의 모든 쌍에 대하여 로짓을 정의한다. 단순한 형태의 이웃범주 로짓 모형 (6.7)으로부터 임의의 반응범주 a와 b에 대한 로짓 $\log(\pi_a/\pi_b)$에 대한 x의 계수를 구하면 $\beta(a-b)$가 된다. 따라서 효과가 범주들 간의 거리에 의존하므로 이 모형은 반응척도의 순서를 고려한 모형임을 알 수 있다.

6.4.2 예제: 정치성향 자료 재분석

〈표 6.3〉의 정치성향 자료에 대해서 x_1는 정당을 나타내고 x_2는 성별을 나타내는 지시변수로 정의한 후에 이웃범주 로짓 모형을 적합시켜 보자. 다음은 R로부터 출력한 모형적합 결과이다.

```
--------------------------------------------------------------
> library(VGAM)
> fit <- vglm(cbind(y1,y2,y3,y4,y5) ~ party + gender,
+             family=acat(parallel=TRUE, reverse=TRUE), data=Polviews)
> summary(fit) # family=acat gives adjacent-category logits
             Estimate  Std. Error    z value    Pr(>|z|)    # not showing the 4
partyrepub   -2.23478     0.16841    -13.270     < 2e-16    # intercept est's
gendermale    0.01212     0.09661      0.125     0.90016
---
Names of linear predictors: # reverse=FALSE would use log(P[Y=j+1]/P[Y=j])
loge(P[Y=1]/P[Y=2]),loge(P[Y=2]/P[Y=3]),loge(P[Y=3]/P[Y=4]),loge(P[Y=4]/P[Y=5])
Residual deviance: 13.4665 on 10 degrees of freedom
--------------------------------------------------------------
```

정당효과에 대한 ML 추정값은 $\widehat{\beta}_1 = -2.235$이다. 민주당원의 정치성향이 범주 $j+1$ 대신에 범주 j에 속할 오즈비의 추정값은 공화당원의 오즈비 추정값의 $\exp(-\hat{\beta}_1) = 9.34$배이다.[12] 이 값은 각각의 성별 내에서 〈표 6.3〉의 인접한 행들로 구성된 네 개의 2×2 분할표 각각에 대해 추정한 오즈비값과 일치한다. 반응범주 중에서 국소적인 특정부분에 대한 효과를 나타내므로 이런 오즈비를 **국소 오즈비**(local odds ratio)라고 부른다. 임의의 두 행 $a < b$의 쌍에 대하여 추정된 오즈비는 $\exp[\hat{\beta}_1(a-b)]$이다. 예를 들어, 민주당원이 이 "매우 보수적"(범주 5) 대신에 "매우 진보적"(범주 1)인 정치성향을 가질 오즈의 추정값은 공화당원에 비해 $\exp[2.235(5-1)] = (9.34)^4 = 7624$배로 높게 추정된다!

이 모형의 적합도통계량은 $G^2 = 13.47$이고, $df = 10$이므로 모형이 잘 적합되었음을 알 수 있다. 이 모형으로부터 구한 대부분의 추론 결과는 6.2.2절에서 누적 로짓 분석에서 얻은 결과와 비슷하다.

6.4.3 연속비 로짓

순서형 반응범주들에 대하여 로짓을 설정하는 또 다른 방법은 아래와 같이 순차적으로 로짓을 정의하는 것이다. 전체 로짓에 대하여 동시에 모형을 적합한다.

12 여기서 지수에 $-\widehat{\beta}_1$을 사용한 이유는 정당변수에서 민주당원을 0으로 나타냈기 때문이다.

$$\log\left(\frac{\pi_1}{\pi_2+\cdots+\pi_c}\right),\ \log\left(\frac{\pi_2}{\pi_3+\cdots+\pi_c}\right),\ \cdots,\ \log\left(\frac{\pi_{c-1}}{\pi_c}\right).$$

예를 들어 $c=3$ 인 경우에는, $\log[\pi_1/(\pi_2+\pi_3)]$, $\log(\pi_2/\pi_3)$가 된다. 이러한 로짓들을 **연속비 로짓**(continuation-ratio logits)이라고 한다. 이 로짓들은 각 범주와 그 범주보다 반응척도가 높은 범주들을 묶어서 만든 범주를 대비시키는 두 개의 반응을 비교한다.

순차 로짓 모형은 여러 세대에 걸친 생존시간과 같은 순차적인 메카니즘이 반응변수를 결정할 때에 유용한 모형이다. $\omega_j = P(Y=j\,|\,Y\geq j)$라고 하면 순차 로짓은 이 조건부확률의 보통의 로짓이 된다. 즉, $\log[\omega_j/(1-\omega_j)]$ 이 된다.

6.4.4 예제: 편도선 크기와 연쇄상구균

어린이들을 대상으로 조사한 편도선 크기와 연쇄상구균 보균자 여부에 의해 교차분류된 연구 자료[13]에 대해 순차 로짓 모형을 적합해 보자. 연쇄상구균은 그룹 A 연쇄상구균 감염의 원인인 것으로 알려져 있다. 반응변수인 편도선 크기는 세 개의 순서형 범주(붓지 않음, 좀 부음, 많이 부음)로 구분되었다. 각 범주의 도수는 보균자의 경우는 (19, 29 ,24) 이고 비보균자의 경우는 (497, 60 ,269) 이었다.

한 어린이에 대해 편도선이 붓는 증상이 순차적인 현상이므로 이 자료에 대해서 순차 로짓 모형을 쓰는 것은 자연스럽다. 편도선은 처음에는 붓지 않았다가 점차로 붓게 될 수 있는데 이 현상은 어떤 설명변수에 의해 설명될 수도 있다. 이 현상이 지속되면 편도선이 많이 부을 수 있다. 순차 로짓을 사용하여 (1) 편도선이 붓지 않을 확률 π_1과 (2) 편도선이 좀 붓거나 많이 부었다는 조건하에서 좀 붓게 될 조건부확률 $\pi_2/(\pi_2+\pi_3)$에 대해 모형을 적합할 수 있다.

x가 어린이가 연쇄상구균 보균자인지 여부를 나타내는 지시변수 ($1=$ 보균자, $0=$ 비보균자)라고 하자. 비례 오즈 성질을 갖는 순차 로짓 모형은 다음과 같이 정의된다.

$$\log\left(\frac{\pi_1}{\pi_2+\pi_3}\right)=\alpha_1+\beta x,\ \log\left(\frac{\pi_2}{\pi_3}\right)=\alpha_2+\beta x.$$

[13] M. Holmes and R. Williams, *J. Hyg. Camb.* **52**: 165-179 (1954).

보균자 효과에 대한 ML 추정값은 $\hat{\beta} = -0.528$ $(SE = 0.198)$ 이고 $\exp(\hat{\beta}) = 0.59$ 이다. 예를 들어, 편도선이 부었다는 조건 하에서 보균자가 편도선이 아주 붓지 않고 좀 부은 오즈는 비보균자의 오즈의 0.59 배인 것으로 추정된다. 이 모형은 이탈도 통계량값이 0.006 $(df = 1)$ 이므로 자료를 잘 적합한다. R 출력 결과를 정리한 결과는 다음과 같다.

```
-------------------------------------------------------------------
> Tonsils
  carrier    y1    y2    y3
1     yes    19    29    24
2      no   497   560   269
> library(VGAM)
> fit <- vglm(cbind(y1,y2,y3) ~ carrier, family=sratio(parallel=TRUE),
+             data=Tonsils) # family=sratio gives sequential ratio logits
> summary(fit)
              Estimate  Std. Error  z value    Pr(>|z|)
(Intercept):1 -0.51102     0.05614   -9.102     < 2e-16
(Intercept):2  0.73218     0.07286   10.049     < 2e-16
carrieryes    -0.52846     0.19775   -2.672     0.00753
---
Names of linear predictors: logit(P[Y=1|Y>=1]), logit(P[Y=2|Y>=2])
Residual deviance: 0.0057 on 1 degrees of freedom
-------------------------------------------------------------------
```

이 모형에서 $\exp(\beta) = 0.59$ 는 모형의 첫 번째 누적 오즈비와 두 번째의 누적 오즈비에 대해 가정한 공통 효과를 추정한 값이다. 여기에 자세하게 제시하지는 않았지만 이 결과와 비교하기 위해서 비례 오즈 성질을 갖는 누적 로짓 모형을 적합하여 공통 효과를 추정하면 각 누적 오즈비에 대해 $\exp(-0.603) = 0.55$ (이탈도 통계량 $= 0.30$, $df = 1$)이고, 비례 오즈 성질을 갖는 연속범주 로짓 모형을 적합하면 $\exp(-0.429) = 0.65$ (이탈도 통계량 $= 0.24$, $df = 1$)이다. 이탈도 통계량에 의하면 이 세 모형은 모두 적절하게 자료를 접합한다. 이 자료는 연관성에 대한 아주 강한 증거를 제시한다(예, 왈드 P-값 $= 0.008$).

연습 문제

6.1 미국 대통령(민주당, 공화당, 무소속) 후보 선호도를 예측하기 위해 x =연간 수입(단위: 10,000달러)을 이용하여 다음 모형을 적합하였다.

$$\log(\hat{\pi}_D/\hat{\pi}_I) = 3.3 - 0.2x, \ \log(\hat{\pi}_R/\hat{\pi}_I) = 1.0 + 0.3x$$

a. $\log(\hat{\pi}_R/\hat{\pi}_D)$에 대한 예측모형을 식으로 구하고, 기울기를 해석하라.

b. $\hat{\pi}_R > \hat{\pi}_D$를 만족하는 x의 범위를 구하라.

c. $\hat{\pi}_I$ 를 예측하는 식을 구하라.

6.2 6.1.2절에 악어 먹이 선택의 예제에서 모형의 적합된 결과로부터, "연체류"나 "기타"를 주요 먹이로 선택하는 데 영향을 미치는 길이의 효과를 나타내는 오즈비를 추정하라.

6.3 〈표 6.5〉는 이 책의 웹사이트에 있는 Alligators2는 악어 먹이 선택에 대한 자료로, 악어의 길이(≤ 2.3 m, > 2.3 m)와 악어가 잡히는 플로리다주의 호수에 따라 분류한 것이다. 악어의 먹이 선택에 영향을 미치는 호수와 길이의 효과를 나타내는 모형을 적합하라. 어류를 기준범주로 설정하여 예측식을 구하라. 연체류와 어류 중에서 하나를 선택하는 것에 대해 길이가 미치는 효과에 대해 해석하라.

▶표 6.5 연습문제 6.3에 대한 악어 자료

		주요 먹이 선택				
호수	크기	어류	연체류	파충류	조류	기타
Hancock	$\leq$ 2.3	23	4	2	2	8
	$>$ 2.3	7	0	1	3	5
Oklawaha	$\leq$ 2.3	5	11	1	0	3
	$>$ 2.3	13	8	6	1	0
Trafford	$\leq$ 2.3	5	11	2	1	5
	$>$ 2.3	8	7	6	3	5
George	$\leq$ 2.3	16	19	1	2	3
	$>$ 2.3	17	1	0	1	3

출처: Wildlife Research Laboratory, Florida Game and Fresh Water Fish Commission

6.4 6.1.5절에 있는 사후 세계에 대한 믿음의 예제로, (a) "잘 모르겠다"와 "아니다" 범주 짝과 (b) "그렇다"와 "잘 모르겠다" 범주 짝에 대해 조건부 오즈비를 추정하고 해석하여 성별 효과를 설명하라.

6.5 일반사회조사에서 Y=직업만족도(4개의 순서형 범주; 1=가장 낮은 만족도)에 대하여 x_1 =비슷한 지위의 다른 사람에 비해서의 수입(4개의 순서형 범주; 1=매우 적다, 4=매우 많다), x_2 =어떻게 일을 해야 하는지에 대한 의사결정 자유도(4개의 순서형 범주; 1=매우 그렇다, 4=전혀 그렇지 않다), x_3 =작업환경이 생산성을 허용하는 정도(4개의 순서형 범주; 1=강하게 동의함, 4=강하게 반대함)의 영향을 나타내는 모형을 적합한 결과 다음을 얻었다.

$$\operatorname{logit}[\hat{P}(Y \le j)] = \hat{\alpha}_j - 0.54x_1 + 0.60x_2 + 1.19x_3$$

a. 다음과 같이 (i) x_1, (ii) x_2, (iii) x_3이 증가함에 따라, 각각의 경우에 응답자의 직업만족도가 높아지는지 아니면 낮아지는지 여부에 미치는 부분효과를 추정하라,

b. 응답자의 직업만족도가 가장 높아지는 x_1, x_2, x_3의 수준을 구하라.

6.6 결혼생활의 행복도는 가족의 총 수입과 연관성이 있는가? 일반사회조사에 의하면 행복도의 범주(아니다, 약간 그렇다, 매우 그렇다)에 대한 도수는, 평균수입 이하의 그룹에서는 (6, 43, 75), 평균수입의 그룹에서는 (6, 113, 178)이며, 평균수입 이상의 그룹에서는 (6, 57, 117)이다. 〈표 6.6〉은 "매우 그렇다"를 기준범주로 설정하고 평균수입 범주에 대하여 (1, 2, 3)의 점수를 매겨서 기준범주 로짓 모형을 적합한 결과이다. 결과로부터 자료분석에 대해 짧게 요약하여 보고서를 작성하라.

▶표 6.6 연습문제 6.6의 행복도 자료에 대한 모형적합 결과

```
---------------------------------------------------------------------
               Estimate   Std. Error   z value    Pr(>|z|)
(Intercept):1  -2.55518     0.72560    -3.521     0.000429
(Intercept):2  -0.35129     0.26837    -1.309     0.190554
income:1       -0.22751     0.34120    -0.667     0.504907
income:2       -0.09615     0.12202    -0.788     0.430694
---
Residual deviance: 3.1909 on 2 degrees of freedom
> fitted(fit)
       y1        y2       y3
1 0.03637   0.37579  0.58784
2 0.03024   0.35625  0.61352
3 0.02506   0.33665  0.63829
```

```
> deviance(vglm(cbind(y1,y2,y3) ~ 1, family=multinomial))
[1] 4.13476
-----------------------------------------------------------------
```

6.7 앞의 연습문제를 참조하라. 〈표 6.7〉은 수입에 대한 범주에 (1, 2, 3)의 점수를 매겨서 누적 로짓모형을 적합한 결과이다.

a. 앞선 예제에서 적합한 기준범주 로짓 모형보다 이 모형의 장점들이 무엇인지 설명하라.

b. 이 모형이 잘 적합되었는가? 이에 대하여 답하라. 출력 결과에서 절편 모수는 2개이고 수입 효과에 대한 모수는 1개인 이유를 설명하라.

c. 결혼생활의 행복도는 가족의 총 수입과는 독립적이라는 가설을 검정하는 검정통계량과 *P*-값을 구하라. 결과를 해석하라.

▶표 6.6 연습문제 6.7의 행복도 자료에 대한 모형적합 결과

```
-------------------------------------------------------------
               Estimate  Std. Error  z value    Pr(>|z|)
(Intercept):1   -3.2466      0.3404   -9.537     <2e-16
(Intercept):2   -0.2378      0.2592   -0.917      0.359
income          -0.1117      0.1179   -0.948      0.343
---
Residual deviance: 3.2472 on 3 degrees of freedom
-------------------------------------------------------------
```

6.8 〈표 6.8〉은 소세포 폐암 치료에 대한 임상시험 결과이다. 환자들은 랜덤하게 두 개의 치료군으로 배정되었다. 순차적 치료군은 각 치료 사이클에서 동일한 조합의 화학요법 치료제를 받도록 하는 그룹이고, 교차적 치료군은 각 치료 사이클마다 3개의 서로 다른 화학요법 치료제를 교대로 받도록 하는 그룹이다. 비례 오즈 누적 로짓모형을 적합하여 추정된 치료군의 효과를 해석하라. 교호작용항을 포함하는 모형의 적합도가 더 유의한지를 검토하라.

▶표 6.8 폐암 치료에 관한 연습문제 6.8의 자료

		화학요법에 대한 반응			
치료군	성별	점점 악화	변화 없음	부분적 회복	완전 회복
순차적 치료군	남성	28	45	29	26
	여성	4	12	5	2
교차적 치료군	남성	41	44	20	20
	여성	12	7	3	1

출처: Holtbrugge, W. and Schmacher, M., *Appl. Statist.*, **40**: 249-259, 1991.

6.9 일반사회조사에서 정치성향 자료에 대하여 누적 로짓모형을 적합하였다. 반응변수 Y=정치성향(매우 진보적에서 매우 보수적)과 설명변수인 종교성향(개신교, 카톨릭, 유대교, 기타)을 고려하였다. 처음 3개의 종교범주에 대해 지시변수를 사용하여 얻은 ML 추정값은 $\hat{\alpha}_1 = -1.03$, $\hat{\alpha}_2 = -0.13$, $\hat{\alpha}_3 = 1.57$, $\hat{\alpha}_4 = 2.41$와 $\hat{\beta}_1 = -1.27$, $\hat{\beta}_2 = -1.22$, $\hat{\beta}_3 = -0.44$이다.

a. Y의 범주는 몇 개인가? 어떤 그룹이 (i) 가장 진보적이고 (ii) 가장 보수적이라고 추정되는가?

b. 추정된 오즈비를 사용하여 개신교와 카톨릭 그룹 간의 정치성향을 비교하라.

6.10 6.3.4절의 정신장애 자료에서 교호작용항을 추가하여 적합된 모형은 다음과 같다.

$$\text{logit}[\hat{P}(Y \le j)] = \hat{\alpha}_j - 0.420x_1 + 0.371x_2 + 0.181x_1x_2.$$

교차항 x_1x_2의 회귀계수 추정값은 0.181이고 표준오차는 0.238이다. 낮은 SES 그룹 $(x_2 = 0)$과 높은 SES 그룹 $(x_2 = 1)$에서의 생활사건 지수의 효과를 추정하라. 생활사건 지수가 미치는 영향이 낮은 SES에서 왜 더 심각한지를 설명하라. 이 효과의 차이가 두 그룹 간에 유의한가?

6.11 앞의 연습문제와 이 책의 웹사이트에 있는 Mental 자료 파일을 참고하라.

a. 주효과모형적합에 대해서 생활사건 지수의 효과를 확률 $P(Y=1)$을 이용하여 확률적인 해석을 제시하라. 책에서 소개한 $P(Y=4)$의 해석을 참고하라.

b. R^2을 구하고 또 이 모형에 대응되는 잠재변수모형의 다중상관계수값을 구하고 해석하라.

c. 반응범주 3과 4를 묶은 후에 모형을 적합하여 추정값을 구한 후에 결과를 비교하라. 이 모형의 어떤 성질이 반영된 것인가?

d. 표본크기 $n = 40$은 충분히 크지 않으므로 베이지안 분석에서 사전분포의 선택에 따라 결과가 많이 영향을 받을 수 있다. 정규사전분포에서 $\sigma = 1$을 가정한 후에 6.3.9절의 분석을 반복하라. 이 결과와 $\sigma = 10$의 결과를 비교하여 사전분포의 영향을 설명하라.

6.12 앞의 두 연습문제에 대해서 주효과만을 갖는 누적 프로빗 모형을 적합하라. SES의 효과를 해석하라. R^2을 구하고 또 이 모형에 대응되는 잠재변수모형의 다중상관계수값을 구하고 해석하라.

6.13 6.2.2절에 있는 정치성향 자료에 대한 누적 로짓 모형의 R 출력 결과를 이용하라. 성별효과를 보정한 후에 공화당원과 민주당원을 비교하기 위해 잠재변수에 기반하여 비교확률값 $\hat{P}(Y_2^* > Y_1^*)$을 구하고 결과를 해석하라.

6.14 〈표 6.9〉는 2010년도 일반사회조사에서 환경위협에 대한 주장이 과장된 것인지에 대한 질문을 받았을 때 민주당원과 공화당원의 응답을 비교하는 자료이다. 이 자료에 대해 다항모형을 빈도론적 방법이나 베이지안 방법으로 적합하라. 부록에 간단하게 정리된 출력 결과를 첨부해서 짧은 보고서를 작성하라.

▶표 6.9 연습문제 6.14의 환경위협에 대한 소프트웨어 출력 결과

```
--------------------------------------------------------------
Rows: party Columns: Environmental threats exaggerated
                  agree      neutral  disagree
Republican          172           57        82
Democrat            111           78       283
--------------------------------------------------------------
```

6.15 〈표 6.2〉의 사후 세계에 대한 믿음 자료에 대하여 다음의 모형을 적합하라. (a) 누적 로짓 모형, (b) 이웃 범주 로짓 모형, (c) 순차 로짓 모형. 분석 결과를 요약하여 결과를 해석하고 비교하기 위한 짧은 보고서를 작성하라.

6.16 〈표 6.10〉는 연구대상자들을 임의적으로 대조군과 처리군으로 배정하여 실험한 자료이다. 처리군에 배정된 연구대상자들은 사일리움(psyllium)을 포함하는 시리얼을 연구기간 동안 매일 일정량씩 섭취하였다. 이 연구의 목적은 이 시리얼이 LDL 콜레스테롤을 낮추는 효과가 있는지를 알아보는 것이다. 빈도론적 방법이나 베이지안 방법을 사용해서 마지막 콜레스테롤 수준에 대한 모형을 구하고자 한다. 초기의 콜레스테롤 수준은 (a) 적절한 점수를 사용하여 공변량(양적 변수)으로 처리하고, (b) 범주형 변수로 처리하여 모형을 적합할 수 있다. 각 경우에 대해서 처리효과를 분석하고 그 결과를 서로 비교하고 해석하라.

▶표 6.10 콜레스테롤 연구에 관한 연습문제 6.16의 자료

	마지막 LDL 콜레스테롤 수준							
	대조군				처리군			
초기	≤3.4	3.4–4.1	4.1–4.9	>4.9	≤3.4	3.4–4.1	4.1–4.9	>4.9
≤3.4	18	8	0	0	21	4	2	0
3.4-4.1	16	30	13	2	17	25	6	0
4.1-4.9	0	14	28	7	11	35	36	6
>4.9	0	2	15	22	1	5	14	12

출처: Dr. Sallee Anderson, Kellogg Co.

6.17 〈표 6.11〉의 R 출력 결과는 순차 로짓 모형을 독극물 개발 연구자료에 적합한 결과이다. 쥐와 같은 설치류에 대한 연구는 태아의 발육에 위험을 줄 수 있는 물질을 시험하기 위해 자주 실시되고 있다. 이 연구에서는 보호 코팅제를 제조하는데 사용되는 산업용 용매제인 디에틸렌(diethylene) 글리콜 디메틸 에테르 약물을 새끼 밴 쥐들에게 투여하였다. 각 쥐들에 대해 다섯 가지의 약물농도 수준 중 한 가지의 수준을 정한 후에 새끼를 밴 초기 10일간 약물을 계속 투여하였다. 이틀 후에 쥐들의 자궁을 검사하여 새끼들의 이상 여부를 조사하였다. 새끼들은 세 가지의 가능한 반응결과들로 구분되었다(사망, 기형, 정상). 이 결과들은 순서화된 것이다. 이 분석결과로부터 얻은 정보를 요약하는 짧은 보고서를 작성하라.

▶표 6.11 연습문제 6.17의 독극물 연구의 소프트웨어 출력 결과

```
-----------------------------------------------------------------------
> Toxicity # data file at text website
concentration dead malformation normal
       0.0     15        1     281
2     62.5     17        0     225
3    125.0     22        7     283
4    250.0     38       59     202
5    500.0    144      132       9
> fit <- vglm(cbind(dead,malformation,normal) ~ concentration, family=sratio,
+             data=Toxicity) # using function in VGAM library
> summary(fit)
                  Estimate   Std. Error  z value P    r(>|z|)
(Intercept):1    -3.24793      0.15766    -20.60     <2e-16
(Intercept):2    -5.70190      0.33065    -17.24     <2e-16
concentration:1   0.00639      0.00043     14.70     <2e-16
concentration:2   0.01737      0.00121     14.33     <2e-16
---
Names of linear predictors: logit(P[Y=1|Y>=1]), logit(P[Y=2|Y>=2])
Residual deviance: 11.8384 on 6 degrees of freedom
-----------------------------------------------------------------------
```

▶표 6.12 자동차 사고에 관한 연습문제 6.19의 자료

성별	장소	안전벨트	반응 1	2	3	4	5
여성	도시	미착용	7,287	175	720	91	10
		착용	11,587	126	577	48	8
	시골	미착용	3,246	73	710	159	31
		착용	6,134	94	564	82	17
남성	도시	미착용	10,381	136	566	96	14
		착용	10,969	83	259	37	1
	시골	미착용	6,123	141	710	188	45
		착용	6,693	74	353	74	12

출처 : Dr. Cristanna Cook, Medical Care Development, Augusta, ME.

6.18 반응척도가 5개의 범주(강한 동의, 약간 동의, 약간 반대, 강한 반대, 모름)를 갖는다. 이 반응변수를 동시에 모형화할 수 있는 두 개의 모형을 설명하라.

6.19 〈표 6.12〉는 이 책의 웹사이트에 있는 Accidents 자료 파일이다. 7.2.6절에서 소개될 자동차 사고에 관한 자료의 확장된 형태로 예측변수는 성별, 사고지점과 안전벨트 착용 여부에 대한 자료이다. 반응범주는 (1) 부상당하지 않았음, (2) 부상당했지만 병원 응급실로 후송되지는 않았음, (3) 부상당해 병원 응급실로 후송되었지만 입원하지는 않았음, (4) 부상당해 입원했지만 사망하지는 않았음, (5) 사망했음으로 정의되었다. 이 자료를 분석하고 결과를 요약하는 짧은 보고서를 작성하라.

6.20 다음 서술문이 참인지 거짓인지 판단하라.

a. 순서형 변수를 다룰 때에 순서 정보를 사용하는 방법으로 분석하는 것이 일반적으로 타당한 이유 중에 하나는 어떤 효과를 검정하는 데 있어서 카이제곱통계량이 작은 자유도를 가지게 되어 좀 더 높은 검정력을 갖는 경향이 있기 때문이다.

b. 누적 로짓 모형에서 반응변수 Y는 순서형 변수로 간주된다. 그러므로 명목형 변수에 대해서 사용해서는 안 된다. 반면에, 기준범주 로짓 모형은 Y를 명목형 변수로 간주한다. 순서형 변수에도 적용할 수 있으나 그런 경우 순서 정보를 무시하는 것이다.

c. 만약 뉴질랜드에서의 정치성향은 중립적인 경향이 많고, 오스트레일리아에서는 대부분 진보적이나 보수적인 경향이 강하다고 할 때, 비례 오즈 가정을 한 모형은 이 두 국가를 비교하는 데 잘 적합될 것이다.

7장

분할표 및 도수자료에 대한 로그 선형모형

로그 선형모형은 도수자료에 대한 일반화선형모형(GLM)이다(3.3절). 로그 선형모형은 범주형 또는 양적 변수로 이루어진 설명변수들을 이용하여, 도수자료 또는 비율을 예측한다. 로그 선형모형은 범주형 반응변수들을 교차분류한 분할표의 칸도수들을 설명하는 데 주요하게 활용되며 이 모형의 모수들은 범주형 변수들 사이의 연관성을 설명한다.

이 장에서는 분할표 자료분석을 위한 로그 선형모형을 소개한 후, 이 모형의 모수들에 대한 통계적 추론과 모형의 적합도 검정 방법에 관하여 살펴보고자 한다. 관심의 대상이 되는 반응변수가 한 개이면서 이항변수인 경우에, 이 반응변수에 대한 로지스틱 회귀모형은 특정한 로그 선형모형과 동등한 관계에 있다. 그러나 로그 선형모형은 하나의 분할표에서 적어도 두 개 이상의 범주형 변수가 반응변수인 경우에 매우 유용하게 활용된다. 또한 그래프적인 기법을 이용하여 로그 선형모형의 조건부독립성 및 연관성을 잘 묘사할 수 있다.

분할표에 대한 대부분의 로그 선형모형들은 모든 변수들이 명목형인 경우를 다루지만, 순서형 변수들 간의 연관성을 다루는 로그 선형모형도 소개할 것이다. 또한 가산 자료나 비율을 나타내는 반응변수가 하나인 경우에 적용할 수 있는 로그 선형모형도 살펴볼 것이다. 이러한 모형에서는 흔히 도수자료들이 독립이면서 **포아송 분포**를 따른다고 가정하지만, 과분산의 경우, 즉 포아송 분포 가정보다 분산이 커지는 경우에 적합한 분포(**음이항 분포**)에 대해서도 소개하겠다.

7.1 분할표 자료에 대한 로그 선형모형

우선 n개의 자료들을 두 개의 범주형 반응변수에 따라 교차분류한 $r \times c$ 분할표를 고려해 보자. 이때 행변수를 X라 하고, 열변수를 Y라 하자. 이 두 변수들이 통계적으로 독립이면, 각 칸에 대한 결합확률 $\{\pi_{ij} = P(X=i,\ Y=j)\}$은 행과 열의 주변확률의 곱으로 정의된다. 즉,

$$\pi_{ij} = P(X=i)P(Y=j) = \pi_{i+}\pi_{+j}, \qquad i=1,\cdots,r, \quad j=1,\cdots,c$$

여기서 칸확률 $\{\pi_{ij}\}$는 **다항분포**(multinomial distribution)의 모수가 된다. 로그 선형모형식은 $\{\pi_{ij}\}$ 대신에 기대도수 $\{\mu_{ij} = n\pi_{ij}\}$에 기반하며 기댓값 $\{\mu_{ij}\}$를 갖는 포아송 표본추출모형에도 응용된다. 독립성 가정 하에서 모든 i, j에 대하여 $\mu_{ij} = n\pi_{i+}\pi_{+j}$이 성립한다.

7.1.1 이차원 분할표에서의 독립성 로그 선형모형

X와 Y가 독립이라는 조건, 즉 $\mu_{ij} = n\pi_{i+}\pi_{+j}$이라는 승법적인 관계를 갖게 되는데 이 식의 양변에 로그를 취하면 가법적인 관계로 표현된다. 즉, 식 (7.1)과 같이 독립성이 성립하는 조건[1] 하에서 로그 기댓값은 표본크기에 기초한 절편과, i번째 행확률에 기초한 행효과항 λ_i^X과 j번째 열확률에 기초한 열효과항 λ_j^Y의 선형식으로 표현된다.

$$\log \mu_{ij} = \lambda + \lambda_i^X + \lambda_j^Y \tag{7.1}$$

이러한 모형을 **독립성 로그 선형모형**(loglinear model of independence)이라고 한다. 모수 λ_i^X값이 클수록 i번째 행에서의 기대도수가 커지며, 마찬가지로 모수 λ_j^Y값이 클수록 j번째 열에서의 기대도수도 커진다.

두 범주형 변수들 간의 독립성에 대한 귀무가설은 이 로그 선형모형의 적합성 귀무가설과 동일하다. 이 모형의 적합값 $\{\hat{\mu}_{ij} = n_{i+}n_{+j}/n\}$은 독립성 가정을 검정하기 위한 카이제곱 검정통계량에서 계산된 기대도수값과 같으며(2.4절), 또한 이 로그 선형모형에 대한 적합도 검정통계량이 된다.

분할표에 대한 로그 선형모형들은 분할표의 칸도수들을 포아송 분포에서 독립적으로 추출된 관측값으로 간주하고 연결함수를 로그함수로 정의하는 일반화선형모형의 형태이다. 식 (7.1)에서 보는 바와 같이, 로그 선형모형은 반응변수와 설명변수를 구별하지 않는다. 모형 (7.1)은 기대도수들이 X와 Y의 범주에 따라 어떻게 변화되는지를 명시하며, 관찰값들을 한 개체가 범주에 따라 분류된 형태로 보지 않고 칸도수로 간주하여 분석한다.

---

[1] X와 Y로 표현된 위첨자는 거듭지수를 나타내는 것이 아니라 각 변수를 나타내는 것이다.

7.1.2 독립모형에서의 모수 해석

모수에 대한 해석이 가장 간단한 경우는 두 변수가 있을 때, 하나의 변수를 반응변수로 간주하여 나머지 다른 변수의 함수로 표현하는 경우이다. 예를 들어, $r \times 2$ 분할표에 대해, i 번째 행에서 $Y=1$인 확률 π에 대한 로짓은 다음과 같다.

$$\begin{aligned} \operatorname{logit}[P(Y=1)] &= \log\left[\frac{P(Y=1)}{(1-P(Y=1))}\right] = \log\left(\frac{\mu_{i1}}{\mu_{i2}}\right) = \log\mu_{i1} - \log\mu_{i2} \\ &= (\lambda + \lambda_i^X + \lambda_1^Y) - (\lambda + \lambda_i^X + \lambda_2^Y) = \lambda_1^Y - \lambda_2^Y \end{aligned}$$

Y에 대한 로짓은 변수 X의 수준에 영향을 받지 않는다. 각 행에서 첫 번째 열의 반응을 나타낼 오즈는 $\exp(\alpha) = \exp(\lambda_1^Y - \lambda_2^Y)$이다. 모형 (7.1)에서 어떤 한 변수에 대하여 정의되는 두 모수 간의 차이는 그 변수의 두 범주값에 대한 로그 오즈비로 다른 변수의 각 범주값에서 구한 값이 된다.

독립모형은 X와 Y를 요인으로 간주하기 때문에, $\{\lambda_i^X\}$ 중 하나의 모수는 중복적이며 $\{\lambda_j^Y\}$의 경우도 마찬가지이다. 이것은 모수화가 그 변수의 수준 수보다 하나 적은 수의 지시변수를 필요로 하기 때문이다. 프로그램에서는 가장 첫 번째(R 프로그램) 또는 마지막(SAS 프로그램) 범주에 해당하는 모수값을 0으로 정의한다. 그러나 어떠한 모수화의 경우에서도 주효과를 나타내는 모수들 간의 차이는 항상 동일하며 이 차이에 의하여 오즈나 오즈비가 결정된다.

7.1.3 예제: 행복과 천국에 대한 믿음

최근 미국의 일반사회조사 연구에서 X=행복도(행복하지 않음, 보통으로 행복함, 매우 행복함)와 Y=천국에 대한 믿음(아니오, 예)에 관한 항목이 있었다. 다음 R 프로그램은 3×2 분할표로 정리된 이 자료에 독립성 로그 선형모형을 적합한 결과이다.

```
> HappyHeaven <- read.table("http://www.stat.ufl.edu/~aa/cat/data/
+                           HappyHeaven.dat", header=TRUE)
> HappyHeaven    # Data file HappyHeaven at text website
    happy   heaven   count
1     not       no      32
2     not      yes     190
3  pretty       no     113
4  pretty      yes     611
5    very       no      51
6    very      yes     326
> fit <- glm(count ~ happy + heaven, family=poisson, data=HappyHeaven)
```

```
> # canonical link for Poisson is log, so "(link=log)" is not necessary
> # loglm function in MASS library also fits loglinear models
> summary(fit) # independence loglinear model
             Estimate   Std. Error   z value   Pr(>|z|)
(Intercept)   3.49313    0.09408      37.13     < 2e-16
happypretty   1.18211    0.07672      15.41     < 2e-16
happyvery     0.52957    0.08460       6.26    3.86e-10
heavenyes     1.74920    0.07739      22.60     < 2e-16
---
Residual deviance: 0.89111 on 2 degrees of freedom
-----------------------------------------------------------------
```

이탈도 통계량은 0.89 $(df = 2)$로, 표에서 보는 바와 같이 모형이 잘 적합되었다. 여기서 모수에 대한 제약조건은 $\lambda_1^Y = 0$이고, $\lambda_2^Y = 1.749$이다. 따라서 천국의 믿음에 대한 오즈는 각각의 행복 수준에서 $\exp(1.749) = 5.75$로 추정되었다.

7.1.4 이차원 분할표에 대한 포화모형

통계적으로 서로 독립적이지 않고 연관성이 있는 범주형 변수들에 대해서는 보다 더 복잡한 로그 선형모형이 적절하다. 즉,

$$\log \mu_{ij} = \lambda + \lambda_i^X + \lambda_j^Y + \lambda_{ij}^{XY}$$

여기서 λ_{ij}^{XY}는 연관성모수이다. 이 모수는 변수 X와 Y 간의 교호작용을 표현하는 것으로 기대도수에 미치는 한 변수가 다른 변수의 범주에 따라 달라지는 효과를 나타낸다.

로그 오즈비와 λ_{ij}^{XY}는 직접적으로 연관되어 있다. 예를 들어, 2×2 분할표의 모형에서 로그 오즈비는 다음과 같다.

$$\begin{aligned}
\log \theta &= \log\left(\frac{\mu_{11}\mu_{22}}{\mu_{12}\mu_{21}}\right) = \log \mu_{11} + \log \mu_{22} - \log \mu_{12} - \log \mu_{21} \\
&= (\lambda + \lambda_1^X + \lambda_1^Y + \lambda_{11}^{XY}) + (\lambda + \lambda_2^X + \lambda_2^Y + \lambda_{22}^{XY}) \\
&\quad - (\lambda + \lambda_1^X + \lambda_2^Y + \lambda_{12}^{XY}) - (\lambda + \lambda_2^X + \lambda_1^Y + \lambda_{21}^{XY}) \\
&= \lambda_{11}^{XY} + \lambda_{22}^{XY} - \lambda_{12}^{XY} - \lambda_{21}^{XY}
\end{aligned}$$

$r \times c$ 분할표에서는 $(r-1)(c-1)$개의 연관성 모수만이 중복되지 않는다. 예를 들어, R 프로그램은 첫 번째 행과 첫 번째 열에 해당하는 모수의 값을 모두 0으로 정의하기 때문에, 그 결과 $\log \theta$는 λ_{22}^{XY}로 간단하게 표시된다. 즉, 0이 아닌 모수들은 변수

X의 $(r-1)$ 수준을 나타내는 지시변수와 변수 Y의 $(c-1)$ 수준을 나타내는 지시변수 간의 교차적률항의 계수를 나타낸다. 독립성 가설은 $(r-1)(c-1)$개의 모수들이 0인지 아닌지를 검정하는 것이며 자유도는 $df=(r-1)(c-1)$이 된다.

이 모형은 하나의 상수항 모수(λ), $\{\lambda_i^X\}$ 형태의 중복되지 않는 $(r-1)$개의 모수, $\{\lambda_j^Y\}$ 형태의 $(c-1)$개의 모수, $\{\lambda_{ij}^{XY}\}$개의 중복되지 않은 $(r-1)(c-1)$개의 모수를 포함하고 있으며, 모수의 총합은 $1+(r-1)+(c-1)+(r-1)(c-1)=rc$개로서 분할표의 칸 개수만큼 모수를 갖는다. 이와 같이 가능한 모든 수만큼 모수를 갖는 모형을 **포화 로그 선형모형**(saturated loglinear model)이라고 한다. 이 모형은 완전하게 칸도수들을 설명하며 0의 이탈도 통계량값을 갖는다.

다음의 R 프로그램의 출력 결과는 X가 행복도(지시변수의 기저 수준은 나타내지 않음), Y가 천국에 대한 믿음일 때의 포화모형을 적합한 것이다.

```
> fit2 <- glm(count ~ happy + heaven + happy:heaven, family=poisson,
+ data=HappyHeaven)
> summary(fit2) # saturated loglinear model
                        Estimate  Std. Error   z value   Pr(>|z|)
(Intercept)              3.46574     0.17678     19.60    < 2e-16
happypretty              1.26165     0.20025      6.30   2.97e-10
happyvery                0.46609     0.22552      2.07     0.0388
heavenyes                1.78129     0.19108      9.32    < 2e-16
happypretty:heavenyes   -0.09358     0.21679     -0.43     0.6660
happyvery:heavenyes      0.07378     0.24329      0.30     0.7617
---
Residual deviance: 1.5321e-14 on 0 degrees of freedom # dev. = 0, perfect fit
```

행복도와 천국에 대한 믿음 여부 간의 오즈비의 추정값에 대하여 행복하지 않은 수준에 비하여 보통 행복한 수준에서의 천국에 대한 믿음에 대한 오즈비는 $\exp(-0.094)=0.91$이고, 행복하지 않은 수준에 비하여 매우 행복한 수준에서의 천국에 대한 믿음에 대한 오즈비는 $\exp(0.074)=1.08$이다. 따라서 보통 행복한 수준에 비하여 매우 행복한 수준에서의 천국에 대한 믿음의 오즈비는 $\exp(-0.094-(0.074))=0.85$이다. 이 경우, 앞에서 독립모형이 잘 적합하였기 때문에 추정된 오즈비는 1.0값과 통계적으로 유의하게 다르지 않다.

모형이 교호작용항을 포함하면 주효과항의 추정값은 고차항의 정의 방법에 따라 영향을 받고 해석 역시 영향을 받는다. 이제 변수의 최고차항을 어떻게 해석해야 하는지 살펴보자.

7.1.5 삼차원 분할표에 대한 로그 선형모형

삼차원 분할표에 대한 로그 선형모형은 여러 형태의 독립성과 연관성을 갖고 있으며 이차 교호작용항은 변수들 간의 조건부 오즈비를 나타낸다.

분할표에서의 기대칸 도수를 $\{\mu_{ijk}\}$라고 할 때, 다음과 같은 로그 선형모형을 고려해 보자.

$$\log \mu_{ijk} = \lambda + \lambda_i^X + \lambda_j^Y + \lambda_k^Z + \lambda_{ik}^{XZ} + \lambda_{jk}^{YZ}$$

이 모형은 XZ 교호작용항을 포함하기 때문에 Y의 각각의 범주에서 X와 Z 사이에 연관성이 있음을 의미하며, 마찬가지로 X의 각각의 범주에서 YZ 연관성도 존재하고 있음을 나타낸다. 그러나 XY 간의 교호작용항을 포함하지 않으므로, 이 로그 선형모형은 Z의 각각의 범주에서 X와 Y 사이의 조건부독립성이 성립하고 있음을 나타내고 있다. 이는 세 번째 변수 Z를 통제하였을 때 두 변수 X와 Y 사이에 연관성이 존재하지 않는다는 것을 의미한다. 이러한 모형을 기호로 (XZ, YZ)으로 표현하며 각 변수들 간에 연관성이 있는 최고차항을 표시한다.

이차 교호작용항을 포함하지 않는 간단한 모형은 대부분의 자료에 적합하지 않다. 예를 들어, 모형 (X, Y, Z)은 주효과항만을 포함하는 **상호독립모형**(mutual independence model)이라 부른다. 이 모형은 모든 변수들을 조건부적으로나 주변적으로나 서로 독립인 것처럼 취급하기 때문에 변수 간의 연관성을 연구하기 위해 변수들을 선택하였을 경우, 이 모형이 적합한 경우는 거의 찾아보기 힘들다.

세 쌍의 변수들이 서로 조건부연관성이 있는 모형은 아래와 같다.

$$\log \mu_{ijk} = \lambda + \lambda_i^X + \lambda_j^Y + \lambda_k^Z + \lambda_{ij}^{XY} + \lambda_{ik}^{XZ} + \lambda_{jk}^{YZ}$$

다음 절에서 이 모형 하에서는 어떤 두 변수 사이의 조건부 오즈비는 세 번째 변수의 모든 범주에서 항상 동일하다는 것을 보일 것이다. 이러한 성질을 **동질연관성**(homogeneous association, 2.7.5절)이라 하고 이 모형을 **동질연관성모형**(homogeneous association model)이라고 부르며 (XY, XZ, YZ)라고 표시한다.

삼차원 분할표에 대한 가장 일반적인 모형은 삼차 교호작용항을 동질연관성모형에 추가한 것으로 다음과 같다.

$$\log \mu_{ijk} = \lambda + \lambda_i^X + \lambda_j^Y + \lambda_k^Z + \lambda_{ij}^{XY} + \lambda_{ik}^{XZ} + \lambda_{jk}^{YZ} + \lambda_{ijk}^{XYZ}$$

이 모형은 (XYZ)로 표시하며 포화모형으로 자료를 완전하게 적합한다.

7.1.6 조건부연관성을 나타내는 이차 교호작용항 모수

동질연관성모형에서 이차 교호작용항 모수들은 조건부 오즈비와 직접적으로 관련되어 있다. 이를 설명하기 위해 X와 Y가 각각 두 개의 범주만을 갖는 삼차원 분할표를 고려해 보자. XY의 조건부 오즈비 $\theta_{XY(k)}$는 Z의 k번째 부분분할표에서 X와 Y 간의 연관성을 나타낸다(참조: 2.7.4절). 7.1.4절에서 이미 보여준 바와 같이 로그 오즈비는 다음과 같다.

$$\log\theta_{XY(k)} = \log\left(\frac{\mu_{11k}\mu_{22k}}{\mu_{12k}\mu_{21k}}\right) = \lambda_{11}^{XY} + \lambda_{22}^{XY} - \lambda_{12}^{XY} - \lambda_{21}^{XY}$$

R 프로그램에서 각 변수의 첫 번째 범주에 대한 모수를 0으로 설정하기 때문에, 로그 오즈비는 λ_{22}^{XY}가 되고, 각 부분분할표에서 오즈비는 $\exp(\lambda_{22}^{XY})$이다.

Z의 k번째 부분분할표에서 X와 Y 간의 로그 오즈비는 k에 의존하지 않기 때문에 조건부 오즈비는 Z의 각 범주에 상관없이 동일하다. 마찬가지로 Y의 모든 수준에서 동일한 XZ 오즈비를 가지며, X의 모든 수준에 동일한 YZ 오즈비를 갖는다. 따라서 삼차 교호작용항 λ_{ijk}^{XYZ}을 포함하지 않는 모형은 이와 같이 동질연관성을 만족한다.

7.1.7 예제: 음주, 흡연, 마리화나 사용 여부

〈표 7.1〉은 오하이오주 데이톤시의 고등학교 3학년 학생들을 대상으로 음주와 흡연, 마리화나 사용 여부를 조사한 자료이다. $2\times2\times2$ 분할표에서 음주, 흡연과 마리화나 사용 여부를 각각 A, C, M으로 표시하였다.

▸표 7.1 고등학교 3학년 학생들의 음주(A), 흡연(C), 마리화나 사용 여부(M)

음주	흡연	마리화나	
		예	아니오
예	예	911	538
	아니오	44	456
아니오	예	3	43
	아니오	2	279

출처 : Write State University의 Harry Khamis 교수와 데이톤시에 있는 보건성 제공.

▸표 7.2 〈표 7.1〉의 자료에 대한 로그 선형모형의 적합 결과

음주	흡연	마리화나	로그 선형모형			
			(A,C,M)	(AM,CM)	(AC,AM,CM)	(ACM)
예	예	예	540.0	909.24	910.4	911
		아니오	740.2	438.84	538.6	538
	아니오	예	282.1	45.76	44.6	44
		아니오	386.7	555.16	455.4	456
아니오	예	예	90.6	4.76	3.6	3
		아니오	124.2	142.16	42.4	43
	아니오	예	47.3	0.24	1.4	2
		아니오	64.9	179.84	279.6	279

〈표 7.2〉는 이 자료에 대하여 여러 형태의 로그 선형모형을 적합한 결과들이다. 동질연관성모형 (AC, AM, CM)의 적합 결과는 모형(ACM)의 적합 결과인 실제 관측값과 유사하지만 이 모형보다 더 단순한 모형은 적합결과가 좋지 않다.

〈표 7.3〉에는 조건부연관성과 주변연관성에 대한 오즈비의 추정값들을 보여 주고 있다. 주변연관성은 세 번째 변수를 무시하는 반면에 조건부연관성은 세 번째 변수의 수준을 통제하여 구한다. 예를 들어, 모형 (AM, CM)에서 AC 조건부연관성의 추정값 1.0은 M의 각 범주에서 구한 AC 오즈비의 공통값으로 다음과 같이 구할 수 있다.

$$1.0 = \frac{909.24 \times 0.24}{45.76 \times 4.76} = \frac{438.84 \times 179.84}{555.16 \times 142.16}$$

이 모형에서는 마리화나 사용 여부가 주어져 있을 때, 음주와 흡연은 조건부독립성을 만족한다는 것을 의미한다. (AM, CM) 모형의 AC 연관성 같이, 모형에서 서로 쌍으로 묶여 있지 않는 변수들 간의 조건부 오즈비는 1.0이다. 그러나 이 모형에서 AC **주변연관성**의 값은 2.7로 M의 수준을 전혀 고려하지 않고 모든 자료를 합하여

▸표 7.3 〈표 7.1〉의 로그 선형모형에 대한 오즈비의 추정값

모형	조건부연관성			주변연관성		
	AC	AM	CM	AC	AM	CM
(A,C,M)	1.0	1.0	1.0	1.0	1.0	1.0
(AM,CM)	1.0	61.9	25.1	2.7	61.9	25.1
(AC,AM,CM)	7.8	19.8	17.3	17.7	61.9	25.1
(ACM) 수준 1	13.8	24.3	17.5	17.7	61.9	25.1
(ACM) 수준 2	7.7	13.5	9.7			

AC의 주변분할표부터 다음과 같이 구할 수 있다.

$$2.7 = \frac{(909.24 + 438.84)(0.24 + 179.84)}{(45.76 + 555.16)(4.76 + 142.16)}$$

이 주변 오즈비의 값은 1.0이 아니다. 즉, 조건부독립성이 주변독립성을 내포하지 않는다는 것을 의미한다. 관측값으로부터 구한 오즈비는 포화모형(ACM)에서 구한 것과 동일하다.

〈표 7.3〉에서 몇 개의 경우 주변 오즈비와 동일한 조건부 오즈비를 갖는 모형이 있다. 7.4.2절에서 이러한 동질적인 관계가 성립하기 위한 조건을 논의할 것이다. 그러나 일반적으로 모든 두 변수쌍들 간의 연관성을 포함하는 로그 선형모형에서 이러한 동질적인 관계를 만족하지는 않는다.

(AC, AM, CM)의 모형(또는 더 단순한 모형들)의 경우, 조건부 오즈비의 값을 추정된 모수값을 이용하여 구할 수 있다. 예를 들어, AC의 조건부 오즈비의 추정값은 다음과 같다.

$$\exp(\hat{\lambda}_{11}^{AC} + \hat{\lambda}_{22}^{AC} - \hat{\lambda}_{12}^{AC} - \hat{\lambda}_{21}^{AC})$$

소프트웨어는 모수에 내해 4개의 항 중 3개가 0이라는 제약조건을 이용한다. 예를 들어 R 프로그램의 출력 결과로부터 구한 AC의 조건부 오즈비는 $\exp(2.0545) = 7.8$이다.

```
------------------------------------------------------------------------------
> Drugs <- read.table("http://www.stat.ufl.edu/~aa/cat/data/Substance.dat",
+                       header=TRUE)
> Drugs
  alcohol cigarettes marijuana count # data file has 8 rows, for 8 cell counts
1       yes       yes        yes     911
...
8        no        no         no     279
> A <- Drugs$alcohol; C <- Drugs$cigarettes; M <- Drugs$marijuana
> fit <- glm(count ~ A + C + M + A:C + A:M + C:M, family=poisson, data=Drugs)
> summary(fit) # homogeneous association model
              Estimate   Std. Error   z value   Pr(>|z|)
(Intercept)     5.6334       0.0597     94.36    < 2e-16
Ayes            0.4877       0.0758      6.44   1.22e-10
Cyes           -1.8867       0.1627    -11.60    < 2e-16
Myes           -5.3090       0.4752    -11.17    < 2e-16
Ayes:Cyes       2.0545       0.1741     11.80    < 2e-16  # AC log odds ratio = 2.0545
Ayes:Myes       2.9860       0.4647      6.43   1.31e-10
Cyes:Myes       2.8479       0.1638     17.38    < 2e-16
---
Residual deviance: 0.37399 on 1 degrees of freedom
------------------------------------------------------------------------------
```

7.2 로그 선형모형의 통계적 추론

〈표 7.3〉는 조건부 오즈비와 주변 오즈비의 추정값이 모형에 크게 영향을 받고 있음을 보여 주고 있으며 적합한 모형을 선택하는 것이 매우 중요하다는 것을 의미한다. 실제로 모형이 잘 적합된 경우에 한하여 이 표에 있는 추정값들이 유용한 정보가 되기 때문이다. 이 절에서는 모형의 적합성을 검정하는 방법, 추론과정을 설명하고 로그 선형모형을 고차원으로 확장하고자 한다.

7.2.1 카이제곱 적합성 검정법

범주형 설명변수를 갖는 로지스틱 모형의 이탈도 통계량은 로그 선형모형에서 칸의 적합값과 관측값을 비교함으로써 모형의 적합성을 검정할 수 있다(5.2.2절 참조). 카이제곱의 자유도는 전체 칸의 수에서 중복되지 않는 모형의 모수 수를 뺀 값이다. 이탈도 통계량은 가능도비 통계량으로 포화모형에는 포함되어 있지만 적합한 모형에는 없는 모든 모수들이 0인지를 검정하는 통계량이다.

〈표 7.4〉는 데이톤시 학생들의 자료인 〈표 7.1〉에 대하여 몇몇 로그 선형모형의 이탈도 통계량의 결과를 보여 준다. 두 변수 간의 모든 이차 교호작용항을 포함하여 부분적으로 두 변수 간의 이차 교호작용항을 포함하는 모형에 대한 결과이다. 이 경우 (AC, AM, CM)의 동질연관성모형은 적합하다는 결과를 보여 주지만($P = 0.54$), 두 변수 간의 이차 교호작용항이 하나라도 빠지는 모형들은 적합하지 않다는 결과를 보여 주고 있다($P < 0.001$).

7.2.2 로그 선형모형의 칸 표준화잔차

적합도 검정통계량은 단순히 전체적인 모형의 적합결여를 보여 줄 뿐 어떤 칸에서 적합결여가 되는지를 보여 주지는 않는다. 칸마다 잔차를 살펴보는 것을 통해서 적합결여가 어떤 칸에서 발생하였는지를 밝힐 수 있다. 2.4.5절에서는 독립모형 하에서의 표

표 7.4 음주, 흡연, 마리화나 사용여부 자료에 대한 로그 선형모형의 적합성 검정 결과

모형	편차	df	P-값*
(AC, AM)	497.4	2	< 0.001
(AC, CM)	92.0	2	< 0.001
(AM, CM)	187.8	2	< 0.001
(AC, AM, CM)	0.4	1	0.54

준화잔차를 소개하였고, 3.4.5절에서는 GLM에 대해 일반화된 표준화잔차를 소개하였다. 표준화잔차는 관측도수와 적합도수의 차이를 표준오차로 나눈 값이다. 모형이 자료를 잘 적합하고 기대도수가 비교적 클 때, 표준화잔차들은 근사적으로 표준정규분포를 따른다.

다음 R 출력 결과는 (AC, AM, CM)과 (AM, CM)의 모형에 대하여 표준화잔차들을 보여 준다.

```
-----------------------------------------------------------------------
> fit <- glm(count ~ A + C + M + A:C + A:M + C:M, family=poisson, data=Drugs)
> fit2 <- glm(count ~ A + C + M + A:M + C:M, family=poisson, data=Drugs)
> deviance(fit); deviance(fit2)
[1] 0.3739859
[1] 187.7543
> res <- rstandard(fit,type="pearson"); res2 <- rstandard(fit2,type="pearson")
> data.frame(A, C, M, Drugs$count, fitted(fit), res, fitted(fit2), res2)
    A    C    M  count  fitted.fit.     res   fitted.fit2.     res2
1 yes  yes  yes    911      910.383   0.633        909.240    3.696
2 yes  yes   no    538      538.617  -0.633        438.840   12.805
3 yes   no  yes     44       44.617  -0.633         45.760   -3.696
4 yes   no   no    456      455.383   0.633        555.160  -12.805
5  no  yes  yes      3        3.617  -0.633          4.760   -3.696
6  no  yes   no     43       42.383   0.633        142.160  -12.805
7  no   no  yes      2        1.383   0.633          0.240    3.696
8  no   no   no    279      279.617  -0.633        179.840   12.805
-----------------------------------------------------------------------
```

AC의 조건부독립성을 만족하는 (AM, CM) 모형에서 이 모형의 적합도통계량의 자유도는 2이다. 중복되지 않는 두 개의 표준화잔차값은 3.70과 12.80으로 이 값들은 M의 두 범주에서의 AC 독립성을 검정할 수 있는데 이 표준화잔차값이 크다는 것은 모형이 잘 적합되지 않았음을 의미한다. 구체적으로 M의 각 범주에서 큰 양의 값을 갖는 표준화잔차들은 A와 C가 둘 다 "예"이거나 "아니오"인 경우이다. 결과적으로 흡연과 음주 간에 조건부독립성이 만족한다는 가정 하에서의 기댓값보다 더 많은 학생들이 음주와 흡연을 둘 다 하거나 둘 다 하지 않는다는 것을 알 수 있다. (AC, AM, CM) 모형 하에서는 한 개의 잔차값만 중복되지 않고 나타나는데 이 모형의 자유도가 1이기 때문이다. 또한 이 값이 0.63으로 크지 않고 모형의 잔차 이탈도도 작으므로 이 모형은 잘 적합한다고 볼 수 있다.

두 가지 주의할 점: 분할표의 칸 수가 너무 많은 경우, 몇몇의 표준화잔차값은 단순히 우연하게 크게 나올 수도 있다. 또한 표본크기 n이 매우 큰 경우, 실제로 모형이 잘 적합하였음에도 (검정통계량처럼) 표준화잔차들이 큰 값을 가질 수 있다.

7.2.3 조건부연관성에 대한 유의성검정

조건부연관성을 검정하기 위해서는 주어진 모형과 이 연관성을 포함하지 않는 단순한 모형을 비교하면 된다. 이 연관성을 나타내는 모수가 0이라는 가설을 검정하는 가능도비 검정통계량은 이 두 모형 간의 이탈도 통계량값의 차이와 동일하다.

예를 들어, (AC, AM, CM) 모형에 대하여 음주와 흡연 간에 조건부독립성을 나타내는 $\lambda^{AC}=0$이라는 가설을 고려해 보자. 이 가설은 (AC, AM, CM) 모형보다 단순한 (AM, CM) 모형이 적합한지를 검정하는 것과 같다. 이 모형에 대한 적합성검정통계량은 7.2.2절의 〈표 7.4〉에서 보여준 R 프로그램의 출력 결과로부터 $187.75-0.37=187.38$이고 자유도는 $df=2-1=1$로 매우 유의한 결과를 나타낸다 $(P<0.0001)$. 결과적으로 AC의 조건부연관성이 매우 유의하다는 것을 보여 주고 있다. 또한 다음의 가능도비 검정통계량으로부터 AM과 CM 간에 조건부연관성이 매우 강하다는 것을 알 수 있다.

```
> library(car)
> Anova(fit) # likelihood-ratio tests for pairwise conditional associations
      LR Chisq  Df   Pr(>Chisq)
A:C     187.38   1    < 2.2e-16
A:M      91.64   1    < 2.2e-16
C:M     497.00   1    < 2.2e-16
```

7.2.4 조건부 오즈비의 신뢰구간

이차 교호작용항을 최고차항으로 갖는 로그 선형모형에서, 추정값은 조건부 로그 오즈비와 관련되어 있으며 참값에 대한 신뢰구간을 구할 수 있다.

이 과정을 설명하기 위해, (AC, AM, CM) 모형하에서 음주와 마리화나 사용 간의 조건부 오즈비를 추정해 보자. 7.2.3절의 결과로부터, AM 조건부 로그 오즈비의 추정값은 2.986이고 표준오차는 0.465이다. 따라서 조건부 오즈비에 대한 왈드 신뢰구간은 $\exp[2.986 \pm 1.96(0.465)]$으로 $(8.0, 49.2)$이다. 즉, 흡연 C의 각 범주에서, 마리화나를 피운 학생들이 피우지 않은 학생들보다 음주를 할 오즈가 8.0에서 49.2배 더 높다는 것이다. 이 결과는 가능도비로 구한 신뢰구간 $(8.8, 56.6)$과 유사하며 음주와 마리화나 사용 간에는 강한 조건부연관성이 존재하고 있음을 가리킨다.

```
> fit <- glm(count ~ A + C + M + A:C + A:M + C:M, family=poisson, data=Drugs)
> summary(fit) # showing only log odds ratio estimates
             Estimate   Std. Error   z value   Pr(>|z|)
Ayes:Cyes     2.05453      0.17406    11.803    < 2e-16
```

```
Ayes:Myes     2.98601      0.46468     6.426   1.31e-10  # AM log odds ratio = 2.986
Cyes:Myes     2.84789      0.16384    17.382    < 2e-16
---
> exp(confint(fit))

                  2.5%       97.5%
Ayes:Cyes   5.60145e+00   11.09715
Ayes:Myes   8.81405e+00   56.64360  # profile likelihood CI for conditional OR
Cyes:Myes   1.26458e+01   24.06925
--------------------------------------------------------------------------------
```

AC 간의 조건부 오즈비의 95% 신뢰구간은 $(5.6, 11.1)$이고, CM 간의 조건부 오즈비의 신뢰구간은 $(12.6, 24.1)$으로 모두 조건부연관성이 강하다는 것을 보여 준다. 결론적으로 이 로그 선형모형으로부터 모든 두 변수쌍 간의 조건부연관성이 강하다는 것을 알 수 있다. 즉, 음주, 흡연, 마리화나 중에서 임의의 한 변수에 대해 경험이 있으면 다른 변수에 대해서 경험이 있을 가능성이 커지며, 이 연관성은 세 번째 변수의 각 수준에서 동일하게 나타난다. 한편 이 모형의 주변연관성의 추정값을 정리한 〈표 7.3〉을 보면 두 변수 간의 주변연관성이 더 강하게 나타남을 알 수 있는데, 세 번째 변수를 통제하게 되면 다른 두 변수들 간의 연관성이 오히려 약화되는 것을 볼 수 있다.

이 절에서 소개한 방법은 연관성의 구조와 관련된 분석 방법이다. 다른 분석 방법으로는 변수들 간의 주변분포를 비교하는 방법이 있는데, 예를 들면 음주 경험이 흡연 경험보다 더 많은지를 알아보는 데 관심이 있는 경우이다. 8.1절과 9.2절에서는 이러한 유형의 분석 방법을 소개하고 있다.

7.2.5 로그 선형모형의 베이지안 적합

한편 로그 선형모형을 적합할 경우 베이지안 접근법을 사용할 수 있다. 동질연관성모형에서 로그 선형모형의 모수에 대하여 확산사전분포를 사용하는데, 이 사전분포는 평균이 0이고, 표준편차가 10인 정규분포로 가정한다.

```
--------------------------------------------------------------------------------
> library(MCMCpack) # b0 = prior mean, B0 = prior precision = 1/variance
> fitBayes <- MCMCpoisson(count ~ A + C + M + A:C + A:M + C:M, b0=0, B0=0.01,
+ mcmc=10000000, data=Drugs)
> summary(fitBayes)
1. Empirical mean and standard deviation # showing only association parameters
                Mean         SD
Ayes:Cyes      2.0644      0.17481
Ayes:Myes      3.0639      0.48161
Cyes:Myes      2.8569      0.16442
2. Quantiles for each variable:
                2.5%         25%        50%        75%   97.5%
Ayes:Cyes      1.7296      1.9451     2.0616     2.1806  2.4152
Ayes:Myes      2.2111      2.7274     3.0321     3.3655  4.0983
```

```
Cyes:Myes       2.5437        2.7444    2.8540     2.9660  3.1879
> mean(fitBayes[,6] < 0) # posterior prob. that AM log odds ratio < 0
[1] 0                    # (parameter 6 in model is AM log odds ratio)
```

이 모형의 모수들에 대한 통계적인 추론은 실질적으로 최대가능도에 기반한 빈도론적인 ML 추론과 동일하다. 예를 들어, AM의 조건부 오즈비에 대한 95% 사후신뢰구간은 $(\exp(2.211), \exp(4.098))$, 즉 $(9.1, 60.2)$은 가능도비 검정에서 구한 신뢰구간 $(8.8, 56.6)$과 유사하다. AM의 로그 오즈비가 음수가 될 사후확률은 0.0001보다 작으며, 이는 AM 효과가 양수라는 대립가설에 대하여 전혀 효과가 없다는 귀무가설 검정을 위한 가능도비 또는 왈드 검정의 단측가설에 대한 P-값과 동일하다.

7.2.6 고차원 분할표의 로그 선형모형

삼차원 분할표에 대한 로그 선형모형의 기본 개념은 다차원 분할표로 쉽게 확장시킬 수 있다. 삼차원 분할표 자료에서 이차 교호작용항을 최고차항으로 갖는 로그 선형모형은 동질연관성 모형이다: 이차 교호작용항을 갖는 두 변수는 조건부연관성을 가지며 나머지 세 번째 변수의 각 수준에서 동일한 오즈비를 갖는다. 이차 교호작용항을 갖지 않는 변수들은 서로 조건부독립이다. 삼차 교호작용항은 이질적인 연관성을 갖는 것을 의미하는데, 이는 세 변수 중 어떤 두 변수들 간의 이차 교호연관성도 세 번째 변수의 각 수준에서 동일하지 않다는 것이다.

모형선택을 위해서 탐색적인 방법으로 주효과항을 먼저 포함한 후 이차 교호작용항과 삼차 교호작용항을 추가적으로 고려하지만 이러한 접근 방법을 통해서는 종종 제한적인 범위 내에서의 최적모형만을 찾을 수 있다.

7.2.7 예제: 자동차 사고와 안전벨트 착용 여부

〈표 7.5〉는 1991년도 미국 메인주에서 자동차와 경트럭과 관련된 68,694명의 탑승자의 교통사고 자료이다. 이 표에서는 자료를 성별(G), 사고 장소(L), 안전벨트 착용 여부(S), 부상(I)에 따라 분류하였다. 이 표에서 부상당한 사람들의 표본비율도 보여주고 있다. 성별과 사고 장소의 GL의 각 조합에서 안전벨트를 착용한 탑승자의 부상 비율은 착용하지 않은 탑승자에 비해 50% 정도로 나타났다.

〈표 7.6〉은 이 자료에 대하여 적합된 여러 로그 선형모형들의 적합도 검정통계량 값을 보여 준다. 먼저 주효과항만 포함하는 모형을 적합하고, 모든 이차 교호작용항을 포함하는 모형과 모든 삼차 교호작용항을 포함하는 모형을 순서대로 살펴보았다. 네

▸표 7.5 성별(G), 사고 장소(L), 안전벨트 착용 여부(S)에 의한 부상(I)에 대한 로그 선형모형 (GLS, GI, LI, SI)의 적합

성별	사고 장소	안전 벨트	부상		(GLS, GI, LI, SI)		표본 비율
			아니오	예	아니오	예	
여성	도시	미착용	7,287	996	7,273.2	1,009.8	0.12
		착용	11,587	759	11,632.6	713.4	0.06
	농촌	미착용	3,246	973	3,254.7	964.3	0.23
		착용	6,134	757	6,093.5	797.5	0.11
남성	도시	미착용	10,381	812	10,358.9	834.1	0.07
		착용	10,969	380	10,959.2	389.8	0.03
	농촌	미착용	6,123	1,084	6,150.2	1,056.8	0.15
		착용	6,693	513	6,697.6	508.4	0.07

출처 : Dr. Cristanna Cook, Medical Care Development, Augusta, ME.

변수들의 상호독립성을 만족하는 (G, L, S, I) 모형은 잘 적합이 되지 않았다. 두 변수들 간의 이차 교호작용항을 포함하는 (GL, GS, LS, GI, LI, SI) 모형의 적합성은 훨씬 나아졌지만, 여전히 적합성이 결여되어 있다. 세 변수들 간의 삼차교호작용항을 포함하는 (GLS, GLI, GSI, LSI)의 모형은 잘 적합된 것으로 보인다($G^2 = 1.3$, $df = 1$). 따라서 이 결과로부터 모형 (GL, GS, LS, GI, LI, SI)보다는 복잡하지만, 모형 (GLS, GLI, GSI, LSI)보다 단순한 모형에 대해서 좀 더 자세하게 살펴볼 필요가 있다.

〈표 7.6〉에서 (GL, GS, LS, GI, LI, SI)에 하나의 삼차 교호작용항을 추가하는 네 가지의 가능한 모형들 중에서, (GLS, GI, LI, SI)가 가장 적합이 잘 되는 것을 볼 수 있다. AIC 기준에서 보더라도 모든 삼차 교호작용항을 포함하고 있는 모형과 비슷하며 이 모형의 적합 결과는 〈표 7.5〉에서 나타나 있다.

▸표 7.6 부상(I), 성별(G), 사고 장소(L)와 안전벨트 착용 여부(S)와 관련된 로그 선형모형의 적합도 검정 결과

모형	이탈도 통계량	df	P-값	AIC
(G, L, S, I)	2792.8	11	<0.0001	2956.2
(GL, GS, LS, GL, LI, SI)	23.4	5	<0.001	198.8
(GLS, GLI, GSI, LSI)	1.3	1	0.25	184.8
(GLI, GS, LS, SI)	18.6	4	0.001	196.0
(GSI, GL, LS, LI)	22.8	4	<0.001	200.3
(GLS, GI, LI, SI)	7.5	4	0.11	184.9
(LSI, GL, GS, GI)	20.6	4	<0.001	198.1

7.2.8 삼차 교호작용항 해석

모형 (GLS, GI, LI, SI)에서 각 쌍을 이루는 변수들 간에는 조건부연관성이 있으며 구체적으로 I의 각 수준에서 G와 L, G와 S, L과 S 간의 연관성이 나머지 변수의 수준마다 다르다는 것을 의미한다. 다음 R 출력 결과는 각 모수의 추정값들을 보여 준다.

```
--------------------------------------------------------------------------------
> Accidents <- read.table("http://www.stat.ufl.edu/~aa/cat/data/
+                         Accidents2.dat", header=TRUE)
> Accidents # 16 cell counts in the contingency table
    gender  location   seatbelt  injury  count
1   female     rural         no      no   3246
...
16    male     urban        yes     yes    380
> G <- Accidents$gender; L <- Accidents$location
> S <- Accidents$seatbelt; I <- Accidents$injury
> fit <- glm(count ~ G*L*S + G*I + L*I + S*I, family=poisson, data=Accidents)
> summary(fit) # e.g. G*I represents G + I + G:I
Coefficients: # not showing intercept and main effect estimates
                  Estimate  Std. Error   z value   Pr(>|z|)
Gmale:Lurban      -0.28274     0.02441   -11.584    < 2e-16
Gmale:Syes        -0.54186     0.02590   -20.925    < 2e-16
Lurban:Syes       -0.15752     0.02441    -6.453   1.09e-10
Gmale:Iyes        -0.54483     0.02727   -19.982    < 2e-16   # GI log odds ratio
Lurban:Iyes       -0.75806     0.02697   -28.105    < 2e-16   # LI log odds ratio
Syes:Iyes         -0.81710     0.02765   -29.551    < 2e-16   # SI log odds ratio
Gmale:Lurban:Syes  0.12858     0.03228     3.984   6.78e-05
---
Residual deviance:     7.4645   on   4   degrees of freedom
--------------------------------------------------------------------------------
```

〈표 7.7〉에는 모형으로부터 추정된 조건부 오즈비값이 정리되어 있으며 또한 비교를 위해, 동질연관성모형에서 추정된 조건부 오즈비값도 함께 정리되어 있다. 또한 로그 오즈비는 로그 선형모형의 모수추정값으로부터 직접 구할 수 있다. I는 이 모형의 삼차교호작용항에 포함되어 있지 않기 때문에, I와 각 변수들 간의 조건부 오즈비는 다른 두 변수의 모든 범주에서 동일하다. 이 출력 결과로부터 추정한 SI 조건부 오즈비는 $\exp(-0.8171)=0.44$이고, 95% 왈드 신뢰구간은 $\exp[-0.8171 \pm 1.96(0.02765)]$, 즉 $(0.42, 0.47)$이다. 이 모형은 각 성별-지역의 결합에 대하여 안전벨트를 착용한 승객이 부상당할 오즈가 안전벨트를 착용하지 않는 승객의 오즈의 50%에도 못 미친다는 결과를 시사하고 있다. 표본크기가 충분히 크기 때문에, 오즈비의 추정값은 매우 정확하다고 볼 수 있다. 〈표 7.7〉에서 추정된 LI와 GI의 오즈비값으로부터 알 수 있는 것은 다른 변수의 수준이 고정되었을 때, 농촌보다는 도시에서 일어난 사고에서 부상이 덜 발생하고, 여성보다는 남성에게 부상이 덜 발생할 가능성이 있다는 것이다.

이 모형에서 이차 교호작용항 GL, GS, LS만을 가지고 해석하는 것은 적절하지 않

표 7.7 두 로그 선형모형에서 추정된 조건부 오즈비

	로그 선형모형	
오즈비	(GL, GS, LS, GI, LI, SI)	(GLS, GI, LI, SI)
GI	0.58	0.58
LI	0.47	0.47
SI	0.44	0.44
$GL(S=$아니오$)$	0.81	0.75
$GL(S=$예$)$	0.81	0.86
$GS(L=$도시$)$	0.63	0.66
$GS(L=$농촌$)$	0.63	0.58
$LS(G=$여자$)$	0.92	0.85
$LS(G=$남자$)$	0.92	0.97

은데, GLS 삼차 교호작용항이 존재하므로 GS의 오즈비가 L의 범주에 따라 변하기 때문이다. 삼차 교호작용항이 있는 모형에서 두 변수들 간의 이차 교호작용에 대하여 살펴보려면, 두 변수들 간의 오즈비값을 나머지 세 번째 변수의 각 수준에서 각각 구해야 한다. 또한 교호작용항에 포함되지 않는 다른 변수들의 수준에서도 이 오즈비값을 구해 볼 수 있다. 〈표 7.7〉의 아래 부분은 모형 (GLS, GI, IL, IS)에 대한 오즈비 추정값을 보여주는데, 예를 들어 $GS(L=$도시$)$이 오즈비값 0.66은 도시에서 발생한 자료 중 네 개의 칸에 해당되는 부상이 없는 사건($I=$아니오)과 네 칸에 해당하는 부상이 있는 사건($I=$예)의 자료로부터 구한 오즈비의 적합값이다. 이 결과는 $\exp(-0.542+0.129)$와 같이 모수추정값으로부터 직접 구할 수도 있으며 $GS(L=$농촌$)$의 오즈비값은 $\exp(-0.542)=0.58$이다. 같은 방법으로, $GL(S=$아니오$)$의 오즈비값은 $\exp(-0.283)=0.75$이고, $GL(S=$예$)$의 오즈비값은 $\exp(-0.283+0.129)=0.86$이다.

7.2.9 통계적 유의성과 실제적 유의성: 비유사성지수

표본의 크기는 추론과정의 결과에 강하게 영향을 끼칠 수 있다. 예를 들어, 표본의 크기 n이 커질수록 실제 효과에 대한 검정력이 커지게 된다. 그러나 이 현상을 좀 더 주의 깊게 살펴볼 필요가 있다. 표본이 작은 경우에는 적합성검정에서 적합하다고 결정된 단순한 모형보다 실제 모형은 훨씬 더 복잡할 수 있다. 반면에, 표본이 큰 경우에는 통계적으로는 유의하다고 나온 효과가 실제로는 아주 약하거나 크게 중요하지 않을 수도 있다.

〈표 7.6〉에서 모형 (GLS, GI, LI, SI)는 모형 (GL, GS, LS, GI, LI, SI)보다 훨씬 더 잘 적합된 것으로 나타났다. 왜냐하면 이 두 모형 간의 이탈도 통계량의 차이는 $23.4-7.5=15.9$이고 자유도가 $5-4=1$ $(P=0.0001)$이며 AIC값도 더 작다. 그러나 〈표 7.7〉의 오즈비의 적합값을 보면 삼차 교호작용의 효과가 미미함을 알 수 있

다. G, L, S 중에서 두 변수들 간의 오즈비 적합값이 나머지 세 번째 변수의 두 수준에서 모두 유사한 값을 갖는다. 따라서 모형 (GLS, GI, LI, SI)의 적합성이 통계적으로 유의하게 나온 결과는 표본크기에 기인한 것으로 유추된다. 즉, 삼차 교호작용은 실제로 미미하지만 표본이 충분히 커서 표준오차가 작아짐에 따라 이 효과가 통계적으로 유의한 것으로 나타났다. 위의 두 모형의 오즈비 적합값을 비교해 보면 단순한 모형 (GL, GS, LS, GI, LI, SI)이 실제적으로 더 적절한 것으로 보인다. 표본크기가 매우 클 때는 적합도 검정과 AIC 기준이 n의 영향을 많이 받기 때문에 최종적인 모형을 선택할 때에 이 기준만 사용하는 것은 바람직하지 않다.

표본이 클 때는 표본자료와 모형의 적합값의 유사성을 비교하는 것이 도움이 되는데 이 방법은 검정통계량과 달리 표본의 크기에 별로 영향을 받지 않는다. 예를 들어, 임의의 차원 분할표에서 칸도수 $\{n_i = np_i\}$와 적합값 $\{\hat{\mu}_i = n\hat{\pi}_i\}$에 대해서 다음과 같이 **비유사성 지수**(dissimilarity index)를 정의할 수 있는데 이는 전체 자료에서 관측도수와 모형적합값 간의 차이 총합의 비율을 나타낸다.

$$D = \sum |n_i - \hat{\mu}_i|/2n = \sum |p_i - \hat{\pi}_i|/2$$

이 값은 완전한 적합 결과를 얻기 위하여 다른 칸으로 이동해야 하는 표본 수의 비율을 나타낸다고 할 수 있으며, 0과 1 사이의 값을 취하고 작은 값일수록 모형이 잘 적합되었음을 의미한다. 비유사성지수는 모형의 적합결여가 실제적으로 유의성이 있는지 여부를 판단해 준다. 따라서 D값이 매우 작은 경우에는 비록 모형이 완전하지 않더라도 표본자료가 모형의 형태에 매우 근접하게 적합하다는 것을 나타낸다.

〈표 7.5〉에서 (GL, GS, LS, GI, LI, SI) 모형은 $D = 0.0082$이고 (GLS, GI, LI, SI) 모형은 $D = 0.0025$이다. 각 모형에서 1% 미만의 자료만 이동하면 완전한 적합 결과를 얻을 수 있다는 의미이다. 모형 $(GL, GSLS, GI, LI, SI)$에서 상대적으로 큰 이탈도 통계량을 가져서 이 모형이 통계적으로 유의하지 않다고 결론지었지만, 그럼에도 불구하고 이 모형에 대한 D값이 작으므로 이 모형에 실제적인 유의성을 부여할 수 있고 모형도 잘 적합된 것으로 볼 수 있다. 다음의 R 출력 결과는 D를 계산한 결과를 보여 준다.

```
> fit <- glm(count ~ G*L*S + G*I + L*I + S*I, family=poisson, data=Accidents)
> sum(abs(Accidents$count - fitted(fit)))/(2*sum(Accidents$count))
[1] 0.00251 # dissimilarity index for loglinear model (GLS, GI, LI, SI)

> fit2 <- glm(count ~ G*L+G*S+L*S+G*I+L*I+S*I,family=poisson, data=Accidents)
> sum(abs(Accidents$count - fitted(fit2)))/(2*sum(Accidents$count))
[1] 0.00822 # dissimilarity index for model (GL, GS, LS, GI, LI, SI)
```

7.3 로그 선형모형과 로지스틱 모형과의 관련성

분할표에 대한 로그 선형모형들은 반응변수와 설명변수를 구별하지 않고 범주형 변수들 간의 연관성에 대하여 다룬다. 반면에, 로지스틱 회귀모형은 하나의 범주형 반응변수가 여러 설명변수들로부터 어떻게 영향을 받는지를 설명한다. 두 모형들의 유형이 달라 보이지만 서로 간에는 관련성이 있다. 로그 선형모형에서 한 반응변수에 대하여 로짓을 정의하면 모형 해석에 도움이 될 수 있다. 한편 모든 설명변수들이 범주형인 로지스틱 모형은 동치관계를 갖는 로그 선형모형이 존재한다.

7.3.1 로그 선형모형의 해석을 위한 로지스틱 모형의 사용

로그 선형모형이 내포하고 있는 의미를 이해하기 위해서 여러 반응변수들 중 하나의 변수에 대한 로짓을 정의해 보자. 예를 들어, 삼차원 분할표에서 동질연관성을 갖는 로그 선형모형을 고려해 보자.

$$\log \mu_{ijk} = \lambda + \lambda_i^X + \lambda_j^Y + \lambda_k^Z + \lambda_{ij}^{XY} + \lambda_{ik}^{XZ} + \lambda_{jk}^{YZ}$$

여기서, Y를 이항반응변수라 가정하고 X와 Z를 설명변수로 간주하면. 7.1.4절에서 소개한 다음과 같은 모형으로 표현할 수 있다.

$$\log it[P(Y=1)] = \alpha + \beta_i^X + \beta_k^Z$$

여기에서 $\alpha = (\lambda_1^Y - \lambda_2^Y)$, $\beta_i^X = (\lambda_{i1}^{XY} - \lambda_{i2}^{XY})$, $\beta_k^Z = (\lambda_{1k}^{YZ} - \lambda_{2k}^{YZ})$이다.

4.3.3절에서 이미X와 Z의 수준 효과가 가법적으로 표현되는 이 로짓 모형을 소개하였다. Y가 이항변수일 때, 동질연관성의 로그 선형모형(삼차 교호작용이 없는 모형)은 변수들 간의 교호작용항 없이 주효과항만을 가진 로지스틱 회귀모형과 동일하다.

7.3.2 예제: 자동차 사고자료

〈표 7.5〉의 메인주 자동차 사고자료에 대하여, 잘 적합된 로그 선형모형 (GLS, GI, LI, SI)은 다음과 같이 나타낼 수 있다.

$$\log \mu_{gils} = \lambda + \lambda_g^G + \lambda_l^L + \lambda_s^S + \lambda_i^I + \lambda_{gl}^{GL} + \lambda_{gs}^{GS} + \lambda_{ls}^{LS} + \lambda_{gi}^{GI} + \lambda_{li}^{LI} + \lambda_{si}^{SI} + \lambda_{gls}^{GLS}$$

위 모형에서 부상 여부(I)를 반응변수로, 성별(G), 사고 장소(L), 안전벨트 착용 여부(S)를 설명변수로 간주하면 이 로그 선형모형은 다음과 같은 로지스틱 모형으로 표현할 수 있다.

$$\text{logit}[P(I=1)] = \alpha + \beta_g^G + \beta_l^L + \beta_s^S \tag{7.2}$$

여기서 G, L, S는 서로 간의 교호작용 없이 I와 연관성이 있다.

오즈비는 로그 선형모형에서는 이차 교호작용항 모수와 관련이 있는 반면에 로지스틱 모형에서는 주효과 모수와 관련이 있다. 예를 들어, 모형 (7.2)에서 I에 대한 S 효과의 로그 오즈비는 $\beta_1^S - \beta_2^S$이고, 로그 선형모형에서는 $\lambda_{11}^{SI} + \lambda_{22}^{SI} - \lambda_{12}^{SI} - \lambda_{21}^{SI}$와 같다. 이 값들은 소프트웨어가 어떤 모수 제약조건을 사용하던지 항상 동일한 값을 갖는다. 예를 들어, 모형 (7.2)에 대하여 $\hat{\beta}_1^S - \hat{\beta}_2^S = -0.817$이고, 로그 선형모형 ($GLS, GI, LI, SI$)에 대해서도 역시 $\hat{\lambda}_{11}^{SI} + \hat{\lambda}_{22}^{SI} - \hat{\lambda}_{12}^{SI} - \hat{\lambda}_{21}^{SI} = -0.817$이다.

로그 선형모형들은 〈표 7.5〉의 16개의 칸도수들을 16개의 독립인 포아송 변수들로 간주하는 GLM이다. 반면에 로지스틱 모형은 G, L, S에 의해 만들어지는 8개의 칸에서 랜덤하게 관측되는 부상여부를 8개의 독립된 이항변수들로 간주하는 GLM이다. 비록 표본추출 모형은 다르지만 이 모형들의 적합 결과는 동일하다. 로지스틱 모형 (7.2)의 적합값, 이탈도 통계량, 자유도, 표준화잔차는 로그 선형모형 (GLS, GI, LI, SI)에 대해 〈표 7.5〉에서 〈표 7.7〉까지 나와 있는 값들과 동일하다.

7.2.8절에서 소개한 R 프로그램은 16개의 칸도수들을 포아송 변수들로 간주하여 이 자료 파일에 로그 선형모형을 적합한 것이었다. 아래의 결과는 부상당한 사람 수에 대해서 8개의 관측값들을 이항변수들로 처리한 자료에 로지스틱 모형을 적합한 결과이다.

```
--------------------------------------------------------------------------
> Injury <- read.table("http://www.stat.ufl.edu/~aa/cat/data/Injury_binom.dat",
+                      header=TRUE) # Injury_binom data file at text website
> Injury
  gender   location   seatbelt     no     yes
1 female   urban no       7287     996
2 female  urban yes      11587     759
... # 8 lines in data file, one for each binomial on injury, given (G, L, S)
8   male      rural        yes     6693     513
> G <- Injury$gender; L <- Injury$location; S <- Injury$seatbelt
> fit2 <- glm(yes/(no+yes) ~ G + L + S, family=binomial, weights=no+yes,
+ data=Injury)
> summary(fit2)
              Estimate   Std. Error   z value   Pr(>|z|)
(Intercept)   -1.21640      0.02649    -45.92    <2e-16
Gmale         -0.54483      0.02727    -19.98    <2e-16
Lurban        -0.75806      0.02697    -28.11    <2e-16
Syes          -0.81710      0.02765    -29.55    <2e-16
---
```

```
Residual deviance: 7.4645 on 4 degrees of freedom
-----------------------------------------------------------------------
```

로그 선형모형 결과에서 I와 교호작용을 갖는 로그 오즈비들은 로지스틱 모형 결과에서 I를 반응변수로 적합하였을 때의 로그 오즈비와 동일하다. 이탈도 통계량 역시 로그 선형모형과 로지스틱 모형에 대해 모두 $7.46\,(df=4)$으로 동일하다.

7.3.3 로그 선형모형과 로지스틱 모형의 동치 조건

범주형 변수만을 설명변수로 갖는 특정한 로지스틱 모형과 로그 선형모형의 적합 결과가 같은 경우는, 설명변수와 반응변수 Y 간의 연관성 구조가 같고 설명변수들 간의 관계를 설명하는 일반적인 교호작용항을 포함하는 경우이다. 로지스틱 모형은 설명변수들 간의 연관성을 설명하지 않기 때문에 이들 간의 연관성 구조에 관해 어떠한 가정도 하지 않는다.

사차원 분할표에 대한 로지스틱 모형 $\text{logit}[P(I=1)]=\alpha+\beta_g^G+\beta_l^L+\beta_s^S$은 설명변수들에 대한 주효과항만 있고 교호작용항은 없다. 이 모형은 설명변수들 간의 모든 교호작용항과 설명변수와 반응변수들 간의 연관성항을 포함하고 있는 로그 선형모형 (GLS, GI, LI, SI)와 동치이다. 만약, 반응변수가 두 개 이상의 범주를 가지고 있는 경우에 대응되는 로그 선형모형은 기준범주 로짓 모형이 된다(6.1절)

7.3.4 로그 선형모형/로지스틱 모형 선택이슈

하나의 반응변수를 다룰 때는 로그 선형모형보다는 로지스틱 모형을 직접 적합하는 것이 훨씬 더 바람직하다. 실제로, 식 (7.2)는 로지스틱 모형이 얼마나 더 단순한지 보여 주고 있다. 그러나 7.1.7절의 음주, 흡연, 마리화나 사용 예제에서 세 변수들 간의 연관성 구조를 연구할 경우와 같이 다수의 반응변수들 간의 연관성을 다룰 때는 로그선형모형이 훨씬 더 적절하다.

어떤 주변합들이 표본추출 방법이나 반응-설명변수의 구분으로 인해 고정될 때에는 이들 관측주변합이 적합주변합과 동일한 값을 갖도록 하기 위해 특정한 항들을 모형에 포함시켜야만 한다. 이를 설명하기 위해서 〈표 7.5〉의 관측도수 $\{n_{gl+}\}$가 $G(=$성별)와 $L(=$지역)의 각 결합수준에서 고정된 것으로 가정하자. 이 조건으로부터 로그 선형모형이 GL의 이차 교호작용항을 포함해야 하는데 그 결과 다음 $\{\hat{\mu}_{gl+}=n_{gl+}\}$ 식이 만족된다. 다시 말하면, 모형은 최소한 (GL, S, I) 모형만큼 복잡해야 한다. 만약 $20{,}629$명의 여성이 도시에서 사고를 당했다면 역시 적합 결과에서도

20,629명의 여성이 도시에서 사고를 당한 것으로 나와야 한다. 이와 관련하여 모형을 구축할 때 반응변수들을 연결하는 항들과 설명변수와 반응변수를 연결하는 항들에 초점을 맞추어야 한다. 설명변수들 간의 교호작용항을 모형에 포함하게 되면 그들 수준의 각 결합에서 주변합이 고정되도록 하는 효과를 갖는다. 만일 G와 L이 모두 설명변수일 경우에는 G와 L의 조건부독립성을 가정하는 모형에는 별로 흥미가 없다.

〈표 7.5〉에서 I는 반응변수이며, S는 반응변수 또는 설명변수로 간주될 수 있다. 만약 S가 설명변수라면 $\{n_{g+ls}\}$합이 고정된 것처럼 취급하여 I의 반응에 대한 로지스틱 모형을 생각해 볼 수 있다. 만약 S가 반응변수라면 $\{n_{g+l+}\}$합이 고정된 것처럼 취급하여 최소한 (GL, S, I)보다 더 복잡한 로그 선형모형을 생각해 볼 수 있다. 이러한 모형들은 S와 I 간의 연관성뿐만 아니라 S와 I의 각각에 대하여 G와 L이 미치는 효과에 초점을 맞춘다.

7.4 독립성 그래프와 붕괴가능성

이제 그래프를 이용하여 로그 선형모형에서의 조건부독립성을 표현하는 방법을 살펴보자. 그래프를 이용하면 조건부독립성이 성립하기 위해 어떤 변수들이 통제되어야 하는지를 쉽게 볼 수 있다. 이러한 표현 방법은 주변 오즈비와 조건부 오즈비가 동일하게 되는 경우를 결정하는 것과 같이 모형에 내재되어 있는 관계를 밝혀내는 데 도움이 된다.

7.4.1 독립성 그래프

로그 선형모형의 **독립성 그래프**(independence graph)는 꼭지점의 집합으로 이루어져 있는데 각 꼭지점들은 변수를 나타낸다. 분할표의 차원수만큼 꼭지점들이 있고, 두 꼭지점은 하나의 선분으로 연결되어 있다. 만약 두 꼭지점 사이에 선분으로 연결되지 않는 경우는 이 꼭지점에 대응되는 두 변수들 간에 조건부독립성을 나타낸다. 독립성 그래프는 방향성이 없는데 이는 한 변수에서 다른 변수로 가리키는 관계가 없다는 것이다.

예로서, W, X, Y, Z 변수로 이루어진 사차원 분할표를 고려해 보자. 로그 선형모형 (WX, WY, WZ, YZ)에서는 XY와 XZ의 연관성이 빠져 있다. 즉, X와 Y, X와 Z는 각각 나머지 두 변수가 주어졌을 때, 조건부독립임을 의미한다. 이에 대한 독립성 그래프는 다음과 같다.

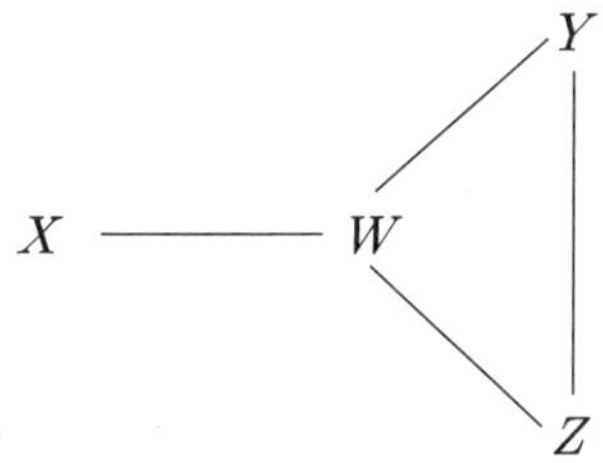

이 그래프에서 X와 Y, 또는 X와 Z의 꼭지점들은 서로 연결되어 있지 않은데, 이 쌍들은 나머지 변수가 주어졌을 때 조건부독립이기 때문이다.

독립성 그래프에서 **경로**(path)는 한 변수와 다른 변수를 연결시키는 선분들로 구성된 것이다. 만약, X와 Y를 연결하는 모든 경로들이 변수들의 어떤 부분집합과 교집합이 되면, 두 변수 X와 Y는 이 부분집합에 의해 **분리**(separated)된다고 한다. 예를 들어, 위의 그래프에서 W는 X와 Y를 분리시킨다. 왜냐하면 X와 Y를 연결하는 모든 경로가 W를 통하기 때문이다. 부분집합 $\{W, Z\}$도 X와 Y를 분리시킨다. 방향성이 없는 그래프에서 조건부독립은 다음과 같이 정의한다.

- 조건부독립성과 분리: 두 변수를 분리시키는 어떤 부분집합이 주어졌을 때, 두 변수들은 조건부독립이다.

따라서 X와 Y는 W와 Z이 주어졌을 때뿐만 아니라 W만 주어졌을 때도 조건부독립이다. 마찬가지로 X와 Z도 W만 주어졌을 때 조건부독립이 된다.

또 다른 예제로서, 로그 선형모형 (WX, XY, YZ)를 고려해 보자. 이 모형의 독립성 그래프는 다음과 같다.

$$W \text{———} X \text{———} Y \text{———} Z$$

W와 Z는 X 또는 Y만 주어져 있거나 X와 Y 모두 주어진 경우에 조건부독립이다. W와 Y 또한 X만 주어져 있거나, X와 Z가 주어졌을 때 조건부독립이고, X와 Z도 Y만 주어져 있거나, Y와 W가 주어졌을 때 조건부독립이다.

7.4.2 분할표에서의 붕괴가능성조건

때때로 다차원 분할표를 붕괴시켜 변수들 간의 연관성을 보다 단순하게 설명하거나 분석하고자 한다. 그러나 붕괴된 표에서 조건부연관성은 주변연관성과 다를 수 있다는 것을 설명하였다. 예를 들어, 만약 Z가 주어질 때 X와 Y가 조건부독립일 때 X와 Y가 반드시 주변적으로 독립인 것은 아니다. 다음과 같은 **붕괴가능성조건** (collapsibility condition)이 만족되면 모형의 오즈비들은 주변분할표에서와 같이 부분분할표에서도 동일한 값을 갖는다.

- 삼차원 분할표의 붕괴가능성: Z와 X가 조건부독립이거나 Z와 Y가 조건부독립이면 XY의 주변 오즈비와 조건부 오즈비는 서로 동일하다.

이 조건들은 통제변수로 처리된 변수 Z가 X나 Y, 또는 두 변수와 조건부독립이라는 것을 의미하며 이 조건들은 로그 선형모형 (XY, YZ)와 (XY, XZ)에 해당한다. 〈표 7.1〉의 자료를 이용하여 이 개념을 설명해 보자. 여기서 A는 음주, C는 흡연, M은 마리화나 사용 여부를 나타내는 변수이다. M이 주어졌을 때, A와 C가 조건부독립인 (AM, CM) 모형은 다음과 같은 연관성 그래프를 갖는다.

$$A \text{ ——— } M \text{ ——— } C$$

이 모형에서 AM의 조건부 오즈비는 C를 붕괴시킨 후에 구한 AM의 주변 오즈비와 같게 된다. 실제로, 〈표 7.3〉에서는 AM의 주변 오즈비와 조건부 오즈비의 적합값은 둘 다 61.9로 같다. 마찬가지로, CM의 연관성도 붕괴될 수 있다. 그러나 AC의 연관성은 붕괴될 수 없다. 따라서 A와 C가 이 모형에서 조건부독립이지만, 주변적으로는 종속적이다. 실제적으로 〈표 7.3〉에서 AC의 주변 오즈비의 적합값은 1.0이 아니라 2.7임을 알 수 있다. 동질연관성모형 (AC, AM, CM)은 모든 변수들의 쌍에 대해 연관성항을 가지고 있으므로, 어떤 쌍에 대해서도 조건부독립성이 성립하지 않는다. 즉, 어떠한 붕괴가능성조건도 만족되지 않는다. 각 변수들의 쌍에 대하여 이 모형은 서로 다른 주변 오즈비와 조건부 오즈비 추정값을 갖는다.

다음은 다차원 분할표 모형에 대한 붕괴가능성조건을 서술한 내용이다.

- 다차원 분할표의 붕괴가능성: 어떤 모형이 변수들을 세 개의 서로 배반인(exclusive) 집합 A, B, C로 분할하고, 집합 B가 집합 A와 C를 서로 분리시킨다고 하자.

$$A \text{ ——— } B \text{ ——— } C$$

- 집합 C에 속한 변수들에 대하여 분할표를 붕괴시켰을 때, 집합 A에 속한 변수들과 관련된 모수들과 집합 A와 집합 B의 변수들과 관련된 모수들은 변하지 않는다.

이러한 조건 하에서 모수들에 근거하여 얻은 오즈비를 통해 알 수 있듯이 대응되는 연관성은 변하지 않는다.

7.4.3 예제: 학생들의 음주, 흡연, 마리화나 사용 자료에 대한 로그 선형모형 설정

〈표 7.1〉에서 고등학교 학생들을 대상으로 음주(A), 흡연(C), 마리화나(M) 사용 여부에 관한 자료를 소개했다. 이 자료에 학생들의 성별(G)과 인종(R)에 관한 자료를 추가하여 5차원 분할표를 〈표 7.8〉과 같이 구하였다. 모형선택 과정에서, A, C, M은 반응변수로 간주하고, G, R은 설명변수로 간주한다. G와 R은 설명변수이므로, 이 두 변수 간의 연관성을 추정하거나 조건부독립성을 가정하는 것은 별다른 의미가 없다. 그러나 7.3.4절에서 언급된 바와 같이, 이 모형에 GR 항을 포함시켜야 하는데, GR 항의 적합된 주변합이 이에 대응하는 표본주변합과 일치할 수 있도록 하기 위함이다.

〈표 7.9〉는 여러 로그 선형모형들에 대한 이탈도 통계량을 나타낸다. 이 자료는 칸 도수가 작은 칸들이 많기 때문에, 이탈도 통계량에 대한 카이제곱근사가 정확하지 않을 수는 있으나, 여러 모형들을 비교하는 데 있어서는 매우 유용한 지표가 된다.

〈표 7.9〉에서 첫 번째 모형은 단순히 GR 연관성항만 포함하고 있으며, 다른 9쌍의 연관성에 대해서 조건부독립성을 가정하고 있으니, 이 모형의 적합도는 매우 좋지 않다. 한편, 동질연관성모형은 적합도가 매우 좋다. 모든 삼차 교호작용항들을 포함하는 모형도 자료를 잘 적합하고 있으나, 동질연관성모형의 적합도와 비교할 때 향상되는 정도가 그리 크지 않다(왜냐하면, 두 모형 간의 이탈도 통계량의 차이는 10.07이고, 자유도는 10이기 때문이다). 따라서 삼차 교호작용항들을 포함하지 않는 모형을 고려하도록 하자. 가장 기본적인 동질연관성모형에서부터 시작하여, 통계적으로 유의하지 않은 이차 교호작용항들을 제거해 나가도록 하자. 후진제거법을 사용하여 모형

▸ 표 7.8 고등학교 3학년의 음주(A), 흡연(C), 마리화나(M) 경험 유무를 성별과 인종에 따라 분류한 자료

		마리화나							
인종		백인				기타			
성별		여성		남성		여성		남성	
음주	흡연	예	아니오	예	아니오	예	아니오	예	아니오
예	예	405	268	453	228	23	23	30	19
	아니오	13	218	28	201	2	19	1	18
아니오	예	1	17	1	17	0	1	1	8
	아니오	1	117	1	133	0	12	0	17

출처: Professor Harry Khamis, Wrigt State University.

▶ 표 7.9 음주, 흡연, 마리화나와 성별 및 인종 간의 연관성을 나타내는 로그 선형모형의 적합 결과

모형	편차	df
1. 상호 독립성+GR	1325.14	25
2. 동질연관성	15.34	16
3. 모든 삼차 교호작용항	5.27	6
4. $(AC, AM, CG, CM, AG, AR, GM, GR, MR)$	15.78	17
5. $(AC, AM, CM, AG, AR, GM, GR, MR)$	16.73	18
6. $(AC, AM, CM, AG, AR, GM, GR)$	19.91	19

에서 제거했을 때 이탈도 통계량을 가장 작게 증가시키는 항들을 찾아서 순차적으로 제거해 나가면 된다. 그러나 설명변수들 간의 연관성을 나타내는 GR항은 제거하지 않는다. 9쌍의 연관성항들이 기본 모형 (2)에서 제거할 수 있는 후보들이며, 이 중 이탈도 통계량의 값을 가장 작게 증가시키는 CR항을 제거한다. CR항을 제거한 모형 (4)에서는 이탈도 통계량을 가장 작게 증가시키는 CG항을 제거한다(모형 (5)). 다음에는 MR항을 제거한 모형 (6)이며 이 모형에서 추가적으로 또 다른 항을 제거하면 심각하게 적합도가 떨어지므로 더 이상 추가적으로 다른 항을 제거하지 않는 것이 안전하다. 모형 (6)에 대한 독립성 그래프는 다음과 같다.

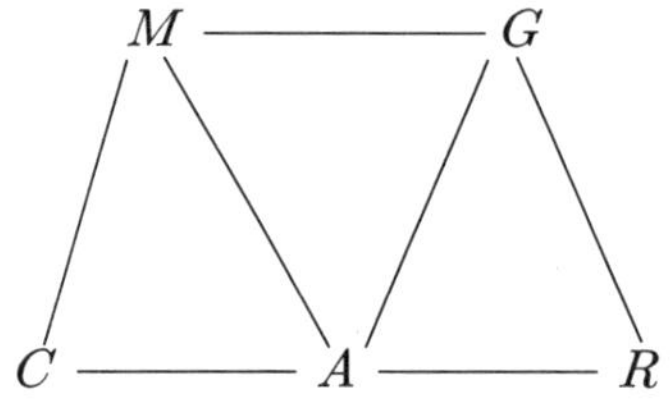

집합 $\{C\}, \{A, M\}, \{G, R\}$을 고려해 보자. 이 모형에서, C와 $\{G, R\}$ 사이의 모든 경로는 $\{A, M\}$에 있는 변수들을 포함하고 있다. 음주와 마리화나 사용 여부가 주어졌을 때, 흡연은 성별과 인종에 대해 모두 독립임을 말해 준다. 설명변수인 인종과 성별을 붕괴시키면 CA와 CM의 조건부연관성은 7.1.7절에서 적합한 모형 (AC, AM, CM)에서 나타난 조건부연관성과 동일하게 된다.

7.4.4 붕괴가능성과 로지스틱 모형

붕괴가능성의 조건을 로그 선형모형과 동치인 로지스틱 모형에 대하여도 적용할 수

있다. 예를 들어, 여러 병원에서 수집한 자료를 이용하여 처리변수 X와 이항반응변수 Y 간의 연관성에 대하여 알아보기 위한 임상시험을 고려해 보자. 다음의 로지스틱 모형은 처리변수 X와 k번째 병원의 효과 β_k를 가지며, 처리 효과들을 나타내는 β는 각 병원에 대하여 동일하다고 가정하고 있다.

$$\text{logit}[(P(Y=1)] = \alpha + \beta x + \beta_k$$

이 모형은 로그 선형모형(XY, XZ, YZ)과 일치하므로, 만약 모든 병원에 대하여 분할표를 결합하면 추정된 처리효과가 달라질 수 있다. 즉, 이 모형으로부터 구한 XY 오즈비의 추정값인 $\exp(\hat{\beta})$는 XY의 2×2 주변분할표에서 구한 표본 오즈비와 다르다.

붕괴가능성 조건들은 로지스틱 회귀모형에 포함된 양적 설명변수에도 해당된다. 여러 실험계획법에서 두 변수 x_1과 x_2 간의 상관성이 없다고 가정하자. 4.4.5절에서 언급했듯이, 일반적인 선형모형에서와 달리 x_1을 포함하고 있는 모형에 x_2를 추가하면 일반적으로 x_1의 효과에 변화가 있다. 그러나 단순히 x_2가 x_1과 상관성이 없는 것보다 조건부독립성이 만족되면 x_1의 효과는 변하지 않을 것이다.

독립성 그래프와 관련된 로그 선형모형에 관해서 더 자세한 내용은, Whittaker (1990)을 참조하기 바란다.[2] 방향성을 가진 그래프와 관련된 인과관계의 도표는 이 책의 범위를 벗어나므로 여기에서 논하지 않겠다.

7.5 분할표에서 순서연관성의 모형화

지금까지 제시된 로그 선형모형들은 모든 변수들을 명목형 변수로 간주하는 제한성을 갖고 있다. 이 경우, 변수의 범주들의 순서를 바꾸더라도 같은 적합 결과를 얻는다. 그러나 이러한 모형들을 순서형 변수에 그대로 적용하게 되면 순서에 대한 정보를 간과하게 된다.

〈표 7.10〉은 1991년도 일반사회조사에서 얻은 자료로 순서형 변수를 분석하는 데 있어서 보통의 로그 선형모형이 부적절하다는 것을 보여 주는 예제이다. 각 조사 대상자들에게 혼전 성관계에 대한 의견을 물어본 후에 "항상 잘못임", "거의 항상 잘못임", "가끔 잘못임", "전혀 잘못이 아님"의 네 가지 응답 중에서 선택하게 하였고, 또한 십대들에게 모든 피임 방법들을 허용해야 하는지를 물어본 후에, "강한 반대", "반

[2] 소개서로서는 웹사이트 www.ncbi.nlm.nih.gov/pubmed/9888278.에서 S. Greenland, J. Pearl,와 J. Robins의 논문 *Epidemiology* **10**: 37-48 (1999)를 참조하라.

▸표 7.10 혼전 성관계와 십대들의 피임법 통제에 대한 의견 자료에서 독립모형적합과 선형-대-선형 연관성모형적합

혼전 성관계	십대 피임법 통제			
	강하게 반대함	반대함	찬성함	강하게 찬성함
항상 잘못임	81	68	60	38
	(42.4)	(51.2)	(86.4)	(67.0)
	(80.9)	(67.6)	(69.4)	(29.1)
거의 항상 잘못임	24	26	29	14
	(16.0)	(19.3)	(32.5)	(25.2)
	(20.8)	(23.1)	(31.5)	(17.6)
가끔 잘못임	18	41	74	42
	(30.1)	(36.3)	(61.2)	(47.4)
	(24.4)	(36.1)	(65.7)	(48.8)
전혀 잘못이 아님	36	57	161	157
	(70.6)	(85.2)	(143.8)	(111.4)
	(33.0)	(65.1)	(157.4)	(155.5)

출처 : 일반사회조사, 1991.

대", "찬성", "강한 찬성" 중에서 응답하도록 하였다. 여기서 두 범주형 변수는 모두 순서형이다. 이 자료에 대하여, 독립성 로그 선형모형을 적합하면 $df = 9$인 이탈도 통계량 127.65를 얻는다. 따라서 독립모형은 이 자료에 적합하지 않다. 그러나 이 모형에 두 변수의 연관성항을 추가하면 포화모형이 되어 적합값이 관측값과 동일해진다.

〈표 7.10〉는 독립모형의 적합값을 첫 번째 괄호 안에 나타냈다. 양쪽의 극단적인 반응, 즉, 가장 부정적인 경우("강한 반대"와 "항상 잘못") 또는 가장 긍정적인 경우("강한 찬성"과 "전혀 잘못 아님")에 관측된 칸도수값들이 독립모형에서 예측한 값들보다 훨씬 크다. 이와 대조적으로, 다른 두 구석 칸에 있는 경우, 즉 한 변수는 매우 긍정적이고 다른 변수는 매우 부정적인 경우에는 관측된 칸도수값들이 독립모형에서 적합된 값보다 훨씬 작다. 순서형 변수를 교차 분류할 때 종종 구석 칸들에서 독립성으로부터 벗어나는 큰 편차값들이 나타난다. 이러한 경향은 긍정적인 추세에 대하여 적합결여가 있다는 것을 의미한다. 십대들의 피임허용에 찬성하는 사람들은 대체로 혼전 성관계에 대해서도 보다 관대하게 느끼는 경향이 있음이 나타난다.

순서형 변수에 대한 모형에서는 부정적 또는 긍정적인 연관성의 추세를 나타내는 연관성항을 이용하는데, 이 모형은 독립모형보다는 복잡하지만, 포화모형보다는 훨씬 단순하다.

7.5.1 선형-대-선형 연관성

범주 간의 순서를 반영하기 위해서, 순서형 로그 선형모형에서는 먼저 r행과 c열에 각각 점수 $\{u_i\}$와 $\{v_j\}$를 할당해야 한다. 즉, $u_1 \le u_2 \le \cdots \le u_r$와 $v_1 \le v_2 \le \cdots \le v_c$라고 설정하자. 실제로 각 열과 행에 가장 많이 사용하는 점수는 $\{u_i = i\}$이고 $\{v_j = j\}$이다. 그러면, 모형은 다음과 같이 쓸 수 있다.

$$\log \mu_{ij} = \lambda + \lambda_i^X + \lambda_j^Y + \beta u_i v_j \tag{7.3}$$

$\beta u_i v_j$ 항은 $\log \mu_{ij}$의 독립성으로부터의 편차를 나타낸다. 이 편차는 X의 고정된 수준에서는 Y점수에 대하여 선형관계이고, 역으로 Y의 고정된 수준에서는 X점수에 대하여 선형이다. 예를 들어, j열에서 이 편차는 (기울기)×(X의 점수)와 같은 형태를 갖는 X의 선형함수로 βu_i로 표현된다. 이러한 성질 때문에, 이 모형을 **선형-대-선형 연관성모형**(linear-by-linear association model, $L \times L$)이라고 한다. 이 선형-대-선형 편차는 모형이 분할표의 구석 칸들에서 독립모형과 가장 큰 차이를 갖게 됨을 의미한다. 모수 β는 연관성의 방향과 강도를 나타낸다. $\beta > 0$이면, X가 증가할수록 Y도 증가하는 경향이 있다. 여기서 독립모형은 $\beta = 0$이 되는 특별한 경우이다. 반대로 $\beta < 0$이면, X가 증가할수록 Y가 감소하는 경향이 있다.

행 a, c 와 열 b, d 가 교차하는 2×2 분할표에서, 이 모형의 오즈비는 다음과 같다.

$$\frac{\mu_{ab}\mu_{cd}}{\mu_{ad}\mu_{cb}} = \exp[\beta(u_c - u_a)(v_d - v_b)]$$

이 연관성은 $|\beta|$가 증가함에 따라, 두 범주들이 서로 멀리 떨어져 있을수록 더 강해

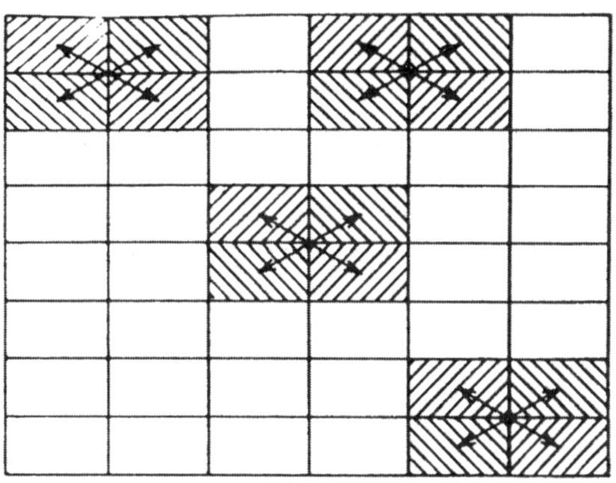

그림 7.1 균일 연관성모형에 의한 동일한 국소 오즈비

진다. 인접한 행들과 열들로부터 정의한 오즈비를 **국소 오즈비**(local odds ratio)라고 부른다. 〈그림 7.1〉은 몇 개의 국소 오즈비를 보여 주고 있다. 실제로 가장 널리 사용되는 점수는 $\{u_i = i\}$와 $\{v_j = j\}$로, 단순히 행과 열 숫자를 나타내는 점수이다. 이 점수는 모든 인접한 두 행들 또는 열들의 점수들이 1인 등간격을 갖는다. 이러한 단위 간격 점수를 사용하면, 모든 국소 오즈비는 다음과 같이 공통적인 값을 갖게 된다. 즉,

$$\frac{\mu_{ab}\mu_{a+1,b+1}}{\mu_{a,b+1}\mu_{a+1,b}} = e^{\beta}$$

어떠한 등간격의 행점수와 열점수를 사용하더라도 항상 균일한 국소 오즈비를 얻게 된다. 이러한 특별한 모형을 **균일 연관성모형**(uniform association model)이라고 한다.

7.5.2 예제: 성관계 의견에 대한 선형-대-선형 연관성

〈표 7.10〉은 1,2,3,4를 행점수로, 1,2,3,4를 열점수로 매긴 선형-대-선형($L \times L$) 연관성모형에서 구한 적합값들을 보여 준다. 이러한 균일 연관성모형에 관한 이탈도 통계량은 11.5이고 $df = 8$이다. 이 결과는 $df = 9$이고 $G^2(I) = 127.6$인 독립모형과 비교해 보면 $L \times L$ 모형이 매우 잘 적합되었다는 것을 알 수 있다. 특히, 분할표의 구석 칸들의 적합성이 눈에 띄게 향상되었다. 다음은 R 출력 결과이다.

```
-----------------------------------------------------------------------------
> Teenagers <- read.table("http://www.stat.ufl.edu/~aa/cat/data/
+                          Teenagers.dat", header=TRUE)
> Teenagers
    sex  birth  count
1     1      1     81   # 16 rows, for cell counts in the contingency table
...
16    4      4    157
> fit <- glm(count ~ factor(sex) + factor(birth) + sex:birth, family=poisson,
+ data=Teenagers) # quantitative sex-by-birth interaction term
> summary(fit) # not showing intercept, 3 sex and 3 birth main effects
                  Estimate  Std. Error  z value P     r(>|z|)
sex:birth           0.28584     0.02824     10.122    < 2e-16   # beta estimate
---
Residual deviance:   11.534   on   8   degrees of freedom

> library(car)
> Anova(fit) # likelihood-ratio test for LxL association term
             LR Chisq    Df    Pr(>Chisq)
sex:birth     116.119     1     < 2.2e-16
-----------------------------------------------------------------------------
```

양수의 ML 추정값은 $\hat{\beta}= 0.286$으로, 이 값이 의미하는 것은 십대의 피임에 찬성하는 사람들이 혼전 성관계에 대해서도 관대한 태도를 취하는 경향이 있다는 것이다. 국소오즈비의 추정값은 $\exp(\hat{\beta}) = \exp(0.286) = 1.33$으로 연관성이 약한 듯하다. 그러나 식 (7.3)에서 보는 바와 같이 점수 간에 차이가 큰 범주들 간의 오즈비는 큰 값을 갖게 된다. 예를 들어, 구석에 있는 네 개의 칸들에 대한 오즈비는 다음과 같다.

$$\exp[\hat{\beta}(u_4 - u_1)(v_4 - v_1)] = \exp[0.286(4-1)(4-1)] = 13.1$$

한편 범주 2와 3을 범주 1과 2 또는 범주 3과 4보다 더 차이가 나는 범주로 간주하여 행범주과 열범주에 1,2,4,5와 같은 점수를 할당할 수 있다. 그러면 $L \times L$ 모형에서 이탈도 통계량은 8.8이다.

7.5.3 순서형 모형에서의 독립성검정

선형-대-선형 연관성모형에서 독립성에 대한 가설은 $H_0 : \beta = 0$이다. 가능도비 검정 통계량은 독립모형과 $L \times L$ 모형 간의 이탈도 통계량값의 차이와 같다. 이 통계량은 한 개의 모수 β와 관련되어 있으므로 $df = 1$이다. 〈표 7.10〉에서 이 값의 차이는 $127.65 - 11.53 = 116.12$이다. 따라서 $P < 0.0001$이므로 매우 강한 연관성의 증거를 나타낸다. 왈드 통계량 $z^2 = (\hat{\beta}/SE)^2 = (0.2858/0.0282)^2 = 102.4$ 또한 강한 양의 연관성이 있음을 보여 준다. 순서형 변수에 대한 독립성검정을 위해 2.4.1절에서 제시한 통계량 (2.6)도, 모형들을 이용하여 $\beta = 0$을 검정하는 가능도비 통계량으로 왈드 통계량과 대체로 유사한 결과를 갖는다. 〈표 7.10〉의 자료에서 이 통계량값은 112.6이고 $df = 1$이다.

Z의 각 범주에 대해 X와 Y 간의 동일한 선형-대-선형 연관성을 가지는 삼차원 분할표에 대한 모형처럼, 순서형 변수를 가진 다차원 분할표에 대해서도 선형-대-선형 연관성모형을 확장할 수 있다. 6장에서는 순서형 반응변수의 로짓을 사용하여 순서의 개념을 이용하는 다른 방법을 이미 소개하였다. 순서형 반응변수와 설명변수를 구별하기 위해서는 로그 선형모형보다는 로짓 모형을 활용하는 것이 더 바람직하다. 명목형 및 순서형 변수에 대한 일반화, 그리고 R 함수에 대해 더 자세한 내용은 Kateri (2014)을 참조하기 바란다.

7.6 도수자료 반응변수의 로그 선형모형*

대부분의 이산형 반응변수들은 가능한 y값이 도수자료이다. 3.3절에서는 Y가 포아송 분포를 따른다는 가정 하에서 로그 선형모형을 소개하였다. 도수자료처럼, 포아송 분포를 따르는 확률변수들은 음이 아닌 정수값을 가질 수 있다. 이 절에서는 이러한 모형이 반응변수가 비율을 나타낼 때 어떻게 적용되는지 살펴볼 것이다.

3.3.4절에서는 도수자료가 종종 포아송 분포를 따른다고 가정했을 때보다 분산이 커지는 것에 대해 설명하였으며 이러한 현상을 **과대산포**라고 한다. 포아송 분포는 평균과 분산이 같다. 그러나 만약 관련된 모든 변수들이 통제되었을 때, 평균과 분산이 동일한 경우에는 이 모든 변수들 중 일부 변수들만 통제되었을 경우 분산이 평균보다 커지는 현상이 일어난다. 이 절에서는 **음이항분포**를 이용하여 도수자료에 대해 좀 더 일반화된 로그 선형모형을 소개할 것이며 이는 포아송 분포들의 혼합 형태이다.

7.6.1 비율에 대한 가산회귀모형

사건이 시간, 공간 또는 크기 지표에 따라 발생할 때, 사건이 발생하는 율(rate)에 대한 모형을 고려해 볼 수 있다. 예를 들면, 2019년에 몇몇 도시에서 발생한 살인 사건 수를 분석할 때, 먼저 각 도시별로 발생한 살인사건 수를 그 도시의 인구수로 나누어 율로 나타낸다. 이 율이 도시의 실업율, 평균 수입, 고졸 거주자의 비율 등과 같은 설명변수들과 어떻게 연관성이 있는지를 모형을 통해서 분석한다.

도수자료인 반응변수 y가 인구수와 같은 지수 t를 가질 때, 표본의 율은 y/t이다. 이 율의 기댓값은 μ/t이고 $\mu=E(Y)$이다. 율의 기댓값에 대한 로그 선형모형은 다음 식과 같다.

$$\log(\mu/t)=\alpha+\beta_1x_1+\cdots+\beta_px_p$$

이 모형은 아래 식과 같이 표현된다.

$$\log\mu-\log t=\alpha+\beta_1x_1+\cdots+\beta_px_p$$

로그 평균에 대한 통제항 $-\log t$는 **상쇄항**(offset)이라고 하며, 표준적인 GLM 소프트웨어에서 상쇄항을 가지는 모형을 적합할 수 있다.

로그 선형모형에서 반응변수의 기댓값은 다음과 같다.

$$\mu=t\exp(\alpha+\beta_1x_1+\cdots+\beta_px_p)$$

평균 μ는 설명변수에 의해 정해지는 비례지수에 따라 지수 t에 비례한다. 예를 들어, 인구수 t가 2배가 되면 평균 살인사건 수 μ도 2배가 된다.

7.6.2 예제: 폐암 환자의 사망률

<표 7.11>은 폐암 진단을 받은 539명의 남성에 대한 생존 및 사망에 관한 자료이다. 예후 인자인 병리조직(histology)과 병기(stage)에 따라 진단 이후 관측된 추적시간을 두 달 기준으로 묶어서 사망자 수를 정리하였다. 추적 기간, 병리조직과 병기에 따라 분류된 각 칸에 있는 자료는 사망자 수를 나타내고 그 아래 괄호 안의 수는 그 추적 기간 동안 생존해 있던 환자들의 총 관측시간을 나타낸다. 이 자료에서 사망자 수는 서로 독립인 포아송 분포를 따른다고 가정한다.

μ_{ijk}를 수준 i의 병리조직, 수준 j의 병기, k 수준의 추적 기간일 때의 사망자 수의 기댓값이라 하고 t_{ijk}를 생존해 있던 환자들의 총 관측시간이라고 하면, 사망률에 대한 포아송 로그 선형모형은 다음과 같다.

$$\log(\mu_{ijk}/t_{ijk}) = \beta_0 + \beta_i^H + \beta_j^S + \beta_k^T$$

▸ 표 7.11 병리조직, 질병의 단계, 추적 기간별 폐암으로 인한 사망 수

추적 기간 (단위: 월)	병리조직								
	I			II			III		
병기	1	2	3	1	2	3	1	2	3
0-2	9	12	42	5	4	28	1	1	19
	(157	134	212	77	71	130	21	22	101)
2-4	2	7	26	2	3	19	1	1	11
	(139	110	136	68	63	72	17	18	63)
4-6	9	5	12	3	5	10	1	3	7
	(126	96	90	63	58	42	14	14	43)
6-8	10	10	10	2	4	5	1	1	6
	(102	86	64	55	42	21	12	10	32)
8-10	1	4	5	2	2	0	0	0	3
	(88	66	47	50	35	14	10	8	21)
10-12	3	3	4	2	1	3	1	0	3
	(82	59	39	45	32	13	8	8	14)
12+	1	4	1	2	4	2	0	2	3
	(76	51	29	42	28	7	6	6	10)

출처 : T.Holford, *Biometrics* **36**: 299-305(1980).

각각의 설명변수는 질적변수로 간주하고 위첨자는 범주 수준을 나타낸다. 이 모형의 잔차 이탈도는 43.92 $(df = 52)$이며 다음은 R 출력 결과의 일부이다.

```
-------------------------------------------------------------------------
> Cancer <- read.table("http://www.stat.ufl.edu/~aa/cat/data/Cancer.dat",
+                      header=TRUE)
> Cancer
    time  histology   stage   count    risktime
1      1          1       1       9         157   # 63 contingency table cells
...
63     7          3       3       3          10
> logrisktime = log(Cancer$risktime)
> fit <- glm(count ~ factor(histology) + factor(stage) + factor(time),
+ family=poisson, offset=logrisktime, data=Cancer)
> summary(fit)
                   Estimate  Std. Error    z value  Pr(>|z|)
(Intercept)         -3.0093      0.1665    -18.073    <2e-16
factor(histology)2   0.1624      0.1219      1.332    0.1828
factor(histology)3   0.1075      0.1474      0.729    0.4658
factor(stage)2       0.4700      0.1744      2.694    0.0070
factor(stage)3       1.3243      0.1520      8.709    <2e-16
factor(time)2       -0.1274      0.1491     -0.855    0.3926    # showing 2 of 6
... # time effects
factor(time)7       -0.1752      0.2498     -0.701    0.4832
---
    Null deviance: 175.718 on 62 degrees of freedom
Residual deviance: 43.923 on 52 degrees of freedom

> library(car)
> Anova(fit) # likelihood-ratio tests of effects, adjusting for the others
                  LR Chisq   Df    Pr(>Chisq)
factor(histology)    1.876    2       0.39132
factor(stage)       99.155    2       < 2e-16
factor(time)        11.383    6       0.07724  .
-------------------------------------------------------------------------
```

병기 효과의 추정값을 살펴보면 병기가 높아질수록 사망률도 점차적으로 증가함을 볼 수 있다. 왜냐하면 병기 1을 기준으로 병기 2의 추정값은 0.470이고 병기 3의 추정값은 1.324이기 때문이다. 따라서 추적기간과 병리조직이 동일한 수준에서 병기 3에 해당하는 환자가 사망할 추정확률은 병기 1에 해당하는 환자보다 $\exp(1.324) = 3.76$ 배이고, 95% 왈드는 $\exp[1.324 \pm 1.96(0.152)]$으로 $(2.79, 5.06)$이다. 가능도비 검정법의 결과로부터 병기는 매우 중요한 예후 인자이지만 병리조직을 추가할 경우 유의한 효과를 보이지는 않는다. 또한 병기와 추적 기간 간의 교호작용항을 추가한 결과 적합도를 유의적으로 향상시키지는 않았다(이탈도 통계량 14.86이고 자유도는 12).

이와 같이 추적기간과 예후 인자 간의 교호작용이 유의적이지 않는 모형을 비례 위험모형이라고 하는데, 이 **비례위험모형**에서는 어떠한 추적기간 동안에도 병리조직과 병기의 효과가 일정하기 때문에 어떤 두 그룹에 대해서도 위험률은 항상 동일하게 된다.

7.6.3 음이항 회귀모형

포아송 분포와 같이 음이항분포도 음이 아닌 정수값을 가진 확률변수에 관한 분포이다. 포아송 분포와 달리 분산이 평균보다 크기 때문에, 추가적인 모수가 하나 더 있다. 확률분포함수도 있지만 여기서는 다음의 평균과 분산만을 사용할 것이다.

$$E(Y) = \mu, \quad \text{var}(Y) = \mu + D\mu^2$$

여기에서 D는 음수가 아닌 수로 산포모수라고 한다. D값이 0보다 커질수록 포아송 분포와 비교하여 분산이 더 커지는 것을 의미한다. D값이 0에 가까울수록, var(Y)는 μ에 가까워지고 음이항분포는 포아송 분포로 수렴한다.

도수자료 또는 율에 대한 음이항 GLM은 설명변수의 함수로 μ를 표현한다. 포아송 로그 선형모형처럼 log 연결함수를 사용하는 것이 일반적이지만, 때때로 항등함수를 사용하기도 한다. 보통 회귀모형에서 등분산성을 가정하는 것처럼, 산포모수 D도 모든 설명변수에 대해서 동일하다고 가정한다.

7.6.4 예제: 암참게의 부수체 자료 재분석

3.3.3절에서 암참게가 가진 부수체 수 Y에 대한 모형을 다루었다. x를 등딱지의 너비라 할 때, 포아송 로그 선형모형은

$$\log(\hat{\mu}) = -3.30 + 0.164x$$

이고, 아래 R 출력 결과에서 나타낸 것처럼 $\hat{\beta}$의 표준오차는 0.020이다.

```
-----------------------------------------------------------------------------
> Crabs <- read.table("http://www.stat.ufl.edu/~aa/cat/data/Crabs.dat",
+                      header=TRUE)
> Crabs
   crab   sat   weight  width   color   spine  # sat is the count of satellites
1     1     8    3.050   28.3       2       3  # 173 lines in data file
...
173  173     0    2.000   24.5       2       2
> fit.pois <- glm(sat ~ width, family=poisson, data=Crabs)
> summary(fit.pois)
                   Estimate  Std. Error    z value   Pr(>|z|)
(Intercept)        -3.30476     0.54224     -6.095    1.1e-09
width               0.16405     0.01997      8.216    < 2e-16
---
```

```
Residual deviance: 567.88 on 171 degrees of freedom

> library(MASS)
> fit.negbin <- glm.nb(sat ~ width, data=Crabs) # negative binomial GLM
> summary(fit.negbin)
                Estimate  Std. Error   z value   Pr(>|z|)
(Intercept)     -4.05251     1.17143    -3.459   0.000541
width            0.19207     0.04406     4.360    1.3e-05
---
(Dispersion parameter for Negative Binomial(0.9046) family taken to be 1)
              # D in our notation is 1/0.9046 = 1.11
Residual deviance:  195.81   on   171   degrees of freedom
--------------------------------------------------------------------------------
```

이 모형에 대응되는 음이항 GLM은

$$\log(\hat{\mu}) = -4.05 + 0.192x$$

이고, $\hat{\beta}$의 표준오차는 0.044이며, $\hat{D}=1.1$이다. 포아송 GLM에서 추정된 분산 $\hat{\mu}$과 비교할 때, 음이항모형에서 분산 추정값은 $\hat{\mu}+1.1\hat{\mu}^2$이다. 적합된 값들은 비슷하지만 음이항모형에서 분산 추정값이 더 크고, 결과적으로 $\hat{\beta}$의 표준오차도 더 커지는데 이는 포아송 GLM에서 고려하지 못한 과대산포를 반영하기 때문이다. 〈그림 3.3〉에서 표본평균값이 상대적으로 큰 값을 가짐에도 불구하고 관측값의 일부가 0의 값을 갖는 현상이 보이는데, 이는 과대산포를 반영하는 것이다.

포아송 모형 하에서, 너비 효과를 나타내는 (β)의 95% 왈드 신뢰구간은 $0.164 \pm 1.96(0.020)$, 즉 $(0.125, 0.203)$이다. 음이항모형 하에서는 $0.192 \pm 1.96(0.044)$, 즉 $(0.105, 0.278)$이고, 이 결과는 프로파일 가능도 신뢰구간과 유사하다. 포아송 GLM에서 β의 신뢰구간이 비현실적으로 짧은 걸 볼 수 있는데 이는 과대산포를 반영하지 않았기 때문이다.

연습 문제

7.1 최근 일반사회조사 자료에서 X=성별(남, 녀), Y=사후 세계에 대한 믿음(예, 아니오)이라 할 때, 〈표 7.12〉은 독립성 로그선형모형의 적합 결과이다.

a. 이탈도통계량의 값은 0.82이고, 자유도가 1이다. 이 결과를 해석하라.

b. $\{\hat{\lambda}_j^Y\}$를 구하고, $\hat{\lambda}_1^Y - \hat{\lambda}_2^Y$를 해석하라.

c. 포화모형에서 $\{\hat{\lambda}_{ij}^{XY}\}$에 대한 출력 결과이다. 오즈비를 추정하라.

```
-------------------------------------------------------------
                              Estimate    Std Error
genderfemales:beliefyes        0.1368       0.1507
-------------------------------------------------------------
```

d. 이 책의 웹사이트에 있는 파일 Postlife에 인종(흑인, 백인, 그 외)과 사후 세계에 대한 믿음을 교차분류한 자료가 있다. 이 자료에 대해 독립모형을 적합하고 $\hat{\lambda}_1^Y - \hat{\lambda}_2^Y$를 해석하라.

▸ 표 7.12 사후 세계에 대한 믿음에 대한 연습문제 7.1의 출력 결과

```
------------------------------------------------------------------
Estimate Std. Error
Intercept 4.5849 0.0752
genderfemales 0.2192 0.0599
beliefyes 1.4165 0.0752
------------------------------------------------------------------
```

7.2 〈표 2.9〉에 있는 자료에서 D= 피고인의 인종, V= 희생자의 인종, P= 사형 선고 여부를 나타낸다. 〈표 7.13〉은 로그선형모형(DV, DP, PV)의 적합 결과이다.

a. V의 각 수준에서 D와 P 간의 조건부 오즈비를 추정하고 그 의미를 해석하라.

b. 이 모형에 대한 적합도 검정을 시행하고 결과를 해석하라.

c. 이 책의 웹사이트에 있는 파일 DeathPenalty를 이용하여, 아래 출력 결과를 구하라. P를 반응변수로 취하여 대응되는 로지스틱 모형을 제시하라. 자료를 그룹화한 파일을 만들어 모형을 적합하고 D와 V 효과에 대한 추정값과 로그 선형모형에서의 추정값이 어떻게 관련되는지를 설명하라. 둘 중 어떤 모형이 주어진 자료를 분석하는 데 더 적절한지 설명하라.

▸ 표 7.13 사형선고에 대한 연습문제 7.2의 출력 결과

```
-------------------------------------------------------------------
 Coefficients: # not showing intercept and main effect terms
               Estimate  Std. Error  z value  Pr(>|z|)
Dwhite:Vwhite   4.59497     0.31353   14.656   < 2e-16
Dwhite:Pyes    -0.86780     0.36707   -2.364    0.0181
Vwhite:Pyes     2.40444     0.60061    4.003  6.25e-05
---
Residual deviance:    0.37984   on 1   degrees of freedom
-------------------------------------------------------------------
```

7.3 〈표 7.14〉는 플로리다주의 고속도로교통안전국에서 제공된 1988년도의 교통사고 자료이다. 변수들은 안전벨트 착용 여부, 사고 당시 차에서 튕겨나갔는지 여부와 사망 여부로 분류되어 있다.

a. 이 자료에 적합한 로그 선형모형을 찾고 변수들 간의 연관성을 해석하라.

b. 표본이 충분히 크기 때문에 모형이 잘 적합되지 않더라도 적합성 검정통계량의 값이 크게 나온다. 위의 (a)에서 적합된 모형에서 비유사성 지수를 계산하고 결과를 해석하라.

c. 동질연관성모형에 대한 베이지안 분석을 시행하고 조건부 오즈비에 대한 사후신뢰구간을 구하여 결과를 해석하라. 이 해석이 빈도론적 추론 결과와 어떻게 다른지 설명하라.

▸ 표 7.14 연습문제 7.3의 자료

안전벨트 착용 여부	차에서 튕겨 나감	사망: 예	사망: 아니오
예	예	1,105	14
	아니오	411,111	483
아니오	예	4,624	497
	아니오	157,342	1008

출처 : Florida Department of Highway Safety and Motor Vehicles.

7.4 이 책의 2판 웹사이트 www.stat.ufl.edu/~aa/intro-cda/data에서 MBTI 자료 파일은 MBTI 단계 II의 국가표본자료로 Myers-Briggs 적성검사에 대한 4가지 이항변수로 교차분류된 것이다. 즉, 외향성/내향성(E/I), 감각형/직관형(S/N), 사고형/감정형(T/F)과 판단형/인식형(J/P)에 의하여 교차분류한 자료이다. 동질적 연관성을 갖는 로그 선형모형을 적합하고 적합도 검정을 시행하라. 이 적합 결과를 바탕으로, (i) S/N과 J/P간의 조건부연관성이 가장 크고, (ii) E/I와 T/F간 또

는 E/I와 J/P간의 조건부연관성은 크지 않음을 보여라.

7.5 〈표 7.5〉의 자동차 사고 자료에 대하여 다음 물음에 답하라.

a. 〈표 7.7〉에서 모형 (GL, GS, LS, GI, LI, SI)에서 추정된 오즈비를 이용하여 농촌지역에서 안전벨트를 매지 않은 여성이 부상당할 가능성이 가장 높게 예측되는지를 설명하라.

b. 다음과 같이 2단계에 걸쳐 모형을 적합해 보자. 1단계에서는 삼차원 $G \times L \times S$ 분할표에서 S를 반응변수로 간주하는 로지스틱 모형을 적합한다. 2단계에서는 사차원 분할표에서 위의 세 변수를 I에 대한 예측변수들로 간주하여 로지스틱 모형을 적합한다. 이와 같은 복합적인 모형이 합리적인 이유를 설명하고 모형을 적합한 후에 그 결과를 해석하라.

7.6 일반사회조사로부터 얻어진 〈표 7.15〉의 자료에서 $R=$얼마나 자주 종교 집회에 참석하는지 여부(1 = 일 년에 기껏해야 몇 번, 2 = 적어도 일 년에 여러 번), $P=$정치성향(1 = 진보적, 2 = 온건적, 3 = 보수적), $B=14\sim16$세의 십대들에 대한 피임 허용 여부(1 = 동의함, 2 = 동의하지 않음), $S=$남성과 여성의 혼전 성관계에 대한 의견(1 = 경우에 따라 또는 전혀 나쁘지 않음, 2 = 항상 또는 거의 항상 나쁨)과 같다.

▸표 7.15 연습문제 7.6의 자료(웹사이트의 BPRS 파일)

		혼전 성관계(S)							
		1				2			
	종교 행사 참석(R)	1		2		1		2	
	피임(B)	1	2	1	2	1	2	1	2
정치성향 (P)	1	99	15	73	25	8	4	24	22
	2	73	20	87	37	20	13	50	60
	3	51	19	51	36	6	12	33	88

a. 변수 하나만 포함한 경우, 두 변수 모두 포함한 경우, 세 변수 모두 포함한 경우에 대응되는 로그 선형모형을 적합하는 과정을 통하여 모형의 복잡성을 살펴보아라. 이 중 선택된 모형에서 조건부 오즈비를 추정하고 결과를 해석하라.

b. 로그 선형모형 (BP, BR, BS, PS, RS)에 대한 독립성 그래프를 그리고, 조건부독립성을 나타내는 패턴에 대하여 논하라. 각 쌍의 변수들에 대해서

적합된 주변적 연관성과 조건부연관성이 동일한 경우가 있는지 밝혀라.

c. 변수 S를 반응변수로 하고 그 외 다른 변수들을 설명변수로 간주하여 어떠한 교호작용항 없이 주효과만 포함한 로지스틱 모형을 적합하고, 이 모형이 잘 적합하였는지 살펴보아라.

7.7 일반사회조사로부터 얻어진 〈표 7.16〉의 자료는 이 책의 웹사이트 Spending 파일에 있다. 설문 응답자들은 정부가 환경(E), 보건(H), 대도시보조(C), 법집행(L)을 위한 지출액에 관한 문항에 답하였다. 공통적인 반응척도는 ($1=$너무 적음, $2=$적당함, $3=$너무 많음)이었다. 모든 이차교호작용항을 갖는 모형과 모든 삼차교호자용항을 갖는 모형을 적합하여 비교하라. 동질연관성모형 하에서, 각각의 변수들의 수준 중 "너무 많음"과 "너무 적음"의 두 수준만을 이용하여 조건부 오즈비의 추정값을 구하고 연관성을 요약하라. 이 결과를 바탕으로 어떤 항들이 모형에서 제외되어야 하는지 분석하라.

▸ 표 7.16 정부지출에 대한 의견

도시		1			2			3		
법 집행		1	2	3	1	2	3	1	2	3
환경	보건									
1	1	62	17	5	90	42	3	74	31	11
	2	11	7	0	22	18	1	19	14	3
	3	2	3	1	2	0	1	1	3	1
2	1	11	3	0	21	13	2	20	8	3
	2	1	4	0	6	9	0	6	5	2
	3	1	0	1	2	1	1	4	3	1
3	1	3	0	0	2	1	0	9	2	1
	2	1	0	0	2	1	0	4	2	0
	3	1	0	0	0	0	0	1	2	3

7.8 삼차원 분할표에서 다음과 같은 독립성 그래프를 고려해 보자.

$$X \text{———} Z \qquad\qquad Y$$

위의 그래프에 대응되는 로그선형모형을 식으로 제시하라. 어떤 변수들 쌍이 조건부 독립적인지 밝혀라. 또한 어떤 변수들 쌍이 주변연관성과 조건부연관성이 동일한지 밝혀라.

7.9 다차원 분할표 분석에서 로지스틱 모형이 로그 선형모형보다 더 적절한 경우를 기술하라. 반대로 로그 선형모형이 로지스틱 모형보다 더 적절한 경우에 대해서도 기술하라.

7.10 로그 선형모형 (WXZ, WYZ)에 대응되는 독립성 그래프를 그리고, 서로 조건부독립적인 변수들을 명시하라.

7.11 연습문제 7.7의 〈표 7.16〉와 Spending 자료 파일을 참조하라.

a. 동질연관성모형으로부터 후진제거법을 이용하여 모형 (CE, CL, EH, HL)이 선택되는 것을 보이고 이 모형을 해석하라.

b. 모형(CE, CL, EH, HL)의 독립성 그래프를 이용하여 다음을 보여라. (i) C와 H 사이의 모든 경로가 $\{E, L\}$ 중의 한 변수를 포함한다; (ii) 변수 H를 붕괴시키면, C와 E 사이의 연관성과 C와 L 사이의 연관성이 동일해지고, 변수 C를 붕괴시키면, H와 E 사이의 연관성과 H와 L 사이의 연관성이 동일해진다; (iii) C와 H 또는 E와 L 사이의 조건부독립성의 관계는 붕괴가능성이 없다.

7.12 〈표 7.8〉의 약물복용 자료에서 모형 $(AC, AM, CM, AG, AR, GM, GR)$을 고려해 보자.

a. AM의 조건부 오즈비는 변수 인종을 붕괴시키면 변화되지 않지만, 변수 성별을 붕괴시키면 AM의 조건부 오즈비가 변화되는 이유를 설명하라.

b. 위 모형에서 GM항이 제거되었다고 가정해 보자. 이 모형에 대응되는 독립성 그래프를 그리고, $\{G, R\}$이 A에 의해서 $\{C, M\}$과 분리되는 것을 보여라. 또한 세 변수 A, C와 M 간의 모든 조건부연관성이 G와 R을 붕괴시킨 모형 (AC, AM, CM)에서의 조건부연관성과 동일함을 보여라.

7.13 일반사회조사로부터 〈표 7.17〉의 자료를 얻었다. 응답자들을 대상으로 십대들에게 피임을 허용해야 하는지에 대한 의견과 얼마나 자주 종교적인 집회에 참석하는지를 물어보았다.

a. 독립성모형을 적합하고 적합결여를 기술하라.

b. 등간격 점수를 적용하여 선형-대-선형 연관성모형을 적합하라. 연관성을 기술하고 적합도 검정을 하라. 순서정보를 이용하여 독립성을 검정하고 해석하라.

c. 열점수 {1, 2, 4, 5}를 사용하여 $L \times L$ 모형을 적합하라. 2열과 3열에 대한 국소 로그 오즈비의 적합값이 1열과 2열, 또는 3열과 4열에 대한 국소 로그 오즈비의 2배가 되는지 설명하라. 오즈비 간에 어떤 관계가 있는지 설명하라.

▶표 7.17 연습문제 7.13의 종교 행사 참석 여부와 피임허용 여부에 대한 자료

	십대 피임허용 여부			
종교 행사 참석	강하게 찬성함	찬성함	반대함	강하게 반대함
전혀 없다	49	49	19	9
1년에 1번 미만	31	27	11	11
1년에 1-2번	46	55	25	8
1년에 여러 번	34	37	19	7
한 달에 한 번	21	22	14	16
한 달에 2-3번	26	36	16	16
거의 매주	8	16	15	11
매주	32	65	57	61
1주일에 여러 번	4	17	16	20

7.14 다음 문항이 참인지 거짓인지 판단하라.

a. 하나의 범주형 반응변수가 있을 경우, 로지스틱 모형이 로그 선형모형보다 더 적절하다.

b. 여러 범주형 반응변수들 간의 연관성과 교호작용 관계를 모형화하고자 할 경우, 로지스틱 모형이 로그 선형모형보다 더 적절하다.

c. 로지스틱 모형은 이항 랜덤성분을 가정한 GLM인 반면에 로그 선형모형은 포아송 랜덤성분을 가정한 GLM 모형이다. 따라서 하나의 이항반응변수를 가진 50개의 칸을 갖는 분할표 자료를 적합할 경우 로지스틱 모형은 칸도수를 25개의 이항 관측값으로 간주하는 반면에 로그 선형모형은 칸도수를 50개의 포아송 관측값으로 간주한다.

7.15 〈표 7.11〉의 폐암 환자의 생존 자료를 고려해 보자.

a. 병기와 추적기간 변수들 간의 교호작용을 포함하는 좀 더 복잡한 모형을 적합하고, 이 모형이 모형의 적합도를 통계적으로 유의하게 향상시키는지 분석하라.

b. 병기와 추적기간 변수의 주효과항만 포함하고, 병리조직 변수의 주효과는 포함하지 않는 단순한 모형을 적합하라. 이 모형의 적합도를 진단하고 병

기의 효과에 대한 추정값을 제시하고 해석하라.

7.16 이 책의 웹사이트 Crab 자료 파일에서, y = 부수체의 수, x = 무게라고 하자. 포아송 로그 선형모형과 음이항 로그 선형모형을 적합하라. 각각의 모형에 대해서, 예측모형을 제시하고, 무게 효과를 나타내는 모수 β의 표준오차(SE)와 95% 신뢰구간을 제시하라. 음이항분포 모형에서의 신뢰구간이 포아송 모형보다 더 넓은 이유를 밝히고, 둘 중 어떤 모형이 더 적절한지 제시하고 그 이유를 설명하라.

7.17 최근 일반사회조사에서 응답자를 대상으로 이전 달에 성관계를 몇 번 했는지를 물어보았다. 표본평균 횟수는 남자의 경우 5.9, 여자의 경우 4.3이고, 표본분산은 남자는 54.8, 여자는 34.4이다.

a. 일반적으로 포아송 GLM이 두 그룹의 평균을 비교하는 데 적절한 모형인지 설명하라.

b. 로그 연결함수와 성별(1 = 남자, 0 = 여자)을 나타내는 지시변수를 포함하는 GLM 모형에서 성별의 효과를 나타내는 모수의 추정값은 0.308이었다. 포아송 분포 가정 하에서의 이 모수에 대한 추정값의 표준오차는 0.038이고, 음이항분포 가정 하에서는 0.127이다. 이 두 모형에서 표준오차가 왜 다른지 이유를 설명하라.

c. 평균 비율에 대한 왈드 95% 신뢰구간은 포아송 모형에서는 (1.26, 1.47)이고, 음이항 모형에서는 (1.06, 1.75)이다. 어떤 신뢰구간이 더 적절한지 제시하고 그 이유를 설명하라

8장

대응쌍에 대한 모형

이 장에서는 한 표본의 개체와 다른 표본의 개체가 서로 자연스럽게 짝을 이루는경우에 두 표본의 범주형 반응을 비교하는 방법들에 관하여 소개하고 있다. 이때 두 표본의 반응변수들을 **대응쌍**(matched pairs)이라고 하며 서로 짝을 이루기 때문에 이 반응변수들은 통계적으로 종속되어 있다. 따라서 두 표본으로부터 관측된 반응변수들을 서로 독립적으로 간주하는 것은 적절하지 않다. 두 표본을 비교하는 추정량의 점추정값은 두 표본이 독립적인 경우와 동일하지만 두 표본 간에 서로 상관성이 있으므로 이 추정량의 표준오차들은 유효하지 않다.

종속적인 표본이 가장 흔히 발생하는 경우는 각 표본이 동일한 개체로부터 반복적으로 관측되는 경우이다. 예를 들어, 경시적(longitudinal) 연구에서 동일한 대상을 시간의 흐름에 따라 반복적으로 관측하는 경우가 있다. 또는 설문조사에서 동일한 범주를 갖는 유사한 반응변수들이 두 개 이상 있는 경우이다. 〈표 8.1〉자료가 이러한 경우에 해당한다. 이 자료에서는 환경을 개선하기 위하여 조사대상자들에게 자발적으로 (1) 더 높은 세금을 지불할 의향이 있는지 (2) 생활수준 긴축을 받아들일 의향이 있는지에 대하여 응답하도록 하였다. 이 표에서 행들은 더 높은 세금을 낼 의향과 관련된 범주를 나타낸다. 열들은 생활수준을 긴축시킬 의향과 관련된 범주를 나타낸다. 각각의 주변도수들은 두 표본에서의 반응 결과들에 대한 도수들을 나타낸다. 행의 주변도수 (359,785)은 더 높은 세금을 지불할 의향이 있는지에 대해서 (찬성, 반대)의 도수를

▶ 표 8.1 환경개선과 관련한 설문자료(괄호 안의 확률은 미지의 모확률을 표시함)

	생활수준의 긴축		
더 높은 세금 지불	찬성	반대	합계
찬성	$227(\pi_{11})$	$132(\pi_{12})$	359
반대	$107(\pi_{21})$	$678(\pi_{22})$	785
합계	334	810	1144

나타낸 것이고, 열의 주변도수 (334,810)은 생활수준을 긴축시킬 의향이 있는지에 대한 (찬성, 반대)의 도수를 나타낸 것이다.

서로 종속적인 비율을 비교하는 추론 방법들을 소개한 후 종속적인 자료에 대한 로지스틱 회귀분석에 대하여 소개할 것이다. 또한 이 방법들을 명목형 척도와 순서형 척도의 다범주 반응변수로 확장할 것이다. 끝으로 대응쌍 범주형 자료를 갖는 두 가지 응용 사례들을 소개하겠다. 이 사례에서는 어떤 하나의 범주형 변수에 대하여 동일한 개체의 반응을 두 명의 조사자가 평가했을 때 두 조사자들 간의 일치성을 측정하는 경우이며 대응쌍 자료를 비교하여 범주들 간의 선호도를 평가하는 경우이다.

8.1 이항형 대응쌍에 대한 종속비율들의 비교

〈표 8.1〉에서 환경개선에 대한 두 가지 질문에 대하여 "예"라고 응답할 확률을 어떻게 비교할 수 있는가? 이 표에서 교차분류된 1144명 중에서 세금을 올리자는 질문에 "예"라고 한 응답자의 표본비율은 $359/1144 = 0.314$이고, 생활수준 긴축에 "예"라고 응답한 표본비율은 $334/1144 = 0.292$이다. 이 두 질문에 각각 동일한 대상자가 응답하였으므로 이 주변비율들은 서로 상관되어 있다. 이 두 질문에 대한 의견들 간에는 강한 상관성이 존재하며 표본 오즈비는 $(227 \times 678)/(132 \times 107) = 10.9$이다.

여기서 (y_1, y_2)은 대응쌍에 대한 행과 열에 대한 반응변수를 나타내고 n_{ij}를 반응변수 y_1에 대하여 범주 i라고 답하고 반응변수 y_2에 대하여 범주 j라고 답한 응답자의 빈도수라고 하자. 이항형 반응변수의 예제로 〈표 8.1〉과 같이 2×2 분할표로 요약할 수 있다. 〈표 8.1〉에서 $\{\pi_{ij}\}$는 각 칸의 확률을 나타내며 질문 1과 질문 2에 대해서 "예"라고 응답할 확률은 각각 $P(Y_1 = 1) = \pi_{11} + \pi_{12}$과 $P(Y_2 = 1) = \pi_{11} + \pi_{21}$이다. 만약 이 두 확률이 동일하다면 "아니오"라고 응답할 확률도 동일하게 되어, **주변동질성**(marginal homogeneity)을 만족한다. 따라서

$$P(Y_1 = 1) - P(Y_2 = 1) = (\pi_{11} + \pi_{12}) - (\pi_{11} + \pi_{21}) = \pi_{12} - \pi_{21}$$

이 성립하므로, 2×2 분할표에서의 주변동질성은 $\pi_{12} = \pi_{21}$이 성립하는 것과 같다.

8.1.1 주변비율을 비교하는 McNemar 검정법

대응쌍을 이루는 이항형 반응변수에 대하여 주변동질성 검정법의 귀무가설은 다음과

같다.

$$H_0 \ : P(Y_1 = 1) = P(Y_2 = 1), \text{ 또는 } H_0 \ : \ \pi_{12} = \pi_{21}$$

귀무가설 H_0이 참이면, n_{12}와 n_{21}이 비슷한 값을 가질 것이다. 여기서 $n^* = n_{12} + n_{21}$을 이 두 칸의 도수합이라고 할 때, 이 도수합이 이 두 칸으로 나뉘는 것은 이항분포를 따른다고 볼 수 있다. 귀무가설 H_0 하에서, n^*개의 관측값이 각각 n_{12}와 n_{21}이 될 확률은 1/2이다. 따라서 n_{12}와 n_{21}은 시행횟수 n^*이고 성공확률이 1/2인 이항분포를 따르는 "성공횟수"와 "실패횟수"로 볼 수 있다.

$n^* > 10$일 때, 위의 이항분포는 평균 $\frac{1}{2}n^*$와 표준편차 $\sqrt{n^*\left(\frac{1}{2}\right)\left(\frac{1}{2}\right)}$인 정규분포의 모양과 비슷하게 되어 표준화된 정규분포의 검정통계량은 다음과 같다.

$$z \ = \ \frac{n_{12} - \left(\frac{1}{2}\right)n^*}{\sqrt{n^*\left(\frac{1}{2}\right)\left(\frac{1}{2}\right)}} = \frac{n_{12} - n_{21}}{\sqrt{n_{12} + n_{21}}} \tag{8.1}$$

〈표 8.1〉에서 이 검정통계량의 값은 $z = (132 - 107)/\sqrt{(132 + 107)} = 1.62$로 양측검정의 경우 P-값은 0.106이며 주변동질성이 아니라는 근거를 주장할 충분한 증거가 없다.

R과 같은 대부분의 소프트웨어의 결과에서는 자유도가 $df = 1$이며 근사적으로 카이제곱분포를 따르는 z의 제곱통계량을 제시하여 준다. 이 자료로부터 검정통계량의 값은 $(1.62)^2 = 2.62$이다. 이와 같이 종속적인 두 비율을 비교하는 검정법을 **McNemar 검정법**이라고 한다.[1] 아래 프로그램은 이 검정법에 대한 R 프로그램의 결과로 신뢰구간에 대한 결과도 출력되어 있다.

```
---------------------------------------------------------------
> Opinions <- read.table("http://www.stat.ufl.edu/~aa/cat/data/
+                        Envir_opinions.dat", header=TRUE)
> Opinions
    person  y1  y2  # Envir_opinions data file is at text website
1        1   1   1  # Data file has 1144 lines, one for each of 1144 people
2        2   1   1  # Each person has two binary responses (y1 and y2)
...
1144  1144   2   2
> tab <- xtabs(~y1 + y2, data = Opinions)
> tab
   y2
y1   1   2
```

[1] 1947년도에 이 검정법을 제안한 심리통계학자의 이름에서 따옴.

```
1  227 132
2  107 678
> mcnemar.test(tab, correct=FALSE) # don't use continuity correction,
        McNemar's Chi-squared test # which is too conservative
McNemar's chi-squared = 2.6151, df = 1, p-value = 0.1059
> library(PropCIs)
> diffpropci.Wald.mp(107, 132, 1144, 0.95) # (n21, n12, n, conf. level)
> # or, diffpropci.Wald.mp(tab[2, 1], tab[1, 2], sum(tab), 0.95)
-0.00460  0.04831  # 95% Wald CI for difference of marginal probabilities
> scoreci.mp(tab[2, 1], tab[1, 2], sum(tab), 0.95)
-0.00466  0.04849  # 95% score CI for difference of marginal probabilities
-----------------------------------------------------------------
```

8.1.2 종속적인 두 비율의 차이에 대한 추정

두 비율의 차이인 $P(Y_1=1)-P(Y_2=1)$에 대한 신뢰구간은 유의성검정 결과보다 더 많은 정보를 준다. McNemar 검정법에서 사용하는 칸도수와 전체 표본크기 n을 이용하여 두 주변비율의 차이에 대한 표준오차를 나타내면 다음과 같다.

$$SE=\frac{1}{n}\sqrt{(n_{12}+n_{21})-(n_{12}-n_{21})^2/n}$$

왈드 신뢰구간은 오차의 한계를 계산하기 위하여 이 표준오차의 값에 신뢰계수와 관련된 z-스코어를 더하거나 빼준다.

만약 n^*가 너무 작거나 $P(Y_1=1)$와 $P(Y_2=1)$의 값이 0 또는 1의 값 근처일 때는 이 신뢰구간은 실제로 유의수준보다 더 낮은 포함확률을 갖게 된다. 이를 해결하기 위해서 표준오차를 구하기 전에 2×2 분할표의 각 칸에 각각 0.5씩을 더하여 총 2개의 관측값을 추가하면 명목상의 신뢰수준의 근사값으로 수렴한다.[2] 더 좋은 방법은 스코어 검정법에 대응되는 신뢰구간을 구하는 것으로 계산적으로는 복잡하지만 아래와 같이 R을 이용하면 된다.

〈표 8.1〉의 자료에서 표본비율의 차이는 $0.314-0.292=0.022$이다. 전체 자료 수는 $n=1144$이고 $n_{12}=132$와 $n_{21}=107$일 경우로, 표준오차는 $SE=0.0135$이다. 따라서 왈드 95% 신뢰구간은 $0.022\pm 1.96(0.0135)$, 즉 $(-0.005, 0.048)$이며, 스코어 검정법으로 구한 신뢰구간과 동일하다. 이 결과로부터 생활수준의 긴축을 받아들이는 것보다 더 높은 세금을 지불하는 것에 대해 "찬성"할 확률은 0.005보다 작거나 0.048보다 큰 값 사이에 있다고 유추할 수 있다. 만약 두 확률이 서로 다르더라도 그 차이는 매우 작을 것이다.

[2] A. Agresti와 Y. Min의 *Statistics in Medicine* **24**: 729-740 (2005) 논문에서 R의 PropCIs 패키지에 있는 diffpropci.mp 함수로 분석할 수 있다.

8.2 대응쌍에 대한 주변모형과 개체-특정적 모형

로지스틱 회귀모형과 같이 이항반응변수에 대한 모형은 대응쌍 반응변수를 다룰 수 있도록 확장이 가능하고 앞 절에서 분석한 방법도 그 중의 하나로 볼 수 있다.

8.2.1 주변비율을 위한 주변모형

주변확률의 차이는 항등연결함수를 사용한 모형에서 하나의 모수로 나타낼 수 있다. 아래 모형에서

$$P(Y_1 = 1) = \alpha + \delta, \quad P(Y_2 = 1) = \alpha$$

으로 모수 $\delta = P(Y_1 = 1) - P(Y_2 = 1)$은 두 비율의 차이를 나타낸다. 위의 모형은 또한 다음과 같이 표현할 수 있다.

$$P(Y_t = 1) = \alpha + \delta x_t$$

여기서 x_t는 $t = 1$일 때 1, $t = 2$일 때 0를 나타내는 지시변수이다. 따라서 주변동질성에 대한 귀무가설은 $H_0 : \delta = 0$으로 표현할 수 있다. 또한 대안책으로 로짓 연결함수를 사용하여 다음과 같은 모형을 고려할 수 있다.

$$\text{logit}\left[P(Y_t = 1)\right] = \alpha + \beta x_t \tag{8.2}$$

여기서 β는 주변분포를 비교하는 로그 오즈비가 된다.

이러한 모형을 **주변모형**(marginal model)이라고 하며, 두 반응변수의 주변분포에 관심이 있다. 다음 장에서 소개되는 **일반화 추정방정식**(Generalized estimating equations, GEE) 방법은 주변모형을 적합할 때 유용하다.

8.2.2 예제: 생활 환경개선 의견에 대한 자료 재분석

〈표 8.1〉자료에서 Y_1 = 세금 인상 여부, Y_2 = 생활수준 긴축에 대한 동의 여부에 대한 반응변수에 대하여 아래 R 출력 결과는 앞에서 제시한 두 가지의 주변모형을 적합하기 위하여 GEE 방법을 이용하였다. 여기서 R 프로그램의 자료입력 형식은 8.2.3절에서 소개하겠지만 앞에서 다루었던 R의 출력 결과와는 다르다. 즉, 2개의 지시변수를 정의하는데 하나는 질문에 대한 것이고(세금에 관한 질문 1에 대하여 1의 값을,

생활수준에 관련된 질문 2에 대하여 0의 값을 가짐), 다른 하나는 각각의 반응변수에 대한 것이다("예"이면 1, "아니오"이면 0).

```
> Opinions <- read.table("http://www.stat.ufl.edu/~aa/cat/data/Opinions.dat",
+ header=TRUE)
> Opinions # data file at text website has 2 lines for each person
   person  question    y  # y variable is y1 when question=1, y2 when question=0
1       1          1   1  # y1 for person 1
2       1          0   1  # y2 for person 1
3       2          1   1
4       2          0   1
...
2287  1144         1   0  # y1 for person 1144
2288  1144         0   0  # y2 for person 1144
> library(gee)
> fit <- gee(y ~ question, id=person, family=binomial(link="identity"),
+           data=Opinions) # id identifies variable on which observe y1, y2
> summary(fit) # question para. for identity link is difference of proportions
             Estimate   Naive S.E.    Naive z  Robust S.E.   Robust z
(Intercept)   0.29196      0.01345   21.70970      0.01344   21.71920
question      0.02185      0.01922    1.13725      0.01350    1.61897
> fit2 <- gee(y ~ question, id=person, family=binomial(link=logit),
+ data=Opinions)
> summary(fit2) # question parameter for logit link is log odds ratio
             Estimate   Naive S.E.    Naive z  Robust S.E.   Robust z
(Intercept)  -0.88589      0.06506  -13.61740      0.06503  -13.62336
question      0.10353      0.09108    1.13674      0.06398    1.61824
```

GEE 출력 결과에서 "단순한(naive)" 표준오차는 각 개인에 대한 두 개의 관측값을 독립적으로 간주하여 얻은 결과로 적절하지 않다. 반면에 "강건한(robust)" 표준오차는 이 관측값의 종속성을 고려한 것이다. 대부분의 경우 대응쌍의 두 반응변수 Y_1과 Y_2는 강한 양의 연관성을 갖는다. 예를 들어 표본의 오즈비가 1.0을 넘을 때 효과를 나타내는 모수의 추정량에 대한 강건한 표준오차는 표본을 독립적이라고 가정하여 얻은 단순한 표준오차에 비하여 작은 값을 가진다. 따라서 독립적인 표본과 비교하였을 때 상관성이 있는 표본을 사용하면 두 비율의 차이에 대한 모수를 보다 더 정확하게 추정할 수 있는 장점이 있다.

항등연결함수를 갖는 모형에서 두 비율의 차이에 대한 추정량은 $\hat{\delta}=0.314-0.292=0.022$이며, 이 결과는 8.1.2절에서 나온 0.022의 추정값과 강건한 표준오차 $SE=0.0135$ 결과와 동일하다. 한편, 로짓 연결함수를 갖는 모형에서 표본주변모형의 로그 오즈비 추정량은 $\hat{\beta}=\log[(359/785)/(384/810)]=0.104$이고, 오즈비 추정값은 $\exp(\hat{\beta})=1.11$이다. 높은 세금을 기꺼이 지불할 의향이 있는 오즈는 생활수준 긴축을 찬성할 오즈보다도 11% 더 높은 것으로 해석할 수 있다.

R을 이용하여 주변모형분석을 위해서 사용한 이 책의 웹사이트에 있는 Opinions 자료 파일의 형식을 다음 절에서 다룰 것이다. 8.1.1절에 있는 출력 결과처럼 자료 파일에서 각 사람에 대한 두 개의 반응변수 y_1과 y_2를 한 줄에 나열하는 대신에 두 줄에 결쳐 y_1과 y_2를 따로 한 줄에 나열할 수도 있다.

8.2.3 개체-특정적 분할표와 모집단-평균 분할표

이항대응쌍 자료를 다르게 표현할 수 있는 방법은 각 쌍마다 n개의 2×2 부분분할표로 나타내는 것이다. 즉, i번째 부분분할표는 개체 i번째 대응쌍에 대하여 반응변수 (y_{i1}, y_{i2})의 결과를 나타내는 것으로. 두 열은 각 개체의 이항형 반응변수들을 나타내고 두 행에는 각각 반응변수 y_{i1}과 y_{i2}의 결과를 나열한다.

〈표 8.1〉은 1144명의 전체 표본에 대하여 생활환경개선에 대한 두 가지 질문의 응답을 교차분류한 분할표이다. 한편 〈표 8.2〉는 두 가지 질문에 모두 "예"라고 답한 한 사람에 대한 결과를 나타낸 부분분할표이다.

전체 1144명의 각 개체는 대응되는 두 반응변수의 결과를 나타내는 부분분할표를 하나씩 갖게 된다. 그들 중 227명은 〈표 8.2〉와 동일한 분할표를 갖고 132명은 첫 질문에서는 찬성을, 두 번째 질문에서는 반대를 나타내므로 첫 행은 (1,0), 두 번째 행은 (0,1)인 부분분할표를 가지며, 107명은 첫 행 (0,1)과 두 번째 행 (1,0)으로, 나머지 678명은 두 행 모두 (0,1)로 구성된 부분분할표를 가진다. 결과적으로 전체 1144명의 개체로부터 $2\times 2\times 1144$의 분할표에서 2288개의 관측값을 갖는다. 8.2.2절의 R 출력 결과의 자료 파일은 이러한 자료 형태를 입력하게 되는데 두 열 중 첫 번째 열의 값만 표시된다. 왜냐하면 두 번째 열은 중복적이기 때문이다(예를 들어 "예"에 대하여 1의 결과는 "아니오"에 대하여 0의 결과를 의미한다).

이항대응쌍 자료에서 n개의 대응쌍에 대해 각각의 부분분할표를 가지는 $2\times 2\times n$ 분할표를 **개체-특정적 분할표**(subject-specific table)라고 한다. 반면에 모든 n 개체들에 대하여 두 반응변수들의 결과를 하나의 표에 교차분류하여 만들어진 2×2 분할표를 **모집단-평균 분할표**(population-averaged table)라고 하며 〈표 8.1〉이 좋은 예이다.

▸표 8.2 〈표 8.1〉에서 $n_{11} = 227$에 해당하는 대응쌍에 대한 개체-특정적 분할표

	반응	
질문	예	아니오
y_{i1}: 세금을 더 지불함	1	0
y_{i2}: 생활수준을 긴축함	1	0

만약 1144명에 대한 $2\times2\times1144$개의 부분분할표를 각 칸 별로 합하면 첫째 행은 (359,785)이고 둘째 행은 (334,810)으로 구성된 2×2 분할표가 되는데 이 결과는 〈표 8.1〉에 대한 주변합과 동일하다.

8.2.4 대응쌍 자료에 대한 조건부 로지스틱 회귀모형*

대응쌍 자료에 대한 또 다른 모형으로 각 개체에 대해 개별적인 절편을 갖는 개체-특정적 확률분포를 허용하는 모형이다. 로짓 연결함수의 경우, 이 모형의 형태는 다음과 같다.

$$\text{logit}[P(Y_{it}=1)] = \alpha_i + \beta x_{it}, \quad t=1,2, \tag{8.3}$$

여기서 x_{it}는 i번째 개체에 대하여 $t=1$이면 1의 값을, $t=2$이면 0의 값을 갖는 지시변수이다. 그러면 i번째 개체가 성공결과를 얻을 확률은 다음과 같다.

$$P(Y_{i1}=1) = \frac{\exp(\alpha_i+\beta)}{1+\exp(\alpha_i+\beta)}, \qquad P(Y_{i2}=1) = \frac{\exp(\alpha_i)}{1+\exp(\alpha_i)}.$$

여기서 모수 α_i가 큰 양수값을 취하면(β에 비해서) 그 개체는 성공할 확률이 높아지며 각각의 반응변수에 대하여 성공하기 쉽다는 것을 의미한다. 반면에, α_i가 큰 음수값을 취하면 성공할 확률이 낮으며 각각의 반응변수에 대하여 실패하기 쉽다는 것을 의미한다. 모수 α_i 값의 변동이 클수록 두 반응변수들 간의 양의 상관성이 커져서 y_{i1}, 즉 첫 번째에 성공(실패)하면 두 번째 y_{i2}에서도 성공(실패)할 가능성이 커지는 경향을 보인다.

이러한 모형은 자연스럽게 〈표 8.2〉에서와 같이 개체-특정적인 부분분할표와 관련되어 있다. 이 모형은 각 개체에 대한 항이 표현되어 있으므로 두 반응변수를 비교하는 모수 β의 효과는 각 개체에 대하여 조건적이다. 즉, 이 모형에서는 각 개체에 대하여 y_{i1}에서 성공할 오즈가 y_{i2}에서 성공할 오즈의 $\exp(\beta)$배가 된다는 것을 가정하고 있다. 각 부분분할표는 한 개체에 대한 것이므로, 이 조건부연관성은 **개체-특정 효과**(subject-specific effect)라고 할 수 있다. 만약 $\beta=0$이면 각 개체에 대해 성공할 확률이 두 반응변수에 대해서 동일하게 되어 주변동질성을 만족하게 된다.

이 모형에 대한 추론은 두 반응변수의 분포를 비교하는 모수 β에 초점을 맞춘다. 개체모수 $\{\alpha_i\}$들은 개체들 간의 이질성을 허용하지만 일반적으로 그 값을 추정하는 것에는 별로 관심이 없다. 각각의 개체에 대해 개별적인 절편을 허용함으로써 모형은 개체 수만큼 많은 개체모수 $\{\alpha_i\}$를 가지게 되며 모수의 개수는 표본 n이 커질수록 증가하게 된다. 이러한 이유로 모형적합과정과 일반적인 ML 추정량을 구하는 데 어려움이 따른다. 예를 들어, 이 많은 모수들을 한꺼번에 추정하면 최대가능도추정량 $\hat{\beta}$의 값이 심하게 편향되어, 실제로 n이 커질수록 2β에 수렴하게 된다. 이러한 문제를 해결하는 방법으로 **조건부 로지스틱 회귀모형**은 개체모수들을 제거한 조건부분포의 가능도함수를 최대화하여 $\hat{\beta}$를 구한다(5.4.5절에서 로지스틱 회귀모형에 대한 추론과정에 이 방법을 소개하였다). 〈표 8.1〉과 같이 두 반응변수 y_1와 y_2의 값들을 교차분류하여 요약한 $\{n_{ij}\}$도수를 가지는 분할표에서, 모형 (8.3)에 대한 오즈비 $\exp(\beta)$의 조건부 ML 추정값은 n_{12}/n_{21}이다. 〈표 8.1〉에서 이 값은 $\exp(\hat{\beta}) = 132/107 = 1.23$이다. 이 모형 하에서 어떤 한 사람이 생활수준의 긴축(질문 2)에 "예"라고 답하는 것보다 세금 인상(질문 1)에 대해 "예"라고 답할 오즈가 23% 더 높다고 해석할 수 있다.

반면에 8.2.1절에서 구해진 오즈비 1.11은 〈표 8.1〉의 주변분포와 관련되어 있으며 이 주변 분포표는 $2 \times 2 \times 1144$의 개체-특정적 분할표를 합친 것이다. 이 두 오즈비들이 서로 다른 값을 갖는 것은 삼차원 분할표에서 각 부분분할표에서 얻은 조건부 오즈비(개체-특정적)가 세 번째 범주변수에 대하여 합쳐진 주변 오즈비와 얼마나 차이가 나는지로 해석할 수 있다.

McNemar 검정법에서와 같이 n_{12}와 n_{21}은 로짓 모형 (8.3)에서 모수 β를 추정하기 위해서 필요한 모든 정보를 제공하고 있다. 10장에서 소개하겠지만 모형 (8.3)를 적합하는 다른 방법은 $\{\alpha_i\}$를 **랜덤효과**(random effect)로 간주하는 것이다. 이러한 접근 방법에서는 $\{\alpha_i\}$를 관측되지 않는 확률변수이고 정규분포를 따른다고 가정한다. 그러면 대부분의 경우 모수 β의 ML 추정량은 조건부 ML 방법으로 얻어진 추정량과 동일하다.

8.2.5 대응쌍 사례-대조 연구에 대한 로지스틱 회귀모형*

사례-대조 연구[3]에서 하나의 사례에 대하여 하나의 대조를 대응시킨 대응쌍 자료분석은 중요하다. 이항반응변수에 대하여 각 사례($y_{i1} = 1$)에 이 반응변수에 영향을 줄 수 있는 어떤 기준에 따라 대조($y_{i2} = 0$)를 대응시킨 후에 관심 있는 예측변수 X값을 두 반응변수에 대하여 관측한 후에 XY 간의 연관성에 대하여 분석한다.

〈표 8.3〉은 대응쌍 사례-대조 연구의 예제이다. 신생아체중에 흡연이 미치는 영향에 관한 연구를 위하여 저체중인 아이와 정상체중인 아이를 가진 산모들을 나이에 따라 동일한 쌍으로 묶어서 흡연 여부($x = 0$, 아니오; $x = 1$, 예)를 조사하였다. 〈표

[3] 2.3.5 절과 4.1.4절에 사례-대조 연구의 개념을 소개하였다.

▸표 8.3 신생아체중과 흡연 여부에 대한 사례–대조 대응쌍 자료.

정상체중 (대조)	저체중(사례)	
	비흡연자	흡연자
비흡연자	159	22
흡연자	8	14

출처: Partly based on data in B. Mukherjee, I. Liu, and S. Sinha, *Statist. Medic.* **26**: 3240-3257 (2007).

8.3〉은 앞 절에서 보여준 〈표 8.1〉과 동일한 표이지만 이 표에서는 Y 범주 대신에 X 범주로 행과 열을 분할하였다.

X와 Y의 역할을 바꾸어 〈표 8.2〉와 비슷한 형태의 부분분할표를 나타내었다. 각각의 i번째 대응쌍에서 한 개체는 $y_{i1}=1$(사례)이고 다른 개체는 $y_{i2}=0$(대조)이다. 〈표 8.4〉는 x값에 따라 가능한 4가지의 조합을 보여 주고 있다. 사례군과 대조군이 모두 비흡연자일 경우가 159 경우이므로 8.4a 형태의 부분분할표가 159개가 있고, 마찬가지로 8.4b는 22개, 8.4c는 8개, 8.4d는 14개가 있다.

로지스틱 모형 (8.3)에서는 흡연자가($x=1$) 사례가 될 경우의 오즈가 비흡연자가($x=0$) 사례가 될 경우의 오즈의 $\exp(\beta)$배이다. 이 모형에서 확률은 X가 주어졌을 때 Y의 분포를 나타내는데, 후향적 연구에서는 Y가 먼저 정해진 조건 하에서 X 분포에 대한 정보만을 얻을 수 있다. 그러나 XY 오즈비는 두 가지 다른 형태의 조건부분포와 모두 연관되어 있기 때문에(2.3.5절 참조) $\exp(\beta)$로 추정할 수 있다. 사례-대조 연구에서는 X가 랜덤이고, Y가 고정되어서 서로 그 역할이 바뀌었지만 〈표 8.3〉의 오즈비 $\exp(\beta)$에 대한 조건부 ML 추정값은 $n_{12}/n_{21}=22/8=2.75$이다.

사례-대조 연구에서 조건부 로지스틱 회귀분석에 관한 더 자세한 내용은 Hosmer 등(2013, Chapter 7)을 참고하기 바란다.

▸표 8.4 〈표 8.3〉의 사례와 대조쌍의 형태

	a		b		c		d	
흡연	사례	대조	사례	대조	사례	대조	사례	대조
아니오	1	1	0	1	1	0	0	0
예	0	0	1	0	0	1	1	1

8.3 명목형 반응변수 대응쌍에서의 비율 비교

대응쌍 자료에 대한 분석은 범주의 수준이 $c>2$개 이상이 되는 경우로 확장할 수 있다. $c \times c$ 정방형 분할표의 $\{n_{ij}\}$는 대응쌍 (y_1, y_2)에 대하여 가능한 조합 $(i,\ j)$에 대한 도수를 나타낸다. 주변동질성은 각 행의 주변확률이 대응되는 열의 주변확률과 동일하다는 것을 의미하는 것으로 다음과 같은 식으로 표현된다.

$$P(Y_1=i)=P(Y_2=i), \qquad i=1,\ldots,c$$

8.3.1 기준–범주 로짓 모형에 대한 주변동질성

명목형 척도 반응변수에 대해서 6.1절에서 보여 준 것과 같이 기본적인 모형은 기준범주 로짓을 사용하는 것이다. 대응쌍 자료에 대해서 기준범주 로짓을 사용한 주변확률모형은 다음과 같다.

$$\log\left[\frac{P(Y_1=j)}{P(Y_1=c)}\right]=\alpha_j+\beta_j,\ \log\left[\frac{P(Y_2=j)}{P(Y_2=c)}\right]=\alpha_j, \quad j=1,\ldots,c-1.$$

따라서 주변 동질성에 대한 귀무가설은 $H_0:\beta_1=\ldots\beta_{c-1}=0$이고, H_0을 검정하는 통계량의 자유도는 $df=c-1$이다. 기준범주 로짓을 사용하는 주변확률모형을 적합하여 ML 추정값을 구하는 소프트웨어는 잘 개발되어 있지 않지만, 다음 장에서 소개할 **일반화추정방정식**(GEE:generalized estimating equations) 방법을 이용하여 H_0을 검정할 수 있다.

8.3.2 예제: 커피 브랜드시장 점유율

어떤 설문조사에서 인스턴트커피를 구매하는 고객을 대상으로 브랜드의 선호도를 조사한 후 동일한 고객들이 커피를 다시 구매할 때에 어떤 브랜드를 구매하였는지 조사하였다. 〈표 8.5〉는 카페인이 없는 5개의 커피 브랜드에 대하여 고객들이 처음 구매할 때와 두 번째 구매할 때의 선호도 결과를 나타낸 것이다. 이 분할표에서 대각선에 위치한 칸들이 상대적으로 큰 도수를 갖는 것은 대부분의 고객들이 자신이 선택한 브랜드를 바꾸지 않기 때문이다. 처음 구매한 브랜드 순서대로 구한 표본주변확률은 (0.32, 0.14, 0.38, 0.07, 0.10)이고, 두 번째 구매한 브랜드 순서대로 구한 표본주변확률은 (0.25, 0.15, 0.43, 0.06, 0.11)이다.

▸표 8.5 두 번 구매한 시점에서 카페인이 없는 커피에 대한 선택

	두 번째 구매					
첫 번째 구매	하이포인트	테이스터스	상카	네스카페	브림	총 계
하이포인트	93	17	44	7	10	171
테이스터스 초이스	9	46	11	0	9	75
상카	17	11	155	9	12	204
네스카페	6	4	9	15	2	36
브림	10	4	12	2	27	55
총 계	135	82	231	33	60	541

GEE 방법을 이용하여, 기준-범주 로짓 모형을 적합하여 다음과 같은 R 출력 결과를 얻었다.

```
-------------------------------------------------------------------------------
> Coffee <- read.table("http://www.stat.ufl.edu/~aa/cat/data/Coffee.dat",
+                    header=TRUE)
> Coffee # subject-specific data file from text website
   person  purchase    y  # purchase is 1 for first purchase, 0 for second
1        1          1   1
2        1          0   1
3        2          1   1
4        2          0   1
...
1081   541          1   5
1082   541          0   5
> library(multgee) # package for multinomial GEE analyses
> fit <- nomLORgee(y ~ purchase, id=person, LORstr="independence", data=Coffee)
> summary(fit) # nomLORgee uses baseline category logits for nominal response
Link : Baseline Category Logit
                  Estimate      san.se      san.z            Pr(>|san.z|)  # san.se =
robust SE
beta01             0.81093     0.15516     5.2265     < 2e-16  # alpha1 in our notation
purchase:1         0.32340     0.16830     1.9215     0.05466
beta02             0.31237     0.16989     1.8387     0.06596  # alpha2 in our notation
purchase:2        -0.00222     0.18662    -0.0119     0.99051
beta03             1.34807     0.14490     9.3035     < 2e-16  # alpha3 in our notation
purchase:3        -0.03729     0.15807    -0.2359     0.81353
beta04            -0.59784     0.21672    -2.7585     0.00581  # alpha4 in our notation
purchase:4         0.17402     0.23531     0.7396     0.45957
---
> fit0 <- nomLORgee(y ~ 1, id=person, LORstr="independence", data=Coffee)
> waldts(fit0, fit)
Model under H_0: y ~ 1 # null model (marginal homogeneity)
Model under H_1: y ~ purchase
Wald Statistic = 12.4869, df=4, p-value=0.0141

> with(Coffee, mantelhaen.test(purchase, y, person))
Cochran-Mantel-Haenszel M^2 = 12.291, df = 4, p-value = 0.01531
-------------------------------------------------------------------------------
```

예를 들어, 처음 두 줄에 있는 모수추정값은 범주 1과 5의 주변합을 이용해서 구한 로짓과 연관되어 있다. 추정된 $\hat{\beta}_1 = 0.323$ 범주 1과 5에서의 행 주변합 (171, 55)과 열 주변합 (135, 60)으로 형성된 2×2 분할표에서 구한 주변 로그 오즈비와 같다. $H_0 : \beta_1 = \beta_2 = \beta_3 = \beta_4 = 0$의 귀무가설을 검정하기 위하여 **귀무가설모형**을 적합하였다. 두 모형을 비교하는 왈드 검정통계량의 값이 12.49이며 자유도가 $df = 4$이므로 주변이질성이 존재한다는 것을 보여 주었다($P = 0.014$).

고객들이 얼마나 자주 브랜드를 바꾸는지를 알아보기 위하여 해당되는 범주와 그 외 범주들을 합쳐서 8.1절에서 소개한 방법을 적용하였다. 예로써, 첫 번째 브랜드 하이포인트를 대상으로 두 번 모두 동일한 브랜드를 선택하는지를 비교하였다. 이를 위하여 (하이포인트, 그 외 브랜드)에 대하여 행과 열의 주변합을 구하였다. 이 분할표는 행별로 $(93, 78/42, 328)$의 도수를 가지며, 식 (8.1)의 McNemar z-검정통계량의 값은 $(78-42)/\sqrt{(78+42)} = 3.3$으로 이 브랜드를 선택하는 비율이 동일하지 않다는 것을 알 수 있다($P = 0.001$). 처음 구매할 때에 비하여 두 번째 구매할 때 하이포인트 브랜드를 선택한 비율의 차이에 대한 추정값은 $0.32 - 0.25 = 0.07$이고, 95% 신뢰구간은 0.07 ± 0.04이다. 주변동질성검정에 대한 P-값이 작게 나온 이유는 다른 브랜드에 대해서는 선호도가 그다지 크게 변하지 않았으나 하이포인트 브랜드에 대해서는 두 번째 구매 시에 선택 비율이 유의하게 감소하고 상카 브랜드를 선택하는 비율이 증가했기 때문이다.

8.3.3 주변동질성 검정을 위한 Cochran–Mantel–Haenszel 검정법*

주변동질성 검정을 위한 다른 대안적인 검정법으로 스코어 검정법이 있다.[4] 이 검정법을 이론적으로 유도하는 과정은 이 책의 범위를 벗어나지만 $c = 2$일 때는 식 (8.1)의 McNemar 통계량의 제곱과 동일하다는 것을 쉽게 알 수 있다.

또한 일반적인 c에 대해서 이 통계량은 근사적으로 $df = c-1$인 카이제곱분포를 따른다. 이 통계량은 소프트웨어에서 **Cochran–Mantel–Haenszel 통계량**[5]으로 명명되는데 1950년대에 이 저자들이 제안한 통계량을 일반화하였기 때문이다. 이 경우는 이 통계량이 개체-특정적 자료에 적용된 특별한 경우로, 이 자료에서 이 통계량의 값은 12.29($df = 4$)이고 P-값은 0.015으로 R 출력 결과에서도 볼 수 있다.

4 이것은 8.3.4절에 소개한 준대칭모형에서 가설 H_0: 모든 $\beta_i = 0$을 검정한다.

5 예를 들어, R에서는 *mantelhaes.test* 함수이고 SAS에서는 PROC FREQ 내에 있는 cmh 옵션문이다.

8.3.4 정방형 분할표에 대한 대칭모형과 준대칭모형*

정방형 분할표에서 주변확률을 비교하는 대안적 방법은 결합분포모형에 기반한 방법이다. 정방형 분할표에서 모든 결합확률 $\{\pi_{ij}\}$이 모든 칸의 쌍에 대해서 다음의 관계식이 성립되면 **대칭성**(symmetry)을 만족하는 것이다.

$$\pi_{ij} = \pi_{ji}$$

즉, 주대각선($i=j$인 경우로 행변수와 열변수의 범주가 동일한 경우)를 기준으로 대각선 한 쪽에 있는 칸확률들이 거울에 비치는 것과 같이 대각선 반대쪽의 같은 위치에 있는 칸확률과 동일한 성질이다. 대칭성이 성립하면 반드시 주변동질성 또한 성립한다. 그러나 $c>2$인 경우에, 대칭성이 성립하지 않는 경우에도 주변동질성은 성립될 수 있다. 이 대칭성 조건으로부터 로지스틱 모형에서 다음 식이 성립한다.

$$\log(\pi_{ij}/\pi_{ji}) = 0, \text{ 모든 } i\text{와 } j$$

이 대칭모형에서 표준화잔차는 다음과 같다.

$$r_{ij} = (n_{ij} - n_{ji})/\sqrt{n_{ij} + n_{ji}}$$

특별히 $c=2$일 때, 위 통계량은 식 (8.1)의 z 통계량과 동일해지며 z^2은 McNemar 통계량과 동일하다.

만약 주변확률분포가 서로 매우 다르면 대칭모형은 잘 적합되지 않는다. 이질적인 주변확률분포를 다룰 수 있는 일반적인 모형으로 **준대칭모형**(quasi-symmetry model)이 있으며 다음과 같이 표현할 수 있다.[6]

$$\log(\pi_{ij}/\pi_{ji}) = \beta_i - \beta_j, \quad \text{모든 } i\text{와 } j \tag{8.4}$$

위 식에서 하나의 모수가 중복되기 때문에 $\beta_1 = 0$ 또는 $\beta_c = 0$으로 놓는다. $\hat{\beta}_i - \hat{\beta}_j$ 값이 크면 클수록 i번째 열에 비해서 i번째 행에 더 많은 관측값이 있다고 할 수 있다.

준대칭모형을 적합하기 위해서 각 칸의 도수쌍 (n_{ij}, n_{ji})을 독립적인 이항변수로 간주한다. 모수 $\{\beta_i\}$에 대응되는 가상적인 c 개의 설명변수가 있다고 하자. 그러면 주어진 범주의 쌍에 대한 로짓 $\log(\pi_{ij}/\pi_{ji})$에 대하여 β_i에 대응되는 설명변수의 값은 1이고, β_j에 대응되는 설명변수의 값은 -1이며 다른 모수들에 대응되는 설명변수의

6 Henri Caussinus의 논문 *Ann. Fac. Sci. Univ. Toulouse* **29**: 77-182 (1965)에 제안되었다.

값은 0이 되는 것을 다음의 R 프로그램에서 확인할 수 있다. 또한 모형의 절편도 0이 되며, 적합된 주변합은 관측된 주변합과 같다.

준대칭모형에서 주변 동질성은 모든 $\beta_i = 0$가 되는 특별한 경우에 해당되며, 대칭모형이 되는 경우이다. 다시 말하면, 준대칭모형에서 주변동질성이 성립하면 대칭모형이 된다. 따라서 H_0 : 주변동질성을 검정하는 것은 준대칭모형의 대립가설에 대한 대칭모형의 귀무가설을 검정하는 것과 같다. 이에 대한 가능도비 검정통계량은 이 두 모형에 대한 잔차 이탈도를 비교하는 것으로 $c \times c$ 분할표에 대해서 자유도 $df = c - 1$을 가진다.

8.3.5 예제: 커피 브랜드의 점유율 자료 재분석*

〈표 8.5〉의 두 시점에서의 커피브랜드의 점유율에 관한 자료에 대칭모형과 준대칭모형을 적합하였다. 다음의 R 출력 결과에서, 대칭모형에 대한 적합성 검정 결과는 자유도가 $df = 10$이고 이탈도 통계량의 값이 22.47이다. 이와 같이 모형의 적합도가 좋지 않은 까닭은 대응쌍 n_{13}와 n_{31}의 차이가 크기 때문이다. 이 대응쌍에 대한 표준화잔차는 $(44-17)/\sqrt{(44+17)} = 3.5$로, 하이포인트에서 상카로 브랜드를 바꾼 고객이 그 반대의 경우보다 훨씬 많다. 이 경우를 제외하고 대부분의 경우에 대해서는 대칭모형이 매우 잘 적합된다. 준대칭모형을 적합한 결과, 자유도는 $df = 6$이고 이탈도 통계량의 값은 9.97이다. 주변분포가 이질적이라는 것을 허용하여 적합한 결과가 대칭모형을 적합한 결과보다 더 낫다는 것을 보여 주고 있다. 여기서, $\hat{\beta}_1 - \hat{\beta}_3 = 0.595 - (-0.113) = 0.709$으로, 하이포인트에서 상카로 바꾸어 구매할 확률의 추정값이 상카에서 하이포인트로 바꿔서 구매할 확률보다 $\exp(0.709) = 2.03$배가 된다는 것으로 해석할 수 있다. 다음의 R 프로그램은 이 모형을 적합한 것이다.

```
-------------------------------------------------------------------------
> Coffee2 <- read.table("http://www.stat.ufl.edu/~aa/cat/data/Coffee2.dat",
+                         header=TRUE)
> Coffee2 # Coffee2 data file for quasi-symmetry model at text website
   H  T  S  N  B  nij  nji  # nij and nji are opposite cell counts in Table 8.5
1  1 -1  0  0  0   17    9  # counts for cells with H and T
2  1  0 -1  0  0   44   17  # counts for cells with H and S,
3  1  0  0 -1  0    7    6  # counts for cells with H and N, etc.
4  1  0  0  0 -1   10   10
5  0  1 -1  0  0   11   11
6  0  1  0 -1  0    0    4
7  0  1  0  0 -1    9    4
8  0  0  1 -1  0    9    9
9  0  0  1  0 -1   12   12
10 0  0  0  1 -1    2    2  # 10 pairs of opposite cells for nij and nji
> symm <- glm(nij/(nij+nji) ~ -1, family=binomial, weights=nij+nji,
```

```
+            data=Coffee2)
> summary(symm) # symmetry model; -1 in model statement sets intercept = 0
Residual deviance: 22.473  on  10  degrees of freedom

> QS <- glm(nij/(nij+nji) ~ -1 + H + T + S + N + B, family=binomial,
+          weights=nij+nji, data=Coffee2)
> summary(QS) # quasi-symmetry model
   Estimate   Std. Error   z value   Pr(>|z|)
H   0.59544      0.29366     2.028     0.0426
T  -0.00400      0.32936    -0.012     0.9903
S  -0.11330      0.28508    -0.397     0.6911
N   0.30212      0.40159     0.752     0.4519
B        NA           NA        NA         NA  # one category has estimate = 0
---
    Null deviance: 22.473 on 10 degrees of freedom # symmetry
Residual deviance: 9.974 on 6 degrees of freedom # quasi symmetry
--------------------------------------------------------------------------
```

대칭모형과 준대칭모형 간의 이탈도 통계량의 차이는 $22.47 - 9.97 = 12.50$이며, 자유도는 $df = 4$로, 주변이질성이 있다는 근거를 보여 준다($P = 0.014$).

8.4 순서형 대응쌍 반응변수의 비율 비교

명목형 척도의 반응변수에 대하여 주변동질성 검정은 가능한 모든 주변분포를 비교하게 되는데 자유도는 $df = c - 1$이다. 이 경우 범주들 간에 순서의 개념이 없기 때문에 c개의 범주들 비교에서는 $c - 1$개의 자유도를 사용하게 된다.

8.4.1 주변동질성과 누적 로짓 주변모형

반응범주들이 순서형인 경우에는, 주변동질성 검정에서 한 범주에서의 반응변수의 주변비율이 다른 범주의 주변비율보다 더 높아지는 경향이 있는지를 분석할 수 있다. 일반적으로 순서형 검정법의 자유도는 $df = 1$이므로 검정력이 더 높아진다. c가 크고 범주들 간에 연관성이 강할 때 이러한 현상이 더욱 두드러진다.

주변비율을 비교하는 순서형 모형에서는 누적확률 로짓을 사용할 수 있다(6.2절). 아래의 주변모형은 식 (8.2)의 주변 로짓 모형을 일반화한 모형이다.

$$\text{logit}\,[P(Y_1 \le j)] = \alpha_j + \beta, \quad \text{logit}[P(Y_2 \le j)] = \alpha_j$$

6.2절의 누적 로짓 모형과 마찬가지로 이 모형은 각각의 누적확률에 대해서 모수 β의 효과가 동일하다는 **비례 오즈 구조**를 만족한다. 이 모형에서는 각 대응쌍 개체

에 대하여 첫 번째 반응변수 Y_1이 범주 j 이상 대신에 범주 j 또는 그 이하의 범주에 속할 오즈가 두 번째 반응변수 Y_2에 대한 오즈의 $\exp(\beta)$배가 된다고 해석한다.

8.4.2 예제: 재활용이나 운전을 줄이는 것이 환경에 도움이 되는가?

〈표 8.6〉은 일반사회조사에서 얻은 자료로, "환경보호를 위해 당신은 얼마나 운전을 줄이는가?"와 "환경보호를 위해 유리, 캔, 종이 등을 재활용하기 위해 분리수거 노력을 얼마나 하는가?"라는 질문에 대한 응답자료이다.

주변모형을 분석하기 위하여 다음 장에 소개할 GEE 방법을 이용하면, 이 자료에 대한 누적 로짓 모형의 모수추정값은 아래의 R 출력 결과로부터 $\hat{\beta} = 2.754\,(SE = 0.081)$이다.

```
-------------------------------------------------------------------------------
> Envir <- read.table("http://www.stat.ufl.edu/~aa/cat/data/Envir.dat",
+                      header=TRUE)
> Envir # subject-specific data file from text website
     person  question   y
1         1         1   1  # observation on each question for each of 1230 persons
2         1         0   1
...
2459   1230         1   4
2460   1230         0   4
> library(multgee) # package for multinomial GEE analyses
> fit <- ordLORgee(y ~ question, id=person, LORstr="independence", data=Envir)
> summary(fit) # ordLORgee uses cumulative logits for ordinal response
Link : Cumulative logit
          Estimate    san.se     san.z  Pr(>|san.z|)  # san.se = robust SE
beta01    -3.35111   0.08289  -40.4287     < 2.2e-16  # alpha_1 in our notation
beta02    -2.27673   0.07430  -30.6424     < 2.2e-16  # alpha_2 (3 intercepts)
beta03    -0.58488   0.05882   -9.9443     < 2.2e-16  # alpha_3
question   2.75361   0.08147   33.7985     < 2.2e-16  # beta cumul. log odds ratio
-------------------------------------------------------------------------------
```

이 추정값은[7] 대응쌍 간의 상관성을 고려하지 않고 독립적으로 다룬 ML 방법에서

▸표 8.6 환경개선을 위해 재활용과 운전을 줄이는 행동에 관한 자료

	운전을 줄임			
재활용	항상	자주	가끔	전혀 안 함
항상	12	43	163	233
자주	4	21	99	185
가끔	4	8	77	230
전혀 안함	0	1	18	132

[7] 국소 오즈비를 구하려면 multigee에서 LORstr="independence"를 사용하라.

얻은 값과 동일하지만, 이에 대응하는 표준오차값은 강건하며 상관성을 고려해서 얻은 것이다. 추정된 누적 오즈비로부터 $\exp(\hat{\beta}) = 15.7$이며, 이 값의 의미는 다른 세 범주값 대신에 재활용에 관련된 질문에 "항상"으로 응답할 오즈의 추정값이 운전을 줄이는 것에 대한 질문에 "항상"으로 응답할 오즈의 추정값보다 15.7배 높다는 것으로 해석할 수 있다. 귀무가설 $H_0 : \beta = 0$ 하에서 왈드검정 통계량은 $z = \hat{\beta}/SE = 2.754/0.081 = 33.8$이므로 주변동질성이 성립한다는 귀무가설을 반증하는 증거가 강하다고 볼 수 있다.

8.4.3 순서형 준대칭모형*

정방형 분할표의 주변합을 비교하기 위한 다른 대안적인 방법으로 순서의 개념(ordinality)을 이용하는 것이 있다. 이번 절에서는 대칭모형을 일반화한 순서형 로짓 모형에 기반한 검정법을 소개할 것이고, 10.3절에서는 개체-특정적 누적 로짓 모형을 소개할 것이다.

8.3.4절에서 정방형 분할표의 주변합을 비교하기 위해 준대칭모형을 이용하였는데, 범주가 명목형인 경우였다. 모형의 모수 $\{\beta_i\}$들이 선형추세를 나타내는 특수한 경우는 범주들이 순서형일 때 유용하게 활용된다. 행과 열의 범주들에 대하여 순서를 매긴 점수들을 $u_1 \leq u_2 \leq \cdots \leq u_c$라고 하자. **순서형 준대칭모형**(ordinal quasi-symmetry model)은[8] 다음과 같다.

$$\log(\pi_{ij}/\pi_{ji}) = \beta(u_j - u_i) \tag{8.5}$$

모형 (8.5)는 로지스틱 모형 $\operatorname{logit}(\pi) = \alpha + \beta x$에서 $\alpha = 0$, $x = u_j - u_i$이고, $\pi(x)$는 칸 (i, j)나 칸 (j, i)의 반응값이 주어졌을 때 칸 (i, j)의 조건부확률을 나타낸다. 이 모형을 적합하기 위해서 순서쌍 (n_{ij}, n_{ji})를 $n_{ij} + n_{ji}$번을 시행한 이항분포에서의 성공과 실패를 나타내는 수라고 하고, 절편은 0이고 예측변수 x의 값이 $u_j - u_i$인 로지스틱 모형으로 간주하면 된다.

대칭성, 즉 주변동질성의 경우는 $\beta = 0$가 되는 특별한 경우이다. 주변동질성을 검정하기 위한 순서형 가능도비 검정은 대칭모형과 순서형 준대칭모형과의 이탈도 통계량 차이이며 자유도는 $df = 1$이다. $|\beta|$ 값이 클수록, π_{ij}와 π_{ji}의 차이가 커지며 두 주변확률분포의 차이도 커진다. 점수 $\{u_{ij} = i\}$에 대해, 열 반응변수가 행 반응변수보다 x 단위만큼 높을 확률은 행 반응변수가 열 반응변수보다 x단위만큼 높을 확률의

[8] A. Agresti의 논문 *Prob. Letters* **1**: 313-316 (1983)에 제안되어 있다.

$\exp(x\beta)$배가 된다고 해석할 수 있다.

순서형 준대칭모형에서 선택된 범주 점수 $\{u_i\}$에 대하여 행의 표본평균값은 $\sum_i u_i p_{i+}$이다. 이 값은 적합값의 행평균값 $\sum_i u_i \hat{\pi}_{i+}$와 같다. 열평균에 대해서도 동일한 관계가 성립한다. 어떤 주변 행범주(또는 열범주)에서의 반응변수들이 다른 주변 행범주의 반응변수들에 비하여 순서척도가 높으면, 이 모형의 결과도 동일한 순서대로 적합된다. 만약 $\hat{\beta} > 0$이면, 반응변수들의 평균이 열범주 반응변수에서 더 높고, $\hat{\beta} < 0$이면 반대로 평균은 열범주 반응변수에서 낮게 나타난다.

8.4.4 예제: 재활용이나 운전을 줄이는 것에 관한 자료 재분석*

〈표 8.6〉는 환경개선을 위해 재활용을 하고 운전을 줄이는 행동양식에 관한 조사자료이다. 대칭모형은 이탈도 통계량의 값이 1106.12이고 자유도가 $df = 6$으로 적합성이 별로 좋지 않다. 반면에 준대칭모형은 이탈도 통계량이 2.68이고 자유도가 $df = 3$으로 적합도가 좋으며, 이 모형보다 더 단순한 순서형 준대칭모형도 잘 적합되는 것을 볼 수 있다. 다음의 R 출력 결과에서 보여 주듯이 스코어가 (1,2,3,4)일 때 이탈도 통계량의 값은 4.41이고 자유도는 $df = 5$이다.

```
--------------------------------------------------------------------------------
> Envir <- read.table("http://www.stat.ufl.edu/~aa/cat/data/Environment.dat",
+                     header=TRUE) # Environment data file at text website
> Envir # nij and nji are opposite cell counts in Table 8.6
   always  often  sometimes  never   x   nij  nji  # x=j-i = distance between categories
1      1 -      1          0       0  1    43    4
2       1       0         -1       0  2   163    4
3       1       0          0      -1  3   233    0
4       0       1         -1       0  1    99    8
5       0       1          0      -1  2   185    1
6       0       0          1      -1  1   230   18  # 6 pairs of opposite cells
> fit <- glm(nij/(nij+nji) ~ - 1 + x, family=binomial, weights=nij+nji,
+ data=Envir)
> summary(fit) # ordinal quasi symmetry; -1 in model sets intercept = 0
   Estimate   Std. Error   z value   Pr(>|z|)
x     2.3936      0.1508     15.88     <2e-16   # estimate of beta
---
    Null deviance: 1106.1240  on  6  degrees of freedom # null model = symmetry
Residual deviance:    4.4139  on  5  degrees of freedom # ordinal quasi symm.
> fit.QS <- glm(nij/(nij+nji) ~ -1 + always + often + sometimes + never,
+ family=binomial, weights=nij+nji, data=Envir)
> summary(fit.QS) # quasi symmetry
    Null deviance: 1106.1240  on  6  degrees of freedom # symmetry
Residual deviance:    2.6751  on  3  degrees of freedom # quasi symmetry
--------------------------------------------------------------------------------
```

순서형 준대칭모형에서 $\hat{\beta} = 2.394$이다. 식 (8.5)로부터 운전을 줄이겠다는 응답이 재활용에 관한 응답보다 x 범주만큼 높아질 확률이 그 반대의 확률에 비해서 $\exp(2.394x)$배 높게 추정된다. 재활용에 관한 응답자가 운전을 줄이겠다는 응답자들보다 순서를 매긴 점수에서 낮은 값을 갖는 경향이 있다(즉, 낮은 점수를 갖는 범주의 빈도수가 높다). 재활용을 하는 응답자의 평균점수는 2.1로서 "자주"라는 응답에 가까운 반면에 운전을 줄이겠다는 응답자의 평균점수는 3.5로서 "가끔한다"와 "안한다"라는 범주 사이라는 것을 알 수 있다.

이 자료의 주변동질성검정을 위한 가능도비 검정통계량은 대칭모형과 준대칭모형과의 이탈도 통계량 차이로 이 값은 $1106.12-4.41=1101.71$이고 $df=1$ $(P<0.0001)$이다. 8.4.2절에서도 누적 로짓 주변모형을 이용하여 주변이질성에 대하여 매우 강한 근거를 유사하게 얻었다.

8.5 평가자의 일치성 분석*

동일한 범주 척도를 사용하여 두 명의 관측자가 한 개체를 평가하는 대응쌍 자료의 모형을 소개하겠다. 이러한 예는 두 관찰자가 어떠한 조건에 대하여 진단을 내려야 하는 경우로 의학 분야에서 종종 발생한다. 많은 범주 척도는 상당히 주관적이므로, 두 평가자가 완전하게 일치하는 경우는 매우 드물다. 이 절에서는 일치성의 강도를 측정하고 불일치성의 패턴을 찾아내는 방법에 대해 소개하겠다. **일치성**(agreement)은 **연관성**(association)과 구별되어야 한다. 일치성이 강하면 강한 연관성이 존재하지만 일치성이 강하지 않는 경우에도 연관성이 강할 수는 있다. 예를 들어, 순서형 척도변수일 경우 관측자 X가 모든 개체에 대해 관측자 Y보다 항상 한 단계 높게 평가하였다면, 두 평가 결과 간에 연관성은 매우 높지만 일치성은 약하게 된다.

8.5.1 예제: 암 종양진단의 일치성

〈표 8.7〉은 X와 Y로 표시된 두 명의 병리학자가 118개의 슬라이드를 보고 자궁암의 여부와 암의 진행 정도를 분류하여 평가한 결과들이다. 평가 척도는 (1) 음성, (2) 유사암세포, (3) 국소암, (4) 전이됨과 같이 4개의 순서화된 범주로 구분하였다.

$\pi_{ij}=P(X=i, Y=j)$를 동일한 슬라이드에 대해서 관측자 X가 범주 i라고 평가하고 관측자 Y가 범주 j라고 평가할 확률이라고 하자. 정방형 분할표에서 주요 대각칸인 $\{i=j\}$는 관측자들의 평가가 일치하는 경우이다. π_{ii}항은 한 개체에 대해 두 평

▶표 8.7 암에 대한 진단자료에서 독립모형의 표준화잔차

병리학자 X	병리학자 Y 1	2	3	4	합계
1	22 (8.5)	2 (−0.5)	2 (−5.9)	0 (−1.8)	26
2	5 (−0.5)	7 (3.2)	14 (−0.5)	0 (−1.8)	26
3	0 (−4.1)	2 (−1.2)	36 (5.5)	0 (−2.3)	38
4	0 (−3.3)	1 (−1.3)	17 (0.3)	10 (5.9)	28
합계	27	12	69	10	118

출처 : N.S. Holmquist, C.A. McMahon and O.D. Williams, *Arch. Pathol.*, **84**: 334-345, 1967.

가자가 모두 범주 i에 속한다고 평가할 확률이고, $\sum_i \pi_{ii}$는 일치한 확률의 총합이다. 완전하게 일치한 경우에는 $\sum_i \pi_{ii} = 1$이다.

8.5.2 독립모형에서의 칸잔차

평가자들 간의 일치성을 평가하는 방법으로 칸도수 $\{n_{ij}\}$를 독립성 로그 선형모형 (7.1)의 적합값 $\{n_{i+}n_{+j}/n\}$과 비교하는 것이다. 이 독립모형은 두 평가자 사이에 연관성이 없을 때에 기대할 수 있는 일치성의 정도를 나타내는 기준이 된다. 아주 약한 일치성이 있어도 독립모형은 잘 적합되지 않지만 칸의 표준화잔차(2.4.5절)를 살펴보면 일치성과 불일치성의 패턴에 대한 정보를 얻을 수 있다. 표준화잔차가 양인 칸들은 독립성 가설 하에서의 기댓값보다 큰 도수를 갖는다. 이상적으로는 대각칸에서 표준화잔차가 양의 큰 값을 갖는다.

실제로 〈표 8.7〉의 자료에 대해 독립모형은 잘 적합하지 않는다 (이탈도 통계량의 값=118.0, 자유도=9). 이 표에서 괄호 안의 숫자는 표준화잔차값을 나타낸다. 대각칸에서 표준화잔차가 큰 양의 값을 갖는 것은 각 범주에 대해서(특히 처음 범주에 대해서) 독립모형 하에서 기대하는 것보다 일치성 정도가 더 크다는 것을 의미한다. 비대각칸들의 잔차들은 주로 음수값을 갖는다. 서로 가까이 있는 범주들 간에는 좀 약하기는 하지만, 독립모형 하에서 기대하는 것보다 불일치한 경우들이 더 작게 발생하였다. 칸도수들을 자세히 살펴보면 관측자 Y가 범주 3을 선택하고 관측자 X는 범주 2나 범주 4를 선택하는 불일치 경우가 가장 흔하게 발생하였음을 알 수 있다.

8.5.2 준독립모형

독립모형을 벗어나서 일치성을 나타낼 수 있는 항을 추가한 보다 유용한 로그 선형모형이 있다. 이 모형은 **준독립모형**(quasi-independence model)이며 다음과 같다.

$$\log \mu_{ij} = \lambda + \lambda_i^X + \lambda_j^Y + \delta_i I(i=j) \tag{8.12}$$

여기서 지시변수 $I(i=j)$는 $i=j$일 때 1이고, $i \neq j$일 때 0이다. 이 모형은 독립모형에 칸 (1,1)에는 δ_1을, 칸 (2,2)에는 δ_2를 계속해서 추가한 형태이다. $\delta_i > 0$이면, 독립모형 하에서 기대하는 것보다 범주 i에 대해 일치된 결과가 더 많이 관측된다. 이 모수를 추가함으로써, 준독립모형 하에서는 주대각칸들을 다른 칸들과 구별해서 다루게 된다. 주대각칸들에 대한 ML 적합값은 모든 i에 대해서 $\hat{\mu}_{ii} = n_{ii}$으로 완전하게 적합시킨다. 이 외의 나머지 칸들에 대해서는 독립모형을 적용한다. 다시 말하면, 관측자들 간에 불일치했다는 조건 하에서 X에 의한 평가가 Y에 의한 평가와 서로 독립이라고 간주한다.

다음의 R 프로그램에서 보여 준 것과 같이 준독립모형을 로그 선형모형으로 적합시킬 수 있다.

```
-------------------------------------------------------------------
> Pathology <- read.table("http://www.stat.ufl.edu/~aa/cat/data/
+                         Pathologists.dat", header=TRUE)
> Pathology # Data file at text website
     X  Y  count  diag  # diag: separate category (1,2,3,4) for each main-diagonal
1    1  1     22     1  # cell and a single category (0) for all other cells
2    1  2      2     0
3    1  3      2     0
4    1  4      0     0
5    2  1      5     0
6    2  2      7     2
7    2  3     14     0
8    2  4      0     0
9    3  1      0     0
10   3  2      2     0
11   3  3     36     3
12   3  4      0     0
13   4  1      0     0
14   4  2      1     0
15   4  3     17     0
16   4  4     10     4
> fit <- glm(count ~ factor(X) + factor(Y) + factor(diag),
+ family=poisson, data=Pathology)
> summary(fit) # quasi independence, not showing intercept or main effects
               Estimate  Std. Error   z value   Pr(>|z|)
factor(diag)1    3.8611      0.7297     5.291   1.22e-07
factor(diag)2    0.6042      0.6900     0.876    0.38119
```

```
factor(diag)3      1.9025      0.8367    2.274    0.02298
factor(diag)4     20.9877   4988.8789    0.004    0.99664  # ML actually infinite
---
Residual deviance: 13.178 on 5 degrees of freedom
-----------------------------------------------------------------
```

준독립모형을 적합시킨 결과, 이탈도 통계량의 값이 13.18이고 자유도는 $df=5$이다. 이 모형의 적합성이 독립모형보다 훨씬 낫지만 아직도 약간의 적합결여가 존재한다.

준독립모형은 거의 대부분의 평가들 간에 강한 양의 상관성을 갖는 순서형척도 반응변수에 종종 적합하지 않은 경우가 있다. 관측자들 간의 불일치가 있다는 조건 하에서도, 어떤 한 관찰자가 높게 (혹은 낮게) 평가하면 나머지 다른 관측자도 비교적 높게 (혹은 낮게) 평가하는 경향이 있다. 준대칭모형이 준독립모형보다는 더 복잡하지만 적합이 훨씬 더 잘될 수 있다. 준대칭모형에서도 주대각칸은 완전하게 적합을 시키지만, 주대각칸이 아닌 칸에 대해서는 서로의 연관성을 허용한다. 〈표 8.7〉의 자료에 준대칭모형을 적합한 결과 이탈도 통계량의 값이 1.0이고 자유도 $df=2$를 얻었다.

〈표 8.7〉 자료에 대칭모형을 적합하였을 때 이탈도 통계량은 39.2이고, 자유도는 $df=5$으로 적합성이 좋지 않다. 준대칭모형과 비교했을 때, 두 모형의 이탈도 통계량의 차이는 $39.2-1.0=38.2$이고 자유도는 $df=3$으로 주변이질성에 대한 강한 근거를 보여 주고 있다. 완전한 일치성이 결여되어 있는 것은 주변분포의 차이에서 반영하고 있다. 〈표 8.7〉을 살펴보면 각 범주에서 이러한 차이가 있지만, 첫 번째 범주에서 상당하다는 것을 알 수 있다. 순서형 준대칭모형도 적합이 잘 되지 않는데 그 이유는 부분적으로는 한 관측자에 의한 평가가 다른 관측자에 비해서 일관적으로 더 높게 나타나는 경향이 없기 때문이다.

8.5.4 준독립성과 일치성을 요약하는 오즈비

한 쌍의 개체들에 대하여, 각 관측자가 한 개체를 범주 a로 분류하고 다른 개체를 범주 b로 분류하였다고 하자. 두 관측자들이 한 개체를 범주 a로 분류하고 또한 범주 b로 분류할 때에 서로 불일치하지 않고 일치할 오즈는

$$\tau_{ab} = \frac{\pi_{aa}\pi_{bb}}{\pi_{ab}\pi_{ba}}$$

와 같다. τ_{ab}가 1.0보다 클수록, 관측자들이 개체를 동일하게 분류할 가능성이 커진다.

준독립모형에 대해 범주 a와 범주 b의 일치성을 요약하는 오즈는

$$\tau_{ab} = \exp(\delta_a + \delta_b)$$

로 표현된다. 여기서 $\{\delta_i\}$의 값이 커질수록 일치성 강도가 커진다. 예를 들어, 〈표 8.7〉에서 범주 2와 범주 3에 대해서 각각 $\hat{\delta}_2 = 0.60$과 $\hat{\delta}_3 = 1.90$이다. 한 관측자가 범주 3 대신에 범주 2로 평가할 오즈 추정값은 다른 관측자가 범주 3으로 평가할 때에 비하여 범주 2로 평가할 때 $\hat{\tau}_{23} = \exp(0.60 + 1.90) = 12.3$배나 더 높다는 것을 의미한다. 일치성이 매우 높게 나타났으며, 다른 범주들의 쌍에서도 같은 현상이 일어난다.

8.5.5 일치성에 대한 카파 측도

일치성을 나타내는 다른 접근 방법은 모형을 사용하지 않고 하나의 측도를 사용하는 것이다. 가장 많이 활용되는 측도는 **Cohen의 카파**(Cohen's Kappa)로서 이 값은 실제 평가자들의 일치성과 평가가 서로 독립적이라고 가정했을 때의 기댓값을 비교한 것이다. 평가가 일치할 확률은 $\sum_i \pi_{ii}$이고, 만일 관측자의 평가가 서로 독립일 때에는 $\pi_{ii} = \pi_{i+}\pi_{+i}$이므로 일치할 확률은 $\sum_i \pi_{i+}\pi_{+i}$가 된다. 그러면 Cohen의 카파는 다음과 같이 정의된다.

$$\kappa = \frac{\sum \pi_{ii} - \sum \pi_{i+}\pi_{+i}}{1 - \sum \pi_{i+}\pi_{+i}}$$

이 식의 분자항은 일치될 확률을 독립성 하에서의 일치확률의 기댓값과 비교한 것이고, 분모항은 $\sum_i \pi_{ii}$ 대신에 완전한 일치성을 나타낼 때 갖는 최댓값인 1의 값으로 대치시킨 것이다. 일치될 확률값이 독립성 가정 하에서의 기댓값과 거의 같으면 카파값은 0이 되고 완전히 일치하면 1.0이 된다. 주어진 주변분포쌍들의 일치성이 강해질수록 카파값은 커지게 된다.

〈표 8.7〉 자료에 대하여 $\sum_i \hat{\pi}_{ii}$의 추정값은 $(22 + 7 + 36 + 10)/118 = 0.636$이고 $\sum_i \hat{\pi}_{i+}\hat{\pi}_{+i} = 0.281$이다. 따라서 표본카파값은 다음과 같고,

$$\hat{\kappa} = (0.636 - 0.281)/(1 - 0.281) = 0.49$$

R 출력 결과에서도 확인할 수 있다.

```
---------------------------------------------------------------------------
> library(psych)
> dat <- matrix(Pathology$count, ncol=4, byrow=TRUE) # using Pathology data
> cohen.kappa(dat)                                   # from previous output
                    lower  estimate  upper
```

```
unweighted kappa     0.38        0.49    0.60  # estimate=0.49, 95% CI is (0.38, 0.60)
weighted kappa    0.71 0.        78    0.86
--------------------------------------------------------------------------
```

이 결과에서는 관측된 일치성과 독립성 가정 하에서의 일치성의 기댓값의 차이는 최대 약 50%정도 차이가 나는 셈이다.

카파는 변수들을 명목형 척도로 간주하기 때문에, 범주가 순서형이라도 가까운 범주끼리 불일치하는 경우와 멀리 떨어져 있는 범주들끼리 불일치하는 것을 동일하게 간주한다. 따라서 순서형 척도에 대해서 **가중치 카파**(weighted kappa)로 확장하여 멀리 떨어져 있는 범주와 불일치할 때 가중치를 더 많이 줄 수 있다.

카파값은 주변분포의 영향을 강하게 받기 때문에 카파를 활용하는 측면에서 여러 논쟁들이 있어 왔다. 카파는 같은 진단평가 방법에도 여러 형태의 사례군의 비율에 따라 전혀 다른 값을 가질 수도 있다. 준독립모형이나 준대칭모형을 통하여 일치성과 불일치성의 구조를 더 잘 설명할 수 있다.

8.6 대응쌍의 선호도에 대한 Bradley-Terry 모형*

〈표 8.8〉의 자료는 2014년 1월과 2018년 1월 시즌 사이에 5명의 프로 테니스 선수들 간의 시합 결과를 나타낸 것이다. 예를 들면, 로저 페더러는 노박 조코비치와의 15번의 경기 중에서 6번 이겼다. 이 절에서는 관측값들이 두 범주 중에서 한 범주보다 다른 범주를 더 선호하는 대응비교의 형태로 구성된 자료를 분석하기 위한 모형을 소개한다. 적합된 모형으로부터 선수들의 순위를 구할 수 있고 임의의 두 선수들 간의 승패에 대한 확률을 추정할 수도 있다.

▸ 표 8.8 남자 선수들에 대한 2014-2018 테니스 시합 결과

	패자				
승자	조코비치	페더러	머레이	나달	워링카
조코비치	-	9	0	1	1
페더러	6	-	3	9	5
머레이	3	0	-	0	1
나달	2	1	2	-	3
워링카	3	2	1	2	-

출처: www.atpworldtour.com.

8.6.1 Bradley–Terry 모형과 준대칭성

Bradley-Terry 모형은 선호도 대응쌍 자료를 분석하기 위한 로지스틱 모형이다. 〈표 8.8〉에서 Π_{ij}를 선수 i가 선수 j와의 시합에서 이길 확률이라 하자. 따라서 선수 j가 이길 확률은 $\Pi_{ji} = 1 - \Pi_{ij}$이다(비기는 경우는 없음). Bradley-Terry 모형은 선수를 나타내는 모수 $\{\beta_i\}$에 대해 다음과 같이 주어진다.

$$\operatorname{logit}(\Pi_{ij}) = \log(\Pi_{ij}/\Pi_{ji}) = \beta_i - \beta_j$$

여기서 $\beta_i = \beta_j$인 경우에는 선수 i가 이길 확률이 1/2이고, $\beta_i > \beta_j$일 때는 이길 확률이 1/2을 넘는 경우이다. 하나의 모수가 중복되고, 절편이 없는 모형을 가정한다.

이 로지스틱 모형은 준대칭모형 (8.4)와 동일하다. 이 모형을 적합하기 위해서는[9] 각 칸의 도수쌍 (n_{ij}, n_{ji})를 8.3.2절에서 설명한 것과 같이 독립적인 이항변수로 취급한다. 예를 들어, 페더러의 경우에 (페더러, 조코비치)의 결과는 총 15번의 시행 중에 6번의 성공과 9번의 실패를 관측한 결과라고 볼 수 있다. 모형을 적합한 결과 Π_{ij}의 추정값은 다음과 같다.

$$\hat{\Pi}_{ij} = \exp(\hat{\beta}_i - \hat{\beta}_j)/[1 + \exp(\hat{\beta}_i - \hat{\beta}_j)]$$

8.6.2 예제: 남자 테니스 선수들의 순위

〈표 8.8〉 자료에 대하여 R 출력 결과에서 보는 바와 같이 선수 워링카에 대해 $\beta_5 = 0$으로 놓는다. 모수들의 추정값을 구하면 조코비치와 페더러가 다른 선수들보다 상당히 높게 순위가 매겨진다. 모형은 적절하게 잘 적합되었다(이탈도 통계량 = 4.40, $df = 6$).

```
-------------------------------------------------------------------------------
> Tennis <- read.table("http://www.stat.ufl.edu/~aa/cat/data/Tennis.dat",
+                      header=TRUE)
> Tennis # data file at text website
   Djokovic  Federer  Murray  Nadal  Wawrinka  nij  nji
1         1       -1       0      0         0    9    6  # Djok won 9 lost 6 vs Fed
2         1        0      -1      0         0   14    3
3         1        0       0     -1         0    9    2
4         1        0       0      0        -1    4    3
5         0        1      -1      0         0    5    0  # Federer always beat Murray
6         0        1       0     -1         0    5    1
7         0        1       0      0        -1    7    2
```

[9] R의 BradleyTerry2 패키지는 이 모형의 적합과 일반화를 쉽게 할 수 있도록 해준다.

```
8          0        0       1     -1          0   2    4
9          0        0       1      0         -1   2    2
10         0        0       0      1         -1   4    3
> fit <- glm(nij/(nij+nji) ~ -1 + Djokovic + Federer + Murray + Nadal
+             + Wawrinka, family=binomial, weights=nij+nji, data=Tennis)
> summary(fit)
           Estimate  Std. Error  z value  Pr(>|z|)
Djokovic     1.1761      0.4995    2.354    0.0185
Federer      1.1358      0.5109    2.223    0.0262
Murray      -0.5685      0.5683   -1.000    0.3172
Nadal       -0.0618      0.5149   -0.120    0.9044
Wawrinka         NA          NA       NA        NA
---
    Null deviance: 25.8960  on  10  degrees of freedom
Residual deviance:  4.3958  on   6  degrees of freedom
```

이 모형을 적합하여 각 선수들이 이길 확률을 추정할 수 있다. 페더러가 조코비치와 시합을 할 때에, 페더러가 이길 확률에 대한 추정은 다음과 같다.

$$\widehat{\Pi}_{21} = \frac{\exp(\widehat{\beta}_2 - \widehat{\beta}_1)}{1+\exp(\widehat{\beta}_2 - \widehat{\beta}_1)} = \frac{\exp(1.136-1.176)}{1+\exp(1.136-1.176)} = 0.49$$

이와 같이 적은 수의 자료에 대해서도 모형평활법을 적용하면 표본비율보다 좀 더 현실적이고 만족할 만한 추정값을 얻을 수 있다. 예를 들어, 페더러는 머레이와의 5번 시합해서 모두 이겼지만 이 모형에서는 페더러가 이길 확률을 1이 아닌 0.85로 추정하고 있다.

두 선수들 간의 차이가 통계적으로 유의한지를 살펴보기 위해서는 $(\hat{\beta}_i - \hat{\beta}_j)$와 이 차이의 표준오차($SE$)를 비교하면 된다(소프트웨어를 이용하여 얻을 수 있는 간단한 방법의 하나는 선수 j를 기준으로 $\widehat{\beta}_j = 0$으로 놓고 $\widehat{\beta}_j$의 SE값과 비교하는 것이다). 예를 들어, 페더러와 조코비치를 비교하는 경우, $\hat{\beta}_2 - \hat{\beta}_1 = -0.040$이고 $SE = 0.417$이므로 유의한 차이가 전혀 나지 않는다. $\beta_2 - \beta_1$의 95% 신뢰구간을 구해 보면 $-0.040 \pm 1.96(0.417)$, 즉 $(-0.858, 0.778)$이다. 페더러가 이길 확률 Π_{21}에서 이 구간은 $(0.30, 0.69)$로 해석될 수 있다 (즉, $\exp(0.778)/[1+\exp(0.778)] = 0.69$).

이 모형에서 각 시행들이 서로 독립적이고 동일한 이항분포를 따른다는 가정에 기반하여 로지스틱 모형을 적합하는 것은 지나치게 단순화시킨 측면이 있다. 예를 들어, 선수 i가 선수 j를 이길 확률 Π_{ij}는 테니스 코트가 클레이 코트인지, 잔디 코트인지, 하드 코트인지에 따라 달라질 수도 있고 시간에 따라 달라질 수도 있다.

8.1 〈표 8.3〉의 흡연과 신생아체중에 관한 자료에 대하여 McNemar 검정법을 적용하고 그 결과를 해석하라.

8.2 최근의 일반사회조사에서 응답자들에게 천국과 지옥을 믿는지를 질문하였다. 〈표 8.9〉는 조사 결과자료이다.

a. "예"라고 응답한 모비율이 천국과 지옥에 대해서 동일한지를 검정하라.

b. 모비율의 차이에 대한 90% 신뢰구간을 구하고 해석하라.

c. (i) 식 (8.2)의 주변모형과 (ii) 식 (8.3)의 개체-특정적 모형을 이용하여 "예"라고 답할 확률을 두 항목(천국 혹은 지옥)의 함수로 간주한 로지스틱 모형에 적합하여 오즈비를 추정하고 해석하라. 왜 추정값이 다른지도 설명하라.

▶ 표 8.9 연습문제 8.2의 일반사회조사 자료

천국에 대한 믿음	지옥에 대한 믿음: 예	지옥에 대한 믿음: 아니오
예	833	125
아니오	2	160

8.3 식 (8.2)의 주변모형에서의 $\hat{\beta}$와 식 (8.3)의 개체–특정적 모형의 $\hat{\beta}$의 차이를 설명하라. 〈표 8.1〉의 환경개선 자료를 이용하여 설명하라.

8.4 〈표 8.10〉은 대응쌍 사례–대조 연구의 결과를 나타낸 것이다. 이 연구는 나바호족 인디언들의 급성심근경색증(MI)에 관한 것으로 심장병을 앓고 있는 144명과 심장병에 걸리지 않은 144명을 나이, 성별에 따라 짝을 지었다. 각 사람들에게 과거에 당뇨병 진단을 받은 적이 있는가를 조사하였다. 로지스틱 모형에서, 당뇨병이 있는 사람이 MI 환자일 확률은 당뇨병이 없는 사람이 MI 환자일 가능성의 $\exp(\beta)$배가 된다. $\exp(\beta)$를 추정하고, 이 연구가 MI 상태가 정해진 조건 하에서 당뇨병에 걸렸는지 여부를 조사한 경우임에도 이 추정값이 타당한 이유를 설명하라.

▸표 8.10 심근경색증(MI)의 사례–대조 쌍에 대한 과거 당뇨병 진단에 대한 자료

MI 처리	MI 대조	
	당뇨병	당뇨병 아님
당뇨병	9	16
당뇨병 아님	37	82

출처: Coulehan et al., Am. J. *Public Health*, **76**: 412-414(1986).

8.5 8.1.1절에서는 상관성이 있는 두 비율을 비교하는 대표본 z 통계량과 카이제곱의 McNemar 검정법을 알아보았다. 정확 P-값은 이항분포를 사용한다. 〈표 8.1〉에서 $H_a: P(Y_1=1) > P(Y_2=2)$, 즉, $H_a: \pi_{12} > \pi_{21}$를 고려해 보자.

a. 모비율이 0.50 일 때 전체 239번의 시행 중 적어도 132번의 성공이 일어날 이항확률이 정확 P-값이 되는지 그 이유를 설명하라. 소프트웨어를 사용하여 이 정확 P-값이 0.060이 되는 것을 보여라.

b. 이 자료에 대해서 중간 P-값(1.4.3절)을 이항확률로부터 어떻게 정의할 수 있는가? (이 P-값은 0.053이다.)

8.6 다음의 유추에 대하여 설명하라.
"대응쌍에 대한 t-검정법이 정규분포를 따르는 반응변수에 대한 것이라면 McNemar 검정법은 이항분포를 따르는 반응변수에 대한 검정법이다."

8.7 〈표 8.11〉은 2016년도 일반사회조사에서 사람들이 당시에 갖고 있던 종교와 16세 때에 가졌던 종교를 조사한 자료이다. 각 범주는 (1) 개신교, (2) 천주교, (3) 유대교, (4) 무교 또는 기타이다.

▸표 8.11 연습문제 8.7의 일반사회조사 자료

16세 때의 종교	현재 종교			
	1 (개신교)	2 (천주교)	3 (유대교)	4 (무교, 기타)
1 (개신교)	1136	49	3	288
2 (천주교)	129	590	2	186
3 (유대교)	1	0	42	12
4 (무교, 기타)	81	9	4	157

a. 대칭모형을 적합하라. 표준화된 잔차를 이용하여 각 쌍의 종교들 간의 이동하는 패턴을 분석하라.

b. 준대칭모형을 적합하라. 대칭모형을 적합한 결과와 비교하여 주변동질성을 검정하라.

8.8 〈표 8.12〉는 2016년도 일반사회조사로부터 당시의 거주지역과 16세 때의 거주지역을 조사한 것이다.

a. 두 모형의 적합도를 비교하여 주변동질성을 검정하라.

b. 독립모형과 준독립모형을 적합하라. 준독립모형이 적합성을 크게 개선하는 이유를 설명하라(힌트: 독립모형에서 주대각칸의 표준화잔차는 약 40이다. 준독립모형을 적합하면 이 칸들에 대해서 어떤 변화가 있는가?).

▸ 표 8.12 연습문제 8.8의 일반사회조사 자료

16세 때의 거주지역	현재 거주지역			
	북동부	중서부	남부	서부
북동부	394	17	81	38
중서부	8	596	74	59
남부	29	32	769	35
서부	10	24	35	417

8.9 〈표 8.13〉은 일반사회조사로부터 얻어진 자료이다. 연구 참여자들에게 혼전 성관계에 대한 의견과 혼외 성관계에 대한 의견을 물었다. 반응범주는 1 = "아주 잘못이다", 2 = "잘못이다", 3 = "항상 잘못은 아니다", 4 = "잘못이 전혀 아니다"로 분류되었다. 점수를 (1, 2, 3, 4)로 갖는 순서형 준대칭모형에 대해서 이탈도 통계량은 $2.1(df=5)$이고, $\hat{\beta}=-2.86$이다. 주변동질성을 검정하기 위해 대칭모형(이탈도 통계량이 402.2임)과 어떻게 비교해야 하는지 설명하라. $\hat{\beta}$의 값으로부터 혼외 성관계에 대한 응답자의 순서형 척도점수가 혼전 성관계에 대한 응답자보다 더 낮은지를 설명하라(혼외 성관계에 대한 평균 순서형 점수는 1.28이고 혼전 성관계에 대한 평균 순서형 점수는 2.69이다).

▸ 표 8.13 연습문제 8.9의 일반사회조사 자료

혼전 성관계	혼외 성관계			
	1	2	3	4
1	144	2	0	0
2	33	4	2	0
3	84	14	6	1
4	126	29	25	5

8.10 〈표 8.14〉는 일반사회조사로부터 얻어진 자료이다. 조사대상자들에게 자동차 매연 또는 온실효과로 인한 지구온도의 상승으로 인하여 환경이 얼마나 위험해지는가를 질문하였다. 반응범주는 1 = "극히 위험하다", 2 = "매우 위험하다", 3 = "약간 위험하다", 4 = "전혀 또는 그다지 위험하지 않다"이다. 모형을 적합하여 자료를 분석하고 추정된 모수들을 해석하여 추론하라. 한 페이지 분량의 결과로 요약하고 부록으로 소프트웨어 출력을 편집하여 첨부하라.

▸ 표 8.14 연습문제 8.10의 자료

자동차	온실효과			
매연	1	2	3	4
1	95	72	32	8
2	66	129	116	13
3	31	101	233	82
4	5	4	24	26

8.11 〈표 8.5〉의 두 번의 구매에서 선택한 커피 브랜드에 관한 자료에 대해서, 준독립모형의 적합결과가 순서형 독립모형보다 크게 개선되는 것을 보이고 그 결과를 해석하라.

8.12 〈표 8.15〉는 다경화증(sclerosis)에 대하여 두 명의 신경과 의사들의 진단결과 자료이다. 범주는 다경화증에 대해 (1) 확실함, (2) 거의 확실함, (3) 가능성 있음, (4) 확실하지 않음으로 분류되었다. 두 진단자의 일치성에 대하여 분석하여라.

▸ 표 8.15 연습문제 8.12의 다경화증 평가에 대한 자료

	신경과 의사 B			
신경과 의사 A	1	2	3	4
1	38	5	0	1
2	33	11	3	0
3	10	14	5	6
4	3	7	3	10

출처: J.R. Landis and G. Koch, *Biometrics*, **33**: 159-174, 1977. Reprinted with permission from the Biometric Society.

8.13 TV 프로그램에 대해서 시카고 영화 평론가 진 시스켈과 로저 에버트는 서로 다른 의견을 가지고 적대적으로 평론하였다. 2년의 기간 동안에 (긍정, 혼합, 부정)의 빈도수는 시켈의 긍정적 평가에 대해 에버트의 평가는 (64, 9, 10)이었고, 혼

합된 시켈의 평가에 대해서는 (11, 3, 8)이었으며, 시켈의 부정적 평가에 대해서는 (13, 8, 24)이었다.[10] 모형과 카파 측도를 이용하여 일치성에 대해서 요약하라.

8.14 플로리다대학의 심리학과 대학원생들을 대상으로 눈을 가린 후에 세 종류의 콜라를 두 종류씩 짝을 지어 마시게 하고 그 중에 한 개를 선택하게 하였다. 코카콜라와 펩시를 49번 비교한 결과 코카콜라를 29번 선택하고, 클래식 코카콜라와 펩시를 47번 비교한 결과 클래식 코카콜라를 19번 선택하였다. 코카콜라와 클래식 코카콜라를 50번 비교한 결과 코카콜라를 31번 선택하였다. 똑같은 선택을 한 경우는 보고하지 않았다.

a. Bradley-Terry 모형을 적합하고 콜라 종류에 대한 선호도 순위를 나타내라.

b. 적합된 모형을 이용해서 펩시보다 코카콜라를 선호할 확률을 추정하고 그 결과를 표본비율과 비교하라.

8.15 〈표 8.16〉은 2014년도 1월부터 2017년도 6월 사이에 있었던 여자 테니스 선수들 간의 시합 결과이다.

a. Bradley-Terry 모형을 적합하고 모수들을 추정한 후 선수들의 순위를 정하라.

b. 세레나 윌리엄스가 비너스 윌리엄스를 이길 확률에 대한 90% 신뢰구간을 구하고 해석하라.

▸ 표 8.16 연습문제 8.15의 여자 테니스 선수들의 시합결과 자료

	패자				
승자	케르버	할렙	플리스코바	S.윌리엄스	V.윌리엄스
케르버	-	5	4	1	1
할렙	3	-	5	2	4
플리스코바	3	2	-	1	1
S.윌리엄스	3	5	2	-	3
V.윌리엄스	2	2	1	1	-

출처 : www.wtatennis.com.

8.16 Bradley–Terry 모형이 성립할 때, 왜 B보다 A를 더 선호하고(즉, $\Pi_{AB} > 1/2$), C보다 B를 더 선호하며, 동시에 A보다 C를 더 선호하는 것이 가능하지 않은지 그 이유를 설명하라.

[10] 출처: A. Agresti and L. Winner, *CHANCE* **10**: 10-14 (1997).

8.17 참인가 거짓인가: 양의 상관관계가 있는 종속표본의 경우에 주변확률의 차이에 대한 추정이 동일한 크기의 독립적인 표본의 경우보다 더 정확도가 높다.

9장

상관성이 있는 군집화된 반응변수의 주변모형화

많은 연구들이 각 개체에 대해서 여러 시점 또는 다양한 조건 하에서 반복적으로 반응변수를 관측한다. 이러한 연구는 종종 의학 분야에서 흔히 접할 수 있는데, 예를 들어 임상의들이 약물 치료가 성공적으로 진행되는지를 알기 위해 정기적으로 환자들을 진단하는 경우이다. 동일한 개체에서 반복적으로 관측되는 자료들은 일반적으로 양의 상관성을 가진다. 또한 양의 상관성은 서로 쌍을 이루는 개체 간에 관측된 반응변수들 간에도 존재하게 된다. 예를 들어, 소아비만에 영향을 주는 변수들을 연구하기 위하여 가족을 표본단위로 추출하여 각 가족에 속하는 소아들을 관측한다고 하자. 대응쌍 자료는 같은 가족 내에 있는 소아들끼리 짝지어져 있는 자료이다. 같은 가족에 속한 소아들끼리는 다른 가족에 속한 소아들보다 더 유사하게 반응하는 경향이 있다.

서로 쌍을 이루는 관측값들을 **군집**(cluster)이라고 한다. 동일한 개체를 반복적으로 측정할 경우, 주어진 개체의 반복관측값들은 하나의 군집을 이루게 된다. 이러한 자료를 통계적으로 분석하려면 상관성을 고려해야 한다. 만약 상관성을 무시하고 분석하면, 표준오차의 추정값이 잘못 편향될 수 있다. 이번 장과 다음 장에서는 대응쌍에 대한 8장의 분석 방법을 군집자료로 확장할 것이며, 설명변수도 고려하여 일반화시키는 방법에 관하여 소개할 것이다.

우선, **주변모형**(marginal model)과 **개체-특정적 모형**(subject-specific model) 간의 차이를 명확하게 구별할 것이다. 이 장에서는 주변모형에 초점을 맞추어 **일반화추정방정식**(generalized estimating equation, GEE)을 활용하여 모형을 적합할 것이다. 이 방법은 이산형 자료에 대한 다변량 분석 기법으로 ML 방법보다 계산하기가 훨씬 간단하고 소프트웨어에서 더 쉽게 사용할 수 있다. 먼저 이항반응변수에 대하여 설명한 후에 다범주 반응변수까지 확장하여 언급할 것이다. 또한, 경시적 연구(longitudinal study)에서 이전의 반응변수를 설명변수에 포함시켜 모형화하는 전이적인(transitional) 접근 방법에 대해서 소개할 것이다. 마지막으로, 반복측정자료에서 흔히 발생하는 결측값을 포함하는 군집들에 대해서도 논의할 것이다.

9.1 주변모형과 개체-특정적 모형

군집의 크기가 T일 때, 군집에서 관측된 반응변수는 $(y_1, y_2, \dots, y_T)$로 표시된다.[1] 독립적인 관측값들을 다루는 것과 같이 상관성이 있는 군집화된 범주형 관측값들에 대해서도 하나의 특정한 종속변수의 분포가 설명변수들에 의해 어떤 영향을 받는지가 관심의 대상이다.

9.1.1 군집화된 이항변수에 대한 주변모형

환경개선에 대한 〈표 8.1〉의 자료와 같이 이항반응변수로 이루어진 대응쌍 자료 (y_1, y_2)은 y_1과 y_2에 대하여 각각 교차분류된 분할표(contingency table)로부터 주변확률을 구할 수 있다. T개의 반복측정된 이항반응변수의 경우, $\{P(Y_1=1), P(Y_2=1), \dots, P(Y_T=1)\}$은 T개의 관측자료를 교차분류하는 T-차원 분할표의 주변확률이 된다. 주변모형은 주변확률의 로짓이 설명변수들에 의해서 어떻게 영향을 받는지를 나타낸다.

대응쌍 자료에 대해서, 식 (8.2)는 주변분포를 비교하기 위하여 로지스틱 모형을 어떻게 형성하는지를 보여 준다. 대응쌍 모형을 확장하면 설명변수들뿐만 아니라 각 군집 내에서 $T>2$가 되는 관측값들까지 고려할 수 있다.

9.1.2 예제: 유사한 설문에 대한 반복적인 반응자료

최근의 일반사회조사에서 조사 대상자들은 세 가지 다른 경우에서 각각 낙태의 합법화를 지지할지 여부에 응답하였다. 〈표 9.1〉은 세 가지 경우의 조합과 성별에 따라 교차분류한 자료이다. 여기서 하나의 군집은 어떤 특정한 개체가 세 가지 경우에 응답한 세 개의 관측값으로 이루어진다. 각 성별마다 $T=3$개의 반응변수를 가지므로 $2\times2\times2$ 분할표로 자료가 요약된다.

임의의 개체에 대해서 주어진 $t(t=1,2,3)$의 경우에 낙태의 합법화를 지지할 확률을 $P(Y_t=1)$이라고 하자. $x=1$이면 여자, 0이면 남자라고 하자. 반응변수 Y_t가 t 경우와 x 성별에 의해 어떻게 영향을 받는지를 주변주효과모형(marginal main-

[1] 실제로 반복관측 수는 종종 군집마다 다르지만, 이러한 경우를 고려하지 않는 기호를 사용하는 것이 더 간단하다.

▸표 9.1 성별에 따라 세 가지 경우에 낙태의 합법화 지지 여부(1=예, 0=아니오)

	세 가지 상황에서의 답변							
성별	(1, 1, 1)	(1, 1, 0)	(0, 1, 1)	(0, 1, 0)	(1, 0, 1)	(1, 0, 0)	(0, 0, 1)	(0, 0, 0)
남	342	26	6	21	11	32	19	356
여	440	25	14	18	14	47	22	457

세 가지 경우: (1) 매우 낮은 소득가정으로 더 이상 자녀를 양육할 수 없는 경우, (2) 여자가 결혼하지 않았고 그 남자와의 결혼을 원하지 않을 때, (3) 여자가 그 외 다른 이유로 낙태를 원할 때

ffects model)으로 다음과 같이 나타낼 수 있다.

$$\text{logit}[P(Y_t = 1)] = \alpha + \beta_t + \gamma x.$$

식별성을 위해, 소프트웨어는 경우 변수에 대하여 $\beta_1 = 0$의 제약조건을 준다. 이 모형을 적합하는 R 프로그램은 9.2.3절에 있다.

9.1.3 반복측정 반응변수에 대한 개체-특정적 모형

대응쌍 자료에 대해서, 식 (8.3)은 개체 수준에서 확률을 가지는 다른 유형의 모형을 제시하였다. 이 개체-특정적 모형에서는 설명변수의 고정적인 수준에서도 개체 간의 이질성이 허용된다.

경우 t에서 개체 i에 대한 반응변수를 Y_{it}라고 하자. 앞에서 제시한 주변모형과 유사하게 개체-특정적 모형은 다음과 같이 주어진다.

$$\text{logit}[P(Y_{it} = 1)] = \alpha_i + \beta_t + \gamma x_i.$$

각 개체는 개체마다 절편모수 α_i를 가지는데 이 모수는 어떤 특정한 경우와 성별이 주어졌을 때 개체들 간의 랜덤한 변동을 반영하고 있다. 이 모형을 개체-특정적 모형이라고 명명하는데 그 이유는 모수 $\{\beta_t\}$ 효과가 개체의 경우가 주어졌을 때 정의되기 때문이다. 예를 들어, $\beta_1 = 0$의 제약조건 하에서, 각 개체에 대하여 경우 $t = 2$에서 합법화된 낙태를 지지할 오즈는 $t = 1$에서 이를 지지할 오즈의 $\exp(\beta_2)$배가 된다. 이와는 대조적으로, 앞 절에서 논의하였던 주변모형에서는 이 효과가 한 개체에 대하여 언급한 것이 아니라 전체 모집단의 평균적인 효과에 대한 것이다. 예를 들어, 주변모형에서는 $\beta_1 = 0$의 제약조건 하에서, 전체적인 모집단에 대하여 경우 $t = 2$에서 합법화된 낙태를 지지할 오즈는 경우 $t = 1$에서 이를 지지할 오즈에 $\exp(\beta_2)$배가 된다고 할 수 있다.

이 장에서는 주변모형에 대해서만 초점을 맞추어 설명하고 다음 장에서 개체-특정적 모형에 대하여 설명할 것이며 또한 모형의 선택에 관해서 논의할 것이다.

9.2 주변모형화 : 일반화추정방정식(GEE) 접근 방법

주변 로짓 모형을 ML 추정 방법으로 적합하는 것은 쉽지 않다. 그 이유를 이론적으로 자세하게 기술하지는 않겠지만, 기본적으로 주변모형은 **주변확률**(marginal probability)을 다루는 반면에, 최대가능도추정법은 ML 추정값을 구하기 위해 가능도함수를 최대화시키는데 이 가능도함수는 군집화된 반응변수의 **결합확률**(joint probability)에 기반하기 때문이다. 이 절에서는 ML 추정법의 간단한 대안으로 소프트웨어에서 널리 사용되는 방법을 소개할 것이다.

9.2.1 준가능도 방법

일반화선형모형(GLM)은 반응변수 Y의 확률분포를 가정하고 평균 $E(Y)=\mu$이 설명변수에 의해 어떻게 영향을 받는지 모형화하기 위하여 μ와 예측변수의 선형식을 연결해 주는 연결함수를 사용한다. Y의 분포함수를 선택하면 평균 μ와 분산 $\text{var}(Y)$과의 관계가 결정된다. 예를 들어, 성공률이 π인 이항자료의 경우, Y는 평균이 $E(Y)=\pi$이고 분산이 $\text{var}(Y)=\pi(1-\pi)$이므로 $\text{var}(Y)=\mu(1-\mu)$의 관계를 갖는다. 한편 포아송을 따르는 도수자료에 대해서는 $\text{var}(Y)=\mu$이다.

GLM에서 특정한 연결함수와 선형적인 예측변수에 대해, 반응변수 Y에 대한 확률분포의 선택에 따라 가능도함수와 최대가능도추정값이 결정된다. 3.5절에서 언급했듯이, GLM 적합에서는 가능도함수를 수치적으로 반복해서 풀어 최대가능도추정값을 찾는다. 준가능도 방법은 다음과 같은 점들을 고려하여 기존의 가능도추정 방법을 일반화한 것이다.

- GLM 가능도 방정식은 반응변수 Y에 대하여 가정된 확률분포를 단지 $\text{var}(Y)$가 μ가 어떠한 관계인지를 파악하기 위해서 사용한다.
- 일반화된 "준가능도" 추정방정식은 Y에 대해서 특정한 확률분포를 가정할 필요가 없으며 단지 $\text{var}(Y)$와 μ의 관계만을 이용한다. 이와 같은 준가능도 추정방정식들을 풀어서 구한 해가 준가능도추정값이다.

준가능도 접근 방법은 표준적인 확률분포의 가정들을 만족하지 못하는 경우도 허용한다. 상관성이 있는 자료나 관측되지 않은 설명변수에 의해 야기되는 과대산포화 분산가정 하에서도 추정이 가능하다. 예를 들어, 어떤 준가능도 접근 방법은 특정한 분포에서 var(Y)와 μ와의 관계를 나타내는 일반적인 공식을 다루지만, 자료 자체 내에서 추정된 일정한 상수를 이 공식에 곱한다. 군집화된 이항자료의 경우, 군집 내의 자료들은 서로 상관성이 존재한다. 따라서 군집이 T개의 관측값을 가질 때, 군집 내에서 관측된 성공의 횟수에 대한 분산이 독립시행이라고 가정했을 때 나오는 이항분포의 분산 $T\pi(1-\pi)$와 다를 것이다. 준가능도 접근 방법은 이 분산에 일정한 상수 ϕ를 곱하여 $\phi T\pi(1-\pi)$라고 하고, 상수 ϕ는 표본자료에서 관측된 변동에 기초하여 추정한다. $\phi > 1$일 때 과대산포라고 한다.

9.2.2 일반화추정방정식 방법: 기본적인 개념

군집화된 범주형자료를 분석하는 데 있어서 ML 방법 대신에 계산상으로 간단하게 할 수 있는 것은 다변량변수에 준가능도 방법을 일반화하는 방법이다. 이 방법은 $(Y_1, ..., Y_T)$에 대하여 특별한 형태의 다변량 확률분포를 가정하는 대신에 단순하게 각각의 주변 평균 $E(Y_t)$를 선형적인 예측변수와 연결시키고, $(Y_1, ..., Y_T)$ 사이의 분산공분산행렬 구조를 추측하는 방법이다. 이 방법에서는 적합한 표준오차를 생성시키기 위하여 관측된 표본분산을 이용한다. 이 방법을 GEE 방법이라고 하는데 이는 이 방법에서 구한 추정값이 **일반화추정방정식**(generalized estimating equations)의 해가 되기 때문이다. 여기서 일반화추정방정식은 GLM 모형에서 ML 추정값을 구하기 위한 가능도함수를 다변량변수로 확장시킨 것이다.

GEE 방법은 다음과 같은 단계로 이루어진다.

- 연결함수를 선택하고 선형예측변수를 만들어 $E(Y_t)$에 대한 주변모형을 지정한다.
- $\mathrm{var}(Y_t)$과 $E(Y_t)$의 관계에 대한 분포가정을 세운다. 이 과정은 대체로 자료 형태에 따라 자연스럽게 반응변수 Y_t의 분포가정에 기초한다(예: 이항자료에 대한 이항분포).
- $\{Y_t\}$들 간의 상관성구조를 학습을 통하여 추측하여 정한다. 이를 **가상관행렬**(working correlation matrix)이라고 한다.
- GEE 추정값은 주변 모형에 대한 분포가정과 분산공분산 구조에 대하여 추측한 것을 활용하여 얻어진 일반화추정방정식의 해이다.
- 분산공분산 구조를 설사 잘못 지정한 경우에도 자료로부터 경험적으로 얻어진 분산과 상관성을 이용하여 타당성 있고 좀 더 강건한 추정값을 가질 수 있도록 표

준오차를 조정한다.

가상관행렬로 가능한 예의 하나는 **교환가능한**(exchangeable) 상관성으로 상관계수 $\rho = \text{corr}(Y_s, Y_t)$가 모든 s와 t의 쌍에 대하여 알려져 있지는 않지만 모두 동일하다고 간주하는 경우이다. 또 다른 가능한 상관성 구조는 시계열자료에서 많이 사용되는 **자기상관성**(autoregressive)이다. 이 상관성에서는 $\text{corr}(Y_s, Y_t) = \rho^{t-s}$의 형태를 갖는다. 예를 들어, $\text{corr}(Y_1, Y_2) = \rho$, $\text{corr}(Y_1, Y_3) = \rho^2$, $\text{corr}(Y_1, Y_4) = \rho^3$, ... 으로 시간적으로 멀리 떨어질수록 자료들 간에 상관성이 약해진다. 독립적인(independence) 가상관행렬은 모든 쌍에 대하여 $\text{corr}(Y_s, Y_t) = 0$을 가정하며 이 구조에서는 추정된 모수추정값은 ML 추정값과 동일하게 되는데 이는 ML 추정법이 모든 관측값을 독립적인 것으로 간주하기 때문이다. 이와 정반대의 극단적인 경우로 **비구조적**(unstructured) 가상관행렬이 있는데, 모든 쌍에 대하여 각각 다른 상관계수 $\text{corr}(Y_s, Y_t)$를 가정하는 경우이다.

실제적으로 대부분의 경우, 상관행렬구조에 대하여 사전 정보가 주어져 있는 경우는 거의 없다. 따라서 상관행렬에 대한 가정이 필요 없는 비구조적 가상관행렬을 사용하는 것이 바람직하지만 이 구조는 추정해야 할 모수의 수가 너무 많다는 단점이 있으며 반복 수 T가 큰 경우에는 더욱 그렇다. 만약 변수들 간에 상관성이 크게 차이가 나지 않는다면 대개 교환가능한 가상관행렬을 사용하도록 한다. 상관성구조를 설사 잘못 추측하였다고 해도 GEE 방법에서는 표본공분산을 이용하여 조정하기 때문에 타당성이 있는 표준오차를 얻는다. 다시 말하면, 가정된 상관성구조에 기초하여 단순하게 추정한 표준오차는 관측된 표본자료를 이용하여 새롭게 추정하기 때문이다. 결과적으로 강건한 표준오차를 얻게 되는데, 가정된 상관성구조에만 기초하여 구한 추정량보다 일반적으로 더 적절하다. 소프트웨어에서는 강건한 이 표준오차를 샌드위치 표준오차라고 명명한다. 이는 공분산행렬의 형태에서 유래되었는데 가정에서 구할 수 있는 단순한 공분산행렬과 관련되어 있는 두 행렬들 사이에 표본으로부터 관측된 경험적인 정보량을 샌드위치와 같이 끼워서 구하기 때문이다.

9.2.3 예제: 낙태 합법화 지지도

세 가지의 경우에 낙태 합법화에 관한 의견을 보여 주는 표 9.1에 대해서, 9.1.2절에서는 아래와 같은 주변모형을 제시하였다.

$$\text{logit}[P(Y_t = 1)] = \alpha + \beta_t + \gamma x,$$

여기서 Y_t는 임의로 추출한 응답자가 경우 t에 대하여 답한 반응변수이다. 먼저 각 응답자마다 세 개의 관측값이 있다는 것을 무시하고 분석한다. 다시 말하면 1850명에 대한 3개의 반응변수값을 3(1850) = 5550명의 독립적인 개체에서 관측된 값으로 간주하고 분석한다. 다음의 R 프로그램은 경우 3에 해당하는 모수를 첫 번째 범주로 간주하여 $\beta_3 = 0$으로 놓는다. 경우 1과 2에 대응되는 모수들은 경우 3과 비교하게 되는데, 경우 3은 여성이 어떤 이유로든 낙태를 할 수 있어야 한다는 경우이다.

```
-------------------------------------------------------------------------------
> Abortion <- read.table("http://www.stat.ufl.edu/~aa/cat/data/Abortion.dat",
+                         header=TRUE)
> Abortion # subject-specific data file at text website
person   gender   situation  response
     1        1           1         1
     1        1           2         1
     1        1           3         1
.....
  1850        0           1         0
  1850        0           2         0
  1850        0           3         0
> sit <- factor(Abortion$situation, levels=c(3,1,2))
> fit.glm <- glm(response ~ sit + gender, family=binomial, data=Abortion)
> summary(fit.glm) # ML estimates for 5550 independent observations
              Estimate   Std. Error   z value   Pr(>|z|)
(Intercept)  -0.12541      0.05560    -2.255     0.0241
sit1          0.14935      0.06582     2.269     0.0233
sit2          0.05202      0.06584     0.790     0.4295
gender        0.00358      0.05414     0.066     0.9472
-------------------------------------------------------------------------------
```

모수의 추정값과 표준오차는 GEE 방법에서 독립적인 가상관행렬을 가정하여 구한 단순한 결과와 동일하다. 그 결과는 아래와 같다.

```
-------------------------------------------------------------------------------
> library(gee)
> fit.gee <- gee(response ~ sit + gender, id=person, family=binomial,
            corstr="independence", data=Abortion) # cluster on "id" variable
> summary(fit.gee)
              Estimate  Naive S.E.   Naive z  Robust S.E.   Robust z
(Intercept)  -0.12541     0.05562    -2.255      0.06758     -1.856
sit1          0.14935     0.06585     2.268      0.02974      5.022
sit2          0.05202     0.06587     0.790      0.02705      1.923
gender        0.00358     0.05416     0.066      0.08784      0.041
Working Correlation
      [,1]  [,2]  [,3]
[1,]     1     0     0
[2,]     0     1     0
[3,]     0     0     1
-------------------------------------------------------------------------------
```

GEE 분석에서 구한 강건한 표준오차는 단순한 표준오차와 상당히 다르다. 이 자료에서와 같이 동일한 군집내에서 양의 상관성이 있는 경우에 실제로 이러한 결과가 종종 발생하는데, 군집간 효과(이 자료의 경우, 남자와 여자 간의 비교)에 대한 표준오차는 독립적일 때보다 더 큰 경향을 보인다. 반면에 군집내 효과(이 자료의 경우는 세 가지의 다른 경우 간의 비교)에 대한 표준오차는 독립적일 때보다 더 작은 경향을 보인다.

단순한 표준오차와 강건한 표준오차 간에 큰 차이가 난다는 것은 군집내에서 반응변수들끼리 매우 강한 상관성이 존재한다는 것을 반영하는 것이다. 실제로 교환가능한 가상관행렬을 사용하여 GEE 방법으로 분석한 결과, 아래의 R 출력 결과에 나타난 것과 같이 반응변수들 간의 공통 상관계수가 0.817로 추정되었다.

```
----------------------------------------------------------------------------
> fit.gee2 <- gee(response ~ sit + gender, id=person, family=binomial,
corstr="exchangeable", data=Abortion)
> summary(fit.gee2)
             Estimate   Naive S.E.    Naive z  Robust S.E.   Robust z
(Intercept)  -0.12533      0.06783     -1.848      0.06758     -1.854
sit1          0.14935      0.02814      5.307      0.02974      5.022
sit2          0.05202      0.02815      1.848      0.02705      1.923
gender        0.00344      0.08791      0.039      0.08784      0.039
Working Correlation
         [,1]     [,2]     [,3]
[1,] 1.00000 0.81733 0.81733
[2,] 0.81733 1.00000 0.81733
[3,] 0.81733 0.81733 1.00000
----------------------------------------------------------------------------
```

교환가능한 가상관행렬을 가정한 경우에는 단순한 표준오차와 강건한 표준오차 간에 큰 차이가 없다. 이 상관성구조가 강한 표본상관관계를 잘 반영하고 있다는 반증이다. 또한 결과를 보여 주지는 않았지만 비구조적 가상관행렬을 이용해서 GEE 분석한 결과에서 세 개의 반응변수들 간의 상관관계는 (0.825, 0.796, 0.831)으로 비슷한 결과를 보여 주고 있다.

강건한 표준오차을 이용하면, $\{\hat{\beta}_t\}$는 다른 두 경우보다 경우 1(저소득층이고 더 이상 자녀를 가질 여력이 없을 때)에서의 낙태 합법화를 유의하게 한다고 할 수 있지만 그 효과는 약하다. 예를 들어, 경우 1에서 낙태 합법화를 지지할 오즈비의 추정값은 exp(0.149) = 1.16으로 경우 3에 비하여 1.16배 정도 높다고 할 수 있다. 성별에 대한 모수의 추정값은 $\hat{\gamma}$ = 0.003이므로 각 경우에 따라 낙태의 합법화를 지지할 확률은 여자와 남자가 차이가 없다.

성별과 서로 다른 경우의 교호작용을 고려하는 모형에서는 남자와 여자 그룹별로 서로 다른 $\{\beta_t\}$를 추정해야 한다. 이것은 성별과 경우를 나타내는 지표변수를 곱한 모수를 추가적으로 모형에 적합하면 되는데 이 모형의 적합성이 더 좋지 않다.

9.2.4 가능도추정법과 비교할 때 GEE 방법의 한계

GEE 방법은 각 주변확률분포에 대한 확률분포만 가정하고 결합분포 $(Y_1, ..., Y_T)$에 대해서는 어떠한 가정도 없이 단지 가상관행렬만 선택한다. 연속형 다변량 반응변수의 경우에는 일반적으로 다변량 정규분포를 가정할 수 있지만, 범주형 반응변수나 이산형 반응변수에 대해서는 일변량인 경우에 이항분포나 포아송 분포를 따르더라도 이에 대응하는 다변량 반응변수의 분포가 존재하지 않기 때문에 단순하게 상관성 구조만을 고려하게 된다. GEE 방법은 완전한 다변량 분포를 지정하지 않기 때문에 가능도함수를 구하지 못한다. 이런 측면에서 GEE 방법은 다변량 반응변수에 대한 준가능도 방법이며, 이 추정값은 ML 추정값이 되지 못한다.

군집자료에 대하여 GEE 방법은 ML 방법에 비하여 계산이 훨씬 간단하고 소프트웨어 프로그램도 잘 되어 있으나 한계가 있다. GEE 방법은 가능도함수를 기반으로 하지 않기 때문에 이탈도 통계량을 정의하지 못하고, 모형의 적합성이나 모형들을 비교하거나 모수에 대한 추론을 할 때 가능도비 방법을 사용할 수 없다. 대신에 강건하게 추정된 표준오차와 추정량의 표본분포가 근사적으로 정규분포로 수렴한다는 성질을 기반으로 왈드 통계량을 사용하여 추론한다. 이러한 추론은 주로 대표본의 경우에만 신뢰할 수 있다. 또한 경험적으로 추정된 표준오차는 실제값을 작게 추정하는 경향이 있다.

낙태 합법화 지지도 예제에서 성별이 주어진 조건 하에서 서로 다른 세 가지의 경우의 효과가 유의한지 검정하자. 이것은 8장에서 살펴보았던 주변동질성 가설을 일반화한 것으로, 이 자료에서는 $T = 3$이고 하나의 설명변수가 있는 경우이다. GEE 방법으로 분석한 결과 아래의 R 출력 결과에서 왈드 검정법을 사용할 수 있다:

```
-------------------------------------------------------------------------------
> library(geepack) # geepack library enables Wald tests comparing models
> fit <- geeglm(response ~ gender + factor(situation), id=person, family=binomial,
+               corstr="exchangeable", data=Abortion)
> anova(fit)
Terms added sequentially (first to last)        # gender first alone in model

                   Df        X2  P(>|Chi|)   # then situation is added
gender              1    0.0017       0.97
factor(situation)   2   26.0171    2.2e-06
-------------------------------------------------------------------------------
```

왈드 통계량의 값은 26.02이고 자유도가 $df = 2$이므로 성별이 주어진 조건 하에서 세 가지 경우에 차이가 없다는 가설을 강하게 반증하고 있다. 통상적인 GLM 모형에서는 ML 방법을 이용하여 이탈도 통계량을 비교하는 가능도비 검정법을 이용하였을 것이다.

9.3 군집화된 다항반응변수에 대한 주변모형화

GEE 방법은 이항반응변수에서 다항반응변수까지 확장되어 다항반응변수의 모형적합성 문제도 다룬다. 주변분포에 대한 모형화는 반응변수의 측정 척도에 따라 달라진다. 명목형 척도 반응의 경우 기준범주 로짓 모형이 각 범주의 오즈를 기준범주와 비교하여 상대적으로 설명한다. 예를 들어, 8.3.2절에서 대응쌍에 대한 자료에 GEE 방법을 적용한 경우가 있다. 순서형 척도 반응의 경우 누적 로짓 모형이 누적 확률에 대한 오즈를 설명한다. 8.4.2절에서는 대응쌍에 대한 예제를 보여 주었고 이번 절에서는 설명변수도 포함한 예제를 보여 줄 것이다. 이항반응변수의 경우에서 한 것과 같이, GEE 방법은 군집화된 반응변수들 간의 표본공분산을 이용하여 강건한 표준오차를 구한다.

9.3.1 예제: 불면증 연구

불면증을 겪고 있는 환자들을 대상으로 〈표 9.2〉의 자료는 위약과 최면제 효과가 있는 약을 임의로 배정하고 이중눈가림법을 적용한 임상시험을 시행하여 얻은 결과이다. 반응변수는 환자들이 침대에 누운 후 잠들 때까지의 시간을 분단위로 측정한 것을 순서형 범주로 분류한 것이다. 환자들은 약을 투여하기 전과 약을 투여한 후 2주가 된 시점에서 반응변수를 측정하였다. 처리 방법은 위약과 최면제 효과약으로 이항형 설명변수이다. 각 환자들은 임의적으로 두 그룹에 배정되었으며, 각 환자들은 하나

▸표 9.2 처리와 시점에 따라 잠드는 데 걸리는 시간 자료

		잠드는 데 걸리는 시간			
		2주 후			
처리	초기시점	<20	20–30	30–60	>60
최면제 효과약	<20	7	4	1	0
	20-30	11	5	2	2
	30-60	13	23	3	1
	>60	9	17	13	8
위약	<20	7	4	2	1
	20-30	14	5	1	0
	30-60	6	9	18	2
	>60	4	11	14	22

출처: S. F. Francom, C. Chuang-Stein, and J. R. Landis, *Statist. Med.*, **8**: 571-582, 1989. Reprinted with permission from John Wiley & Sons. Ltd.

▶ 표 9.3 〈표 9.2〉에 대한 표본 주변확률분포

처리	시점	반응변수			
		<20	20–30	30–60	>60
최면제 효과약	초기시점	0.101	0.168	0.336	0.395
	2주 후	0.336	0.412	0.160	0.092
위약	초기시점	0.117	0.167	0.292	0.425
	2주 후	0.258	0.242	0.292	0.208

의 군집을 이루는데 각 군집은 두 시점에서 얻어진 순서형 반응변수로 이루어진다.

〈표 9.3〉은 두 처리 방법과 두 시점의 조합으로 이루어진 네 경우에 대하여 주변표본분포를 나타내고 있다. 초기 시점보다 2주 후의 시점으로 갈수록 잠드는 시간이 두 처리 방법에서 모두 감소하는 경향을 보이고 있다. 감소하는 정도는 최면제 효과가 있는 약을 투여한 그룹에서 더 크게 보이는데, 이는 교호작용이 존재한다는 것을 의미한다. t를 시점(0=초기 시점, 1=2주 후)이라 하고, x를 처리그룹(0=위약, 1=최면제 효과약)이라 하자. 그러면 시점과 처리 간의 교호작용을 포함하는 누적 로짓 모형은 다음과 같이 주어진다.

$$\text{logit}\,[P(Y_t \le j)] = \alpha_j + \beta_1 t + \beta_2 x + \beta_3 (t \times x)$$

6.2절의 누적 로짓 모형과 같이 위의 모형은 각 시점에서 효과가 동일하다고 가정하는 **비례 오즈**(proportional odds) 가정이다.

독립성 가상관행렬 가정 하에서 GEE 추정값과 강건한 표준오차값(괄호 안)은 다음과 같다.

$$\hat{\beta}_1 = 1.038(0.168),\ \hat{\beta}_2 = 0.034(0.238),\ \ \hat{\beta}_3 = 0.708(0.244)$$

다음의 R 출력 결과는 인접한 행과 인접한 열의 쌍에 대한 국소 오즈비(7.5.1절)의 관점에서 쌍의 연관성을 표현하는 multgee 패키지를 사용하였다.

옵션 "*independence*"(오즈비 = 1) 하에서는 GEE가 추정하는 값은 군집내의 모든 관측값을 독립적으로 간주하기 때문에 ML 추정값과 동일하다. 옵션 "*uniform*" 하에서는 모든 관측쌍에 대해서 공통적인 국소 오즈비 값을 사용한다. 출력 결과에서 강건한 표준오차는 "*san.se*"로 표시하는데, 여기서 *san*은 *sandwich*의 약어이다(9.2.2절 참조).

```
> Insomnia <- read.table("http://www.stat.ufl.edu/~aa/cat/data/Insomnia.dat",
+                          header=TRUE)
> Insomnia # Insomnia subject-specific data file at text website
    case  treat  occasion  response
1      1      1         0         1
2             1         1         1
...
477  239      0         0         4
478  239      0         1         4
> library(multgee)
> fit <- ordLORgee(response ~ occasion + treat + occasion:treat, id=case, LORstr =
+       "independence", data=Insomnia) # cluster on "id" variable
> summary(fit)
Link : Cumulative logit
Local Odds Ratios Structure: independence
                Estimate   san.se   san.z  Pr(>|san.z|)
occasion         1.03808  0.16759  6.1943       < 2e-16
treat            0.03361  0.23844  0.1410       0.88790
occasion:treat   0.70776  0.24352  2.9064       0.00366
```

검정통계량의 값은 $z = \hat{\beta}_3/SE = 0.708/0.244 = 2.91$으로 교호작용이 유의하다는 것을 강하게 보여 준다(P-값 = 0.004). 초기 시점에서 최면제 효과약을 투여한 그룹에 속한 환자들의 잠들 때까지의 시간이 주어진 범주보다 더 짧아지게 되는 오즈의 추정값은 위약 그룹에 비하여 $\exp(0.034) = 1.03$배이다. 다시 말하면, 초기 시점에서는 두 그룹이 거의 동일한 분포를 갖게 되는데 이는 환자들이 임의적으로 두 그룹에 배정되었기 때문이다. 그러나 2주 후의 시점에서는 그 효과가 $\exp(0.034 + 0.708) = 2.1$이다. 최면제 효과약을 복용한 그룹이 위약을 복용한 그룹보다 훨씬 더 빨리 잠이 드는 경향이 있다는 것을 알 수 있다.

좀 더 쉽게 이해하려면 순서형 범주에 점수를 매겨서 주변분포의 평균을 구하여 그 차이를 비교하면 된다. 잠드는 데 걸리는 시간에 대한 반응변수의 점수를 (10, 25, 45, 75)라고 하면 초기 시점에서 최면제 효과약 그룹의 평균은 50.0이고 위약 그룹의 평균은 50.3이다. 초기 시점과 2주 후의 시점 간에 평균차이는 최면제 효과약 그룹에서는 22.2이고 위약 그룹에서는 13.0이다.

반복측정된 반응변수를 단순하게 독립이라고 가정하여 분석하면 모수의 추정값은 GEE 분석 결과와 같이 동일하지만 군집내에서의 시점 효과에 대한 추정값의 표준오차는 매우 크게 추정될 것이다. 예를 들어, 교호작용효과의 추정값의 표준오차는 0.244가 아니라 0.334가 된다.

9.3.2 GEE에서 가상적인 상관성을 다루는 대안적 방법

범주형 자료의 경우, GEE 방법에서 군집화된 반응변수에 대하여 가상관행렬을 지정하는 것이 자연스럽지는 않다. 이는 이항반응변수는 연속형 변수와는 달리 상관계수값이 $[-1,+1]$의 전 영역에서 구해지지 않기 때문이다. 실제값의 범위는 주변확률에 의해서 결정된다. 다항반응변수의 경우 상관행렬을 사용하는 것은 더 부자연스럽다.

범주형 반응변수들 간의 상관성에 대해서는 오즈비가 더 적절한 측도이다. 실제로, 이 절에서 소개하는 다항반응변수를 위한 multgee 패키지는 국소 오즈비를 이용하여 반응변수쌍들 간의 상관성을 나타낸다.[2] 이항자료에 대한 대안적인 GEE 방법은 가상관행렬을 오즈비를 이용하여 표현한다. 예를 들어, 교환가능한 상관성구조는 오즈비가 모든 관측값의 쌍에 대하여 동일한 경우이다. 일부 소프트웨어[3]에서 이러한 버전의 GEE를 제공하고 있으며 모형의 모수에 대한 결과는 실질적으로 가상관행렬을 이용하는 것과 대체로 유사하다.

9.4 경시적 자료에 대한 전이모형

시간의 흐름에 따라 관측된 자료들에 대해, 반응변수 Y_t가 일반적인 설명변수들뿐만 아니라 과거에 관측된 반응변수들 $\{y_1, y_2, \ldots, y_{t-1}\}$에 어떻게 종속되어 있는지에 관심이 있는 경우가 있다. 과거의 관측된 반응변수들을 설명변수로 포함하는 모형을 전이모형(transitional model)이라고 한다. 이러한 모형은 경제 전망과 같이 현재까지 관측된 자료들을 기반으로 미래를 예측하고자 할 때 종종 사용된다.

일차 마르코프(first-order Markov) 모형은 모든 시점 t에서 $y_1, \ldots, y_{t-1}$가 주어져 있을 때의 Y_t의 조건부분포가 y_{t-1}만 주어져 있을 때의 Y_t의 조건부분포와 동일하다는 성질을 만족하는 전이모형이다. 즉, y_{t-1}이 주어지면, Y_t는 $Y_1, \ldots, Y_{t-2}$와 조건부적으로 독립이라는 의미이다. 가장 최근의 관측값을 알면 그 이전에 관측된 자료에 대한 정보는 다음 시점의 관측값을 예측하는 데 전혀 영향을 주지 않는다는 의미이다. 이러한 마르코프 모형을 이용하여 y_{t-1}를 적합하는 것이 적절한 경우는 실제적인 목적으로 y_{t-1}만을 과거의 설명변수로 사용하여 Y_t를 적합한 모형이

2 A. Touloumin가 제안한 패키지는 공저자 A.Agrsti와 M. Kateri와 함께 쓴 논문 *Biometrics* **69**: 633-640 (2013)의 결과에 기반하였다.

3 SAS (PROC GENMOD)에서와 같이 *type=exch* 대신에 *logor=exch* 옵션을 사용하라.

$\{y_1, y_2, \ldots, y_{t-1}\}$을 설명변수로 사용한 모형만큼 적합이 잘되는 경우이다.

9.4.1 설명변수가 있는 전이모형

이항반응변수 y가 p개의 설명변수를 갖는 경우, 각 시점 t에서 **마르코프 로지스틱 회귀모형**은 다음과 같이 주어진다.

$$\text{logit}[P(Y_t = 1)] = \alpha + \beta y_{t-1} + \beta_1 x_{1t} + \ldots + \beta_p x_{pt}$$

위의 식에서 x_{jt}는 t시점에서 설명변수 x_j의 값을 의미한다. 이 모형은 이전의 반응변수와 설명변수가 주어진 조건 하에서, 각 개체마다 반복적으로 관측된 관측값을 독립적으로 간주하고 있다. 따라서 각 관측값을 개별적으로 간주하여 일반적인 GLM 소프트웨어를 사용하여 모형을 적합할 수 있다.

전이모형에서 모수 $\{\beta_j\}$는 효과의 크기와 의미를 해석하는 데 있어서 주변모형에서의 모수와 다르다. 전이모형에서 x_j의 Y_t에 대한 효과는 y_{t-1}가 주어진 조건 하에서의 효과이지만, 주변모형에서는 y_{t-1}을 전혀 고려하지 않는다. 일반적으로 y_{t-1}가 주어지면 이 효과가 약화되기 때문에 전이모형에서의 설명변수의 효과는 종종 주변모형에 비하여 상당히 약하게 추정된다.

전이모형에서 설명변수는 각 시점 t에 따라 서로 다른 값을 취할 수도 있고 항상 동일할 수도 있다. 예를 들어, 경시적 의학연구에서 환자의 혈압은 시간에 따라 변하지만 인종은 변하지 않는다. 또한 고차 마르코프 모형에서는 예측변수에 y_{t-2}뿐만 아니라 그 이전의 관측값을 설명변수에 포함할 수 있다.

9.4.2 예제: 소아 호흡기 질환과 임신부의 흡연 여부

〈표 9.4〉는 호흡기 질환과 임신부 흡연에 관한 하버드대학의 연구자료이다. 7세에서 10세 사이의 소아들을 대상으로 매년 호흡기 질환 여부를 검사하였다. 설명변수는 소아의 나이 $t(t = 7,8,9,10)$와 연구시작 시점에서 관측된 소아의 어머니의 흡연 여부(정기적인 흡연이면 $s = 1$, 그 외 $s = 0$)이다.

나이가 t일 때 호흡기 질환 여부를 나타내는 반응변수에 대한 마르코프 로지스틱 모형은 다음과 같이 표현할 수 있으며, 각 개체마다 모형을 적합할 때 3개의 관측값을 사용한다.

$$\text{logit}[P(Y_t = 1)] = \alpha + \beta y_{t-1} + \beta_1 s + \beta_2 t,\ \ t = 8, 9, 10$$

▶ 표 9.4 소아의 나이와 어머니의 흡연 여부에 따른 소아의 호흡기 질환 여부 자료

소아의 호흡기 질환 여부			흡연하지 않는 어머니		흡연하는 어머니	
			나이 10세		나이 10세	
나이 7세	나이 8세	나이 9세	아니오	예	아니오	예
아니오	아니오	아니오	237	10	118	6
		예	15	4	8	2
	예	아니오	16	2	11	1
		예	7	3	6	4
예	아니오	아니오	24	3	7	3
		예	3	2	3	1
	예	아니오	6	2	4	2
		예	5	11	4	7

따라서 이 자료는 (s, t, y_{t-1})의 조합에 의하여 $2\times3\times2$인 12개의 이항변수로 이루어진다. 예를 들어, 〈표 9.4〉에서 $(0, 8, 0)$의 조합에서 $y_8=0$이 되는 개체수는 $237+10+15+4=266$이고, $y_8=1$이 되는 개체수는 $16+2+7+3=28$이 된다.

위의 마르코프 로지스틱 모형의 ML 적합 결과는 다음과 같다.

$$\text{log}it[\hat{P}(Y_t=1)] = -0.293+2.211y_{t-1}+0.296s-0.243t$$

아래 R 프로그램에서 로지스틱 적합을 어떻게 하는지를 알 수 있다.

```
------------------------------------------------------------------------
> Respiratory <- read.table("http://www.stat.ufl.edu/~aa/cat/data/
+                           Respiratory.dat", header=TRUE)
> Respiratory # Respiratory data file at text website
     no   yes   previous  s   t
1   283   17          0  0  10
2    30   20          1  0  10
3   140   12          0  1  10
4    21   14          1  1  10
5   274   24          0  0   9
6    26   26          1  0   9
7   134   14          0  1   9
8    18   21          1  1   9
9   266   28          0  0   8
10   32   24          1  0   8
11  134   22          0  1   8
12   14   17          1  1   8
> fit <- glm(yes/(no+yes) ~ previous + s + t, family=binomial, weights=no+yes,
+             data=Respiratory)
> summary(fit)
              Estimate   Std. Error   z value    Pr(>|z|)
```

```
(Intercept)  -0.29256      0.84603     -0.346        0.7295
previous      2.21107      0.15819     13.977        <2e-16
s             0.29596      0.15634      1.893        0.0583
t            -0.24281      0.09466     -2.565        0.0103
---
    Null deviance: 207.2212  on  11   degrees of freedom
Residual deviance:   3.1186  on   8   degrees of freedom
> library(car)
> Anova(fit) # likelihood-ratio tests of effects
             LR Chisq  Df   Pr(>Chisq)
previous      192.331   1     < 2e-16
s               3.546   1     0.05969
t               6.649   1     0.00992
------------------------------------------------------------------
```

예상했던 것과 같이 이전의 반응변수 y_{t-1}의 효과는 크게 나타났다. 오즈의 승법적인 효과는 $e^{2.211} = 9.1$이나 된다. 이전 시점의 반응변수 y_{t-1}과 소아의 나이가 주어져 있을 때, 어머니의 흡연과 양의 상관성이 약하게 나타나고 있다. 귀무가설 $H_0 : \beta_1 = 0$을 검정하는 가능도비 검정통계량의 값은 $3.55(df=1,\ P=0.06)$이다. 만약 이 모형에 y_{t-2}까지 추가해서 고려하면 어머니의 흡연 효과는 더 약해진다(연습문제 9.12).

9.4.3 시작 시점의 반응변수를 공변량으로 처리한 그룹 비교

전이모형은 특별히 대응쌍 자료에 유용하게 활용할 수 있다. 이 장에서 중점적으로 다루고 있는 주변모형들은 Y_1과 Y_2의 주변확률분포가 설명변수들에 의해 어떻게 영향을 받는지에 관심이 있다. 그러나 종종 Y_2를 일변량 반응변수로 간주하고 시작 시점의 반응변수 y_1이 주어져 있을 때 설명변수들의 효과를 알아보는 것에 더 관심을 갖게 되는데, 이는 전이모형에서 다루는 중심적인 주제이다.

앞 절에서 분석했던 불면증 연구에 대한 자료(9.3.1절)를 다시 한 번 고려해 보자. y_1을 초기 시점에서 잠드는 데 걸리는 시간이라고 하고, Y_2를 2주 후 시점에서 잠드는 데 걸리는 시간이라고 하고 공변량 x는 두 처리그룹(1=최면제 효과약, 0=위약)을 나타내는 설명변수라고 하자. Y_2는 순서형 반응변수로, y_1은 4 수준의 범주에 대해 점수 $(10, 25, 45, 75)$을 갖는 양적 설명변수로 간주하여 다음과 같은 모형을 적합한다.

$$\text{logit}[P(Y_2 \le j)] = \alpha_j + \beta_1 x + \beta_2 y_1 \tag{9.1}$$

위의 모형에서 β_1은 초기 시점의 반응변수 y_1을 통제한 후의 두 처리 그룹 간에 2주 후 시점에서 잠드는 데 걸리는 시간을 비교하는 모수이다. 이것은 (Y_1, Y_2)의 주변모형이라기보다는 y_1이 주어진 조건 하에서 2주 후에 잠드는 데 걸리는 시간(Y_2)에 대한 모형이다.

다음 R의 출력 결과와 같이 누적로짓모형에 대한 소프트웨어를 사용하여 구한 처리 그룹 효과에 대한 ML 추정값은 $\hat{\beta}_1 = 0.885(SE = 0.246)$으로, 이 결과로부터 최면제 효과약 그룹에 대하여 2주 후에 잠드는 데 걸리는 시간이 유의하게 감소하고 있다는 것을 보여 준다. 초기 시점에서의 반응변수가 주어져 있는 상태에서 어떤 특정한 시간에서 최면제 효과약을 투여한 그룹에 속한 환자가 위약 그룹에 비하여 추적 후 잠드는 데 걸리는 시간이 줄어드는 오즈비는 $\exp(0.885) = 2.42$배가 된다고 해석할 수 있다.

```
--------------------------------------------------------------------------
> Insomnia2 <- read.table("http://www.stat.ufl.edu/~aa/cat/data/Insomnia2.dat",
+                        header=TRUE)
> Insomnia2 # Insomnia2 data file at text website
  treatment  initial  follow1  follow2  follow3  follow4
1         1       10        7        4        1        0
2         1       25       11        5        2        2
3         1       45       13       23        3        1
4         1       75        9       17       13        8
5         0       10        7        4        2        1
6         0       25       14        5        1        0
7         0       45        6        9       18        2
8         0       75        4       11       14       22
> library(VGAM)
> fit <- vglm(cbind(follow1, follow2, follow3, follow4) ~ treatment + initial,
+             family=cumulative(parallel=TRUE), data=Insomnia2)
> summary(fit)
                Estimate   Std. Error   z value   Pr(>|z|)
(Intercept):1    0.58116      0.31882     1.823   0.068330
(Intercept):2    2.27744      0.35504     6.415   1.41e-10
(Intercept):3    3.75095      0.39980     9.382    < 2e-16
treatment        0.88468      0.24555     3.603   0.000315
initial         -0.04211      0.00580    -7.264   3.75e-13
--------------------------------------------------------------------------
```

9.5 결측자료 처리*

반복측정자료 연구에서는 군집 내에서 적어도 하나 이상의 관측값이 결측되는 경우가 종종 있다. 경시적 연구에서, 몇몇 의 개체는 연구가 종료되기 전에 다른 도시로 이사하거나 더 이상 참여하고 싶지 않은 이유가 생겨서 더 이상 관측하지 못하게 될 수 있다. 결측자료는 반복측정자료가 아닌 연구에서도 발생할 수 있는데, 예를 들어, 설문조사에서 몇몇 의 대상자들이 어떤 질문에 응답을 거부할 수도 있다.

적어도 한 개 이상의 변수에서 결측자료를 가지고 있는 개체들을 모두 삭제한 후 통계분석을 하는 경우를 **완전-사례 분석**(complete-case analysis)이라고 한다. 이 방법은 많은 정보를 손실할 수 있고, 가용할 수 있는 자료를 모두 사용하여 분석할 때 보다 더 큰 표준오차를 초래할 수 있다. 또한 만약 결측자료를 갖는 개체들이 체계적으로 다른 개체와 다른 경향을 가질 수도 있다. 이러한 까닭에 마치 자료에 결측치가 없는 것처럼 완전하게 관측된 자료만을 이용하여 분석하면 모수들이 편향적으로 추정될 수 있다.

9.5.1 랜덤결측: ML과 GEE 방법에 미치는 영향

자료가 **완전랜덤결측**(MCAR: missing completely at random)된 것과 같이 엄격한 경우에는 완전-사례분석을 해도 편향이 일어나지 않는다. 왜냐하면 어떤 자료의 결측 여부가 관측된 자료의 값이나 전체 자료에 있는 다른 변수의 값과 통계적으로 독립적이기 때문이다. 다시 말하면 결측자료를 갖는 개체는 마치 모집단에서 단순임의추출한 표본과 같이 간주된다. 이보다 덜 엄격한 경우는 **랜덤결측**(MAR: missing at random)이다. 이 경우는 자료의 결측 여부가 관측된 값과 독립적인 경우이다. 예를 들어, 어떤 개체가 연구에서 중도 탈락한 것이 탈락 이전에 관측된 값에 종속적일 수는 있지만 관측되지 않은 이후의 값에 영향을 받지 않을 때 랜덤결측이라고 한다.

경시적 연구에서 개체가 우울증 증상을 보이는 반응변수에 대하여 연구 시작 시점에서 측정한 우울증상 심각도, 치료 방법과 치료를 시작한 이후의 기간에 대한 모든 설명변수를 기반으로 모형화한다고 가정해 보자. 만약에 반응변수가 결측될 확률이 모든 설명변수들의 값들과 상관없이 모든 개체에 대하여 동일하다면, 이 경우는 MCAR이다. 그러나 반응변수가 결측될 확률이 시간에 따라 변동이 있지만 동일한 설명변수를 갖는 개체들의 반응변수에 따라 달라지지 않는다면, 이 자료는 MCAR이 아니라 MAR이다. 한편 만약에 결측된 변수를 가진 개체들이 그 변수에서 결측치를 가지지 않는 개체들에 비하여, 다른 변수들이 통제된 조건 하에서 우울증 증상이 더 높다면 이 경우는 MAR이 아니다. 또 다른 예로, 만약 어떤 반응변수의 결측 여부가 그 개체의 결혼 여부와 관련되어 있고, 결혼 여부가 결측된 반응변수와 연관성이 있는 경우에도 MAR이 아니다.

실제로, 결측된 자료를 관측할 수 없기 때문에 어떤 경우에 MCAR 또는 MAR이 만족되는지 알 수 없다. 대신에 MCAR 또는 MAR의 가정을 만족하지 않는다는 증거를 보여줄 수는 있다. 예를 들어, 가벼운 초기 우울증 지수를 갖는 개체보다 심각한 우울증 지수를 갖는 환자들의 결측 자료의 비율이 훨씬 높다고 가정해 보자. 이 경우는 결측 자료를 갖는 개체들이 전체 모집단의 단순임의표본이라고 볼 수 없기 때문에 MCAR이 아니다.

군집자료의 경우 군집마다 관측값의 수가 다를 수 있다. 자료 파일은 하나의 군집 내에서 각 개체마다 다른 줄에 관측값을 입력하므로 소프트웨어에서 완전하게 관측된 자료만을 분석하도록 규정되어 있지는 않다. 그러나 편향을 피하려면, 군집화되고 상관성이 있는 자료를 분석하는 통상적인 GEE 방법은 MCAR 가정이 전제되어야 한다. 이전의 장에서 언급되었고 다음 장에서 소개할 랜덤효과모형에서 사용할 ML 분석의 경우에는 편향을 피하려면 MCAR보다는 덜 엄격한 MAR 가정만 성립해도 된다.

9.5.2 다중대치법: 결측자료에 대한 몬테칼로(Monte Carlo) 예측

다중대치법[4]은 결측된 자료를 예측하여 이 예측값을 통계분석에 사용하는 하나의 방법이다. 대치법은 관측된 자료가 주어진 조건 하에서 조건부분포를 이용하여 시뮬레이션으로 생성한 값을 결측값 대신에 대체시키는 몬테칼로 방법이다. 예를 들어, 연속형 설명변수 x_1의 결측값을 대체하기 위해서는 가용할 수 있는 모든 자료를 이용하여 $(y, x_2, ..., x_p)$로부터 x_1을 예측하는 회귀모형을 적합시킨다. 이 예측모형에서 예측된 값을 평균으로 하고 이 적합식의 잔차와 동일한 표준편차를 갖는 정규분포에서 랜덤하게 x_1을 생성하여 결측값을 갖는 개체의 x_1을 대체한다. 이러한 과정을 거치기 때문에 관측자료가 기댓값을 중심으로 분포되어 있는 변동을 반영하여 예측값을 취하게 되는 것이다. 만약 x_1이 이항 설명변수이면 로지스틱 회귀분석을 이용하여 결측자료에 대한 예측확률을 구하고 이 확률을 성공률로 갖는 이항분포에서 랜덤하게 1 또는 0을 생성하여 결측된 x_1를 대체한다.

이러한 대치 방법을 모든 변수에 대한 모든 결측자료에 대하여 수행하여 완전한 자료를 생성한 후 일반적인 모형을 적합시킨다. 다중대치법에서 "다중"의 의미는 대치법을 여러 번 반복하기 때문인데 그 이유는 시뮬레이션으로 자료가 생성되어 결측값이 대치된 모형에서 모수의 추정값이 시뮬레이션을 할 때마다 얼마나 변동되는지를 제공해 주기 위해서이다. 대치 방법으로 생성된 자료 세트의 수를 M이라고 하자. 이 M개의 자료에 대하여 결측값이 없었던 자료처럼 간주하여 M개의 자료들의 평균을 구한다. 이 평균은 대치자료 내(within-imputation)에서와 대치자료 간(between- imputation)에서의 변동에 기반한 표준오차를 가지게 되는데 이 값에 결측자료가 지니고 있는 불확실성

[4] Donald Rubin 통계학자가 1987년도에 여론조사의 무응답을 분석학 위해 이 방법을 개발하였다.

이 통합된다. 다중대치법은 결측자료를 갖는 관측값을 모두 제외하고 분석하는 방법보다 더 효율적인 추정값을 제공한다. 또한 MAR이나 MCAR이 만족될 때는 추정값들이 편향되지 않는다. 소프트웨어를 이용하여 다중대치법을 수행할 수 있다.[5]

결측자료가 흔하게 발생하는 경우에는 주의 깊게 자료를 분석해야 한다. 가용할 수 있는 모든 자료를 이용하여 얻은 분석결과와 전혀 결측값이 없는 자료만을 이용하여 분석한 결과를 비교해 봐야 한다. 만약 다중대치법을 사용했다면 이 분석결과와도 비교해 봐야 한다. 비교한 결과들이 너무 다른 경우에는, 결측값이 발생하는 이유를 철저하게 규명할 수 있을 때까지 결론을 잠정적으로 유보해야 한다. 결측이 MCAR 또는 MAR이 아닌 경우에는 더 복잡한 분석 방법이 요구되는데, 예를 들어 반응변수와 잠재적으로 결측이 일어나는지 여부를 나타내는 이항형 변수와의 결합분포에 대해서 모형을 가정해야 한다. 그러나 이와 같은 분석과 다중대치법을 활용한 예제에 대한 논의는 이 책의 범위를 벗어난다. 이에 대한 자세한 내용은 Molenberghs와 Verbeke(2005), Molenberghs 등 (2015)를 참조하라.

[5] 예를 들어, R의 mice, SAS의 PROCMI, Stata의 mi 명령문을 사용하라.

연습문제

9.1 고등학교 학생들의 음주, 흡연, 마리화나 사용 여부를 연구한 〈표 7.1〉의 자료를 참조하라. 이 표의 자료를 세 변수의 대응쌍으로 간주하라.

a. 각 항목에 대한 주변분포를 구하라. 이들을 비교할 수 있는 주변모형을 지정하고 이 모형의 모수들을 어떻게 해석할 수 있는지 설명하라. 모형의 모수들을 이용하여 주변동질성 가설을 표현하라.

b. 위의 주변모형에 대응되는 개체-특정적 모형을 나타내라. 이 모형의 모수들에 대한 해석이 주변모형의 모수들과 어떻게 다른지 설명하라.

c. 주변모형을 적합할 수 있도록 자료 파일을 만들어라(힌트: Abortion 자료에서 성별만 무시하여 만든 과정과 동일하게 만들 수 있다). GEE 방법을 적용하여 모형을 적합시키고 주변동질성 가설을 검정하라.

9.2 〈표 9.4〉의 자료에서 소아의 나이와 어머니의 흡연 여부를 설명변수로 사용하여 주변모형을 적합하라. 예측모형식을 제시하고 이 모형을 9.4.2절에 있는 마르코프 로지스틱 모형과 비교하여 해석하라.

9.3 〈표 7.8〉의 자료에서 각 학생들의 음주, 흡연, 마리화나 사용 여부에 대하여 인종, 성별 및 이 물질 유형의 주효과를 나타내는 주변모형을 적합시켰을 때 성별과 이 물질 유형과의 교호작용이 유의하다는 것을 알 수 있다. GEE 방법에서 교환가능한 가상관행렬을 가정하여 어떤 경험 여부에 대한 확률 $\hat{\pi}$을 추정하면 다음과 같은 모형을 얻는다.

$$\begin{aligned}\operatorname{logit}(\hat{\pi}) = & -0.57 + 1.93 s_1 + 0.86 s_2 + 0.38 r \\ & -0.20 g + 0.37 g \times s_1 + 0.22 g \times s_2\end{aligned}$$

여기서 r, g, s_1, s_2는 각각 인종(1 = 백인, 2 = 그 외의 인종), 성별(1 = 여성, 0 = 남성), 세 가지 물질의 사용 여부($s_1 = 1$, $s_2 = 0$이면 음주, $s_1 = 0$, $s_2 = 1$이면 흡연, $s_1 = s_2 = 0$이면 마리화나 사용)를 나타낸다. 아래 질문에 답하고 기술한 내용을 보여라.

a. 마리화나를 가장 많이 사용한다고 추정된 그룹은 백인이다. 음주를 가장 많이 하는 그룹은 어떤 그룹인가? 흡연의 경우는 어떤가?

b. 성별이 동일하다고 할 때, 백인이 어떤 특정한 물질을 사용하는 오즈비는 백인 이외의 인종에 비하여 1.46배로 추정된다.

c. 인종이 동일하다고 할 때, 여성이 (음주, 흡연, 마리화나)를 할 오즈는 남성에 비하여 (1.19, 1.02, 0.82)배로 추정된다.

d. 동일한 인종에 대해서 여성이 (음주, 흡연)을 할 오즈는 마리화나를 사용할 오즈의 (9.97, 2.94)배로 추정된다.

e. 동일한 인종에 대해서 남성이 (음주, 흡연)을 할 오즈는 마리화나를 사용할 오즈의 (6.89, 2.36)배로 추정된다.

9.4 〈표 9.5〉는 우울증을 겪고 있는 환자들을 대상으로 새로운 약물($d = 1$)과 기존의 약물($d = 0$)을 비교하는 임상실험 자료이다. 초기의 우울증 심각도는 경미($s = 0$) 또는 중증($s = 1$)으로 기록되었다. 각 그룹에 속한 피실험자들에게 두 가지 약 중에서 하나를 랜덤하게 배정한 후, $t = 1$주, 2주, 4주 시점에서 각 대상자의 우울증 정도를 관측하여 정상($y_t = 1$) 또는 비정상($y_t = 0$)으로 분류하였다.

a. 시점 t에 대하여 (0, 1, 2) 점수를 매겨 교환가능한 가상관행렬을 가정하고, $d \times t$의 교호작용을 고려하여 GEE 방법을 적용한 결과가 아래와 같다. 각 약물에 대한 시간의 효과의 추정값을 구하고 그 의미를 해석하라.

```
-----------------------------------------------------------------
             Estimate  Naive S.E.   Naive z  Robust S.E.  Robust z
(Intercept)  -0.02810     0.16255  -0.17286      0.17418  -0.16132
severity     -1.31391     0.14486  -9.07004      0.14596  -9.00167
drug         -0.05927     0.22053  -0.26874      0.22856  -0.25931
time          0.48246     0.11412   4.22786      0.11994   4.02260
drug:time     1.01719     0.18771   5.41910      0.18770   5.41921
-----------------------------------------------------------------
```

b. 시점 t에서 각각의 초기 우울증 수준에서 새로운 약물을 투여한 그룹에서 정상적인 반응을 가질 확률의 오즈 추정값이 기존의 약물을 투여한 그룹에 비하여 $\exp(-0.059 + 1.017t)$배가 되는 이유를 설명하고 해석하라.

표 9.5 처리그룹과 우울증 심각도에 따라 세 시점에서의 우울증 여부(N = 정상, A = 비정상)

우울증 심각도	처리그룹	세 시점에서의 반응 NNN	NNA	NAN	NAA	ANN	ANA	AAN	AAA
경미	기존의 약물	16	13	9	3	14	4	15	6
경미	새로운 약물	31	0	6	0	22	2	9	0
중증	기존의 약물	2	2	8	9	9	15	27	28
중증	새로운 약물	7	2	5	2	31	5	32	6

출처: G. Koch 등 *Biometrics* **33**: 133-158 (1977). 그룹화되지 않은 자료는 이 책의 웹사이트 Depression 자료 파일에 있음.

9.5 연습문제 9.4의 자료를 참조하라. 교환가능한 가상관행렬를 가정하고 시점에 (1, 2, 4)로 점수를 매겨서 이 책의 웹사이트에 있는 Depression 자료를 GEE 방법으로 분석하라. 이 모형의 모수에 대한 추정값을 해석하고 이 결과를 (0, 1, 2)로 점수를 매겨서 분석한 결과와 비교하라.

9.6 〈표 9.6〉은 월경불순을 완화시키는 저용량 진통제(처리 B), 고용량 진통제(처리 C)와 위약(처리 A)을 비교하기 위하여 세 주기의 교차설계로 실험하여 얻은 자료이다. 연구에 참가한 개체들은 교차설계에서 가능한 모든 처리순서를 고려한 6가지 그룹에 랜덤하게 배정되었다. 각 주기가 끝나는 시점에서 각 개체는 처리에 대하여 전혀 경감효과가 없음(0) 또는 약간의 경감효과가 있음(1)으로 평가하였다. $y_{i(k)t} = 1$은 개체 i가 처리 $t(t = A, B, C)$를 사용한 후 약간의 경감효과가 있다고 답한 경우이다. 여기서 개체 i는 처리순서 $k(k = 1, ..., 6)$에 지분되어 있다. GEE 방법을 사용하여 아래 모형의 $\{\hat{\beta}_t\}$를 구하라.

$$\text{logit}[P(Y_{i(k)t} = 1)] = \alpha_k + \beta_t$$

처리한 약을 효과의 크기에 따라 순서대로 나열하라.

▸ 표 9.6 연습문제 9.6의 교차설계 자료

처리순서	처리(A, B, C)에 대한 반응변수의 패턴							
	000	001	010	011	100	101	110	111
A B C	0	2	2	9	0	0	1	1
A C B	2	0	0	9	1	0	0	4
B A C	0	1	1	8	1	3	0	1
B C A	0	1	1	8	1	0	0	1
C A B	3	0	0	7	0	1	2	1
C B A	1	5	0	4	0	3	1	0

출처 : B. Jones and M.G. Kenward, *Statist. Medic.* **6**: 171-181(1987).

9.7 캔사스 주립대학[6]에서 262명의 돼지를 사육하는 농부들을 대상으로 "당신은 수의학에 대한 정보를 주로 어떻게 얻습니까?"라는 질문을 하였다. 농부들을 다음과 같이 (A) 전문가와의 상담, (B) 수의과 의사, (C) 주립 또는 지방 공개시설, (D) 잡지, (E) 사료회사와 영업사원으로 분류된 5가지의 정보제공처에 대하여 (예, 아니오)로 응답하였다. 이 책의 웹사이트에 있는 Farmers 자료 파일에는 농

6 출처: Tom Loughin 교수

부들이 적어도 대학교육을 받았는지의 여부, 농장의 크기(매년 시장에 파는 돼지의 수, 단위는 천 마리로 <1, 1–2, 2–5, >5에 대하여 각각 1, 2, 3, 4의 범주로 이루어져 있음)와 5개의 범주에 대하여 (예, 아니오)라고 답한 반응변수에 대한 자료가 있다. 교차분할표는 가능한 조합의 수인 $2^5 \times 2 \times 4$개의 경우에 대하여 (예, 아니오)에 해당되는 빈도수로 이루어져 있다.

a. 이 자료를 분석하는 데 있어서 정보제공처와 농부의 교육수준과 농장의 크기에 따라 교차분류된 $5 \times 2 \times 4$의 빈도수에 대하여 정보제공처를 반응변수로 간주하여 다항모형을 적합하는 것이 왜 부적합한지를 밝혀라(힌트: 이 표에서는 262명의 농부로부터 453개의 긍정적인 응답이 표시되어 있다).

b. 교육수준 i와 농장의 크기수준이 s인 농부가 정보제공처 t에 대하여 "예"라고 답하면 $y_{ist} = 1$이고 "아니오"라고 답하면 0이라고 하자. 교환가능한 가상관행렬을 가정하여 GEE 방법을 적용하여 교육효과항이 없는 모형에서 모수들의 효과를 추정하고 의미를 해석하라.

$$\mathrm{logit}[P(Y_{ist} = 1)] = \alpha_t + \beta_t s\,,\ \ s = 1,2,3,4$$

9.8 〈표 9.7〉의 자료는 학생들을 대상으로 관상동맥의 위험인자에 대하여 연구된 경시적 자료이다. 10–13세인 학생들의 표본을 성별과 시작 시점, 2년 후, 4년 후에 관측한 상대적인 체중(O=비만, N=정상)에 따라 분류하였다. 이 자료를 분석하여 결과를 요약하라.

▸표 9.7 성별과 상대적인 체중에 따라 분류된 아동자료

	반응변수[a]							
성별	NNN	NNO	NON	NOO	ONN	ONO	OON	OOO
남성	119	7	8	3	13	4	11	16
여성	129	8	7	9	6	2	7	14

출처 : R. F. Woolson and W. R. Clarke, *J. R. Statist. Soc.* **A147**: 87-99, 1984. Reprinted with permission from the Royal Statistical Society, London.

[a]NNN은 1977, 1979, 1981에 비만이 아님, NNO는 1977, 1979에는 비만이 아니지만 1981에 비만을 나타내며, 기타 기호표시도 이와 같음.

9.9 〈표 7.16〉에 있는 정부의 지출에 관한 $3 \times 3 \times 3 \times 3$ 분할표 자료를 주변 누적로짓 모형으로 분석하라. 이 모형의 모수의 효과를 해석하고 주변동질성을 검정하는 방법을 보여라.

9.10 연습문제 6.16의 〈표 6.10〉의 시리얼과 콜레스테롤에 관한 연구를 참조하라. 순서형 주변모형을 이용하여 이 자료를 분석하고 결과를 요약하고 부록으로 소프트웨어 결과를 첨부하라.

9.11 〈표 9.2〉의 불면증 연구자료에 대하여 전이 모형 (9.1)은 시작 시점에서 잠드는데 걸리는 시간을 통제한 후 처리효과를 비교하였다.

a. 모형 (9.1)에 교호작용효과를 추가하라. 추정된 처리효과가 시작 시점에서의 반응변수값에 따라 어떻게 변하는지 기술하라.

b. 시작 시점의 반응시간을 질적변수로 간주하여 다음과 같은 모형을 적합하고 처리효과에 대한 로그 오즈비를 구하고 해석하라. (i) 교호작용이 없다고 가정한 경우, (ii) 교호작용이 있다고 한 가정한 경우.

9.12 9.4.2절에 있는 〈표 9.4〉의 자료를 현재보다 두 시점 이전의 반응변수까지 설명변수로 고려한 전이모형으로 분석하라. y_{t-1}이 주어져 있을 때, y_{t-2}를 추가적으로 고려하면 예측하는 검정력이 더 높아지는가? 어머니의 흡연 효과를 과거의 반응변수 y_{t-1}만을 사용한 모형과 어떻게 비교할 수 있는가?

9.13 다음 명제에서 틀린 부분이 무엇인가: "일차 마르코프 연쇄모형에서, Y_t는 Y_{t-2}와 독립이다."

9.14 다음의 경우에 해당하는 하나의 예를 제시하라. (a) MAR은 만족하지만 MCAR은 만족하지 않는 경우, (b) MAR이 만족하지 않는 경우.

9.15 다음 서술문은 참인가? 거짓인가? 반복측정자료의 경우 독립성 가정 하에서 ML 추정값은 유효하지만 추정값의 일반적인 표준오차는 대개 군집 내의 효과에 대해서는 매우 크고, 군집 간의 효과에 대해서는 매우 작다.

10장

랜덤효과: 일반화선형혼합모형

9장에서는 경시적인 연구에서 관측되는 서로 상관성 있는 반응변수들이 이루는 군집의 **주변모형화**에 중점을 두었다. 이 장에서는 대안적 방법으로 각 군집을 나타내는 항을 포함시켜 모형화하는 방법을 제시하고자 한다. 여기서 군집을 나타내는 모수는, 각 군집이 한 개인일 때 **개체-특정적**(subject-specific)으로 간주되며, 하나의 군집에 속한 모든 관측값에 대해서는 동일하다. 모형효과는 조건부적으로 해석되는데, 군집에 대하여 주변적이라기보다 조건부적으로 간주한다.

모형에서는 군집-특정적 항이 군집들마다 랜덤하게 변동되는 것으로 간주하게 되는데, 이것을 **랜덤효과**라고 부른다. **일반화선형혼합모형**(generalized linear mixed model)은 일반화선형모형을 확장하여 랜덤효과를 포함한 것이다. 랜덤효과를 포함한 이항 및 다범주 로지스틱 회귀모형의 예를 소개하고, 이 모형을 주변모형과 비교할 것이다. 또한 계층적인 수준으로 랜덤효과를 갖는 **다수준모형**(multilevel model)과 같이 다중 랜덤효과항을 포함하는 모형을 예로 보여 줄 것이다. 랜덤효과는 관측되지 않은 잠재변수로써, 질적인 잠재변수를 가진 **잠재변수모형**(latent class model) 또한 소개할 것이다.

10.1 군집화된 범주형 자료의 랜덤효과모형

대개의 경우 일반화선형모형에서 요인의 효과를 설명하는 모수들을 **고정효과**(fixed effect)라고 한다. 성별이나 처리그룹과 같은 변수들의 경우에 적용된다. 이와는 대조적으로, 랜덤효과는 모든 가능한 군집에서 하나의 군집 표본에 대하여 적용된다. 예를 들어, 반복측정자료 연구에서 하나의 군집은 각 개체에서 반복적으로 관측된 자료들로 구성된다. 랜덤효과모형은 각 개체에 대한 랜덤효과항을 포함하게 되고 그 랜덤효과항들은 어떤 확률분포에서 독립적으로 추출된 확률변수로 간주하는데, 대부분의 경우 랜덤효과항의 분포를 미지의 분산을 갖는 정규분포로 가정한다.

10.1.1 일반화선형혼합모형(GLMM)

GLM은 보통의 회귀모형을 확장하여 비정규분포를 따르는 반응변수와 평균값의 연결함수를 포함한 것이다. GLMM으로 표시되는[1] **일반화선형혼합모형**(generalized linear mixed model)은 더 일반화되어 선형예측변수에 고정효과뿐만 아니라 랜덤효과까지 포함하는 모형이다. 군집 i에서의 랜덤효과를 u_i라고 하자. 대부분의 경우 u_i는 모형에서 절편항이 된다.

반복측정자료의 경우 시점 t에서 관측된 반응변수와 같이 군집 i에서 t번째 관측값을 y_{it}라고 하고, x_{itk}를 설명변수가 $k=1,\cdots,p$개 있을 때 k번째 설명변수의 값이라고 하자. u_i가 주어진 조건 하에서 GLMM은 일반적인 GLM과 동일해진다. 랜덤효과가 주어져 있을 때 반응변수의 평균을 $\mu_{it}=E(Y_{it}|u_i)$라고 하자. 연결함수를 $g(\cdot)$라고 하면 가장 대표적인 GLMM은 다음과 같이 표현된다.

$$g(\mu_{it})=u_i+\alpha+\beta_1 x_{it1}+\cdots+\beta_p x_{itp},\ i=1,\cdots,n,\ t=1,\cdots,T. \tag{10.1}$$

위의 모형과 같이 랜덤효과항을 절편의 일부분으로 갖는 GLMM을 **랜덤절편모형**(random intercept model)이라고 한다. 랜덤효과항 u_i는 관측되지 않으며 미지의 분산을 갖는 정규분포 $N(0,\sigma^2)$에서 독립적으로 추출된 확률변수라고 가정한다. 미지의 분산 σ^2도 모수이며 **분산성분**(variance component)이라고 한다.

여기서 $\{u_i\}$항을 고정효과(즉, 모수)로 취급하지 않는 이유는 무엇일까? 일반적으로 관측된 군집들은 관심 있는 모든 가능한 군집들로부터 추출된 표본이며 이 군집을 랜덤효과로 간주함으로써 모든 군집들의 모집단에 대한 추론이 가능해진다. 게다가 일반적으로 각 연구에서는 많은 수의 군집을 다루고 있으므로 만약 이 군집을 고정효과로 간주하면 모형에 너무 많은 모수가 포함하게 된다. 대신에 $\{u_i\}$를 랜덤효과로 간주하면 모형에는 군집들 간의 변동을 나타내는 분산 모수(σ) 하나만 추가적으로 추정하면 된다. 어떤 연구에서는 이러한 변동성을 반응변수와 연관성이 있는 특정한 설명변수들을 고려하지 않아서 발생할 수 있는 이질성이라고 설명한다. 만약 이러한 설명변수들을 모형에서 모두 고려하였다고 가정하면 이 랜덤효과는 고정효과로 반영될 수 있을 것이다.

일반적인 GLM 추정에서와 같이 GLMM들을 적합하는 ML 방법은 관측값을 독립

1 이것은 모수가 아니라 확률변수라는 것을 강조하기 위하여 그리스어가 아닌 로마자로 표기하였다.

적인 것으로 간주한다. 이러한 독립성은 예측변수뿐만 아니라 랜덤효과항 $\{u_i\}$가 주어진 조건 하에서 가정할 수 있다. 실제로 설명변수 값과는 다르게 $\{u_i\}$의 값들은 알려져 있지 않다. $\{u_i\}$의 확률분포에 대하여 평균을 내었을 때 이 모형은 한 군집내에서 관측값들 간에 음이 아닌 상관성을 갖고 있다는 것을 암시하고 있는데, 이 점을 다음 절에서 논의할 것이다. 모형적합과정에서는 고정효과모수 $(\alpha, \beta_1, \cdots, \beta_p)$와 랜덤효과의 분산요소 $\sigma^2 = \mathrm{var}(u_i)$를 추정한다. 또한 랜덤효과항에 대한 예측값 $\{\hat{u}_i\}$과 선형예측식에서 고정효과에 대한 모수의 추정값을 대입하여 평균 $\{\mu_{it}\}$을 추정한다.

10.1.2 이항변수 대응쌍을 위한 로지스틱 GLMM

식 (10.1)에 표현된 GLMM을 8.2.4절에서 고려하였던 이항변수 대응쌍의 간단한 경우로 설명하고자 한다. 군집 i는 대응쌍 i의 관측값 (y_{i1}, y_{i2})로 이루어져 있다. 군집 i에 속한 t번째 관측값에 대해서 $y_{it} = 1$(성공) 또는 0(실패)이고 $t = 1, 2$이다. 이에 대한 모형은 다음과 같이 나타낼 수 있다.

$$\mathrm{logit}\left[P(Y_{i1} = 1)\right] = u_i + \alpha + \beta, \qquad \mathrm{logit}\left[P(Y_{i2} = 1)\right] = u_i + \alpha \tag{10.2}$$

여기서 $\{u_i\}$는 $N(0, \sigma^2)$를 따르는 확률변수이다. 이와 같이 랜덤효과가 정규분포를 따르는 로지스틱 회귀모형을 **로지스틱-정규모형**(logistic-normal model)이라고 한다. 이 모형은 식 (10.1)의 GLMM의 특별한 경우로, 연결함수 g가 로짓함수이고, $T = 2$이며 설명변수가 지시변수로 $t = 1$일 때 1, $t = 2$일 때 0의 값을 취하는 경우이다. 고정효과모수 β는 각 군집에서의 로그 오즈비를 나타낸다. 즉, 각 군집에 대하여 e^{β}는 $t = 2$에 대한 $t = 1$일 때의 반응변수의 오즈비를 나타낸다. 8.2.4절에서는 $u_i + \alpha$ 대신에 고정효과모수 α_i인 경우를 다루었다.

랜덤절편을 갖는 로지스틱-정규모형에서는 한 군집 내에 있는 개체들 간에 음이 아닌 상관성이 있다는 것을 전제하고 있다. 이것은 일반적으로 동일한 군집에 있는 개체들이 다른 군집에 속한 개체들보다 더 유사한 경향을 보인다는 것을 반영한다. 다시 말하면 u_i가 양의 방향으로 커지면 $(y_{i1} = 1,\ y_{i2} = 1)$의 반응이 일어날 확률이 증가하고, 반대에 u_i이 음의 방향으로 커지면 $(y_{i1} = 0,\ y_{i2} = 0)$의 반응이 일어나는 확률이 커진다. 이러한 반응변수 비율이 높게 나타나면, 반복측정된 관측값들의 대응쌍들 간의 오즈비는 양수가 된다. 이질성이 커질수록 연관성도 커진다(즉, σ^2가 큰 경우).

10.1.3 예제: 생활 환경개선 의견에 대한 자료 재분석

〈표 10.1〉은 8.2절에서 분석한 일반사회조사에 대한 2×2 분할표 자료이다. 각 응답자들은 환경개선을 위하여 기꺼이 (1) 더 높은 세금을 지불할 의향이 있는지, (2) 생활수준 긴축을 받아들일 의향이 있는지에 대하여 응답하도록 하였다.

모형 (10.2)에서 $\{u_i\}$가 $N(0,\sigma^2)$분포를 따르며 서로 독립적이라고 간주하여 ML 추정법을 적합한 결과, $\hat{\beta}=0.210(SE=0.130)$이고 $\hat{\sigma}=2.85$이다. 이에 대한 해석은 '더 높은 세금을 낸다'라는 물음에 예라고 답할 오즈가 '생활수준을 긴축시킨다'라는 물음에 '예'라고 답할 오즈의 $\exp(0.210)=1.23$배가 된다고 할 수 있다. 아래의 R 출력 결과에서 이 결과를 보여 주고 있다.

```
-----------------------------------------------------------------------
> Opinions <- read.table("http://www.stat.ufl.edu/~aa/cat/data/Opinions.dat",
+ header=TRUE) # Opinions data file at text website
> Opinions
     person  question   y
1         1         1   1
2         1         0   1
...
2287    1144        1   0
2288    1144        0   0
> library(lme4) # Fit GLMM by adaptive Gaussian quadrature, with
                # nAGQ quadrature points, as Section 10.1.5 explains
> fit <- glmer(y ~ (1|person) + question, family=binomial, nAGQ=50,
+             data=Opinions) # (1|person) is random intercept for person
> summary(fit)
Random effects:
Groups Name        Variance  Std.Dev. # variability of normal random effects
person (Intercept)   8.143     2.854
Fixed effects:
              Estimate   Std. Error   z value   Pr(>|z|)
(Intercept)    -1.8343      0.1624   -11.294    <2e-16
question        0.2100      0.1301     1.614     0.106
-----------------------------------------------------------------------
```

상대적으로 큰 값을 갖는 $\hat{\sigma}=2.85$의 의미는 두 반응변수들 간에 강한 상관성이 있다는 것을 반영하고 있다. 실제로, 〈표 10.1〉에서 표본 오즈비를 구하면 10.9이다. 이

▸표 10.1 환경개선과 관련된 여론자료

	생활수준 긴축		
높은 세금 납부	예	아니오	합계
예	227	132	359
아니오	107	678	785
합계	334	810	1144

러한 표에서 표본 로그 오즈비가 음이 아닌 경우에는 GLMM의 β의 ML 추정값은 모형 (10.2)에 있는 $\{u_i+\alpha\}$를 고정효과 $\{\alpha_i\}$로 간주하여 구한 조건부 ML 추정값과 동일하다. 8.2.4절에서 이 조건부 ML 추정값 $\hat{\beta}=\log(132/107)=0.210$이 되는 것을 보여 주었다.

10.1.4 GLMM 모형과 주변모형의 다른 효과

8.2.3절과 9.1.3절에서 주변모형에서 추정된 모수와 GLMM 모형에서 다루는 개체-특정적 모형에서 추정된 모수들은 서로 다르게 해석해야 한다고 설명하였다. 즉, GLMM 모형은 랜덤효과가 주어져 있다는 조건 하에서 조건부적(군집-특정적인) 효과로 해석해야 한다. 반면에, 주변모형에서의 효과는 모든 군집에 대한 평균적인 효과(즉, 모집단의 평균)를 의미하므로 이 효과들을 하나의 주어진 랜덤효과에 대하여 비교하는 것은 의미가 없다.

식 (10.2)에 나타낸 개체-특정적(subject specific) 모형에 대응되는 주변모형은 다음과 같다.

$$\text{logit}[P(Y_1=1)]=\alpha+\beta,\qquad \text{logit}[P(Y_2=1)]=\alpha$$

여기서 Y_1은 임의로 뽑힌 개체가 높은 세금 지불 여부에 답하는 반응변수를 나타내고, Y_2는 임의로 뽑힌 다른 개체가 생활수준 긴축 여부에 답하는 반응변수를 나타낸다. 〈표 10.1〉에서 구한 주변합으로부터, 높은 세금 지불에 대하여 "예"라고 답한 반응에 대한 로그 오즈의 추정값은 $\hat{\alpha}+\hat{\beta}=\log(359/785)=-0.782$이고, 생활수준 긴축에 "예"라고 답한 반응에 대한 로그 오즈 추정값은 $\hat{\alpha}=\log(334/810)=-0.886$이다. 이 주변모형에서 β의 추정값은 이 두 로그 오즈값의 차이이다. 이 값이 오즈비의 추정값, 즉 $\hat{\beta}=\log[(359\times 810)/(785\times 334)]=0.104$이며 8.2.2절에서는 GEE 방법으로 구하였다.

주변모형에서 추정된 $\hat{\beta}=0.104$은 랜덤효과모형 (10.2)에서 추정된 $\hat{\beta}=0.210$과 부호는 동일하지만 효과의 크기는 더 약하게 추정된다. 랜덤효과모형에서 추정된 효과는 어떤 한 개체에 대하여 높은 세금 지불에 "예"라고 답할 오즈가 생활수준의 긴축에 대하여 "예"라고 답할 오즈에 비하여 $\exp(0.210)=1.23$배 높다는 것을 의미한다. 반면에, 주변모형에서 추정된 효과는 임의로 뽑힌 어떤 한 개체가 높은 세금 지불에 "예"라고 답할 오즈가 임의로 뽑힌 다른 개체가 생활수준의 긴축에 대하여 "예"라고 답할 오즈에 비하여 $\exp(0.104)=1.11$배 높다는 의미이다.

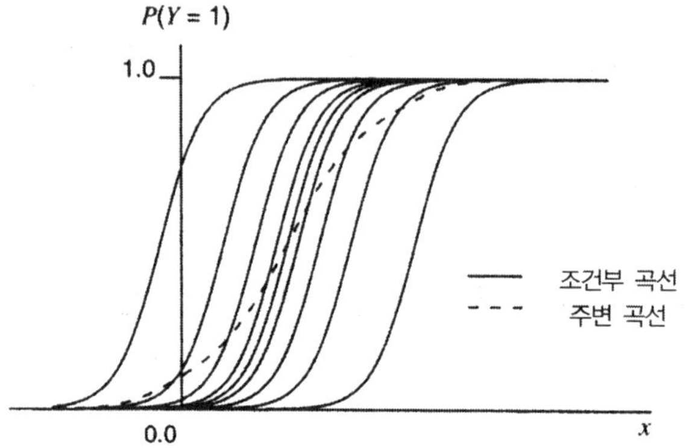

그림 10.1 조건부(개체-특정적) 곡선과 주변(모집단-평균적) 곡선을 나타내는 로지스틱 랜덤 절편모형.

연결함수가 로짓과 같이 비선형인 경우, 주변모형의 모집단-평균적인 효과는 대개의 경우 GLMM 모형에서의 군집-특정적인 효과에 비하여 크기가 작다. 〈그림 10.1〉은 왜 이러한 현상이 일어나는지를 보여 주고 있다. 한 개의 양적 설명변수 x가 주어져 있을 때, 위의 그림은 군집 내에 상당한 이질성이 존재할 때 여러 군집들에 대하여 $P(Y_{it}=1)$에 대한 군집-특정적 로지스틱 회귀모형 곡선을 나타내고 있다. 이 그림은 랜덤효과의 분산 σ가 상대적으로 큰 경우에 해당하는데, 이것은 어떤 고정된 x값에서 구한 조건부 기댓값 $E(Y_{it}|u_i)=P(Y_{it}=1)$의 변동을 나타내고 있다. 이 값들의 평균이 주변 기댓값, $E(Y_t)=P(Y_t=1)$이 된다. 서로 다른 x값에 대하여 구한 이 조건부 기댓값의 평균은 여러 곡선 위에 겹쳐져 그려진 점선모양의 곡선이다. 이 곡선은 각각 구별된 곡선에 비하여 약한 효과를 나타내고 있다. 이 두 효과의 차이는 군집-특정적 곡선이 더 넓게 분포되어 있을 때, 즉, 랜덤효과항의 분산 요소 σ^2가 커질 때 더 커진다.

10.1.5 일반화선형혼합모형의 모형적합

일반화선형혼합모형에서 가능도함수는 고정효과 모수 $(\alpha,\beta_1,\cdots,\beta_p)$와 $N(0,\sigma^2)$를 따르는 랜덤효과 모수의 분산요소 σ^2의 추정과 관련되어 있다. 가능도함수를 구하기 위하여, 소프트웨어 프로그램에서는 (1) 마치 랜덤효과 $\{u_i\}$가 주어진 것처럼 가능도함수를 구하고 (2) $N(0,\sigma^2)$를 따르는 $\{u_i\}$ 분포를 이용하여 평균을 취한다. 가능도함수를 구하기 위해 랜덤효과를 제거해야 하는데 이 과정 (2)가 어렵다. 랜덤효과의 분포를 정규분포로 가정하여 평균을 구할 때 정규확률분포가 계산상으로 적분 가능하지 않기 때문에 수치적인 방법으로 이 적분값의 근사치를 구하는 과정에 강도 높은 계산 과정이 요구된다.

가우스–에르미트 구적법(Gauss-Hermite quadrature)은 유한합을 이용하여 가능도함수를 근사시키는 방법이다. 본질적으로 이 방법은 위의 과정 (2)의 적분을 근사시키는 것으로 이 적분은 함수의 곡선 아래의 면적에 해당하는데 이 면적을 유한한 개수의 히스토그램으로 근사시켜서 구한다. 이 근사값은 유한합의 항의 개수에 의존하는데, 합치게 될 함수들만의 **구적점**(quadrature point)의 수 q에 의해 정해진다.[2] q가 증가할수록, 일반화선형혼합모형에서 구한 추정량과 이 추정량의 표준오차는 실제 ML 추정량과 표준오차에 근사하게 된다. 대부분의 소프트웨어는 q의 값을 내부적으로 선택하며 주로 $q=5$와 같이 작은 값을 취한다. 실제로 q의 값을 증가시킬 때 추정량과 표준오차의 정밀도가 목표한 수준까지 안정적으로 이루어지는지 확인해 볼 수 있다(예를 들어, 이 값들의 앞의 몇 개의 유효숫자가 변하지 않는지 확인해 볼 수 있음). 위의 10.1.3절의 R 프로그램에서는 $q=50$을 사용하였다.

가우스-에르미트 구적법은 일반화선형혼합모형에 랜덤절편과 랜덤기울기를 갖는 단순한 경우에만 계산이 가능하다. 더 복잡한 랜덤효과모형에 대해서는 또 다른 접근 방법이 필요하다. **몬테칼로**(Monte Carlo) 방법은 시뮬레이션을 통하여 해당되는 적분을 근사한다. **라플라스 근사법**(Laplace approximation)은 적분할 함수를 적분가능한 함수의 근사값을 이용하여 구한다. 일반화선형혼합모형을 적합하는 또 다른 접근법은 베이지안 방법이다. 베이지안 방법에서는, 랜덤효과와 고정효과를 구별할 필요가 없으며, 두 효과모수에 대하여 각각 확률분포(사전분포)를 가정한다.

10.1.6 모형의 모수에 대한 추론과 예측

GLMM 모형에서 고정효과에 대한 추론은 앞 절에서 소개한 방법대로 하면 된다. 예를 들어, 두 모형이 있을 때 한 모형이 다른 모형의 축소모형일 때 가능도비 검정 방법으로 두 모형을 비교하여 추론할 수 있다. 한편 랜덤효과는 분산요소 σ^2를 중심으로 추론한다. 또한 자료가 주어져 있을 때 랜덤효과 $\{\hat{u}_i\}$값은 u_i의 조건부 분포의 평균으로 예측할 수 있는데 이 경우 군집 i에 해당하는 자료만 사용하는 것이 아니라 모든 자료를 사용해서 구한다.

랜덤효과의 유의성에 대한 검정은 두 가설 $H_0:\sigma=0$ 대 $H_a:\sigma>0$을 검정하는

2 적응 가우시안 구적법은 구적점들을 중심으로 더 효율적으로 정제된 근사법이다.

것과 같다. 여기서 σ는 음수가 될 수 없으므로, H_0의 경우는 모수공간의 경계점에 해당한다. 따라서 이 가설에 대한 통상적인 검정법은 유효하지 않다. 예를 들어, $\hat{\sigma}/SE$ 형태의 왈드 통계량은 근사적인 표준정규분포를 따르지 않는다(예를 들어, $\sigma=0$일 때, ML 추정량 $\hat{\sigma}<0$은 가능하지 않기 때문에, $\hat{\sigma}$는 σ를 중심으로 근사적으로 정규확률분포를 따르지 않는다). 가능도비 검정통계량의 대표본분포는 잔차 이탈도의 차이로서 0의 값을 취할 확률이 1/2이고 자유도가 1인 카이제곱분포를 따를 확률이 1/2이다. 검정통계량의 값이 0의 값을 갖는 경우는 $\hat{\sigma}=0$으로 가능도함수의 최댓값이 H_0와 H_a 하에서 동일할 때이다. 만약 $\hat{\sigma}>0$이고 가능도비 검정통계량값이 t이면, 유의확률(P-값)은 자유도가 1인 카이제곱 분포를 따르는 확률변수가 t보다 큰 확률의 1/2에 해당하는 값이다. 이에 대한 예제는 10.2.2절의 맨 끝부분에서 소개할 것이다.

10.2 이항자료의 랜덤효과모형의 예제

이 절에서는 이항반응변수에 대한 일반화선형모형의 예제를 보여 줄 것이다. 이 모형은 로지스틱-정규모형의 특별한 경우이다. 또 프로빗과 같은 다른 연결함수를 갖는 유사한 모형도 가능하다.

10.2.1 소규모-지역에 대한 이항확률 추정

소규모-지역에 대한 추정(small-area estimation)은 각 지역에서는 상대적으로 적은 수의 관측값을 갖지만 지리학적으로 많은 곳에 퍼져 있는 지역에 대하여 모수를 추정한다. 예를 들어, 실업률이나 의료보험보장 세대비율에 대하여 구(또는 군)-특정적인 모수를 추정하는 연구를 생각할 수 있다. 하나의 국가 또는 여러 주에 걸쳐 조사하는 연구에서 인구가 적은 구들은 관측값의 수가 매우 적을 수 있다.

y_{it}를 i번째 지역에서 t번째 관측값이라 하고 $\pi_i=P(Y_{it}=1)$를 i번째 지역($i=1,\dots,n$)에서의 소위 '성공'에 대한 모비율이라 하자. T_i를 지역 i에서의 총 관측값이라 하고 총 성공횟수를 $y_i=\sum_t y_{it}$라고 하자. 고정된 효과모형에서는

$$\operatorname{logit}[P(Y_{it}=1)]=\operatorname{logit}(\pi_{it})=\alpha_i,\quad i=1,\dots,n$$

각 지역을 한 개 요인의 다른 수준값으로 간주한다. 여기서 $\{Y_i\}$를 독립적인 이항확률변수로 간주할 때 표본비율 $\{p_i = y_i / T_i\}$는 $\{\pi_i\}$의 ML 추정값이 된다.

$\{T_i\}$가 작을 때, 표본비율은 큰 표준오차를 가지며 모비율 $\{\pi_i\}$을 추정하는 정확도가 떨어질 것이다. 그러나 각 지역을 하나의 군집으로 간주하는 랜덤효과모형을 통해서 보다 나은 추정량을 구할 수 있으며 모형은 다음과 같다.

$$\text{logit}[P(Y_{it} = 1)] = \text{logit}(\pi_i) = u_i + \alpha \tag{10.3}$$

여기서 $\{u_i\}$는 독립적으로 정규분포 $N(0, \sigma^2)$를 따른다. 이 모형은 n개의 모수 대신에 오로지 두 개의 모수 α와 σ^2만을 갖는다. 확률의 로짓이 정규분포를 따른다는 가정 하에서 어떤 주어진 특정 지역에서의 확률을 추정하기 위하여 전체 지역에 있는 자료를 이용함으로써 적합과정이 "전체에서 자료를 빌려오는" 형식을 취한다. 따라서 임의의 지역에서의 추정값은 그 지역 자체의 표본비율과 n개의 표본을 합하여 얻어진 비율의 가중평균값이 된다. 각 표본비율에 주어지는 가중치는 T_i가 커질수록 증가하는데 이는 각 표본에서 자료 수가 많아질수록 각각의 표본비율에 대한 신뢰도가 높아지기 때문이다.

소프트웨어는 ML 추정값 $\hat{\alpha}$와 $\hat{\sigma}^2$를 제공해 주고 랜덤효과 $\{\hat{u}_i\}$에 대한 예측값을 제공한다. 따라서 지역 i에 대한 확률 π_i의 추정값은 다음과 같다.

$$\hat{\pi}_i = \exp(\hat{u}_i + \hat{\alpha}) / [1 + \exp(\hat{u}_i + \hat{\alpha})]$$

$\{\hat{\pi}_i\}$는 표본비율들을 전체의 표본비율 $\{p_i = y_i / T_i\}$로 수축시킨 결과이다. 수축되는 정도는 $\{T_i\}$가 증가할수록, 또한 $\hat{\sigma}^2$가 증가할수록 감소한다. 만약 $\hat{\sigma}^2 = 0$이면 수축이 최대로 일어나게 되고 $\{\hat{\pi}_i\}$는 모두 전체 표본 비율과 동일한 값을 갖게 된다. 실제로 이런 경우, n개의 표본을 다 합쳐서 구한 전체 표본비율과 같게 된다. 모든 모비율 $\{\pi_i\}$가 비슷한 값을 가질 때, 모비율에 대한 추정값으로 $\hat{\pi}_i$는 표본 i에서 구한 표본비율 p_i보다 훨씬 좋은 추정값이 되는 경향을 보인다.

소규모-지역 추정에서 자연스럽게 고려할 수 있는 모형 (10.3)은 단순한랜덤효과모형으로 표본의 크기는 작지만 많은 수의 비슷한 이항모수를 추정해야 하는 상황에서 유용하게 활용할 수 있다. 다음에 예제는 이러한 경우에 해당된다.

10.2.2 예제: 농구경기 자유투 성공률 추정

농구 경기에서 센터를 맡은 선수는 대체적으로 그 팀에서 키가 가장 큰데, 주로 골대 가까운 거리에서 경기를 하지만 골대 주변에 있지 않을 때는 슛을 잘 넣지 못한다. 〈표 10.2〉의 자료는 2016-2017년도 시즌이 시작된 첫 주 이후에 미국 국가대표 농구협회(National Basketball Association)에서 가장 뛰어난 점수를 낸 20명의 센터들의 "자유투", 즉 골대로부터 15피트 떨어진 거리에서 날린 표준화된 슛 결과이다.

π_i를 선수 $i(i=1,\ldots,20)$가 자유투를 성공시킬 확률이라고 하자. T_i를 선수 i가 던진 슛의 총 횟수라고 할 때, 성공한 슛의 총 수 Y_i는 T_i와 모수 π_i를 갖는 이항확률변수라고 간주한다. GLMM 모형 (10.3)을 적합하여 구한 ML 추정값은 아래의 R 출력 결과로부터 고정효과 모수 $\hat{\alpha}=1.174$이고 랜덤효과의 분산요소에 대해서 $\hat{\sigma}=0.425$이다.

```
-------------------------------------------------------------------------------
> FreeThrow <- read.table("http://www.stat.ufl.edu/~aa/cat/data/
+                          FreeThrow.dat", header=TRUE) # at text website
> FreeThrow
      player     y    T  # player made y free throws in T attempts
1     Davis.A    32   39
...
20   Gobert.R    11   14
> library(lme4)
> fit <- glmer(y/T ~ 1 + (1|player), family=binomial, weights=T, nAGQ=100,
+              data=FreeThrow) # (1|player) = random intercept for each player
>              # nAGQ = number of points for adaptive Gaussian quadrature
> summary(fit)
    deviance  df.resid
        29.8        18
Random effects:
Groups Name        Variance  Std.Dev.
player (Intercept)  0.1807    0.4251
Fixed effects:
              Estimate  Std. Error  z value   Pr(>|z|)
(Intercept)      1.174       0.181    6.484   8.95e-11
> fitted(fit) # estimated prob's for 20 players using predicted random effects
      1        2        3        4        5         6        7         8
0.79485  0.77097  0.65920  0.76541  0.79291   0.79216  0.72353   0.78294
      9       10       11       12       13        14       15        16
0.71108  0.66647  0.80878  0.75504  0.80057   0.80532  0.73415   0.80878
     17       18       19       20
0.74760  0.73415  0.77261  0.77062
-------------------------------------------------------------------------------
```

랜덤효과 $\hat{u}_i=0$인 선수에 대하여 이 선수가 자유투를 성공할 확률은 $\exp(1.174)/[1+\exp(1.174)]=0.764$이다. 랜덤효과를 예측하여 추정된 확률은 $\{\hat{\pi}_i\}$이며 〈표

▸표 10.2 NBA 시즌이 시작된 첫 주 이후 미국 국가대표 농구협회 자료에 기초한 센터들의 자유투 성공률 추정값

선수	T_i	p_i	$\hat{\pi}_i$	π_i	선수	T_i	p_i	$\hat{\pi}_i$	π_i
Davis	39	0.82	0.79	0.80	Lopez	13	0.92	0.81	0.81
Cousins	49	0.78	0.77	0.77	Jokic	3	0.67	0.76	0.82
Whiteside	21	0.52	0.66	0.63	dieng	6	1.00	0.80	0.61
Turner	13	0.77	0.77	0.81	Adams	7	1.00	0.81	0.61
Gasol	19	0.84	0.79	0.84	Kanter	8	0.62	0.73	0.79
Valanciunas	14	0.86	0.79	0.81	Monroe	13	0.92	0.81	0.74
Towns	3	0.33	0.72	0.83	Horford	6	0.67	0.75	0.80
Embiid	12	0.83	0.78	0.78	Vucevic	8	0.62	0.73	0.67
Nurkic	19	0.63	0.71	0.57	Muscala	10	0.80	0.77	0.77
Drummond	16	0.50	0.67	0.39	Gobert	14	0.79	0.77	0.65

주의 : T_i=자유투의 수, p_i=표본성공확률, $\hat{\pi}_i$=랜덤효과모형에서 추정된 성공확률 π_i=시즌말 성공확률
출처 : stats.nba.com, data in FreeThrow data file at text website

10.2〉와 R 출력 결과에 나타나 있다. $\{T_i\}$와 $\hat{\sigma}$가 상대적으로 작기 때문에 이 추정값들은 전체 성공의 표본비율값인 $222/293 = 0.758$으로 상당히 수축되어 있다. $\{\hat{\pi}_i\}$들은 0.66과 0.81 사이에서 변동하는 반면에, 표본비율 $\{p_i\}$들은 0.33과 1.0 사이의 값으로 변동의 폭이 크다. Towns 선수의 경우 던진 총 횟수가 적어 표본비율이 상대적으로 극단적인 값인 0.33이며 이 경우에는 더 많이 수축되어 있다. 〈표 10.2〉에서는 시즌이 끝난 후의 성공비율 $\{\pi_i\}$를 볼 수 있는데, 이 값을 추정한 $\{p_i\}$와 $\{\hat{\pi}_i\}$을 비교해 볼 수 있다. 이 두 추정값과 참값과의 절댓값의 차이의 평균을 구해 보면 표본비율의 경우는 0.124이고 모형에서 추정된 비율의 경우는 0.065이다.

$\{u_i\}$의 분포 $N(0,\sigma^2)$에서 $\sigma^2 = 0$일 때, 모형은 다음과 같이 간단해진다.

$$\text{logit}(\pi_i) = \alpha$$

이 경우, 각 선수들에 따른 성공확률은 모두 같아진다.

```
---------------------------------------------------------------------------
> summary(glm(y/T ~ 1, family=binomial, weights=T, data=FreeThrow))
           Estimate  Std. Error  z value    r(>|z|)  # identical player prob's
(Intercept)   1.1400      0.1363    8.361     <2e-16  # null model
---
Residual deviance: 31.322   on   19 degrees of freedom
---------------------------------------------------------------------------
```

추정값 $\hat{\alpha}= 1.140$이고 전체 표본성공율은 $e^{1.140}/(1+e^{1.140}) = 0.758$으로 추정된다.

두 모형을 비교하는 가능도비 검정통계량(이탈도(deviance) 통계량의 차이)은 1.56이다. 유의확률은 자유도가 1인 카이제곱 확률분포의 값이 1.56보다 큰 경우의 1/2에 해당하며 이 값은 0.21이다. 따라서 각 선수들이 동일한 성공률을 가진다고 할 만한 충분한 근거가 된다. 그러나 $\{T_i\}$는 매우 작기 때문에 전혀 타당해 보이지 않는 단순한 모형이 잘 적합되었다는 결과를 얻게 되었다.

10.2.3 예제: 낙태 합법화에 대한 의견자료 재분석

9.1.2절과 9.2.3절에서는 9.1.2절에서 보여 준 낙태 합법화에 대해 세 가지 경우의 의견을 조사한 자료를 분석하였다. 여기서 y_{it}는 경우 t에 대한 개체 i의 반응변수이고, 낙태 합법화를 지지하면 $y_{it}=1$이다. 경우 t에 대한 주효과 모수 $\{\beta_t\}$와 성별에 대한 모수 $\{\gamma\}$를 가진 랜덤절편모형은 다음과 같다.

$$\text{logit}[P(Y_{it}=1)] = u_i + \alpha + \beta_t + \gamma x_i$$

여기서 $x_i = 1$은 여성이고 0는 남성을 나타내며, $\{u_i\}$는 독립적으로 $N(0, \sigma^2)$을 따르는 확률변수이다. 아래의 R 프로그램에서, $\beta_3 = 0$인 제약조건을 썼기 때문에 모수 β_1과 β_2는 어떤 이유라도 낙태를 할 수 있어야 한다고 응답한 세 번째 경우와 비교하는 효과를 나타낸다.

```
-------------------------------------------------------------
> Abortion <- read.table("http://www.stat.ufl.edu/~aa/cat/data/
+                         Abortion.dat", header=TRUE)
> Abortion
person    gender   situation   response
     1         1           1          1
     1         1           2          1
     1         1           3          1
...
  1850         0           1          0
  1850         0           2          0
  1850         0           3          0
> sit <- factor(Abortion$situation, levels=c(3,1,2))
> library(lme4)
> fit <- glmer(response ~ (1|person) + sit + gender, family=binomial,
+              nAGQ=100, data=Abortion)
> summary(fit)
Random effects:
Groups Name        Variance  Std.Dev.
person (Intercept)    76.49      8.746
Fixed effects:
               Estimate   Std. Error   z value   Pr(>|z|)
(Intercept)    -0.61936      0.37820    -1.638      0.101
sit1 0           .83478      0.16004     5.216   1.83e-07
```

▸표 10.3 랜덤효과모형에 대한 ML 추정값과 교환가능 가상관계수행렬에 대응되는 주변모형의 GEE 추정값 요약

		GLMM ML		주변모형 GEE	
효과	모수	추정값	*SE*	추정값	*SE*
경우	$\beta_1-\beta_3$	0.835	0.160	0.149	0.030
	$\beta_1-\beta_2$	0.542	0.157	0.097	0.028
	$\beta_2-\beta_3$	0.292	0.157	0.052	0.027
성별	γ	0.013	0.490	0.003	0.088
$\sqrt{\mathrm{Var}(u_i)}$	σ	8.75	0.54		

```
sit2           0.29245      0.15670     1.866       0.062  .
gender         0.01261      0.48955     0.026       0.979
------------------------------------------------------------------
```

고정효과의 추정값은 개체-특정적으로 해석할 수 있다. 예를 들어, 어떠한 성별이든 상관없이 어떤 특정한 개체에 대하여 경우 1에 대해 낙태 합법화를 지지할 오즈는 경우 3에 비하여 $\exp(0.835)=2.30$배나 높다 $\hat{\gamma}=0.013$이기 때문에 각 항목에 대해서 낙태 합법화 지지율은 동일한 랜덤효과를 가지며 여성이나 남성이나 거의 비슷하다. 랜덤 효과의 분산요소에 대한 추정값은 $\hat{\sigma}=8.75$이며 매우 큰 값을 가진다. 이는 사람들이 어떤 특정한 경우에 대해서도 개체들이 매우 이질적으로 반응하고 있다는 것을 의미한다. 큰 $\hat{\sigma}$값은 세 가지 경우에 대한 반응변수들 간에 강한 연관성이 있다는 것을 반영하고 있다. 실제로 1850명 중에서 1595명이 세 경우에 대해 모두 동일하게 응답하였다. 미국에서는 주어진 경우와 상관없이 일률적인 태도로 낙태 합법화를 반대하거나 아니면 지지하는 경향이 있다.

위의 GLMM 모형에 대응되는 주변모형은 다음과 같다.

$$\mathrm{logit}[P(Y_t=1)]=\alpha+\beta_t+\gamma x$$

여기서 Y_t는 랜덤하게 뽑힌 어떤 개체의 경우 t에 대한 반응변수이다. 이미 앞의 9.2.3절에서 보여 주었지만 〈표 10.3〉에서 보여 주는 결과는 교환가능 가상관행렬 구조하에서 모집단-평균적인 효과를 나타내는 GEE 추정값 $\{\hat{\beta}_t\}$들이다. 이 값들은 GLMM 방법으로 추정한 개체-특정적인 효과를 나타내는 $\{\hat{\beta}_t\}$에 비하여 훨씬 작다. 이 결과는 그림 〈10.1〉에서 보여 준 것과 같이, 매우 큰 GLMM의 이질성($\hat{\sigma}=8.75$)과 세 반응변수들 간의 강한 연관성이 반영되었기 때문이다. 예를 들어, GEE 분석에서는 반응변수 쌍들 간의 공통적인 상관계수를 0.817로 추정하고 있다. 비록 GLMM

방법에서 $\{\hat{\beta}_t\}$의 값들이 주변모형의 값보다 5~6배 정도 크지만 그에 대응되는 표준오차도 그 정도 비율로 크다. 따라서 두 방법으로부터 본질적으로 유사한 해석과 결론을 얻을 수 있다.

10.2.4 항목반응모형: Rasch 모형

앞 절에서 분석한 세 가지 경우의 의견을 비교하는 모형에서 성별 효과가 빠진 GLMM 모형은 다음과 같다.

$$\text{logit}[P(Y_{it}=1)] = u_i + \alpha + \beta_t$$

이미 이러한 형태의 GLMM 모형은 심리학 분야와 교육평가(educational testing) 분야에서 하나의 시험문제에 대하여 T개의 질문이 있는 종합시험에서의 반응변수를 설명하는 데 응용되고 있다. 개체 i가 질문 t에 대하여 옳은 답을 할 확률, $P(Y_{it}=1)$은 u_i로 표현되는 개체 i의 전반적인 능력과 β_t로 표현되는 항목 t의 평이성에 영향을 받는다. 이러한 모형을 **항목반응모형**(item-response model)이라고 한다.

이와 같이 항목반응모형에서 로짓연결함수를 사용한 경우를 종종 **Rasch 모형**(Rasch model)이라고 하는데 이는 1961년도에 이러한 응용문제에 이 모형을 처음으로 소개한 덴마크 통계학자 Rasch의 이름을 딴 것이다. Rasch는 각 개체를 고정효과항으로 간주하여 조건부 ML 방법을 사용하였다. 그러나 최근에는 개체를 랜덤효과로 간주하여 분석하는 것이 더 통상적이다.

10.2.5 주변모형과 조건부모형의 선택

실제로, 조건부모형 대신 랜덤효과모형을 사용할지를 어떻게 판단해야 할까? 두 모형을 모두 사용하지 않을 이유는 없으나 각 모형마다 장단점이 있다.

GEE 방법의 단점은 가능도함수를 기반으로 하는 추론을 할 수 없다는 것이다. GEE 방법은 반응변수들의 결합분포를 가정하지 않으므로 가능도함수를 구할 수 없다. 또한 주변모형은 오로지 주변 분포에만 관심이 있고 개체-특정적 효과에 대한 모수를 포함하지도 않고 포함할 수도 없다. 자료의 구조는 랜덤효과모형이 더 충분하게 설명한다. 만약 결합분포를 완전하게 모형화하거나 혹은 군집을 이루는 관측값들 간에 양의 연관성의 메커니즘을 구체화하고자 한다면 랜덤효과모형이 더 적합하다. 일반적으로 모형의 형태에 영향을 주는 잠재변수들을 고려하는 경우에는 주변적인 관점보다는 군집적인 수준에서 접근하는 것이 더 자연스러운 방법이다. 또한 랜덤효과모형은 연구의 목적이 군집-특정적인 항(자유투 성공률 예시와 같은)을 추정하거나 군집 내의 변동을 추정하거나 군집 수준과 관련된 고정효과항을 추정하는 것일 때 더 적합한 방법이다. 예컨대, 몇몇 의 방법론자들은 주된 관심이 군집 내의 효과에 있을 때는 항상 랜덤효과모형을 사용한다.

한편, 주된 관심이 서로 독립적인 표본을 이루는 그룹을 비교하는 경우의 관심은 "군집 내"가 아니라 "군집 간"의 비교이다. 많은 조사연구나 역학연구에서는 어떤 모집단에서 서로 다른 그룹 간에 어떤 특정한 결과가 발생하는 상대적인 빈도수를 비교하는 것이 목적이 된다. 따라서 주요한 관심을 수치로 표현하는 측도로 그룹들 간의 주변확률을 비교한다. 예를 들어, 낙태 합법화에 관한 예제에서, 합법화를 지지할 확률을 추정하고 성별 간의 의견 차이를 비교하는 것이 연구의 주목적인 경우에는 주변확률이 주로 관련되어 있다. 주변효과에 주로 관심이 있는 경우에는 주변모형을 사용하여 직접적으로 주변합을 모형화하는 것이 더 간단하다. 랜덤효과모형과 같이 주변합을 생성시키는 결합분포에 대하여 더 복잡하게 모형화를 하면 오히려 모형을 잘못 지정하는 오류를 범하게 될 가능성이 높다. 예를 들어, 경시적 자료에 대하여 랜덤효과가 주어져 있을 때 관측값들이 서로 독립적이라고 가정하거나, 혹은 서로 다른 그룹이 같은 변동을 가진 랜덤효과를 가진다고 가정하는 것은 전혀 현실적이지 않다.

10.3 다항반응변수와 다중랜덤효과모형으로의 확장

GLMM 모형은 이항반응변수에서 다범주를 갖는 반응변수로 확장된다. 명목형 반응변수보다는 순서형 반응변수에 대해서 각 로짓에 대하여 동일한 랜덤효과를 사용할 수 있기 때문에 더 간단하게 모형화를 할 수 있다. 누적로짓에 대해서 이 모형은 6.2.1절에서 고정효과에 대하여 사용하였던 **비례 오즈**(proportional odds) 구조가 된다. 그러나 GLMM 모형은 이 모형에 포함된 하나의 랜덤효과보다 더 많은 랜덤효과항을 가질 수 있는데, 예를 들어 랜덤절편뿐만 아니라 랜덤기울기를 포함할 수 있다. 이 절에서 이러한 두 가지 확장의 예제를 보여 주겠다.

10.3.1 예제: 불면증 연구 재분석

〈표 9.2〉는 불면증 환자를 치료하는 위약과 최면제(active hypnotic)를 비교하는 데 있어서 두 시점에서 관측한 임상시험자료를 분석한 결과를 보여 주고 있다. 잠들 때까지 걸리는 시간을 네 수준으로 이루어진 순서형 반응변수로 관측하였다. 이 자료를

9.3.1절에서는 주변모형으로 분석하였고 9.4.3절에서는 전이모형으로 분석하였다. y_{it}는 시점 t(0 = 처음시점, 1 = 추적시점)에서 관측한 개체 i의 반응변수이고, x는 처리(1 = 최면제, 0 = 위약)를 나타내는 변수라고 하자.

9.3.1절에서 GEE를 사용하여 다음의 주변모형을 추정하였다.

$$\text{logit}[P(Y_{it} \leq j)] = \alpha_j + \beta_1 t + \beta_2 x + \beta_3 (t \times x)$$

이에 대응되는 누적 로짓 랜덤절편모형은 다음과 같다.

$$\text{logit}[P(Y_{it} \leq j)] = u_i + \alpha_j + \beta_1 t + \beta_2 x + \beta_3 (t \times x)$$

R 프로그램에서 볼 수 있는 것과 같이 어떤 소프트웨어는 6.2.6절에서 소개한 잠재변수과 관련하여 다른 형태의 모수를 갖는 다음의 모형을 추정한다.

$$\text{logit}[P(Y \leq j)] = u_i + \alpha_j - \beta_1 t - \beta_2 x - \beta_3 (t \times x)$$

위의 모형에서 모수의 추정값 부호는 다르지만 표준편차나 추론의 결과는 동일하다. 다음은 R 출력 결과이다.

```
---------------------------------------------------------------------------
> Insomnia <- read.table("http://www.stat.ufl.edu/~aa/cat/data/Insomnia.dat",
+                       header=TRUE)
> Insomnia
      case    treat    occasion    response
1        1        1           0           1
2        1        1           1           1
...
477    239        0           0           4
478    239        0           1           4
> library(ordinal)
> fit <- clmm(factor(response) ~ (1|case) + occasion + treat + occasion:treat,
+           nAGQ=20, data=Insomnia) # response var. for clmm must be factor
> summary(fit)
Random effects:
Groups Name       Variance  Std.Dev.
case   (Intercept)  3.628     1.905
Coefficients: # not showing intercept estimates
              Estimate   Std. Error  z value   Pr(>|z|)
occasion       -1.60158     0.28336   -5.652  1.58e-08 # estimates have
treat          -0.05785     0.36629   -0.158   0.87450 # opposite sign for
occasion:treat -1.08129     0.38046   -2.842   0.00448 # +beta parameters
---------------------------------------------------------------------------
```

이 모형의 추정으로부터 다음과 같은 결과를 얻을 수 있다. (1) $\hat{\beta}_2$가 0에 가까우므로, 반응변수의 분포는 처음 시점에서는 두 처리 그룹 간에 비슷하고 (2) $\hat{\beta}_1$이 유의한

▸표 10.4 〈표 9.2〉 자료에 적합된 누적로짓 주변모형과 랜덤효과모형의 결과 (괄호 안은 표준오차)

효과	주변모형 GEE	랜덤효과모형 (GLMM) ML
시점	1.038(0.168)	1.602(0.283)
처리	0.034(0.238)	0.058(0.366)
시점 × 처리	0.708(0.244)	1.081(0.380)

음수값이므로 위약 그룹은 처음 시점보다 추적 후의 시점에서 더 빨리 잠이 드는 경향이 있으며 (3) 교호작용항 $\hat{\beta}_3$이 유의한 음수값이므로 시간의 효과가 위약 그룹보다 최면제 그룹에서 더 크다.

〈표 10.4〉에 GLMM과 주변모형에 대한 결과를 요약하였다. GLMM 모형의 추정값과 표준오차값이 약 50% 더 크다는 것을 알 수 있는데 이는 이질성이 상당히 크다는 것을 반영하고 있다. 랜덤효과의 분산요소는 $\hat{\sigma}=1.90$으로 두 시점에서의 반응변수 간에 어느 정도의 연관성이 있다고 볼 수 있다(반응변수의 4 수준의 순서형 범주에 점수 $(10, 25, 45, 75)$를 매길 경우 처음 시점과 추적 후의 시점 사이의 상관계수는 0.44이다).

10.3.2 메타-분석: 연관성의 이질성에 대한 이변량 랜덤효과모형

지금까지의 예제들에서는 랜덤절편 하나만 고려한 일변량 랜덤효과만을 고려하였다. 그러나 종종 랜덤절편뿐만 아니라 랜덤기울기도 고려하는 경우가 있다. 〈표 10.5〉에서는 궤양을 치료하는 기존의 수술 방법과 새로운 수술 방법을 비교하는 41개의 연구 중 3가지 연구 결과만 보여 주고 있지만 아래의 R 출력 결과는 웹사이트에 있는 41개의 모든 자료를 사용하여 분석한 결과이다. 여기서 반응변수는 수술 후 재출혈 유무이다(1 = 있다, 0 = 없다). 이와 같이 동일한 연관성 연구에 대하여 여러 연구에서 나온 결과들을 요약하는 통계적 분석을 **메타-분석**(meta-analysis)이라고 한다.

대개의 경우, 제3의 변수에 의해 층화된 자료에 대하여 이항반응변수를 두 그룹 간에 비교하기 위해서 2×2 분할표에서의 연관성의 강도를 분석하고 이 연관성이 층간에 어떠한 변동을 갖는지를 살펴본다. 층화변수 자체를 랜덤하게 추출할 경우, 즉 메타분석에서 다른 연구나 학교 혹은 병원일 때는 랜덤효과 접근 방법을 자연스럽게 적용할 수 있다. 즉, 각 개체보다 각 층에 대하여 서로 다른 랜덤효과를 사용한다. 랜덤층화표본에 대해서는 층의 모집단으로 추론을 확장할 수 있다.

y_{it}를 연구 i에 속하는 한 개체가 수술 방법 t(1 = 새로운 방법, 0 = 기존의 방법)를 했을 때의 반응변수라고 하자. 한 가지 가능한 모형은 다음과 같은 로짓-정규 랜덤절편모형이다.

$$\text{logit}[P(Y_{i1} = 1)] = u_i + \alpha + \beta, \quad \text{logit}[P(Y_{i2} = 1)] = u_i + \alpha$$

각각의 연구는 랜덤효과를 갖는 하나의 군집으로 간주된다. 이 모형에서는 처리와 반응변수 간의 로그 오즈비 β가 모든 연구에서 동일하다고 간주하고 있다. 모수 σ^2는 연구와 연구들 사이에 재출혈 유무에 대한 로짓-확률에서의 이질성을 나타낸다. 추정된 처리효과는 R 출력 결과에 보이는 것과 같이

$\hat{\beta} = -1.173(SE = 0.118)$이다.

```
--------------------------------------------------------------------------
> Ulcers <- read.table("http://www.stat.ufl.edu/~aa/cat/data/Ulcers.dat",
+                      header=TRUE)
> Ulcers
   study   treat   y   n  # y "yes" outcomes on adverse events, sample size n
1       1       1   7  15
2       1       0  11  13
...
81     41       1   0   9
82     41       0   0  16
> library(lme4)
> fit <- glmer(y/n ~ (1|study) + treat, family=binomial, weights=n, nAGQ=50,
+              data=Ulcers)
> summary(fit)
```

▸ 표 10.5 3가지 연구에서 재출혈 유무에 대한 반응변수와 처리(새로운 방법과 기존의 방법)와의 관계를 나타내는 자료표

연구	처리	재출혈 예	재출혈 아니오	표본 오즈비	적합된 오즈비
1	새로운 방법	7	8	0.159	0.147
	기존의 방법	11	2		
5	새로운 방법	3	9	∞	2.59
	기존의 방법	0	12		
6	새로운 방법	4	3	0.0	0.126
	기존의 방법	4	0		

주의 : B. Efron의 논문, *J. Amer. Statist. Assoc.*, **91**: 539, (1996). 41개의 연구에 대한 전체 자료는 웹사이트 www.stat.ufl.edu/~intro-cda/appendix.html에 있음.

```
Random effects:
Groups Name        Variance  Std.Dev.
study  (Intercept) 0.6721    0.8198
Fixed effects:
              Estimate   Std. Error  z value   Pr(>|z|)
(Intercept)    -0.3212       0.1500   -2.142     0.0322
treat          -1.1728       0.1176   -9.969     <2e-16
-----------------------------------------------------------------------
```

이 결과는 처리효과 $\{u_i\}$를 랜덤효과가 아닌 고정효과로 간주한 결과와 비슷하며 $(\hat{\beta}=-1.220, SE=0.119)$, 새로운 수술 방법에서 재출혈이 일어날 확률이 감소되는 경향이 유의하다고 해석할 수 있다.

이 경우 41개의 연구마다 처리효과가 다를 수 있다고 가정하는 것이 보다 더 현실적이다. 처리와 연구 간의 교호작용을 허용하는 로지스틱-정규모형은 다음과 같다.

$$\mathrm{logit}[\mathrm{P}(\mathrm{Y}_{\mathrm{i1}}=1)]=\mathrm{u_i}+\alpha+(\beta+\nu_{\mathrm{i}}),$$
$$\mathrm{logit}[P(Y_{i2}=1)]=u_i+\alpha \tag{10.4}$$

여기서 u_i는 랜덤절편이고, v_i는 수술 방법(1 = 새로운 방법, 0 = 기존의 방법)을 나타내는 지시변수에 대한 계수로 랜덤기울기를 나타낸다. 연구 i의 처리와 반응변수 사이의 로그 오즈비는 $\beta+v_i$이다. 여기서 $\{(u_i, v_i)\}$는 **이변량정규분포**(bivariate normal distribution)를 따른다고 가정한다. 이 분포는 평균이 0이며 $\{u_i\}$에 대한 분산은 σ_u^2, $\{v_i\}$에 대한 분산은 σ_v^2이며, u_i와 $v_i (i=1, \ldots, 41)$ 간의 상관계수는 ρ이다. 이 모형을 적합하게 되면 층화모집단에 대한 로그 오즈비의 평균의 추정값 $\hat{\beta}$와 표준편차의 추정값 $\hat{\sigma}_\nu$을 제공한다.

41개의 연구마다 상당히 다른 표본 로그 오즈비값을 갖는다. 〈표 10.5〉에서 볼 수 있듯이 어떤 표본 오즈비는 경계값인 0이나 ∞을 갖기도 한다. 다음 R 출력 결과는 모형 (10.4)를 적합한 결과이다.

```
-----------------------------------------------------------------------
> fit2 <- glmer(y/n ~ treat + (1+treat|study), family=binomial, weights=n,
+              data=Ulcers)
> summary(fit2)
Generalized linear mixed model fit by maximum likelihood (Laplace Approx.)
Random effects:
Groups Name          Variance  Std.Dev.   Corr
study  (Intercept)   2.015     1.420
       treat         2.242     1.497     -0.87
Fixed effects:
              Estimate   Std. Error  z value   Pr(>|z|)
(Intercept)    -0.2415       0.2416    -1.00      0.317
treat          -1.2965       0.2724    -4.76   1.94e-06
```

```
> fitted(fit2) # predicted proportions for the 82 study-treatment cases
       1          2          3          4          5          6
 0.36219    0.79493    0.33822    0.50038    0.15019    0.12413
...
      82
0.068815
-------------------------------------------------------------------
```

추정된 평균 로그 오즈비는[3] $\hat{\beta}=-1.2965(SE=0.272)$이고 이 값을 오즈비로 환산하면 0.27이다. 또한 $\hat{\sigma}_v=1.50$으로 실제의 로그 오즈비 간에는 상당한 이질성이 있다.

귀무가설 $H_0: \beta=0$는 처리그룹과 반응변수들 간에 연관성이 없다는 것으로 평균 로그오즈비가 0이라는 의미이다. 이에 대한 왈드 통계량은 $z=\hat{\beta}/SE=-1.2965/0.272=-4.76$으로 H_0를 유의하게 기각할 수 있다. 그러나 이 결과는 처리그룹와 연구들간의 교호작용이 없는 모형에서 구한 왈드 통계량의 값 $z=\hat{\beta}/SE=-1.173/0.118=-9.97$보다 유의성이 훨씬 약하다. 그 이유는 교호작용 모형에서 추가적으로 고려하는 분산요소항이 로그 오즈비 간의 변동과 관련되어 있기 때문이다. 추정값 $\hat{\sigma}_v$이 커질수록 처리효과의 추정값 $\hat{\beta}$의 표준오차도 커지는 경향이 있다. 따라서 연구마다 처리효과의 변동이 커질수록 그 효과의 평균을 정확하게 추정하는 것이 더 어려워진다.

〈표 10.5〉는 세 가지 연구에 대하여 표본 로그 오즈비와 모형에서 적합한 로그 오즈비를 보여 주고 있다. 예를 들어, 연구 1의 분석 결과에서는 재출혈이 일어날 확률의 추정값이 새로운 치료법에서는 0.362, 기존의 치료법에서는 0.795으로 오즈비의 추정값이 0.147이다. 전체 41개의 연구에 걸쳐 표본 로그 오즈비의 값이 취하는 범위는 0부터 ∞까지 분포되어 있다. 이에 대응되는 랜덤효과모형에서는 0.004(새로운 치료법에서는 34개의 표본에서 재출혈이 일어난 경우가 0이지만 기존의 치료 방법은 34개의 표본에서 모두 재출혈이 일어난 경우)와 2.6(연구 5)의 값 사이에 분포되어 있다. 모형-기반의 추정값들의 변동이 훨씬 더 작으며, 표본 로그 오즈비의 크기 순서와도 일치하지 않는데, 이는 표본크기가 작을수록 추정량의 수축되는 정도가 더 커지기 때문이다.

10.4 다수준(계층적) 모형

계층적 모형은 포함된 형태의 자료를 잘 설명한다: 포함된 형태는 하나의 수준에서의 단위가 다른 수준의 단위 내에 포함되는 경우이다. 계층적 구조를 가진 모형을 **다수준**

[3] 여기서 사용한 *glmer* R 함수는 라플라스 근사법이다. 실제 ML 결과는 $\hat{\beta}=-1.299(SE=0.277)$이고 $\hat{\sigma}_v=1.52$이다.

모형(multilevel model)이라고 한다. 다수준모형은 대개의 경우, 특히 각 수준의 단위들이 관심있는 모집단에서 랜덤하게 추출되었을 때, 그 수준의 단위들을 고정효과로 간주하지 않고 랜덤효과로 간주한다. 따라서 다수준모형은 서로 다른 수준의 단위들에 대한 랜덤효과항을 포함하게 된다.

10.4.1 예제: 학생들의 수행능력에 대한 두 수준의 모형

계층적 자료는 교육학 분야의 연구와 같은 응용 분야에서 흔하게 접할 수 있다. 학생의 수행능력에 영향을 주는 요인에 대해 연구하기 위하여 각 학생에 대해 어떤 종합시험의 각 과목마다 합격 여부를 측정하였다. 학생들은 학교 내에 속해 있으므로 모형에서 학교들 간의 변동뿐만 아니라 학생들 간의 변동도 같이 고려한다. 모형에서 학생들의 특성으로 x_1 =성별과 x_2 =작년에 치른 시험성적을 고려하고 학교특성으로 x_3 =학교예산과 x_4 =평균학급규모를 고려할 수 있다. 어떤 한 학생이 다른 시험에서 얻은 반응변수값들은 다른 학생들의 반응변수값들보다 더 유사한 경향을 가질 것이다. 마찬가지로 동일한 학교에 속한 학생들의 관측값들이 다른 학교에 다니는 학생들로부터 얻어진 관측값들보다 더 비슷한 경향이 있는데, 그 이유는 동일한 학교 내에 속한 학생들이 비슷한 사회경제적인 수준을 갖는 경향이 있기 때문이다. 이와 관련하여 모형은 학생과 학교에 대한 설명변수들과 랜덤효과항을 포함한다.

y_{ijt}를 학교 j에 속한 학생 i가 시험 t(1=네, 0=아니오)를 통과했는지 여부를 나타내는 반응변수라고 하자. 학생-특정적 설명변수에 대하여, 수준 1 모형은 다음과 같은 형태를 갖는다.

$$\text{logit}[P(Y_{ijt}=1)] = u_{ij} + \alpha_j + \beta_1 x_{1ij} + \beta_2 x_{2ijt}$$

여기서 u_{ij}는 학교 j의 학생 i에 대한 랜덤효과항으로, 학생의 능력이나 부모님의 교육 수준과 같이 측정되지 않은 학생-특정적 설명변수들에 의한 학생들 간의 변동성을 반영한다. 학교-특정적인 설명변수를 고려한 수준 2 모형은 수준 1 모형으로부터 학교-특정적 항 α_j를 취하여 다음과 같이 표현된다.

$$\alpha_j = s_j + \alpha + \beta_3 x_{3j} + \beta_4 x_{4j}$$

여기서 s_j는 학교 j에 대한 랜덤효과이다. 이 랜덤효과는 교사들의 평균 연봉이나 학교 내에서 마약과 관련된 문제 또는 학생들이 등록한 지역구의 특성들과 같이 측정되지 않은 학교-특정적 설명변수들에 의한 학교들 간의 이질성을 반영한다. 수준 2 모형을 수준 1 모형에 대입하면 다음과 같은 모형이 된다.

$$\text{logit}[P(Y_{ijt}=1)] = u_{ij} + s_j + \alpha + \beta_1 x_{1ij} + \beta_2 x_{2ijt} + \beta_3 x_{3j} + \beta_4 x_{4j},$$

이 모형은 학생 수준에서의 랜덤절편 u_{ij}와 학교 수준에서의 랜덤절편 s_j를 갖는 다수준모형이다.

10.4.2 예제: 흡연예방과 금연 연구

청소년들이 흡연을 시작하거나 계속 흡연하는 것을 못하게 하기 위한 두 가지 프로그램의 효과에 대한 연구에서[4] 다수준모형을 고려해 보자. 이 연구는 학교-기반 교과과정(SC; 1=예, 0=아니오)과 TV-기반 예방 프로그램(TV; 1=예, 0=아니오)에 따라 2×2 요인실험으로 이루어진 네 그룹을 비교하였다. 이 연구대상자들은 로스앤젤러스에 있는 28개의 학교에 속한 135개의 학급의 1600명의 7학년 학생들이다. 각 학교들은 네 개의 중재 프로그램(intervention condition)에 랜덤하게 배정되었다. 반응변수는 담배와 건강지식(THK)에 대한 척도로 연구 종료시에 관측하였다. 또한 이 척도는 연구를 시작하는 시점에서도 관측하였는데 이 측정값(PTHK=Pre-THK)은 공변량으로 사용하였다. THK 척도는 0에서 7 사이의 값을 가지며 $\bar{y}=2.66$이고 $s_y=1.38$이다. 〈표 10.6〉은 자료의 일부분이다.

y_{ijk}를 학교 k의 학급 j의 학생 i의 연구종료 시점에서의 THK 척도가 2를 넘는지 여부(1=예, 0=아니오)라고 할 때 다수준모형은 다음과 같다.

$$\text{logit}[P(Y_{ijk}=1)] = c_{jk} + s_k + \alpha + \beta_1 \text{PTHK}_{ijk} + \beta_2 \text{SC}_{ijk} + \beta_3 \text{TV}_{ijk}$$

이 모형은 학급과 학교에 대한 랜덤효과항을 포함하고 있다. 어떤 한 수준에서, 학교 k의 학급 j에 대한 랜덤효과 c_{jk}는 $N(0,\sigma_c^2)$를 따르며 σ_c^2는 미지의 모수라고 가정한다. 또 다른 수준에서, 학교 k에 대한 랜덤효과 s_k는 $N(0,\sigma_s^2)$를 따르며 σ_s^2도 미지의 모수라고 가정한다. 어떤 특정한 학급과 학교 내에서, 이 학급과 학교에 속한 학생들에 대한 반응변수들은 서로 독립이라고 가정한다. 각 학생은 오로지 하나의 반응변수 값만 관측되었으므로 모형에서 학생에 대한 랜덤효과항은 포함되지 않는다.

요인-고정효과에 대해서, 아래의 R 출력 결과로부터 학교-기반 커리큘럼은 매우 유의하지만 TV-기반 예방프로그램은 유의하지 않음을 알 수 있다.

---

[4] D. Hedeker and R. Gibbons(2006, Wiley)의 *Longitudinal Data Analysis*의 p. 9를 참조하라

▶ 표 10.6 흡연예방과 금연에 관한 자료의 일부[a]

학생	학교	학급	SC	TV	PTHK	THK
1	403	403101	1	0	2	3
2	403	403101	1	0	4	4
...						
1600	515	515113	0	0	3	3

[a] 전체 Smoking datafile은 Don Hedeker의 교재 웹사이트에 있음

```
> Smoking <- read.table("http://www.stat.ufl.edu/~aa/cat/data/Smoking.dat",
+                       header=TRUE)
> Smoking
     student  school   class   SC   TV   PTHK   THK  y
1          1     403  403101    1    0      2     3  1
...
1600    1600     515  515113    0    0      3     3  1
> library(lme4)
> fit <- glmer(y ~ (1|class) + (1|school) + PTHK + SC + TV, family=binomial,
               data=Smoking)
> summary(fit) # Gaussian quadrature not available for multilevel models
GLMM fit by maximum likelihood (Laplace Approximation)
Random effects:
Groups Name         Variance  Std.Dev.
class  (Intercept)  0.16728    0.4090
school (Intercept)  0.06413    0.2532
Number of obs: 1600, groups: class, 135; school, 28
Fixed effects:
               Estimate   Std. Error   z value   Pr(>|z|)
(Intercept)    -1.13163      0.17827    -6.348   2.18e-10
PTHK            0.39512      0.04627     8.539    < 2e-16
SC              0.80014      0.16893     4.737   2.17e-06
TV              0.10786      0.16819     0.641      0.521
------------------------------------------------------------------------------
```

추정된 랜덤효과의 표준편차는 각각 $\hat{\sigma}_c = 0.41$, $\hat{\sigma}_s = 0.25$으로 학급들 간의 변동이 학교들 간의 변동보다 약간 더 큰 것을 알 수 있다. 여기에서는 보여 주지 않았지만 학교-기반 교과과정과 TV-기반 예방 프로그램과의 교호작용항을 추가한 모형은 유의하게 적합성이 향상되지 않았다.

한편 학급들과 학교들 내에서 군집으로 묶여진 관측값들의 상관성을 무시하고 1600개의 관측값을 독립적으로 간주하여 통상적인 로지스틱 회귀모형을 다음과 같이 적합시켰다고 가정하자.

$$\text{logit}[P(Y_{ijk}=1)] = \alpha + \beta_1 \text{PTHK}_{ijk} + \beta_2 \text{SC}_{ijk} + \beta_3 \text{TV}_{ijk}$$

이 결과는 GLMM의 결과와 차이가 있을까? 아래 R 출력 결과를 살펴보자.

```
----------------------------------------------------------------------
```

```
> fit.glm <- glm(y ~ PTHK + SC + TV, family=binomial, data=Smoking)
> summary(fit.glm) # ignoring hierarchical clustering (no random effects)
              Estimate   Std. Error   z value   Pr(>|z|)
(Intercept)   -1.11920      0.13127    -8.526    < 2e-16
PTHK           0.39886      0.04401     9.063    < 2e-16
SC             0.76532      0.10563     7.245   4.32e-13
TV             0.12305      0.10462     1.176       0.24
-------------------------------------------------------------------
```

추정된 고정효과는 다수준모형의 값과 유사하지만 개체들 간의 효과에 대한 표준오차는 상당히 과소추정되었다(SC와 TV).

더 자세한 다수준모형화에 대해서는 Bartholomew 등(2008, 12장), Gelman과Hill (2006), Hedeker와 Gibbons (2006)과 Snijders와 Bosker (2011)을 참조하라.

10.5 잠재계급모형*

통상적으로 GLMM 모형은 관측되지 않은 랜덤효과를 이용하여 선형예측값을 혼합된 형태로 만든다. 이 랜덤효과는 정규분포를 따른다고 가정된 잠재변수이다. 한편, 잠재계급모형은 양적인 변수보다는 질적인 변수의 분포를 혼합하는 경우이다. 기본적인 모형은 범주형 잠재변수가 존재하여 이 값이 주어진 조건 하에서는 반응변수들이 서로 독립적이라고 가정하는 경우이다.

10.5.1 잠재변수의 범주가 주어진 경우의 독립성

T개의 범주를 갖는 반응변수 $(Y_1, Y_2, \cdots, Y_T)$에 대하여, 설명변수를 고려하지 않는 잠재 계급모형은 모든 가능한 반응변수의 관측값 $(y_1, \cdots, y_T)$와 각 범주 z가 주어져 있을 때 아래와 같은 식이 성립하는 잠재변수 Z가 있다고 가정한다.

$$P(Y_1 = y_1, \cdots, Y_T = y_t | Z = z) = P(Y_1 = y_1 | Z = z) = \cdots P(Y_T = y_T | Z = z)$$

〈그림 10.2〉는 독립성 그래프이다. 잠재계급모형은 주어진 잠재계급에서의 Y_t의 조

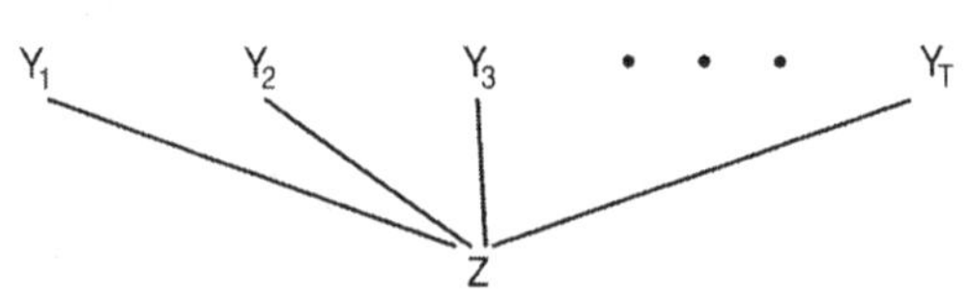

그림 10.2 잠재계급모형에서 조건부독립성을 나타내는 독립성 그래프

건부확률 $P(Y_t = y_t|Z = z)$뿐만 아니라 잠재계급의 확률 $P(Z = z)$를 요약해 주는데 이것들이 모형의 모수가 된다.[5]

잠재계급모형은 주로 관측된 변수들이 편견, 독실함, 혹은 어떤 이슈에 대한 의견과 같이 어떤 개념에 대하여 다양하게 표출되는 지표들을 다룰 때 적절하다. 예를 들어, 〈표 9.1〉에 있는 자료에서와 같이, 각 응답자들은 다양한 경우에 낙태의 합법화에 대한 의견을 표출하였다. 이 경우에 낙태의 합법화에 대한 기본적인 태도 자체가 잠재변수가 될 수 있으며 이 잠재변수의 값이 주어져 있다면 관측된 값에 대한 반응변수들은 조건부적으로 독립이라고 간주할 수 있다. 예를 들어, 세 가지 잠재계급을 생각할 수 있다: 어떤 경우에라도 낙태 합법화에 반대하는 사람들의 태도, 어떤 경우에라도 낙태 합법화를 지지하는 사람들의 태도, 경우에 따라서 의견을 바꾸는 사람들의 태도이다.

T-차원의 분할표가 $(Y_1, \cdots, Y_T)$를 교차분류한다. T개의 반응변수와 관측되지 않은 잠재변수 Z로 교차분류된 $(T+1)$-차원 분할표를 고려해 보자. 각 반응변수 Y_t의 범주 수를 c라 하고 잠재변수 Z의 계급 수를 q라 하자. 잠재계급모형은 관측된 c^T 칸을 갖는 다항분포를 따른다고 가정하고 있다. 조건부독립성에 의해 결합다항칸 확률은 다음과 같이 인수분해된 곱의 꼴로 표현된다.

$$P(Y_1 = y_1, \cdots, Y_T = y_T) = \sum_{z=1}^{q} \left[\prod_{t=1}^{T} P(Y_t = y_t|Z = z)\right] P(Z = z)$$

잠재계급모형은 관측되지 않은 표에 대하여 $(Y_1Z, Y_2Z, \cdots, Y_TZ)$로 표현된 로그선형모형과 동치이다. 이 모형은 $\{Y_tZ\}$에 대해서 어떠한 가정도 하지 않지만 $\{Y_t\}$들이 Z의 각 범주 내에서 서로 독립적이라는 것을 가정하고 있다.

잠재계급모형을 적합하려면 Newton-Raphson 알고리즘과 같이 반복적으로 추정하는 방법이 필요하다. 간혹, 계급 수 q에 대하여 구체적인 값으로, 주로 상당히 작은(2에서 4)값을 지정한다. 지정하지 않을 경우, $q = 2$로 시작하여 적합이 부적절하다면, 모형적합이 실질적으로 향상될 때까지 q를 1씩 증가시킬 수 있다. 하지만, q가 증가할수록 가능도함수가 여러 개의 최댓값을 가질 위험이 증가하므로, 이런 경우에는 반복적인 추정에서 전체의 최댓값이 아닌 국소적인 최댓값으로 수렴할 위험이 있다. 이런 위험을 줄이려면, 여러 개의 초기값을 사용하여 잠재계급모형을 적합하는 소프트웨어 함수를 여러 번 실행해야 한다.

[5] 이 모형은 다변량 정규확률변수의 공통인자를 갖는 인자분석모형의 범주형자료 버전이다.

10.5.2 예제: 평가자의 일치성에 관한 잠재계급모형

〈표 10.7〉은 자궁경부암의 존재 여부에 대하여 118개의 슬라이드를 7명의 병리학자들이 분류한 결과이다. 관찰자 간의 일치성을 모형화하기 위하여, 종종 잠재계급모형에서 조건부독립성을 가정한다. 눈가림법 평가 방법에 의해서, 주어진 대상에 대한 서로 다른 병리학자들의 평가는 서로 독립적이다. 만약 어떤 주어진 범주에 대하여 실제로 옳은 평가를 받는 대상자들이 상대적으로 매우 동질적이라면, 서로 다른 병리학자에 의해 매겨진 평가들은 주어진 참 평가계급 내에서 거의 독립적일 것이다. 따라서 하나의 잠재변수를 고려하여 계급 수를 $q=2$로 놓고, 참 평가 결과에 대해 긍정과 부정적인 두 가지 계급으로 상정할 수 있다.

〈표 10.8〉은 그룹화되지 않은 자료에 대하여 R 프로그램을 이용하여 구한 몇 개의

▶표 10.7 암 진단(1=있음, 0=없음)과 q 계급의 잠재계급모형의 적합값

병리학자								모형적합값		
A	B	C	D	E	F	G	수	$q=1$	$q=2$	$q=3$
0	0	0	0	0	0	0	34	1.1	23.0	33.8
0	0	0	0	1	0	0	2	1.6	6.6	2.0
0	1	0	0	0	0	0	6	2.2	12.7	6.3
0	1	0	0	0	0	1	1	2.8	1.7	1.5
0	1	0	0	1	0	0	4	3.3	3.6	3.0
0	1	0	0	1	0	1	5	4.2	0.5	4.7
1	0	0	0	0	0	0	2	1.4	3.0	2.1
1	0	1	0	1	0	1	1	1.6	0.2	0.2
1	1	0	0	0	0	0	2	2.8	1.7	1.3
1	1	0	0	0	0	1	1	3.5	0.3	1.6
1	1	0	0	1	0	0	2	4.2	0.5	2.9
1	1	0	0	1	0	1	7	5.3	3.7	6.5
1	1	0	0	1	1	1	1	1.4	2.6	1.4
1	1	0	1	0	0	1	1	1.3	0.1	0.1
1	1	0	1	1	0	1	2	2.0	4.3	2.6
1	1	0	1	1	1	1	3	0.5	3.1	2.0
1	1	1	0	1	0	1	13	3.3	11.5	9.6
1	1	1	0	1	1	1	5	0.9	8.4	8.7
1	1	1	1	1	0	1	10	1.2	13.5	13.6
1	1	1	1	1	1	1	16	0.3	9.9	12.3

출처: J.R. Landis and G.G. Koch, *Biometrics* **33**: 363-374 (1977)을 기반. 빈 칸은 표시하지 않음. 그룹화되지 않은 자료는 웹사이트의 Carcinoma 자료에 있음. Latent Gold로 적합함 (Statistical Innovations, Belmont, MA).

▸표 10.8 그룹화되지 않은 암 진단 자료의 잠재계급모형에 대한 적합도

잠재 계급의 수	모형	잔차 편차값	자유도	AIC
1	상호 독립성	476.8	111	1062.9
2	잠재 계급	62.4	103	664.5
3	잠재 계급	15.3	95	633.4
4	잠재 계급	6.4	1787	640.6

잠재 계급모형에 대한 적합도 검정 결과이다. 그룹화된 자료는 7명의 병리학자($T=7$)가 내린 평가에 의해 교차분류된 분할표로, $2^7=128$개의 칸이 있으며, 이 중 108개의 칸은 빈도수가 0이다. 〈표 10.7〉은 빈도수가 양수인 칸들에 대해 $q=1,2,3$일 경우에 잠재계급모형으로 적합된 값들을 보여 준다(빈 칸들에 대해 적합된 값들도 있으나 여기서는 보여 주지 않았다). 이 표에는 빈 칸이 많기 때문에, 이 표나 그룹화되지 않은 자료에 대한 이탈도 통계량은 모형들을 비교하는 데 매우 유용하다. 계급 수가 $q=1$인 잠재계급모형은 7개의 평가 결과들이 상호독립적인 경우이다. 예상했던 바와 같이 모형이 전혀 적합되지 않았다. 계급 수가 $q=2$일 때에도 모형이 잘 적합되지 않았다는 근거가 남아 있다. 예를 들어, 7명의 모든 병리학자들이 부정적으로 평가한 경우에 대한 추정 빈도수는 23.0이지만 실제로 관측된 빈도수는 34이다. 〈표 10.8〉에서 보여 주듯이 이탈도 통계량의 값이 작다고 해서 적합도가 좋다고 결론을 내릴 수는 없다. 왜냐하면 범주형 자료에 대한 모형에서는, 그룹화되었지만 상당히 희박한 자료이거나 그룹화되지 않은 자료에서 구한 이탈도 통계량은 매우 보수적인 경향이 있기 때문이다(다시 말하면, 카이제곱통계량이 너무 큰 P-값을 갖는 경향이 있다). 계급 수 $q=3$일 때의 모형은 적절하게 적합된 것처럼 보이며, $q=4$인 모형도 잘 적합되었지만, AIC값을 비교한 결과 단순한 모형이 더 낫다.

주어진 잠재계급이 z로 주어져 있을 때, 각 병리학자들이 종양이 있다고 진단할 추정확률 $P(Y_t=1|Z=z)$에 대하여 자세히 살펴보면, 잠재계급들의 속성을 밝히는 데 도움이 된다. 〈표 10.9〉는 세 개의 계급을 갖는 모형에 대한 결과이다. 이 결과로부터

▸표 10.9 세 잠재계급모형에서 잠재계급이 주어져 있을 때 종양이 있다고 진단할 조건부확률의 추정값

잠재 계급	병리학자						
	A	B	C	D	E	F	G
1	1.000	0.981	0.858	0.586	1.000	0.476	1.000
2	0.513	1.000	0.000	0.058	0.751	0.000	0.631
3	0.057	0.138	0.000	0.000	0.055	0.000	0.000

다음과 같은 결론을 유추할 수 있다. (1) 첫 번째 잠재계급은 A, B, E, G 병리학자들이 종양이 있다는 진단이 일치하고 C와 D 병리학자는 대체로 일치하는 것을 보여 준다. (2) 두 번째 잠재계급은 강하게 불일치하는 속성으로 C, D, F 병리학자들은 거의 종양이 있다고 진단하지 않는데 반하여 B, E, G 병리학자들은 대체로 있다고 진단한다; (3) 세 번째 잠재계급은 대부분의 병리학자들이 종양이 없다고 진단하는 것을 보여 준다. 세 개의 잠재계급에 속할 확률을 추정하면 각각 $\hat{P}(Z=1)=0.445$, $\hat{P}(Z=2)=0.182$, $\hat{P}(Z=3)=0.374$이다. 이 모형에서는 18.2%의 자료가 불일치 속성을 갖는 계급에 속한다고 추정하고 있다.

아래의 R 출력 결과는 잠재계급모형을 적합하고 조건부확률을 구한 것이다.

```
-------------------------------------------------------------------------------
> Carcinoma <- read.table("http://www.stat.ufl.edu/~aa/cat/data/
+                         Carcinoma.dat", header=TRUE)
> Carcinoma <- -Carcinoma + 2 # poLCA requires response values 1, 2
> Carcinoma
  A B C D E F G
  1 2 2 2 2 2 2 2 # 1 = carcinoma present, 2 = carcinoma absent
...
118 1 1 1 1 1 1 1 # 118 observations in ungrouped data file
> library(poLCA)
> poLCA(cbind(A,B,C,D,E,F,G) ~ 1, nclass=1, data=Carcinoma)
residual degrees of freedom: 111
AIC(1): 1062.93
G^2(1): 476.7814 (Likelihood ratio/deviance statistic)
> poLCA(cbind(A,B,C,D,E,F,G) ~ 1, nclass=2, nrep=9, data=Carcinoma)
residual degrees of freedom: 103
AIC(2): 664.5137 # nrep=9 requests 9 fits with different starting values
G^2(2): 62.36543 (Likelihood ratio/deviance statistic)
> poLCA(cbind(A,B,C,D,E,F,G) ~ 1, nclass=3, nrep=9, data=Carcinoma)
residual degrees of freedom: 95
AIC(3): 633.41
G^2(3): 15.26171 (Likelihood ratio/deviance statistic)
Conditional item response probabilities, by outcome variable, for each class
$A
          Pr(1)   Pr(2)  # 1 = carcinoma present 2 = carcinoma absemt
class 1:  1.0000  0.0000  # estimated P(carcinoma is present) are
class 2:  0.5128  0.4872  # (1.000, 0.513, 0.057) for latent classes 1, 2, 3
class 3:  0.0573  0.9427
...
$G
          Pr(1)   Pr(2)
class 1:  1.0000  0.0000
class 2:  0.6307  0.3693
class 3:  0.0000  1.0000
Estimated class population shares
0.4447 0.1817 0.3736
> poLCA(cbind(A,B,C,D,E,F,G) ~ 1, nclass=4, nrep=9, data=Carcinoma)
residual degrees of freedom: 87
AIC(4): 640.5717 # Caution: different starting values gave different results
G^2(4): 6.42345 (Likelihood ratio/deviance statistic)
-------------------------------------------------------------------------------
```

모형의 모수추정값과 베이즈 정리를 이용하여 $P(Z=z|Y_t=y_t)$와 $P(Z=z|Y_1=y_1,\cdots,Y_T=y_T)$을 추정할 수 있다. 예를 들어, 만약 어떤 병리학자가 종양이 있다고 진단하였을 때, 그 병리학자가 주로 종양이 있다고 진단하는 속성을 가진 잠재계급에 실제로 속할 확률은 얼마일까? 이 경우에 또한 범주형 잠재변수 대신에 정규분포를 따르는 랜덤효과항을 고려한 GLMM을 이용할 수 있다. 예를 들어, 로지스틱-정규 랜덤절편모형은 여러 경우의 t에 대해서 $P(Y_t=1)$의 확률을 개체-특정적(case-specific)으로 비교할 수 있다.

한편 연속형 변수를 다루는 인자분석에서와 같이 잠재변수모형에서 위험한 점은 잠재변수를 너무 문자 그대로 해석하려는 유혹에 빠지는 것이다. 예를 들어, 잠재계급 1이 존재해서 실제로 종양을 가진 대상에 대하여 잠재계급 1에 속한 병리학자가 종양이 있다고 진단한 것을 옳게 진단하였다고 간주하려는 것이다. 잠재변수의 가상적인 특성을 인지하고 구체화시키는 오류를 범하지 않도록 주의하여야 한다. 즉, 추상적인 것을 마치 실제로 존재하는 것처럼 간주하지 않아야 한다.

기본적인 잠재계급모형은 다양한 방법으로 일반화된다. 예를 들어, **잠재계급 회귀모형**은 모형에 설명변수를 포함할 수 있다. 잠재변수는 다변량 변수가 될 수 있다. 잠재전이모형은 계급들 간의 전이를 허용한다. **혼합-소속**(mixed-membership)모형은 각 대상이 다양한 계급에 부분적으로 소속되는 것을 허용한다.

잠재계급모형과 일반화에 대한 자세한 내용에 대해서는, Agresti(2013, Chapter 14), Bartholomew 등 (2011), Collins와 Lanza(2009), Magidson와 Vermunt (2004)를 참조하라. 9장과 10장에서 소개하였던 군집화된 범주형 자료의 방법론에 대해 더 자세한 내용은, Fitzmaurice 등 (2011), Gelman와 Hill(2006), Gueorguieva(2018), Hedeker와 Gibbons(2006), Molenberghs와 Verbeke(2005)을 참조하라.

10.1 천국과 지옥 중 어느 것을 믿는지에 대한 최근의 일반사회조사에 관한 〈표 8.9〉 자료에 모형 (10.2)를 적합하라. 만약 소프트웨어로 적분을 수치적으로 계산하는 경우, $q=2$, 10, 100, 400, 1000의 구적점에 대하여 추정값 $\hat{\beta}$와 $\hat{\sigma}$를 구하고 표준오차를 구하라. $\hat{\beta}$를 해석하라.

10.2 〈표 10.10〉은 기형학(teratology) 실험의 결과이다(이 책의 웹사이트에 있는 Teratology 자료 파일). 철분–결핍 다이어트를 하는 어미쥐들은 네 그룹으로 분류되었다. 그룹 1은 위약 주사를 투여하고 다른 그룹들은 다양한 일정에 따라 철분보충 주사를 투여했다. 실험쥐들은 임신 후 3주 후에 해부되어, 동일한 어미쥐에서 태어난 새끼쥐들에 대하여 사망 여부를 관측하였다.

▸ 표 10.10 저수준–철분 기형학 연구에서 58마리의 어미쥐에 대한 반응변수 빈도수 (새끼쥐의 수, 사망수)

그룹 1: 대조군(저수준-철분)
(10, 1) (11, 4) (12, 9) (4, 4) (10, 10) (11, 9) (9, 9) (11, 11) (10, 10) (10, 7)
(12, 12) (10, 9) (8, 8) (11, 9) (6, 4) (9, 7) (14, 14) (12, 7) (11, 9) (13,8)
(14, 5) (10, 10) (12, 10) (13, 8) (10, 10) (14, 3) (13, 13) (4, 3) (8, 8) (13, 5)
(12, 12)

그룹 2: 철분주사 투여군 (7일과 10일)
(10, 1) (3, 1) (13, 1) (12, 0) (14, 4) (9, 2) (13, 2) (16, 1) (11, 0) (4, 0) (1, 0)
(12, 0)

그룹 3: 철분주사 투여군 (0일과 7일)
(8, 0) (11, 1) (14, 0) (14, 1) (11, 0)

그룹 4: 철분주사 투여군 (매주)
(3, 0) (13, 0) (9, 2) (17, 2) (15, 0) (2, 0) (14, 1) (8, 0) (6, 0) (17, 0)

출처: D.F Mooroe and A. Tsiatis, *Biometrics* **47**: 383-401 (1991).

a. y_i를 어미쥐 i의 T_i마리의 새끼쥐 중 사망한 새끼쥐의 수라고 하자. π_{it}를 어미쥐 i의 태아 t의 사망률이라고 하고 어미쥐 i가 그룹 g에 있으면 $z_{ig}=1$ 아니면 0이라고 하자. 군집을 무시하고 y_i를 이항확률변수로 간주하여, 다음 모형을 적합하라.

$$\text{logit}(\pi) = \alpha + \beta_2 z_{i2} + \beta_3 z_{i3} + \beta_4 z_{i4}$$

동일한 어미쥐 내에서의 상관성을 고려하고, GEE 방법을 이용하여 모형을 적합하라. 두 결과에서 추정된 모수들과 표준오차를 비교하고 해석하라.

b. 대응되는 GLMM을 구체적으로 명시하라. 이를 적합하고 위의 (a)에서의 결과와 비교하라.

10.3 10개의 동전이 있을 때 동전 i가 앞면이 나올 확률을 π_i라고 하자. 각각의 동전을 5번씩 던졌을 때 앞면이 나온 횟수는 $(2, 4, 1, 3, 3, 5, 4, 2, 3, 1)$이다.

a. π_i에 대한 표본비율의 추정값을 구하라. 이 값이 ML 추정값이 되는 모형을 구하라.

b. 이 자료에 대한 랜덤효과모형을 명시하라. 프로그램을 이용하여, 예측값 $\{\hat{\pi}_i\}$을 구하라.

c. 모든 $\pi_i = 0.50$이라고 가정하자. 각각의 경우에 추정값과 0.50과의 절댓값 차이의 평균을 구하여 (a)와 (b)의 추정값을 비교하라. 이를 비교함으로 어떤 결론을 얻을 수 있는가?

10.4 고등학교 학생들에 대한 조사 자료인 〈표 7.1〉에서 학생 i가 물질 $t(t=1$, 흡연; $t=2$, 음주; $t=3$, 마리화나)를 사용하면 $y_{it} = 1$이다. 다음 모형을 적합하라.

$$\text{logit}[P(y_{it} = 1)] = u_i + \alpha + \beta_t$$

a. 고정효과를 추정하고 해석하라. 주변 동질성을 검정하는 방식으로 $H_0 : \beta_1 = \beta_2 = \beta_3$의 가능도비 검정법을 시행하라.

b. 랜덤효과의 분산요소 $\hat{\sigma}$를 구하라. 실제적으로 (i) 이 값이 크다는 것은 어떻게 해석할 수 있는가? (ii) 어떤 학생에 대하여 큰 양수값의 u_i는 어떻게 해석할 수 있는가?

c. 이 모형에서 구한 $\{\hat{\beta}_t\}$이 연습문제 9.1에서의 주변모형에서 구한 $\{\hat{\beta}_t\}$값과 크게 다른 이유는 무엇인가?

d. 7.1.7절에서 적합된 로그선형모형 (AC, AM, CM)과 비교할 때 랜덤효과모형과 주변모형에 대하여 어떤 차이가 있는지를 설명하라.

e. 〈표 7.8〉의 자료분석에 인종과 성별 변수를 추가하여, (i) GLMM 모형을 이용하여 분석하고 (ii) 연습문제 9.3의 주변모형에서 얻은 결과와 비교하고 해석하라.

10.5 연습문제 9.6에 있는 교차설계연구 자료에 대해서 다음 모형을 적합하라.

$$\operatorname{logit}[P(Y_{i(k)t}=1)] = u_{i(k)} + \alpha_k + \beta_t$$

여기서 $\{u_{i(k)}\}$는 독립적으로 $N(0, \sigma^2)$를 따르는 확률변수이다. $\{\hat{\beta}_t\}$와 $\hat{\sigma}$를 해석하라. $\beta_B - \beta_A$와 $\beta_C - \beta_A$의 추정값과 이들의 표준오차와 연습문제 9.6에서 대응되는 주변모형에서 구한 추정값과 비교하고 분석하라.

10.6 연습문제 9.4와 Depression 자료 파일을 참고하라. y_{it}를 개체 i의 시점 t에서 관측된 반응변수라고 할 때 다음 모형을 적합하라.

$$\operatorname{logit}[P(Y_{it}=1)] = u_i + \alpha + \beta_1 s + \beta_2 d + \beta_3 t + \beta_4 (d \times t)$$

추정된 효과에 대하여 해석하고 대응되는 주변모형과 비교하라.

10.7 플로리다 대학원에 응시한 학생들의 합격 여부를 나타낸 〈표 5.2〉의 자료에서 성별을 g(1 = 여성, 0 = 남성)라 놓고 학과 i에 응시한 학생에 대하여 합격하면 $y_{ig}=1$이라고 하자. 모형 $\operatorname{logit}[P(Y_{ig}=1)] = u_i + \alpha + \beta g$ 에서 추정된 결과는 $\hat{\beta}=0.163$ $(SE=0.111)$이다. 한편 식 (10.4)의 모형과 같이 성별의 효과가 전공마다 랜덤하게 변동된다는 조건 하에서 구한 추정값은 $\hat{\beta}=0.176$ $(SE=0.132)$와 $\hat{\sigma}_v=0.20$이다. $\hat{\beta}$의 표준오차의 값이 두 번째 모형에서 더 크게 된 이유를 설명하라.

10.8 소아의 나이와 어머니의 흡연을 예측변수로 고려하여 〈표 9.4〉에 나타난 자료를 (a) 로지스틱 정규모형, (b) 주변모형, (c) 전이모형으로 각각 분석하고 결과를 요약하라. 이 세 가지 모형에서 어머니의 흡연효과에 대한 해석이 어떻게 다른지를 설명하라.

10.9 어떤 교차실험설계 연구에서 이항반응변수를 이용하여 두 그룹을 비교하고자 한다. 이 연구에서 개체들을 60세 미만과 60세 이상의 나이로 분류하였다. GLMM 모형에서 이 두 나이 그룹에서 두 가지의 약을 비교할 때 효과는 동일하지만 나이가 많은 그룹에서 랜덤효과의 변동성이 훨씬 더 크다고 한다. 이에 대응하는 주변모형에서 나이가 많은 그룹에 대한 약의 효과가 나이가 적은 그룹에 비하여 더 작아지는 이유를 설명하라.

10.10 〈표 10.11〉은 세 가지 다른 환경에서의 물고기 부화에 관한 연구 결과를 보여 주고 있다. 7마리의 물고기가 낳은 알들은 임의로 세 가지 처리에 배정되며 반응 변수는 알들이 10일까지 부화되는지의 여부이다. 세 가지 처리는 (1) 탄소이산화물과 산소가 제거된 환경, (2) 탄소이산화물만 제거된 환경, (3) 둘 다 제거되지 않은 환경이다. π_{it}를 처리 t에 배정된 물고기 i에 속한 알이 부화할 확률이라고 하자. 이 자료를 물고기에 대한 랜덤효과를 고려한 모형에 적합하고 그 결과를 분석하라.

▸표 10.11 연습문제 10.10의 물고기 부화에 대한 자료

	처리1		처리2		처리3	
물고기	부화수	합계	부화수	합계	부화수	합계
1	0	6	3	6	0	6
2	0	13	0	13	0	13
3	0	10	8	10	6	9
4	0	16	10	16	9	16
5	0	32	25	28	23	30
6	0	7	7	7	5	7
7	0	21	10	20	4	20

출처: Thanks to Rebecca Hale, University of North Carolina, Asheville, for these data.

10.11 혼전관계와 혼외정사에 대한 〈표 8.13〉의 자료에 대하여 랜덤절편을 갖는 누적 로짓모형에서 $\hat{\beta}=4.134(SE=0.330)$이고 랜덤효과의 분산요소는 $\hat{\sigma}=2.076$이다. 이에 대응되는 누적로짓 주변모형은 $\hat{\beta}=2.51$의 값을 가진다. 각 모형의 $\hat{\beta}$를 해석하고 이 값들이 왜 서로 다른지 설명하라.

10.12 〈표 6.10〉의 시리얼과 콜레스테롤에 관한 연구자료에 순서형 GLMM을 이용하여 분석하라. 분석에 사용한 프로그램을 첨부하여 결과를 요약하라.

10.13 10.4.2절의 흡연예방에 대한 자료에 대해서, 학교-기반 교과과정과 TV-기반 프로그램의 교호작용을 고려하여 다수준모형을 적합하고 효과들을 해석하라. 이 결과를 관측값들 간의 군집 내의 상관성을 고려하지 않은 보통의 로지스틱 모형을 적합한 결과와 비교하라.

10.14 세 가지 경우에 낙태의 합법화에 관한 의견에 대한 〈표 9.1〉의 자료를 참고하라. 한 줄씩 각 개체의 세 가지 응답을 입력한 이 책의 웹사이트에 있는 Abortion2

자료를 사용하여, 성별은 고려하지 않고 $q=2$인 잠재계급모형을 적합하여 결과를 제시하라. 이탈도 혹은 적합된 값들을 통하여 이 모형이 포화모형인지 여부를 확인하라.

10.15 이 책의 웹사이트에 있는 Carcinoma 자료 파일에 입력되어 있는 〈표 10.7〉의 암 진단 자료에 로지스틱 정규 랜덤절편모형을 적합하라(주의: 자료는 각 슬라이드에 대하여 7명의 병리학자들의 진단 반응변수와 병리학자를 표시하는 지시변수들의 열로 이루어지도록 재구성되어야 한다). 이 결과를 10.5.2절의 잠재계급모형과 비교하라.

11장

분류분석과 평활기법*

지금까지 이 책에서는 주로 ML 적합 방법을 이용하여 일반화선형모형(generalized linear model)을 활용하여 분석하였다. 이 장에서는 범주형 자료를 분석하는 대안적인 방법을 제시하고자 한다. (1) 변수들 간의 연관성에 대한 함수 형태를 제시할 필요가 없는 알고리즘을 이용하는 방법, (2) 선형적인 예측모형보다 더 복잡한 모형을 예측변수로 사용하는 방법, (3) 변수의 수가 표본 수보다 많은 경우와 같이 특수적인 상황을 유연하게 다룰 수 있도록 ML 방법을 일반화하여 일반화선형모형을 적합하는 방법 등이 있다.

우선 이 장에서는 관측된 자료들을 그룹화된 범주로 분류하는 방법을 소개하겠다. **선형판별분석**(linear discriminant analysis)은 설명변수들을 사용하여 이항반응변수에 대한 범주를 예측하여 분류 분석한다. 선형판별분석은 로지스틱 회귀분석의 예측모형과 유사한 선형예측식을 도출하지만 설명변수가 정규분포를 가질 때 더 효율적이다. 다른 방법의 하나는 **의사결정나무**(graphical tree)를 구성하여 분류하는 방법으로 기존 분석과 전혀 다른 방법으로 설명변수의 공간을 나누는 것이다. 이 방법에서는 비선형성과 교호작용을 쉽게 고려할 수 있다. 이러한 나무에서는 각각의 예측결과를 제공하는 설명변수의 기준이 쉽게 표현되어 있다. 한편, **군집분석**(cluster analysis) 방법은 다변량 반응변수의 관측값들을 유사한 자료들끼리 묶어서 군집을 형성한다.

분류 방법들을 소개한 후에는 반응변수의 기댓값 $E(Y)$와 설명변수들 간의 미지의 비선형관계를 **평활화**(smoothing)하는 기법을 소개하겠다. **일반화가법모형**(generalized additive model)은 반응곡선에 대하여 다양한 형태의 곡률을 고려하는 예측변수를 사용하여 비선형관계를 평활화한다. **정규화 방법**(regularization methods)은 일반화선형모형의 ML 방법을 일반화하여 설명변수의 개수 p가 너무 큰 경우와 같은 불안정한 조건 하에서도 타당성이 있는 해법을 제공한다. Lasso 방법의 경우, 실제로 유의하게 연관성이 있는 적은 수의 설명변수의 집합을 찾아내고 연관성이 약한 설명변수들의 계수들은 0으로 간주한다.

이러한 주제들은 이 책의 다른 주제와 상당히 다른 특성을 가지고 있으므로 여기서는 기술적인 부분은 생략하고 아주 간단하게 소개하고자 한다. 더 자세한 내용을 위해서 각 절의 끝부분에 참고문헌을 수록하였다.

11.1 분류분석: 선형판별분석

4.6.1절에서는 로지스틱 회귀분석을 사용하여 이항반응변수를 분류하였다. 로지스틱 회귀분석에서는 설명변수들로 예측된 확률 $\hat{P}(y=1)$이 어떤 정해진 분계점, 예를 들어 0.50보다 크면 $y=1$로 예측했다. 이번 절과 다음 절에서는 설명변수의 값을 두 개의 집합으로 나누는 것을 통해 반응변수의 값을 예측할 수 있는 방법을 소개한다. 다시 말하면, 하나의 집합에 대해서는 $\hat{y}=1$로 예측하고, 다른 집합에 대해서는 $\hat{y}=0$로 예측한다.

이 중 가장 잘 알려져 있는 선형판별분석은 선형예측자를 이용하여 예측하는 로지스틱 회귀분석의 대안으로 간단한 방법이다. 로지스틱 회귀분석에 대한 ML 추정은 반응변수가 이항분포를 따른다는 가정 하에서 가능도함수를 구성할 뿐, 설명변수들에 대해서는 어떠한 분포도 가정하지 않는다. 만약, 설명변수들이 실제로 결합정규분포를 따른다면, 이러한 가정 하에서의 선형판별분석은 예측에 대하여 좀 더 효율적인 ML 방법이 된다.

11.1.1 Fisher의 선형판별함수를 이용한 분류분석

설명변수 집합을 x로 표기하고, 설명변수를 결합확률분포를 갖는 확률변수로 취급할 때는 $\boldsymbol{X}$를 사용하자. 저명한 통계학자 R.A. Fisher는 반응변수 y의 범주 내에서의 선형결합의 변동성도 고려하여 $y=1$인 경우와 $y=0$일 경우가 최대한으로 분리되도록 해주는 x의 선형결합식을 유도하였다. 각 범주 내에서 $\boldsymbol{X}$의 공분산행렬이 동일하다고 가정한 경우에는 이 결과는 선형적인 예측자가 되며 이를 **Fisher의 선형판별함수**(Fisher's linear discriminant function)라고 한다. 실제로 $\hat{y}=1$로 예측된 관측값들은, 이항반응변수 y에 대하여 설명변수 x를 예측변수로 하는 회귀모형에서 최소제곱법[1]으로 $E(Y)$의 추정값인 $\hat{\mu}$값을 충분히 높은 값으로 예측한 관측값들과 같다.

[1] 선형확률모형에서 최소제곱추정으로 적합한 경우이다.

$\hat{y}=1$로 예측되는 관측값과 $\hat{y}=0$으로 예측되는 관측값 간의 경계는 $P(Y=1)$으로 주어진 사전확률 π_0에 의존한다. 예를 들어, 하나의 설명변수 x가 $y=0$일 때 표본평균 $\bar{x}_0$이고 $y=1$일 때 표본평균 $\bar{x}_1$이라고 가정하자. 그러면 $\pi_0=0.50$이면서 $\bar{x}_1>\bar{x}_0$이라고 할 때 $x>(\bar{x}_1+\bar{x}_0)/2$인 경우, 즉 x가 $\bar{x}_0$보다 $\bar{x}_1$에 더 가까운 값을 가질 때 $\hat{y}=1$로 예측하고, 반대로 x가 $\bar{x}_0$에 더 가까운 값을 가질 때 $\hat{y}=0$으로 예측한다.

4.6.1절에서는 적합된 로지스틱 회귀모형에서 예측된 값들을 요약하기 위하여 **분류표**(classification tables)를 사용하였다. 이러한 형태의 분류표는 어떠한 분류 방법에 대해서도 예측도의 질을 나타내는 데 사용될 수 있다. 참오분류 확률은 예측하고자 하는 관측값들이 모형을 적합할 때 사용된다는 점에서 실제보다 과소추정되는 경향이 있다. 리브-원-아웃 교차타당성검증(leave-one-out cross validation)을 이용하여 덜 편향된 추정값을 얻을 수 있다; 다시 말하면, 하나의 특정한 관측값을 제외하고 나머지 $n-1$개의 관측값을 이용하여 구한 선형판별함수를 이용하여 이 관측값을 예측하는 방법이다.

11.1.2 예제: 암참게의 부수체 자료 재분석

4.6.1절에서 참게 자료에 대한 로지스틱 회귀분석의 분류표를 살펴보았다. 이 자료에서 암참게가 한 마리 이상의 부수체를 가지는지 여부를 예측하기 위하여 $x=$등딱지 너비와 $c=$색깔을 설명변수로 사용하였다. 선형판별분석을 이용하기 위해 색깔을 어두운 정도에 따라 점수 (1, 2, 3, 4)를 매겨서 사용한다. 이 경우 색깔의 수준이 연속형이 아니라 이산형이기 때문에 정규분포를 따르는 설명변수만큼 최적화되지는 않지만 예측기준을 구축하는 방법으로 사용할 수 있다. 실제로 색깔변수에 점수를 매겨 양적인 변수로 간주하게 되면 반응변수 y의 각 범주에서 $\boldsymbol{X}$의 공분산행렬의 공통성 가정이 위배되는 문제가 이 변수를 질적으로 간주할 때보다 덜 심각해질 수 있다.

아래의 R 출력 결과에서 이 예제 자료에서 얻어진 Fisher의 선형판별함수는

▸표 11.1 참게 자료에 대해 판별분석과 로지스틱 회귀모형을 사용하여 예측한 결과에 대한 분류표

	판별분석		로지스틱 회귀모형		
실제	$\hat{y}=1$	$\hat{y}=0$	$\hat{y}=1$	$\hat{y}=0$	합계
$y=1$	72	39	77	34	111
$y=0$	19	43	21	41	62

$0.429x - 0.552c$이다.

```
> Crabs <- read.table("http://www.stat.ufl.edu/~aa/cat/data/Crabs.dat",
+                    header=TRUE)
> library(MASS)
> lda(y ~ width + color, data=Crabs)
Coefficients of linear discriminants:
           LD1
width  0.42904
color -0.55171
> fit.lda <- lda(y ~ width + color, prior=c(0.5, 0.5), CV=TRUE, data=Crabs)
# if prior not specified, uses sample proportions in the two categories
> xtabs(~Crabs$y + fit.lda$class) # using cross-validation (CV=TRUE)
        fit.lda$class
Crabs$y     0      1
      0    43     19
      1    39     72
```

이 선형예측값이 충분히 크면 $\hat{y}=1$로 예측된다. 사전확률 $\pi_0 = 0.50$이고 선형확률모형에 대한 최소제곱 적합식이 $\hat{\pi} = -1.236 + 0.081w - 0.104c$으로 주어질 때, $\hat{\pi} > 0.614$이면 $\hat{y}=1$로 예측한다. 위의 결과에서는 사전확률이 $\pi_0 = 0.50$일 때 리브-원-아웃 교차타당성검증을 한 분류표의 결과도 보여 준다.

〈표 11.1〉은 $\hat{P}(Y=1)$의 동일한 분계값에 대해서 로지스틱 회귀모형과 선형판별모형의 분류표를 나타낸다. 정확도는 판별분석에서 $(72+43)/173 = 0.665$이고, 로지스틱 회귀모형에서 $(77+41)/173 = 0.682$이다.

11.1.3 판별분석과 대 로지스틱 회귀모형

선형판별함수는 y의 각 범주마다 공통 공분산행렬을 갖는다는 가정 하에서 유도된다. $\boldsymbol{X}$가 정규분포를 따른다는 가정이 반드시 필요한 것은 아니지만 정규분포를 따를 때 관측값을 분류하는 데 최적화되어 있다. 특히 그룹들 간에 멀리 떨어져 있을수록 선형판별분석 방법이 로지스틱 회귀모형보다 더 효율적인데, 이는 로지스틱 회귀모형에서는 전혀 고려하지 않는 $\boldsymbol{X}$의 결합분포에 대한 정보를 유용하게 사용하기 때문이다.

그러나 종종 설명변수들은 정규분포을 따르지 않는 경우가 있는데, 특히 설명변수 중에 적어도 하나 이상의 질적변수가 포함되어 있는 경우다. 또는 x값에 극단적인 이상점이 있는 경우에 회귀분석에서와 같이 판별분석에도 크게 영향을 준다. 그러나 로지스틱 회귀모형에서는 이상점의 영향이 상대적으로 적다. 따라서 로지스틱 회귀모형은 보다 더 강건하고 더 넓게 유동적으로 사용되는데, 이는 $\boldsymbol{X}$에 대한 분포가정 없이 반응변수 Y가 x의 주어진 값에서 이항분포를 따른다는 가정만 필요하기 때문이다.

또한, 로지스틱 회귀모형은 오즈비를 통해 설명변수의 효과를 직접적으로 요약할 수 있다는 장점도 있다.

선형판별분석은 다범주 분류로 일반화할 수 있으나, 관련된 내용이 이 책의 범위를 벗어난다. 자세한 내용에 대해서는 James 등(2013, Chapter 4)과 Tutz(2011)을 참조하라.

11.2 분류분석: 나무-기반 예측

최근에는 특정한 모형에 기반하지 않고 일련의 설명변수의 집합을 사용하여 분류하는 방법이 많이 개발되어 왔다. 이러한 방법들을 **통계적 학습**(statistical learning)이나 **머신러닝**(machine learning)이라고 하는데, 설명변수가 반응변수에 미치는 영향을 나타내는 모형에 의존하지 않고 알고리즘 자체에 기반한 방법들이다. $E(Y)$와 설명변수들 x 간의 미지의 관계를 추정하기 위해 이 방법에서는 다양한 기준을 사용하여 주어진 정보로부터 "학습"하는 과정을 제공한다. 결과적으로 x값에만 의존하여 앞으로의 y값을 예측하는 알고리즘을 제공하고, 이 알고리즘의 효율성은 새로운 관측값에 대한 오류율에 의해 평가한다.

11.2.1 분류나무

이항반응변수에 대한 **분류나무**(classification tree) 방법은 반응변수에 대한 예측을 유도하는 과정을 시각화하여 그림으로 표현한다. 이 방법은 의사결정과정을 공식화하는데, x값에 대한 일련의 질문들을 사용하여 이 값들이 분할을 유도하여 나무줄기의 끝에 y에 대한 예측값을 제공한다. 로지스틱 회귀분석이나 선형판별분석과 비교하였을 때, 분류나무 방법이 예측자 결정기준의 범위에 대한 제약점이 훨씬 약하다. 분류나무는 예측을 결정하는 여러 단계에서 이분법으로 분류한다. $\hat{y}=1$을 결정하는 x값들의 집합은 선형예측자나 다른 공식없이 쉽게 요약할 수 있는 직사각형으로 이루어져 있다.

예제를 통해 분류나무 방법을 설명하는 것이 가장 간단한 방법이므로 다음 예제를 살펴보자.

11.2.2 예제: 암참게 부수체 자료에 대한 분류나무

11.1.2절에서 분석한 참게 부수체 자료에 대하여 암참게가 한 마리 이상의 부수체를

가지는지를 예측하기 위해서 등딱지 너비와 양적 변수로 표현된 색깔을 설명변수로 고려해 보자. 〈그림 11.1〉은 가능한 분류나무의 한 예를 보여 준다. 분류나무에서 이분법으로 분류가 이루어지는 지점을 **마디**(node)라고 하며, 그림의 상단의 모든 관측값을 포함한 꼭지점을 **뿌리마디**(root node)라고 한다. 이 뿌리마디에 나열된 숫자는 62마리의 게가 $y=0$, 111마리의 게가 $y=1$이라는 것을 나타낸다. 더 이상 이분되지 않는 마디를 **종점마디**(terminal node)라고 한다. 〈그림 11.1〉에는 9개의 마디가 있으며 그 중 5개는 종점마디이다. 각 비종점마디에서, 왼쪽 가지에는 주어진 기준을 만족하는 관측값이 나타나고, 오른쪽 가지에는 그 기준을 만족하지 않는 관측값이 나타난다(예를 들어, 뿌리마디에서 왼쪽 가지에는 $w < 25.85$를 만족하는 참게들이 나타나고, 오른쪽 가지에는 $w \geq 25.85$인 참게들이 나타난다).

종점마디들은 전체 표본을 서로 겹치지 않게 분할한다. 각 종점마디에서는 너비와 색깔의 조합에 따라 조건에 맞는 참게들을 포함하고 상자 안쪽 위에 적힌 0 또는 1로 $\hat{y}$의 예측값을 취한다. 이러한 마디들은 부수체가 있는 암참게들이 너비와 색깔의 설명변수로 그려지는 2개의 직사각형 영역에 포함되도록 예측하는데, 그 영역은 다음과 같다. (1) 너비가 ≥ 25.85 cm이고 색깔의 점수가 3이거나 더 낮은 경우(중간 어두운 색이거나 밝은색) (2) 너비가 < 25.55이거나 색깔의 점수가 2 이하인 영역에 속하면 부수체를 갖는다고 예측된다. 한편 색깔이 어두운 색(점수 4)이거나 너비가 25.55와

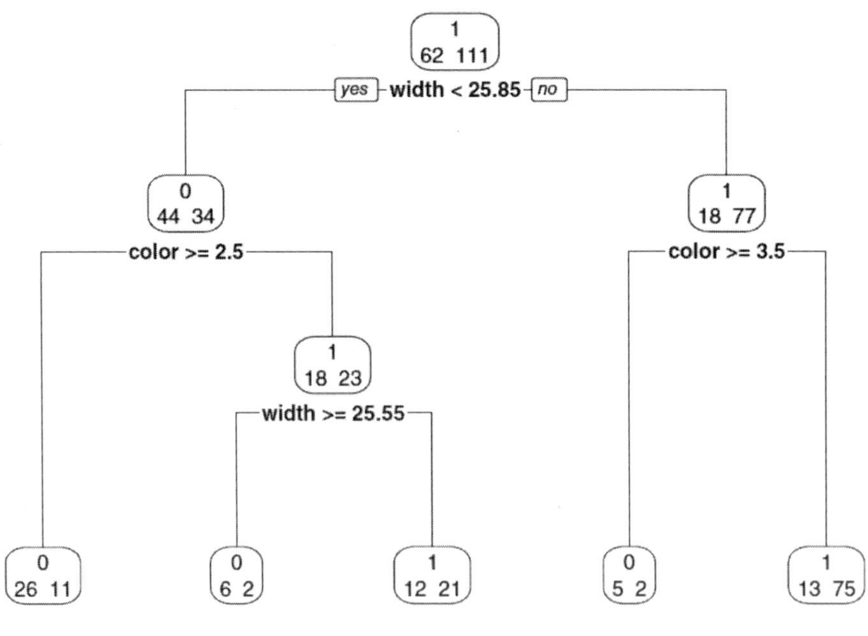

그림 11.1 참게 교배에 대한 분류나무. 각 마디에는 부수체가 없는 암참게의 수와 부수체가 있는 암참게의 수를 차례대로 나타낸다. 맨 아래에 있는 각 종점마디에서는 상자 안의 위에 적힌 값은(0 또는 1) 예측된 결과이다.

25.85 사이에 있는 참게는 부수체가 없는 것으로 예측된다.

분류나무는 이항반응변수로 구성된 4가지 질문에 대한 결과로 요약되는데, "예"라고 답할 경우는 왼쪽 가지로 분류된다. 각 마디에서 해당되는 질문들은(예와 아니오에 대한 응답자 수) 다음과 같다.

Q1: 너비가 25.85 cm 미만인가? (예 78, 아니오 95)
Q2: 너비가 25.85 이상이면서 색깔의 수준이 4인가? (예 7, 아니오 88)
Q3: 너비가 25.85 미만이면서 색깔의 수준이 3 또는 4인가? (예 37, 아니오 41)
Q4: 너비가 25.85 미만이면서 색깔이 1 또는 2이고 너비가 25.55 이상인가? (예 8, 아니오 33)

예를 들어, 분류나무의 한 종점마디에서 너비가 25.85 cm 이상이고 색깔이 (1, 2, 3)의 조건을 만족하는 88마리의 참게는 부수체가 있을 것이라고 예측하고 있다. 그러나 실제로 75마리의 참게는 부수체가 있다고 관측되었고 13마리의 참게는 없다고 관측되었다. 이 분류나무의 분류표를 정리해 보면, 교차타당성 검증없이 실제로 부수체가 있는 참게를 정확하게 예측할 확률은 $96/(96+15)=0.86$이고 부수체가 없는 참게를 정확하게 예측할 확률은 $37/(37+25)=0.60$이다.

11.2.3 분류나무는 어떻게 구축되는가?

이분법 분류나무를 구축하는 방법은 (1) 각 마디에서 분할할 변수를 선택하는 방법, (2) 마디에서 선택된 분할변수의 분류기준이 되는 값의 결정, (3) 종점마디를 정하는 문제들을 결정하기 위하여 **반복분할**(recursive partitioning) 알고리즘을 이용한다. 더 자세하게 논의하지 않고 중요한 요점만 언급하자면, 다범주로 분류하는 대신에 이분법만 적용하는데 이는 다범주 분류를 하면 자료가 너무 빠른 속도로 적은 집합으로 분할되기 때문이다. 실제로 어떤 경우든지, 다범주 분류는 〈그림 11.1〉에서 너비 변수에서 보는 바와 같이 여러 번의 이분법을 반복하여 얻는 결과와 같아질 수 있다.

분류나무는 뿌리마디에서 전체표본으로 시작하는데, 반응변수를 최상으로 예측하는 변수를 선택한다. 〈그림 11.1〉에서는 제일 먼저 너비가 <25.85 cm인 경우와 ≥ 25.85 cm로 이분하였다. 이 결과 두 개의 새로운 마디가 생성되며 각 마디는 그 다음에 분할될 후보가 된다. 너비와 같이 순서형 변수이거나 양적 변수인 경우에는 어떤 특정한 값을 기준으로 그 값보다 크거나 작은 그룹으로 분할된다. 명목형 변수의 경우에는 반응변수가 각 범주에 속할 표본비율을 순서대로 정렬하여 이 관측값들을 분할하는 분계값은 예측을 가장 잘 하는 기준에 따라 선택하여 두 개의 범주로 분

할한다. 처음 분할변수를 결정하기 위하여 알고리즘은 각각의 설명변수에 대해서 모든 가능한 이항적인 분할에 대한 분류표를 만든다. 전체표본에 대해서 공통적인 분포를 갖는 모형에 대해서 이항확률분포의 가능도함수와 특정한 x값에 의해 분할된 모형에서 구한 가능도함수의 차이를 최대화시키는 분할변수를 선택하기 위하여 이탈도 통계량과 같은 최적화 기준을 이용하여 분할한다. 이후 새로운 마디에서도 동일한 기준을 이용하여 분할한다.

11.2.4 가지치기 및 예측정확도 진단

나무는 설명변수가 갖는 서로 다른 값의 수만큼 마디가 만들어질 때까지 계속 성장할 수 있다. 그러나 실제적으로 이것은 과적합이라고 볼 수 있다. 간단한 알고리즘에 의해 몇 개의 가지들을 쳐서 제거함으로써 예측을 높이고 과적합이 발생하지 않도록 한다. 이 과정을 **가지치기**(pruning)이라고 한다. 이론상으로, 가지치기가 이루어진 나무는 상대적으로 간단하고 예측력이 높다.

복잡도 모수(complexity parameter) λ를 선택하는 것이 가지치기의 정도를 결정한다. $\lambda=0$일 때는 가능한 한 가장 복잡한 나무를 얻게 되며, λ의 값이 증가할수록 가지치기가 더 많이 이루어져서 점점 더 간단한 나무가 된다. λ의 선택은 5.1.6절에서 언급된 편향(bias)과 분산(variance) 사이에 근본적으로 존재하는 통계적 상충관계를 반영하고 있다. 자료에 잘 적합된 나무(λ의 값은 작고 종점마디수는 많은 경우)는 편향은 작지만, 단순한 나무(λ의 값은 크고 종점마디수는 상대적으로 작은 경우)는 분산이 작다.

λ의 값을 매우 작게 하면 과적합 현상이 발생하는데, 〈그림 11.1〉에서 보이는 분류나무의 경우, $\lambda=0.02$으로 이 경우에 해당된다. 로지스틱 회귀모형과 선형판별분석 결과, 너비가 클수록 색깔은 밝을수록 부수체를 가질 확률이 높아진다. 예를 들어 선형판별함수 $y=0.429x-0.552c$의 값이 상대적으로 클 때 $\hat{y}=1$로 예측한다. 반대로, 분류나무는 너비가 <25.85 cm이면서 색깔의 수준이 $(1,2)$이거나, 또는 너비가 <25.55 cm인 참게는 부수체를 가지고 있다고 예측하지만 너비가 >25.55 cm인 참게의 경우에는 그렇지 않다. 너비가 25.55 cm와 25.85 cm 사이면서 색깔이 어둡지 않은 8마리의 참게에 대한 예측은 다소 변칙적으로 나타난다. 그러나 λ의 값을 더 크게 잡아 형성된 분류나무는 더 단순하고 이전의 판별분석 결과와 더 일치된 결과를 갖게 된다. 예를 들어, $\lambda=0.07$의 경우, 종점마디가 3개인 단순한 분류나무는 너비가 ≥ 25.85 cm이거나 너비가 <25.85 cm이면서 색깔의 수준이 $(1,2)$인 참게는 모두 부수체를 가지고 있다고 예측한다.

교차타당성 오류율(cross-validated error rate)을 최소화하도록 λ를 선택할 수도 있다. 그러나 각각의 λ값에서 추정된 오류율 자체가 확률변수이다. 과적합을 방지하는 측면에서 **일표준오차규칙**(one-standard-error rule), 즉 최솟값보다 표준오차만큼만 더 큰 평균오차를 가지는 λ를 선택하는 규칙이 더 효과적일 수 있다. 아래 소개된 R 출력 결과는 참게 자료에 대해 분류나무를 만드는 프로그램이다.

```
------------------------------------------------------------------------------
> Crabs <- read.table("http://www.stat.ufl.edu/~aa/cat/data/Crabs.dat",
+                     header=TRUE)
> library(rpart) # or can use tree package described by James et al. (2013)
> fit <- rpart(y ~ color + width, method="class", data=Crabs)
>             # method="class" for categorical y
> plotcp(fit) # plots error rate by cp = complexity parameter for pruning
> # select leftmost cp with mean error below horizontal line (1SE above min.)
> p.fit <- prune(fit, cp=0.056) # prune with particular value for cp
> library(rpart.plot)
> rpart.plot(p.fit, extra=1, digits=4, box.palette=0) # plots the pruned tree
------------------------------------------------------------------------------
```

11.2.5 분류나무 대 로지스틱 회귀모형과 선형판별분석

분류나무는 일련의 설명변수들에 의해 구성된 이분법 질문들에 대해 응답을 해나가는 간단한 과정을 통하여 이항반응변수를 예측한다. 분류나무를 통하여 누구든지 명확하게 어떤 개체들이 $\hat{y}=1$의 예측값을 갖는지 알 수 있다. 로지스틱 회귀모형이나 선형판별분석에 비하여 분류나무는 통계적 방법에 대한 이해가 부족한 실무자들도 쉽게 이해하고 사용할 수 있다는 장점을 가지고 있다. 또한, 분류나무 방법은 반응변수와 설명변수들 간의 함수관계에 대하여 어떠한 가정들도 요구하지 않는다. 특히 잠재적으로 중요한 상호작용구조를 더 쉽게 포착할 수 있다.

반면에, 로지스틱 회귀모형과 선형판별분석에 비해 분류나무 방법은 $\hat{y}=1$로 예측되는 설명변수의 영역이 직사각형이라는 점에서 매끄러움이 부족하다. 만약, 주효과항만 있는 로지스틱 회귀모형처럼 설명변수가 반응변수에 어떻게 영향을 주는지를 단순한 선형모형으로 엄밀하게 설명한다면, 분류나무 방법은 이러한 구조를 찾아내는 데 전혀 도움이 되지 않을 것이다. 또한 로지스틱 회귀모형은 분류나무 방법(또는 선형판별분석)과 달리 오즈비를 통해서 설명변수의 효과를 직접적으로 요약할 수 있다는 큰 장점을 가진다. 게다가 이러한 효과들은 다른 설명변수가 주어진 조건 하에서 그 설명변수의 효과를 나타내는 반면에, 분류나무에서는 설명변수의 영향들이 서로 혼재되어 있다. 다시 말하면, 첫 번째로 분류된 효과는 주변효과를 나타내지만, 두 번째 분류의 효과는 첫 번째 분류가 주어진 조건 하에서의 조건부 효과를 나타낸다. 이와 같이 분류나무 방법에서의 변수의 효과는 축차적인 조건부 효과이므로 혼재되어 있다.

마지막으로, 분류나무 방법에서는 편향을 작게 하는 대신에 분산을 크게 할 수 있다. 동일한 모집단에서 추출된 서로 다른 랜덤표본들에 의해 생성되는 나무구조가 다르게 되는데 이는 나무의 계층적인 성질 때문이다. 초기에 다른 분할로 시작된 두 표본들은 매우 다른 분류나무를 만들게 되는데 이는 첫 번째 분할이 분류나무의 성장에 미치는 영향 때문이다.[2] 이러한 높은 변동성 때문에 분류나무 방법을 효율적으로 사용하기 위해서는 충분히 큰 수의 표본이 필요하다. 매끄러움과 이론적인 근거가 부족하다는 단점들로 인해, 많은 연구자들은 분류나무 방법을 주로 탐색적인 측면에서 사용하는 편이다. 분류나무에서 얻은 결과는 이론적인 연구 결과와 결합되어 로지스틱 모형을 통해서 추후의 연구 방법으로 사용될 수 있다.

11.1절과 11.2절의 내용을 요약하자면, (1) $\boldsymbol{X}$가 $y=1$일 때나 $y=0$일 때 공통분산을 가지면서 근사적으로 정규분포를 따르는 경우에는 분류분석으로 단순한 선형판별분석이 적절하다. (2) $\boldsymbol{X}$가 정규분포를 만족하지 않지만 로지스틱 회귀분석이 가능하다면, 분류분석에서 로지스틱 회귀모형을 사용할 수 있다. (3) 만약 $\boldsymbol{X}$가 반응변수 y를 결정하는 데 미지의 교호작용이 있으나 간단한 직사각형의 영역으로 분류가 적절한 경우에는 분류나무 방법을 사용한다. 분류나무 방법을 하는 과정에서 가지치기 조절상수의 선택과 교차타당성의 역할에 대해 더 자세한 내용을 알기 위해서는 James 등(2013, Chapter 3)과 Tutz(2011, Chapter 11)을 참조하라.

11.3 범주형 반응변수에 대한 군집분석

선형판별분석과 분류나무 방법은 로지스틱 회귀모형과 같이 설명변수를 이용하여 반응변수의 범주와 같이 잘 정의된 군으로 분류한다. 어떤 경우에서는 이러한 범주를 동일하게 정의하지는 않지만, 관측값들을 서로 유사한 군집으로 묶어주는 측면에서는 서로 관련되어 있다. 예를 들어, 어떤 사람이 특정한 물품들을 구매하였는지 여부를 관측한 긴 목록의 이항반응변수들로 이루어진 자료, 즉 "장바구니 자료"가 있다고 하자. 마케팅 연구에서는 이 자료를 이용하여 유사한 구매 패턴을 보이는 소비자들의 그룹을 식별하고자 할 것이다. 일부 인터넷 판매 기업들은 동일한 물품을 구매했던 사람들의 과거의 구매패턴에 대하여 유사성 군집분석을 적용하여 고객들에게 구매물

[2] 분류나무 방법을 일반화하는 주요한 목적은 큰 변동성을 줄이는 것으로, 많은 나무들로부터 얻은 결과들의 평균을 취하는 배깅 또는 랜덤포레스트 방법들이 있음.

품을 추천한다.

이 절에서는 p개의 이항반응변수와 n개의 관측값을 가진 자료 파일에 대한 군집분석 방법을 제시한다. 자료 파일은 지시변수로 이루어진 $n \times p$ 행렬로, 여기서 i번째 행은 i번째 관측값에 대한 p개의 이항반응변수이다. 이 분석의 목적은 n개의 관측값을 군집들로 묶는 것이다. 이러한 군집들은 미지의 변수의 범주들로 간주될 수 있으며, 군집의 개수 역시 알려져 있지 않다.

11.3.1 관측값들 간의 비유사성 측정

유사한 관측값을 그룹으로 묶기 위하여, 군집분석에서는 관측값 쌍들 간의 **비유사성** (dissimilarity) 측도를 사용한다. 이상적으로는, 동일한 군집 내의 관측값들 간에는 비유사성을 낮게 만드는 반면에 다른 군집 내의 관측값들 간에는 비유사성을 높여주는 것이다. 각 군집 방법은 사용되는 비유사성 측도와 군집과정의 알고리즘에 따라 정의될 수 있다.

p개의 이항반응변수를 갖는 관측값들에 대해서 〈표 11.2〉는 어떤 특정한 관측값의 쌍에 대해 유사성과 비유사성을 요약하여 보여 주고 있다. p개의 변수 중에서, 두 쌍의 관측값들은 a개의 변수는 둘 다 1의 값을 갖고 d개의 변수에서는 둘 다 0의 값을 갖는다. 따라서 단순한 유사성 측도로 p개의 변수 중 일치하는 변수의 비율이라고 하면 이 값은 $(a+d)/(a+b+c+d)$가 된다. 이에 대응하는 비유사성 측도는 두 값이 서로 일치하지 않는 비율로 $(b+c)/(a+b+c+d)$가 될 것이다.

어떤 경우에는 0이라고 응답하는 경우보다는 1이라고 응답하는 경우에 더 관심이 있을 수 있다. 예를 들어, 장바구니 자료에서 대부분의 관측값에 0이라고 응답한 비율이 매우 높으므로(즉, 구입하지 않은 품목에 대하여), 유사성은 매우 높게 나올 것이다. 이 경우에는 비대칭 유사성 측도가 더 적절할 수 있다. 이런 경우에 주로 사용되는 비대칭 유사성 측도는 $a/(a+b+c)$으로 두 관측값들 중 적어도 하나가 1인 경우에서 두 관측값들 모두 1이 되는 경우의 비율이다. 이에 대응되는 비유사성은 $(b+c)/(a+b+c)$이다.

▸표 11.2 p개의 이항반응변수를 갖는 두 관측값에 대한 분할표. 단, $p=(a+b+c+d)$인 경우

	관측값 2	
관측값 1	1	0
1	a	b
0	c	d

11.3.2 계층적 군집분석 알고리즘과 나무형그림

어떤 특정한 비유사성에 대하여, 관측값들을 계층적으로 병합하여 군집을 만드는 알고리즘이 있다. 어떤 수준의 계층 내에 있는 군집들은 그 다음 상위 수준의 군집으로 병합된다. 가장 극단적인 경우는 하나의 관측값이 그 자체로 군집을 이루는 경우와 다른 극단으로 전체 관측값이 하나의 군집만 이루는 경우이다. 전체 계층들은 순서대로 나열된 군집들을 보여 준다고 할 수 있다. 처음에는 각각의 관측값을 개별적인 군집으로 시작하여 단계적으로 이 군집들을 병합해 나간다. **계층적 병합군집화**(agglomerative clustering)는 각 단계에서 가장 낮은 평균 비유사성을 갖는 두 개의 군집을 하나의 군집으로 묶어 준다. **나무형그림**(dendrogram)이라고 하는 나무 형태의 그래프는 이러한 병합 과정을 보여 주며 군집 간의 평균 비유사성과 같은 측도의 함수로 표현한다.

어떠한 군집분석 알고리즘도 군집의 개수 k를 결정하여 군집화를 끝내는 조건이 필요하다. 예를 들어, 계층적 병합군집분석 방법은 군집간의 평균 비유사성이 정해진 분계값 이상이 될 때까지만 병합을 계속한다. 간단하게 k값을 정하는 비공식적인 방법은 나무형그림에서 비유사성이 크게 변화하는 지점에서 찾는 것이다.

장바구니 자료와 같이 매우 고차원적인 자료의 경우에는 자료의 형태와 관계없이 어려운 점이 많다. 수많은 변수 중 매우 적은 수의 변수들만이 군집을 형성하는 데 영향을 끼치는데 전혀 관련이 없는 다른 많은 변수들이 적합한 군집을 찾아가는 것을 어렵게 만든다. 이런 경우에는 비유사성 측도는 거의 의미가 없는데, 이는 관측값들이 가장 관련이 있는 변수에서 유사한 값을 갖지만 차원의 저주로 인해 고차원 공간에서는 이 관측값들이 전혀 상관없이 멀어져 있을 수 있기 때문이다. 결과적으로 이 군집분석에서 찾은 군집들은 실제의 결과를 반영하고 있다고 볼 수 없다.

11.3.3 예제: 대통령선거에 대한 주들의 군집화

〈표 11.3〉은 1980년과 2016년 사이의 미국 주들의 대통령선거에서 이긴 정당을 나타낸 것 중의 일부이다. 이 절 뒷부분의 R 프로그램에서 설명되어 있듯이, 모든 주와 DC의 선거 결과는 이 책의 웹사이트에 있는 Elections 자료 파일에서 승자를 나타내는 지시변수(0 = 공화당, 1 = 민주당)와 같이 정리되어 있다.

어떤 쌍의 주에 대한 비유사성을 두 주의 결과가 서로 달랐던 년도의 횟수라고 정의하자. 예를 들어, 애리조나와 캘리포니아주는 10번의 선거 중에서 4번은 동일한 정당을 선택하였으므로 이 두 주 사이의 비유사성은 6이 된다. 한편, 매사추세츠와 뉴욕은 항상 일치된 결과를 가지므로 비유사성은 0이다.

▸표 11.3 대통령선거에서 이긴 정당(D=민주당, R=공화당)에 대한 주별 자료의 일부(전체 자료는 이 책의 웹사이트에 있음)

주	1980	1984	1988	1992	1996	2000	2004	2008	2012	2016
애리조나	R	R	R	R	D	R	R	R	R	R
캘리포니아	R	R	R	D	D	D	D	D	D	D
콜로라도	R	R	R	D	R	R	R	D	D	D
플로리다	R	R	R	R	D	R	R	D	D	R
일리노이	R	R	R	D	D	D	D	D	D	D
매사추세츠	R	R	D	D	D	D	D	D	D	D
미네소타	D	R	D	D	D	D	D	D	D	D
미주리	R	R	R	D	D	R	R	R	R	R
뉴멕시코	R	R	R	D	D	D	R	D	D	D
뉴욕	R	R	D	D	D	D	D	D	D	D
오하이오	R	R	R	D	D	R	R	D	D	R
텍사스	R	R	R	R	R	R	R	R	R	R
버지니아	R	R	R	R	R	R	R	D	D	D
와이오밍	R	R	R	R	R	R	R	R	R	R

계층적 병합군집분석은 50개의 주와 DC를 포함하여 51개의 군집으로 시작한다. 처음 단계에서, 매사추세트와 뉴욕은 비유사성이 0이므로 하나의 군집으로 묶인다. 마찬가지로 다른 8개의 주들도 비유사성이 0이므로 같은 군집으로 묶어줄 수 있다. 그 다음 단계에서 가장 낮은 비유사성인 1을 가진 캘리포니아를 묶어준다. 마지막으로 2개의 군집만이 남는 단계에 이르면, 결국 공화당 지지성향인 주와 민주당 지지성향의 주로 나뉜다.

나무형그림 뿐만 아니라 군집을 형성하는 과정을 보다 쉽게 보여 주기 위하여, 〈표 11.3〉에 나오는 14개의 주에 대한 자료만 분석해 보자. 〈그림 11.2〉는 분석된 나무형그림이다. 이 그림의 가장 하단에 있는 마디에는 초기의 14개의 군집이 있고 가장 상단에는 모든 주들을 하나의 군집으로 묶어서 보여 준다. 바로 그 아래에는 두 군의 군집을 형성하고 있는데 하나는 공화당-성향 군집(텍사스, 와이오밍, 애리조나, 미주리, 콜로라도, 버지니아, 플로리다, 오하이오)과 민주당-성향 군집(미네소타, 뉴멕시코, 캘리포니아, 일리노이, 매사추세츠, 뉴욕)으로 나뉘어져 있다. 두 개의 군집으로 형성되어 있는 계층에서, 미네소타는 다른 5개의 주들과 묶이는데, 미네소타와 5개의 주들 사이의 평균 비유사성은 $(4+3+3+2+2)/5=2.8$이다. 아래는 이 분석을 위한 R 출력 결과이다.

```
> Elections <- read.table("http://www.stat.ufl.edu/~aa/cat/data/
+                          Elections2.dat", header=TRUE)
```

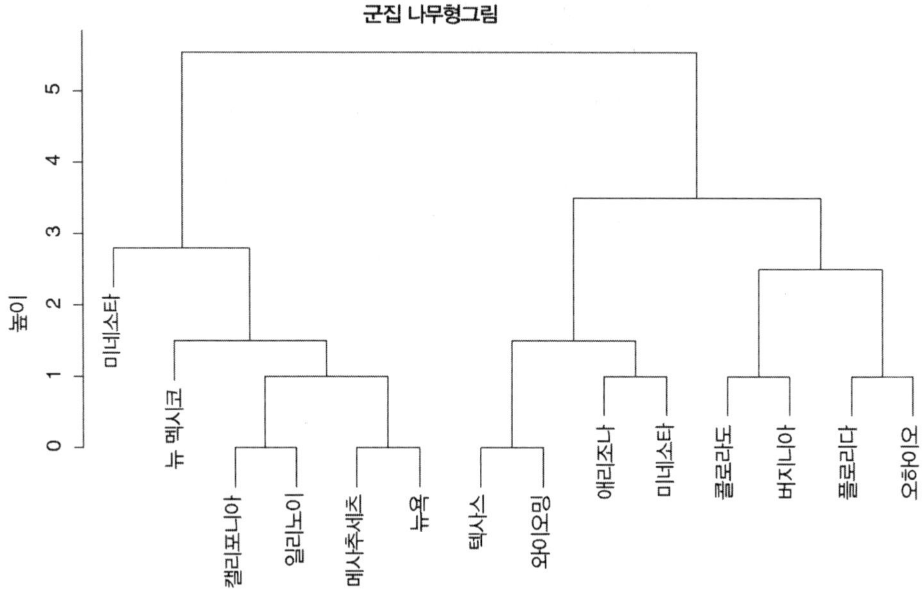

그림 11.2 〈표 11.3〉의 대통령 선거에 대한 14개 주 자료의 군집분석과 나무형그림. 수직선(높이)는 평균비유사성을 나타냄.

```
> Elections # 0 = Republican, 1 = Democratic winner of Electoral college
         state  e1  e2  e3  e4  e5  e6  e7  e8  e9 e10  # 10 election results
1      Arizona   0   0   0   0   1   0   0   0   0   0
2   California   0   0   0   1   1   1   1   1   1   1
3     Colorado   0   0   0   1   0   0   0   1   1   1
4      Florida   0   0   0   0   1   0   0   1   1   0
5     Illinois   0   0   0   1   1   1   1   1   1   1
6 Massachusetts  0   0   1   1   1   1   1   1   1   1
7    Minnesota   1   1   1   1   1   1   1   1   1   1
8     Missouri   0   0   0   1   1   0   0   0   0   0
9    NewMexico   0   0   0   1   1   1   0   1   1   1
10     NewYork   0   0   1   1   1   1   1   1   1   1
11        Ohio   0   0   0   1   1   0   0   1   1   0
12       Texas   0   0   0   0   0   0   0   0   0   0
13    Virginia   0   0   0   0   0   0   0   1   1   1
14     Wyoming   0   0   0   0   0   0   0   0   0   0
> distances <- dist(Elections[, 3:12], method = "manhattan")
>  # manhattan measures dissimilarity by no. of election outcomes that differ
> democlust <- hclust(distances, "average") # hierarchical clustering
> plot(democlust, labels=Elections$state)
> library(gplots) # heatmap portrays observations with the dendrogram
> heatmap.2(as.matrix(Elections[, 3:12]), labRow = Elections$state,
>   dendrogram="row", Colv=FALSE) # portrays observations with the dendrogram
--------------------------------------------------------------------------------
```

히트맵(heatmap)은 〈그림 11.3〉과 같이 나무형그림과 함께 모든 자료들을 동시에 보여줄 수 있다.

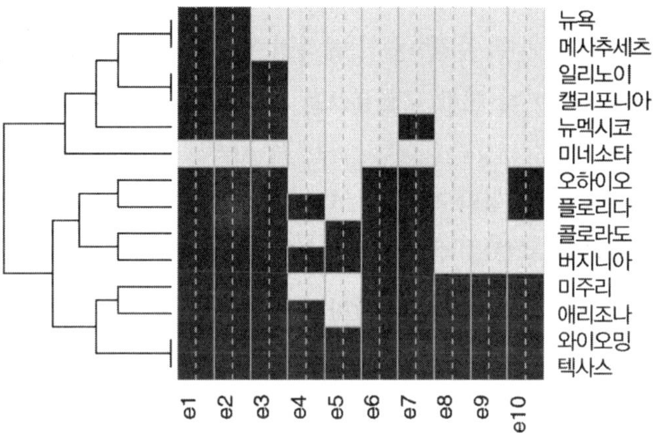

그림 11.3 〈표 11.3〉의 관측값을 보여 주는 히트맵(회색 부분 = 공화당 승리)과 나무형 그림

군집분석 방법에 대한 자세한 내용은 Bartholomew 등(2008, Chapter 2)과 James 등(2013, Section 10.3)을 참조하라.

11.4 평활화기법: 일반화가법모형

이 절에서는 설명변수의 선형효과를 해당변수의 평활함수로 대체하는, 선형예측변수보다 더 일반화된 예측변수를 갖는 모형을 소개한다. 이러한 경우, 더 일반적인 구조에 대한 분석결과에 기반하기 때문에, 모형가정에 대한 판단 오류로 인하여 생기는 잘못된 결과를 얻을 가능성이 줄어든다. 그러나 어떤 면에서는 유의할 점들이 더 많다. 예를 들면, 잠재적으로 반응변수와 관련되어 있는 함수를 수없이 많은 평활함수 중에서 선택할 필요가 있다는 점이다. 또한 모수의 개수도 잠재적으로 훨씬 많으며 과적합이 발생할 위험도 있다.

11.4.1 일반화가법모형

일반화선형모형은 보통의 선형모형을 비정규분포와 평균에 대한 연결함수를 허용하여 일반화하였다. 여기에 추가적으로 더 일반화하여 선형예측자를 설명변수의 가법평활함수로 대체한다. 이 모형에서 관측값 i에 대한 GLM 모형은 평균 $\mu_i = E(Y_i)$을 p개의 설명변수의 함수로 다음과 같이 일반화하였다.

$$g(\mu_i) = s_1(x_{i1}) + s_2(x_{i2}) + \cdots + s_p(x_{ip})$$

여기서, s_j는 j번째 설명변수의 불특정 평활함수이다[3]. GLM과 같이, 이 모형에서도 연결함수 g와 Y에 대한 확률분포를 지정한다. 이 모형을 **일반화가법모형**(GAM)이라고 한다.

GLM은 s_j가 선형함수가 되는 GAM의 특별한 경우이다. GAM에서는 다양한 유형의 설명변수가 혼합될 수 있는데 어떤 s_j는 평활함수로, 다른 s_j는 GLM과 같은 선형함수로, 혹은 질적변수를 포함하기 위해서 지시변수가 될 수도 있다. GAM 모형의 적합을 통하여 GLM이 더 적절하다고 제안할 수도 있지만, 보통의 선형모형의 예측변수보다 더 잘 적합되는 방법을 제안할 수도 있다.

GAM은 GLM에 비해 훨씬 더 유연하게 활용할 수 있는 성질을 갖는다. GAM을 사용하여 보통의 GLM 모형에서 찾을 수 없었던 패턴들을 발견하여, 반응변수의 평균에 대해 더 나은 추정량을 얻을 수 있다. 반면에, GLM과 비교했을 때, GAM과 다른 평활기법의 단점은 설명변수의 효과에 대하여 단순하게 해석할 수 없거나 이러한 효과에 대한 신뢰구간을 구하는 것이 어렵다는 것이다. 결과적으로 언제 어떤 효과가 실제적으로 중요한지를 판단하는 것은 더 어렵다. 또한 어떠한 평활기법이든지 잠재적으로 수많은 모수들이 필요하기 때문에 정확하게 함수의 형태를 추정하기 위해서는 매우 큰 표본 수 n이 요구된다.

결론적으로 말하면 GLM을 주로 활용하지만 탐색적 분석을 위한 GAM은 도움이 된다. 예를 들어, 이항반응변수에 대해서 산점도를 그리면 유용한 정보를 얻기 어렵다. 그러나 어떤 예측변수에 대하여 적합된 평활함수를 그리면 특별한 함수 관계를 가정하지 않고도 일반적인 추세가 드러날 수 있다.

11.4.2 예제: 암참게 부수체에 자료에 대한 GAM 적합

참게 자료에 대해, 3.3.3절의 〈그림 3.3〉은 암참게가 가진 수컷 부수체 수가 너비와 관련된 추세를 보여 주었다. 그려진 평활곡선은 포아송 분포와 로그연결함수를 사용하여 GAM을 적합하여 구하였으며 3.3.3절의 R 프로그램을 이용하였다.

4.1.3절의 〈그림 4.2〉는 암참게가 적어도 하나의 부수체를 가지고 있는지 여부를 나타내는 이항반응변수를 너비에 대하여 그린 산포도이다. 이 그림에는 4.1.3절의 R 프로그램을 통해 이항분포와 로짓(logit) 연결함수로 GAM을 적합하여 구한 평활곡선

[3] 평활기법의 흔한 예는 스플라인이다. 삼차 스플라인기법은 서로 겹치지 않는 구간에서 각각 삼차 다항식을 가지며 구간경계에서 부드럽게 이어지는 방법이다.

도 그려져 있다. 이 평활곡선은 너비가 증가함에 따라 부수체를 가질 확률이 대체적으로 증가하는 추세를 보여 주고 있으며, 관측된 이항반응변수에 대해서 그린 것보다 더 많은 정보를 제공한다.

11.4.3 평활화의 정도(편향과 분산의 절충관계)

GAM과 같은 평활기법은 자료에 가해지는 평활의 정도를 조절하기 위해서 분석과정에서 조절 상수를 필요로 한다. 보통 이러한 선택은 통계적으로 상충관계가 있는 편향와 분산과 관련되어 있다. 평활이 많이 진행될수록, 관심 대상의 특성(예: 확률값)을 추정하는 데 있어 분산을 줄여주는 효과가 있지만 편향(bias)은 증가된다.

GAM의 가법적인 예측변수에서 각 s_j항이 평활화되는 정도는 항들에 대한 **유효한 자유도**(effective df) 선택에서 비롯된다. 예를 들어, 자유도가 $df = 3$인 평활함수는 3개의 모수(절편 제외)를 갖는 3차 다항식과 복잡성이 전반적으로 유사하다. 즉, 자유도값을 선택하는 것은 GAM의 적합을 얼마나 부드럽게 할지를 결정하는 것이다. 자유도가 커질수록 평활이 덜 된다(더 "오글오글해짐"). 자료에 적합한 평활화 정도를 찾기 위해서는 다양한 평활화를 시도해 보는 것이 합리적이다. 평활화가 충분하지 않을 경우에는 자료가 너무 오글거리는 함수 때문에 과적합이 된다. 반면에 평활이 너무 지나치면, 유용한 패턴들이 드러나지 않게 된다.

가법적인 예측변수에서 각 s_j에 대해 선택된 유효한 자유도의 값을 이용하여 그 항들에 대해 추론할 수 있다. 어떠한 모형이든지 잔차 이탈도를 갖는데 이는 반응변수 Y에 대해 가정된 분포를 반영하고 있다. GLM에서와 같이, 어떤 모형이 이 모형보다 더 간단한 모형에 비해 유의하게 적합한지를 검정하기 위해서 서로 포함관계에 있는 두 모형들의 이탈도 통계량을 비교할 수 있다. 그러나 사전에 미리 선택하지 않고 최적의 유효한 자유도를 GAM 과정에서 선택할 때는 통계적 유의성을 공식적으로 고려하지 않아도 된다.

11.4.4 예제: 척추후만증의 확률에 대한 평활화

어떤 연구에서[4] 척추교정 수술 후 척추의 심각한 전방굴곡이 생기는 척추후만증에 대한 위험인자를 조사하였다. 표본크기 $n = 40$명의 아동을 대상으로 척추후만증에 대한 이항반응변수 $y(1 = \text{있음},\ 0 = \text{없음})$를 수술할 때의 나이 x(단위: 월)에 대해 분석하였다. 〈그림 11.4〉는 이 책의 웹사이트에 있는 자료 파일 Kyphosis의 산포도이다. 이

[4] Hastie와 Tibshirani(1990)의 교재 p. 282에 기술되어 있음.

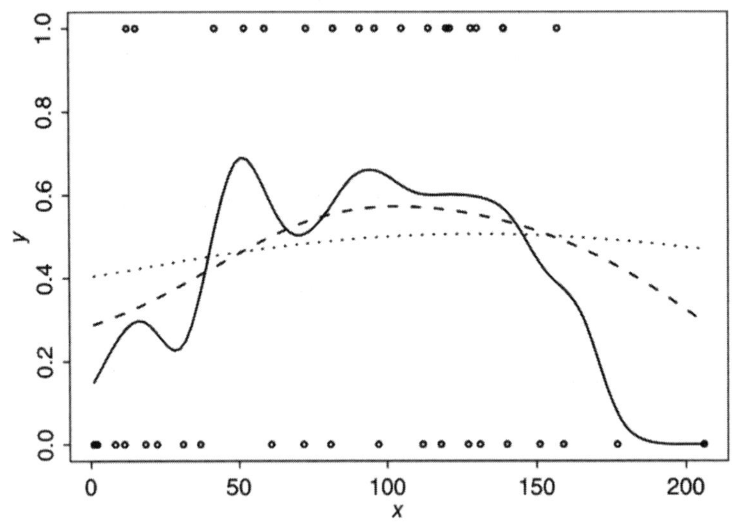

그림 11.4 나이(단위: 월)에 따라 척추후만증에 걸릴 확률에 대한 자료와 추정값에 대한 그림

그림에서 나이가 아주 어리거나 아주 많은 경우에 척추후만증이 없다는 것을 알 수 있지만, 이 자료와 같이 표본크기 n이 작은 경우에 보여 주는 추세에 대해서 결론을 내릴 때는 신중해야 한다.

자료의 평활화를 위해 **커널 평활**(kernel smoothing)과 **lowess**(LOcally WEighted Scatter-plot Smoother)와 같은 모형에 기반하지 않은 여러 방법들을 사용할 수 있다. 〈그림 11.4〉는 커널 평활기법을 이용하여 구한 3가지 결과를 보여 준다. 평활의 정도에 따라 $P(Y=1)$에 대한 예측이 상당히 매끄러울 수도 있고(거의 포물선 형태), 혹은 이 자료에서와 같이 작은 수의 표본으로는 합리적이지 않은 불규칙한 모양이 될 수도 있다. GAM이 제안하는 평활 방법에 대해 살펴보자. GAM을 적합하기 위하여 로짓(logit) 연결함수를 갖는 이항확률분포를 가정해 보자[5]. 아래 R 출력 결과에서는 평활 함수에 대해 연속적으로 1차, 2차, 3차 다항식의 복잡성을 갖는 모형을 적합하였다.

```
---------------------------------------------------------------------------
> Kyphosis <- read.table("http://www.stat.ufl.edu/~aa/cat/data/
+                        Kyphosis.dat", header=TRUE)
> Kyphosis # Data file for n=40 at text website
    x    y

1     12 1
...
```

[5] R 프로그램에서 VGM과 mgcv 패키지는 GAM을 적합함.

```
40 206 0
> library(gam)
> gam.fit1 <- gam(y ~ s(x, df=1), family=binomial, data=Kyphosis)
> gam.fit2 <- gam(y ~ s(x, df=2), family=binomial, data=Kyphosis)
> gam.fit3 <- gam(y ~ s(x, df=3), family=binomial, data=Kyphosis)
> anova(gam.fit1, gam.fit2, gam.fit3) # fitting models sequentially
Analysis of Deviance Table
Model 1: y ~ s(x, df=1) # linear complexity
Model 2: y ~ s(x, df=2) # quadratic
Model 3: y ~ s(x, df=3) # cubic
   Resid. Df  Resid. Dev       Df  Deviance   Pr(>Chi)
1         38      54.504
2         37      49.216  0.9999    5.2880     0.0215
3         36      48.231  1.0002    0.9852     0.3210
> plot(y ~ x, xlab="Age", ylab="Presence of Kyphosis", data=Kyphosis)
> curve(predict(gam.fit2, data.frame(x=x), type="resp"), add=TRUE)
------------------------------------------------------------------------
```

이탈도 통계량을 비교해 보면 2차 다항식이 1차 식보다 더 적합하다는 것을 보여 주지만 3차 다항식이 2차 식보다 유의하게 더 잘 적합된다는 것을 보여 주지는 않는다. 따라서 2차 복잡도를 갖는 GAM을 적합하여 그린 그림(위 출력 결과에 포함)은 2차 항을 갖는 로지스틱 모형을 사용할 것을 제안한다. 그 모형을 적합한 결과는 그림을 통해서나 잔차의 이탈도에 의해서도 유사하다. 나이를 예측변수로 가진 로지스틱 회귀모형에 나이의 제곱항을 추가하면 적합도가 향상되는 것을 확인할 수 있다(이탈도 통계량이 P-값 $= 0.012$으로 유의하게 감소함).

일반화가법모형에 대한 더 자세한 내용은 Hastie와 Tibshirani(1990), Hastie 등(2009, Chapter 9), James 등(2013, Chapter 7), Tutz(2011, Chapter 10), Wood (2017)와 Yee(2015, Chapter 4)를 참조하라.

11.5 고차원 범주형 자료에 대한 정규화(큰 p의 경우)

고차원 자료는 유전체학, 생물의학 이미지분석, 마케팅자료, 금융의 포토폴리오 할당 등과 같이 다양한 응용 분야에서 점점 더 보편적으로 증가하고 있다. 예를 들어, 유전체학에서 마이크어레이 유전자 발현 자료를 사용하여 종양을 분류하고, 유전자 발현 자료를 사용하여 임상적인 증상을 예측하며, 수천 개의 유전자에서 유의하게 발현하는 유전자(두 가지 이상의 조건 사이에서 변화함)를 찾아내기 위해 고차원 자료를 분석해야 한다. 고차원 자료는 이 책에 제시된 전통적인 ML 모형적합방법에 의해서는 분석이 잘 되지 않는다. 지금부터 설명변수 p의 수가 엄청 클 경우, 때로는 $p > n$일 때, 모형을 적합하는 문제에 대해 논의하고자 한다. 이 문제는 매우 중요하지만 해결하기는 쉽지 않다. 예를 들어 거의 대부분의 변수들이 아무런 효과가 없거나 실질적으로 유의한 영향을 미치지 않을 것으로 예상될 때 엄청나게 많은 수의 변수집합에서 유의한 설명변수를 선택하는 문제이다.

고차원 자료에 일반 GLM 방법을 적용하면, ML 추정값은 매우 불안정하거나 심지어 해가 존재하지 않는다. **정규화 방법**(regularization methods)은 이러한 상황에서 합리적인 해를 구하기 위해 ML 추정값을 조정하는 방법이다.

11.5.1 벌점화가능도 추정 방법과 L_q–노름 평활기법

벌점화가능도 추정법은 로그가능도 함수에 하나의 항을 추가하여 이를 최대화시키는 추정값이 보통의 ML 추정값의 평활화된 형태가 된다. 모수벡터 β에 대하여 로그가능도함수 $L(\beta)$를 갖는 모형에 대해서 다음과 같은 가능도함수를 최대화시킨다.

$$L^*(\beta) = L(\beta) - s(\beta)$$

여기서 s는 하나의 함수로 모수벡터 β의 원소가 어떤 의미에서 점점 더 평활화가 될수록 $s(\beta)$가 감소하는 함수이다. 일반적으로 벌점화가능도 추정값은 ML 추정값을 0으로 수축시킨다. ML 추정값이 존재하지 않거나 무한한 값을 갖거나, 혹은 다중공선성에 의해 심각한 영향을 받는 경우, 예측오차를 줄여주고 합리적인 값을 주는 긍정적인 특징을 가지고 있다.

5.4절에서는 편향을 줄이는 데 유용한 로지스틱 회귀모형에 대한 정규화가능도 방법을 소개하였다. 이 방법을 완전한 분리, 즉 ML 추정값이 무한대가 되는 다루기 힘든 상황에 적용하였다. GLM에 적용되는 또 다른 형태의 벌점화가능도 접근법은 다음과 같이 주어진 L_q-노름 평활함수를 사용하는 것이다.

$$s(\beta) = \lambda \sum_{j=1}^{p} |\beta_j|^q$$

여기서 $q \geq 0$이고 평활모수 $\lambda \geq 0$이다. 두 가지 q의 경우가 특히 많이 사용된다. 벌점함수가 모수의 제곱합에 비례하는 L_2-노름 벌점화가능도($q=2$)이고, 보통의 선형모형의 맥락에서 **릿지 회귀분석**(ridge regression)이라고 명명한다. 벌점화함수가 모수의 절댓값에 비례하는 L_1-노름 벌점화가능도($q=1$)는 **라쏘**(lasso)라고 명명한다.

임의의 q에 대하여, λ는 편향과 분산의 상충관계를 반영하는 평활모수이다. 보통의 ML 추정값은 $\lambda=0$일 때이다. λ를 증가시킬수록 $\{\hat{\beta}_j\}$이 점점 더 0의 값으로 수축되어, 분산은 줄어들지만 편향은 더 증가한다. 이 방법을 실행할 때는 모형을 표준화된 변수로 나타낸다. 그러면 평활함수는 각 변수들을 동등하게 간주하게 되고, 평활의 정도가 척도단위에 의해 영향을 받지 않게 된다.

11.5.2 Lasso 방법

$s(\beta)=\lambda\sum_{j=1}^{p}|\beta_j|$를 사용하는 벌점화가능도 추정법인 라쏘(lasso)는 least absolute shrinkage and selection operator의 약어이다. 다시 표현하면 라쏘 방법은 평활모수 λ와 반비례하는 상수 λ^*에 대해서 $\sum_{j=1}^{p}|\hat{\beta}_j|\le\lambda^*$의 제약조건을 가지고 가능도함수를 최대화하는 방법이다. λ가 증가하거나 혹은 λ^*가 감소할 때, $\hat{\beta}_j$값들이 더 많이 완전하게 0으로 수축된다.

λ의 함수인 라쏘 추정값을 그림으로 표현하면, λ가 증가할수록 $\{\hat{\beta}_j\}$가 어떻게 0의 값으로 수렴하며, 이에 대응되는 설명변수들이 유의하지 않은 선형예측변수로 탈락되는지를 보여 준다. 교차타당성을 이용하여 λ의 값을 선택하기 위해서 격자에 속한 각각의 λ의 값에 대하여 자료의 일부에 모형을 적합시키고 나머지 자료로부터 반응변수 y의 예측이 잘 되는지를 검토한다. k-폴드 교차타당성에서는, 이 작업을 k번(보통 $k=10$) 반복시행하는데, 각 시행에서 자료의 $1/k$ 부분을 제외하고 나머지 자료에 대해 모형을 적합한 후 적합된 모형을 제외된 자료에 대해 y값들을 예측한다. 예측오차를 요약하는 통계량은 k번 반복시행에서 구한 표본예측오차의 평균을 사용한다. 이 결과 가장 작은 표본 예측오차평균을 주는 λ값을 선택할 수 있다. 그러나 각 λ값에서 표본 예측오차평균 또한 확률변수이므로 대안적인 선택 방법으로 더 크게 벌점화가 되는 방향으로, 최솟값보다 표본오차의 1배만큼 큰 예측오차를 갖는 λ를 선택하는 **일표준오차규칙**(one-standard-error rule)이 있다. 이러한 선택 방법은 모형이 과적합될 가능성을 낮춘다. 어떤 방법이든지 λ가 선택되면, 전체 자료에 대해 이 λ를 가진 라쏘 방법을 적용한다. 어떤 특정한 자료에 대해서, 서로 다른 분석자마다 라쏘 방법의 결과가 다를 수 있는데 이는 λ값을 선택하기 위한 교차타당성 과정에서 랜덤하게 분할된 자료의 영향을 받기 때문이다.

라쏘 방법의 단점 중 한 가지는 실제로 효과가 큰 모수 β_j를 지나치게 벌점화할 수도 있다는 것이다. 또한 라쏘 추정값 $\{\hat{\beta}_j\}$는 근사적으로 정규표본분포를 따르지 않으며 편향이 심할 수도 있어 통계적인 추론을 하기 어렵다. 라쏘 방법을 위한 소프트웨어는 표준오차를 제공하지 않는데, 이는 매우 편향된 추정값으로 잠재적으로 왜곡될 소지가 있기 때문이다.[6] $\{\beta_j\}$를 추정하기 위하여 편향과 분산 측면에서 L_1-노름과 L_2-노름 벌점화 중에서 어느 것이 더 적절한지는 $\{\beta_j\}$값에 영향을 받는다. p가 매우 크지만 극소수의 $\{\beta_j\}$만 실질적으로 0이 아닌 경우에는, L_1-노름이 더 적절한데, 이는 대부분의 많은 $\{\hat{\beta}_j\}$의 값이 실제로 0이기 때문이다. 한편 $\{\beta_j\}$값의 실질적인 크기들이 크게 변동하지 않을 경우에는, L_2-노름 벌점화가 더 적절한 경향이 있다.

11.5.3 예제: 학생들의 설문조사를 통한 낙태에 대한 의견 예측

이 책의 웹사이트에 있는 Students 자료 파일은 플로리다대학의 통계학 입문 강좌를 수강하는 60명의 사회과학 대학원생들에게 실시한 설문조사의 응답자료이다. 조사된 변수에 대한 설명은 5장의 연습문제 5.4에 요약되어 있다. 여기서는 임신 첫 3개월 동안 낙태가 합법적이어야 하는지에 대한 대상자의 반응(1 = 예, 0 = 아니오)을 예측하기 위해 14개의 이항변수와 연속형 변수를 사용한다.

로지스틱 회귀모형에서 14개의 설명변수를 모두 주효과로 사용하게 되면, 표본크기는 겨우 $n = 60$인데 비하여 변수의 수 p가 상대적으로 큰 경우가 된다. 다음의 R 출력 결과에서 가능도비 검정 결과는 $H_0 : \beta_1 = \cdots = \beta_{14} = 0$에 반대하는 강력한 증거를 보였지만, 왈드 검정에서는 유의수준 0.05에서 겨우 두 개의 설명변수만이 유의한 결과를 나타내며, 가능도비 검정에서도 동일한 결과를 보여 주고 있다.

```
--------------------------------------------------------------------------
> Students <- read.table("http://www.stat.ufl.edu/~aa/cat/data/Students.dat",
+                        header=TRUE)
> fit <- glm(abor ~ gender + age + hsgpa + cogpa + dhome + dres + tv + sport +
+ news + aids + veg + ideol + relig + affirm, family=binomial, data=Students)
> summary(fit)
             Estimate  Std. Error   z value     Pr(>|z|)
(Intercept)  10.10142  10.89140      0.927       0.3537
gender        1.00216   1.86553      0.537       0.5911
age          -0.07834   0.12748     -0.615       0.5389
hsgpa        -3.73445   2.80932     -1.329       0.1837
cogpa         2.51127   3.73991      0.671       0.5019
dhome         0.00056   0.00068      0.821       0.4116
dres         -0.33882   0.29538     -1.147       0.2514
tv            0.26598   0.25316      1.051       0.2934
sport         0.02721   0.25515      0.107       0.9151
news          1.38688   0.69868      1.985       0.0471  # LR P-value = 0.0003
aids          0.39668   0.56637      0.700       0.4837
```

6 모수의 참값과 추정값과의 거리는 분산과 편향에 의존한다; 평균제곱오차는 분산과 편향의 제곱의 합이다. 변동성에 대한 측도는 라쏘의 베이지안 방법에서도 구할 수 있다(예, R 프로그램의 monomvn 패키지를 참조).

```
veg           4.32135     3.86146     1.119       0.2631
ideol        -1.63779     0.78925    -2.075       0.0380  # LR P-value = 0.0010
relig        -0.72457     0.78207    -0.926       0.3542
affirm       -2.74815     2.68988    -1.022       0.3069
---
    Null deviance: 62.719  on  59  degrees of freedom
Residual deviance: 21.368  on  45  degrees of freedom
AIC: 51.368
> 1 - pchisq(62.719 - 21.368, 59 - 45) # LR test that all 14 betas = 0
[1] 0.0001566051
----------------------------------------------------------------------
```

예측변수를 하나씩 적합했을 때 4개의 설명변수($news$, $ideol$, $relig$, $affirm$)가 유의하다. 그러므로 5.1절에 설명한 방법을 사용하여 모형을 세울 수도 있을 것이다. 그러나 대안적인 방법으로 라쏘를 적용할 때 어떤 결과가 나오는지 살펴보자. 이를 위하여 표준화된 변수에 대하여 R 프로그램에서 glmnet 패키지를 실행하였다. 출력결과는 교차타당성에서 일표준오차규칙에 따라 선택된 평활모수값이 $\lambda = 0.1268$이고 이 값을 적용해서 얻은 회귀계수들을 보여 준다.

```
----------------------------------------------------------------------
> attach(Students)
> x <- cbind(gender, age, hsgpa, cogpa, dhome, dres, tv, sport, news, aids,
>           veg, ideol, relig, affirm) # explanatory var's for lasso
> library(glmnet)
> fit.lasso <- glmnet(x, abor, alpha=1, family="binomial") # alpha=1 is lasso
> plot(fit.lasso, "lambda")
> set.seed(1) # a random seed to implement cross-validation
> cv.glmnet(x, abor, alpha=1, family="binomial", type.measure="class")
  $lambda.min # best lambda by 10-fold cross-validation
  [1] 0.06610251 # this is a random variable, and changes from run to run
  $lambda.1se # lambda suggested by one-standard-error rule, also a r.v.
  [1] 0.1267787
> coef(glmnet(x, abor, alpha=1, family="binomial", lambda=0.1267787))
                   s0
(Intercept) 2.36711 # all 12 lasso estimates that are not shown equal 0
ideol       -0.25994
relig       -0.18311
----------------------------------------------------------------------
```

이 적합 결과에서는 2개의 변수, $ideol$(정치적 이데올로기, '1=매우 진보적'에서부터 '7=매우 보수적'으로 점수가 매겨짐)와 $relig$(종교 봉사에 얼마나 자주 참여하는가? 0=전혀, 1=가끔씩, 2=거의 매주, 3=매주)만이 유의하게 선택이 되고 각각의 효과는 -0.260, -0.183으로 추정되었다.

$\lambda = 0.0661$일 때, 교차타당성 평균오차제곱이 최솟값을 갖는다. 이 값을 적용하면 변수 $news$가 모형에 추가되지만, 회귀계수의 추정값을 0.140으로 완전한 모형에서 추정한 ML 추정값의 1.387보다 훨씬 작다. $\lambda = 0.0661$의 값으로 라쏘를 적합했을 때, $ideol$와 $relig$효과에 대한 추정값은 각각 -0.424, -0.360으로 일표준오차규

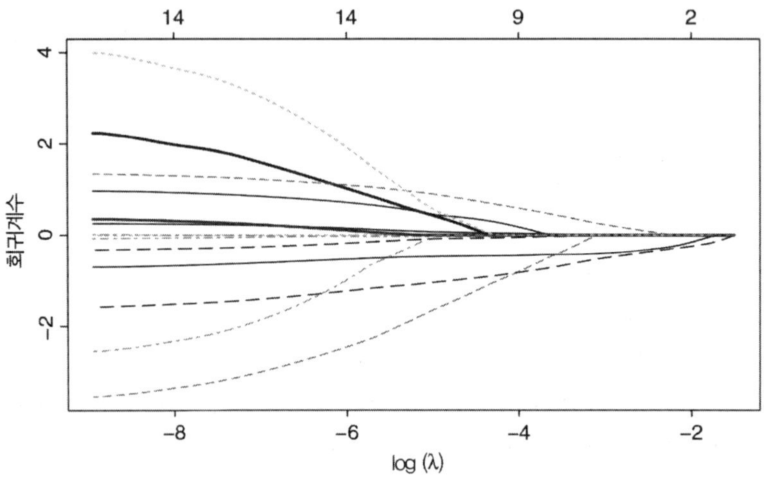

그림 11.5 학생조사자료에서 낙태의 합법화를 예측하기 위해 라쏘 방법으로 적합한 모수들의 회귀계수 추정값이 $\log(\lambda)$의 값에 따라 변화하는 추세

칙에서 구한 $\lambda = 0.1268$로 적합했을 때보다 ML 추정값에서 0으로 많이 수축되지 않았다.

그림 11.5는 λ가 로그 단위로 증가함에 따라 라쏘 추정값들이 어떻게 변하는지를 보여 준다. $\log(\lambda)$가 최솟값을 갖는 그림의 가장 왼쪽 끝의 값들은 ML 추정값 $(\lambda = 0)$과 매우 유사하다. $ideol$에 대한 추정값은 -1.638의 ML값에서부터 0의 값으로 수축되었으며, $\log(\lambda) \geq -1.5$ (즉, $\lambda \geq 0.222$)이면 0이 된다. $relig$에 대한 ML 추정값은 -0.725에서 $\log(\lambda) \geq -1.73$일 때 0으로 감소한다

이제 $\lambda = 0.0661$인 경우에 라쏘 방법의 추정값과 설명변수로 $ideol$, $relig$, $news$를 가진 모형에서의 ML 추정값을 비교해 보자. 변수 $relig$은 $ideol$과 $news$를 통제한 조건 하에서 비록 통계적으로 유의한 효과를 보이지 않지만, 모든 ML 추정값이 라쏘 추정값에 비해 절댓값이 훨씬 더 크다는 것을 알 수 있다.

```
-----------------------------------------------------------------------------
> summary(glm(abor ~ ideol + relig + news, family = binomial, data=Students))
              Estimate  Std. Error    z value      Pr(>|z|)
(Intercept)     3.5205      1.2513      2.814       0.00490
ideol          -1.2515      0.4671     -2.679       0.00738  # lasso est. = -0.424
relig          -0.7198      0.4982     -1.445       0.14854  # lasso est. = -0.360
news            1.1292      0.4574      2.469       0.01356  # lasso est. = 0.140
---
    Null deviance: 62.719  on  59  degrees of freedom
Residual deviance: 29.791  on  56  degrees of freedom
AIC: 37.791
-----------------------------------------------------------------------------
```

11.5.4 ML 추정값이 영의 값으로 수축되는 이유

비편향 또는 근사적으로 비편향인 추정량을 주로 사용하는 사람들에게는 계수 $\{\hat{\beta}_j\}$의 값을 0으로 수축시키는 벌점화가능도 추정법이 직관적인 것과 다르다고 생각할 수 있다. 이러한 수축화가 왜 효과적일 수 있는가? 수많은 설명변수가 있는 연구들에서는 보통 대부분의 변수들이 효과가 전혀 없거나 극히 작은 효과만 있기 때문이다. 유전자의 연관성 연구가 그 예인데, 특정 질환 여부를 반응변수로 하고 수천 개 이상의 유전자의 발현량과 질환 여부의 연관성을 살펴보는 경우를 고려해 보자. 표본 수 n이 매우 크지 않는 한, 보통 수준의 표본변동 하에서 ML 추정량의 절댓값은 실제보다 훨씬 더 커진다. 이러한 경향은 통계적으로 유의한 유전자만 선택할 경우에 더 악화될 수 있다.

벌점화가능도 방법에서 일어나는 수축화는 ML 추정량이 실제의 값에 더 근사되도록 해주는 경향이 있다. 이것도 또 하나의 편향과 분산의 통계적 상충관계라고 볼 수 있다. 벌점화함수로 인하여 편향된 추정값을 갖는 결과를 초래하지만 분산을 줄여주는 이점이 있다. 벌점화가능도 방법에 대한 자세한 내용은 James 등(2013, Chapter 6)을 참조하라.

11.5.5 변수선택에서 고려할 점(차원축소)

예측변수의 수 p가 클 때, 유의한 설명변수들을 선택하는 것은 쉽지 않은 문제이다. 변수선택을 하는 방법에서 좋은 결과를 얻기 위해서 요구되는 근본적인 가정은 **희박한 구조**(sparse structure), 즉 극히 적은 수의 변수만이 실제 모형에서 유의하다는 가정이다. 연관성이 거의 없는 변수들을 제거하면 해석하기도 수월해지고 예측오류도 줄어들 수 있다. 변수의 개수가 많을 경우에는, 보통의 ML 방법으로는 모형을 적합하기도 쉽지 않을 수 있다. 이항반응변수의 경우에, 변수의 수 p가 어떤 값 이상으로 커지게 되면 종종 완전하게 혹은 거의 완전에 가깝게 분리가 일어나서 추정량이 무한대가 된다. 비록 유한한 추정값이 존재할지라도, 다중공선성으로 인하여 추정량의 정확도가 크게 떨어질 수도 있다. 더군다나, 모형에서 수많은 설명변수를 사용하면 과적합의 위험을 초래하기도 한다. 결과적으로 예측력이 모수의 수가 훨씬 적은 절약적인 모형보다 더 나빠지는 경향이 있다.

변수의 개수 p가 매우 클 경우, 변수선택법은 크게 3가지로 나눌 수 있다. (1) 단계적 변수선택법이나 라쏘와 같이 변수-제거 방법을 채택하는 방법이다. (2) p개의 변수 대신에 이들의 선형결합의 형태로 변동의 대부분을 설명할 수 있는 적은 수의 변수로 변환하는 방법이다. (3) 가능한 모든 가설검정을 다중검정법으로 보정하면서, 일반적인 유의성 검정으로 관련이 있는 효과를 찾아내는 방법이다. 방법 (1)과 (3)은 크게 영향을 주지 않는 많은 설명변수들을 제거하게 되면 자료의 차원이 대폭 줄어들 수 있다. 또한 방법 (2)에서는 새로 만들어진 변수들의 개수는 p에 비해 훨씬 적다.

일반적인 모형선택에서 후진제거법과 같이 자동적으로 변수를 선택하는 방법(1)의 알고리즘은 문제가 생길 수 있는데, p가 클 때 더 심각하다. 예를 들어, 실제로 효과가 전혀 없는 설명변수들에 대해서, 이들과 반응변수의 최대 표본상관계수는 높을 수 있다. 게다가, 차원이 너무 커서 설명변수들 간에 허위공선성이나 중요한 설명변수와 중요하지 않은 설명변수들 간에 허위상관성이 나타날 수 있다. AIC를 최소화하는 최적의 설명변수 조합을 찾는 방법도 있지만, 설명변수 p가 너무 클 때는 가능한 모든 변수조합을 검토하는 것이 불가능하고, 실제로는 전혀 중요하지 않는데 중요하다고 판단할 위험이 여전히 존재한다. 라쏘 방법은 대부분의 설명변수에 대하여 가중치를 0으로 만드는데, 이전에 제거한 변수들에 의존하지 않는 방식으로 객관적인 방식으로 이루어진다.

명시적으로 차원축소를 수행하는 방법 (2)는 **주성분 분석**(principal component analysis)이다. 이 방법은 원래의 p개 설명변수들을 서로 상관성이 없으면서 원래 설명변수들의 선형결합(주성분)의 집합으로 대체한다. 제1 주성분은 변수들 간의 변동을 최대한으로 설명하는 선형조합이다. 연속으로 만들어지는 제2 주성분, 제3 주성분은 기존의 주성분과는 상관성이 없으면서 변동을 최대한으로 설명하도록 만들어진 선형조합이다. 종종 아주 적은 수의 주성분들이 전체변동의 대부분을 설명한다. 주성분들은 원래의 설명변수 척도에 영향을 받기 때문에, 주성분분석을 하기 전에 변수들을 표준화해야 한다. 그러나 p가 너무 클 때는 주성분을 해석하기가 어렵다는 단점이 있다. 자세한 내용은 James 등(2013, Chapter 6)와 Bartholomew 등(2008, Chapter 5)를 참조하라.

방법 (3)은 기존의 유의성 검정을 사용하여 설명의 효과를 판단하되 다중검정법에 대하여 보정을 해야 한다. 다중검정법을 보정하는 방법 중의 하나는 **오발견율**(FDR: false discovery rate)을 조절하는 것이다.

11.5.6 FDR 조절

설명변수의 수 p가 매우 크고 각 변수에 대해 유의수준 $\alpha = 0.05$에서 가설 $H_0: \beta_j = 0$를 검정하여 통계적 추론을 하는 경우, 극히 적은 수의 설명변수에 대해서만 실제로 효과가 있을 때 가설검정의 수가 너무 많아서 제1종 오류가 커질 위험성이 있다. 따라서 대부분의 경우 이러한 방법 대신 적어도 하나라도 잘못된 결론을 내릴 전체오류율을 α로 놓는 방법을 사용한다. 만약, 계획된 검정가설의 수를 t라고 할 때, 본페로니 검정법은 각각의 가설검정에서 α/t를 유의수준으로 설정하여 전체 제1종 오류가 α를 넘지 않도록 조절한다. 즉, 각각의 개별검정에서 유의확률 P-값$\le \alpha/t$일 때 H_0을 기각한다. 만약 t가 매우 클 경우에는, 각각의 가설검정에서 유의수준이 너무 작아서 검정력이 매우 떨어질 것이다. 실제로 존재하는 효과의 크기가 매우 작을 때는 이 효과를 찾는 것이 어려울 수 있다. 그러나 이러한 보정 없이 추론을 하면, 특히 유의한 효과를 갖는 변수의 수가 매우 적을 때는 대부분의 유의한 결과들은 제1종 오류일 가능성이 높을 것이다.

이 문제를 해결하는 다중검정 방법 중 하나는 FDR(false discovery rate)을 제어하는 것이다. 유의성검정의 맥락으로 볼 때, FDR은 기각된 가설("발견") 중 잘못 기각된 가설("거짓 발견")의 비율의 기댓값이다. 다음의 간단한 알고리즘을 통해 t개의 독립적인 가설을 검증할 때[7], FDR$\le \alpha$이 항상 성립되는 것을 알 수 있다. 주어진 t개의 검정에 대한 유의확률이 $P_{(1)} \le P_{(2)} \le \cdots \le P_{(t)}$ 순서대로 나열되었다고 하자. 그러면 $P_{(j)} \le j\alpha/t$를 만족하는 j 중 최댓값을 j^*라고 할 때, 가설 (1), ...,(j^*)를 기각한다. 가장 유의한 검정 결과는 $P_{(1)}$을 α/t와 비교하는 것으로 이것은 본페로니 방법과 동일한 유의수준을 유지하지만, 그 다음부터 순차적으로 이루어지는 검정들은 본페로니보다 덜 보수적인 유의수준을 갖는다. 어떤 가설들이 거짓일 때, FDR 방법은 본페로니 방법보다 그 중 더 많은 가설들을 기각하는 경향이 있는데, 이는 본페로니 방법이 전체오류율을 제어하는 것에 치우쳐 있기 때문이다. 이 방법에 대한 실제 FDR은 엄밀하게는 α에 실제 참인데도 불구하고 기각된 비율을 곱한 값 이하이며, 귀무가설이 항상 참일 때도 FDR의 상한값은 α를 유지한다.

1995년에 이 방법을 도입한 두 명의 통계학자(Yoav Benjamini와 Yosef Hochberg)는 심근경색과 관련된 연구에서 FDR을 설명하였다. 이 연구에서 검정한 가설은 $t=15$이며 이 가설들에 대한 유의확률 $(P_{(1)}, P_{(2)}, \ldots, P_{(15)})$을 순서대로 나열한 결과는 다음과 같았다.

$$0.0001,\ 0.0004,\ 0.0019,\ 0.0095,\ 0.020,\ 0.028,\ 0.030,$$
$$0.034,\ 0.046,\ 0.32,\ 0.43,\ 0.57,\ 0.65,\ 0.76,\ 1.00$$

$\alpha = 0.05$에서, 위의 유의확률들은 $j=15$로부터 $j\alpha/t = j(0.05)/15 = (0.0033)j$의 값과 비교된다. 이 중에서 $P_{(j)} \le (0.0033)j$를 만족하는 j의 최댓값은 4이다. 왜냐하

[7] 이 방법은 또한 양의 종속관계에 있는 검정법에도 적용할 수 있다.

면 $P_{(4)} = 0.0095 < (0.0033)4$를 만족하기 때문이다. 따라서 가장 작은 4개의 가설들은 기각된다. 한편, 전체오류율이 0.05인 본페로니 검정법은 각각의 P-값을 $0.05/15 = 0.0033$과 비교하기 때문에 3개의 가설만이 기각된다. 아래 R 출력 결과에서 계산된 것을 보면 본페로니 검정은 보정된 유의확률이 원래 값의 15배가 되는데(최댓값은 1임), 반면에 FDR 검정법은 보정 유의확률이 처음 값을 제외하고는 본페로니 방법보다 작은 것을 알 수 있다.

```
> pvals <- c (0.0001, 0.0004, 0.0019, 0.0095, 0.020, 0.028, 0.030,0.034,
+            0.046, 0.32, 0.43, 0.57, 0.65, 0.76, 1.00)
> p.adjust (pvals, method = c ( "bonferroni"))
 [1] 0.0015 0.0060 0.0285 0.1425 0.3000 0.4200 0.4500 0.5100 0.6900
[10] 1.0000 1.0000 1.0000 1.0000 1.0000 1.0000
> p.adjust (pvals, method = c ( "fdr"))
 [1]  0.0015 0.0030 0.0095 0.0356 0.0600 0.0638 0.0638 0.06380.07667
[10] 0.4800 0.5864 0.7125 0.7500 0.8143 1.0000
```

FDR 방법은 특히 매우 적은 비율의 변수만이 실제로 유의한 효과가 있다고 기대될 때 유용하게 사용된다. 전체오류율을 조절하는 본페로니 검정법에 비하여 훨씬 덜 보수적이면서 검정력을 향상시키기 때문에, 방대한 분량의 유의성 검정을 수반하는 탐색적인 연구에서는 FDR을 보정하는 것이 합리적인 전략이다. 탐색적인 연구를 거쳐 유의하다고 밝혀진 적은 수의 변수들에 대하여 추후의 연구에서 타당성 여부를 살펴볼 때 전통적인 추론 방법에서 적용하는 전체오류율을 조절할 수 있는 여지가 남아있다.

11.5.7 베이지안 추론에서의 큰 p의 문제

큰 p를 다루는 문제는 빈도론자보다 오히려 베이지안 추론에서 더 다루기 어렵다. 매우 많은 모수들에 대해 사전확률분포를 설정하여 얻은 결과는 직관적으로 기대한 것과 다를 수 있기 때문이다. 예를 들어, 매우 확산되는 사전확률분포를 선택한다고 하더라도, 그 효과는 어떤 확산분포를 선택하는지에 따라 크게 영향을 받을 수 있다.

반응변수의 확률분포가 p개의 범주를 갖는 다항분포이고 각 범주의 확률은 $\{\pi_j\}$라고 가정해 보자. 여기서는 단순하게 설명변수에 대해 언급하지 않고 큰 p에 대한 문제에[8] 대하여 논의하겠다. 실제적으로 다항범주가 몇 개로 되어 있고 설명변수의 수가 매우 클 때에도 유사한 문제가 발생한다. n_j를 범주 j의 결과가 관측된 총 횟수라고 하면 $n = \sum_j n_j$이다. 이항분포의 컬레사전분포인 베타 분포는 다항분포에서는 **디**

8 여기서 실제 다항분포의 모수의 수는 제약조건 $\sum_j \pi_j = 1$으로 인하여 $p-1$이다.

리슈레 사전분포로 확장된다. **초모수**(hyperparameter) $\{\alpha_j\}$일 때, 사후분포도 역시 디리슈레 분포가 되며, π_j의 사후기댓값은 $(n_j+\alpha_j)/(n+\sum_k \alpha_k)$가 된다. 결국 사전분포가 미치는 영향은 개별적인 범주 j에 대해서 표본비율을 반영하기 전에 α_j를 각 관측값에 더해주는 것과 같다. 대부분의 경우 $\{\alpha_j\}$를 상수 α로 정하는데, 이는 사전분포의 영향이 동일확률모형 방향으로 부드럽게 이루어지도록 하기 위함이다. 만약 디리슈레 사전분포의 모수가 $\alpha=1$이면 이 분포는 확률 심플렉스 상의 균등분포와 일치한다. 이것은 확산하는 듯하지만, p개의 관측값을 더하여 표본비율을 형성하며, p가 클 때는 상당한 영향을 미친다.

예를 들어, $n=100$명의 사람들이 $p=1000$권의 책 목록에서 자신이 선호하는 책을 한 권씩 선택한다고 하자. 사전분포가 균등분포일 때, π_j의 사후기댓값은 $(n_j+1)/(n+p)=(n_j+1)/1100$이 된다. j번째 책을 1명의 선택하였다면, 사후기댓값 추정값은 $2/1100=0.002$가 되어 동등확률값인 0.001쪽으로 수축시켰으며, 이 결과는 합리적으로 보인다. 그러나 만약 j번째 책을 100명의 모든 사람이 선택하였다면 어떨까? 이 경우 사후기댓값의 추정값은 $101/1100=0.092$이다. 이 값은 표본비율이 1.0으로 합리적이라고 기대했던 값보다 상당히 많이 수축되었다. 사전분포가 충분히 확산되어 있는 경우에도, 결과에 상당한 영향을 미치는 것이다.

더 많이 확산된 분포가 더 효과적일 수도 있는데, 이는 각 모수에 대한 사후추정 결과가 p가 적을 때 얻을 수 있는 결과와 더 비슷해지기 때문이다. 대부분의 효과가 실제로 0일 것으로 생각될 경우에는, 베이지안 방법 중의 하나로 spike-and-slab 사전분포를 사용하는 것인데, 이는 보통의 사전확률과 0에서 확률이 1인 이산분포의 혼합분포이다.

정규화 방법에 대한 더 자세한 내용은 Hastie 등(2009, Chapter 3)과 James 등(2013, Chapter 6)을 참조하라.

11.1 Wikipedia의 "Iris flower data set" 글에서 1936년에 붓꽃에 대한 R.A Fisher의 선형판별분석을 참고하라. 꽃받침 길이(sepal length)와 꽃잎 길이(petal length)를 설명변수로 하여 versicolor과 virginica species(이 책의 웹사이트의 Iris 자료 파일에 있음)에 대해 주어진 자료를 사용하여 선형판별분석을 수행하라. 선형판별분석 함수를 제시하고, $\pi_0 = 0.50$으로 놓고 리브–원–아웃 교차타당성 검증을 하여 분류표를 작성하라.

11.2 참게 자료에 대해서 암참게가 적어도 하나의 부수체를 가지고 있는지 여부를 y라고 놓고 선형판별분석을 수행하라. 색깔과 등뼈의 상태를 양적변수로 처리하여 4개의 모든 설명변수를 이용하여 선형판별함수를 구하라. 선형판별함수와 동일한 설명변수를 갖는 로지스틱 회귀모형에 리브–원–아웃 교차타당성 검증을 통해 구한 두 분류표를 비교하라.

11.3 〈그림 11.1〉의 참게 자료에 대한 분류나무를 고려해 보자.

a. 색깔을 x축으로 하고 너비를 y축으로 하는 그림을 그려라. 종점마디에 대한 정보를 기반으로 $\hat{y} = 1$가 되는 직사각형의 영역을 표시하라. $\lambda = 0.07$을 사용하여 11.2.4절에서 언급했던 더 단순한 분류나무의 영역과 비교하라.

b. 이 자료를 다양한 λ에 따라 분류나무를 구성하고, 가지치기가 된 나무들이 λ값에 어떻게 영향을 받는지를 살펴보아라. 이 중 가장 합리적인 나무를 선택하라.

11.4 연습문제 11.3을 참고하라. 색깔과 등뼈의 상태를 양적변수로 간주하여 4개의 설명변수를 모두 이용하여 분류나무를 구하라. 분류나무를 어떻게 가지치기해야 하는지 설명하고, 이 결과를 해석하라. 또한, 5.1.5절의 로지스틱 모형의 결과와 어떻게 다른지 설명하라.

11.5 1년 동안 보조생활 프로그램에 참여하는 노인들을 대상으로 요양원에 들어가기 위해서 이 프로그램에서 탈퇴할지 여부를 분류나무 방법으로 예측하였다.[9] 이 자료는 최소한 1년 동안 프로그램에 등록되어 있었고, 그 1년 동안 사망하지 않은

4654명으로 구성되어 있다. 이 자료와 관련하여 온라인에서 각주에 인용된 기사를 참조하라.

a. 분류나무에 있는 4가지 질문 내용을 명시하라.

b. 이 분류나무에서는 두 가지 유형의 오분류를 다른 비용으로 처리하고 있다. 즉, 프로그램을 등록하지 않은 사람을 아직도 남아 있다고 예측한 경우를 실제로 등록한 사람이 등록하지 않았다고 예측한 경우보다 13배나 높은 비용으로 처리하고 있다. 종점마디에서는 오분류 비용이 가장 적어지도록 반응범주가 예측된다. 나이가 83세 이상인 931명으로 이루어진 마디에서 이 중 112명은 등록을 하지 않았고 819명은 등록하여 남아 있는데, 913명이 모두 등록하지 않았다고 예측한다. 오분류 비용이 더 낮아지게 되는 것을 보여라. 이것이 이 종점마디에 대한 예측이다.

c. 분류나무의 결과로부터 분류표를 작성하라. 분류나무가 실제로 등록하지 않은 사람들에 대해서는 0.40의 비율로, 등록하고 남아 있는 사람들에 대해서는 0.79의 비율로 올바르게 예측하고 있는지 보여라.

11.6 11.3.3절의 대통령선거 자료에 대한 군집분석을 참고하라.

a. 뉴저지와 펜실베니아는 일리노이의 관측값과 같았고, 노스케롤라니아는 버지니아와 같았다. 〈표 11.3〉의 14개 주와 위에 제시한 3개의 주 자료를 함께 이용하여 군집분석을 하고 나무형그림을 그려라.

b. 거의 모든 주에서 공화당의 후보(Ronald Reagan)를 선호했던 1980년도와 1984년도의 자료를 제외하고 11.3.3절의 군집분석을 다시 하라. 나무형그림을 그려서 원래 자료에서 얻었던 결과와 비교하라.

11.7 이 책의 웹사이트에 있는 Elections 전체 자료를 군집분석하라. 두 개의 군집으로 이루어진 결과를 보이고 이를 해석하라.

11.8 참게 자료에 대해서 참게의 무게를 x축으로 하고 암참게가 부수체를 가지는지 여부를 나타내는 이항반응변수를 y축으로 하여 산점도를 그려라. 그 위에 이항확률분포와 로짓 연결함수를 이용한 일반화가법모형을 적합하여 평활된 곡선을 그리고 결과를 해석하라.

[9] Noe et al. *Chance* **22**, no. 4: 58-62 (2009).

11.9 참게 자료에서 참게의 무게에 대해 부수체의 개수를 표시한 산점도를 그려라. 그 위에 포아송 확률분포와 로그 연결함수를 이용하여 일반화가법모형을 적합하여 평활된 곡선을 그리고 그 결과를 해석하라.

11.10 자궁내막암에 대한 위험인자에 대해 5.3.4절, 5.4.2절, 5.4.4절에서 분석했던 자료에 대해서, 그 결과와 교차타당성을 통하여 (a) 표본 평균예측오차의 최솟값 또는 (b) 일표준오차규칙에 의해 결정된 λ값을 이용하여 라쏘 방법으로 분석한 결과를 비교하라.

11.11 Student 자료 파일에 대해서, 11.5.3절에서 사용된 13개의 설명변수에 대하여 채식주의자 여부를 나타내는 이항반응변수 y에 대하여 모형을 적합하라. 보통의 로지스틱 회귀분석을 이용하여 이 모형이 설명변수가 하나도 없는 모형보다는 더 잘 적합되지만 왈드 검정통계량으로는 어떤 설명변수도 유의하지 않음을 보여라. 교차타당성을 이용하여 표본 평균예측오차를 최소화하는 λ와 일표준오차규칙에 의해 정해지는 λ를 이용하여 라쏘 방법을 적용하고 이 결과에서 추정된 값들과 로지스틱 회귀분석에서의 추정값을 비교하라.

11.12 11.5.6절에 있는 심근경색 예제에 대해서, 유의수준 $\alpha = 0.10$에서 FDR 방법으로 유의성검정을 하라. 본페로니 방법을 적용했을 때의 결과와 비교하라.

11.13 Hastie 등(2009)의 웹사이트 web.stanford.edu/~hastie/ElemStatLearn에 있는 spam 자료에 대해서, 이 장에서 제시한 두 가지 방법을 이용하여 주어진 이메일이 스팸인지 여부를 분류하기 위하여 설명변수들을 선택하라. 이 방법들을 어떻게 구현하는지 설명하고, 분류표를 작성하라. 분석결과를 부록에 있는 편집된 소프트웨어 출력물과 함께 간략한 보고서로 요약하라.

11.14 프로젝트: UCI Machine Learning Repository(archive.ics.uci.edu/ml) 또는 Yahoo! Webscope(webscope.sandbox.yahoo.com)과 같은 큰 자료 파일이 있는 사이트를 접속하라. 범주형 반응변수가 있는 관심 있는 자료를 찾아라. 적어도 이 장에서 제시한 방법 중 하나를 사용하여 자료를 분석하라. 분석 결과를 간략한 보고서로 요약하라.

12장

범주형 자료분석의 역사적 여행*

이제 범주형 자료분석(CDA) 방법의 발전 과정을 역사적으로 살펴보면서 이 책을 마무리하고자 한다. 범주형 자료분석의 시작 단계에서는 많은 논쟁들이 있었다. 통계학의 발전에 몇몇 중요한 통계학자들은 선도적인 공헌을 했으나 이들은 자주 서로 간에 심한 의견 차이를 보였다.

12.1 Pearson-Yule의 연관성 논쟁

자료분석은 대부분 영국에서 처음에 발전되기 시작하였다. 1900년도 런던에서 역사적 여행을 시작하는 것이 적절한 시작점인 것 같은데, 그 까닭은 1900년도에 Karl Pearson(1857-1936)이 카이제곱통계량(X^2)을 처음 소개하였기 때문이다. Pearson이 카이제곱검정을 개발한 동기에는 Monte Calro에서 룰렛의 결과가 임의적으로 얻어지는지를 검정하는 것과, 이차원 분할표에서 통계적 독립성을 검정하는 문제들이 포함되어 있었다.

1900년대 초기의 범주형 자료분석에 관한 많은 문헌들을 살펴보면 연관성을 기술하기 위한 요약 측도에 대하여 격렬한 논쟁들이 진행된 것을 찾아볼 수 있다. Pearson은 연속형 이변량분포를 가정하여 분할표를 분석하는 방법을 사용하였다. 그리고 연속분포에서 상관계수와 같은 측도를 근사시켜 분할표에서의 연관성을 기술해야 한다고 주장하였다. 1904년에 Pearson은 "분류된 관측값이 서로 독립적인 확률로부터 벗어나는 총편차의 측도"로서 **분할성**(contingency)의 개념을 도입하여 분할성의 정도를 나타내는 측도들을 소개하였다.

Pearson과 동시대의 영국 사람인 George Udny Yule(1871-1951)은 1900년과 1912년 사이에 연관성에 관한 그의 연구에서 다른 방법으로 접근하였다. Yule은 많은 범주형 변수들은 본질적으로 이산적이라고 믿었기 때문에 연속분포에 대한 가정 없이 직접 분할표의 도수로부터 오즈비와 같은 측도를 정의했다. Pearson이 정규성을 기초로 제안한 측도에 대하여 Yule은 "기껏해야 정규분포의 상관계수는 상상의 변수들 사이에서 가상적인 상관관계 같은 경우만을 다루고 있다. 불필요하고 증명할 수 없는 가정을 도입하는 것은 과학적인 연구에서 바람직한 진행 방향이 아닌 것 같다." 라고 말했다. Yule은 또한 분할표에서 주변연관성과 조건부연관성 사이의 잠재적인 차이를 보여주었는데, 이것은 1951년에 E. H. Simpson에 의해 다시 연구되어 현재에는 **Simpson의 역설**(Simpson's paradox)이라고 불린다.

Karl Pearson은 그의 비판을 순순히 받아들이지 않고 Yule의 생각에 부정적으로 반응하였다. 예를 들어, $r \times c$ 표를 2×2 표들로 줄였을 때, 표에 따라 상당히 다른 측도값이 얻어지기 때문에 Yule의 계수들은 불안정하다고 주장하였다. 1913년에 Pearson과 D. Heron은 Pearson이 공동으로 창간하고 편집하던 학술지 Biometrika에 Yule의 비평에 대해 통렬하게 반박하는 150쪽 이상의 글을 기고하였다. 또한 그들은 널리 알려진 Yule의 유명한 책인 "*An Introduction to the Theory of Statistics* (London: Griffin(1911))"를 비평하는 문구에서 다음과 같이 진술했다.

> Yule의 관점이 받아들여진다면, 현대 통계학 이론의 발전에 돌이킬 수 없는 해악이 될 것이고... [Yule의 Q]는 결코 그[Pearson]의 감독 하에 행해지는 어떤 연구에서도 이용되지 않았고 앞으로도 결코 이용되지 않을 것이다. 우리는 Yule이 연관성을 다루면서 모든 단계에서 잘못된 방향으로 나아간 것을 주목해야 하는 상황을 안타깝게 생각한다. 그러나 그에 대한 비판을 우리가 억지로 맡게 된 이유는 우리에 대한 Yule의 최근의 반박 때문이 아니라 통계학을 공부하는 학생들을 희망없이 방황하도록 잘못 이끄는 그의 교과서에 대해 사려 없이 칭찬을 하기 때문이다.

Pearson과 Heron은 Yule의 "미숙한 생각"과 "외양만 그럴듯한 추론"을 공격했고 만약 "Yule이 통계학자로 명성을 계속 유지하길 바란다면" 그의 생각을 철회해야만 될 것이라고 결론 내렸다.

Pearson-Yule 간의 논쟁 이후 반세기가 지난 후에 시카고 대학의 Leo Goodman과 William Kruskal은 분할표에 대한 연관성 측도의 발전 과정을 조사했으며 그들 자신들도 많은 공헌을 했다. *Measures of Association for Cross Classifications*(1979)라는 저서를 통해 이 주제에 관한 영향력 있는 4개의 논문들을 다시 출판했다. 많은 측도들이 1800년대에 최초로 발전되었는데 1849년도에 벨기에 사회통계학자 Adolphe Quetelet에 의하여 상대적 위험률이 사용되었다. 다음에 1887년 M. H. Doolittle이 쓴 논문의 일부를 인용하고 있는데, 이 부분은 2×2 분할표에서조차도 **연관성**

(association)을 측정하기 위한 초기 시도에서는 정밀도가 부족했었다는 것을 보여 주고 있다.

> 사물이 이렇고 저런 경우, 이렇고 저렇지 않은 경우, 이렇지 않고 저런 경우, 이렇지도 않고 저렇지도 않은 경우들에 대하여 각각 관측도수가 주어졌을 때, 사물의 단순한 객관적 실재성에 내재되어 있는 일반적인 양적 관련성을 제거하고 사물의 이러함과 저러함 사이에 존재하는 특별한 양적 관련성을 결정하는 것이 필요하다.

12.2 R. A. Fisher의 공헌

Karl Pearson이 Yule과 가졌던 논쟁은 나중에 Ronald A. Fisher(1890-1962)와 가졌던 논쟁에 비하면 그리 심한 것도 아니었다. 1922년에 Fisher는 기하학적인 표현을 이용해 **자유도**(degree of freedom)의 개념을 도입했다. 그는 자유도(df)가 카이제곱 분포족의 특성을 결정해주며 $r \times c$ 표에서 독립성 검정통계량인 X^2은 $df = (r-1) \times (c-1)$을 갖는다고 주장하였다. 이와는 대조적으로, 1900년에 Pearson은 그의 통계량의 자유도 df는 모든 경우에 칸 수-1이고 이차원 분할표의 경우에는 $rc-1$과 같다고 주장하였다. 그러나 Fisher는 추정된 행과 열 확률을 이용해 귀무가설 하에서 분할표의 확률을 추정하면 적합되는 값들 사이에 추가적으로 $(r-1)+(c-1)$개의 제약조건이 생기기 때문에 결과적으로 X^2의 분포에 영향을 준다고 밝혔다.

Pearson은 자유도에 대한 그의 식이 틀렸다는 Fisher의 의견에 비판적으로 반응했다. 그는 "나는 [Fisher]의 그런 관점이 전적으로 틀린 것이라고 생각하며, 저자는 *Journal of the Royal Statistical Society*의 지면을 통해 그의 관점을 널리 선전하지만 통계학에는 어떠한 공헌도 하지 않았다고 생각한다. 믿건대 풍차에 돌진하는 돈키호테와 그를 비교하는 것이 지나치다고 생각지 않는다. 그는 자신을 파괴하고 있거나 확률오차(probable error)에 대한 전체 이론을 파괴하고 있음이 틀림없다. 왜냐하면 확률오차들은 변함없이 우리가 알지 못하는 미지의 표본모집단의 표본값에 기초하고 있기 때문이다."라고 주장했다. Pearson은 미지의 확률을 추정하기 위해 행과 열 표본비율을 이용하는 것은 대표본 분포에서 거의 영향을 미치지 않는다고 주장했다. Fisher는 그의 항변을 발표하고자 했으나 Royal Statistical Society에 의해서 제지당하였고 그는 결국 회원 자격을 스스로 사퇴하였다.

그러나 통계학자들은 곧 Fisher가 옳았음을 깨달았다. 예를 들어, 1926년 논문에서 Fisher는 그의 주장을 지지하는 경험적인 증거를 다음과 같이 보여 주었다. Karl

Pearson의 아들(E. S. Pearson)이 임의로 생성한 11,688개의 2×2 분할표들을 사용해서 이 표들로부터 구한 X^2의 표본평균이 1.00001이었는데, 이 값은 Pearson의 $rc-1=3$을 사용하여 얻은 $E(X^2)$에 대한 예측값보다 $df=(r-1)\times(c-1)=1$을 사용하여 얻은 예측값 1.0과 훨씬 더 가까운 값이었다. Fisher는 그의 작업에 대한 Pearson의 반응에 대하여 훨씬 비통한 태도를 가지고 있었다. 후일에 그의 연구의 일부를 모아 출판된 책을 통해 그는 Pearson에 관하여 "만약 다른 사람들의 자유로운 의견에 대해 역정을 잘 내는 옹졸함이 노쇠의 징후라면 그의 옹졸함은 유아기 때부터 시작되었을 것이다."라고 주장했다.

Fisher는 CDA 방법을 그의 응용연구에서 잘 활용하였다. 예를 들어, Fisher는 유명한 유전학자이기도 했는데, 한 논문에서 Mendel의 자연 유전 법칙에 관한 이론을 검정하기 위해 Pearson의 적합도 검정을 사용하였다. 그가 Mendel의 여러 실험의 결과로부터 요약된 P-값을 계산했을 때, 카이제곱분포의 오른쪽 꼬리확률로부터 매우 큰 값($P=0.99996$)이 얻어졌다. 즉, X^2값이 매우 작아서 적합도가 너무 좋은 것처럼 보였기 때문에 1936년도에 Fisher는 "Mendel의 기댓값과 그가 보고한 결과는 수천 번의 반복 중에서 최상으로 기대될 수 있는 것보다 더 잘 일치하고 있음을 보여 주었다. 나는 Mendel이 기대하는 것이 무엇인지를 너무 잘 알고 있던 원예 조수가 Mendel을 속인 것을 의심치 않는다."라고 논평하였다. 그 당시에 쓴 편지에서 Fisher는 "자료가 가짜일 때, 보편적으로 얼마나 사람들이 우연히 발생한 편차의 도수를 과소평가하는지, 또 그 결과로 늘 자료값과 기댓값이 매우 비슷해지도록 만드는 경향이 있는지를 잘 알고 있다."라고 진술했다.

1934년도에 그의 고전적 교과서인 *Statistical Methods for Research Works* 제5판에서 2×2 분할표에서의 Fisher의 정확검정법을 제안하였다. 1935년도에 Fisher는 그의 저서 *The Design of Experiments*에서 Rothamsted 실험소에서 근무했을 당시 오후 휴식 시간에 차를 마셨던 실제 경험을 기초로 해서 차 맛보기 실험(2.6.2절)을 기술했다. 이 외에 그는 CDA와 관련하여 선형판별분석 제안과 상관계수 최대화를 위해 분할표의 행과 열에 점수를 배정하는 방법을 보이는 등의 업적을 남겼다.

12.3 로지스틱 회귀모형

1970년대 이전에 범주형 반응변수를 위한 모형화는 몇 가지 예외를 제외하고는 많은 관심을 받지 못했다. 예를 들어, 1935년 Chester Bliss는 이항변수를 다루는 독성학의 응용 분야에서 프로빗 모형을 대중화시켰고. Fisher는 오늘날 **Fisher 스코어링**으로 알려진, 반복적 가중최소제곱 알고리즘을 이용해 ML 추정값을 찾는 방법을 보여 주었다. 1944년에는 의사이면서 통계학자인 Joseph Berkson이 이항모수의 $\log[\pi/(1-\pi)]$ 변환에 대해 로짓(logit)이라는 용어를 사용하고 로지스틱 회귀모형이 프로빗 모형과 유사하게 적합되는 것을 보였다.

1970년대 초기에 덴마크 통계학자이면서 수학자인 Georg Rasch가 쓴 논문의 영향으로 항목(item) 반응모형에 대한 여러 문헌들이 쏟아져 나왔다. 그중에서 가장 중요한 것은 **Rasch 모형**(10.2.4절)이라고 불리는 개체와 항목에 대해 모수를 가지는 로짓 모형이다. 이 연구는 북유럽공동체(특히 덴마크, 네덜란드, 독일)의 심리측정학 분야와 미국에서의 교육시험 분야에 이 모형을 일반화시키는 연구에 큰 영향을 끼쳤다.

로지스틱 회귀모형을 다범주 반응변수로 확장하는 것은 1970년대 전에도 가끔씩 주목을 받았지만 그 이후에 상당히 많은 연구가 이루어졌다. 명목형 변수에 대한 최초의 연구들은 주로 경제학 분야의 문헌에 나타나 있다. 2000년도에 Daniel McFadden은 1970년대와 1980년대에 그가 이뤄낸 이산형-선택 모형(6.1.6절)에 대한 업적으로 인하여 노벨 경제학상을 수상하였다. 누적 로짓 모형은 1960년대와 1970년대에 약간의 주목을 받았지만 1980년대에 Peter McCullagh가 다양한 형태의 연결함수를 허용하는 누적확률에 대해서 보다 일반적인 모형의 ML 적합에 대하여 Fisher의 스코어링 알고리즘을 제공하는 논문을 발표하기 전까지는 그리 대중화되지 않았다.

이 외에 로지스틱 회귀모형이 중요한 발전을 이룬 분야는 1970년대에 사례-대조 연구이며, 이 분야 및 수많은 장애모수를 갖는 자료에 모형을 적합할 때 조건부 ML 접근 방법을 이용하여 해결한 것이다. Washington 대학의 생물통계학자 Norman Breslow와 Ross Prentice는 이 방법에 지대한 영향을 끼쳤다. 이 조건부 접근 방법은 훗날 추후 CyTel Software을 설립하고 StarXact와 LogXact 소프트웨어를 개발한 Cyrus Mehta, Nitin Patel의 연이은 논문에서 소표본 정확추론에 활용되었다.

아마도 가장 큰 영향을 끼친 공헌은 1972년에 영국의 통계학자인 John Nelder와 R. W. M. Wedderburn에 의해 도입된 **일반화선형모형**(generalized linear model, GLM)의 개념일 것이다. 이 개념은 이항자료에 대해서는 로지스틱과 프로빗 선형모형을, 포아송 자료 또는 음이항자료에 대해서는 로그 선형모형을, 정규반응자료에 대해서는 오랜 역사를 갖고 있는 회귀분석과 분산분석모형을 포함하는 포괄적인 모형으로 통일하였다.

최근 들어서는 군집자료와 같이 상관성이 있는 반응변수에 로지스틱 회귀모형을 적합하는 데 관심이 집중되었다. 이 분야의 한 줄기는 1986년 Johns Hopkins 대학에 있던 Kung-Yee Liang와 Scott Zeger가 일반화추정방정식(generalized estimating equations)을 이용하여 경시적(longitudinal) 자료를 주변적으로 모형화한 것이다. 또 다른 줄기는 다수준의 모형을 포함한 일반화선형혼합모형이다.

12.4 다차원 분할표와 로그 선형모형

연관성과 교호작용 구조분석을 위한 로그 선형모형 및 여타 방법들에 관한 연구는 1950년부터 1970년에 걸쳐 발전했다. Chicago 대학의 Leo Goodman은 이러한 범주형 자료분석 방법론의 발전에 가장 공헌을 많이 하였다. 그와 그의 박사과정 학생인 Shelby Haberman과 Clifford Clogg은 통계학과 사회과학 학술지에 로그 선형 및 연관 로짓 모형, 정방형 분할표(예: 준독립성)와 순서형 자료에 대한 특별한 모형, 잠재계급(latent class) 모형 등을 주제로 한 획기적인 논문들을 연속적으로 저술했다.

동시대에 Harvard 대학에서는 William Cochran의 학생들과 Stephen Fienberg와 같은 Frederick Mosteller의 학생들이 로그 선형-로짓 모형의 ML 방법에 대하여 연구를 하였다. 1950년대 초에 William Cochran은 여러 대응쌍 표본에서 비율들을 비교하기 위한 McNemar 검정을 보다 일반화시킨 검정법(Cochran의 Q)의 개발, 카이제곱통계량의 분해, $2 \times 2 \times K$ 표에 대한 조건부독립성 검정 제안 등 범주형 자료분석에 관하여 중요한 여러 주제를 다루는 책을 출판하였다. 이후 연구의 대부분은 국립할로세인 연구(National Halothane Study)에서 얻은 대규모의 다변량 자료를 분석하는 방법들을 개발하면서 창의적으로 이루어졌다. 이 연구는 흡입 마취약인 할로세인이 다른 마취제보다 간 손상에 의한 사망을 더 많이 유발시키는지를 조사하기 위한 것이었다. 1975년에 Yvonne Bishop, Stephen Fienberg와 Paul Holland가 함께 쓴 기념비적인 책인 "*Discrete Multivariate Analysis*"는 일반적인 통계학 분야에서 로그 선형모형을 소개하는 데 큰 역할을 하였다.

North Carolina 대학의 Gary Koch과 그의 학생들 및 공동연구자들의 연구는 생물의학 분야에 지대한 영향을 미쳤다. 그들은 범주형 자료모형에 대해 가중최소제곱법(weighed least squares, WLS)을 개발하였고, 1969년 G. Koch, J. Grizzle과 F. Starmer의 논문에서 접근 방법을 활성화시켰는데, WLS는 그 후의 여러 논문들을 통해서 다양한 문제들에 대하여 적용될 수 있도록 계속 확장되었다. 특히 Koch과 그의 동료들은 반복측정된 범주형 자료와 같이 ML 방법을 적용하기가 곤란한 여러 문제에 대해 WLS를 적용하였다. 대표본인 범주형 자료에 대해 WLS 추정량은 ML 추정량과 유사한 성질을 갖고 있다.

조건부독립성 구조를 갖는 어떠한 로그 선형모형은 분할표에 대하여 **그래픽 모형**(graphical model)을 제공해준다. 이것은 7.4.1절에서 사용하였던 조건부독립성 그래프와 관련되어 있다. 1980년에 나온 John Darroch, Steffen Lauritzen과 Terry Speed의 논문들이 이 분야의 여러 연구들의 기원이 되었다.

12.5 맺음말

CDA에 대한 방법들은 계속하여 발전하고 있다. 과거 삼십여 년 동안, 활발하게 진행된 새로운 연구는 GLMM이나 주변모형과 같은 군집자료를 모형화하는 것에 관한 것이었다. 특히, 다수준(계층적) 모형들은 비약적으로 대중화되었다. 최근 들어 베이지안 방법은 다시 새롭게 흥미를 끄는 분야가 되었는데, 이는 갈수록 복잡해지는 모형에 대해서 사후분포를 수치적으로 구할 수 있는 방법들이 개발되었기 때문이다. 이외에 활발하게 진행되는 연구는 전통적인 모형의 범위를 완전히 벗어난 분야로, 앞선 장들에서 언급한 바와 같이 수많은 변수를 갖는 엄청나게 큰 자료를 분석할 수 있는 알고리즘 방법을 개발하는 것이다.

앞에서 언급되었던 것은 단지 CDA의 발전에 대한 수박 겉핥기식의 개론에 불과하다. 기술적인 논문이나 참고문헌들에 대한 보다 자세한 목록은 Agresti(2013)에 정리되어 있다.

Karl Pearson

G. Udny Yule

Ronald A. Fisher

Leo Goodman

그림 12.1 범주형 자료분석의 발전과 획기적인 기여를 한 네명의 학자들

부록A

범주형 자료분석을 위한 소프트웨어

대부분의 중요한 통계 소프트웨어 패키지들은 범주형 자료를 분석할 수 있는 프로그램을 갖고 있다. 이 책에서는 R을 이용하여 예제를 분석하였고, 이 부록에서는 SAS, Stata와 SPSS를 어떻게 사용하는지를 보여 주고 있다. 여기서는 가능한 옵션에 대하여 자세한 논의 없이 가장 단순한 예제를 보여 주지만, 보다 자세한 내용에 대해서는 제공된 참고문헌과 www.stat.ufl.edu/~aa/cda/cda.html을 참조하라.

어떤 특정한 분석을 위해서는 특별한 소프트웨어를 사용하는 것이 일반적인 패키지 프로그램보다 낫다. 예를 들어 StatXact(Cytel Software, Cambridge, MA, USA)를 사용하면 범주형 자료분석이나 몇몇 비모수적인 방법을 정확하게 분석할 수 있다. 이 분석 중에는 비율의 차이나 비나 오즈비에 대한 소표본 신뢰구간을 구하는 것과 Fisher의 정확검정과 일반적인 $r \times c$ 분할표와 삼차원 분할표로 확장된 Fisher의 정확검정이 포함되어 있다. 이 소프트웨어의 자매 프로그램이 되는 LogXact는 정확 조건부 로지스틱 회귀분석을 수행할 수 있다.

A.1 범주형 자료분석을 위한 R

R은 사용자들이 새로운 방법을 수행하기 위해 함수를 추가할 수 있는 소프트웨어이다. www.r-project.org에서 R을 다운로드하고 프로그램에 대한 설명서를 구할 수 있다. 범주형 자료분석에 필요한 매우 다양한 방법에 대해 도움이 되는 정보들은 이 교재보다 더 어려운 교재(Agresti, 2013)를 위해 Laura Thompson이 매뉴얼로 정리하여 www.stat.ufl.edu/~aa/cda에 제공되어 있고 이 외에도 Blider와 Loughin (2015), Kateri(2014)와 1.6절에 언급되어 있는 웹사이트에서 찾을 수 있다. 이 교재에서 소개

된 방법들을 R로 사용하려면 교재의 예제들을 수록하고 있는 부록을 참조하라.

A.2 범주형 자료분석을 위한 SAS

SAS를 배우기 위해서는 아래 사이트에서 도움을 구할 수 있다.

```
support.sas.com/rnd/app/da/stat/procedures/CategoricalDataAnalysis.html
support.sas.com/documentation/onlinedoc/stat
```

범주형 자료분석을 위한 SAS에 대한 좀 더 자세한 내용들은 Allison(2012)와 Stokes 등(2012)과 같이 SAS에 특화된 책들을 참조하라.

SAS에서 범주형 자료분석을 위한 중요한 프로그램은(PROCs) FREQ, GENMOD, LOGISTIC, PROBIT, CATMOD, GLIMMIX와 NLMIXED이다. PROC FREQ는 독립성을 검정하는 카이제곱검정통계량과 연관성 측도와 추정된 표준오차를 계산하고. $r \times c$ 분할표에서 독립성가설에 대한 정확검정법을 수행한다. PROC GENMOD는 일반화선형모형과 순서형 반응변수를 위한 누적 로짓 모형을 적합한다. 또한 주변모형을 위한 GEE 분석을 수행할 수 있다. PROC LOGISTIC은 이항반응변수에 대한 ML 적합, 순서형 변수에 대한 누적 로짓 모형과 명목형 변수에 대한 기준범주로짓 모형을 제공한다. 이 과정에는 모형선택, 회귀진단 옵션과 정확조건부 추론이 포함되어 있다. PROC GLIMMIX와 NLMIXED는 일반화선형혼합모형(랜덤효과를 갖는 모형)을 적합한다.

편의를 위해 몇몇 예제에서는 자료들을 본문에 있는 분할표의 형태로 입력하고 있다. 그러나 실제로는 대개의 경우 자료를 개체수준으로 입력할 것이다. 모든 SAS 명령문은 세미콜론으로 끝나야 한다. 자료는 DATALINES 문 다음에 입력하고 INPUT 문에 @@이 없으면 각 개체마다 한 줄에 입력한다.

1–2장: 서론과 분할표

성공과 실패의 횟수를 갖는 이항자료에 대해서, PROC FREQ는 성공률에 대한 신뢰구간을 제공할 수 있다. 〈표 A.1〉은 10번 시행횟수 중 9번의 성공을 갖는 자료에 대한 코드를 보여 준다. 옵션에 스코어-검정-기반 신뢰구간(WILSON, 이것을 처음 제안한 통계학자의 이름), Agresti-Coull(AC)와 Jeffreys Baysian 사후구간(JEFFREYS)이 포함되어 있다. 키워드 BINOMIAL과 EXACT 문은 이항분포와 대표본 정규분포 검정 결과를 제공한다(여기서 가설은 $H_0 : \pi = 0.4$임).

▶표 A.1 비율에 대한 통계적 추론을 위한 SAS 프로그램

```
data clinical;
 input response $ count;
datalines;
no   1
yes  9
;
proc freq data=clinical; weight count;
   tables response / binomial(wilson ac jeffreys) alpha=.05;
proc freq data=clinical; weight count;
   tables response / binomial (P=0.4);
```

PROC FREQ에서는 TABLES 문을 사용하여 행과 열 범주 순서대로 알파벳과 숫자로 표를 만든다. 범주들이 자료에 나타나는 순서를 사용하기 위해서는 (예를 들어, 순서의 개념을 이용하는 분석에서 변수를 적절하게 취급해야 하는 경우) PROC에서 ORDER = DATA 문을 사용하라. 자료를 개체수준이 아니라 분할표로 입력하는 경우에는 WEIGHT 문이 필요하다. PROC FREQ에서 CHISQ 옵션문을 사용하면 카이제곱 독립성검정의 결과를 얻을 수 있고, EXPECTED 옵션문을 사용하면 기대도수의 추정값을 얻을 수 있다. MEASURES 옵션문을 사용하면 연관성 측도들과 그들의 표준오차를 구할 수 있으며 CMH1 옵션문을 사용하면 "영이 아닌 상관성"에 대한 식 (2.6)의 순서형 검정통계량을 얻을 수 있다. 〈표 A.2〉은 〈표 2.4〉의 자료분석을 위하여 사용하는 SAS 프로그램이다. 보는 바와 같이 PROC GENMOD를 사용하여 독립성 로그 선형모형을 적합하여(7.1.1절) 카이제곱검정을 할 수도 있다. 옵션문 RESIDUALS를 사용해서 칸잔차들을 구할 수 있으며 출력된 결과 중에서 "*Std Pearson Residual*"로 표시된 부분은 식 (2.5)의 표준화잔차들을 나타낸다.

▶표 A.2 〈표 2.4〉의 정당지지도와 성별 자료에 대한 카이제곱검정, 연관성 측도와 잔차분석을 위한 SAS 프로그램

```
data table;
input gender $ party $ count;
datalines;
female    dem      495
...
male    indep      498
;
proc freq order=data; weight count;
   tables gender*party / chisq expected measures cmh1;
proc genmod order=data; class gender party;
   model count = gender party / dist=poi link=log residuals;
```

PROC FREQ에서 2×2 분할표 자료에 대하여 TABLES 문에 있는 MEASURES 옵션을 사용하면 오즈비와 상대위험률의 신뢰구간을 얻을 수 있으며 RISKDIFF 옵션을 사용하면 비율과 그것들의 차이에 대한 신뢰구간을 얻을 수 있다. RISKDIFF (CL=(MN))을 사용하면 스코어 검정에 기반한 신뢰구간을 제공한다. 칸도수가 작은 분할표에 대해서, EXACT 옵션문을 사용하면 다양한 정확분석을 얻을 수 있다. 이 옵션에서 키워드 FISHER를 사용하면 모든 변수들을 명목형으로 간주하여 정확검정을 하고 $r \times c$ 분할표로 확장하여 정확검정을 수행할 수 있다. 키워드 OR을 사용하면 오즈비와 이것의 대표본과 소표본 신뢰구간을 얻을 수 있다. 〈표 A.3〉은 〈표 2.7〉 자료를 분석하는 SAS 프로그램이다.

▶표 A.3 〈표 2.7〉을 분석하기 위한 SAS 프로그램

```
data fisher;
  input poured guess count @@;
datalines;
 1 1 3   1 2 1   2 1 1   2 2 3
;
proc freq; weight count;
  tables poured*guess / measures;
  exact fisher or / alpha=.05;
```

3–5장: 일반화선형모형과 로지스틱 회귀모형

PROC GENMOD는 ML 또는 베이지안 방법을 사용하여 GLM을 적합시키기 위한 프로그램이다. 반응변수에 대한 분포를 DIST 옵션문(포아송 분포에 대해서는 “poi”, 이항분포에 대해서는 “bin”, 다항분포에 대해서는 “mult”, 음이항분포에 대해서는 “negbin”)에서 명시하고, LINK 옵션문에서 연결함수를 명시한다. LRCI 옵션은 프로파일 가능도비 신뢰구간을 제공해 준다. TYPE3 옵션은 각 모수에 대한 가능도비 검정통계량 결과를 제공한다. 〈표 A.4〉는 〈표 3.2〉의 자료에 대하여 포아송 분포와 음이항분포를 이용하여 로그 선형모형을 적합하는 프로그램이다.

▶표 A.4 〈표 3.2〉의 암참게의 부수체 수에 대해 포아송 회귀모형과 음이항 회귀모형에 대한 SAS 프로그램

```
data crab;
  input color spine width satell weight;
datalines;
 2  3  28.3  8  3.05
 ...
 2  2  24.5  0  2.00
;
```

```
proc genmod;
   model satell = width / dist=poi link=log lrcl type3;
proc genmod;
   model satell = width / dist=negbin link=log;
--------------------------------------------------------------------------------
```

〈표 A.5〉는 〈표 3.1〉 자료에 대한 GLM으로 선형확률과 로지스틱 모형을 적합하기 위하여 PROC GENMOD를 이용한다. 그룹화 자료에 대하여, 모형 문에서 반응변수는 성공도수를 총 도수로 나눈 형태로 정의된다.

▶표 A.5 〈표 3.1〉의 코고는 자료의 그룹화된 자료에 대해서 이항 GLM을 적합하기 위한 SAS 프로그램

```
--------------------------------------------------------------------------------
data glm;
input snoring disease total;
datalines;
 0 24 1379
...
 5 30 254
;
proc genmod; model disease/total = snoring / dist=bin link=identity;
proc genmod; model disease/total = snoring / dist=bin link=logit;
--------------------------------------------------------------------------------
```

PROC LOGISTIC 명령문을 사용하여 로지스틱 회귀모형을 적합할 수 있다. 이항 자료를 입력할 때 GENMOD나 LOGISTIC 명령문에서는 범주의 수준을 알파벳 순서대로 입력하여 (1, 0)에 대한 반응변수의 로짓이 $\log[P(Y=0)/P(Y=1)]$이 되도록 해준다. PROC 명령문 다음에 DESCENDING이 있으면 반응변수의 수준이 역순이 된다. PROC LOGISTIC 명령문은 자료의 완전한 분리가 가능한지 확인하여 ML 추정값이 존재하는지 여부를 자동으로 체크할 수 있다. PCLC 옵션문은 프로파일 가능도 신뢰구간을 제공한다. INFLUENCE 문은 잔차와 회귀진단 측도, 단계별 변수선택을 위한 옵션을 제공한다. CTABLE 옵션문은 PPROB에서, 지정한 분계점에 의해 분류표를 만들어 준다. GENMOD와 LOGISTIC에서 예측변수에 대한 CLASS 문은 질적변수에 지시변수를 정의하여 질적변수로 취급할 수 있도록 해준다. 디폴트는 GENMOD에서는 각 요인의 마지막 범주에 해당하는 모수가 0이고, LOGISTIC에서는 모수의 합이 0이 되도록 정의된다. 다시 말하면, 해당되는 범주이면 1, 그렇지 않으면 −1로 정의하여 지시변수가 (1, −1)로 코딩이 되어 모수의 합이 0이 되도록 한다. LOGISTIC의 CLASS 문에서 PARAM=REF 옵션을 사용하면 지시변수가 (1, 0)으로 정의되어 마지막 범주가 기준범주가 되도록 한다. 어떤 변수 다음에 REF=FIRST 문을 지정하면 그 변수의 첫 번째 범주를 기준범주로 사용한다. 예측확률과 이 예측화률의 95% 신뢰구간의 하한값과 상한값은 PLOTS=ALL 또는 PLOTS=

EFFECT 문을 사용하면 구할 수 있다. ROC 곡선은 PLOTS=ROC 문에서 그릴 수 있다. 〈표 A.6〉은 〈표 3.2〉 자료에 대한 로지스틱 회귀분석을 위한 프로그램이다. 처음 LOGISTIC 모형문에서는 예측확률값뿐만 아니라 참확률값에 대한 95% 신뢰구간을 구하고 있다.

▶표 A.6 〈표 3.2〉의 개별적인 참게 자료에 대한 로지스틱 회귀모형의 프로그램

```
data crab;
  input color spine width satell weight;
datalines;
 2  3  28.3  8  3.05
 ...
 2  2  24.5  0  2.00
;
proc genmod descending; class color;
   model y = width color / dist= bin link=logit lrci type3 obstats;
proc logistic descensing;
   model y = width;
   output out=predict p=pi_hat lower=LCL upper=UCL;
proc print data=predict;
ods graphics on; ods html;
proc logistic descending plots=all; class color spine / param=ref;
   model y = width weight color spine / selection=backward;
proc gam plots=components(clm commonaxes); *generalized additive model;
   model y (event='1') = spline(width) / dist=binary; *smooth data;
ods html close; ods graphics off;
```

〈표 A.7〉은 GENMOD와 LOGISTIC을 사용하여 〈표 4.2〉의 그룹화된 자료에 대해서 질적변수를 가진 로지스틱 회귀모형을 적합하고 있다. GENMOD에서 OBSTATS 옵션문은 예측값과 신뢰한계를 포함하여 여러 가지 "관측 통계량값"을 출력시킨다. RESIDUALS 옵션문은 ("*Std Pearson Residual*")로 표기된 표준화잔차를 출력시킨다. LOGISTIC 명령문에서 CLPARM = BOTH과 CLODDS = BOTH 옵션문은 각각 모수에 대한 왈드와 가능도비 신뢰구간과 설명변수들의 오즈비에 대한 왈드와 가능도비 신뢰구간을 제공한다. LOGISTIC 명령문은 AGGREGATE SCALE = NONE 옵션문과 함께 적합성 검정을 위한 Pearson 검정통계량과 이탈도 통계량을 출력한다. 이 옵션문은 자료를 과대산포의 보정없이 설명변수들의 가능한 조합으로 묶어준다.

▶표 A.7 〈표 4.2〉의 그룹화된 자료에 대한 로지스틱 회귀모형 프로그램

```
data pot;
  input gender $ race $ y n;
datalines;
 White Female 420 1040
 ...
 Other Male 32 94
```

```
;
proc genmod; class gender race;
  model y/n = gender race / dist=bin type3 lrci residuals obstats;
proc logistic; class gender race / param=ref;
  model y/n = gender race / aggregate scale=none clparm=both clodds=both;
```

〈A.8〉은 5.4.2절에서 언급한 베이지안 분석을 위해 PROC GENMOD를 사용한 프로그램이다. 사전분포인 정규분포의 분산을 VAR=100으로 놓고, 마르코프 연쇄의 횟수를 NMC로 정의하며 DIAGNOSTICS=MCERROR 문은 MCMC 적합 과정을 마친 후 모수의 몬테칼로 오차값을 제공한다. 5.4.3절에서 로지스틱 회귀모형의 모수의 편향을 줄이기 위하여 사용하는 벌점화가능도 접근법은 PROC LOGISTIC 명령문 내의 FIRTH 문을 사용하면 된다.

▶표 A.8 〈표 5.4〉의 자료에 대한 베이지안 방법과 벌점화가능도 방법을 위한 SAS 프로그램

```
data endometrial;
   input nv pi eh hg;
nv2 = nv - 0.5; pi2 = (pi-17.3797)/9.9978; eh2 = (eh - 1.6616)/0.6621;
datalines;
 0 13 1.64 1
 0 16 2.26 0
...
 0 33 0.85 1
;
proc genmod descending;
   model hg = nv2 pi2 eh2 / dist=bin link=log lrcl;
bayes coeffprio = normal (var=100) diagnostics = mcerror nmc=1000000;
proc logistic descending;
   model hg = nv2 pi2 eh2 / firth clparm=pl;
```

정확 조건부 로지스틱 회귀모형은 PROC LOGISTIC와 PROC GENMOD의 EXACT 명령문에서 구할 수 있다. 이 모형의 각각의 모수에 대한 신뢰구간뿐만 아니라 일상적인 P-값과 중간 P-값을 제공해 준다.

6-7장: 다범주 로짓 모형과 로그 선형모형

PROC LOGISTIC은 LINK = GLOGIT 옵션문을 사용하여 기준범주 로짓 모형을 적합한다. 가장 마지막 반응범주가 디폴트로 로짓의 기준이 된다. 〈표 A.9〉은 〈표 6.1〉의 자료에 다항 이산형 선택모형을 적합하는 프로그램이다.

▶표 A.9 〈표 6.1〉의 악어 자료에 대하여 기준범주 로짓 모형을 적합하는 SAS 프로그램

```
data gator;
   input length choice $ ;
datalines;
  1.24 I
 ...
  3.89 F
;
proc logistic;
    model choice = length / link=glogit;
```

PROC GENMOD는 DIST = MULTINOMIAL과 LINK = CLOGIT 옵션문을 사용하여 누적 로짓 모형의 비례 오즈 형태를 적합할 수 있다(CPROBIT는 누적 프로빗 모형을 적합함). 〈표 A.10〉은 6.3.4절에 소개한 정신장애 자료에 이 모형을 적합하는 프로그램이다. 반응변수의 범주가 2개 이상인 경우에는 디폴트로 PROC LOGISTIC에서 이 모형을 적합한다. 위의 두 명령문에는 (PLOTS=EFFECT) 문을 사용하면 다른 설명변수의 고정된 값에서 어떤 설명변수의 함수로서 누적확률을 나타내는 그래프를 구할 수 있다. 만약 UNEQUALSLOPES 옵션문을 사용하면 PROC LOGISTIC 명령문은 비례 오즈가 아닌 모형을 적합한다.

SAS에서 동등한 기준범주 로짓 모형을 적합함으로 인접범주 로짓 모형을 적합시킬 수 있다. 예를 들어 www.stat.ufl.edu/~aa/cda/cda.html에 있는 SAS 파일을 참조하라.

▶표 A.10 정신장애 자료에 비례 오즈 모형을 가진 누적 로짓 모형적합을 위한 SAS 프로그램

```
data mental;
   input impair ses life;
datalines;
  1  1  1
 ...
  4  0  9
;
proc genmod;
    model impair = life ses / dist=multinomial link=clogit lrci type3;
proc logistic;
    model impair = kife ses;
proc logistic;
    model impair = life ses / unequalslopes;
```

〈표 A.11〉은 GENMOD를 사용하여 〈표 7.1〉의 음주, 흡연과 마리화나 사용 여부에 대한 자료를 GLM으로 간주하여 로그선형모형 (*AC, AM, CM*)을 적합한다.

▶표 A.11 〈표 7.1〉의 자료에 로그 선형모형을 적합하는 SAS 프로그램

```
data drugs;
  input a c m count;
datalines;
 1 1  1 911
 ...
 2 2  2 279
;
proc genmod; class a c m;
   model count = a c m a*m a*c c*m / dist=poi link=log lrci type3 obstats;
```

〈표 A.12〉는 GENMOD를 사용하여 〈표 7.10〉 자료에 열점수 (1, 2, 4, 5)를 매겨서 선형-대-선형 연관성모형 (7.11)을 적합하는 프로그램이다. 새로 정의된 변수 "*assoc*"는 행점수와 열점수들의 교차곱을 나타내고 이 모형에서는 모수 β를 계수로 갖는다.

▶표 A.12 〈표 7.10〉의 자료에 선형-대-선형 연관성모형을 적합하는 SAS 프로그램

```
data sex;
  input premar birth u v count @@;  assoc = u*v;
datalines;
 1 1 1 1 81 1 2 1 2 68 1 3 1 4 69 1 4 1 5 38
 ...
;
proc genmod; class premar birth;
   model count = premar birth assoc / dist=poi link=log;
```

8장: 대응쌍에 대한 모형

〈표 A.13〉는 〈표 8.1〉의 자료에 관한 프로그램이다. PROC FREQ의 AGREE 옵션문을 사용하면 이항 대응쌍 자료에 대한 McNemar 카이제곱통계량과 Cohen의 카파와 가중치 카파의 값을 표준오차의 값과 함께 얻을 수 있다. EXACT 문의 MCNEM 키워드는 McNemar 검정의 소표본 이항분포에 대한 버전이다. PROC CATMOD에서는 비율의 차이에 대한 신뢰구간을 구할 수 있다. 프로그램의 코드에서 첫 번째 행과 첫 번째 열에서 주변비율에 대한 모형을 지정하고 있는데 모형을 표현하고 있는 행렬에서 두 비율에 대하여 하나의 절편이 있고(첫 번째 열) 두 번째 비율에만 기울기를 가정하고 있다. 따라서 두 번째 모수가 두 번째와 첫 번째의 주변비율의 차이가 된다.

▶표 A.13 〈표 8.1〉의 대응쌍에 대한 McNemar 검정과 비율을 비교하기 위한 SAS 프로그램

```
data matched;
  input taxes living count @@;
datalines;
 1 1 227    1 2 132    2 1 107    2 2 678
;
proc freq; weight count;
  tables taxes*living / agree; exact mcnem;
proc catmod; weight count;
  response marginals;
  model taxes*living = (1 0 ,
                        1 1 ) ;
```

또한 9장의 GEE 방법으로 이 신뢰구간을 구하는 것도 가능한데, 〈표 A.14〉에서와 같이 그룹화되지 않은 자료에 대하여 PROC GENMOD에서 REPEATED 문을 사용하면 된다. 이 경우 항등연결함수 대신에 로짓 연결함수를 사용하면 주변분포를 비교하는 로그 오즈비를 갖는 주변모형의 추정값을 얻을 수 있다.

〈표 A.15〉은 커피 구매에 관한 〈표 8.5〉 자료를 분석하여 명목형 변수에 대한 주변동질성을 검정하는 왈드 검정법을 보여 주는 프로그램이다.

▶표 A.14 〈표 8.1〉의 서로 상관성이 있는 이항비율의 차이를 추정하는 SAS 프로그램

```
data matched;
  input person topic y; * topic: 1=taxes, 0=lving; * y: 1=yes, 0=no;
datalines;
 1     1  1
 1     0  1
 ...
 1144  1  0
 1144  0  0
;
proc genmod; data=matched; class person;
   model y = topic / dist=binomial link=identity;
   repeated subject=person / type=indep corrw;
```

▶표 A.15 〈표 8.5〉 자료에 대한 주변동질성 검정법을 위한 SAS 프로그램

```
data coffee;
  input first $ second $ count ;
datalines;
  highpt highpt 93
  highpt tasters 17
...
  brim brim 27
;
proc catmod; weight count; response marginals;

model first*second = _response_ /freq;
repeated time 2;
```

〈표 A.16〉은 그룹화되지 않는 자료에 대하여 누적로짓모형을 이용하여 9장에서 소개한 GEE 방법으로 〈표 8.6〉 자료의 순서형 주변분포를 비교하는 방법을 보여 주고 있다.

▶표 A.16 〈표 8.6〉 자료의 주변확률분포를 누적 로짓 모형을 비교하는 SAS 프로그램

```
data ordinal;
  input person topic y;
* topic: 0=Recycle, 1=DriveLess; * y: 1=always, 2=often, 3=sometimes, 4=never;
datalines;
 1     0 1
 1     1 1
 ...
 1230    0 4
 1230    1 4
;
proc genmod data=orninal; class person;
  model y = topic / dist=multinomial link=cumlogit type3;
  repeated subject=person / type=indep corrw;
```

▶표 A.17 〈표 8.6〉의 정방형 분할표 분석을 위한 SAS 프로그램

```
data square;
input recycle drive qi count @@;
datalines;
1 1 1 12 1 2 5 43 1 3 5 163 1 4 5 233
2 1 5 4 2 2 2 21 2 3 5 99 2 4 5 185
3 1 5 4 3 2 5 8 3 3 3 77 3 4 5 230
4 1 5 0 4 2 5 1 4 3 5 18 4 4 4 132
;
proc genmod; class drive recycle qi;
model count = drive recycle qi / dist=poi link=log; * quasi indep;
data square2;
input score below above @@; trials = below + above;
datalines;
1 4 43 1 8 99 1 18 230 2 4 163 2 1 185 3 0 233
;
proc genmod data=square2;
model above/trials = / dist=bin link=logit noint; * symmetry;
proc genmod data=square2;
model above/trials = score / dist=bin link=logit noint; * quasi symmetry;
```

〈표 A.17〉는 〈표 8.6〉의 자료에 대해 추가적으로 정방형 분할표 분석을 하는 프로그램이다. 먼저 4×4 분할표로 자료를 입력하고 적합한 로그 선형모형은 준독립모형이다. "*qi*" 인자는 모형에 포함된 δ_i 모수를 나타낸다. 이 인자는 주대각칸 각각에 대해 다른 값을 갖고 그 외의 비대각칸들에 대해서는 한 개의 공통값을 갖는다. 〈표 A.17〉의 아래 부분은 칸도수쌍 (n_{ij}, n_{ji})의 형태로 입력된 자료에 대하여 로짓 모형을 적합하는 것을 보여 주고 있다. 여섯 쌍의 비대각칸의 도수들(n_{ij}, n_{ji}) 은 여섯 개의 이항숫자의 집합으로 간주할 수 있다. 칸의 위치에 따라 이들을 "위" 도수와 "아래" 도수라고 부르도록 하자. "*score*"로 정의되는 변수는 열과 행의 수준들 사이의 거리 $(u_j - u_i) = j - i$를 나타낸다. 첫 번째 모형은 대칭모형이고 두 번째 모형은 순서형 준대칭모형이다. 두 모형 다 NOINT 옵션을 사용했기 때문에 절편항을 갖고 있지 않다. 준대칭모형을 적합하거나 아니면 직접 로짓 모형을 이용해서 Bradley-Terry모형을 적합시킬 수 있다.

〈표 A.18〉은 각 선수에 대해 인위적으로 한 개의 설명변수를 정의해서 〈표 8.8〉의 자료에 Bradley-Terry 모형을 적합하기 위한 로짓을 위해 GENMOD를 사용한 프로그램이다. 주어진 관측값에 대해서 선수 i에 대한 변수는 두 선수 중에서 이긴 선수에 대해서는 1의 값을 갖고 진 선수는 -1의 값을 갖도록 정의되며, 이 시합과 상관없는 선수들은 0의 값을 갖도록 정의되었다. 각 관측값은 각 선수들에 대하여 설명변수값이 -1인 선수와 설명변수값이 1인 선수가 "n"의 값만큼 시합을 했을 때에 1의 값을 갖는 선수가 "wins"의 값만큼 승리했다는 것을 나타낸다. 이 모형은 이와 같은 인위적인 변수를 가지고 있으며 그 중 한 변수는 중복되므로 NOINT 옵션문을 사용해서 절편이 없는 모형을 적합시킨다.

▶표 A.18 〈표 8.8〉의 테니스 선수 자료에 대해 Bradley-Terry 모형을 적합하기 위한 SAS 프로그램

```
data tennis;
  input win n Djokovic Federer Murray Nadal Wawrinka;
datalines;
  9  15  1 -1  0  0  0
 14  17  1  0 -1  0  0
 ...
 4    7  0  0  0  1 -1
;
proc genmod;
  model win/n = Djokovic Federer Murray Nadal Wawrinka / dist=bin link=logit noint;
  repeated subject=person / type=indep corrw;
```

9-10장: 주변모형과 랜덤효과모형(GLMMs)

〈표 A.19〉는 GEE를 사용하여 〈표 9.1〉의 우울증 자료를 분석하기 위해 GENMOD를 사용한 프로그램이다. REPEATED 문은 각 군집에 개체를 정의하는 변수(여기서는 "*case*")를 지정한다. 가능한 가상관행렬은 교환가능한 상관성에 대하여 TYPE = EXCH로 지정한다. TYPE = AR은 자기상관성을, TYPE = INDEP는 독립적인 상관성을, TYPE = UNSTR는 비구조적 상관성을 지정한다. 출력 결과에서는 단순한 가상관

행렬과 샌드위치 추정값을 이용하여 경험적으로 구한 상관성 행렬 하에서의 추정값과 표준오차값을 보여 준다. 한편 이항반응변수의 경우, 가상관성은 로그 오즈비를 사용할 수 있다(예를 들어, 교환가능한 가상관행렬에 대해서 LOGOR = EXCH를 사용함). GEE 방법에서 TYPE3 옵션은 효과에 대한 스코어 형태의 검정통계량을 제공한다.

▶표 A.19 〈표 9.1〉의 낙태 합법화 의견 자료에 대한 주변모형과 랜덤효과모형 적합을 위한 SAS 프로그램

```
data abortion;
  input case gender question response; * response=1 is yes;
datalines;
      1   1    1   1
      1   1    3   1
 ...
   1850   0    1   0
   1850   0    2   0
   1850   0    3   0
;
proc genmod descensing; class case question;
  model response = gender question / dist=bin link=logit type3;
  repeated subject=case / type=exch corrw;
proc glimmix method=quad(qpoints=1000) data=abortion; class question case;
  model response = question gender / dist=binomial link=logit solution;
  random intercept / subject=case;
```

〈표 A.20〉은 〈표 9.2〉의 자료에 대하여 누적 로짓 모형을 적합하기 위하여 GEE를 실행하는 GENMOD를 사용한다.

▶표 A.20 〈표 9.2〉의 불면증 자료에 대한 주변모형과 랜덤효과모형 적합을 위한 SAS 프로그램

```
data sleep;
  input case treat occasion outcome;
datalines;
      1   1    0   1
      1   1    1   1
      1   1    3   1
 ...
    239   0    0   4
    239   0    1   4
;
proc genmod data=sleep;class case;
  model outcome = treat occasion treat*occasion / dist=multinomial link=cumlogit;
  repeated subject=case / type=indep corrw;
proc glimmix method=quad(qpoints=50) data=sleep; class case;
  model outcome = treat occasion treat*occasion / link=clogit dist=mult solution;
  random int / subject=case;
```

PROC GLIMMIX 와 PROC NLMIXED는 GLM에 랜덤효과를 포함하여 GLMM

으로 확장시킨 것이다. 〈표 A.19〉는 낙태 합법화 의견에 대한 〈표 9.1〉 자료에 GLMM을 적합하기 위해 구적점의 개수를 지정하는 방법으로 "*qpoints* ="문을 사용하여 GLIMMIX를 사용하였다. 〈표 A.20〉는 〈표 9.2〉의 불면증 연구자료에 GLIMMIX를 사용하고 있다. 〈표 A.21〉는 〈표 10.2〉의 농구선수의 자료를 분석하기 위해 NLMIXED를 사용하고 있다.

▶표 A.21 〈표 10.2〉의 농구선수 자료에 대한 GLMM 분석을 위한 SAS 프로그램

```
data basket;
input player $ y n;
datalines;
 Davis 32 39
....
G obert 11 14
;
proc nlmixed;
   eta = alpha + u; p = exp(eta)/(1 + exp(eta));
   model y ~ binomial(n,p);
   random u ~ normal(0,sigma*sigma) subject=player;
   predict p out=new;
proc print data=new;
```

11장: 모형에 기반하지 않는 분류분석과 군집분석

PROC DISCRIM은 판별분석을 수행한다. 〈표 A.22〉는 참게 자료에 대하여 판별분석을 하는 프로그램이다 (y는 암컷 참게가 적어도 한 마리 이상의 부수체를 가지는지 여부를 나타내는 이항변수임). "*priors prop*" 문은 사전확률을 표본비율로 지정하는 것이고 "*priors equal*"은 각각을 0.5로 지정하는 것이다.

▶표 A.22 〈표 3.2〉의 참게 부수체 자료에 대한 판별분석을 위한 SAS 프로그램

```
proc discrim data=crab crossvalidate;
   priors prop; class y;
   var width color;
```

PROC HPSPLIT 문을 이용하여 분류나무를 형성할 수 있으며 다음 웹사이트를 참조하라.

http://support.sas.com/documentation/onlinedoc/stat/141/hpsplit.pdf

PROC DISTANCE 명령문은 변수 쌍들 간에 단순하게 짝을 짓는 것과 같이 유사성을 측정할 수 있다. PROC CLUSTER 명령문은 군집분석을 수행한다. 이에 대한 예제를 www.stat.ufl.edu/~aa/cda/cda.html에서 참조하라.

PROC GAM 명령문은 〈표 A.6〉 아래에서 보여 준 바와 같이 일반화 가법모형을 적합해준다. 라쏘 방법은 PROC HPGENSELECT 명령문에서 실행가능하며 PROC NLMIXED 명령문과 같이 실행할 수 있다. support.sas.com/kb/60/240.html을 참조하라.

A.3 범주형 자료분석을 위한 STATA

Stata에 대한 기본적인 정보는 www.stata.com/support를 참조하라. 많은 인터넷 사이트에서도 Stata에 대한 도움을 찾을 수 있다. 앞으로 소개할 튜토리얼은 다양한 통계분석에 필요한 함수를 사용하는 명령문을 보여 줄 것이다. 함수는 대소문자를 구별한다. 각 함수에 대한 정보를 알기 위해서는 "help" 문을 사용하는데 다음은 일반화 선형모형을 적합하는 함수에 대한 정보를 얻기 위한 명령문이다.

```
help glm
```

Stata에 있는 명령문을 찾는 대신에 *Statistics* 메뉴를 사용할 수 있다, 어떤 특정한 제목이나 부제목을 선택하면 분석을 위해 선택해야 하는 대화 상자를 찾을 수 있다.

Version 15부터는 베이지안 추론을 할 수 있는데 "bayses"를 여러 함수 앞에 접두어로 사용하면 된다. 예로 로지스틱 회귀모형에서 베이지안 분석을 하는 경우와 같이 접두어를 붙이면 된다. 더 자세한 내용은 www.stata.com/manuals/bayes.pdf를 참조하라.

1–2장: 서론과 분할표

이항도수에 대하여 비율에 대한 유의성검정(스코어 검정)과 다양한 신뢰구간을 구할 수 있다. 다음은 10번의 시행횟수 중 9번의 성공횟수를 얻은 자료에서 스코어 신뢰구간을 구하는 프로그램이다(통계학자 Wilson이 이 예를 처음 제안함).

```
cii proportions 10 9, wilson
prtesti 10  0.90 0.50 // provide n, sample prop., H0 prop.
```

여기서 왈드 신뢰구간을 구하려면 wilson 대신에 wald로, Agresti-Coull 신뢰구간을 구하려면 agresti로, 제프리 베이지안 사후구간을 구하려면 jeffreys로 지정하면 된다.

tabulate(약어로 tab) 함수는 분할표, 조건부분포에서의 비율(각 행 내에서의 상대도수), 독립성의 가설 하에서의 기댓값, 카이제곱통계량과 P-값과 Fisher의 정확검정법을 제공한다. 그룹화되지 않은 자료 파일에서 범주형 변수 x와 y에 대하여 아래와 같은 명령문을 사용할 수 있다.

```
tab x y, row expected chi2 exact
```

만약 이미 칸도수를 알고 있다면 행 별로 자료를 입력할 수 있다. 〈표 2.4〉(2.4.4절)의 정당지지도와 성별에 대한 자료의 예이다.

```
tabi 495 272 590 \ 330 265 498, row expected chi2 exact
```

만약 표준화잔차를 구하려면 다음 명령문으로 하나의 루틴을 설치한다.

```
ssc install tab_chi
```

아래와 같이 열 별로 입력하였다면 표준화잔차를 구할 수 있다.

```
tabchii 495 590 272 \ 330 498 265, adjust
```

Stata는 오즈비에 대한 왈드 신뢰구간(원래는 Woolf가 유도함)을 아래와 같은 명령문으로 구할 수 있다(〈표 2.7〉의 자료의 예).

```
cai 3 1  1  3 , or woolf
```

3–5장: 일반화선형모형과 로지스틱 회귀모형

Stata는 함수 "glm"을 사용하여 일반화선형모형을 적합할 수 있다. 예를 들어, 로지스틱 회귀모형은 이항확률분포와 로짓 연결함수를 갖는 GLM으로 간주하여 아래와 같은 명령문을 사용할 수 있다.

```
glm y x, family(binomial) link(logit)
```

여기서 그룹화되지 않는 자료 형태로 y는 반응변수이고 x는 설명변수이다. 만약 선형확률모형을 적합하려면 연결함수에 $identity$를 지정하고 프로빗 모형에 대해서는 $probit$을 사용한다.

Stata는 또한 "logit" 함수로 로지스틱 회귀모형을 적합할 수 있는데 이 경우에 출력 결과는 모형의 모수추정값이다. 혹은 "logistic" 함수를 사용하면 출력 결과는 추정값의 지수함수를 취한 오즈비이다, 예를 들어, 그룹화되지 않은 자료에서 3개의 설명변수를 갖는 이항반응변수에 대한 로지스틱 회귀모형은 아래와 같이 적합한다.

```
logit y x1 x2 x3
```

이 명령문에 "or" 옵션문을 추가하면 추정값의 오즈비가 출력된다.

만약 자료가 분할표의 도수이고 각 자료 파일의 행마다 각 설명변수의 값과 이항반응변수 y의 0 또는 1의 값과 그 칸의 도수(즉, 빈도수)로 되어 있으면 아래와 같은 명령문을 사용한다.

```
logit y x1 x2 x3 [fweight = count]
```

여기서 $fweight = count$는 자료 파일이 $count$만큼 그룹화된 자료를 갖고 있다는 것이다.

어떤 하나의 설명변수에 대하여 가능도비 검정법을 하려면 완전한 모형의 결과를 저장해 놓고 이 설명변수만 제거된 축소모형을 적합한 후 이 두 모형의 가능도비를 비교하면 된다. 예를 들어, x1과 x2의 설명변수를 갖는 모형에서 x1의 유의성을 검정하려면 아래와 같이 하면 된다.

```
logit y x1 x2 [fweight = count]
estimates store full
logit y x2 [fweight = count]
lrtest full
```

프로파일 가능도 신뢰구간은 $pllf$ 함수를 사용하면 된다. 어떤 설명변수에 대한 왈드 검정법은 아래와 같이 하면 된다.

```
test x1
```

버전 15부터 가능한 베이지안 적합을 하려면 "bayes" 접두사를 사용하는데, 표준편차가 10(디폴트는 100)을 갖는 정규분포를 사전분포로 할 때 아래와 같이 하면 된다.

```
bayes, normalprior(10): logit y x1 x2 x3
```

베이지안 방법은 아래와 같이 일반화선형모형에서 연결함수를 지정하여 사용한다.

```
bayes: glm y x1 x2 x3, family(binomial) link(probit)
```

조건부 로지스틱 회귀모형에 대해서는 $x2$가 주어진 조건 하에서 $x1$의 효과를 분석하기 위해서 아래와 같이 하면 된다.

```
clogit y x1, group(x2)
```

6–7장: 다범주 로짓 모형과 로그 선형모형

Stata는 “mlogit”(다범주 로짓) 함수를 사용하여 기준범주 로짓 모형을 적합한다.

```
mlogit y x1 x2, base(3)
```

여기서 $base(3)$은 로짓의 기준범주를 뜻한다. 만약 자료 파일이 그룹화된 자료인 경우(즉, 반응범주의 칸도수자료), 열마다 $x1$, $x2$, y(반응변수 범주값)와 $count$로 되어 있다면 아래와 같은 명령문을 사용한다.

```
mlogit y x1  x2 [fweight = count], base(3)
```

Stata는 “ologit”(순서형 로짓)을 사용하여 비례 오즈 모형을 갖는 누적 로짓 모형을 적합하는데 잠재변수에 기반한 식 (6.6)에 따라 모수화가 되어 있다.

```
ologit y x1 x2
```

만약 자료 파일이 그룹화된 자료로 자료 열에 x(1/0 지시변수), y(반응범주)와 $count$로 되어 있으면 아래 명령문을 사용한다.

```
ologit y x [fweight = count]
```

다항분포모형에 베이지안 적합을 하려면 버전 15부터 시작된 bayes 접두사를 사용하여 누적 로짓 모형에 대해 아래 명령문을 사용한다.

```
bayes, normalprior(10): ologit y x1 x2
```

기준범주 로짓 모형을 적합하려면 “ologit” 대신에 “mlogit”을 사용한다.

Stata는 반응도수를 포아송 확률분포와 로그 연결함수를 갖는 GLM 으로 간주하여 로그선형모형을 적합할 수 있다. 예를 들어, 삼차원 분할표의 자료 파일이 세 개의 범주형 변수(x, y, z)에 대응되는 수준 3개의 열과 각 칸의 빈도수($count$)를 나타내는 열로 이루어졌을 때, 변수의 범주를 나타내는 지시변수를 정의하여 동질성 모형을 적합하려면 아래와 같은 명령문을 사용한다.

```
glm count i.x i.y i.z i.x#i.y i.x#i.z i.y#i.z, family(poisson) link(log)
```

8-11장: 군집화된 자료, 고급 통계 방법

자료 파일에 $y1$과 $y2$가 이항변수일 때, McNemar 검정법을 아래와 같이 할 수 있다.

```
mcc y1 y2
```

두 이항변수 $y1$과 $y2$를 교차분할한 분할표에 요약된 도수를 사용하여 8.1.1절의 예제의 경우 아래와 같이 McNemar 검정법을 사용할 수 있다.

```
mcci 227 132 107  678
```

Stata는 "xtgee" 함수를 사용하여 GEE 방법을 적용할 수 있다. 예를 들어, 교재의 웹사이트에 있는 "Abortion" 자료를 이용하면 다음과 같다.

```
xtgee response gender i.situation, family(binomial) link(logit) corr(excahngeable)
```

랜덤효과모형에 대해서 GLLAMM 모듈은 매우 강력하다. 로지스틱 혼합효과모형(GLMMs)를 적합할 수 있는데 "melogit" 함수를 사용하면 다수준모형도 적합할 수 있다. 더 자세한 내용은 www.stata.com/manuals/me.pdf를 참조하라. 예를 들면 아래와 같다,

```
melogit response gender i.situation || person: intpoints(100)
```

여기서 "*intpoints*" 는 구적점의 수를 뜻한다.

판별분석에 대해서는 "discrim" 함수를 사용한다. 11.1.2절의 참게 자료를 분석하기 위해 아래와 같이 하면 된다.

```
discrim lda width color, group(y) priors(proportional) lootable
```

여기서 *lootable*은 리브-원-아웃 교차타당성 검증을 실행한 후 분류표를 구해준다. *priors*(*proportional*) 옵션은 예측을 위한 사전확률로 두 범주의 표본비율을 사용한다는 의미이다. 만약 이 옵션문이 없다면 사전확률은 두 범주에 대해 0.50이다.

군집분석은 "cluster" 함수를 사용한다. 이 책의 웹사이트에 있는 Elections와 Elections2의 자료 파일을 단순한 유사성으로 묶기 위해서 아래와 같이 할 수 있다.

```
cluster averagelinkage e1 e2  e3  e4  e5 e6 e7 e8 e9 e10, measure(matching)
cluster dendrogram
```

A.4 범주형 자료분석을 위한 SPSS

SPSS는 윈도우 상에 메뉴가 있어서 통계분석을 간단하게 할 수 있는 프로그램이다. *Data Editor* 창의 *Variable View*에서 SPSS는 양적 변수는 NUMERIC하게 인식하고 범주형 자료는 STRING으로 인식한다. 각 변수에 대하여 변수이름과 특성을 다시 정의할 수 있다. Measure 열 안에서 SPSS는 SCALE(척도구간) 혹은 ORDINAL이어야 하는 변수를 NOMINAL로 부적절하게 명명하지는 않는다.

*Data Editor*의 ANALYZE 메뉴에서 통계적 방법을 선택할 때 *dialog box*가 *Data Editor* 창이 열려서 자료 파일에 있는 변수들을 보여 준다. 원하는 방법을 클릭하면 출력창에서 결과를 볼 수 있다. 많은 분석 방법에서 *Options*을 클릭할 수 있고 추가적으로 *subdialog box*가 열려서 추가옵션을 볼 수 있다.

1–2장: 서론과 분할표

ANALYZE 메뉴에서 DESCRIPTIVE STATISTICS 옵션에 CROSSTABS라는 부옵션이 있는데 이것은 분할표를 위해 여러 가지 방법을 제공해 준다. CROSSTABS에서 행과 열의 변수를 지정한 후에 STATISTICS를 클릭하면 Pearson 카이제곱검정법과 가능도비 카이제곱검정법을 포함하여 다양한 옵션을 제공한다. CROSSTABS dialog box에서 EXACT를 클릭하여 정확검정을 선택하면 Fisher의 정확검정법을 할 수 있다.

CROSSTABS 내에서 CELLS를 클릭하면 관측도수, 기대도수와 *Adjuste standardized*로 명명된 표준화된 잔차를 구할 수 있다. CROSSTABS 내의 STATISTICS 옵션은 연관성 측도를 포함한다, *Risk*라고 명명된 옵션은 2×2 분할표의 출력 결과로 오즈비와 오즈비의 신뢰구간을 제공한다.

자료를 각 개체의 변수에 대하여 그룹화되지 않은 형태로 입력하지 않고 두 변수의 여러 조합으로 이루어진 칸의 도수로 입력하였다고 하자. 이 칸도수들을 표현하는 변수를 COUNT라고 명명한다. 그러면 *Data Editor* 창에 있는 DATA 메뉴에서 WEIGHT CASES 옵션을 선택하여 COUNT에 의해 각 자료에 가중치를 주게 된다.

3–5장: 일반화선형모형과 로지스틱 회귀모형

GENERALIZED LINEAR MODELS 옵션과 추가옵션으로 GLM을 적합할 수 있다. 예를 들어, 로지스틱 회귀모형을 적합하기 위해서는 이항반응변수와 이항 로지스틱 모형을 선택한다. *Response* 탭에서 그룹화된 자료에 대하여 시행횟수와 성공횟수를 자료로 입력할 수 있다. 예를 들어, 하나의 열에는 어떤 특정한 설명변수의 셋팅에서 성공한 횟수를 입력하고 다른 열에는 이 성공횟수가 나온 표본크기를 입력한다. 그런 다음에 종속변수를 성공횟수를 나타내는 변수로 지정하고 “Variable respresents binary response or number of event”와 “Number of events occurring in a set of trials”라는 박스를 클릭하고, 표본크기를 시행변수로 지정한다.

로지스틱 회귀모형을 적합하기 위하여, 또한 REGRESSION 옵션과 BINARY LOGISTIC 부옵션을 선택할 수 있다. LOGISTIC REGRESSION *dialog box*에서는 이항반응변수(종속변수)와 설명변수들(공변량)을 지정한다. 범주형 설명변수에 대해서는 지시변수가 요구되기 때문에 Categorical을 클릭하여 이러한 공변량 변수를 LOGISTIC REGRESSION: DEFINE CATEGORICAL VAIABLES *dialog box*에서 Categorical Covariate이라고 선언한다. 범주형 자료를 선택하면 Change Contrast 하에서 지시변수를 정의하는 다양한 옵션을 볼 수 있을 것이다. *Simple* 대비식은 가장 마지막 범주를 기준으로 정한다.

LOGISTIC REGRESSION *dialog box*에서, 후진제거법, 전진선택법과 같은 단계적 모형선택법을 위하여 *Method*를 클릭한다. 예측확률, 표준화잔차와 같은 영향점 측도를 저장하기 위해서 *Save*를 클릭한다. 지수 변환된 모수의 신뢰구간을 구하기 위한 옵션을 위한 *diaglog box*를 열기 위해서 *Options*를 클릭한다.

6–7장: 다범주 로짓 모형과 로그 선형모형

기준범주 로짓 모형을 적합하려면 MULTINOMIAL LOGISTIC 옵션을 선택한다. 예측효과에 대한 가능도비 검정법을 위해서 *Statstics*를 클릭한 후 Parameters 아래에 있는 가능도비 검정법을 체크한다. 잠재변수가 모수화된 누적 로짓 모형을 적합하기 위해서 REGRESSION 옵션문을 선택하고 ORDINAL 부옵션을 선택한다. 이 모형은 GENERALIZED LINEAR MODELS 옵션에서도 적합가능하다.

로그 선형모형을 위해서 LOGLINEAR 옵션에서 GENERAL 부옵션을 같이 사용한다(또는 GENERALIZED LINEAR MODELS 옵션에서 포아송 로그 선형모형을 선택해도 된다). 모형에 요인들을 입력한다. 디폴트는 포화모형인데 *Model*을 클릭하고 *Custom* 모형을 선택한다. 포화모형이 아닌 적합하고자 하는 모형에 요인들을 입력하고 추가적인 교호작용항을 선택한다. 관측도수, 기대도수와 보정된 잔차들을 보기 위해서 *Options*을 클릭한다. 자료가 각 개체의 반응변수가 그룹화되지 않은 형태가 아니라 변수들 간의 여러 조합의 칸도수로 입력되었을 때는 DATA 메뉴에서

WEIGHT CASES 옵션을 사용하여 각 칸을 칸도수로 가중하여 사용한다.

8-11장: 군집화된 자료, 고급 통계 방법

McNemar 검정법은 NONPARAMETRIC TESTS 옵션문에 있다. 자세한 내용은 다음 웹사이트를 참조하라.

www.spss-tutorials.com/spss-mcnemar-test

또한 정방형 로그 선형모형도 적합할 수 있다.

준대칭모형에 대해서는 다음 웹사이트를 참조하라.

www,ibm.com/support/knowledgecenter/SSLVMB_23.0.0/spss/tutorials/genlog_debate_howto_02.html

준독립모형에 대해서는 다음 웹사이트를 참조하라.

www,ibm.com/support/knowledgecenter/SSLVMB_23.0.0/spss/tutorials/genlog_debate_howto_04.html

카파 일치도를 구하기 위해서, DESCRIPTIVE STATISTICS 옵션과 CROSSTABS 부옵션을 지정한다. 평가자들을 행과 열 변수로 지정하고 STATISTICS 메뉴를 클릭한 후에 KAPPAR 박스를 체크한다. Bradley-Terry 모형을 준대칭모형으로 적합할 수 있다.

GEE 방법을 위해서는 GENERALIZED LINEAR MODELS에서 GENERALIZED ESTIMATING EQUATIONS 부옵션을 함께 사용한다. 확률분포, 연결함수, 반응변수, 요인과 공변량을 지정하고 모형의 효과와 반복측정이 된 개체변수를 지정한다.

선형판별분석을 위해서는 CLASSIFY 옵션과 DISCRIMINANT 부옵션을 지정하고 그룹변수와 설명변수를 선택한다. 군집분석을 위해서는 HIERARCHICAL CLUSTER 부옵션을 지정한다. DECISION TREES 모듈은 분류나무를 구축할 수 있다.

카이제곱분포값

	오른쪽 꼬리 확률						
df	0.250	0.100	0.050	0.025	0.010	0.005	0.001
1	1.32	2.71	3.84	5.02	6.63	7.88	10.83
2	2.77	4.61	5.99	7.38	9.21	10.60	13.82
3	4.11	6.25	7.81	9.35	11.34	12.84	16.27
4	5.39	7.78	9.49	11.14	13.28	14.86	18.47
5	6.63	9.24	11.07	12.83	15.09	16.75	20.52
6	7.84	10.64	12.59	14.45	16.81	18.55	22.46
7	9.04	12.02	14.07	16.01	18.48	20.28	24.32
8	10.22	13.36	15.51	17.53	20.09	21.96	26.12
9	11.39	14.68	16.92	19.02	21.67	23.59	27.88
10	12.55	15.99	18.31	20.48	23.21	25.19	29.59
11	13.70	17.28	19.68	21.92	24.72	26.76	31.26
12	14.85	18.55	21.03	23.34	26.22	28.30	32.91
13	15.98	19.81	22.36	24.74	27.69	29.82	34.53
14	17.12	21.06	23.68	26.12	29.14	31.32	36.12
15	18.25	22.31	25.00	27.49	30.58	32.80	37.70
16	19.37	23.54	26.30	28.85	32.00	34.27	39.25
17	20.49	24.77	27.59	30.19	33.41	35.72	40.79
18	21.60	25.99	28.87	31.53	34.81	37.16	42.31
19	22.72	27.20	30.14	32.85	36.19	38.58	43.82
20	23.83	28.41	31.41	34.17	37.57	40.00	45.32
25	29.34	34.38	37.65	40.65	44.31	46.93	52.62
30	34.80	40.26	43.77	46.98	50.89	53.67	59.70
40	45.62	51.80	55.76	59.34	63.69	66.77	73.40
50	56.33	63.17	67.50	71.42	76.15	79.49	86.66
60	66.98	74.40	79.08	83.30	88.38	91.95	99.61
70	77.58	85.53	90.53	95.02	100.4	104.2	112.3
80	88.13	96.58	101.8	106.6	112.3	116.3	124.8
90	98.65	107.6	113.1	118.1	124.1	128.3	137.2
100	109.1	118.5	124.3	129.6	135.8	140.2	149.5

출처: Calculated using StaTable, Cytel Software, Cambridge, MA, USA.

참고문헌

Agresti, A. (2013). *Categorical Data Analysis*, 3e. New York: Wiley.

Agresti, A. (2015). *Foundations of Linear and Generalized Linear Models*. New York: Wiley.

Allison, P. (2012). *Logistic Regression Using SAS: Theory and Application*, 2e. Cary, NC: SAS Institute.

Bartholomew, D.J., Knott,M., and Moustaki, I. (2011). *Latent Variable Models and Factor Analysis: A Unified Approach*, 3e. Hoboken, NJ: Wiley.

Bartholomew, D.J., Steele, F.,Moustaki, I., and Galbraith, J.I. (2008). *Analysis of Multivariate Social Science Data*. Boca Raton, FL: CRC Press.

Bilder, C.R., and Loughin, T.M. (2015). *Analysis of Categorical Data with R. Boca Raton*, FL: CRC Press.

Bishop, Y.V.V., Fienberg, S.E., and Holland, P.W. (1975). *Discrete Multivariate Analysis*. Cambridge, MA: MIT Press.

Burnham, K.P., and Anderson, D.R. (2003). *Model Selection and Multimodel Inference: A Practical Information-Theoretic Approach*, 2e. New York: Springer.

Collins, L.M., and Lanza, S.T. (2009). *Latent Class and Latent Transition Analysis*. Hoboken, NJ: Wiley.

Fagerland, M.W., Lydersen, S. and Laake, P. (2017). *Statistical Analysis of Contingency Tables*. Boca Raton, FL: CRC Press.

Fitzmaurice, G., Laird, N., and Ware, J. (2011). *Applied Longitudinal Analysis*, 2e. Hoboken, NJ: Wiley.

Friendly, M., and Meyer, D. (2016). *Discrete Data Analysis with R: Visualization and Modeling Techniques for Categorical and Count Data*. Boca Raton, FL: CRC Press.

Gelman, A., and Hill, J. (2006). *Data Analysis Using Regression and Multilevel/Hierarchical Models*. Cambridge: Cambridge University Press.

Goodman, L.A., and Kruskal, W.H. (1979). *Measures of Association for Cross*

Classifications. New York: Springer-Verlag.

Gueorguieva, R. (2018). *Statistical Methods in Psychiatry and Related Fields: Longitudinal, Clustered,and Other Repeated Measures Data*. Boca Raton, FL: CRC Press.

Hastie, T., and Tibshirani, R. (1990). *Generalized Additive Models*. London: Chapman and Hall.

Hastie, T., Tibshirani, R., and Friedman, J. (2009). *The Elements of Statistical Learning: DataMining, Inference, and Prediction*, 2e. New York: Springer.

Hedeker, D., and Gibbons, R.D. (2006). *Longitudinal Data Analysis*. Wiley.

Hoff, P.D. (2009). *A First Course in Bayesian Statistical Methods*. New York: Springer.

Hosmer, D.W., Lemeshow, S., and Sturdivant, R.X. (2013). *Applied Logistic Regression*, 3e. New York: Wiley.

James, G., Witten, D., Hastie, T., and Tibshirani, R. (2013) *An Introduction to Statistical Learning*. New York: Springer.

Kateri, M. (2014). *Contingency Table Analysis: Methods and Implementation Using R*. New York: Birkh¨auser.

Lloyd, C. J. (1999). *Statistical Analysis of Categorical Data*. New York: Wiley.

Magidson, J., and Vermunt, J.K. (2004). *Latent class models. In: The Sage Handbook of Quantitative Methodology for the Social Sciences* (ed. D. Kaplan), Chapter 10, 175–198. Thousand Oaks: Sage Publications.

Molenberghs, G., and Verbeke, G. (2005). *Models for Discrete Longitudinal Data*. Springer.

Molenberghs, G., Fitzmaurice, G., Kenward, M.G., Tsiatis, A., and G. Verbeke, G. (eds.) (2015). *Handbook of Missing Data Methodology*. Boca Raton, FL: CRC Press.

Raudenbush, S., and Bryk, A. (2002). *Hierarchical Linear Models*, 2e Sage.

Simonoff, J.S. (2003). *Analyzing Categorical Data*. New York: Springer-Verlag.

Snijders, T.A.B., and Bosker, R.J. (2011). *Multilevel Analysis*, 2e. London: Sage.

Stokes, M.E., Davis, C.S. and Koch, G.G. (2012). *Categorical Data Analysis Using the SAS System*, 3e. Cary, NC: SAS Institute Inc.

Train, K.E. (2009). *Discrete Choice Methods with Simulation*, 2e. Cambridge: Cambridge University Press.

Tutz, G. (2011). *Regression for Categorical Data*. Cambridge: Cambridge University

Press.

Whittaker, J. (1990). *Graphical Models in Applied Multivariate Statistics*, New York: Wiley.

Wood, S.N. (2017). *Generalized Additive Models: An Introduction with R*, 2e. Boca Raton, FL: CRC Press.

Yee, T.W. (2015). *Vector Generalized Linear and Additive Models*, New York: Springer.

찾아보기

ㅈ

저자 소개

박태성
서울대학교 계산통계학과 졸업
서울대학교 통계학 석사
미시간대학교 Biostatistics 박사
아이오와대학교 예방의학교실 객원교수
미국 NIH/NICHD 객원연구원
현 : 서울대학교 통계학과 교수

이승연
서울대학교 계산통계학과 졸업
서울대학교 통계학 석사
미시간대학교 Biostatistics 박사
미국 NIH/NCI 객원연구원
현 : 세종대학교 응용수학과 교수

범주형 자료분석 개론 –제3판–

저 자 Alan Agresti
역 자 박태성 · 이승연
발 행 인 김지영
발 행 처 자유아카데미
주 소 경기도 파주시 회동길 37-42
파주출판도시
전 화 031-955-1321
팩 스 031-955-1322
홈페이지 www.freeaca.com
전자우편 main@freeaca.com (대표)
editor@freeaca.com (편집)
crm@freeaca.com (영업)
등 록 제406-2003-017호, 1980. 7. 12
제3판1쇄 2020년 3월 5일 발행
제3판5쇄 2024년 8월 25일 발행
정 가 30,000원

ISBN 979-11-5808-251-2 93310